Holzfrei

Nr. 11 1953
S. 1593—1752 18. März

# Chemisches Zentralblatt

Vollständiges Repertorium für alle Zweige der reinen und angewandten Chemie

Im Auftrage der Deutschen Akademie der Wissenschaften zu Berlin, der Akademie der Wissenschaften zu Göttingen und der Gesellschaft Deutscher Chemiker

herausgegeben von

Prof. Dr. **Maximilian Pflücke**

Chefredakteure: Dr. Eugen Klever und Prof. Dr. Maximilian Pflücke

124. Jahrgang

**1953**

Akademie-Verlag GmbH., Berlin — Verlag Chemie, GmbH., Weinheim/Bergstr.

## Inhalt

# Namenregister

Chemisches Zentralblatt

1953 Nr. 11 18. März

## Geschichte. Unterricht.

**Je. N. Owtschinnikow,** *Pawel Nikolajewitsch Pawlow (zum 80. Geburtstage).* Kurze Angaben über die Lebensarbeit u. Liste der Veröffentlichungen des am 3/2. 1952 80 Jahre alt gewordenen Physikochemikers der Universität Odessa. (Успехи Химии [Fortschr. Chem.] **21.** 1012—14. Aug. 1952. Odessa.) ULMANN. 1

**N. A. Ismailow,** *Das Akademiemitglied N. N. Beketow, der Begründer der derzeitigen physikalischen Chemie.* Rückblick aus Anlaß des 125. Geburtstages [1(14)/1. 1826] des 1911 verstorbenen bekannten russ. Chemikers BEKETOW. (Успехи Химии [Fortschr. Chem.] **21.** 996—1011. Aug. 1952. Charkow.) ULMANN. 1

**Paul Oesterle,** *Robert Koch. (Zum 70. Gedenktag der Entdeckung des Tuberkelbacillus).* Würdigung der Arbeit von R. KOCH bei der Entdeckung des Tuberkelbacillus. (Pharmazie **7.** 399—401. Juli 1952. Berlin, Humboldt-Univ., Hygien. Inst.) KERN. 1

**M. Ss. Ssominski,** *P. N. Lebedew und der Fortschritt in der Physik. (Zum 40. Todestag).* Schilderung der wissenschaftlichen Tätigkeit des Physikers LEBEDEW mit ausführlichen Zitaten aus seinen Arbeiten u. Briefen. (Журнал Технической Физики [J. techn. Physik] **22.** 1221—48. Juli 1952.) KIRSCHSTEIN. 1

**Hans Schimank,** *Dr. Otto Schott zum Gedächtnis der 100. Wiederkehr seines Geburtstages am 17. Dezember 1951.* Vf. gibt den Lebenslauf OTTO SCHOTTs in großen Zügen wieder, seine Zusammenarbeit mit ABBE, in der er sich aus der eigentlich gestellten Aufgabe der Schaffung opt. Gläser herauslöste u. die Bedeutung der Gläser als Grundlagenmaterial der chem. Forschung u. Technik erkannte, wobei er grundlegend neue Wege ging. (Glastechn. Ber. **25.** 18—24. Jan. 1952.) KÜHNERT. 1

**A. M. Tscharnyi** und **Ss. E. Krassowitzkaja,** *I. R. Tarchanow, der Begründer der Lehre über die Bildung der Gallenpigmente.* Vff. zeigen, daß TARCHANOW [1874] als erster experimentell die Bldg. der Gallenpigmente aus *Hämoglobin* nachgewiesen hat. (Архив Патологии [Arch. Pathologie] **14.** Nr. 2. 88—89. März/April 1952. Moskau, Zentralinst. für Ärztefortbildung, Lehrstuhl für pathol. Physiol.) BURGHARDT. 1

**W. N. Ufimzew,** *Der Begründer der Wissenschaft von den Farben.* Kurze Ausführungen über die Lebensarbeit von N. N. WOROSHZOW (gestorben 7/8. 1941), die eng mit der Entw. der Anilinfarbenindustrie der UdSSR verbunden ist. (Природа [Natur] **41.** Nr. 8. 60—64. Aug. 1952.) ULMANN. 1

**B. M. Kedrow,** *Die Kritik D. I. Mendelejews am mechanistischen Prinzip der Additivität in der Chemie.* Übersichtsbericht auf Grund von Arbeiten von MENDELEJEW u. BUTLEROW. (Успехи Химии [Fortschr. Chem.] **21.** 969—87. Aug. 1952. Moskau.) ULMANN. 2

**G. M. Waindrach** und **Ja. I. Scherman,** *Aus der Geschichte der Virusologie. Eine Polemik zwischen D. I. Iwanowski und M. W. Beierink.* Da der Aufsatz von BEIERINK über ein „Contagium vivum fluidum" später erschien als die 1892 u. 1894 veröffentlichten Arbeiten von IWANOWSKI über „Zwei Krankheiten des Tabaks", muß dem russ. Botaniker IWANOWSKI das Recht zuerkannt werden, als erster Viren erkannt u. den Namen Virus gebraucht zu haben. (Микробиология [Mikrobiologie] **21.** 495—97. Juli/Aug. 1952.) G. REICHARDT. 2

**D. E. Williamson,** *Der Doppelstrahl-Infrarotgasanalysator von John Tyndall.* Vf. weist auf die Ähnlichkeit zwischen dem TYNDALLschen Infrarotabsorptionsapp. u. den modernen Infrarotgasanalysatoren hin. (Amer. Scientist **39.** 672—81. 687. Okt. 1951. Cambridge, Mass., Baird Associates, Inc.) GOTTFRIED. 2

## A. Allgemeine und physikalische Chemie.

**M. et Mme. Mounic,** Chimie. T. II: Métaux, chimie organique. Paris: Foucher. fr. 630,—.

**Lytle Raymond Parks** and **Warren H. Steinbach,** Systematic college chemistry. Philadelphia: Blakiston. 1952. (692 S. m. Abb.) $ 5,50.

**Ralph K. Strong** (ed.), Kingzett's chemical enzyclopaedia. 8th ed. London: T. & C. Bailliere. 1952. (XII + 1186 S.) s. 70.

## $A_1$. Kernphysik und Kernchemie.

**S. Albertoni,** *Beobachtungen über die Grundgleichung der Elektrodynamik von Tomonaga-Schwinger.* (Suppl. del Nuovo Cimento Nr. 2. (zu [9] **8.**) 168—79. 1951. Milano, Univ., Ist. di Fis.) R. K. Müller. 80

**Günther Ludwig,** *Die erzwungenen Schwingungen des harmonischen Oscillators nach der Quantentheorie.* Die Bewegung eines harmon. Oscillators unter Einw. der äußeren Kraft e·F(t) wird für beliebiges F(t) exakt gelöst. Eine Reihenentw. zeigt, daß die Diracsche Näherungslösung in den ersten Gliedern mit der exakten übereinstimmt. (Z. Physik **130.** 468—76. 1951. Berlin, Freie Univ., Inst. für theoret. Physik.) Wiedemann. 80

**Per-Olov Löwdin,** *Eine Bemerkung über die quantenmechanische Störungstheorie.* Für die Lösung des quantenmechan. Eigenwertproblems wird eine einfache Behandlung der Störungstheorie mit Hilfe eines Syst. linearer Gleichungen entsprechend der Säkulargleichung nach Lennard-Jones u. Brillouin mitgeteilt. Die ungestörten Zustände werden in zwei Klassen geteilt u. eine Formel abgeleitet, die den Einfl. der einen auf die andere Klasse in der Endlösung wiedergibt. Als Spezialfall werden erhalten eine Schrödinger-Brillouin-Formel für die Eigenwerte eines nichtentarteten Zustandes, eine neue Formel für die Behandlung einer Klasse entarteter Zustände sowie eine Formel für die Aufspaltung der Säkulargleichung für ein Syst., welches natürlicherweise aus zwei unabhängigen Teilen in gegenseitiger Wechselwrkg. besteht. (J. chem. Physics **19. 1396** bis 1401. Nov. 1951. Durham, N. C., Duke Univ., Dep. of Phys.) Rudolph. 80

**H. A. Tolhoek** und **S. R. de Groot,** *Das Winkelkorrelationstheorem und die Eliminierung von Interferenztermen.* Nach der Störungstheorie zweiter Ordnung bei vorgegebener Dichtematrix wird ein neues Theorem aufgestellt, das die Interferenzterme als einen Spezialfall enthält. (Physic. Rev. [2] **83.** 189—90. 1/7. 1951. Utrecht, Univ., Inst. für Theoret. Phys.) Gerhard Schmidt. 80

**Ju. W. Nowoshilow,** *Anwendung der Methode der Fockschen Funktionale bei Eigenwertproblemen.* Die Dirac-Gleichung mit elektromagnet. M. u. Strahlungskorrekturen läßt sich mittels der Fockschen Funktionale (C. **1935.** I. 2130) einfacher ableiten als mit auf der Störungsrechnung beruhenden Methoden. (Журнал Экспериментальной и Теоретической Физики [J. exp. theoret. Physik] **22.** 264—75. März 1952. Leningrad, Univ.) Amberger. 80

**W. E. Hazen, R. E. Heineman** und **E. S. Lennox,** *Anwendung des Fermi-Modells auf Höhenstrahlereignisse primärer Energie größer als $10^{13}$ eV.* (Vgl. C. **1952.** 6962.) Im Anschluß an die Beobachtungen der Dichtestruktur der Luftschauer wird das Fermi-Modell für die Nucleon–Nucleon-Zusammenstöße bei hohen Energien verwendet, um die Energieverteilung, die Energieabhängigkeit der Winkelverteilung u. die Anzahl der emittierten $\pi$-Mesonen als eine Funktion der Primärenergie u. des Stoßparameters zu berechnen. Die Wrkg. der Nucleon–Antinucleon-Erzeugung auf die $\pi$-Mesonenverteilung bei dem gleichen Zusammenstoß wird ebenfalls berechnet. Die Übereinstimmung der Berechnungen mit den Luftschauerbeobachtungen ist befriedigend. (Physic. Rev. [2] **86.** 198—204. 15/4. 1952. Ann Arbor, Mich., Univ., Randall Labor. of Phys.) Gerhard Schmidt. 85

**S. Biswas** und **V. D. Hopper,** *Energiereiche Zusammenstöße mit Erzeugung von Mesonenschauern.* Von 1000 Sternen, die in Ilford G 5-Emulsionen von 400 $\mu$ Dicke auf 24 km Höhe beobachtet wurden, wurden 18 energiereiche ausgewählt u. die Mesonenschauererzeugung untersucht. Sowohl der mittlere ($\psi$) als auch der maximale Winkel ($\psi^0$) gegenüber der Richtung des Primärteilchens bzw. gegenüber der Schauerachse wurde bestimmt u. cos $\psi$ sowie cos $\psi^0$ in Abhängigkeit von N, der Zahl der Mesonen, aufgetragen. Es ergaben sich drei Kurven, die einfachen, doppelten u. dreifachen Zusammenstößen innerhalb des Kerns entsprechen. Die Heisenberg-Kurve für vollkommen unelast. Zusammenstöße liegt oberhalb der Kurve für Einfachzusammenstöße, es wird also vermutlich nur ein Teil (1/K) der Primärenergie auf die Mesonenschauer übertragen. K u. die Primärenergie wurden berechnet. Für Zwei- u. Dreifachzusammenstöße wurde die Zahl der bei den einzelnen Zusammenstößen im Kern erzeugten Mesonen ermittelt. (Physic. Rev. [2] **86.** 209—11. 15/4. 1952. Melbourne, Univ., Phys. Dep.) Wiedemann. 85

**A. Chrimjan,** *Über die Erzeugung von Protonen durch neutrale Komponenten der Höhenstrahlen.* Die Erzeugung von Protonen in *Pb* durch die neutrale Komponente der Höhenstrahlung wurde auf 3250 m mit einer Koinzidenzanordnung untersucht. Der Impuls der Teilchen wurde durch die Krümmung in einem Magnetfeld von 6850 Oersted bestimmt. Das Massenspektr. der Teilchen, die 1—6 cm Pb durchlaufen, sowie dasjenige des Anteils, der durch neutrale Strahlung in Pb erzeugt wurde, ist wiedergegeben; dieses entspricht dem Protonenspektrum. Daneben treten auch Teilchen mit 3000—4000 $m_e$, vielleicht Deuteronen, auf. Die Zahl der Protonen mit 80—240 MeV nimmt mit zunehmender Dicke des Pb-Filters ab, hinter 20 cm ist sie um den Faktor 4 verringert. Die Reichweite der schnellen Protonen beträgt 140—160 g/cm² Pb. Hinter 10—13 cm Pb macht der Anteil der durch neutrale Strahlung erzeugten Protonen 25% der Protonen zwischen 80 u. 240 MeV aus, hinter 20 cm Pb 50%. (Доклады Академии Наук СССР [Ber. Akad. Wiss. UdSSR][N. S.] **85**. 75—78. 1/7. 1952. Physik. Inst. der Akad. der Wiss. der ArmSSR.) WIEDEMANN. 85

**H. Garski**, *Über den Ursprung der Einzelspuren mit großer Korndichte von Höhenstrahlteilchen in photographischen Platten.* Aus Messungen an den Bahnspuren einzelner Protonen u. schwererer Teilchen in photograph. Platten geht hervor, daß innerhalb der Versuchsfehler von 20% die Zahl der in der photograph. Schicht zur Ruhe kommenden Teilchen pro cm³ Emulsion u. Tag gleich der entsprechenden Zahl von Bahnanfängen verschied. Typs ist. Ca. 60% der Teilchen, die in der Schicht enden, sind in Sternen mit mindestens drei Zacken entstanden. Ca. 40% der Teilchen entstehen bei Kernzertrümmerungen, bei denen ein oder zwei ionisierende Teilchen auftreten, oder werden bei der Streuung von Neutronen beschleunigt. Bei der Winkelverteilung zeigt sich eine deutliche Bevorzugung der Vertikalrichtung. Es wird vermutet, daß die Winkelverteilung mit der Winkelverteilung der bei Kernzertrümmerungen emittierten Teilchen u. mit der der Protonen, die bei der Streuung von Neutronen beschleunigt werden, ident. ist. (Z. Naturforsch. **7a**. 565—70. Aug. 1952. Göttingen, Max-Planck-Inst. für Physik.) GERHARD SCHMIDT. 85

**A. Pais**, *Einige Bemerkungen über die V-Teilchen.* Unter Berücksichtigung der von verschied. Autoren beobachteten Ereignisse des V-Teilchenzerfalls wird qualitativ untersucht, ob die V-Teilchenerzeugung mit der langen Lebensdauer der V-Teilchen bei Verwendung von ausschließlich Wechselwirkungen der üblichen Struktur in Einklang gebracht werden kann. Diese Übereinstimmung kann erzielt werden, vorausgesetzt, daß ein V-Teilchen zusammen mit einem anderen schweren instabilen Teilchen erzeugt wird. Zwei getrennte Gruppen von Wechselwirkungen sind erforderlich, u. zwar eine mit starker, die andere mit sehr schwacher Kopplung. Bei den Betrachtungen der beiden Arten von V-Teilchen handelt es sich um FERMI-Teilchen von ca. 2200 $m_e$ u. Bosonen von ca. 800 $m_e$. Die Mitwirkung von Prozessen mit $\mu$-Mesonen wird diskutiert, wobei mögliche Verbindungen mit $\tau$-Mesonen berücksichtigt werden. (Physic. Rev. [2] **86**. 663—72. 1/6. 1952. Princeton, N. J., Inst. for Adv. Stud.) GERHARD SCHMIDT. 90

**Alex E. S. Green**, *Subtraktive Bosonen in einer verallgemeinerten Theorie.* (Vgl. C. **1951**. II. 2277.) (Sitzungsbericht.) Vf. untersucht die Möglichkeit, daß die totale Feldenergie definitiv positiv wird, obgleich die Bosonen negative Beiträge zur totalen Feldenergie liefern. Es wird die Anwendung eines Störverf. betrachtet, das eine Verallgemeinerung des Operators für die üblichen Besetzungszahlen einschließt. (Physic. Rev. [2] **86**. 596—97. 15/5.; Bull. Amer. physic. Soc. **27**. Nr. 1. 21—22. 31/1. 1952. Univ. of Cincinnati.) GERHARD SCHMIDT. 90

**I. D. Fox** und **James R. Wilson**, *Klassische Mesonenfelder.* (Sitzungsbericht.) Das Problem des Punktnucleons in einem klass. neutralen Vektormesonenfeld wird auf die Behandlung der symm. u. geladenen Skalarfelder ausgedehnt, wobei die Bewegungsgleichung des Nucleons entwickelt wird. Die Erhaltung der Ladung wird zur Ableitung der Bewegungsgleichung des isotop. Spins benutzt. (Physic. Rev. [2] **85**. 772. 15/2. 1952; Bull. Amer. physic. Soc. **26**. Nr. 8. 24. 27/12. 1951. Berkeley, Calif., Univ.) GERHARD SCHMIDT. 90

**W. Franz** und **L. Tewordt**, *Die Multipole des Mesonenfeldes.* Durch Aufstellung u. Lösung eines simultanen Eigenwertproblems werden die Formeln für die Multipole der KEMMERschen Mesonenfelder bei gleichzeitiger Einw. eines Zentralfeldes gewonnen. Für jeden Wert des Drehimpulses u. seiner z-Komponente ergeben sich beim vektoriellen Meson mit dem Spin 1 3 Multipole, beim skalaren Meson mit dem Spin 0 ergibt sich nur 1 longitudinaler Multipol. (Z. Physik **130**. 457—67. 1951. Münster, Univ.) WIEDEMANN. 90

**E. R. Caianiello**, *Ein Argument gegen die Majorana-Theorie der neutralen Teilchen.* In Verbindung mit der MAJORANA-Theorie der neutralen Teilchen mit dem Spin 1/2 wird gezeigt, daß die Bedingung der Ladungskonjugation nicht mit den gewöhnlichen Invarianzforderungen verträglich ist. (Physic. Rev. [2] **86**. 564—65. 15/5. 1952. Turin, Univ., Ist. di Fis.) GERHARD SCHMIDT. 90

**W. Charitonow**, *Messung des Ionisationsvermögens von Teilchen mit einem neuen magnetischen Spektrometer.* Mit dem früher beschriebenen Magnetspektrometer (vgl. ALICHANJAN u. Mitarb., C. **1952**. 2625) wurde das Ionisationsvermögen von 300 Mesonen u. 470 Protonen als Funktion der Reichweite bestimmt. Bei Mesonen ergab sich Übereinstimmung mit theoret. Werten, bei Protonen nahm die Abweichung mit abnehmender Reichweite zu. (Доклады Академии Наук СССР [Ber. Akad. Wiss. UdSSR] [N. S.] **85**. 71—74. 1/7. 1952. Physikal. Inst. der Akad. der Wiss. der ArmSSR.) KIRSCHSTEIN. 90

**M. L. Goldberger,** *Eine Bemerkung über die allgemeine Theorie der Streuung.* Ausgehend von der von LIPPMANN u. SCHWINGER (C. **1952.** 4880) in der Theorie der Streuung angegebenen Integralgleichung findet Vf. durch Einführung eines Paares von Integralgleichungen die Integralgleichung von HEITLER. (Physic. Rev. [2] **82.** 757. 1/6. 1951. Chicago, Ill., Univ., Inst. for Nucl. Stud.) SPEER. 90

**Detmar Wiskott,** *Zur Berechnung der Wellenfunktionen im Coulomb-Feld bei anomaler Streuung.* Bei der Berechnung der die anomale Streuung beschreibenden Wellenfunktion mittels der von LANGER angegebenen Verallgemeinerung der WKB-Meth. kann die am klass. Umkehrpunkt auftretende Schwierigkeit durch eine ebenfalls von LANGER angegebene Meth. zur Überbrückung der Singularität der WKB-Lösungsfunktion vermieden werden. Diskussion der Meth. am Beispiel der anomalen Streuung von $\alpha$-Teilchen an zusammengesetzten spinlosen Kernen. (Z. Physik **131.** 320—25. 1952. Marburg, Inst. für Struktur der Materie.) SPEER. 90

**Vernon Myers,** *Über die Streuung von $H_2^+$ durch $H_2$.* Vf. zeigt, daß der von SIMONS u. Mitarbeitern (J. chem. Physics **11.** [1943.] 312) gefundene große Streuquerschnitt für die Streuung von $H_2^+$ durch $H_2$ mit Hilfe von Analogiebetrachtungen zu den Verhältnissen bei der *He*⁺-He-Wechselwrkg. erklärt werden kann. (J. chem. Physics **20.** 195. Jan. 1952. Pennsylvania State Coll.) CONRAD. 90

**John M. Blatt** und **L. C. Biedenharn,** *Neutron-Proton-Streuung mit Spin-Bahn-Kopplung.* 1. Mitt. *Allgemeine Ausdrücke.* Die (n-p)-Streuung im Triplettzustand wird behandelt. Dabei werden einige allg. Annahmen über die Kernkräfte gemacht, jedoch kein spezif. Kraftgesetz zugrunde gelegt. Für die Streumatrix u. die differentiellen Wirkungsquerschnitte werden allg. Ausdrücke abgeleitet. Das Verh. der darin eingehenden Parameter in der Nähe der Null-Energie wird diskutiert. (Physic. Rev. [2] **86.** 399—404. 1/5. 1952. Urbana, Ill., Univ.; Oak Ridge, Tenn., Nat. Labor.) WIEDEMANN. 90

**M. J. Poole,** *Messung von Neutronenfluß und -spektrum.* Mit Anthracenscintillationskristall, Photomultiplier u. 30-Kanal-Impulsanalysator wurde die Impulshöhenverteilung der in dem Anthracenkristall durch 2,54 MeV-Neutronen ausgelösten Rückstoßprotonen gemessen. Aus der gefundenen Verteilung wurde das Energiespektr. der Neutronen errechnet. Die Ergebnisse sind graph. wiedergegeben. Zur weiteren Prüfung des Scintillationszählers wurde der Neutronenfluß der (d-d)-Quelle durch Impulszählung u. gleichzeitig photograph. ermittelt. Die Übereinstimmung beider Methoden war gut. (Proc. physic. Soc., Sect. A **65.** 453—54. 1/6. 1952. Harwell, Berks, A. E. Res. Establ.) CONRAD. 90

**Hans Kopfermann,** *Kernmomente und Kernmodelle.* Vortrag über die Entw. der Kernmomentenforschung in den letzten 20 Jahren. Zusammenfassung des Materials an Drehimpulsen, magnet. Dipolmomenten u. elektr. Quadrupolmomenten der Atomkerne. — 25 Literaturhinweise. (Naturwissenschaften **38.** 29—34. Jan. 1951. Göttingen.) GERHARD SCHMIDT. 95

**R. A. Logan, R. E. Coté** und **P. Kusch,** *Das Vorzeichen der Quadrupolwechselwirkungsenergie in zweiatomigen Molekülen.* Best. des Vorzeichens der Quadrupolwechselwirkungsenergie der Alkalikerne in mol. Verbb., von $^{23}Na$ u. $^{7}Li$ in den Alkalihalogeniden u. von $^{35}Cl$ u. $^{37}$Cl in KCl. Der Energiewert ist positiv für $^{7}Li_2$ u. negativ für $^{23}Na_2$ sowie für die Halogenide; er ist weiter positiv für $^{133}Cs_2$ u. negativ für $^{39}K_2$, $^{85}Rb_2$, $^{87}Rb_2$ sowie für $K^{35}Cl$ u. $K^{37}Cl$. Die Ergebnisse zeigen, daß die Quadrupolwechselwirkungsenergie eines bestimmten Kerns unabhängig von der jeweiligen zweiatomigen Verb. stets das gleiche Vorzeichen besitzt. (Physic. Rev. [2] **86.** 280—87. 1/5. 1952. New York, N. Y., Columbia Univ.) SPEER. 95

**Thomas L. Collins, Alfred O. Nier** und **Walter H. Johnson jr.,** *Atommassen von Titan bis Zink.* Mit dem früher (C. **1952.** 4881) beschriebenen doppelt fokussierenden Massenspektrometer wurden mit Hilfe von Dublettmessungen die Massen folgender stabiler Isotope neu bestimmt: $^{46}$Ti, $^{47}$Ti, $^{48}$Ti, $^{49}$Ti, $^{50}$Ti, $^{51}V$, $^{50}Cr$, $^{52}$Cr, $^{53}$Cr, $^{54}$Cr, $^{55}Mn$, $^{54}Fe$, $^{56}$Fe, $^{57}$Fe, $^{58}$Fe, $^{58}Ni$, $^{60}$Ni, $^{61}$Ni, $^{62}$Ni, $^{64}$Ni, $^{63}Cu$, $^{65}$Cu, $^{64}$Zn, $^{66}$Zn, $^{67}$Zn, $^{68}$Zn u. $^{70}$Zn. Die angegebenen Massenwerte wurden auf die l. c. bestimmten Grundstandards $^{1}$H u. $^{12}$C bezogen. Der Vgl. einiger so bestimmter Massendifferenzen mit Werten aus Kern-Rkk. ergibt im allg. sehr gute Übereinstimmung. Beim Vers., die Potentialfunktionen in der WIGNER-Formel für die Kernbindungsenergien mit Hilfe der gemessenen Massendefekte den experimentellen Daten anzupassen, deutet sich die Existenz mag. Zahlen bei 20 u. 28 Protonen u. Neutronen im Auftreten von Diskontinuitäten an. (Physic. Rev. [2] **86.** 408—12. 1/5. 1952. Minneapolis, Minn., Univ., Dep. of Phys.) CONRAD. 100

**R. Sher, J. Halpern** und **W. E. Stephens,** *Schwellenwerte von Photoneutronenreaktionen.* Für mehrere Substanzen wurden im Energiebereich vom Schwellenwert bis zu 22 MeV die Neutronenausbeuten als Funktionen der maximalen Energie der Betatron-

Bremsstrahlung gemessen. Proben sehr großer Reinheit von ca. 50 g wurden in einen Paraffinblock eingelegt, in welchem auch ein $^{10}BF_3$-Zähler angebracht war. Das stark begrenzte Röntgenstrahlbündel fiel axial auf die Proben. Die Entfernung von der Probe zum Betatrontarget betrug ca. 8,5 ft. Der Zähler befand sich parallel zum Bündel in einer Entfernung von 2,54 cm. Die maximale Energie des Röntgenstrahlbündels wurde durch Ausweitung des Elektronenbündels im Betatron bei jedem gewünschten Wert des Magnetfeldes variiert. Die Energieskala wurde durch Verwendung der Schwellenwerte der D-Photozertrümmerung bei 2,23 MeV, der $^{63}$*Cu* ($\gamma$, n) $^{62}$Cu-Rk. bei 10,9 MeV u. der $^{12}$*C* ($\gamma$, n) $^{11}$C-Rk. bei 18,7 MeV geeicht. Die Schwellenwerte wurden durch Darst. der Quadratwurzel der Neutronenausbeute als eine Funktion der Energie im Bereich um den Schwellenwert bestimmt. Insgesamt wurden die Photoneutronen-Schwellenwerte von 31 Ausgangsisotopen von $^{10}$*B*–$^{183}$*W* mit einer Fehlergrenze von im Durchschnitt $\pm$0,3 MeV gemessen. (Vgl. auch C. 1952. 5363.) (Physic. Rev. [2] **81.** 154—55. 1/1. 1951. Philadelphia, Pa., Randal Morgan Labor. of Phys.) GERHARD SCHMIDT. 103

**Frank Wagner jr.** und **Melvin S. Freedman,** *Das $\beta$-Spektrum von $^{99}$Tc.* (Sitzungsbericht.) Eine dünne Probe (95 $\mu$g/cm$^2$) wird durch Aufdampfen von $NH_4TcO_4$ im Vakuum auf einen Al-Träger (150 $\mu$g/cm$^2$) hergestellt u. im Doppellinsenspektrometer mit $\pm$4% Auflösung untersucht. Die Rückstreuung durch die Al-Folie wird durch Vgl. mit dem Spektr. von $^{147}$*Pm* ermittelt. Während Pm ohne Rückstreuung ein von 227—10 keV lineares Spektr. zeigt, weicht das Spektr. mit Rückstreuer von der Linearität ab (6% bei 30 keV). Das korr. $^{99}$Tc-Spektr. verläuft bis zu $\sim$35 keV gradlinig. (Physic. Rev. [2] **86.** 631—32. 15/5; Bull. Amer. physic. Soc. **27.** Nr. **1.** 56—57. 31/1. 1952. Argonne Nat. Labor.) GERHARD SCHMIDT. 103

**C. E. Mandeville** und **E. Shapiro,** *Strahlungen aus radioaktivem $^{105}$Rh.* Vff. beschießen *Ru*-Metall mit langsamen Meilerneutronen, lösen das bestrahlte Metall in konz. $HCl/HNO_3$ (10:1) u. trennen nach Zugabe von Rh-Trägersubstanz das unveränderte Ru durch zweimalige Dest. als $RuO_4$ aus $HClO_4/H_2SO_4$-saurer Lsg. ab. Rh wird durch Red. mit Mg-Pulver gefällt. Aus Absorptionsmessungen mit Al u. Pb wird $E_{\beta max}$ = 0,55 MeV erhalten; die Energie der $\gamma$-Quanten liegt bei 0,3 MeV. Aus $\beta$–$\gamma$-Koinzidenzmessungen ergibt sich, daß <8% der $\beta$-Zerfälle mit $\gamma$-Emission gekoppelt sind. (J. Franklin Inst. **253.** 145—51. Febr. 1952. Swarthmore, Pa., Bartol Res. Found. of the Franklin Inst.) WEIGEL. 103

**Rolf M. Steffen,** *Die Winkelkorrelation der $^{106}$Pd-$\gamma$-Strahlen.* (Sitzungsbericht.) Eine mögliche Erklärung der beobachteten Winkelkorrelation der $^{106}$Pd-$\gamma$-Strahlen liefert die Reduzierung der Korrelation wegen des magnet. Feldes der Atomschale. Der Grundzustand des $^{106}$Pd-Atoms ist jedoch ein $^1S_0$-Zustand; das Atom muß daher stark ionisiert oder angeregt sein, um die Orientierung des Kerns während der kurzen Lebensdauer ($\sim 10^{-11}$ Sek.) des Zwischenzustandes merklich zu stören. Durch Einbettung der zerfallenden Atome in Metalle u. Ionenkristalle sollte es möglich sein, die Korrelations–Reduzierungs-Effekte zu ändern. In beiden Fällen war die Winkelkorrelation innerhalb 2% gleich. Strahlenquellen, in denen $^{106}$*Rh* eine Gitterstörung im Kristall (AgCl, NaCl) hervorrief, zeigten keine Änderung in der Winkelkorrelation, wogegen mit in gleicher Weise hergestellten $^{111}$*In*-Quellen eine maximale Anisotropie von 2 $\pm$ 2% gefunden wurde. (Physic. Rev. [2] **86.** 632. 15/5.; Bull. Amer. physic. Soc. **27.** Nr. 1. 57. 31/1. 1952. Purdue Univ.) GERHARD SCHMIDT. 103

**J. J. G. McCue, A. E. Francis** und **Clark Goodman,** *Anregung des metastabilen $^{111}$Cd durch unelastische Streuung von Neutronen.* (Sitzungsbericht.) Nahezu monoenerget. Neutronen bauen das metastabile 49 Min.-$^{111}$Cd durch unelast. Streuung auf. Das Wirkungsquerschnitt–Neutronenenergie-Diagramm ist zur Energieachse hin konkav. Die Schwelle liegt bei 400 $\pm$ 20 keV. Spitzen bei 720 $\pm$ 20 u. 1150 $\pm$ 20 keV zeigen Anregungen höherer Niveaus an. Bei 1350 keV ist der Wirkungsquerschnitt ca. 13 mal größer als bei 580 keV, wo ein örtlich begrenztes Maximum liegt. (Physic. Rev. [2] **86.** 632. 15/5.; Bull. Amer. physic. Soc. **27.** Nr. 1. 57. 31/1. 1952. M. I. T.) GERHARD SCHMIDT. 103

**M. W. Johns, C. D. Cox** und **C. C. McMullen,** *Die Spinwerte der angeregten Zustände von $^{114}$Cd.* (Sitzungsbericht.) Vff. bestimmen die $\gamma$–$\gamma$-Winkelkorrelationsfunktion für die 552 u. 722 keV-$\gamma$-Strahlen des $^{114}$*In* durch Anthracenkristalle in Koinzidenzschaltung mit $5 \cdot 10^{-9}$ Sek. Auflösung. Die Funktion kann in Termen einer (0–2–2)-Kaskade mit (2–2)-Übergang beschrieben werden. (Physic. Rev. [2] **86.** 632. 15/5.; Bull. Amer. physic. Soc. **27.** Nr. 1. 57. 31/1. 1952. McMaster Univ.) GERHARD SCHMIDT. 103

**F. H. Schmidt** und **G. L. Keister,** *Das $\beta$-Spektrum des 2,3 Jahre-$^{134}$Cs.* (Sitzungsbericht.) Mit einem Solenoidspektrometer hoher Auflösung werden die beim Zerfall von $^{134}$Cs frei werdenden Elektronen untersucht. Aus 7 $\gamma$-Strahlen wurden Konversionselektronen mit folgenden Energien (in keV) bestimmt: 561,5 $\pm$ 1,0, 566,5 $\pm$ 0,8, 601,2 $\pm$ 0,5, 793,1 $\pm$ 0,7, 1037,2 $\pm$ 2,6, 1164,4 $\pm$ 2,9 u. 1365,7 $\pm$ 3,3. Die drei Linien hoher Energie sind sehr schwach. Das kontinuierliche Spektr. deutet zwei energiereiche Komponenten mit Endpunkten bei 30—40 keV an. Der Endpunkt der Abzweigung (ca. 24%) niedriger Energie liegt bei 79 keV. Dadurch läßt sich ein Schema für $^{134}Ba$ mit Niveaus bei 793, 1359, 1394 u. 1955 keV aufstellen. Die K-Konversionskoeffizienten für die 793 u. 601 keV-$\gamma$-Strahlen liegen bei $2{,}1 \pm 0{,}2$ bzw. $5{,}7 \pm 0{,}5 \cdot 10^{-3}$. (Physic. Rev. [2] **86.** 632. 15/5.; Bull. Amer. physic. Soc. **27.** Nr. 1. 57. 31/1. 1952. Univ. of Washington.) Gerhard Schmidt. 103

**D. E. Alburger** und **J. Kraushaar,** *Das Zerfallsschema und die Winkelkorrelation von $^{144}Pr$.* (Sitzungsbericht.) Mit einem Linsenspektrometer wurden beim Zerfall des 17 Min.-$^{144}$Pr maximale $\beta$-Strahlenergien von $2{,}965 \pm 0{,}015$ MeV (90%), $2{,}3 \pm 0{,}1$ MeV (ca. 5%) u. $0{,}86 \pm 0{,}1$ MeV (ca. 5%) beobachtet. Gleichzeitig wurden $\gamma$-Strahlen von $0{,}695 \pm 0{,}005$ MeV, $1{,}48 \pm 0{,}01$ MeV u. ein cross-over-Übergang von $2{,}185 \pm 0{,}015$ MeV mit den relativen Intensitäten 1:0,4:1,1 gefunden. Aus Koinzidenzmessungen ergab sich die Winkelkorrelation zu $1 - 0{,}33 \cos^2 \theta$, was entweder für eine (1–1–0)- oder (1–2–0)-Kaskade charakterist. ist. Im Zerfallsschema wird der erste angeregte Zustand von $^{144}Nd$ bei 0,695 MeV mit dem Spin 2 u. gerader Parität angenommen. Das zweite Niveau liegt bei 2,185 MeV u. hat den Spin 1 u. gerade Parität. Alle $\beta$-Übergänge sind nach den Auswahlregeln erlaubt, falls $^{144}$Pr der Spin 1 u. gerade Parität zugeschrieben wird. (Physic. Rev. [2] **86.** 633. 15/5.; Bull. Amer. physic. Soc. **27.** Nr. 1. 58. 31/1. 1952. Brookhaven Nat. Labor.) Gerhard Schmidt. 103

**Rex C. Mack, Donald I. Prickett** und **M. L. Pool,** *Europium 148 und 150.* (Sitzungsbericht.) Der Beschuß der angereicherten Isotope $^{148}Sm$, $^{149}Sm$ u. $^{150}Sm$ führt zu zwei neuen Aktivitäten mit 13,1 Std. u. 58,6 Tagen Halbwertszeit. Die erste Aktivität ist ein $\beta$-Strahler, die Hauptkomponente des komplexen $\beta^-$-Spektr. hat einen Endpunkt bei ca. 0,85 MeV. Diese Aktivität wird $^{150}$Eu zugeschrieben. Die 58,6 Tage-Aktivität, ein unter K-Einfang zerfallender $\gamma$-Strahler, wird $^{148}$Eu zugeschrieben. 0,69 MeV-$\gamma$-Strahlen u. Konversionselektronen wurden in Verbindung mit dieser Aktivität beobachtet. (Physic. Rev. [2] **86.** 633. 15/5.; Bull. Amer. physic. Soc. **27.** Nr. 1. 58. 31/1. 1952. Ohio State Univ.) Gerhard Schmidt. 103

**M. S. Freedman, F. Wagner jr., A. H. Jaffey** und **J. May,** *Strahlungen von $^{231}Th$ ($UY$).* (Sitzungsbericht.) In einem Doppellinsenspektrometer mit ±3% Auflösung wurde das $\beta$-Spektr. von $^{231}$Th untersucht. Die Proben wurden trägerfrei von reinem $^{235}U$ getrennt. Drei $\beta$-Komponenten mit maximalen Energien von 302 keV (44%), 216 keV (11%) u. 93 keV (45%) sowie 19 Konversionslinien der $\gamma$-Strahlen von 208, 167, 107, 85, 63, 59 u. 22 keV wurden gefunden. Jeder $\gamma$-Strahl wurde direkt im Scintillations (NaJ–Tl)-Spektrometer beobachtet. Hierbei wurde zusätzlich ein 122 keV-$\gamma$-Strahl gefunden. (Physic. Rev. [2] **86.** 633. 15/5.; Bull. Amer. physic. Soc. **27.** Nr. 1. 58. 31/1. 1952. Argonne Nat. Labor.) Gerhard Schmidt. 103

**R. Keller, J. M. Tharrats, F. Verdaguer** und **C. Sánchez del Río,** *Die Freisetzung von Neutronen durch Uran-Spaltung.* Die Zahl der bei Spaltung eines U-Kerns ausgesandten Neutronen wird zu $2{,}49 \pm 0{,}12$ bestimmt. Für die Ablösewahrscheinlichkeit (scape probability) ergibt sich $p = 0{,}98 \pm 0{,}01$. Der Absorptionsverlust durch Resonanz ist also gering. Als Indicator wird $Dy_2O_3$ auf Al verwendet; das Verhältnis von therm. zu epitherm. D. bei gleicher Gesamtzahl an Neutronen beträgt dabei 1,11. (An. Real Soc. españ. Física Quím., Ser. A **48.** 27—34. Jan./Febr. 1952. Genf, Univ., Inst. de Phys.). R. K. Müller. 103

—, *Kernphysikalische Daten für Reaktoren niedriger Energie.* Der Spaltungswirkungsquerschnitt von natürlichem $U$ durch Neutronen mit Energien zwischen 0,7 u. 5,0 MeV wird graph. dargestellt. Die Anzahl der Neutronen pro $^{235}$U-Spaltung wird zu $2{,}5 \pm 0{,}1$ angegeben. Für die Resonanzabsorption wird der für Reaktoren niedriger Energie geltende Integralausdruck aufgestellt. (Nucleonics **8.** Nr. 1. 78. Jan. 1951.) Gerhard Schmidt. 105

**J. F. Steljes,** *Lagerstättenerforschung aus der Luft und die Absorption von $\gamma$-Strahlung.* Vf. zweifelt den von Peirson u. Franklin benutzten Heitlerschen Wert für den Absorptionskoeff. der Ra-$\gamma$-Strahlung in Luft an. Messungen mit NaJ-Scintillationszählern ergaben unter Berücksichtigung der Streustrahlung den Wert $3{,}5 \cdot 10^{-5}$ cm$^{-1}$. (Brit. J. appl. Physics **3.** 203. Juni 1952. Chalk River, Ont., A. E. C., Nat. Res. Counc. of Canada.) H. Hauswald. 105

**D. H. Peirson** und **E. Franklin,** *Lagerstättenerforschung aus der Luft und die Absorption von $\gamma$-Strahlung.* (Vgl. vorst. Ref.) Vff. führen die Differenz mit dem Wert von Steljes auf die verschied. Charakteristiken der benutzten Detektoren zurück. (Brit. J. appl. Physics **3.** 203—04. Juni 1952. Harwell, Berks., A. E. Res. Establ.) H. Hauswald. 105

**Gilbert Swift,** *Gleichzeitige Tiefenlotung mit $\gamma$-Strahlen und Neutronen.* Vf. beschreibt eine fahrbare Meßstation für radioakt. Unterss. des Erdinneren in Bohrschächten. Eine

Meßsonde wird in variabler Höhe im Schacht fixiert u. die dort einfallende $\gamma$-Intensität durch eine eingebaute Ionisationskammer gemessen. Erfahrungsgemäß enthalten Sand- u. Kalksteinschichten weniger radioakt. Spuren als z. B. Ton. Zur Best. des Feuchtigkeitsgeh. der einzelnen Schichten führt die Sonde außerdem eine Neutronenquelle (Ra + Be) mit. Bei Auftreffen der schnellen Neutronen auf das umgebende Gestein werden $\gamma$-Strahlen ausgelöst, deren Intensität eindeutig vom Feuchtigkeitsgeh. des Gesteins abhängt. Gleichzeitige Aufzeichnung beider Meßkurven in veränderlicher Tiefe ermöglicht daher weitgehende Angaben über die geolog. Struktur des Erdinneren. (Geophysics **17.** 387—94. April 1952. Tulsa, Okla., Well Surveys Inc.) REUSSE. 105

**W. Richter**, *Das Zählrohr und seine Anwendungen bei geologischen Aufschlußarbeiten und im Bergbau.* Beschreibung des Prinzips der im Bergbau verwendeten GEIGER-Zähler. Übersicht über $\gamma$-Messungen an Gesteinsschichten, Mineralien u. in Bohrlöchern. Öl–W.-Unterscheidung mittels erzwungener Radioaktivität durch Beschuß mit langsamen Neutronen. (Bergakademie, Freiberger Forschh., Nr. **8.** Ausg. C Nr. 3. 86—95. Jan. 1952. Freiberg.) FROST. 105

**G. I. Gleason, J. D. Taylor** und **D. L. Tabern**, *Absolute β-Zählung bei genau abgegrenzter Geometrie.* Die zur absol. Best. der Zerfallsgrößen von $\beta$-Strahlern aufgestellten Gleichungen lassen sich durch Verwendung einer Standardgeometrie mit einem Kollimatorrohr zwischen Strahlenquelle u. Zähler lösen. Für die Approximation der $\beta$-Absorption wird ein Ausdruck angegeben. Die für 5 mg/cm² berechneten Korrekturwerte sind in guter Übereinstimmung mit den beobachteten Werten, wobei $\beta$-Strahlen mit maximalen Energien von 0,154—3,55 MeV benutzt werden. (Nucleonics **8.** Nr. 5. 12—21. Mai 1951. North Chicago, Ill., Abbott Labors.) GERHARD SCHMIDT. 112

**Addison C. Sheckler**, *Konstruktionscharakteristiken von Luftproportionalzählern.* Best. einer optimalen Anordnung für Luft-Proportionalzähler durch Verwendung eines Zählers mit variablen Dimensionen u. durch Unters. der Strömungsverteilungen. Angabe der elektr. Charakteristiken u. der Wrkg. der Bandbreitenveränderung auf die Ausschlagsamplitude. (Nucleonics **8.** Nr. 1. 44—49. Jan. 1951. Syracuse, N. Y., Gen. Electr. Comp.) GERHARD SCHMIDT. 112

**D. H. Le Croissette** und **J. Yarwood**, *Die Gasfüllung und einige Charakteristiken von mit Brom gelöschten Geiger-Müller-Zählern.* Die Herst. von G. M.-Zählern mit $Br_2$ als Löschgas in einer Füllung von Ne u./oder Ar wird unter Berücksichtigung der Partialdrucke beschrieben. Ein empir. gefundenes Gesetz über Einsatzspannung u. Partialdruck wird aufgestellt. Die Wrkg. eines kleinen Prozentsatzes Ar in einem $Br_2$–Ne-Zähler macht sich in der Länge des GEIGER-Bereiches bemerkbar. (J. sci. Instruments **28.** 225—28. Aug. 1951. London, The Polytechnic, Dep. of Math. and Phys.) GERHARD SCHMIDT. 112

**J. Weill, A. Rogozinski, G. Rastoix** und **P. Janot**, *Styloelektrometer, ein Taschendosimeter.* Vff. beschreiben ein stielförmiges Quarzfadenelektrometer (Länge 130 mm, Außendurchmesser 12 mm) zur Best. von Strahlungsdosen, z. B. bei medizin. Anwendungen. An einem Ende befindet sich eine Ionisationskammer, die mittels einer Ladevorr. aus einer ZAMBONI-Batterie (200 V) geladen werden kann. Der den Ladezustand anzeigende Quarzfaden wird vom anderen Ende aus durch ein Okular mit Mikrometer beobachtet. (J. Radiol. Électrol. Arch. Électr. méd. **33.** 43—45. 1952. Commissariat à l'Énergie Atom.) REUSSE. 112

---

M. I. Korssunski, Der Atomkern. 4. Aufl. Moskau-Leningrad: Gosstechisdat. 1952. (374 S. m. Abb.) 7 Rbl. 75 Kop. [russ.]

## A₂. Optisches Verhalten der Materie.

**J. H. Oort**, *Radiostrahlung aus dem Weltraum.* Übersicht über die geschichtliche Entw. der Forschungen. (Nederl. Tijdschr. Natuurkunde **18.** 116—18. Mai 1952.) WESLY. 113

**C. A. Muller**, *Beobachtungsverfahren.* Übersicht über die wichtigsten Beobachtungsverff., die bei radioastronom. Unterss. angewandt werden (Best. der Helligkeitsverteilung der Radiostrahlung über den Himmel bei verschied. Wellenlängen, der Polarisation der Radiostrahlung, des Spektr. der Strahlung der gestörten Sonne u. einer Spektrallinie in der Radiostrahlung). (Nederl. Tijdschr. Natuurkunde **18.** 119—26. Mai 1952.) WESLY. 113

**J. Houtgast**, *Radiostrahlung der ungestörten Sonne.* Zur Berechnung der Radiostrahlung werden mehrere Beziehungen abgeleitet. Die Perioden, in denen die Sonne ungestört ist, sind selten u. von kurzer Dauer. Die Radiostrahlung der ungestörten Sonne folgt einer 11 jährigen Periode in dem Sinne, daß sie im Maximum am stärksten ist. (Nederl. Tijdschr. Natuurkunde **18.** 130—34. Mai 1952.) WESLY. 113

**Alfred Reule,** *Zur thermischen Emission der Sonnencorona im Wellenlängenbereich zehn Zentimeter bis zehn Meter.* Für verschied. Coronamodelle wird die therm. Emission der Sonne berechnet. Ferner wird ein Verf. angegeben, um aus der gemessenen Intensitätsverteilung über die Sonnenscheibe den Temperaturverlauf in der Corona zu berechnen. Die Elektronendichte u. die Frage ihrer Symmetrie sowie der Einfl. von Coronastrahlen werden behandelt. (Z. Naturforsch. **7a.** 234—47. März/April 1952. Tübingen, Univ., Astronom. Inst.) WIEDEMANN. 113

**K. O. Kiepenheuer,** *Teilchenemission der Sonne.* Die Anschauung von BIRKELAND wurde erneut untersucht. Es wird die Emission der Sonnenkorpuskeln unter Verwendung des MILNE-Mechanismus, angewandt auf *Ca II*-Ionen, diskutiert. Außerdem werden die langlebigen Sonnenkorpuskelströme, die Störungen des magnet. Erdfeldes hervorrufen, identifiziert. Sie können vollständig als Verdampfung von Corona-Protonen in den Raum erklärt werden. Die nicht beobachtbaren M-Regionen sind wahrscheinlich mit den Corona-Lichtstrahlen verbunden. (J. geophys. Res. **57.** 113—20. März 1952. Williams Bay, Wis., Yerkes Obs.) D. HAHN. 113

**H. K. Paetzold,** *Die optischen Erscheinungen bei einer Mondfinsternis.* Reine Atmosphäre, $O_3$- u. Dunstschicht bestimmen Färbung, Helligkeitsverlauf u. Schattengrenze. Die Absorption durch $O_3$ verursacht die grüne Zone am Kernschattenrand. Die Änderungen der Schattenvergrößerung machen die Existenz einer weiteren schwach absorbierenden Schicht in ca. 100 km Höhe wahrscheinlich. (Z. Astrophysik **30.** 282—92. 1952. Weißenau, Forschungsstelle für Phys. der Stratosphäre.) F. W. KRÜGER. 113

**Harrison Shull,** *Übergangswahrscheinlichkeiten.* 2. Mitt. *Berechnung halbtheoretischer f-Werte für Wasserstoff mittels des Dipol-Geschwindigkeitsoperators.* (1. vgl. Astrophysic. J. **112.** [1950.] 352.) Ausführliche Wiedergabe der C. **1952.** 4567 referierten Arbeit. (J. chem. Physics **20.** 18—21. Jan. 1952. Ames, Iowa, Iowa State Coll., Dep. of Chem., u. Inst. for Atomic Res.) R. WOLFF. 114

**J. C. Decius,** *Beziehungen zwischen den Schwingungsintensitäten bei Isotopenmolekülen.* (Sitzungsbericht.) Nach Arbeiten von CRAWFORD (unveröffentlicht) bestehen zwischen den integrierten Schwingungsintensitäten $A_k$ u. $A_k^*$ von Moll. u. ihren Isotopensubstituenten einfache Beziehungen der Form $\Sigma_k A_k/\lambda_k = \Sigma_k A_k^*/\lambda_k^*$, wobei $\lambda_k = 4\pi^2 \nu_k^2$ eine Grundschwingungsfrequenz ist. Diese Beziehung gilt nur, wenn die Grundschwingungsfrequenzen nicht gleichzeitig Rotationskomponenten sind. Andernfalls ist auf der rechten Seite der Gleichung ein Zusatzglied $\Phi$ notwendig, das eine Funktion der Massenänderung, des Trägheitsmomentes, der Dipolmomentkomponenten, gewisser Kraftkonstanten usw. ist. $\Phi$ verschwindet, wenn das Mol. kein permanentes Dipolmoment hat. (Physic Rev. [2] **85.** 755. 15/2. 1952; Bull. Amer. physic. Soc. **26.** Nr. 8. 7. 27/12. 1951. Oregon State College, Dep. of Chem.) RUDOLPH. 114

**Daniel Curie,** *Über die Breite der Strahlen und die Hyperfeinstruktur in den Röntgenspektren.* Um eine Übereinstimmung zwischen Vers. u. Theorie der Hyperfeinstruktur der Röntgenemissionsspektren zu erreichen, wurde die Theorie der Breite der Spektrallinien von WEISSKOPF u. WIGNER benutzt, u. zwar für den Fall, daß der Abstand der zwei K-Niveaus kleiner ist als die Breite. Es wurde festgestellt, daß die nach dem gewöhnlichen Modell errechneten Breiten der K-Linien um einen Faktor 2 zu klein sind. (C. R. hebd. Séances Acad. Sci. **233.** 1351—53. 26/11. 1951.) GOTTFRIED. 116

**Robert A. Satten,** *Das Spektrum von $Nd^{3+}$ in Kristallen.* (Sitzungsbericht.) Verss. zur Identifizierung der Übergänge vom Grundzustand zu verschied. Quartettniveaus der $f^3$-Elektronen, wobei u. a. das empir. Termdiagramm der Absorptionslinien (zwischen 3500 u. 9000 Å) des festen $Nd(BrO_3)_3 \cdot 9\,H_2O$ bei Raumtemp. u. der Temp. des fl. $N_2$ zur Hilfe genommen wurde. Das Termdiagramm ergibt die Aufspaltung der Niveaus des freien $Nd^{3+}$-Ions im Kristallfeld. Der $^4J_{9/2}$-Grundzustand ist in 5 Niveaus bei 0, 115, 184, 363 u. 382 $cm^{-1}$ aufgespalten. (Physic. Rev. [2] **85.** 755. 15/2. 1952; Bull. Amer. physic. Soc. **26.** Nr. 8. 7. 27/12. 1951. Los Angeles, Univ. of California.) RUDOLPH. 118

**W. D. Perkins** und **M. Kent Wilson,** *Das Schwingungsspektrum von Distickstofftetroxyd.* (Sitzungsbericht.) Mitt. über zwei neue Infrarotbanden des $N_2O_4$ bei 430 u. 684 $cm^{-1}$, die sich als Normalfrequenzen einordnen lassen. Betrachtungen auf Grund der Auswahlregeln u. eines Vgl. der RAMAN-Spektren von fl. u. festem $N_2O_4$ führen zur Annahme einer ebenen Konfiguration vom Äthylentyp. (Physic. Rev. [2] **85.** 755. 15/2. 1952; Bull. Amer. physic. Soc. **26.** Nr. 8. 7. 27/12. 1951. Harvard Univ.) RUDOLPH. 120

**D. S. Webber** und **A. N. Baker jr.,** *Die Struktur der 3μ-Bande des $NaBr \cdot 2\,H_2O$.* (Sitzungsbericht.) Aufnahmen an dünnen Einkristallen von $NaBr \cdot 2\,H_2O$ zeigen 4 Bandenkomponenten: 1. bei 3478 cm$^{-1}$ (asymm. Grundschwingung des Wassermol.); 2. bei 3420 cm$^{-1}$ u. 3. bei 3551 cm$^{-1}$ (symm. Grundschwingung $\nu_1$, aufgespalten durch das Kristallfeld) sowie 4. bei 3239 cm$^{-1}$ (vorläufig einem polymeren Effekt zugeschrieben). Die Komponente $\nu_3$, die den Hauptanteil der Absorption bildet, ist prim. infrarotakt., $\nu_1$ RAMAN-aktiv. (Physic. Rev. [2] **85.** 755. 15/2. 1952; Bull. Amer. physic. Soc. **26.** Nr. 8. 7. 27/12. 1951. Los Angeles, Univ. of California.) RUDOLPH. 120

**A. W. Ssokolow** und **W. I. Tscherepanow,** *Optische Eigenschaften von metallischen Legierungen im Gebiet des infraroten Spektrums.* Vff. untersuchen theoret. die opt. Eigg. teilweise geordneter Legierungen im langwelligen Spektralgebiet. Die Ordnungsanomalien opt. Eigg. sind dadurch bedingt, daß der Brechungs- u. Absorptionskoeff. sowie die Reflexions- u. Emissionseigg. im Infrarot nicht nur Funktionen der Konz., sondern auch des Fernordnungsgrades $\eta$ sind. (Журнал Экспериментальной и Теоретической Физики [J. exp. theoret. Physik] **22.** 493—98. April 1952. Swerdlowsk, Univ., Inst. für Metallphys. der Uraler Zweigstelle der Akad. der Wiss. der UdSSR.) AMBERGER. 120

**Earle K. Plyler, Norman M. Gailar** und **Thomas A. Wiggins,** *Einige genau vermessene Infrarotwellenlängen zur Eichung von Gitterspektrometern.* Durch Überlagerung von Standardemissionslinien in höherer Ordnung über Absorptionsspektren von *Wasser*-Dampf u. $CH_4$ im Bereich von 1,1—2,3 $\mu$ werden 60 Absorptionslinien dieser Stoffe auf besser als $\pm$0,1 Å vermessen. Die Resultate werden in Tabellenform u. beschrifteten Absorptionsspektren wiedergegeben. (J. Res. nat. Bur. Standards **48.** 221—27. März 1952.) EICHHOFF. 120

**George Newell** und **R. H. Dicke,** *Eine Verringerung der Dopplerbreite von Mikrowellenabsorptionslinien.* Kurze Mitt. zu der C. **1952.** 2961 referierten Arbeit. (Physic. Rev. [2] **81.** 297. 15/1. 1951; Bull. Amer. physic. Soc. **25.** Nr. 5. 9. 24/11. 1950. Princeton Univ.) STAHL. 121

**W. S. Koski, T. Wentink jr.** und **V. W. Cohen,** *Die Masse von $^{35}S$ aus der Mikrowellenspektroskopie.* (Sitzungsbericht.) An $OC^{34}S$- u. $OC^{35}S$-Moll. wurden die Rotationsübergänge $J = 1 \rightarrow 2$ beobachtet. Für die Eigenfrequenz von $OC^{35}S$ folgt der Wert 23457,403 $\pm$ 0,11 MHz. Es folgen weiter die Frequenzverhältnisse $(^{35}m - {}^{32}m)/(^{34}m - {}^{32}m) = 1{,}50156 \pm 0{,}0015$ u. $(^{35}m - {}^{32}m)/(^{33}m - {}^{32}m) = 2{,}99882 \pm 0{,}00030$, sowie $^{35}m = 34{,}97898 \pm 0{,}00032$. Der Abstand C—O ergab sich zu 1,1637, jener von C—S zu 1,5582 Å. (Physic. Rev. [2] **81.** 296—97. 15/1. 1951; Bull. Amer. physic Soc. **25.** Nr. 5. 8—9. 24/11. 1950. Brookhaven Nat. Labor.) STAHL. 121

**R. M. Vanderberg,** *Ungewöhnliche Dispersionseffekte von Gips im nahen Infrarot.* (Sitzungsbericht.) Für eine Gipsplatte zwischen gekreuzten Nicols gibt es für infrarotes Licht keine Orientierung, bei der Auslöschung für alle Wellenlängen erfolgt. Ursache ist eine große Dispersion der Doppelbrechung im Anomaliegebiet des Gipses um 2 $\mu$ (Absorptionsbande des Kristallwassers). (Physic. Rev. [2] **85.** 755. 15/2. 1952; Bull. Amer. physic. Soc. **26.** Nr. 8. 7. 27/12. 1951. Los Angeles, Univ. of California.) RUDOLPH. 122

**Pierre Loudette,** *Entwicklung der Untersuchungen über den Zirkulardichroismus und den natürlichen Cotton-Effekt.* Vf. berichtet zusammenfassend über die bisherigen Beobachtungen u. Anschauungen über den COTTON-Effekt. (J. Physique Radium **13.** 11 S—13 S. März 1952.) RUDOLPH. 122

**Ss. I. Pekar,** *Zur Theorie der durch Zusätze bedingten Luminescenz und Lichtabsorption in Dielektrika.* Vf. betrachtet opt. Elektronenübergänge in durch Zusätze bedingten „Zentren" des Dielektrikums oder Halbleiters u. untersucht die Wechselwrkg. opt. Elektronen mit Ionen- (Atom-) Schwingungen des Kristalls, die zu einer Verschiebung der Gleichgewichtslagen der Ionen infolge des opt. Übergangs führt. Vf. begründet theoret. u. verfeinert das Spiegelsymmetriegesetz von LEWSCHIN u. weist auf die Grenzen seiner Anwendbarkeit hin. Für Ionenkristalle sind die Absorptions- u. Luminescenz- (A.- u. L.-) Banden glockenförmig u. werden von zwei, vom Kristall u. dem Typ des „Zentrums" abhängigen Parametern a u. $\omega$ bestimmt. Zwischen den Halbwertsbreiten $\delta$ der A. (u. L.)-Banden u. der STOKESschen Verschiebung $\Delta\Omega$ besteht bei hohen Tempp. die Beziehung $\delta = 2\sqrt{2 \cdot \ln 2} \cdot \sqrt{\Delta\Omega KT}$, bei tiefen $\delta_0 = 2\sqrt{\ln 2\ \Delta\Omega\hbar\omega}$. Vf. leitet zwischen der Lage der Maxima der A.- u. L.-Banden u. der Energie des entsprechenden therm. Übergangs einfache, nicht nur für Ionen-, sondern beliebige dielektr. Kristalle gültige Beziehungen ab u. gibt für verfärbte *NaCl-, KCl-, KBr-* u. *KJ*-Kristalle eine Übersicht seiner berechneten Werte von a, $\hbar\omega$, $\Delta\Omega$ u. der Frequenzen der A.- u. L.-Bandenmaxima. (Журнал Экспериментальной и Теоретической Физики [J. exp. theoret. Physik] **22.** 641—57. Juni 1952. Inst. für Phys. der Akad. der Wiss. der UkrSSR.) AMBERGER. 125

## $A_3$. Elektrizität. Magnetismus. Elektrochemie.

**Taro Kihara**, *Die mathematische Theorie von elektrischen Entladungen in Gasen.* Die Theorie beschränkt sich zunächst auf den einfachen Fall einer gegenüber der Neutralgasdichte sehr kleinen Ladungsträgerdichte. Ferner wird ein Molekülmodell vorausgesetzt, bei dem der (elast.) Stoßkoeff. umgekehrt proportional der relativen Geschwindigkeit der Stoßpartner ist. Mit diesen Annahmen werden nach dem Vorbild der kinet. Gastheorie die allg. Gesetzmäßigkeiten abgeleitet, bes. auch die Geschwindigkeitsverteilungen der Elektronen bei elast. Stoß u. beim Auftreten einer Anregung. Zu den Durchbruchserscheinungen wird auf der Basis der entwickelten Theorie kurz Stellung genommen. (Rev. mod. Physics **24**. 45—61. Jan. 1952. Tokyo, Univ. of Tokyo, Dep. of Phys.) PIEPLOW. 131

**W. P. Allis, Sanborn C. Brown** und **Edgar Everhart**, *Verteilung der Elektronendichte in einer Hochfrequenzentladung bei Plasmaresonanz.* Da in hochfrequenten Gasentladungen u. bei Vorhandensein von Plasmaresonanz das elektr. Feld an den Stellen der Plasmaresonanz ein Maximum wird, ist auch die Ionisierung an diesen Stellen am höchsten. Diese Verhältnisse werden für eine Entladung zwischen zwei parallelen Platten im einzelnen durchgerechnet; die Ergebnisse decken sich mit visuellen Beobachtungen derartiger Entladungen. (Physic. Rev. [2] **84**. 519—22. 1/11. 1951. Cambridge, Mass., Massachusetts Inst. of Technol., u. Storrs, Conn., Univ. of Connecticut.) PIEPLOW. 131

**Harald Norinder** und **Reinhards Siksna**, *Ionenerzeugung in einem Raum durch ultraviolettes Licht aus einem Quarz-Quecksilberbogen und durch einen offenen elektrischen Heizer.* Die Ionenerzeugung in einem geschlossenen u. relativ großen Raum von 16,5 $m^3$ in Luft unter Atmosphärendruck wird gemessen, wenn dieser Raum einmal von einer UV-Lichtquelle u. dann von einem auf Rotglut gebrachten elektr. Heizer bestrahlt wird. Die UV-Einstrahlung erzeugt überwiegend große negative Ionen; es wird angenommen u. scheint mit den Meßergebnissen übereinzustimmen, daß die UV-Bestrahlung sowohl Photoelektronen an den Wänden u. anderen Festkörpern auslöst als auch die Bldg. von Kondensationskeimen begünstigt, an die die Elektronen sich anlagern; die Kondensationskeime können unter Umständen auch Photoelektronen aussenden, wodurch sich das Vorhandensein einer geringen Menge von großen positiven Ionen erklärt. Die Roteinstrahlung erzeugt vorwiegend leichte positive Ionen, deren Entstehung zum Teil auf die spezielle Meßanordnung zurückgeführt werden kann; der Entstehungsmechanismus des restlichen Teils ist noch ungeklärt. (IVA **23**. 64—70. 1952. Upsala, Univ., Inst. of High Tension Res.) PIEPLOW. 131

**Jack R. Tessman**, *Die Lorentz-Korrektur in hexagonalem Bariumtitanat.* Die von SLATER (vgl. C. **1951**. I. 161) ausgeführte Berechnung der LORENTZ-Korrektur von kub. $BaTiO_3$ (I) wird vom Vf. auf hexagonales **I** angewandt. In Übereinstimmung mit dem Experiment wird gefunden, daß hexagonales **I** nicht ferroelektr. ist. Als Ursachen werden genannt: Vorliegen von nur kurzen, abwechselnd aus Ba- u. O-Ionen bestehenden Ketten; keine hohe Polarisierbarkeit der zwischen zwei Ti-Ionen liegenden O-Ionen; der Abstand zwischen den Ti-Ionen ist größer als der Ti—O-Abstand. (Physic. Rev. [2] **83**. 677—78. 1/8. 1951. Berkeley, Calif., Univ., Dep. of Phys.) FUCHS. 132

**W. A. Jurkow**, *Veränderung der elektrischen Leitfähigkeit von $Sb_2S_3$ und $V_2O_5$ beim Schmelzen.* Die Leitfähigkeit $\sigma$ von $Sb_2O_3$, das beim Schmelzen eine Volumenkontraktion erfährt, läßt sich im $\ln\sigma$, $10^4$/T-Diagramm oberhalb u. unterhalb des F. (550°) durch zwei verschieden geneigte Gerade darstellen, während $\ln\sigma$ beim Durchgang durch 550° schnell, aber nicht unstetig von —4,3 auf —5,7 übergeht. Die „Übergangszone“ verringert sich bei S-Zusatz stark, wird bei 1% S-Zusatz sehr klein u. zeigt bei 5% S den entgegengesetzten Richtungssinn. — Bei $V_2O_5$ erreicht $\ln\sigma$ bei $10^4/T = 10{,}7$ (658°) ein Minimum (—3,1), ein Maximum bei 13,5 (—0,9) u. fällt von da linear auf —2 bei $10^4/T = 22$ ab. Vf. sieht hierin eine gewisse Analogie zu den Längenänderungen $\Delta l$ seiner 40 bis 45 mm langen $V_2O_5$-Proben. $\Delta l = 0(\mu)$ bei 0°; $<0$ (—8 bis —19) bei ca. 200—300°; +20 bei 500° u. —40 bis —57 ($\mu$) bei $\sim$600°. Es wird eine qualitative Erklärung mit Hilfe des Bändermodells gegeben. (Журнал Экспериментальной и Теоретической Физики [J. exp. theoret. Physik] **22**. 223—29. Febr. 1952. Saratow, Univ.) AMBERGER. 135

**H. K. Henisch** und **E. W. Saker**, *Die Wirkung von Quecksilber auf Selen.* Es wird gezeigt, daß die Wechselwrkg. zwischen krist. Se u. fl. Hg oder Hg-Dampf zur Bldg. von Quecksilberselenid führt. In dieser Form hergestellt, ist die Verb. ein Überschußhalbleiter hoher Leitfähigkeit. Die mit dem Bildungsprozeß verbundene Volumen- u. Oberflächendiffusion wurde mittels radioakt. $^{203}$Hg untersucht. Wird Hg dem Se vor dem Kristallisationsprozeß hinzugefügt, so ergibt sich eine Verb. mit hohem Widerstand. Dies wird einer Verminderung der Beweglichkeit der positiven Löcher zugeschrieben. (Proc. physic. Soc., Sect. B **65**. 149—54. 1/2. 1952. Reading, Univ., Phys. Dep.) V. HARLEM. 135

**René Bourion,** *Über die Messung des Voltaeffektes.* Aufgetretene Schwierigkeiten bei der Messung des Kontaktpotentialunterschiedes zwischen Cu u. $Cu_2O$ verlangen eine Verbesserung des benutzten Diodenverf. (REIMANN, Phil. Mag. J. Sci. **20.** [1935.] 594; u. BOSWORTH u. RIDEAL, Proc. Roy. Soc. [London], Ser. A **162.** [1937.] 1) u. eine Diskussion seines Gültigkeitsbereiches. Die Unterss. werden für W–Cu durchgeführt u. die beobachteten Anomalien des Kontaktpotentialunterschiedes sowie der elektron. Ablösearbeit beschrieben u. gedeutet. (Ann. Physique [12] **7.** 360—95. Mai/Juni 1952. Paris, École Norm. Super., Labor. de Phys.) KÖHN. 135

**A. I. Gubanow,** *Theorie des Kontakts Metall-Halbleiter bei hoher Kontaktspannung.* Vf. berechnet theoret. die Strom-Spannungscharakteristiken des Kontaktes Metall–Halbleiter für ebene, schneiden- u. punktförmige Kontakte unter Berücksichtigung von Trägern beider Vorzeichen u. unter so hohen Kontaktspannungen, daß sich in der Nähe des Kontaktes der Leitfähigkeitstyp des Halbleiters (Übergang der Elektronenleitung in Löcherleitung) ändert. (Журнал Экспериментальной и Теоретической Физики [J. exp. theoret. Physik] **22.** 204—13. Febr. 1952. Leningrad, Physikal.-Techn. Inst. der Akad. der Wiss. der UdSSR.) AMBERGER. 135

**Charles S. McCleskey jr.,** *Widerstand von Platten mit kleinen Elektroden.* Die Berechnung des Widerstandes einer homogenen rechteckigen Platte zwischen zwei Elektroden mit gegenüber der Platte kleinen Oberflächen wird unter Zuhilfenahme der bekannten Lsgg. äquivalenter elektrostat. Probleme durchgeführt. Durch Vgl. der unendlich großen Platte mit einem unendlich langen Streifen erhält man Korrekturglieder, die der Lsg. für die unendlich große Platte nur hinzugefügt zu werden brauchen. Kontrollmessungen bestätigen die Richtigkeit des Ergebnisses. (J. Franklin Inst. **253.** 59—65. Jan. 1952. Austin, Tex., Defense Res. Labor.) PIEPLOW. 136

**H. E. Rorschach** und **Melvin A. Herlin,** *Widerstandsminimum bei tiefer Temperatur von Magnesium auf Grund der Messung der wechselseitigen Induktanz.* Zur Best. des spezif. elektr. Widerstandes R von *Mg* wurde die Induktanz von zwei koaxialen Spulen, die die zu untersuchende Mg-Probe umgaben, mit einer Brücke gemessen. Die Meth. weist gegenüber anderen mehrere Vorteile auf. R wurde so zwischen 1 u. 36° K bestimmt; R geht bei 15° K durch ein breites Minimum. (Physic. Rev. [2] **81.** 467. 1/2. 1951. Cambridge, Mass., Inst. of Technol., Res. Labor. of Electronics.) FUCHS. 136

**L. A. Ignatjewa** und **Ss. G. Kalaschnikow,** *Widerstand von Metallen bei hohen Stromdichten unter Impulsbedingungen.* Vff. messen den elektr. Widerstand dünner *Au-, Ag-, Cu-, Pt-* u. *W*-Drähte unter Stromimpulsen ($\sim 10^{-2}$ sec) bis $5 \cdot 16^6$ A/cm². Der Widerstand von Au, Ag u. Cu ist bei Impulsbelastung annähernd gleich dem bei schwachen stationären Strömen bzw. zeigt Widerstandszunahmen in der Größenordnung der Meßgenauigkeit. Für Pt u. W beobachten Vff. bei Stromdichten $>10^6$ A/cm² eine Zunahme bis zum Doppelten (W; $4{,}0 \cdot 10^6$ A/cm²) bzw. fünffachen (Pt; $4{,}7 \cdot 10^6$ A/cm²) des Widerstandswertes bei schwachen stationären Strömen, die sich nicht mit Hilfe bekannter Effekte (Skineffekt, Induktivität, Kontaktwiderstand, lokale Erwärmung usw.) deuten läßt. Die relative Widerstandszunahme von Pt nimmt mit abnehmender Temp. zu. Die Widerstandskurven als Funktion der zugeführten Energie sind für die verschied. Metalle verschieden u. besitzen Phasenumwandlungen (Schmelzen) entsprechende charakterist. Punkte. (Журнал Экспериментальной и Теоретической Физики [J. exp. theoret. Physik] **22.** 385—99. April 1952.) AMBERGER. 136

**A. A. Abrikossow,** *Bestimmung der Größe der dielektrischen Permeabilität und der normalen Leitfähigkeit von Supraleitern.* Es werden Formeln abgeleitet, nach denen man aus dem Oberflächenwiderstand der Supraleiter im Hochfrequenzfeld die Leitfähigkeit u. die Permeabilität berechnen kann. (Доклады Академии Наук СССР [Ber. Akad. Wiss. UdSSR] [N. S.] **86.** 43—46. 1/9. 1952.) KIRSCHSTEIN. 136

**D. Reverdin,** *Eine elektronenoptische Methode zur Messung elektromagnetischer Felder.* Die Best. der Intensität u. der Verteilung magnet. Felder um magnetisierte Drähte erfolgte durch die Störung einer elektronenopt. Abb. der Drähte, gleichsam also im Schattenbild der Drähte. Vf. beschreibt neue Anwendungsmöglichkeiten dieser Meth. z. B. zur Messung der Felder um kleine ferromagnet. u. ferroelektr. Kristalle u. beim Magnetron. (J. Physique Radium **12.** 10 S—11 S. März 1951. Compagnie Générale de T. S. F.) FAHLENBRACH. 137

**Erwin Votava,** *Über die schraubenförmige Bewegung metallischer Probekörper der Größenordnung $10^{-3}$ bis $10^{-5}$ cm im magnetischen Felde.* An *Eisen-* u. *Silberstahl*-Probekörpern im Magnetfeld eines gleichstromdurchflossenen Leiters unter gleichzeitiger Einw. intensiven Lichtes wurden folgende Bewegungsformen beobachtet: 1. eine translator. Bewegung, 2. eine Rotationsbewegung auf der Stelle, 3. eine schraubenförmige Bewegung. Die Abhängigkeit der letzteren von der Lichtintensität, der elektr. Ladung der Probekörper u. von Stärke u. Richtung des Magnetteldes wird untersucht. Die Existenz von Probekörpern, die nur eine Rotationsbewegung zeigen, deutet darauf hin, daß die Schraubenbewegung eine besondere Erscheinung ist. (Acta physica austriaca **5**. 177—84. Dez. 1951. Wien, Univ., I. Physikal. Inst.) KÖHN. 137

**C. F. Ying, S. Levy** und **R. Truell**, *Gebietsstrukturen an Fe-Si-Kristallen.* Mit einer Meth. von WILLIAMS, BOZORTH u. SHOCKLEY (Physic. Rev. [2] **75**. [1949.] 155) wurden an Fe–Si-Kristallen mit 3,8% Si-Geh. relativ große orientierte Gebiete beobachtet, die 2 Arten von senkrecht dazu orientierten „Untergebieten" umfassen. Auch die von WILLIAMS festgestellten Ketten kleiner Gebiete wurden gefunden. (Physic. Rev. [2] **86**. 133—34. 1/4. 1952. Providence, R. I., Brown Univ., Metals Res. Labor.) KÖHN. 137

**R. T. Weidner** und **C. A. Whitmer**, *Paramagnetische Resonanzabsorption von Mikrowellen.* Nach LANCASTER u. GORDY (C. **1952**. 3774) wird das beobachtete Resonanzzeichen durch die Absorption allein nur dann erzeugt, wenn Dispersionseffekte vermieden werden. Diese sind aber bei ihrer Brückenmeth. nicht ausgeschlossen, so daß also die Versuchsbedingungen ihre beobachteten „Absorptions"-Kurven, als Kriterium für die Anwesenheit von Austauschwechselwirkungen in paramagnet. Salzen, deutlich beeinflussen. An *Eisenammoniumsulfat* zeigen Vff. den starken Einfl. der Dispersion auf. (J. chem. Physics **20**. 749. April 1952. New Brunswick, N. J., Turgers Univ., Dep. of Phys.) KÖHN. 137

**Jannik Bjerrum**, *Über die Notwendigkeit eines besonderen Antibasenbegriffes. Betrachtungen zu den Vorstellungen über Säuren und Basen.* Vf. versucht, durch Einführung eines Antibasenbegriffes einen Kompromiß zwischen der BRØNSTEDschen (vgl. Recueil Trav. chim. Pays-Bas **42**. [1923.] 718) u. der LEWISschen (vgl. J. Franklin Inst. **226**. [1938.] Nr. 3) Säure–Basen-Definition zu finden. Er unterscheidet nunmehr: 1. Basen, d. h. Protonenacceptoren oder Elektronenpaardonatoren, 2. Antibasen, d. h. Basen- oder Elektronenpaaracceptoren, 3. Säuren, d. h. Protonendonatoren. Verbb. zwischen Base u. Antibase heißen Antibasenkomplex, Antibasendonator, Basendonator oder Anbadon, wobei allerdings zu beachten ist, daß jede beliebige Molekülart als eine solche Verb. aufgefaßt werden kann. Der Zusammenhang zwischen Basen–Antibasen- u. Redox-Rkk. im Sinne der Gleichung an + ba ⇌ AB ⇌ A (red) + B (ox) wird erörtert, worin an eine Antibase, ba eine Base, AB ein Anbadon u. A u. B die Dissoziationsprodd. eines Anbadons sind. Die Begriffe Basenstärke u. Komplexität werden eingehend erörtert. Die Basenstärke wird als Wasserstoffionenbindungskonstante im Sinne der Gleichung $k_{ba, H_2O^+}^{(H_2O)} = a_{baH^+}/a_{ba} \cdot a_{H_2O^+}$ definiert. In einem wasserstoffhaltigen Lösungsm. unterscheidet Vf. Lyoniumionen ($lyH_2^+$) u. Lyationen ($ly^-$), für wasserstofffreie mit Eigendissoziation setzt er an: $ly \cdot an \rightleftharpoons an^+ + ly^-$, bzw. $ly \cdot an + ly \cdot an \rightleftharpoons ly \cdot an_2^+ + ly^-$. Auf dieser Grundlage werden saure, bas. u. antibas. Rkk. definiert. (Angew. Chem. **63**. 527—30. 21/11. 1951. Kopenhagen, TH, Chem. Labor. A.) R. LEVI. 139

**H. R. Heath**, *Eine experimentelle Untersuchung der Diffusion von elektrolytischem Wasserstoff durch Metalle.* Vff. untersuchten die Diffusion von elektrolyt. erzeugten $H_2$ durch das Kathodenblech. Zum Nachw. u. zur Messung des diffundierten Gases wurde ein SHAKESPEAR-Katharometer verwendet. Untersucht wurden *Fe, Ni, Co, Cu, Zn, Ag, Pd, Pt* u. *Pb*, die Dicke der Bleche lag zwischen 0,03 u. 0,38 mm. Eine Diffusion konnte nur bei Fe u. Pd beobachtet werden, auch bei Blechen, die aus Schichten von Fe u. *Sn* zusammengesetzt waren, fand keine Diffusion statt. Im Falle des Fe steigt die Diffusionsgeschwindigkeit in den ersten 40 Min. leicht an u. bleibt dann konstant, mit zunehmender Blechdicke nimmt sie stark ab, ist ihr jedoch nicht einfach umgekehrt proportional. Für größere Stromdichten I ist die Diffusionsgeschwindigkeit ungefähr proportional $I^{1/2}$, für kleinere ungefähr proportional I. Ein unterer Grenzwert der Stromdichte für die Diffusion wurde nicht beobachtet. Das diffundierte Gas liegt im n. Molekularzustand vor. Unter Zugrundelegung von Oberflächenvorgängen wird eine theoret. Deutung der Beobachtungen diskutiert. (Brit. J. appl. Physics **3**. 13—18. Jan. 1952. London, Battersea Polytechnic, A. Inst. P.) R. LEVI. 141

**P. N. Kowalenko** und **K. N. Bagdassarow**, *Über die Elektrodenpolarisation bei der Kupferelektrolyse in Oxalatpufferlösung.* Eine charakterist. Erscheinung der Elektrodenpolarisation, die Ausscheidung von Cu aus sauren Lsgg. u. die Bldg. oxalsaurer Komplexe an *Pt* oder an der *Hg*-Tropfelektrode, wird untersucht. Während der Reduktionsprozeß an der Hg-Elektrode vollständig umkehrbar ist, wird die Cu-Red. an der Pt-Elektrode vorzugsweise von einer chem. Polarisation begleitet, die mit einer Hemmung des Prozesses der Cu-Abscheidung verbunden ist. Mit Hilfe der polarograph. Meth. wird gezeigt, daß in der Lsg. oxalsaurer Salze in saurem Medium komplexe Cu-Verbb. mit zwei oder drei Oxalatgruppen auftreten können. Bei $p_H$-Werten von ca. 2—3 bilden sich $[Cu(C_2O_4)_2]^{2-}$(I) u. bei $p_H$-Werten 5—6 $[Cu(C_2O_4)_3]^{4-}$(II). Die Stabilitätskonstanten der Cu-Oxalatkomplexverbb. wurden zu $k_I \approx 8 \cdot 10^{-8}$ u. $k_{II} \approx 1{,}17 \cdot 10^{-10}$ berechnet. (Журнал Физической Химии [J. physik. Chem.] **26**. 605—10. Mai 1952. Rostow/Don, Molotow-Univ.) A. KUNZE. 142

**Ss. W. Gorbatschew** und **Je. P. Starosstenko**, *Einfluß der Temperatur auf die Geschwindigkeit der Elektrokristallisation von Kupfer.* Die Unters. der Abhängigkeit der kathod. Abscheidungsgeschwindigkeit von Cu aus wss. $CuSO_4$-Lsg. im Temperaturbereich 10—100° ergab, daß die Stromdichte mit wachsender Temp. erst ansteigt u. später abfällt. Die I–t°- u. lg I–1/T-Kurven weisen meist ein Maximum auf. Die Kurven ohne Maximum sind für eine Konzentration u. chem. Polarisation charakteristisch. Eine Erklärung für die beobachtete Abhängigkeit konnte nicht gefunden werden, jedoch wird eine neue Art von Polarisation angenommen. (Журнал Физической Химии [J. physik. Chem.] **26**. 624—32. Mai 1952. Moskau, Chem.-Technolog. Mendelejew-Inst.) A. KUNZE. 142

**Guido Poli**, *Untersuchungen über das kathodische und anodische Verhalten der Metalle.* 9. Mitt. (8. vgl. C. **1951**. I. **164**.) Das Verh. von Hg-Elektroden in Hg-Salzlsgg. wird an einer Hg-Oberfläche untersucht, die sich in einem Glasrohr mit abgewinkelten Glasansätzen am Boden u. etwas oberhalb befindet. Die Gegenelektrode (ebenfalls Hg) ist im Oberteil des Gefäßes in einer ringförmigen Rille enthalten, die Bezugselektrode (BE) ist im Rührer eingebaut. Die Messung in Lsgg. von $Hg_2(NO_3)_2$, $Hg_2(ClO_4)_2$, $K_2HgJ_4$ u. $K_2Hg(CNS)_4$ ergibt lineare Änderung der anod. u. kathod. Polarisation ($\varepsilon_a$, $\varepsilon_c$) mit dem Abstand der BE von der Hg-Oberfläche der Elektrode. Die Werte von $\varepsilon_a$ u. $\varepsilon_c$ in 2 mm Abstand sind sehr klein, bei gleicher Stromdichte ist $\varepsilon_a < \varepsilon_c$. Da es sich somit nur um Konzentrationspolarisation handelt, erweist sich Hg als in elektrochem. Hinsicht „normales" Metall. (Gazz. chim. ital. **82**. 310—14. April/Mai 1952. Mailand, Politecn., Labor. di Elettrochim., di Chim. fis. e metallurg. e di Metallurgia.) R. K. MÜLLER. 142

## $A_4$. Thermodynamik. Thermochemie.

**M. G. Bhatawdekar**, *Druck in einer Flüssigkeit.* Nach Überlegungen des Vf. läßt sich aus der Kenntnis der Potentialenergie einer Fl. heraus einiges über die zwischenmol. Kräfte aussagen. Durch Anwendung des Virialtheorems läßt sich der Binnendruck in einer Fl. bei verschied. Tempp. berechnen. Es wird gezeigt, daß die Virialfunktion eine Funktion des Vol. der Fl. bei der jeweiligen Temp. ist. Daraus läßt sich eine Zustandsgleichung für Fll. ableiten. (Indian J. Physics Proc. Indian Assoc. Cultivat. Sci. **26**. 54—56. Febr. 1952. Rajputana, Jaipur, Maharaja's Coll., Dep. of Chem.) NIEMITZ. 146

**Ja. P. Terletzki**, *Über die „Fluktuationshypothese" von Boltzmann.* Die Einwände gegen die Annahme BOLTZMANNs (Vorlesungen über Gastheorie 1923, S. 257) über die Nichtanwendbarkeit des 2. Hauptsatzes auf das Weltall als Ganzes sind unbegründet, soweit sie sich auf Analogien zum idealen Gas stützen, da das Weltall, wie Vf. auf Grund eines Ansatzes von GIBBS schließt, eher mit einem Syst. im krit. Zustand, als mit einem idealen Gas verglichen werden kann. Die Materie im Weltall befinde sich nicht in einem einseitigen Übergang von einem weniger wahrscheinlichen Zustand zu einem wahrscheinlicheren, sondern in einem endlosen Kreislauf. (Журнал Экспериментальной и Теоретической Физики [J. exp. theoret. Physik] **22**. 506—07. April 1952. Moskau, Univ.) AMBERGER. 149

**R. N. Schwartz** und **J. Eckerman**, *Die Dissoziation von Gasen bei großen Mach-Zahlen.* Bei MACH-Zahlen bis zu 13 durchfliegen Kugeln von ca. 6 mm Durchmesser kalte Luft u. $Br_2$. Durch Funkenphotographie werden in beiden Fällen wesentlich übereinstimmende Druckwellen festgestellt trotz sehr großer Unterschiede in der Dissoziation des Gases. Die Dissoziation bleibt auf alle Fälle für Strecken bestehen, die groß gegen den Kugeldurchmesser sind. (Physic. Rev. [2] **84**. 611. 1/11. 1951. U. S. Naval Ordnance Labor.) PIEPLOW. 149

**M. I. Kotschnew**, *Dissoziationsspannung von Kupferarsenid.* Die zwischen 500 u. 700° aufgenommene Dampfspannungskurve (lg P gegen 1/T) von $Cu_3As$ besitzt nur im Bereich von 500—590° einen geradlinigen Verlauf, zwischen 595 u. 605° sinkt die Dampfspannung auf unmeßbar kleine Werte ab, um dann mit weiter steigender Temp. bis zu ca. 680° zuzunehmen, wobei annähernd der alte Höchstwert bei 590° erreicht wird. Oberhalb 680° erfolgt wieder ein langsames Absinken des Dampfdruckes. Dies Verh. von $Cu_3As$ wird mit isothermen Umwandlungen im Syst. CuAs in Zusammenhang gebracht. Für den geradlinigen Teil der Kurve gilt $\lg P_{As_4}^{0,25} = 2490/T - 1{,}25$. Die Wärmetönung der $Cu_3As$-Bldg. bei 590° ergibt sich zu $-6472$ cal/Mol, die Enthalpieänderung beträgt $-11395$ cal/Mol u. die Entropieänderung $-5{,}7$ cal/Mol. (Доклады Академии Наук СССР [Ber. Akad. Wiss. UdSSR] [N. S.] **79**. 463—65. 21/7. 1951. Inst. für Chem. u. Metallurgie der Uraler Zweigstelle der Akad. der Wiss. der UdSSR.) REINBACH. 151

**Jordan J. Markham, Robert T. Beyer** und **R. B. Lindsay,** *Schallabsorption in Flüssigkeiten.* Ausführliche Übersicht. Im theoret. Teil wird der Zusammenhang zwischen der Zustandsgleichung u. der Schallausbreitung behandelt; dabei wird im einzelnen eingegangen auf den Einfl. der Wärmeleitung u. Wärmestrahlung, der Viscosität, der Wärme- u. Strukturrelaxationsvorgänge u. der Schallabsorption. Sodann werden die verschied. experimentellen Methoden (mechan., opt. u. elektr.) zur Messung der Schallabsorption beschrieben. Meßergebnisse werden gebracht für ein-, zwei- u. dreiatomige Gase u. für zahlreiche Fll. (Hg, kondensierte Gase, W., organ. Verbb.); speziell wird auf das unterschiedliche Verh. von assoziierten u. nichtassoziierten Fll. (z. B. Bzl. oder $CS_2$ einerseits, aber Alkohole oder Säuren andererseits) u. von Fll. hoher Viscosität (Glycerin, Ricinusöl u. a.) eingegangen. Schließlich folgt eine Zusammenstellung der für wss. Elektrolytlsgg. erhaltenen Meßwerte. — 226 Literaturzitate. (Rev. mod. Physics **23.** 353—411. Okt. 1951. Silver Spring, Md., Johns Hopkins Univ., Appl. Phys. Labor.) FUCHS. 159

**R. T. Lagemann** und **G. B. Dowling,** *Ultraschallgeschwindigkeit in rauchender Schwefelsäure.* (Sitzungsbericht.) Die Ultraschallgeschwindigkeit in rauchender Schwefelsäure in einem Konzentrationsbereich von 98,86—106,3% u. einem Temperaturbereich von 10—30° bei 500 kHz wird experimentell mittels eines Ultraschallinterferometers bestimmt. Im Gegensatz zu schwachen wss. Lsgg. anorgan. Salze u. Säuren zeigen sich Maxima u. Minima der Schallgeschwindigkeit als Funktion der Konzentration. Die Beziehungen dieses Verh. zu anderen Eigg. werden untersucht. Die Änderung der Geschwindigkeit mit der Temp. verläuft linear. Weiter wird die Beeinflussung der Schallgeschwindigkeit bei Einführung eines isotopen Atoms in das Mol. untersucht, beispielsweise bei dem Ersetzen von H durch D. (Physic. Rev. [2] **83.** 487. 15/7. 1951. Emory Univ.) FALKENHAGEN. 159

**Hans Heinrich Rust,** *Untersuchungen zur Klärung einiger chemischer Wirkungen des Ultraschalls.* (Vgl. C. **1952.** 1365.) Mit $CCl_4$ gesätt. KJ-Stärke-Lsg. zeigt unter kontinuierlicher Ultraschalleinw. Jodabscheidung. Bei Impulsbetrieb mit gleicher u. größerer integrierter Leistung u. Einwirkungsdauer sowie bei Dauerbetrieb im entgasten Medium tritt keine Jodabscheidung auf. Vf. schließt hieraus auf folgenden Mechanismus: Ausbildung stehender Schallwellen, durch die die in der Lsg. enthaltenen Gasbläschen zu erzwungenen Schwingungen angeregt werden. Bldg. größerer Blasen mit kleinerer Eigenschwingung durch Zusammenballen u. hierdurch Übergang in den Resonanzfall. Durch Resonanzüberhöhung treten in der Umgebung der Gaskugel Drucke auf, die das $10^4$fache des hydrostat. Druckes an gleicher Stelle betragen. Die Abscheidung wird durch diese Druckeffekte erklärt. (Angew. Chem. **64.** 162—63. 21/3. 1952. Hamburg, Univ., Inst. für angew. Physik.) H. JACOB. 159

## A₅. Grenzschichtforschung. Kolloidchemie.

**Eric Rideal,** *Größe und Formfaktor bei kolloiden Systemen. Allgemeine Einführung.* Programmat. Einleitung zur Diskussionstagung (vgl. nachst. Reff.). (Discuss. Faraday Soc. **1951.** Nr. 11. 9—10. London, Univ., King's College.) HENTSCHEL. 160

**G. F. Eveson, Stacey G. Ward** und **R. L. Whitmore,** *Anomale Viscosität bei Modellsuspensionen.* Mit Hilfe eines modifizierten COUETTE-Viscosimeters wird bei geringer Schubspannung die Viscosität von Modellsuspensionen aus *Kallodoc*-Kügelchen (Polymethylmethacrylat) definierter Korngrößenverteilung in einem aus wss. $Pb(NO_3)_2$-Lsg. u. *Glycerin* bestehenden Gemisch gleicher D. gemessen. In dem untersuchten Konzentrationsbereich verhalten sich nur die homodispersen Suspensionen u. die aus 95% groben u. 5% feinen Teilchen bestehenden wie NEWTONsche Fl.; alle übrigen mit einer Festkörperkonz. $>$7,5% zeigen Viscositätsanomalien, wobei ihre scheinbare Viscosität mit steigender Schubspannung bei Konz. an fester Phase $>$5% abnimmt. Die beobachteten Anomalien lassen sich weder auf Grund der spezif. Oberfläche noch der Packungsdichte erklären. (Discuss. Faraday Soc. **1951.** Nr. 11. 11—14. Birmingham, Univ., Dep. of Mining.) HENTSCHEL. 172

**Alfred H. Nissan,** *Teilchengrößenanalyse auf Grund von Sedimentationskurven.* Unter der Voraussetzung, daß man auf experimentellem Wege eine Sedimentationskurve erhalten hat, soll daraus die Häufigkeit von Teilchen eines bestimmten Größenbereiches hergeleitet werden. Dazu ist die näherungsweise Berechnung einer charakterist. Kenngröße der Teilchen u. der Häufigkeit ihres Vork. erforderlich. Die Berechnung dieser charakterist. Kenngröße wird durch den Formfaktor u. hydrodynam. u. mechan. Behinderungen kompliziert. Unterss. über die Sedimentation sind am besten durch visuelle Kontrolle der Abmessungen u. Gestalt der Teilchen zu vervollständigen. Als Beispiel wird die Sedimentation einer einzelnen mkr.-histolog. ausgemessenen Cellulosefaser (für Papierbrei) verfolgt. Die graph. Meth. über den Schnittpunkt der Tangente an die Sedimentationskurve mit der Abszissenachse zur Ermittlung der Frequenz wird mit dem algebraischen Verf. mittels einer Potenzreihe unter Benutzung der Tabellen von FISHER u. YATES sowie mit einem weiteren graph. Verf. der „schrittweisen Näherungsmeth." verglichen. Beide graph. Methoden sind etwa gleichwertig u. nicht frei von subjektiven Fehlern. (Discuss. Faraday Soc. **1951**. Nr. 11. 15—27. Northfleet, Bowaters Developm. and Res. Ltd.) HENTSCHEL. 174

**B. W. Wilson,** *Die Sedimentation verdünnter Suspensionen von mikroskopisch kleinen Kugeln in Wasser.* Die Sinkgeschwindigkeit dreier Fraktionen von Glaskugeln vom Durchmesser 2,5—3,5, 3,5—5,0 u. 7,5—10 $\mu$ in W. wurde bei Dunkelfeldbeleuchtung photograph. registriert. Das STOKESsche Gesetz konnte für sehr verd. Suspensionen bestätigt werden. Die von HENNIKER (Rev. mod. Physics **21**. [1949.] 322) u. Mitarbeitern festgestellten Oberflächeneffekte sind zu klein, um die Sedimentation kleiner Kugeln vom Durchmesser 2,5 $\mu$ zu stören. Die Gleichmäßigkeit des Temperaturfeldes hat in der mitgeteilten Versuchsanordnung eine weit größere Bedeutung als bei den üblichen Bestimmungen der Teilchengröße durch Sedimentation. (Austral. J. appl. Sci. **3**. 252—56. Sept. 1952. Melbourne, C. S. I. R. O., Div. of Ind. Chem.) G. HEINRICH. 174

**John F. Heiss** und **James Coull,** *Der Einfluß von Orientierung und Gestalt auf die Absetzgeschwindigkeit nichtisometrischer Teilchen in einem viscosen Medium.* Aus einem Diagramm, in dem die Kenngröße der Absetzgeschwindigkeit K in Abhängigkeit von $d_s/d_n$ ($d_s$ = Durchmesser einer Kugel von gleichem Vol. wie das betreffende Teilchen, $d_n$ = Durchmesser eines Kreises von gleichem Flächeninhalt wie die Projektion des Teilchens) dargestellt ist, läßt sich der Einfl. der Orientierung u. der Gestalt auf die Absetzgeschwindigkeit der geprüften zylindr., parallelepiped. u. kugelförmigen Teilchen (aus *Al, Messing* u. *Stahl*) in einer viscosen Fl. (*Ucon 50 H. B. 6200,* vom Polyäthylenglykol-Typ) voraussagen. Nach Anbringung geeigneter Korrekturfaktoren zur Berücksichtigung der Flockung erweist sich diese Beziehung für die Konstruktion von Kläranlagen als nützlich. Die freie, durch Wandeffekte unbeeinflußte Absetzgeschwindigkeit wird hauptsächlich durch Lage u. Orientierung, die Annäherung bzw. Abweichung von der Kugelform u. das Verhältnis $d_s/d_n$ der Teilchen bestimmt. Mit zunehmender Abweichung der Teilchen von isometr. Verhältnissen nimmt der Einfl. der Orientierung zu. Der Widerstandskoeff. ändert sich ähnlich u. läßt sich aus $K_\infty$ berechnen. (Chem. Engng. Progr. **48**. 133—40. März 1952. Pittsburgh, Pa., Univ.) HENTSCHEL. 174

**G. A. H. Elton,** *Adsorption aus binären Lösungen von miteinander völlig mischbaren Flüssigkeiten.* 2. Mitt. *Die thermodynamischen Bedingungen für vollständige bevorzugte Adsorption.* (1. vgl. C. **1952**. 4731.) Es wird gezeigt, daß keine bevorzugte Adsorption auftreten kann, wenn beide Komponenten A u. B positive Adsorptionspotentiale besitzen. Fälle vollkommen bevorzugter Adsorption sind daher sehr selten zu erwarten. (J. chem. Soc. [London] **1952**. 1955—56. Mai. London, Battersea Polytechn.) HENTSCHEL. 176

**M. H. Kurbatov** und **Gwendolyn B. Wood,** *Adsorptionsgeschwindigkeit von Kobaltionen an wasserhaltigem Eisen(III)-oxyd.* Unter Benutzung der Mitfällungsmeth. wird die Adsorptionsgeschwindigkeit von $Co^{2+}$ an wasserhaltigem $Fe_2O_3$ für eine $Co^{2+}$-Konz. von $9 \cdot 10^{-8}$ g-Atom/Liter in Ggw. von überschüssigem Adsorbens ($0{,}5—2 \cdot 10^{-5}$ g Fe/Liter) untersucht. Die Konz. der $Co^{2+}$-Ionen in der Lsg. wurde mittels des radioakt. $^{60}Co$ gemessen. Unter diesen Versuchsbedingungen sind die Adsorptionsgeschwindigkeiten in bezug auf Co von erster Ordnung u. innerhalb der Versuchsfehler für 15 u. 30° die gleichen. Die Geschwindigkeiten nehmen zu, wenn die Menge an Adsorbens oder der $p_H$-Wert erhöht wird, während eine Erhöhung der Konz. an $NH_4Cl$ in der Lsg. die Adsorptionsgeschwindigkeit herabsetzt. Werden die Verss. bei einer höheren $Co^{2+}$-Konz. (von $2 \cdot 10^{-6}$ g Co/Liter) mit $2 \cdot 10^{-5}$ g Fe/Liter ausgeführt, so erhält man zwei Kurventeile für eine Rk. erster Ordnung, von denen der erste mit einer Halblebensdauer von 1 Std. auf die Ggw. von überschüssigem $Co^{2+}$ zurückgeführt wird; der zweite ergibt eine Halblebensdauer von 5,8 Stunden. Die Beobachtungen stehen mit der früher abgeleiteten Gleichung für ein chem. Gleichgewicht in Einklang, die eine Beziehung zwischen der $Co^{2+}$-Konz. in Lsg., der Menge an adsorbiertem Co u. an nichtreagierendem Adsorptionsmittel sowie dem $p_H$-Wert u. der $Cl^-$-Ionenkonz. darstellt. (J. physic. Chem. **56**. 698—701. Juni 1952. Columbus, O., Ohio State Univ.) HENTSCHEL. 176

**M. V. C. Sastri** und **K. V. Ramanathan,** *Chemisorption von Wasserstoff an einem Zinkoxyd–Molybdänoxyd-Katalysator. Beweis für Heterogenität der Oberfläche.* Die Chemisorption von $H_2$ an Zinkoxyd–Molybdänoxyd (dargestellt durch Fällen von Zinkparamolybdat aus Zinknitrat + Ammoniumparamolybdat mit $NH_3$, Glühen u. Reduzieren im $H_2$-Strom bei 400°) wurde nach der Meth. von TAYLOR u. LIANG im Temperaturbereich zwischen 186 u. 375° untersucht. Oberhalb 250° findet bei Temperaturerhöhung Desorption statt, gefolgt von erneuter Adsorption. Unterhalb 250° tritt dieser Effekt nicht auf. Diese Erscheinung wird auf den heterogenen Charakter der Oberfläche zurückgeführt. Zur Berechnung des Adsorptionsminimums nach einer Temperaturerhöhung werden Gleichungen entwickelt, mit deren Hilfe man Werte erhält, die gut mit den experimentell gefundenen übereinstimmen. Die für drei Temperaturbereiche durchgeführte Berechnung der Aktivierungsenergie der Adsorption ergibt im Gebiet unterhalb 250° ca. 22000 cal, oberhalb 250° jedoch Werte, die mit wachsender Adsorption kleiner werden. Auch dieses anomale Verh. wird mit der Hetereogenität der Oberfläche erklärt. Vff. zeigen, daß aus isothermen Bestimmungen der Adsorption an entgasten Oberflächen keine eindeutigen Rückschlüsse gezogen werden können. (J. physic. Chem. **56**. 220—24. Febr. 1952. Bangalore, Ind. Inst. of Sci., Gen. Chem. Sect.) SARRY. 176

## $A_6$. Strukturforschung.

**Georg Wendt**, *Zur Dioptrik elektrostatischer Elektronenlinsen.* Im Grenzfall sehr kleiner Elektrodenabstände läßt sich die Feldverteilung in einigen Typen von elektrostat. Einzel- u. Immersionslinsen in geschlossener Form angeben. Die Differentialgleichung der achsennahen Elektronenbahnen kann in den betrachteten Fällen in die HEUNsche Differentialgleichung übergeführt werden, welche in einigen Spezialfällen in die hypergeometr. Differentialgleichung ausartet. Als solcher Spezialfall wird ein aus einer planen Kathode mit lochscheibenförmiger Anode bestehendes Immersionssyst. behandelt. (Z. angew. Physik **3**. 219—25. Juni 1951. Orsay, S. e. O., Fernseh-Labor. der Comp. des Compteurs.) LENZ. 181

**D. Gabor**, *Mikroskopie mit rekonstruierten Wellenfronten.* 2. Mitt. (1. vgl. Proc. Roy. Soc., Sect. A **197**. [1949.] 454.) Die l. c. angestellten theoret. Überlegungen werden vervollständigt u. erweitert. Die dort beschriebene elektronenmkr. Projektionsmeth. u. die Durchstrahlungsmeth. nach HAINE u. DYSON (C. **1951**. II. 2989) werden als zwei Varianten desselben Prinzips in einer gemeinsamen Theorie behandelt. (Proc. physic. Soc., Sect. B **64**. 449—69. 1/6. 1951. London, Imperial Coll., Dep. of Electr. Engng.) LENZ. 181

**G. Eaves**, *Reinigen von elektronenmikroskopischen Netzträgern.* Befilmte Netze lassen sich nach Bestrahlen im Elektronenmikroskop nicht mit Amylacetat reinigen. Cu-Netze reinigt man durch schnelles Hindurchfahren durch die Mitte oder durch langsames Hindurchfahren durch die Spitze der Flamme. Ni-Netze sind stabiler u. können länger erhitzt werden, ohne unbrauchbar zu werden. (Nature [London] **169**. 975—76. 7/6. 1952. Leeds, Univ., Med. School, Dep. of Exper. Pathol. and Cancer Res.) FAHNENBROCK. 181

**P. B. Hirsch** und **J. N. Kellar**, *Eine Röntgenmikrostrahltechnik.* 1. Mitt. *Kollimation.* Es wird eine Meth. beschrieben, die darauf beruht, Röntgenstrahlen durch Verwendung von Bleiglanzcapillaren verschied. Durchmessers bis zu 1 $\mu$ herab zu benutzen. Die Justierung der Capillare in einer neu konstruierten Mikrostrahlpräzisionskamera wird genau beschrieben. Mit der Kamera können gleichzeitig Rückstrahl- u. Durchstrahlungsaufnahmen hergestellt werden. Die Meth. eignet sich bes. zur Unters. kaltbearbeiteter Metalle. Bei Benutzung einer starken Röntgenquelle wurden Aufnahmen an Kristallen mit einem Durchmesser von 2 $\mu$ in ca. 10 Std. erhalten. (Proc. physic. Soc., Sect. B **64**. 369—74. 1/5. 1951. Cambridge, Cavendish Labor., Crystallographic Labor.) GOTTFRIED. 181

**P. Gay**, **P. B. Hirsch**, **J. S. Thorp** und **J. N. Kellar**, *Eine Röntgenmikrostrahltechnik.* 2. Mitt. *Ein Röntgenstrahlgenerator mit hoher Intensität.* (1. vgl. vorst. Ref.) Es wird eine Röntgenröhre beschrieben, die eine rotierende Anode besitzt u. die Erzeugung sehr kleiner Brennflecke gestattet. Es wurden Verbesserungen bei der Belastung der Anode pro Einheit der Oberfläche erzielt, die ca. 50mal größer waren als bei gewöhnlichen stationären Röhren. Die Breite des Brennflecks konnte zwischen ca. 1 mm u. 50 $\mu$ variiert werden. Die Betriebseigg. der Röhre werden eingehend beschrieben. (Proc. physic. Soc., Sect. B **64**. 374—86. 1/5. 1951. Cambridge, Cavendish Labor., Crystallographic Labor.) GOTTFRIED. 181

**L. Brú** und **M. Cubero**, *Homometrische Beugungsgitter.* Mit einer früher (C. **1951**. II. 2015) beschriebenen Anordnung wird im Vgl. mit synthet. PATTERSON-Figuren bestätigt, daß die Beugungsamplituden in jedem der homometr. Gitter, die ein Paar darstellen, gleich sind. (An. Real Soc. españ. Física Quím., Ser. A **48**. 35—36. 3 Tafeln. Jan./Febr. 1952. Sevilla, Univ., Inst. Alonso de Santa Cruz.) R. K. MÜLLER. 181

**H. Schumann**, *Technische Anwendungsmöglichkeiten der Röntgenfeinstrukturmethoden.* Vf. beschreibt die bisher bekannten Feinstrukturmethoden u. zeigt an Beispielen, wie einfach u. schnell viele Probleme mit ihnen gelöst werden können. (Bergakademie [Freiberg] **3**. 164—73. Sept./Okt. 1951. Freiberg/Sa., Bergakad., Inst. für Metallkunde u. Materialprüfung.) BLUTH. 181

**Kathleen Lonsdale,** *Tatsachen über Kristalle.* Zusammenfassender, allg. verständlicher Überblick. U. a. wird der Wert der Neutronenbeugung bei der Unters. des Antiferromagnetismus u. der Struktur des *schweren Eises* behandelt. Hierauf werden die Strukturen einiger organ. Verbb. beschrieben. Zum Schluß wird kurz die Struktur des *Turmalins* erwähnt. (Vgl. C. **1952.** 3129.) (Amer. Scientist **39.** 577—89. Okt. 1951. London, Univ., Univ. College.) GOTTFRIED. 190

**A. F. Kapusstinski,** *Atomisochore, Ionenisochore und die Gesetzmäßigkeit der kristallchemischen Volumengleichheit.* Für die parabol., jeweils über eine Periode des Period. Syst. sich erstreckenden Kurvenstücke der Atomvolumenkurve als Funktion der Ordnungszahl Z gilt auch die CAILLETET-MATHIASsche Regel vom geradlinigen Durchmesser, wenn man die annähernd volumengleichen Atome (isochore Atome) der Berechnung zugrunde legt: $\frac{1}{2}(Z_1 + Z_2) = Z_0$. Da die so gefundenen Durchmesser ziemlich genau senkrecht auf der Z-Achse stehen, gibt $Z_0$ gleichzeitig die Ordnungszahl des Elementes mit dem für die betrachtete Periode geringsten Atomvol. an. Andererseits gilt für $Z_0$ die einfache Beziehung $Z_0 = s^{n-s} \cdot p$, wobei s u. p die Zahl der s- u. p-Elektronen des die n-te Periode (n = Hauptquantenzahl) abschließenden Edelgases bedeuten. Daraus wird die Gesetzmäßigkeit der kristallchem. Volumengleichheit folgendermaßen formuliert: Die isochoren Atome jeder Periode besitzen eine derartige Elektronenzahl, daß deren arithmet. Mittel der Elektronenzahl des Atoms mit dem geringsten Atomvol. der betreffenden Periode gleich ist. Auch für volumengleiche Ionen ein u. derselben Periode ist die halbe Summe ihrer Elektronenzahlen eine Konstante. Daraus folgt z. B., daß homöopolare AB-Verbb. mit $\frac{1}{2}(Z_1 + Z_2) = \text{const.}$ auch gleiche Gitterkonstanten haben müssen, was für die tetraedr. Elemente u. Verbb. Ge, GaAs, ZnSe, CuBr ($\frac{1}{2}[Z_1 + Z_2] = 32$) u. Sn, InSb, CdTe, AgJ ($\frac{1}{2}[Z_1 + Z_2] = 50$) auch zutrifft. (Доклады Академии Наук СССР [Ber. Akad. Wiss. UdSSR] [N. S.] **79.** 249—52. 11/7. 1951. Moskau, Kurnakow-Inst. für allg. u. anorg. Chem. der Akad. der Wiss. der UdSSR, u. Mendelejew-Inst. für chem. Technol.) REINBACH. 190

**E. Gübelin,** *Einschlüsse in Diamant.* Vf. befaßte sich in seinen Ausführungen nur mit den festen Einschlüssen im Diamant, die gewöhnlich als „Kohlenstofflecke" angesehen worden sind. Als Einschlüsse beschreibt Vf. außer Diamant selbst *Quarz, Zirkon, Hämatit, Magnetit, Granat* u. in einem Fall *Biotit.* (Gemmologist **20.** 241—43. Dez. 1951.) GOTTFRIED. 190

**Milton G. Wolf,** *Große Kristalle von monoklinem Schwefel.* Gemahlener S wird in einem Becherglas mit Olivenöl bedeckt, das Glas in einem größeren, ebenfalls mit Olivenöl gefüllten Glas auf ca. 130° erhitzt. Der Inhalt des kleinen Glases wird (ohne nichtaufgelösten fl. S) in ein angewärmtes Rohr gegossen, das in dem Olivenöl des größeren Glases in einer Thermosflasche allmählich abgekühlt. Nach 24 Std. hatten sich bis zu 1 inch. lange Nadeln gebildet. Sie zerfallen innerhalb einiger Tage in kleine Kristalle von rhomb. Schwefel. (J. chem. Educat. **28.** 427. Aug. 1951. Brooklyn, N. Y., James Madison High School.) GOTTFRIED. 190

**A. Pabst,** *Röntgenuntersuchung von Uranothorit.* Ausführliche Mitt. zu der C. **1952.** 1785 referierten Arbeit. Zu ergänzen ist, daß ein Erhitzen des Uranothorits auf 850° (75 Min.) keine substantiellen Änderungen bewirkt. (Amer. Mineralogist **36.** 557—62. Juli/Aug. 1951. Berkeley, Calif., Univ.) GOTTFRIED. 195

**A. Mathieu-Sicaud, J. Mering** und **I. Perrin-Bonnet,** *Elektronenmikroskopische Untersuchung von mit verschiedenen Kationen gesättigtem Montmorillonit und Hectorit.* Es wurden elektronenmkr. Suspensionen grober u. feiner Fraktionen von Montmorillonit u. Hectorit untersucht, die mit den Kationen H, Na u. Ca gesätt. waren. Die Unters. der getrockneten Suspensionen ergab, daß das Ionenmilieu eine starke Rolle spielt u. daß man bei der Deutung der Aufnahmen sehr vorsichtig sein muß. Prim. kristalline Teilchen wurden nur von Suspensionen von H-Ton erhalten, die aus Na-Ton hergestellt worden waren. Auf diese Weise konnten zum erstenmal Einkristalle von Montmorillonit beobachtet werden, deren Form mit der aus röntgenograph. Unterss. gefundenen übereinstimmte. Die Micellen der groben Fraktionen bilden mosaikartige Aggregate, die aus in den feinen Fraktionen beobachteten Primärteilchen zusammengesetzt sind. Na- u. Ca-Montmorillonite zeigen starke Wechselwirkungen zwischen den Rändern der Teilchen, die wahrscheinlich ion. Natur sind u. bei der Alterung der Suspensionen von Ca-Montmorillonit eine Rolle spielen. Unterss. der Hectorite lieferten analoge Ergebnisse. (Bull. Soc. franç. Minéralog. Cristallogr. **74.** 439—56. Juli/Dez. 1951. Paris, Labor. Central des Services Chimiques de l'État.) GOTTFRIED. 195

**W. I. Scheljubski** und **A. I. Krochina,** *Elektronenmikroskopische Untersuchung der Reduktion von Blei bei Behandlung von Bleigläsern in einer reduzierenden Flamme.* Die Größe, Form u. Verteilung der bei der Behandlung von Bleigläsern in einer reduzierenden

Flamme auftretenden Pb-Teilchen wird im Elektronenmikroskop bei 75 kV Strahlspannung untersucht. Die Präparation geschieht durch Aufdampfen einer Quarzhaut von 50—100 m$\mu$ auf eine frisch gespaltene, danach in der reduzierenden Flamme behandelte u. schließlich kurz in dest. W. gewaschene Glasoberfläche. Beim Abziehen der Quarzhaut mittels Gelatine bleiben die Pb-Teilchen an der Quarzhaut hängen. Die Form der Bilder der Bleiteilchen auf der photograph. Platte ist verschieden, jedoch am häufigsten vier-u. sechseckig, woraus auf kub. Form der Kristalle geschlossen wird. Die Größe der Kristalle schwankt zwischen 10 u. 250 m$\mu$, das Häufigkeitsmaximum liegt dabei unterhalb 50 m$\mu$. Die D. der Pb-Teilchen betrug ca. $10^9$/cm². (Доклады Академии Наук СССР [Ber. Akad. Wiss. UdSSR] [N. S.] **85.** 1097—98. 11/8. 1952. Moskau, Lomonossow-Univ., Physikal. Inst.) LENZ. 196

**A. I. Snow,** *Die Außenelektronenkonfiguration in metallischem Kupfer.* Während nach MOTT die Außenelektronenkonfiguration des Cu $3d^{10}4s^1$ ist, muß sie zur Befriedigung der von PAULING (Proc. Roy. Soc. [London], Ser. A **196.** [1948.] 355) verlangten Valenz von 5,50 $3d^{7,75}4s^14p^{2,25}$ sein. Der Unterschied zwischen den beiden Konfigurationen erscheint Vf. groß genug, um einen nachweisbaren Einfl. auf den Atomstreufaktor zu bewirken. Der berechnete Unterschied im Atomstreufaktor einer (111)-Interferenz beträgt 3%, entsprechend einem Intensitätsunterschied von 6%. Für eine (200)-Interferenz ist der Intensitätsunterschied wenigstens 3,7%. Ein Vgl. der in der Literatur vorhandenen Daten zeigte, daß der beobachtete Wert des Atomstreufaktors für eine (111)-Interferenz gleich dem ist, den man unter Zugrundelegung der Konfiguration $3d^{10}4s^1$ errechnet. Vgl. der Daten für die (200)-Interferenz zeigte einen anomalen Unterschied zwischen beobachteten u. berechneten Werten; es wird jedoch angenommen, daß diese Differenzen auf experimentelle Unsicherheiten zurückzuführen sind. Es läßt sich demnach keine genaue Aussage über die Konfiguration der Außenelektronen von Cu machen. (J. chem. Physics **19.** 1124 bis 1127. Sept. 1951. Chicago, Ill., Univ., Inst. for the Study of Metals.) GOTTFRIED. 197

**N. Norman** und **B. E. Warren,** *Röntgenographische Messung der Nahordnung in Ag–Au.* Zur Best. der Nahordnungsparameter wurde an Einkristallen von *AgAu* u. *$Ag_3Au$* die Streuintensität mit monochromat. Cu$K_\alpha$-Strahlung u. einem Spektrometer mit GEIGER-Zähler gemessen, u. zwar wurden die Messungen an einer Reihe von Punkten in der ($h_1h_2$0)-Schichtlinie des reziproken Raumes bei Zimmertemp. u. bei 160° K durchgeführt. Vor den Verss. wurden die Proben bis zu 300° herab angelassen. Die sich aus den Messungen ergebenden Nahordnungsparameter sind für AgAu: $\alpha_1 = -0{,}08$; $\alpha_2 = +0{,}01$ u. für $Ag_3Cu$: $\alpha_1 = -0{,}05$; $\alpha_2 = +0{,}01$. Die negativen Werte für $\alpha_1$ u. die positiven Werte von $\alpha_2$ deuten auf eine Tendenz für ungleiche nächste u. gleiche zweitnächste Nachbarn hin. Für maximale Nahordnung, entsprechend vollkommener Fernordnung, ist die Anzahl nächster Nachbarn eines Au-Atoms 4 Au u. 8 Ag für AgAu u. 12 Ag für $Ag_3Cu$. Für beide Verbb. wird $\alpha_1$ Null für vollkommene Unordnung u. $-1/_3$ für maximale Ordnung. Für AgAu ist die gemessene Ordnung 24% u. für $Ag_3Au$ 15% der vollkommenen Ordnung. (J. appl. Physics **22.** 483—86. April 1951. Cambridge, Mass., Inst. of Technol.) GOTTFRIED. 197

**Giordano Bruni,** *Die Grenzlegierung Stahl–Gußeisen.* Es werden zwei Typen des gesätt. Austenits angenommen: die eine weist als Bestandteil $Fe_{12}C$, die andere $Fe_{13}C$ auf. Diese Zus. hängt mit der Struktur des $\gamma$-Fe zusammen, in dem durch die abwechselnden Schichten mit 4 bzw. 5 Fe-Atomen sich Gruppierungen $Fe_{13}$ u. $Fe_{14}$ bilden. Der $Fe_{12}C$-Austenit zerfällt in $Fe_3C$-Zementit u. $Fe_9$-Gruppierungen, während der $Fe_{13}C$-Austenit unter C-Ausscheidung zerfällt, weil nur so ein $Fe_{13}$-Gefüge entstehen kann. Für die genannten Carbidmoll. ist eine wechselnde Aufeinanderfolge zu fordern, wie sie bei den Ausscheidungen der ledeburit. u. graphit. Eutektika beobachtet wird. (Metallurgia ital. **43.** 435—38. Okt. 1951.) RUMPF. 197

**F. R. N. Nabarro,** *Die mathematische Theorie stationärer Versetzungen.* Es werden die Versetzung in einem elast. Kontinuum sowie der Einfl. der Kristallstruktur theoret. behandelt. (Advances in Physics **1.** 269—394. Juli 1952. Birmingham, Univ., Dep. of Metallurgy.) GOTTFRIED. 200

**M. Blackman,** *Über die Berechnung der charakteristischen Temperaturen aus den elastischen Konstanten.* Es wird eine halbtheoret. Formel zur Berechnung des DEBYE-Wertes $\vartheta_D$ von kub. Substanzen mitgeteilt für den Fall, daß die $C_{11}-C_{12}$ relativ klein ist. Die für *Li, Na, K, Cu, Pb, Ag, Au, Al* sowie eine Ag–Au-Legierung mit 25, 50 u. 75 At.-% Au mit Hilfe dieser Formel errechneten $\vartheta_D$-Werte stehen in befriedigender Übereinstimmung mit nach den Standardmethoden erhaltenen Werten (Philos. Mag. [7] **42.** 1441—42. Dez. 1951. London, Imperial College, Phys. Dep.) GOTTFRIED. 200

**F. Jona** und **P. Scherrer,** *Die elastischen Konstanten von Eiseinkristallen.* Vff. geben zwei Methoden (langsame Abkühlung mit parallel gerichtetem Temperaturgefälle u. Meth.

nach Kyropoulos) zur Herst. großer orientiert gewachsener Eis-Einkristalle an. Die 5 Elastizitätskonstanten des Eises werden aus der Beugung des Lichtes an Ultraschallwellen, die im Versuchskristall erzeugt werden (Schäfer-Bergmann-Meth.), bestimmt u. für $-16^0$ angegeben. Die Werte stimmen gut mit den von Penny (Proc. Cambridge philos. Soc. **44.** [1948.] 423) theoret. berechneten überein. Für die Volumkompressibilität wurde für Eis bei $-16^0$ $S = (1{,}11 \pm 0{,}07) \cdot 10^{-11}$ cm²/dyn berechnet. (Helv. physica Acta **25.** 35—54. 1/2. 1952. Zürich, ETH.) Bock. 200

**F. Jona** und **P. Scherrer,** *Bestimmung der Elastizitätskonstanten des Eises.* Verkürzte Wiedergabe der vorst. referierten Arbeit. (Nuovo Cimento [9] **8.** 981—93. 1/12. 1951. Zürich, ETH, Physikal. Inst.) Pauli. 200

**A. P. Green,** *Eine theoretische Untersuchung der Kompression eines duktilen Stoffes zwischen glatten flachen Stempeln.* Für einen Stoff, der bis zum Erreichen der Fließgrenze keinerlei plast. Verformung u. nach Überschreiten der Fließgrenze keinerlei Verfestigung zeigt, wird eine Theorie der Gleitlinien- u. Gleitgeschwindigkeitsfelder in einer blockförmigen, zwischen zwei glatten flachen Stempeln zusammengepreßten Probe entwickelt. Es wird eine Korrespondenz zwischen Gleitlinien- u. Gleitgeschwindigkeitsfeldern festgestellt, die eine für die prakt. Rechnung wesentliche Übertragung der Randbedingungen erlaubt. Es ergeben sich zwei Typen von Gleitgeschwindigkeitsfeldern u. damit auch zwei Typen von Gleitlinienfeldern. Die Rechnungen werden für verschied. Verhältnisse von Blockbreite zu -höhe zwischen 1 u. 2 ausgeführt. Dabei ergibt sich, daß zwischen diesen Verhältnissen u. den Diskontinuitäten der Geschwindigkeitsfelder einfache Beziehungen bestehen. Die theoret. Überlegungen werden durch Modellverss. an Proben aus Plastilin u. Al-Legierungen erhärtet. An diese Unterss. schließt sich noch eine qualitative Betrachtung über Gleitlinien- u. Gleitgeschwindigkeitsfelder bei anderen Versuchsbedingungen an. (Philos. Mag. [7] **42.** 900—18. Aug. 1951. Sheffield, Brit. Iron and Steel Res. Ass., Mech. Working Div.) Krisement. 200

**N. Ss. Fasstow,** *Einfluß der plastischen Verformung auf die Diffusion.* Auf Grund theoret. mathemat. Ableitungen wird gefolgert, daß die Diffusion in einem plast. verformten metall. Körper im allg. durch die Abhängigkeit des Körpervol. von der Konz. u. die der Streckgrenze von der Konz. bestimmt wird. (Доклады Академии Наук СССР [Ber. Akad. Wiss. UdSSR] [N. S.] **85.** 309—12. 11/7. 1952.) Ehmcke. 200

---

—, Structure reports. General ed. **A. J. C. Wilson.** Vol. 12 for 1949. Section eds.: **C. S. Barrett, J. M. Bijvoet** and **J. Monteath Robertson.** Published for the International Union of crystallography. Utrecht: A. Oosthoek. (VIII + 478 S. m. Abb.) fl. 45,00.

## $A_7$. Gleichgewichte. Kinetik.

**Frederick J. Martin** und **Morris Yachter,** *Berechnung von Gaszusammensetzungen im Gleichgewicht. Anwendung von Zifferrechenmaschinen auf den Vorgang der Iteration.* Zur Berechnung der Endprodd. — beispielsweise in einer Raketenbrennkammer — werden die vorliegenden simultanen nichtlinearen algebraischen Gleichungen zweckmäßig durch Iteration mit Ziffernrechenmaschinen gelöst. (Ind. Engng. Chem. **43.** 2446—49. Nov. 1951. Jersey City, N. J., Kellogg Co.) Pauli. 221

**H. C. Mattraw, C. F. Pachucki** und **Leon M. Dorfman,** *Massenspektrometrische Bestimmung des Wasserstoff–Tritium-Gleichgewichts.* Mit einem Massenspektrometer mit magnet. Trennung u. 75 V Ionisierungsspannung wurden die Gleichgewichtskonzz. von $H_2$, HT u. $T_2$ bei 28°, die durch die $\beta$-Strahlung des T-Zerfalls induziert waren, bestimmt. Die Empfindlichkeit des Massenspektrometers für $H_2$, $D_2$ u. $T_2$ wurde über 6 Monate hindurch gemessen u. innerhalb 2% als gleich gefunden. Der Mittelwert der Gleichgewichtskonstanten $K_c = [HT]^2/[H_2][T_2]$ ergab sich zu $2{,}87 \pm 0{,}06$ gegenüber einem theoret. Wert von 2,57 bei 25°. Die möglichen Ursachen dieser Abweichung werden diskutiert. (J. chem. Physics **20.** 926. Mai 1952. Schenectady, N. Y., Gen. Electr. Comp., Knolls Atomic Power Labor.) Conrad. 221

**G. Bähr,** *Über Schwermetallkomplexe bifunktioneller Schiffscher Basen.* Es werden Darst., Eigg. u. Verh. einer neuen Klasse wasserempfindlicher Komplexe des *Ni, Cu* u. *Zn* mit *Diketondiaryliminen* [*α-Dianilen* (**I**): *Benzildianil* (abgekürzt bil), *Benzildi-p-tolil* (pil) u. *Diacetildixenil* (dix)] in nichtwss. Medien beschrieben. Als Lösungsm. wurden *Aceton* (**II**), *Ae.* u. *Dioxan* (**III**) verwendet. Vf. diskutiert die Entstehungsbedingungen der I-Komplexe u. stellt fest, daß die koordinativen Bindungen der **I** zu Schwermetallkationen vermutlich schwächer als die N-doppelbindungsfreier Alkylendiamine vom *Äthylendiamin*-Typ sind. Auf Grund der formalen Analogie der beiden Koordinationsgleichgewichte $[Me(H_2O)_n]^{+m} + p\,L \rightleftharpoons [Me(L)_p]^{+m} + n\,H_2O$ (1) u. $[H(H_2O)]^+ + L \rightleftharpoons [H(L)]^+ + H_2O$ (2) (wobei L = Neutralligand) läßt sich folgern, daß die Tendenz verschied. Ligandenmoll. L zur Addition an ein Metallkation in grober Näherung ihrer Protonenaffinität parallel geht. In verd. wss. Medium liegt Gleichgewicht (2), wenn L ein I ist, schon in der Kälte fast völlig auf der linken Seite. In Übereinstimmung mit dieser Überlegung wird gezeigt, daß fast alle Schwermetallkomplexe mit I beim Zusammenbringen mit W. in den Aquokomplex u. freies Dianil zerfallen. Das gilt noch mehr, wenn statt W. koordinationsfähigere Liganden, wie $NH_3$, *prim. Amine*, $CN^-$, u. bei Cu-Komplexen auch $CO_3^{--}$ mit I um das metall. Koordinationszentrum konkurrieren. Diese Spaltungen verlaufen quantitativ u. lassen sich zur Analyse der neuen Komplexe auswerten. Die Konst. der Komplexe ist, wie folgt, angegeben:

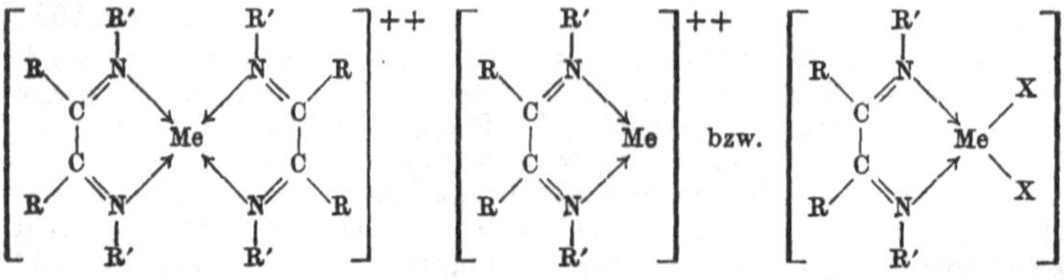

R = $CH_3$; $C_6H_5$
R' = $C_6H_5$; p—$C_6H_4 \cdot CH_3$; p—$C_6H_4 \cdot C_6H_5$
Me = Ni (A, B) Cu (B) Zn (B)

A B

Zahlreiche dieser so wasserempfindlichen Verbb., bes. vom Typ **A**, enthalten Kristallwasser (von der Anwendung hydratisierter Salze bei der Darst. herrührend); da mit der Entfernung dieses W. keine Farbänderung verbunden ist, wird keine intrakomplexe Bindung desselben angenommen. Vf. diskutiert die Beständigkeit der Komplexe, die mit der Reihe Zn < Ni < Cu zunimmt. Aus dem Vgl. des Ligandenverh. uni- bzw. bifunktioneller SCHIFFscher Basen entsprechender Konst. wird auf das Zustandekommen von Koordinationsringen (Nebenvalenzringen) in den neuen Verbb. geschlossen. Der Vgl. mit dem Ligandenverh. anderer SCHIFFscher Basen (hier: *N.N'-Dibenzaläthylendiamin* u. *N.N'-Bis-[methyl-phenyl-methylen]-äthylendiamin*) zeigt, daß das Syst. konjugierter Doppelbindungen in den I für deren Ligandeneig. wesentlich ist. Die stereochem. Verhältnisse der komplex gebundenen I werden diskutiert. Die Wahl isomerer I als Liganden führt zur Darst. isomerer Komplexe (Ligandenisomerie). Im einzelnen werden folgende Komplexe beschrieben: *Di-(benzildianil)-nickel(II)-nitrat-tetrahydrat*, $[Ni(bil)_2](NO_3)_2 \cdot 4\,H_2O$. Zur Darst. wird in die ca. 40° warme, filtrierte Lsg. von 7,2 g bil in 80 cm³ II die Lsg. von 2,9 g $Ni(NO_3)_2 \cdot 6\,H_2O$ in 10 cm³ II filtriert. Die Mischung wird braunrot. ²/₃ von II werden bei gelindem Vakuum abdest., die Kristallmasse auf einem Glasfilter abgesaugt, mit II (0°) u. Ae. gewaschen u. bei Raumtemp. an der Luft getrocknet. Ausbeute 90%, bezogen auf bil. Aus Chlf. bernsteinfarbige, kurze, rechteckige Prismen. Schmelzen bei 110° zu einer dunkelbraunen, blasigen Masse. Entwässerung in der Trockenpistole ($CCl_4$, $P_2O_5$, $H_2O$-Vakuum) liefert nach ca. 30 Std. $[Ni(bil)_2](NO_3)_2$, lösl. in heißem Bzl., zers. sich bei stärkerem Erhitzen. — *Di-(benzildianil)-nickel(II)-perchlorat-hexahydrat*, $[Ni(bil)_2](ClO_4)_2 \cdot 6\,H_2O$, analoge Darst., rötlich braune Kristallkrusten, lösl. im warmen II, unlösl. in Äther. Bei vorsichtigem Erwärmen im Ölbad ist $H_2O$-Abgabe zu beobachten. Bei 110° im Trockenschrank entsteht $[Ni(bil)_2](ClO_4)_2$, mit brauner Farbe in Chlf. löslich. Wird die Komplexbldg. in Ggw. von III vorgenommen oder $[Ni(bil)_2](NO_3)_2 \cdot aq.$ nachträglich mit heißem III behandelt, bildet sich *Benzildianil-nickel(II)-nitrat-didioxanat-dihydrat*, $Ni(bil)(NO_3)_2 \cdot 2\,Diox \cdot 2\,H_2O$, gelbbräunliche Nadeln, welche beim Liegen an Luft einen Teil des Kristallwassers verlieren. Gewichtsabnahme beim Erhitzen auf 160° 28,07% (berechnet für Abnahme um 2 III + 2 $H_2O$: 28,11%). — *Di-(benzildi-p-tolil)-nickel(II)-nitrat-trihydrat*, $[Ni(pil)_2](NO_3)_2 \cdot 3\,H_2O$, rotbraune, glitzernde Plättchen, luftbeständig, schwerlösl. in kaltem II, schm. beim Vers. der Trocknung bei 120°, zers. sich bei stärkerem Erhitzen (Geruch nach Nitroverbb.). In der Trockenpistole Übergang zu $[Ni(pil)_2](NO_3)_2$, lösl. in heißem Benzol. — *Di-(benzildi-p-tolil)-nickel(II)-perchlorat-dihydrat*, $[Ni(pil)_2](ClO_4)_2 \cdot 2\,H_2O$, Darst. analog dem vorst. beschriebenen Verf., Kristallisation erfolgt aber erst nach Zugabe des 6fachen Vol. Ae. zu der II-Lsg., braunrote Plättchen. *KSCN* in II fällt aus der Lsg. des Komplexes $KClO_4$, diese Rk. ist aber nicht zur Analyse verwertbar. Prod. verliert bei 80° sein Wasser. Wird der Komplex nicht durch Ae. aus der II-Lsg. gefällt, sondern diese vorsichtig eingeengt, zeigt das anfallende Kristallisat die Zus. eines Hexahydrates. — *(Diacetyldixenil)-nickel(II)-nitrat-monohydrat*, $[Ni(dix)](NO_3)_2 \cdot H_2O$, Darst. in $C_6H_5Br$ als Lösungsm., olivfarbene, glitzernde Kristalle, die beim längeren Erhitzen auf 180° sich zersetzen. Umsetzung von $Ni(NO_3)_2$ mit N.N'-Dibenzaläthylendiamin (= 1.2-Benzaliminoäthan) u. N.N'-Bis-(methyl-phenyl-methylen)-äthylendiamin in II-Lsg. ergab rosaviolette Verbb., die auf Grund der Analyse $[Ni(en)_2](NO_3)_2$ entsprechen, bei beiden Rkk. waren offenbar die gleichen Verbb. entstanden, welche beim Erhitzen mit konz. NaOH sich unter Bldg. von $Ni(OH)_2$ u. *Äthylendiamin* zersetzen. Darst. der entsprechenden Cu-Komplexe analog den für Ni angegebenen Verfahren. — *(Benzildianil)-kupfer(II)-nitrat*, $Cu(bil)(NO_3)_2$, grüne, nadelige Prismen. Es fällt zunächst das Monohydrat an, das sein W. bei 120° nach mehreren Tagen oder längerem Liegen an Luft abgibt u. in die wasserfreie Verb. übergeht, lösl. in **II**, unlösl. in **III**, leicht zers. durch wss. $NH_3$, KCN oder $K_2CO_3$-Lösung. *(Benzildianil)-kupfer(II)-bromid*, $[Cu(bil)]Br_2$ bzw. $[Cu(bil)Br_2]$, tiefbraungrüne Nädelchen mit Purpurreflex, lösl. in **II**, warmem Chlf., unlösl. in Bzl. u. Ae., sehr hydrophob. *$AgClO_4$* in **II** fällt aus der **II**-Lsg. des Komplexes *AgBr*. — *(Benzildi-p-tolil)-kupfer(II)-nitrat*, $Cu(pil)(NO_3)_2$, moosgrüne Nadeln, Verb. kann fast ohne Gewichtsverlust längere Zeit auf 110° erhitzt werden; in Ggw. von **III** erhaltenes Prod. zeigt sich auf Grund der Cu-Analyse als Trihydrat. — *(Benzildi-p-tolil)-kupfer(II)-bromid*, $[Cu(pil)Br_2]$ bzw. $[Cu(pil)]Br_2$, gleicht in Farbe u. Kristallgestalt $Cu(bil)Br_2$, lösl. in warmem Benzol. — *(Diacetyldixenil)-kupfer(II)-nitrat-hemihydrat*, $Cu(dix)(NO_3)_2 \cdot 0{,}5\,H_2O$, olivfarbige farnwedelförmige Kristalle, mit $Cu(pil)(NO_3)_2$ ligandenisomer, zers. sich ab 140°. — *(Benzildianil)-zinkchlorid-dibenzolat*, $Zn(bil)Cl_2 \cdot 2$ Bzl., Darst. in einer im Original beschriebenen Extraktionsapp., hellgelbe Nadeln, die beim Liegen in benzolfreier Luft ihren Seidenglanz verlieren, bei 110° gesamtes Bzl. abgeben, leicht lösl. in **II**, Bzl., Chlf., wenig lösl. in *$CS_2$*. $AgClO_4$ in **II** fällt in der Kälte aus der **II**-Komplexlsg. AgCl aus. — *(Benzildi-p-tolil)-zinkchlorid-dibenzolat*, $Zn(pil)Cl_2 \cdot 2$ Bzl., goldgelbe Nadeln, geben bei 60—80° Kristallbenzol quantitativ ab, oberhalb 120° färbt der Komplex sich orangebraun unter Zersetzung. Die Ditolil- u. Dianil-Zn-Komplexe lösen sich auch in *Naphthalin* u. *Inden*, letzteres wird wie Bzl. zu einem Addukt gebunden. Darst. des bisher unbekannten Diacetyldixenil [*Diacetyldixenylimin*, $C_6H_5 \cdot C_6H_4 \cdot N{:}C(CH_3) \cdot C(CH_3){:}N \cdot C_6H_4 \cdot C_6H_5$]: 2 Moll. *Xenylamin* (*p-Aminodiphenyl*) in der 4fachen Menge A. gelöst, mit 1 Mol. Diacetyl versetzt u. 3—4 Std. am Rückfluß erhitzt; Prod. scheidet sich hierbei ab, aus *Pyridin* (weniger gut aus $C_6H_5Br$) hellgelbe Blätter, die gegen 280° unter Zers. dunkel werden, unlösl. in W., wenig lösl. in den üblichen organ. Lösungsmitteln, verd. Mineralsäuren spalten in Diacetyl u. Xenylamin, konz. *$H_2SO_4$* löst mit tiefroter Farbe. Einzelheiten der Analyse der **I**-Komplexe nach dem $NH_3$-, KCN-, $K_2CO_3$-Verf. vgl. Original. (Z. anorg. allg. Chem. **267**. 137—60. Dez. 1951. Jena, Friedrich-Schiller-Univ., Inst. für anorgan. Chem.) SPARMANN. 223

**Gerhard Bähr** und **Arno Kretzer**, *Über Schwermetallkomplexe bifunktioneller Schiffscher Basen*. 2. Mitt. (1. vgl. vorst. Ref.) Es werden Darst. u. Eigg. von Komplexverbb. des *Ni*, *Cu*, *Zn* u. *Hg* mit verschied. Diacetyldiaryliminen [*Diacetyldianil* (dil), *Diacetyldi-p-tolil* (p-til), *Diacetyldi-o-tolil* (o-til) u. *Diacetyldi-α-naphthil* (α-nil)] beschrieben. Zwischen den Komplexen mit vollaromat. α-Dianilen als Liganden (vgl. vorst. Ref.) u. den hier untersuchten mit Diaryliminen aliphat. α-Diketone besteht hinsichtlich der Entstehungsweise, Formeltyp, chem. Beständigkeit (Wasserempfindlichkeit), Isomerie u. Farbe weitgehende Parallelität. Bemerkenswert ist die vielfach geringere Löslichkeit der neuen Komplexe in Aceton, wie auch die Unlöslichkeit der $ZnCl_2$-Komplexe in Benzol. Der Einfl. des Lösungsm. auf die Rkk. im Hinblick auf die unterschiedliche Polarisierbarkeit der Lösungsmittel (Aceton > Ae.) wird diskutiert. Folgende Komplexverbb. wurden dargestellt u. beschrieben: *Di-(diacetyldianil)-nickel(II)-nitrat-dihydrat*, $[Ni(dil)_2](NO_3)_2 \cdot 2\,H_2O$, Darst. analog der im vorst. Ref. beschriebenen Verff., bräunlich krist. Verb., leicht lösl. in Methanol u. warmem Chlf., schwerer in A., aus n-Propanol umkristallisierbar, unlösl. in Bzl., Zersetzungstemp. 186—188°, empfindlich gegen $H_2O$, *$NH_3$* u. Säuren, warme verd. *$H_2SO_4$* zerlegt in Ni-Salz, *Diacetyl* u. *Anilin*; in der Trockenpistole kann Komplex während 24 Std. in die wasserfreie Verb. übergeführt werden. — *Di-(diacetyldi-p-tolil)-nickel(II)-nitrat-dihydrat*, $[Ni(p\text{-}til)_2](NO_3)_2 \cdot 2\,H_2O$, hochrote Blätter aus heißem Bzl., Zersetzungspunkt 209°. — *Di-(diacetyldi-o-tolil)-nickel(II)-nitrat-tetrahydrat*, $[Ni \cdot (o\text{-}til)_2](NO_3)_2 \cdot 4\,H_2O$, schwach gelbbräunlich, Zersetzungspunkt 131°, Löslichkeiten wie vorst. Produkt. Darst. der wasserfreien Verb. wie oben. — *Di-(diacetyldi-α-naphthil)-nickel(II)-nitrat-tetrahydrat*, $[Ni(\alpha\text{-}nil)_2](NO_3)_2 \cdot 4\,H_2O$, mattgelbes Prod., wenig lösl. in Methanol, Zersetzungspunkt 158°. — *Diacetyldianil-kupfer(II)-nitrat* bzw. *Dinitrato-(dacetyldianil)-kupfer*, $[Cu(dil)](NO_3)_2$ bzw. $[Cu(dil)(NO_3)_2]$, grasgrüne Nadeln aus *Dioxan*, wenig lösl. in Bzl. u. Chlf., zers. sich bei 205° unter Verpuffung. — *Diacetyldi-p-tolil-kupfer(II)-nitrat-monohydrat*, $Cu(p\text{-}til)(NO_3)_2 \cdot H_2O$, grünschillernde Nadeln, kaum lösl. in Bzl. u. Chlf., läßt sich nicht unzers. entwässern, Zersetzungspunkt bei 207° unter Verpuffung. — *Diacetyldi-o-tolil-kupfer(II)-nitrat-monohydrat*, $Cu(o\text{-}til)(NO_3)_2 \cdot H_2O$, Darst. unter Zus. von Dioxan, grüne Nadeln, Zersetzungspunkt 193°, ähnelt in seinem Verh. sehr dem p-Isomeren. — *Diacetyldi-α-naphthil-kupfer(II)-nitrat-monohydrat*, $Cu(\alpha\text{-}nil) \cdot (NO_3)_2 \cdot H_2O$, schokoladenbraune, rhomb. begrenzte Platten mit starkem Oberflächenglanz, relativ beständige Verb., welche bis 360° noch keine Zersetzungsanzeichen zeigt, auch nicht durch verd. $H_2SO_4$ bzw. Eisessig vollständig zersetzbar, wohl aber durch $NH_3$. — *Diacetyldi-α-naphthil-kupfer(II)-bromid*, $[Cu(\alpha\text{-}nil)]Br_2$ bzw. *Dibromo-(diacetyldi-α-naphthil)-kupfer(II)*, $[Br_2Cu(\alpha\text{-}nil)]$, tief schwarzbrauner, feinkrist. Nd. aus Ae., bis

360° noch keine deutlichen Anzeichen von Zers. zeigend, verd. Mineralsäuren, Eisessig, $NH_3$ u. *KCN* zerlegen die Verb. nicht völlig. Aus der alkoh. Lsg. wird auf Zusatz alkoh. *$AgNO_3$*-Lsg. sofort *AgBr* gefällt. — *Diacetyldianil-zinkchlorid*, (dil)$ZnCl_2$, grünstichig-gelbliche, körnige Kristalle, unlösl. in Bzl. oder Chlf., chem. leicht zers., Zersetzungspunkt 264—265°. — *Diacetyldi-p-tolil-zinkchlorid*, (p-til)$ZnCl_2$, schwach bräunlich, seidenglänzende Lamellen, in Bzl. nicht, in Chlf. wenig lösl., Zersetzungspunkt 277—278°. *Diacetyldi-o-tolil-zinkchlorid*, (o-til)$ZnCl_2$, farblos, filzig-weiche Verb., unlösl. in Bzl., Zersetzungspunkt 272—273°. — *Diacetyldi-α-naphthil-zinkchlorid(dihydrat)*, (α-nil)$ZnCl_2$·(2 $H_2O$), leuchtend gelbe Stäbe, die ihr Kristallwasser bereits bei 80° abgeben, Zersetzungspunkt 224—225°. — *Diacetyldianil-quecksilber(II)-chlorid*, (dil)$HgCl_2$, citronengelbe Kristalle, die sich unter Lichteinw. bräunlich färben, wobei ein geranienartiger Geruch auftritt, Zersetzungstemp. 125°. — *Diacetyldianil-quecksilber(II)-bromid*, (dil)$HgBr_2$, gelbe Säulen, in Bzl. u. Chlf. gut lösl., zers. sich bei 132—133°. — *Diacetyldi-p-tolil-quecksilber(II)-chlorid-monohydrat*, (p-til)$HgCl_2 \cdot H_2O$, leuchtend gelbe Verb., die an Luft sich rötlichbraun verfärbt, wobei Geruch nach *p-Toluidin* auftritt, Zersetzungstemp. 117 bis 118°. — *Diacetyldi-p-tolil-quecksilber(II)-bromid*, (p-til)$HgBr_2$, mattgelbe Nädelchen, in Chlf. u. Bzl. gut lösl., Zersetzungstemp. 122°. — *Diacetyldi-o-tolil-quecksilber(II)-chlorid*, (o-til)$HgCl_2$, gelbe Verb., in Bzl. lösl., weniger gut in Chlf., Zersetzungstemp. 108—109°. (Z. anorg. allg. Chem. **267**. 161—73. Dez. 1951.) SPARMANN. 223

**Edward S. Amis**, *Das Coulombsche Gesetz und die quantitative Auslegung der Reaktionsgeschwindigkeiten.* (Vgl. C. **1952**. **5841**.) Vf. leitet die Beziehung zwischen der Reaktionsgeschwindigkeitskonstanten u. der DK. ab u. führt Auswertungsmöglichkeiten an. (J. chem. Educat. **29**. 337—39. Juli 1952. Fayetteville, Ark., Univ. of Arkansas.) MOSLÉ. 225

**Daniel Cubicciotti**, *Die Reaktion von Cer mit Sauerstoff.* Zwischen 30 u. 125° erfolgt die Oxydation des Ce nach einem parabol. Gesetz, während sie oberhalb 125° zunächst parabol., dann aber linear verläuft. Dieser Übergang ist beim Ce stärker ausgeprägt als beim U u. Th. Die Aktivierungsenergien ergeben sich zu 14 kcal/Mol für die lineare u. 12 kcal/Mol für die parabol. Rk., die Geschwindigkeitskonstante zu $10^{-13}$ $g^2$/$cm^4$min. Vf. vermutet auf Grund dieser Gleichheit der Aktivierungsenergien, daß der Ablauf der Rk. durch Diffusion durch das Oxyd bestimmt wird, u. zwar durch Diffusion durch eine wachsende Oxydschicht bei der linearen bzw. durch eine Oxydschicht gleicher Dicke bei der parabol. Reaktion. (J. Amer. chem. Soc. **74**. 1200—01. 5/3. 1952. Chicago, Ill., Illinois Inst. of Technol., Chem. Labor.) WOELK. 225

**J. T. Waber, G. E. Sturdy, E. M. Wise** und **C. R. Tipton jr.**, *Eine spektrophotometrische Untersuchung der Oxydation von Tantal.* Der Oxydationsverlauf von Ta (Blech von 1,27 mm Dicke) beim Erhitzen in Luft auf Tempp. von 220—350° wird durch Reflexionsmessungen u. gravimetr. Best. verfolgt. Bei Erwärmungen bis 320° ist Ta korrosionsfest dank einer festhaftenden $Ta_2O_5$-Schicht. Die Dickenzunahme der Oxydschicht verläuft logarithm. mit der Zeit bis ca. 320°, oberhalb dieser Temp. sowohl logarithm. als auch parabolisch. Die Aktivierungsenergie ergibt sich aus dem logarithm. Verlauf zu 12 kcal/Mol auf Grund der opt. u. zu 12,57 kcal/Mol auf Grund der gravimetr. Messungen. Für einen anfänglichen parabol. Oxydationsverlauf wird eine Aktivierungsenergie von 27,2 kcal/Mol in Übereinstimmung mit früheren Messungen erhalten. Aus den Messungen wird das Verhältnis von wahrer zu scheinbarer Oberfläche der Ta-Schicht zu 9,92 ± 0,07 abgeschätzt. (J. electrochem. Soc. **99**. 121—29. März 1952. Los Alamos, N. Mex., Los Alamos Sci. Labor.) RUDOLPH. 225

**M. A. Mosesman**, *Röntgenuntersuchungen von heterogenen Reaktionen während der Reaktion.* Es wird eine aus reinstem Be hergestellte Mikroapp. mit einem Reaktionsraum von 0,002 ml Fassungsvermögen beschrieben, die es gestattet, die Veränderungen fester Körper, wenn sie in chem. Wechselwrkg. mit Gasen treten, während der Rk. röntgenograph. zu verfolgen. Die App. erlaubt die Anwendung von 11 at Druck u. einer Temp. von 650° sowie einer Strömungsgeschwindigkeit bis herunter zu 1,0 ml Gas/Stunde. Untersucht wurde das Verh. von $NH_3$-Synthesekatalysatoren aus *Fe-Oxyd*, reinem *$MoO_3$* u. auf *γ-$Al_2O_3$* niedergeschlagenem $MoO_3$ in oxydierender u. reduzierender Atmosphäre bei verschied. Tempp., Drucken u. Strömungsgeschwindigkeiten. Im ersten Falle konnten im Laufe der Rkk. *$Fe_3O_4$*, *FeO* u. *Fe* nachgewiesen werden. Die Red. führte bei 413° nach 343—444 Std. zu einem Gemisch von FeO u. Fe, die Oxydation bei 357° nach 75—247 Std. zu reinem $Fe_3O_4$. Im zweiten u. dritten Falle wurde außer $MoO_3$ nur *$MoO_2$* beobachtet. Sowohl reines als auch auf $Al_2O_3$ niedergeschlagenes $MoO_3$ wird bei Tempp. um 450° in verhältnismäßig kurzer Zeit zu $MoO_2$ red., die Reoxydation zu $MoO_3$ dagegen geht bei den auf $Al_2O_3$ niedergeschlagenen Präpp. wesentlich langsamer u. erfordert höhere Tempp. als bei reinen Präparaten. (J. Amer. chem. Soc. **73**. 5635—39. Dez. 1951. Baytown, Tex., Humble Oil and Refining Co., Res. and Development Div.) H. W. LEVI. 227

**A. Michel**, *Anwendung der thermomagnetischen Analyse zur Kenntnis von Katalysatoren.* Aus der thermomagnet. Analyse, deren Grundzüge kurz dargestellt werden, läßt sich mit großer Genauigkeit die physikal.-chem. Natur der ferromagnet. Phasen eines Katalysators erkennen. Als Beispiele werden die Katalysatoren der CO-Konversion u. der $NH_3$-Synth. sowie die Größe der Kontaktmassen von Katalysatoren für die FISCHER-Synth. aus Fe, Ni u. Co untersucht. An Hand der Literatur u. eigener Verss. des Vf. wird versucht, die Beziehungen zwischen Magnetismus u. katalyt. Aktivität von oxyd. u. metall. Katalysatoren aufzuzeigen. (Ind. chim. belge **17.** 643—51. 1952. Lille, Fac. des Sci.) v. HARLEM. 227

## B. Anorganische Chemie.

**M. K. Phibbs** und **Paul A. Giguère**, *Wasserstoffperoxyd und analoge Verbindungen.* 1. Mitt. *Dichte, Brechungsindex, Viscosität und Oberflächenspannung von Deuteriumperoxyd-Deuteriumoxyd-Lösungen.* $D_2O_2$ mit weniger als 0,3% H wurde nach der Persulfatmeth. u. einer elektr. Meth. hergestellt. Durch fraktionierte Dest. wurden bis zu 90%ig. Lsgg. von $D_2O_2$ in $D_2O$ erhalten. Vff. geben die Ergebnisse ihrer Messungen des Brechungsindex (bei 25°) u. der D., Viscosität u. Oberflächenspannung (bei 0 u. 20°) in Tabellen wieder. Messungen der Viscosität u. der Oberflächenspannung wurden auch in $H_2O_2$-Lsgg. durchgeführt. Die physikal. Konstanten von $D_2O_2$ u. $H_2O_2$ werden verglichen u. diskutiert. Die Dichten bei 0° betragen bei $H_2O$: 0,99987; $D_2O$ (unterkühlt): 1,1046; $H_2O_2$: 1,4730; $D_2O_2$: 1,5574. — D. bei 20°: $H_2O$: 0,99823; $D_2O$: 1,1056; $H_2O_2$: 1,4502; $D_2O_2$: 1,5343. — Brechungsindex bei 25°: $H_2O$: 1,33251; $D_2O$: 1,32806; $H_2O_2$: 1,4067; $D_2O_2$: 1,4026. — Viscosität bei 0°: $H_2O$: 1,798; $D_2O$: 2,35; $H_2O_2$: 1,819; $D_2O_2$: 1,975 cP. — Viscosität bei 20°: $H_2O$: 1,005; $D_2O$: 1,25; $H_2O_2$: 1,219; $D_2O_2$: 1,358 cP. — Oberflächenspannung bei 0°: $H_2O$: 75,6; $D_2O$: 76,15; $H_2O_2$: 83,3; $D_2O_2$: 83,6 dyn/Mol. — Oberflächenspannung bei 20°: $H_2O$: 72,75; $D_2O$: 72,73; $H_2O_2$: 80,2; $D_2O_2$: 81,2 dyn/Mol. — Andere physikal. Konstanten, wie Parachor, Molekularradius, Polarisierbarkeit, Mol.-Refr., spezif. Refraktion u. Molekularvol., sind tabellar. zusammengestellt. (Canad. J. Chem. **29.** 173—81. Febr. 1951. Quebec, Laval Univ., Dep. of Chem.) J. MATTNER. 241

**William T. Foley** und **Paul A. Giguère**, *Wasserstoffperoxyd und analoge Verbindungen.* 2. Mitt. *Phasengleichgewicht im System Wasserstoffperoxyd–Wasser.* (1. vgl. vorst. Ref.) Das Phasendiagramm des Syst. $H_2O_2$–$H_2O$ wird in seinem gesamten Konzentrationsbereich festgelegt. Daraus ergibt sich für $H_2O_2$ ein F. von —0,461°. Das Dihydrat schm. bei 52,10°. Es treten 2 Eutektika bei 45,2% $H_2O_2$ bzw. 61,2% $H_2O_2$ auf. Deren FF. liegen bei —52,4 bzw. 56,5°. Im Gegensatz zu früheren Annahmen bilden $H_2O_2$ u. $H_2O$ miteinander keine festen Lösungen. (Canad. J. Chem. **29.** 123—32. Febr. 1951.) J. MATTNER. 241

**Viktor Gutmann**, *Ionenreaktionen in geschmolzenem Jodmonochlorid.* Es wird das Verh. verschied. anorgan. Verbb. in geschmolzenem JCl (I) untersucht. I verhält sich als ionisierendes, nichtwss. Lösungsm., seine spezif. Leitfähigkeit, auf Eigendissoziation gemäß $2\ JCl \rightleftharpoons J^+ + JCl_2^-$ beruhend, beträgt bei 35° $4{,}5\cdot10^{-3}\ Ohm^{-1}\cdot cm^{-1}$. Die Löslichkeitsverhältnisse verschied. Chloride in geschmolzenem I sind qualitativ zusammengestellt: *KCl, $NH_4Cl$, RbCl* u. *CsCl* leicht lösl. unter Bldg. der in Lsg. stark dissoziierten Di-Chlorjodide (Dichlorohypojodite) (z. B. *$KJCl_2$*); *LiCl, NaCl* u. *AgCl* sowie *$BaCl_2$* sind wenig lösl. u. erhöhen die Leitfähigkeit von I nur geringfügig; *$AlCl_3$* lösl.; *$TiCl_4$, $SnCl_4$, $VCl_4$, $SiCl_4$* u. *$NbCl_5$* sind lösl., ändern die Leitfähigkeit von I aber nur wenig; *$SbCl_5$* wenig lösl.; *$PCl_5$* gibt Lsgg., welche nicht unbeachtlich dissoziiert sind; *$SOCl_2$*, in allen Verhältnissen mischbar mit I, erniedrigt seine spezif. Leitfähigkeit u. drängt dessen Eigendissoziation zurück. Das Leitvermögen von Lsgg. verschied. Konzz. u. Verdünnung von $SOCl_2$ in I bei 55° vgl. Original. Leitfähigkeitstitrationen zeigen, daß die Chloride der schweren Alkalimetalle als Basenanaloge, die Pentachloride von P, Sb, Nb sowie die Tetrachloride von Sn, Ti u. V als Säureanaloge anzusprechen sind. LiCl, NaCl, $SiCl_4$ u. $SOCl_2$ reagieren nicht mit dem Lösungsm. u. können nicht durch Säureanaloge neutralisiert werden, wie auch $AlCl_3$, das zwar zur Verbindungsbldg. mit I befähigt ist, aber nicht mit basenanalogen Stoffen neutralisiert werden kann. Vf. diskutiert die Neutralisations-Rk. von $SbCl_5$ mit KCl u. nimmt an, daß $SbCl_5$ mit I eine Verb. der Zus. *$JCl\cdot SbCl_5$* oder $J^+SbCl_6^-$ bildet, die gemäß $J^+SbCl_6^- + K^+JCl_2^- \rightleftharpoons KSbCl_6 + 2\ JCl$ mit $KJCl_2$ neutralisiert wird. Die Existenz von $JSbCl_6$ wird unter Berücksichtigung einer möglichen Mischkristallbldg. von *$SbCl_5\cdot 2\ JCl$* u. *$SbCl_5\cdot 3\ JCl$*, welche feste Verbb. sind, erörtert. Das Leitfähigkeitsdiagramm von $NbCl_5$ u. KCl deutet die in langsamer Rk. erfolgende Bldg. von *Kaliumhexachloroniobat* an. Während $NbCl_5$ als einwertige Ansolvobase fungiert, ist $VCl_4$ als 2-wertige Ansolvosäure aufzufassen, welches mit $KJCl_2$ als Base folgendermaßen reagiert: $2\ KJCl_2 + VCl_4 \rightleftharpoons K_2VCl_6 + 2\ JCl$. Andere 2-wertige saure Lösungsbestandteile sind $SnCl_4$ u. $TiCl_4$, wobei die Verhältnisse im Falle des Ti noch nicht völlig geklärt sind. Verss. zur Darst. von *Hexachlorotitanaten* verliefen ergebnislos, es wurde im Leitfähigkeitsgefäß eine sehr schwache Gasentw. beobachtet. *Hexachlorostannate* können in I durch Rk. von $SnCl_4$ als Ansolvosäure mit $KJCl_2$ als Base entstehen, sie enthielten aber stets gewisse Mengen an Jodid u. weniger Sn als berechnet. Es wird angenommen, daß infolge eines Solvolysegleichgewichtes $K_2SnCl_6 + 2\,JCl \rightleftharpoons SnCl_4 + 2\,KJCl_2$ die Umsetzung nicht vollständig ist. Aus $VCl_4$ u. KCl konnte ein hygroskop., orangerotes Pulver isoliert werden, das 4-wertiges V enthielt u. auf Grund der Leitfähigkeitstitration $K_2VCl_6$ sein dürfte. Die Anwendung von Rkk. in I zur präparativen Salzdarst. wird diskutiert unter besonderer Berücksichtigung der Entfernung von I zur Reindarst. der Reaktionsprodukte. Bei Verwendung von völlig wasserfreiem $CCl_4$ als Extraktionsmittel für I konnten in wenigen Fällen die Reaktionsprodd. isoliert werden. Insgesamt sind folgende Leitfähigkeitsdiagramme aufgeführt: Äquivalentleitfähigkeiten von $NH_4Cl$, RbCl, CsCl, KCl u. NaCl in I; Titrationskurven von $SbCl_5$–RbCl, $NbCl_5$–KCl, $VCl_4$–KCl, $TiCl_4$–CsCl, $SnCl_4$–$NH_4Cl$, $AlCl_3$–KCl, $SiCl_4$–KCl, $SbCl_5$–$PCl_5$. Vf. diskutiert den amphoteren Charakter von $JPCl_6$ in I, wonach die Verb. gemäß $J^+PCl_6^- + K^+JCl_2^- \rightleftharpoons KPCl_6 + 2\,JCl$ sauren Charakter zeigt, während mit $SbCl_5$ die Verb. $PCl_5 \cdot SbCl_5$ entsteht, bei der $PCl_5$ als Ansolvobase fungiert: $PCl_5 \cdot JCl \rightleftharpoons PCl_4^+ + JCl_2^-$; $PCl_4^+JCl_2^- + J^+SbCl_6^- \rightleftharpoons PCl_4^+SbCl_6^- + 2\,JCl$. Vf. weist auch auf weitere Ionen-Rkk. in Lsgg. von I hin u. diskutiert die von anderen Autoren veröffentlichten Arbeiten über doppelte Umsetzungen u. Oxydations-Rkk. in I. — Ausführliche Literaturzusammenstellung sowie Tabellen der physikal. Konstanten von festem, fl. u. gasförmigem JCl. (Z. anorg. allg. Chem. **264.** 151—68. März 1951. Wien, TH, Inst. für allg. Chem.) SPARMANN. 249

**Viktor Gutmann,** *Das Verhalten einiger Elemente in geschmolzenem Jodmonochlorid.* (Vgl. vorst. Ref.) Es wird das Verh. von 39 Elementen in geschmolzenem JCl (I) untersucht. Obwohl I in Lsgg. organ. Lösungsmittel hoher DK., wie z. B. *Nitrobenzol*, jodierend wirkt, bestätigen die Unterss. ohne organ. Lösungsmittel die ausschließlich chlorierende Wrkg. auf alle mit I reagierenden Elemente, wobei $J_2$ in elementarer Form in Freiheit gesetzt wird gemäß $Me + n\,JCl = MeCl_n + n/2\,J_2$. Es entstehen meist Chloride der höchsten Wertigkeitsstufe des betreffenden Elementes. Die Rkk. verlaufen dann vollständig, wenn ein in I leicht lösl. oder ein flüchtiges Chlorid entstehen. Für präparative Zwecke sind nur die Rkk. von *Au, Hg, V* u. *Te* mit I zu verwerten, welche als Reaktionsprodd. $AuCl_3$, $HgCl_2$, $VCl_3$ u. $TeCl_4$ unter 100%ig. Umsatz liefern. Alle anderen Rkk. sind entweder unvollständig oder unkontrollierbar oder führen in anderen Fällen zur Bldg. flüchtiger oder in $CCl_4$ leicht lösl. Prodd., so daß sie für präparative Salzdarstellungen nicht geeignet sind. Von den untersuchten Elementen zeigen *Cd, B* (amorph), *C* (akt.), *Si* (amorph u. krist.), *Pb, Zr, Nb, Ta, Cr, Mo, W* u. *Pt* (Folie) keine Rk. mit I; *K* ($KJCl_2$), *Al* ($AlCl_3$), *Ti* ($TiCl_4$), *Sn* ($SnCl_4$), *P* (roter u. weißer) ($PCl_5$) u. *Sb* ($SbCl_5$) reagieren explosionsartig bzw. sehr heftig; *Na* (*NaCl*), *Cu* ($CuCl_2$), *Ag* (*AgCl*), *Mg* ($MgCl_2$), *Ca* ($CaCl_2$), *Ba* ($BaCl_2$), *Zn* ($ZnCl_2$), *Ge* ($GeCl_4$?), *As* ($AsCl_3$), *Bi* ($BiCl_3$), *S* ($S_2Cl_2$?), *Se* ($SeCl_4$?), *Mn* ($MnCl_2$), *Fe* ($FeCl_2 + FeCl_3$), *Co* ($CoCl_2$) u. *Ni* ($NiCl_2$) reagieren heftig bis mäßig [in ( ) die jeweiligen Reaktionsprodukte]. Zur Durchführung der Verss. wurden 0,2—0,6 g des nach Möglichkeit fein gepulverten Elementes in ein ca. 50 cm³ fassendes Reaktionsgefäß eingebracht, das über einen Rückflußkühler u. einen Trockenturm mit der Atmosphäre verbunden war. Aus einem Ansatz wurde geschmolzenes I tropfenweise hinzugefügt, teilweise unter Außenkühlung des Gefäßes. Nach dem Nachlassen der Rk. wurde ein Überschuß an I hinzugegeben u. kurze Zeit zum beginnenden Sieden erwärmt. Nach dem Erkalten wurde mit über $P_2O_5$ dest. $CCl_4$ mehrfach extrahiert u. in einem $N_2$-Strom über einen Glassintertiegel abgesaugt. Im Vakuum wurde das Prod. vom restlichen $CCl_4$ befreit u. analysiert. (Z. anorg. allg. Chem. **264.** 169—73. März 1951.) SPARMANN. 249

**R. N. Bell, L. F. Audrieth und O. F. Hill,** *Herstellung von Natriumtetrametaphosphat durch Hydratisierung von α-Phosphor(V)-oxyd bei niedriger Temperatur.* $Na_4P_4O_{12} \cdot 10\,H_2O$(I) läßt sich, wie folgt, herstellen: 50 g $\alpha$-$P_2O_5$ werden langsam unter lebhaftem Rühren bei Tempp. unterhalb 15° in 300 cm³ W. eingetragen, nach Auflösen mit 98 g 30%ig. NaOH neutralisiert u. mit 30 g NaCl versetzt. Beim Stehen scheiden sich Kristalle von I aus. Beim Erwärmen auf 40° geht dieses in ein Hydrat $Na_4P_4O_{12} \cdot 4\,H_2O$ (II) über, das bei 54° eine andere Modifikation III bildet. Beim Erhitzen auf 100° entsteht das wasserfreie Salz $Na_4P_4O_{12}$ (IV), das bei 400° in $Na_3P_3O_9$ übergeht. Die Rk. II → III ist durch Kühlen nicht umkehrbar. Das Vorhandensein der polymorphen Formen II u. III erklärt gewisse Widersprüche (vgl. BONNEMANN, C. **1937.** II. 1162; THILO u. RÄTZ, C. **1949.** II. 630) bei früheren Arbeiten. Die Brechungsexponenten von I, II u. III u. die Gitterkonstanten von II, III u. IV wurden bestimmt. Der strukturchem. Verlauf der Hydratisierung von $\alpha$-$P_2O_5$ wird erörtert. (Ind. Engng. Chem. **44.** 568—72. März 1952. Chicago Heights, Victor Chem. Works, u. Urbana, Univ. of Illinois.) STEINER. 274

**Leon Atlas,** *Die Polymorphie des $MgSiO_3$ und Gleichgewichte im festen Zustand in dem System $MgSiO_3$-$CaMgSi_2O_6$.* Vf. untersucht die verschied. krist. Phasen des $MgSiO_3$. Beschrieben werden die opt. Eigg. des *rhomb. Enstatit* (I), des *Protoenstatit* (II) u. des *Klinoenstatit* (III). Die Gitterkonstanten werden mitgeteilt, die Strukturen gezeichnet u. diskutiert u. die Abbildungen der Röntgenaufnahmen gegeben. Die Ergebnisse stimmen zum größten Teil mit denen früherer Autoren überein. II kann auch orthorhomb. vorliegen. I wandelt sich bei 990° in II u. II bei 1160° in III um. Stabil ist I bis 985° u. dann II bis zum Zerfall in Schmelze u. *Forsterit,* während III als metastabile Tieftemperaturmodifikation durch schnelles Abkühlen von II entsteht. Beim Übergang einer Phase in die andere können instabile Zustände auftreten. Weiterhin wird das Syst. $MgSiO_3$–$CaMgSi_2O_6$ (*Diopsid*) (IV) untersucht. Die Daten werden tabellar. mitgeteilt u. das Phasensyst. gezeichnet. Bei einer Zus. von 60% $MgSiO_3$ u. 40% IV ist über 1380° eine feste Lsg. Darunter tritt eine Entmischung in III u. IV ein. Bei ca. 1250° geht III in II über u. bei ca. 1090° II in I. Bei einer Zus. von 95% $MgSiO_3$ existiert oberhalb 1480° eine feste Lsg. von III. Unterhalb 1480° scheidet sich eine Lsg. von II aus u. koexistiert mit III. Die feste Lsg. von II ist stabil zwischen ca. 1400 u. 1060°, dann scheidet sich I neben II aus, während zwischen 1060 u. 1040° I stabil ist. Unterhalb ca. 1040° scheidet sich eine feste Lsg. von IV aus u. koexistiert mit I. Es zeigt sich, daß Ca weniger lösl. in II ist als in III. Durch den Eintritt von $Ca^{2+}$ in das III-Gitter wächst der Winkel $\beta$, u. es wird der Struktur von IV analog. (J. Geology **60.** 125—47. März 1952. Chicago, Ill., Univ. of Chicago.)
MOSLÉ. 282

**D. D. Eley** und **H. Watts,** *Komplexe von Aluminiumhalogeniden mit Pyridin, Trimethylamin und Triäthylamin.* 1. Mitt. Vff. stellten in einer näher beschriebenen App. bei $10^{-6}$ mm Hg Komplexe von Al-Halogeniden mit tert. Aminen dar. Diese haben wahrscheinlich, entsprechend den $NH_3 \cdot AlX_3$-Komplexen, ein Molekelgitter. Innerhalb einer Reihe ist der F. prakt. konstant. Da $T = \Delta H/\Delta S$, muß entweder $\Delta H$ auf Grund der Gitterkräfte, bei unverändertem $\Delta S$, konstant bleiben oder $\Delta H$ wächst im gleichen Verhältnis wie $\Delta S$. $C_5H_5N \cdot AlCl_3$ liegt in der Gasphase u. in Bzl. dimer, in Nitrobenzol monomer vor. Bei der Dimerisierung handelt es sich wahrscheinlich um eine Dipolassoziation, was dem hohen Dipolmoment derartiger Komplexe entspricht. Die $(C_2H_5)_3N \cdot AlX_3$-Komplexe sind instabil. Die Unbeständigkeit wächst in der Reihenfolge $Cl < Br < J$, was der Stärke der $N \rightarrow Al$-Bindung entspricht. Für diese wurde bei $C_5H_5N \cdot AlX_3$ ($X = Cl$, Br, J) 56,6 kcal, 71 kcal u. 77,1 kcal gefunden.

Versuche (alle FF. korr.): Mit Pyridin: $C_5H_5N \cdot AlCl_3$, F. 118 ± 0,2°; $C_5H_5N \cdot AlBr_3$, F. 115—117°; $C_5H_5N \cdot AlJ_3$, F. 110,5—112°. — Mit Trimethylamin: $(CH_3)_3N \cdot AlCl_3$, Darst. durch sofortige Rk. der Komponenten bei —80°, F. 156,4 ± 0,2°; $(CH_3)_3N \cdot AlBr_3$, F. 156,9 ± 0,2°; $(CH_3)_3N \cdot AlJ_3$, F. 156,4 ± 0,2°. Mit Triäthylamin: $(C_2H_5)_3N \cdot AlCl_3$, schwach farbig, F. 121,6—122,1°, bei längerem Erhitzen auf > 300° Zers. in eine fluorescierende Flüssigkeit. Bei der Darst. von $(C_2H_5)_3N \cdot AlBr_3$ u. $(C_2H_5)_3N \cdot AlJ_3$ traten Neben-Rkk. ein, erhalten wurden teilweise teerige Flüssigkeiten. (J. chem. Soc. [London] **1952.** 1914—18. Mai. Bristol, Univ.)
PLUST. 294

**K. Pschera** und **K. Hauffe,** *Über den Mechanismus der Zinkwolframatbildung bei höheren Temperaturen.* Es wird der Mechanismus der *Zinkwolframat* (I)-Bldg. aus *ZnO* u. $WO_3$ bei 800° untersucht. Hierzu wurde von Vff. der Vers. unternommen, nach einem Vorschlag von WAGNER (Z. Elektrochem. angew. physik. Chem. **47.** [1941.] 696) die Ausgangsstoffe schon von vornherein durch das Reaktionsprod. zu trennen u. somit durch weitgehende Ausschaltung der Phasengrenz-Rkk. den geschwindigkeitsbestimmenden Schritt der Ionendiffusion durch die Reaktionsschicht zu ermitteln. Der vorgeschlagene Verlauf der gegenseitigen Diffusion der *Zn-* u. *W*-Ionen in der I-Phase konnte qualitativ nachgewiesen werden. Diesem Mechanismus überlagert verläuft jedoch ein bevorzugter $WO_3$-Transport durch die Wolframatphase. Dieser hat seine Ursache offenbar darin, daß $WO_3$ bereits bei 800° einen beachtlichen Dampfdruck besitzt, so daß es zu einer bevorzugten Anreicherung an $WO_3$ auf der dem $WO_3$ benachbarten I-Pastille u. dadurch zu einem Konzentrationsgefälle an $WO_3$ in der I-Phase kommt. Während die Verdampfungsgeschwindigkeit von ZnO bei 800° in fast ruhender Luft von 1 at vernachlässigbar klein ist, ergibt sich für $WO_3$ eine Verdampfungsgeschwindigkeitskonstante $k = 1{,}8 \cdot 10^{-5}$ (g · $cm^{-2} \cdot h^{-1}$). Für I beträgt $k = 3 \cdot 10^{-6}$. Die vorst. Annahme konnte sowohl durch „Beladungs- u. Entladungsverss." der I-Pastillen mit $WO_3$ als auch mittels elektr. Leitfähigkeitsmessungen wahrscheinlich gemacht werden. So wurde die Abhängigkeit der Leitfähigkeit vom ZnO- bzw. $WO_3$-Überschußgeh. der I-Phase untersucht. Bei einer spezif. Leitfähigkeit der reinen I-Phase von $5 \cdot 10^{-7}\ Ohm^{-1} \cdot cm^{-1}$ bei 620° K u. Luftatmosphäre wurde die Leitfähigkeit von I durch steigende Zusätze an $WO_3$ nur unwesentlich erhöht. Der höchste Betrag, d. h. eine Leitfähigkeitszunahme um den Faktor 2, wurde mit ½ Mol-% $WO_3$ erhalten, höhere Zusätze bewirkten prakt. keine Änderung gegenüber der reinen I-Phase. ZnO-Zusätze zu I verursachten hingegen beachtliche Leitfähigkeitsabnahmen. So konnte durch einen Zusatz von 2 Mol-% ZnO die Leitfähigkeit um ca. 1 Zehnerpotenz verringert werden. Zur Versuchsdurchführung wurden 2 Pastillen des Reaktionsprod. I in 1—2 mm Dicke zwischen die Ausgangspastillen geschaltet, wobei diese sich mit einer Fläche von ca. 1 $cm^2$ berührten u. mit einem Druck von ca. 0,5 $kg/cm^2$ zusammengehalten wurden. Das mittlere Pastillengewicht betrug ca. 600 mg. Die Masseänderungen im Verlauf des Vers. wurden durch Wägung bestimmt, wobei sich bei einer Versuchsdauer von 50 Std. u. Temp. von 800° die einzelnen Pastillen noch gut u. verlustlos trennen ließen. (Z. anorg. allg. Chem. **264**. 217—24. März 1951. Greifswald, Univ., Chem. Inst., Phys.-chem. Abt.) SPARMANN. 337

**G. Hamilton** und **W. Furtwängler**, *Synthese von Nontronit.* Für das eisenreiche Endglied der Montmorillonitgruppe, den Nontronit, fanden EWELL u. INSLEY (J. Res. nat. Bur. Standards **15**. [1935.] 173) unter hydrothermalen Bedingungen eine Bildungstemp. von 340—350°. Neuere Ergebnisse haben jedoch gezeigt, daß der Bildungsbereich von Nontronit tiefer liegt, nämlich zwischen 175 u. 290°. Ähnlich wie bei Montmorillonit u. Hectorit ist die Ggw. von Alkali- (Erdalkali-) Ionen für das Gelingen der Synth. notwendig. Durch Zusammenfällen einer Eisenchlorid- u. Natriumsilicatlsg. unter geeigneten Bedingungen erhält man ein Gelgemenge, das durch hydrothermale Behandlung in Nontronit übergeführt werden kann. Das Gelgemenge hatte die Zus.: $SiO_2$ 47,4%; $Fe_2O_3$ 31,1%; $H_2O$ 18,7%; $Na_2O$ 2,9%. Dies entspricht einem Molverhältnis von $Na_2O : Fe_2O_3 : SiO_2 : H_2O = 0{,}24 : 1 : 4{,}05 : 5{,}32$. $Na_2O$ ist durch Waschen allein nicht zu entfernen. Durch Elektrolyse kann das $Na_2O$ auf einen geringen Rest verringert werden. Das so erhaltene Prod. ist röntgenomorph u. wird von HCl 1 : 1 leicht zersetzt. Das Kationenaustauschvermögen (S-Wert) betrug 90 mval/100 g. Die Wasserabgabe beim Erhitzen verläuft kontinuierlich, was auf keinerlei Unterschiede in der Wasserbindung schließen läßt. Aus dem Differentialthermogramm geht hervor, daß die Ggw. von amorpher $SiO_2$ eine verzögernde Wrkg. auf die Kristallisation des Eisenhydroxyds ausübt, was auch für Gelgemenge von $SiO_2$ u. $Al_2O_3$ bekannt ist. Damit kann die Voraussetzung für eine hydrothermale Umwandlung in Nontronit gegeben sein. Die exotherme Spitze bei ca. 930° zeigt die Bldg. von $\alpha$-$Fe_2O_3$ an, die normalerweise bei viel niedrigerer Temp. auftritt. Es wird die hydrothermale Behandlung der Gelgemenge beschrieben. Wird ein fertiges Nontronit-Präp. nachträglich unter hydrothermalen Bedingungen auf 350° erhitzt, so zerfällt es in Hämatit u. $SiO_2$. Offenbar ist synthet. Nontronit unter den angegebenen Versuchsbedingungen nicht mehr stabil. Identifizierung u. Eigg. werden erörtert. (Tschermaks mineralog. petrogr. Mitt. [3] **2**. 397—406. 1951. Wien, TH, Inst. für angew. Mineral. u. Petrogr.) PISTOR. 354

**Arun K. Dey** und **A. K. Bhattacharya**, *Physikochemische Untersuchungen über die Bildung von Kupfer(II)-ammoniumverbindungen.* 1. Mitt. *Zusammensetzung von Kupfer(II)-amminosulfaten.* Übereinstimmend konnten Vff. auf Grund konduktometr. u. spektrophotometr. Unters. feststellen, daß in wss. Lsgg. von $CuSO_4$ mit $NH_4OH$ (I) bei niederen Konzz. von I Komplexe mit $Cu : NH_3 = 1 : 2$ vorliegen. Bei höheren I-Konzz. wurden die Komplexe $Cu(NH_3)_4SO_4$, $Cu(NH_3)_5SO_4$ u. $Cu(NH_3)_6SO_4$ sicher nachgewiesen. Die Messungen erfolgten bei 30°. Die konduktometr. untersuchten Lsgg. waren $^1/_{50}$ mol. an $CuSO_4$. Die spektrophotometr. Unters. erfolgte in dem Bereich 5200—6800 Å an $^1/_{20}$ mol. $CuSO_4$-Lösungen. (Z. physik. Chem. **200**. 33—40. Juli 1952. Univ. of Allahabad and Saugar, India, Dep. of Chem.) PLUST. 358

**Pierre Bretton**, *Einfluß des $p_H$-Wertes auf das Gleichgewicht von Kupfer-l-Leucin-Komplexen.* Aus Leitfähigkeits- u. Absorptionsmessungen an Lsgg. von $CuSO_4$ u. *l*-Leucin bei $p_H$-Werten von 5—5,6 ergibt sich die Existenz eines Komplexes aus einem $Cu^{2+}$ u. 1 Mol. *l*-Leucin. Die scheinbare Gleichgewichtskonstante ist 2,89 für ein $p_H$ 5,0 u. 3,13 für ein $p_H$ 5,6. (C. R. hebd. Séances Acad. Sci. **232**. 2433—35. 25/6. 1951.) RUDOLPH. 358

## C. Mineralogische und geologische Chemie.

**Harold C. Urey**, *Kosmische Häufigkeiten der Elemente und die chemische Zusammensetzung des Sonnensystems.* An Hand der vorhandenen Literatur bespricht Vf. die stellaren Häufigkeiten der Elemente, die Häufigkeiten in Meteoriten, den Ursprung der Meteorite u. Kometen. Vf. kommt zu dem Ergebnis, daß die Schätzungen der relativen Häufigkeiten der Elemente in der Sonne u. anderen Sternen um einen Faktor von drei oder mehr ungewiß sind. Die Häufigkeiten können nicht aus den Analysen der Meteorite bestimmt werden, da es unmöglich ist, die Frequenz der Meteoritenfälle mit Bezug auf die Art des Meteoriten zu bestimmen. Im Verlauf der Diskussion über den Ursprung des Sonnensyst. schließt Vf., daß der Mond mit einer D. von 3,5 bei niedrigen Drucken u. tiefen Tempp.

ungefähr die Zus. des kosm. Staubes besitzt, der die Planeten bildete. (Amer. Scientist **39.** 590—609. Okt. 1951. Chicago, Ill., Univ., Inst. for Nuclear Studies.) GOTTFRIED. 378

**J. E. Hawley,** *Spektrographische Untersuchungen an Pyriten einiger ostkanadischer Goldgruben.* Von der Powell Rouyn-Goldgrube, Quebec, der Kerr Addison-Grube, Ont., von 7 Gruben des Kirkland Lake Gold Belt, Ont., u. vom Procupine-Distrikt, Ont., wurden über 200 Pyritproben spektrograph. untersucht. In den letzten beiden sind Fundpunkte bis zu Tiefen von über 5000 Fuß ausgewählt. Als einzige regelmäßige Veränderung der Zus. mit zunehmender Tiefe fand sich ein Anwachsen des Co-Gehalts. Manchmal scheint auch Ni zu- u. Au u. Ag abzunehmen. In Tiefen über 5000 Fuß scheinen die Mineralisationsbedingungen, wenn keine äußeren Einflüsse vorhanden sind, sehr gleichmäßig zu sein. Untersucht wurden die Gehh. von *Au, Ag, Te, Ni, Co, Pb, Zn, Sn, Mo, Mn, Cr, Ti, V, Bi* u. *As.* Davon zeigten Au, Ag, Ni, Co, Ti größere, Pb, Sn, Mn, Cr mäßige u. Mo, V, Zn kleine Schwankungen. Co u. Ni wurden quantitativ bestimmt. Beide schwanken von 0,02—0,10%, u. meist ist Co : Ni ca. 1 : 2. Weiterhin wurde die Abhängigkeit der Gehh. von der Korngröße untersucht, ohne zu einheitlichen Resultaten zu führen: im allg. sind die feineren Kornklassen ärmer an Fremdatomen. Immerhin können solche Erscheinungen überdeckt werden durch andere Vorgänge, wie den Stoffaustausch mit dem Nachbargestein u. später Infiltration. Werden aber bei gleicher Korngröße die gleichen Verhältnisse der Fremdbestandteile an Proben aus dem Gestein u. aus dem Quarzgang gefunden, so ist damit der Beweis gleichzeitiger Bldg. beider erbracht. Ebenso wurde die Relation zwischen Bildungstemp. der Pyrite u. Spurenelementgehh. untersucht. Als Ergebnis wird dabei angenommen, daß alle Pyrittypen dieser Vorkk. mit geringen Spuren Au gebildet worden sind u. der Geh. erst durch spätere Zufuhr angereichert worden ist. (Econ. Geol. **47.** 260—304. Mai 1952. Kingston, Ont., Queen's Univ.) HILLER. 378

**M. D. Dorfman,** *Über die Bestimmung der Genesis von Beryll.* Die genet. u. chem. Umstände, unter denen die Kristallisation von Beryllmineralien verlaufen ist, haben grundlegenden Einfl. auf ihre Zus., die ihrerseits die opt. Eigg. dieser Mineralien beeinflußt. Auf Grund der Zus. u. der Strahlenbrechung lassen sich zuverlässige Rückschlüsse auf die Entstehung der Berylle ziehen. So enthalten solche, die in Pegmatitgängen entstanden, größere Alkalimengen, während diese in Greisen oder hochgeschmolzenen Quarzgängen fehlen oder nur gering sind. (Доклады Академии Наук СССР [Ber. Akad. Wiss. UdSSR] [N. S.] **82.** 623—24. 1/2. 1952.) v. MICKWITZ. 378

**G. Van Praagh** und **B. T. M. Willis,** *Streifung auf den Prismenflächen von Quarz.* Die Prismenstreifung von Quarzkristallen wird aus der Differenz der Erstreckungsanteile von Wachstumsebenen parallel u. senkrecht zur c-Achse erklärt. Bei synthet. Kristallen ist die Differenz kleiner u. daher die Streifung nicht so ausgeprägt. Unter gewissen Beziehungen fehlt die Streifung ganz, u. dann sind die Wachstumsflächen kreisförmig u. bilden kon. Wachstumspyramiden. (Nature [London] **169.** 623—24. 12/4. 1952. London, Univ., Royal Holloway Coll., u. Horsham, Sussex, Crist's Hosp.) HILLER. 380

**A. G. Kossowskaja,** *Facial-mineralogische Tontypen der produktiven Schicht von Aserbaidshan.* 1. Mitt. *Die Tone des Apscherongebiets.* Die litholog.-mineralog. Unters. ergibt im Apscherongebiet 3 Zonen mineral. verschieden zusammengesetzter Tone, die durch Übergänge miteinander verbunden sind. Es werden die Beziehungen zwischen der mineralog. Zus. der Tone, dem Charakter des klast. Ausgangsmaterials u. den Bedingungen der Sedimentbldg. aufgezeigt. (Известия Академии Наук СССР, Серия Геологическая [Nachr. Akad. Wiss. UdSSR, geol. Ser.] **1952.** 120—38. Juli/Aug.) LEBTAG. 380

**W. A. Wachruschew,** *Zur Mineralogie der Tone der tertiären Sedimente in Nord-Kirgisien.* Die Erwärmungskurve der tert. Tone aus den Flußläufen von Noruss, Dshelda-Su, Issyk-Ata weist die für *Montmorillonit* (I)-Tone typ. endotherm. Effekte bei 170, 600 u. 830° auf. Die Entwässerung erfolgt in 4 Stufen: 4,39—5,67% bei 0—100°, 1,80—2,08% bei 100—400°, 1,82—2,53% bei 400—500°, 0,6—0,8% bei 500—700°. Die Entwässerungskurven der untersuchten Tone sind denen der I-Tone sehr ähnlich. Im Unterschied zu I-Ton ist hier der Wassergeh. mit 8,56—9,99% sehr gering. Außer den I-Linien treten im Debyeogramm Quarzlinien auf. Die chem. Formel entspricht $Al^{3+}{}_{1,25}Fe^{3+}{}_{0,28}Mg^{2+}{}_{0,52}\cdot Fe^{2+}{}_{0,14}(Al^{3+}{}_{0,24}Si^{4+}{}_{3,76})O_{10}(OH)_2X_{0,33}$. Im Vgl. zu den I-Tonen anderer Vorkk. ist der Alkalimetallgeh. in den tert. Tonen stark erhöht, wobei der K-Geh. höher ist als der Na-Gehalt. (Записки Всесоюзного Минералогического Общества [Schr. Allunions mineralog. Ges.] [2] **81.** 216—19. 1952. Geol. Inst. der Kirgis. Zweigstelle der Akad. der Wiss. der UdSSR.) LEBTAG. 380

**O. B. Skirgello,** *Fund von Tonsedimenten im unteren Carbon des Gebietes von Magnitogorsk.* Im Kalkstein des östlichen Ausläufers der westlichen Magnitogorsk-Muldenfalte, eine starke Decke auf dem unteren Carbon aus Effusiven, Kalkstein, Lava u. Tuff bildend, wurde im Tal des Maly Kisil ein 7 km langes Paket aus Tonablagerungen festgestellt. Diese Ablagerungen liegen unter einer mächtigen Alluviumschicht. Die Tone bestehen (in % der Trockenmasse) aus 6,49—8,35 $SiO_2$, 4,56—7,64 CaO, 7,71—9,07 MgO, 0,62 bis 0,94 $SO_3$, 15,29—24,88 $Fe_2O_3$, 8,16—16,90 $Al_2O_3$. Die Bldg. der Kalksteine erfolgte wahrscheinlich bei stark wechselnden Bedingungen in einer Lagune. Sie können mit ziemlicher Sicherheit zur unteren Visé-Stufe gezählt werden. (Бюллетень Московского Общества Испытателей Природы, Отдел Геологический [Bull. Moskauer Ges. Naturforscher, geol. Abt.] **26.** [N. S.] **56.** Nr. 2. 70—72. 1951.) LEBTAG. 380

**G. Branche, J. Chervet** und **C. Guillemin,** *Neue uranhaltige französische Mineralien.* Vff. berichten über ihre mineralog. u. chem. Unterss. an uranhaltigen französ. Mineralien, die zum Teil erst neu gefunden wurden. *Bayleyit,* $Mg_2 \cdot UO_2 \cdot (CO_3)_3 \cdot 18H_2O$, monoklin, von Azgour (Marokko) bildet kristalline Krusten, die mit Gips u. Epsomit gemischt sind; prismat. Kristalle zerlaufen in feuchter Luft, so daß eine goniometr. Vermessung nicht möglich war. Opt. zweiachsig positiv, Auslöschungswinkel $8 \pm 1^0$; Brechungsindices: $n_\alpha = 1,453$; $n_\beta = 1,492 \pm 0,002$; $n_\gamma = 1,498$. D. 2,05. Die chem. Analyse lieferte die folgenden Werte: MgO 9,2(%); CaO 3,4; $UO_3$ 30,6; $H_2O$ 37,6; $CO_2$ 12,2; $SO_3$ 6,6 (das analysierte Mineral war wahrscheinlich mit Gips verunreinigt). Durch Synth., ausgehend von $Mg(NO_3)_2 \cdot 6H_2O$, $UO_2(NO_3)_2 \cdot 6H_2O$ u. $K_2CO_3$, gelang es, bis zu 2 cm große Kristalle zu erhalten. — *Kasolit* von Grury, $3PbO \cdot 3UO_3 \cdot 3SiO_2 \cdot 4H_2O$, bildet prismat. monokline, nach der b-Achse ausgedehnte Kristalle oder solche, die nach (001) abgeplattet sind. Opt. zweiachsig positiv, Doppelbrechung schwach. Brechungsindices: $n_\alpha = 1,90$; $n_\beta = 1,91$; $n_\gamma = 1,95$. D. 5,83. Chem. Zus.: $SiO_2$ 8,6(%); PbO 32,6; $UO_3$ 46,8; BaO 1,7; $H_2O$ 4,3; $Fe_2O_3$ 2,0; CuO 0,9; $Na_2O$ 2,4. — *Parsonit* von Reliez, $Pb_2(UO_2)(PO_4)_2 \cdot H_2O$, tritt in zwei monoklinen Typen auf, in nach der c-Achse gestreckten prismat. oder in nadelförmigen Kristallen. Opt. zweiachsig negativ, Auslöschung $\gamma$: $c = 11-26^0$, nicht pleochroit., Brechungsindices $n_\alpha = 1,85$; $n_\gamma = 1,86$. Chem. Zus.: PbO 50,01(%); $UO_3$ 32,06; $P_2O_5$ 15,91; $H_2O$ 2,02. — *Renardit* von Grury, $4UO_3 \cdot P_2O_5 \cdot 9H_2O$, tritt in mehreren kristallograph. Typen auf, rhomb.; opt. zweiachsig negativ mit $n_\alpha = 1,716$; $n_\beta = 1,736$; $n_\gamma = 1,740$; stark pleochroitisch. D. 4,35. Chem. Analyse: $SiO_2$ 0,7(%); PbO 12,3; $P_2O_5$ 8,0; $UO_3$ 67,6; $Fe_2O_3$ 0,9; $Al_2O_3$ 0,7; CaO 0,9; $H_2O$ 8,7. — *Uranopilit* von Grury, $6UO_3 \cdot SO_3 \cdot 18H_2O$; trikline tafelförmige Kriställchen; $n_\alpha = 1,621$; $n_\gamma = 1,632$. Chem. Zus.: $UO_3$ 80,7(%); $SO_3$ 3,8; $H_2O$ 15,1. — *β-Uranotil* von Bigay, $CaO \cdot 2UO_3 \cdot 2SiO_2 \cdot 6H_2O$, monoklin; opt. zweiachsig; Auslöschung $\gamma$: $c = 40 \pm 2^0$; $n_\alpha = 1,665$; $n_\beta = 1,687$; $n_\gamma = 1,695$. D. 3,98. Chem. Analyse: $SiO_2$ 13,1(%); $UO_3$ 66,5; CaO 6,1; $H_2O$ 14,3. — *Bassetit* von La Crouzille, $Fe(UO_2)_2(PO_4)_2 \cdot n\text{-}H_2O$ (?); monokline lamellare Kristalle; opt. zweiachsig negativ; $n_\alpha = 1,560$; $n_\beta = 1,574$; $n_\gamma = 1,581$. D. 3,08. Keine quantitative Analyse. — *Becquerelit* von Bigay, $2UO_3 \cdot 3H_2O$, rhomb. prismat. Kriställchen mit $n_\alpha = 1,75$; $n_\beta = 1,87$; $n_\gamma = 1,88$. — *Curit* von La Crouzille, $2PbO \cdot 5UO_3 \cdot 4H_2O \cdot n_\alpha = 2,05$; $n_\beta = 2,08$; $n_\gamma = 2,12$. — *Ianthinit* von Bigay u. La Crouzille, $2UO_2 \cdot 7H_2O$ (?), rhomb. nadelförmige oder prismat. Kristalle; zweiachsig negativ; $n_\beta = 1,88$; $n_\gamma = 1,91$. Zers. sich an der Luft zu *Epiianthinit* (?). — *Phosphuranylit* von La Crouzille, opt. zweiachsig negativ, pleochroit. mit $n_\alpha = 1,690$; $n_\gamma = 1,715$. D. 3,31. Qualitativ wurden $P_2O_5$, CaO, $UO_3$ u. $H_2O$ nachgewiesen. — *α-Uranotil,* $CaO \cdot 2UO_3 \cdot 2SiO_2 \cdot 6H_2O$, rhomb.; opt. zweiachsig negativ, pleochroit., $n_\alpha = 1,641$; $n_\beta = 1,664$; $n_\gamma = 1,668$. D. 3,68. — *Brannerit* von Château-Lambert, $(Si, Ti)_5O_{16} \cdot (U, Fe, Pb, Ca, Y, Sn\ldots)_3$, isotrope prismat. Kriställchen mit $n(Na) = 2,23 \pm 0,01$. Chem. Zus.: $SiO_2$ 3,3(%); PbO 3,2; $SnO_2$ 1,3; $ThO_2$ 0,3; $Y_2O_3$ 1,8; $Ce_2O_3$ 0,4; FeO 5,4; $TiO_2$ 35,2; $U_3O_8$ 43,3; CaO 2,7; $H_2O$ 3,7. (Bull. Soc. franç. Minéralog. Cristallogr. **74.** 457—88. Juli/Dez. 1951. Labor. de Minéralogie du C. E. A.) GOTTFRIED. 380

**F. S. Johnson, J. D. Purcell, R. Tousey** und **K. Watanabe,** *Direkte Messung der vertikalen Verteilung von atmosphärischem Ozon bis zu einer Höhe von 70 Kilometer.* Mit Hilfe von zwei in eine Rakete eingebauten Spektrographen u. den mit ihnen erhaltenen solaren UV-Spektren wurde bei White Sands Proving Grounds, New Mexico, kurz vor Sonnenuntergang die vertikale $O_3$-Verteilung bis zu einer Höhe von 70 km bestimmt. Es wurde eine angenäherte exponentielle Abnahme der $O_3$-Konz. oberhalb 35 km beobachtet. Diese Beobachtungen stehen in guter Übereinstimmung mit den aus der photochem. Theorie berechneten Konzz., vorausgesetzt, daß man den Dreierstoßprozeß $O + O + M \rightarrow O_2 + M$ benutzt. (J. geophys. Res. **57.** 157—76. Juni 1952. Washington, U. S. Naval Res. Labor.) GOTTFRIED. 396

Gilbert Turpin, Contribution à l'étude de la répartition des éléments dans les minerals de fer de Lorraine. Paris: Centre de documentation sidérurgique. (Impr. de J. Brun). 1952. (65 S. m. Abb.)

# D. Organische Chemie.

## $D_1$. Allgemeine und theoretische organische Chemie.

**George A. Hornbeck** und **Robert C. Herman**, *Flammenspektren von Kohlenwasserstoffen.* Die Technik der Aufnahme der Flammenemissionsspektren von 200—900 m$\mu$ bei der Verbrennung verschied. KW-stoffe in einem großen Bereich von Kraftstoff–$O_2$-Verhältnissen $\varrho$ u. in größerem Druckbereich mittels Gitterspektrographen hoher Dispersion (bis 2,4 Å/mm) wird beschrieben. Nach diesem Verf. wurden die Flammenspekren von *Methan, Acetylen, Dideuteroacetylen* (aus $D_2O$ u. $CaC_2$) u. *Äthylen* untersucht. Densitometerkurven einer großen Reihe von Spektralaufnahmen u. a. mit den $C_2$-, OH-, CH- u. CO-Bandensystemen für die Kern- u. Randzonen der Flammen werden wiedergegeben Es zeigt sich ein ganz wesentlicher Einfl. des Verhältnisses $\varrho$ auf die Intensität der verschied. Bandensysteme. Einige neue Rotationsschwingungsbanden des OH-Radikals sowie Elektronenübergangsbanden des ($^2\Sigma$ — $^2\Pi$)-Syst. werden gefunden. Ferner werden Banden mehratomiger Moll. bzw. Radikale (möglicherweise HCO) im Spektr. gefunden. Die Arbeit stellt eine Übersicht dar mit dem Ziel, auf die Möglichkeiten der Flammenspektroskopie hinzuweisen. (Ind. Engng. Chem. **43.** 2739—57. 10/12. 1951. Silver Spring, Md., John Hopkins Univ., Appl. Phys. Labor.) RUDOLPH. D 118

**H. B. Klevens** und **Lois J. Zimring**, *Absorptionsspektren und dirigierender Einfluß von Substituenten in der Reihe fluorierter Benzolderivate.* Die Spektren einer Reihe *fluorierter Benzolderivv.* in n-Heptan wurden im Bereich von 1700—2300 Å gemessen. Die Intensitäten $\varepsilon_{max}$ u. die Oscillatorenstärken f der intensiven Banden bei 1850 u. 2050 Å werden durch die Substituenten nicht geändert, doch der schwache verbotene Übergang bei 2600 Å erleidet eine starke Veränderung. Hierfür wird neben der Beeinflussung der Schwingungen die Änderung in der Tendenz des Substituenten, Elektronen zum aromat. Ring abzugeben u. von demselben aufzunehmen, als Ursache angesehen. Aus den Oscillatorenstärken der verbotenen Übergänge des Bzl., $f_0$, u. des entsprechenden Benzolderiv., f, werden relative spektroskop. Momente $M_t$ [$(f - f_0) = KM_t^2$] (K = konst.) berechnet. Diese werden zum dirigierenden Einfl. der Substituenten u. zu Werten, die diesen ausdrücken u. auf kinet. Größen der Substitutions-Rkk. oder auf Messungen des Dipolmomentes beruhen, in Beziehung gebracht. Die Spektren folgender Verbb. sind schemat. dargestellt: *Bzl., Fluorbenzol, Toluol, Benzylfluorid, Benzalfluorid, Benzotrifluorid, o-, m-* u. *p-Fluortoluol, m-* u. *p-Fluorbenzotrifluorid, 2.5-Difluorbenzotrifluorid* u. *Perfluortoluol.* (J. Chim. physique Physico-Chim. biol. **49.** 377—84. Juni 1952. Paris, Inst. Pasteur, Labor. de Chim. Phys., u. Chicago, Ill., Univ., Dep. de Phys. et Chim.) D. BRÜCK. D 118

**T. I. Temnikowa** und **M. P. Tichomolowa**, *Über die Struktur des „Oxoctenols" von Butlerow.* Für die Struktur des 1882 von BUTLEROW durch Oxydation von Diisobutylen gewonnenen *„Oxoctenols"* (I) sind diejenigen von $\beta$-Oxy-$\alpha$.$\alpha$-dimethyl-$\beta$-tert.-butyläthylenoxyd (II) u. Dimethyl-trimethylacetylcarbinol (III) diskutiert worden, ohne daß es zu einer Klärung gekommen wäre. In vorliegender Unters. wurden die RAMAN-Spektren von I u. von *Pentamethylaceton* aufgenommen. Beide sind einander ähnlich u. zeigen für die Carbonylgruppe charakterist. Frequenzen, was für III spricht. Ob II in tautomerem Gleichgewicht mit III auftritt, konnte mit Hilfe der RAMAN-Spektren nicht entschieden werden. Die Unters. der UV-Absorptionsspektren von I u. einigen Verbb. mit Ketogruppe, die III verwandt sind, wie *symm.-Tetramethylaceton, Pentamethylaceton, $\alpha$-Oxy-$\alpha$.$\alpha$.$\alpha'$.$\alpha'$-tetramethylaceton, Dimethylbenzoylcarbinol,* sowie von *$\beta$-Methoxy-$\alpha$.$\alpha$-dimethyl-$\beta$-phenyläthylenoxyd* (*„Methyllactolid"* des *Dimethylbenzoylcarbinols*), das II entspricht, bestätigten die Struktur III. Um die Lage eines etwaigen Gleichgewichts der tautomeren Formen, II $\rightleftharpoons$ III, festzustellen, wurden die Bildungsenergien berechnet. Danach ist III weitaus begünstigter. Der Energieunterschied beträgt 33,8 kcal. Damit erscheint die selbständige Existenz von II ausgeschlossen, falls nicht besondere, die Struktur stabilisierende Faktoren wirksam sind. (Доклады Академии Наук СССР [Ber. Akad. Wiss. UdSSR] [N. S.] **79.** 613—16. 1/8. 1951. Leningrad, Shdanow-Univ.) WÖRFFEL. D 120

**D. S. Brackman** und **P. H. Plesch**, *Einige physikalische Eigenschaften von cis-Stilben.* Es wird eine neue Reinigungsmeth. für *cis-Stilben* (I) angegeben, nach welcher zunächst im Hochvakuum bei 80° fraktioniert dest. wird u. die Fraktionen mit gleichem Brechungsindex durch wiederholte Kristallisation aus n-Hexan unter Kühlung mit festem $CO_2$ weiter gereinigt werden. Nach Entfernung des restlichen Hexans im Hochvakuum wird ein farbloses Prod. erhalten mit einem F. von 5—6° u. $n_D^{25}$ 1,6218. Nach einigen Tagen Aufbewahrung im Halbdunkeln nimmt der F. bis auf 0,62 ± 0,04° ab, vermutlich wegen der Bldg. von *trans-Stilben* (II) oder von Oxydationsprodd. in geringen Spuren. Die Verdampfungswärme von I wird mit 15,8 ± 0,3° kcal/Mol angegeben. Die Infrarotspektren von

I u. II werden wiedergegeben. (J. chem. Soc. [London] **1952**. 2188—90. Juni. Manchester, Univ., u. Keele, North Staffordshire, Univ. Coll.) W. Kaufmann. D 120

**P. Kisliuk** und **Gene A. Silvey**, *Das Mikrowellenspektrum von $CF_3SF_5$.* Auf Grund der Herstellungsmethoden hatten Silvey u. Cady (vgl. C. **1951**. I. 1856) angenommen, daß $CSF_8$ wahrscheinlich Trifluormethylschwefelpentafluorid, $CF_3SF_5$, ist, doch konnte ein direkter Beweis nicht erbracht werden. In der vorliegenden Arbeit zeigen Vff., daß auf Grund des reinen Rotationsspektr. im Kurzwellengebiet die obige Annahme als gesichert anzusehen ist. Es wurden die $J = 3 \rightarrow 4$-, $10 \rightarrow 11$- u. $11 \rightarrow 12$-Übergänge des reinen Rotationsspektr. beobachtet, die den Wert $B = 1097{,}6 \pm 0{,}4$ MHz lieferten. Das Spektr. ist das eines symm. Rotors u. schließt somit jede Struktur aus, die keine Trägheitssymmetrieachse hat. Wenn man die Werte aller Bindungsabstände u. Winkel, ausgenommen den Abstand C—S, abschätzt u. den experimentellen Wert des Trägheitsmoments benutzt, um den Abstand C—S zu berechnen, dann kommt man zu einem Wert von 1,86 Å. Aus der Summe eines C-Radius von 0,77 Å u. eines Radius von 1,10 Å für das sechswertige S-Atom ergibt sich für C—S ein Abstand von 1,87 Å. Die Übereinstimmung zwischen dem geschätzten u. experimentellen C—S-Bindungsabstand ergibt für die F—S—F-Winkel in $CF_3—SF_5$ nahe 90°. Durch Aufnahmen bei —78° wurden mehrere Schwingungszustände beobachtet sowie eine Torsionsschwingung, aus der die Höhe der Potentialschranke zu 220 $cm^{-1}$ abgeschätzt werden konnte. (J. chem. Physics **20**. 517. März 1952. New York, N. Y., Columbia Univ.) Gottfried. D 121

**K. Bowden** und **E. A. Braude**, *Untersuchungen über Lichtabsorption.* 10. Mitt. *Weitere Beobachtungen über Ultraviolettauxochrome. Ein Überblick über die Wirkung einiger weniger üblicher Elemente.* (9. vgl. C. **1951**. I. 1284.) Der Überblick, der über die Wrkg. von Substituenten auf die UV-Absorption von Äthylen- u. aromat. Systemen in der 3. Mitt. (J. chem. Soc. [London] **1946**. 948) gegeben wurde, wird erweitert. Der bathochrome Effekt, der unter der Wrkg. der Auxochrome $CR_2$, $NR_2$, OR, SR, Cl, Br auf die Chromophore C=C, C=C—C=C, $C_6H_5$, $C_6H_5$—C=C, C=C—COOH, C=C—C=O hervorgerufen wird, ist in einer Tabelle zusammengestellt. Die Spektren von 16 Phenylderivv. $C_6H_5XR_n$ (X Elemente der IV., V., VI. u. VII. Gruppe des Period. Syst., R Alkyl) wurden gemessen. C, Si, Sn, Pb oder Halogen an Stelle von X rufen eine relativ geringe, die Elemente der V. u. VI. Gruppe aber eine starke bathochrome Wrkg. auf das Benzolspektr. hervor. Bei letzteren wird eine Wechselwrkg. zwischen den Doppelbindungs-$\pi$-Elektronenpaaren des Benzolringes mit den freien $\pi$-Elektronen der Substituenten angenommen. Diese Annahme wird durch den experimentellen Befund gestützt, daß wohl die Auxochrome $NR_2$, $PR_2$, $AsR_2$ u. $SbR_2$ eine starke bathochrome Wrkg. auf das Benzolspektr. haben, nicht aber die Gruppen $NR_3^+$, $PR_3^+$, $AsR_3^+$ u. $SbR_3^+$, die kein $\pi$-Elektronenpaar mehr besitzen. An den Verbb. $C_6H_5$-$NH_2$, $C_6H_5OH$ u. $C_6H_5SH$ wird die Änderung des Spektr. beim Ersatz des H-Atoms durch $CH_3$ u. $C_2H_5$ untersucht u. eine geringe bathochrome Verschiebung beim Übergang von H zu $CH_3$ u. eine noch geringere beim Übergang von $CH_3$ zu $C_2H_5$ festgestellt.

Versuche: *tert.-Butylbenzol*, $Kp._{760}$ 167—168°, $\lambda_{max}$ in Å ($\varepsilon_{max}$) 2075 (7800), 2475 (110), 2520 (155), 2570 (170), 2640 (120), 2670 (105). — *Trimethylphenylsilan*, $Kp._{760}$ 171 bis 172°, aus $SiCl_4$ u. $C_6H_5MgBr$ über Phenylsiliciumtrichlorid u. mit $CH_3MgJ$, $\lambda_{max}$ ($\varepsilon_{max}$) 2110 (9300), 2600 (225). — *Triäthylphenylzinn*, $Kp._{17}$ 134°, aus $SnCl_4$ u. $C_2H_5MgBr$ über Tetraäthylzinn u. mit $Br_2$ über Triäthylzinnbromid u. mit $C_6H_5MgBr$, $\lambda_{max}$ ($\varepsilon_{max}$) 2040 (18000), 2510 (850). — *Trimethylphenylblei*, $Kp._{15}$ 79°, aus Trimethylbleibromid u. $C_6H_5 \cdot MgBr$, $\lambda_{max}$ ($\varepsilon_{max}$) 2060 (27000), 2560 (1300). — *Dimethylanilin*, $Kp._{15}$ 79°, $\lambda_{max}$ ($\varepsilon_{max}$) 2050 (12000), 2510 (14000), 2980 (2250). — *Dimethylphenylphosphin*, $Kp._{10}$ 79°, aus dest. Phenyldichlorphosphin, Bzl. u. $PCl_3$ durch ein erhitztes Glasrohr kontinuierlich u. $CH_3MgJ$, $\lambda_{max}$ ($\varepsilon_{max}$) 2510 (35000); *Methyljodid*, F. 226—227°, $\lambda_{max}$ ($\varepsilon_{max}$) 2650 (920). — *Dimethylphenylarsin*, $Kp._{14}$ 85°, aus Dimethyljodarsin u. $C_6H_5MgBr$, $\lambda_{max}$ ($\varepsilon_{max}$) 2390 (6800); *Methyljodid*, F. 250°, $\lambda_{max}$ ($\varepsilon_{max}$) 2620 (780). — *Dimethylphenylstibin*, $Kp._{10}$ 95 bis 97°, aus Phenyldichlorstibin u. $C_6H_5MgJ$, $\lambda_{max}$ ($\varepsilon_{max}$) 2500 (3700); *Dibromid*, F. 112°; *Methyljodid*, F. 212°. — *Phenetol*, $Kp._{760}$ 172°, $\lambda_{max}$ ($\varepsilon_{max}$) 2195 (9500), 2720 (1900). — *Methylphenylsulfid*, $Kp._{760}$ 191°, $\lambda_{max}$ ($\varepsilon_{max}$) 2050 (12500), 2550 (8600), 2780 (1100). — *Äthylphenylselenid*, $Kp_{760}$ 216—218°, $\lambda_{max}$ ($\varepsilon_{max}$) 25000 (4900), 2690 (3200). — *Äthylphenyltellurid*, $Kp._{22}$ 107—108°, aus Te u. $C_6H_5MgBr$ u. späterer Zugabe von Äthyljodid, $\lambda_{max}$ ($\varepsilon_{max}$) 2250 (14600), 2700 (4000). — *Fluorbenzol*, Kp. 83—84°, $\lambda_{max}$ ($\varepsilon_{max}$) 2040 (62000), 2540 (900). — *Chlorbenzol*, Kp. 132°, $\lambda_{max}$ ($\varepsilon_{max}$) 2100 (7500), 2570 (170). — *Brombenzol*, Kp. 157°, $\lambda_{max}$ ($\varepsilon_{max}$) 2100 (8600), 2610 (200). — *Jodbenzol*, Kp. 188°, $\lambda_{max}$ ($\varepsilon_{max}$) 2260 (13000), 2560 (800). (J. chem. Soc. [London] **1952**. 1068—77. März. London, Univ., Imp. Coll. of Sci. and Technol.) D. Brück. D 122

**O. Schnepp** und **D. S. McClure**, *Eine Schwingungsanalyse der Fluorescenz von Naphthalindampf.* (Sitzungsbericht.) Das Fluorescenzspektr. von Naphthalindampf wird photo-

graph. aufgenommen. Es besteht unter bestimmten Bedingungen aus einer Reihe diskreter Banden. An Hand von 39 gemessenen Banden wird eine Schwingungsanalyse ausgeführt, aus der sich ergibt, daß der niedrigste angeregte Singulett-Term des Naphthalins zu der irreduziblen Darst. $A_g$ oder $B_{1g}$ der Punktgruppe $D_{2h}$ gehört. (Physic. Rev. [2] **85**. 755. 15/2. 1952; Bull. Amer. physic. Soc. **26**. Nr. 8. 7. 27/12. 1951. Berkeley, Calif., Univ.)
RUDOLPH. D 125

**H. G. David, S. D. Hamann** und **J. F. Pearse**, *Die dielektrischen Eigenschaften von komprimiertem Fluormethan.* DK., dielektr. Verlustfaktor u. D. von komprimiertem $CH_3F$ wurden bei verschied. Drucken zwischen 21 u. 160 at bei 50 u. 75° bestimmt. tg $\delta$ hat bis zur krit. D. den Wert Null u. steigt dann mit zunehmender D. schnell an. Das CLAUSIUS-MOSOTTI-Verhältnis $(\varepsilon - 1)/d\,(\varepsilon + 2)$ fällt mit zunehmender D. stark ab. Die Änderung des Dipolmoments mit der D. ist bei den nach der Theorie von DEBYE berechneten Werten größer als bei den nach ONSAGER erhaltenen Werten. Die graph. Darst. der Abhängigkeit des tg $\delta$ u. des Parameters g in der Gleichung von KIRKWOOD (vgl. J. chem. Physics **7**. [1939.] 911) von der D. zeigen, daß die $CH_3F$-Moll. bei hohen Dichten ihre Rotationsfreiheit verlieren. — Zur Darst. von $CH_3F$ wurde ein äquimol. Gemisch aus Na-Methylsulfat u. NaF auf 250° erhitzt, die Gase getrocknet, mittels fl. Luft kondensiert u. nach Abpumpen der Inertgase fraktioniert. (J. chem. Physics. **20**. 969—72. Juni 1952. Sydney, Australien, Univ., Chem. Engng. Dep., High Pressure Labor., u. Commonwealth Sci. and Ind. Res. Organizat., Div. of Ind. Chem.) FORCHE. D 132

**Alberte Pullman** und **Gaston Berthier**, *Über die diamagnetische Susceptibilität freier Radikale und aromatischer Biradikale.* Berechnungen an *Bzl.* u. den Radikalen *Phenylmethyl, Diphenylmethyl, Triphenylmethyl, Cyclopentadienyl, Cycloheptatrienyl, Fluorenyl, p-Diphenochinodimethan* (I) u. *m-Diphenochinodimethan* (II) nach bekanntem Verf. (MAYOT, BERTHIER u. PULLMAN, J. Physique Radium **12**. [1951.] 652) zeigen als Berichtigung der Hypothese von SELWOOD u. DOBRES (J. Amer. chem. Soc. **72**. [1950.] 3860), daß die Resonanzstabilisierung freier Radikale allg. mit einer Abnahme der diamagnet. Susceptibilität verbunden sein muß. **II**, ein Biradikal, hat eine höhere diamagnet. Anisotropie als sein Isomeres **I**, dessen Grundzustand ein chinoider Singulettzustand ist. (C. R. hebd. Séances Acad. Sci. **233**. 1035—37. 29/10. 1951.) KÖHN. D 137

**Alexander Gero**, *Die Elektronenstruktur des 4-Oxyphenacylamins und die Stabilität von α-Aminoketonen.* Prim. u. sek. α-Aminoketone sind nur als Salze beständig. Ausnahmen bilden N-Acyl- u. N-Aryl-α-aminoketone sowie p-Oxy-, nicht aber m- u. o-Oxyphenacylamine. Vf. sucht nach einer Erklärung für die Stabilität dieser Ausnahmen u. untersucht die Säurestärke von *p-Oxyacetophenon.* Er findet sie 20mal so stark wie die von Phenol. Diese gesteigerte Acidität wird durch Mesomerie im Anion bedingt, wobei bes. der Ketonsauerstoff eine stark negative Ladung erhält. Eine ähnliche Elektronenverteilung liegt auch in den 4-Oxyphenacylaminen vor, wodurch eine sonst nicht beständige Wasserstoffbrücke (5gliedriger Chelatring) zwischen der Aminogruppe u. dem Ketonsauerstoff möglich wird. Im *3-Oxyphenacylamin* kann eine derartige Mesomerie u. daher Chelatringbldg. nicht auftreten, u. in der 2-Oxyverb. wird die Wasserstoffbrücke zwischen Ketonsauerstoff u. der benachbarten phenol. OH-Gruppe gebildet. Stabilisierend auf den Chelatring wirkt auch eine verstärkte positive Ladung des Stickstoffs, wie sie in den Ammonium-, Acylamino- u. Arylaminoketonen vorliegt. Vf. kommt daher zu dem Schluß, daß als Ursache für die Stabilität oben genannter Ausnahmen die Möglichkeit der Ausbldg. einer O—H—N-Wasserstoffbrücke anzunehmen ist. Zur Bestätigung dieser Annahme untersucht Vf. die Basenstärke einiger *4-Oxy-* u. *3.4-Dioxyphenacylamine* vom Typ $HOC_6H_4COCH_2NHR$ (**A**) bzw. $(HO)_2C_6H_3COCH_2NHR$ (**B**) (R = H, $CH_3$, $C_2H_5$, n-$C_3H_7$, n-$C_4H_9$, iso-$C_4H_9$ u. tert.-$C_4H_9$), da die angenommene Wasserstoffbrücke negative Ladung vom O auf den N übertragen u. so zur Verstärkung der Basizität solcher Aminoketone führen müßte. Es ergaben sich zunächst völlig anomal erscheinende Werte, die Vf. jedoch durch ster. Einflüsse (aus Modellbetrachtungen abgeleitet) erklären zu können glaubt. Die $K_B$-Werte fallen in beiden Reihen ab, wenn im Anfangsglied (R = H) ein Aminwasserstoff durch Alkyl ersetzt wird. Nur in der Reihe **A** für den Fall R = n-$C_4H_9$ findet Vf. einen dreimal höheren Wert als für das Anfangsglied. Im Modell ergab sich für die alkylierten Verbb. die Möglichkeit einer Wechselwrkg. zwischen den endständigen H-Atomen der Alkylgruppen u. dem Ketonsauerstoff, wodurch einerseits die negative Ladung des Ketonsauerstoffs abgeschwächt u. gleichzeitig der Abstand zwischen diesem u. dem N-Atom vergrößert wird, zwei Tatsachen, die der Ausbldg. einer Wasserstoffbrücke entgegenwirken. Nur in einem einzigen Falle (R = n-$C_4H_9$) zeigt das Modell eine günstige Stellung des Ketonsauerstoffs zum N-Atom, wodurch sich die maximale Basizität von *N-n-Butyl 4-oxyphenacylamin* erklärt. Die geringe Basizität der entsprechenden Verb. der Reihe **B** (**I**) erklärt Vf. durch Wechselwrkg. der endständigen H-Atome der Butylgruppe mit dem m-ständigen Hydroxylsauerstoff, wodurch sich ein für die Chelatringbldg. ungünstiger O—N-Atomabstand ergibt. Vf. diskutiert noch für die p-Oxyphenacylamine eine Zwitterionenstruktur u. führt verschied. Argumente zugunsten dieser Formulierung an. Unter anderem ist hierdurch die Möglichkeit für Tautomerie von I mit der Form II⟷III gegeben, in der einerseits die m-ständige OH-Gruppe als Ketogruppe fungiert (Erklärung der Rk. der Butylgruppe mit dem m-ständigen Sauerstoff) u. andererseits die gelbe Farbe dieser Verb. (4 konjugierte, nicht aromat. Doppelbindungen) verständlich wird. (J. org. Chemistry **16.** 1222—30. Aug. 1951. Villanova, Pa., Coll., Dep. of Chem.) GRALHEER. D 139

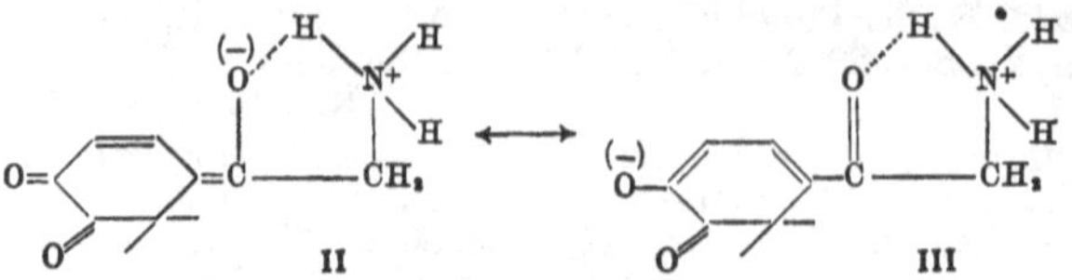

II III

**D. W. Scott, H. L. Finke, J. P. McCullough, M. E. Gross, R. E. Pennington** und **Guy Waddington,** *Wärmekapazität, Schmelz- und Verdampfungswärme, Dampfdruck, Entropie und thermodynamische Funktionen von 3.4-Dithiahexan.* Die Wärmekapazität wird im festen u. fl. Zustand zwischen 12 u. 300° K bestimmt, ebenso der Tripelpunkt (171,64° K). Der Dampfdruck ergibt sich zu: $\log p = 6{,}97507 - 1485{,}970/(t + 208{,}958)$ u. die Verdampfungswärme zu 9780 bzw. 9380 cal/Mol bei 373,73 u. 400,04° K. Die Entropie des Dampfes wird mit $5^0 = 107{,}31$ u. 109,96 cal/Grad·Mol bei 373,73 u. 400,04° K angegeben. Die Wärmekapazität des Dampfes beträgt $C_p{}^0 = 41{,}41$ u. 42,71 cal/Grad·Mol bei 408,2 u. 428,25° K. Die Funktionen $-(F^0 - H_0^0)/T$; $H^0 - H_0^0$; $S^0$ u. $C_p{}^0$ werden für Tempp. bis 1000° K aus spektroskop. Daten errechnet. Dabei wird eine Potentialfunktion mit Z Konstanten ($V = \frac{1}{2}[V_1 + V_2][1 + \cos 3\Phi]\,\pi < \Phi > 2\pi$) ($\Phi$ = Rotationswinkel) für die innere Rotation der Äthylgruppen benutzt, mit welcher die calorimetr. Ergebnisse gut beschrieben werden können. Die Diskussion der spektroskop. Daten führt zur Auffassung, daß in der stabilen Molekelform beide Äthylgruppen in trans-Stellung sind. (J. Amer. chem. Soc. **74.** 2478—83. 20/5. 1952. Bartlesville, Okla., Bur. of Mines, Petrol. Exp. Stat.) W. KAUFMANN. D 146

**H. T. Milton** und **George D. Oliver,** *Hochdampfdruck von n-Hexadekafluorheptan.* (Vgl. C. **1952.** 3628.) Vff. führen Dampfdruckmessungen an *n-Hexadekafluorheptan* (**I**) im Bereich von 2 at bis zum krit. Druck durch, wobei sie die Siedetemp. von **I** mit derjenigen von W. vergleichen, das sich neben **I** unter dem gleichen He-Druck befindet. Aus den in einer Tabelle aufgeführten Werten ergibt sich für **I** eine krit. Temp. von 201,5 ± 0,1° u. ein krit. Druck von 12101 ± 103 mm (16,0 at). (J. Amer. chem. Soc. **74.** 3951—52. 5/8. 1952. Oak Ridge, Tenn., Union Carbide and Carbon Corp., Carbide and Carbon Chem. Div., K-25 Plant, Res. Labors.) FORCHE. D 150

**John G. Aston, Elizabeth J. Rock** und **Saul Isserow,** *Die Verbrennungswärmen der methylsubstituierten Hydrazine und einige Beobachtungen über die Verbrennung flüchtiger Flüssigkeiten.* Es wird eine modifizierte Meth. zur Messung der Verbrennungswärme flüchtiger Verbb. angegeben. Ein kleiner Glaszylinder enthält die Substanz, ein Körnchen Benzoesäure dient als Initiator für den Verbrennungsprozeß in der Bombe. Die folgenden Verbrennungswärmen werden angegeben: *Methylhydrazin* 311,711 kcal/Mol; *symm.-Dimethylhydrazin* 473,454 kcal/Mol u. *asymm.-Dimethylhydrazin* 472,648 kcal/Mol. (J. Amer. chem. Soc. **74.** 2484—86. 20/5. 1952. State Coll., Pa., State Coll., Dep. of Chem.) W. KAUFMANN. D 155

**Raymond Friedman** und **Edward Burke,** *Verbrennungsgeschwindigkeiten. Acetylen und Dideuteroacetylen in Luft.* Vff. untersuchen die Geschwindigkeiten der Flammen v von $C_2H_2$-Luft, $C_2D_2$-Luft u. den Gemischen beider Isotopen durch Flammenphotographie. Aus den Messungen der Flammenflächen ergab sich, daß v proportional den Verbrennungsgeschwindigkeiten V ist, u. zwar unabhängig vom Isotopenverhältnis. $V_{C_2H_2}$ zu $V_{C_2D_2}$ wurde zu 1,16—1,22 bestimmt, theoret. wäre 0,92 zu erwarten gewesen. Mögliche Reaktionsmechanismen werden diskutiert. (Ind. Engng. Chem. **43.** 2772—76. 10/12. 1951. East Pittsburgh, Pa., Westinghouse Res. Labor.) ROEDER. D 157

**J. H. Hildebrand** und **G. J. Rotariu,** *Molekülordnung in n-Heptan und n-Perfluorheptan.* Die Moll. des *n-Perfluorheptans* (**I**) sind infolge der Größe der F-Atome viel weniger biegsam als diejenigen des *n-Heptans* (**II**) u. weisen im fl. Zustand, bes. bei niederen Tempp., eine stärkere Parallelordnung auf. Dieser Unterschied kommt in den abweichenden Verdampfungsentropien $\Delta S^v$ (verglichen bei Tempp., bei welchen die beiden Fll. zu demselben Gasvol. verdampfen) zum Ausdruck. Die durch Differentiation der Dampfdruckgleichungen ermittelten $\Delta S^v$-Werte betragen für **I** bei 15° 31,1 u. für **II** bei 25° 29,5. **I** hat also entsprechend seiner höheren Ordnung eine um 1,6 Einheiten größere Verdampfungsentropie. Wenn als Vergleichsbasis an Stelle des gleichen Dampfvol. das gleiche Verhältnis von

Dampfvol. zu Flüssigkeitsvol. zugrunde gelegt wird, errechnet sich eine unwahrscheinlich große $\Delta S^v$-Differenz von 2,9. (J. Amer. chem. Soc. **74**. 4455—56. 5/9. 1952. Berkeley, Calif., Univ. of California, Dep. of Chem.) FORCHE. D 182

**O. Bastiansen,** *Abweichung von der Koplanarität in dem Molekül von 1.3.5-Triphenylbenzol.* Von LONSDALE (vgl. Z. Kristallogr. **97**. [1937.] 91) war die Vermutung ausgesprochen worden, daß das Mol. des *1.3.5-Triphenylbenzols* (I) im kristallinen Zustand nicht planar ist u. daß die Phenylgruppen um 25° aus der Ebene des Zentralkerns herausgedreht sind. Um diesen Punkt zu klären, wurden Elektronenbeugungsaufnahmen an I durchgeführt; gleichzeitig wurden zu Vergleichszwecken u. zu Zwecken der Substraktion neue Aufnahmen an Bzl. hergestellt. Die erhaltene experimentelle Intensitätsverteilungskurve wurde mit Kurven verglichen, die auf theoret. Wege unter der Annahme nichtvariabler u. variabler C—C-Abstände in dem Mol. erhalten worden waren. Aus diesem Vgl. ergab sich einwandfrei, daß das Mol. nichtplanar ist u. daß der Winkel zwischen zwei benachbarten Ringebenen 46±5° beträgt. (Acta chem. scand. **6**. 205—13. 1952. Blindern-Oslo, Univ., Kjemiske Inst.) GOTTFRIED. D 184

**J. L. Amorós** und **M. Font-Altaba,** *Kristallchemische Eigentümlichkeiten des organischen Moleküls.* 1. Mitt. Aus den röntgenograph. Unterss. von ROBERTSON u. Mitarbeitern ergibt sich die Möglichkeit der Festlegung der Lage der H-Atome in Kristallen organ. Substanzen. Bei cycl. Verbb. nimmt die Auflsg. mit der Größe des Kerns zu, umgekehrt nimmt sie bei aliphat. Verbb. mit zunehmender Kettenlänge ab. Bei Ringverbb. wird Dissymmetrie äquivalenter C-Atome infolge Resonanz beobachtet, die bisher theoret. nicht zu erklären ist. (An. Real Soc. españ. Física Quím., Ser. A **47**. 267—74. Nov./Dez. 1951. Barcelona, Dep. de Cristalogr. y Roentgenologia.) R. K. MÜLLER. D 195

**Egon Wiberg** und **Richard Bauer,** *Zur Deutung „anomaler" Grignard-Reaktionen.* Die Bldg. von Olefinen bei den „anomalen" GRIGNARD-Rkk. erinnert sehr an die zu $MgH_2$ führende pyrolyt. Abspaltung von Olefin aus Mg-Dialkylen u. GRIGNARD-Verbindungen (C. **1951**. II. 24). Die Olefinabspaltung wird verständlich durch die Annahme, daß der Kohlenstoff bei Ggw. geeigneter Resonanzpartner (z. B. Mg) zur Ausbldg. von Wasserstoffresonanzbrücken befähigt ist. Der pyrolyt. Olefinabspaltung geht dann eine intramol. Präformierung des Äthylens (I) voran. In Ggw. carbonylgruppenhaltiger Verbb. wird die Präformierung u. Abspaltung des Olefins durch Annäherung u. Anlagerung der CO-Verb. (II) an Mg···H erleichtert. Bei dieser Auffassung des Reaktionsmechanismus wird dem Mg lediglich die Rolle eines Wasserstoffüberträgers zugeordnet. Die n. GRIGNARD-Rkk. verlaufen wahrscheinlich analog, nur daß die Anlagerung der CO-Gruppe hier an Mg u. C erfolgt u. daß diese Anlagerung der Präformierung des Olefins entgegenwirkt. (Z. Naturforsch. **7b**. 129—31. 1952. München, Univ., Inst. für anorgan. Chem.) PLUST. D 225

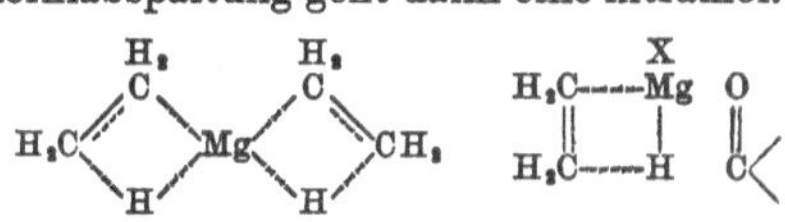

I II

**DeLos F. DeTar,** *Der Mechanismus der Reaktion von N-Nitrosoacetanilid mit Methanol.* Vf. untersuchte quantitativ die bei der Zers. von *N-Nitrosoacetanilid* (I) in $CH_3OH$ in Ggw. von $CH_3COONa$ oder $H_2SO_4$, in Essigsäure bzw. in Acetanhydrid gebildeten Prodd., um zwischen radikal. u. ion. Mechanismus der Zers. entscheiden zu können. Die Best. wurde spektrophotometr. durchgeführt. — In saurem Medium wird die Bldg. von *Anisol* bzw. *Phenylacetat* gefördert, während in alkal. Milieu bevorzugt Bzl. entsteht. Vf. nimmt folgendes Reaktionsschema an (vgl. HUISGEN u. HORELD, Liebigs Ann. Chem. **562**. [1949.] 137) (a) I $\xrightarrow{\text{langsam}}$ $C_6H_5 \cdot N{=}N \cdot OCOCH_3$ (II); (b) II $\xrightarrow{\text{schnell}}$ $C_6H_5 \cdot + CH_3COO \cdot + N_2$; (c, d) II $\overset{\text{sehr schnell}}{\rightleftarrows}$ $C_6H_5N = N^+$ (III) $+ CH_3COO^-$ $\xrightarrow{\text{langsam}}$ $C_6H_5^+ + N_2$. Daß Rk. (a) geschwindigkeitsbestimmend ist, zeigt die Unabhängigkeit des Verbrauchs an I von der Ggw. oder Abwesenheit von $\beta$-Naphthol (vgl. HUISGEN, l. c.), sowie die unterschiedliche Beschleunigung der Zers. von Phenyldiazoniumchlorid bzw. von I in $CH_3OH$ durch $CH_3COONa$. Die Wrkg. von $H_2SO_4$ u. $CH_3COONa$ auf die Richtung der Rk. wird in der jeweiligen Begünstigung von Rkk. (b) u. (c) gesehen. Die bekannte Umwandlung von I in krist. Phenyldiazoniumchlorid mit HCl oder in Na-Phenyldiazotat mit NaOH wird durch die Rk. dieser Reagentien mit aus I gebildetem III erklärt. — Bei der therm. Zers. von I in Bzl., n-Heptan, Dioxan, Methacrylsäuremethylester, Acetanhydrid, Propionsäureanhydrid, Essigsäure u. Methanol zwischen 35—75° kann $CO_2$-Entw. auftreten, das Ausmaß dieser $CO_2$-Bldg. ist angegeben: in Acetanhydrid werden bis zu 17,5% $CO_2$ (bei 55°) gebildet. Als Grund für das unterschiedliche Verh. der Lösungsmittel nimmt Vf. an, daß die Acetoxyradikale in einigen Lösungsmitteln so kurze Lebenszeiten haben, daß sie keiner Decarboxylierung unterliegen können. Das Ausmaß der Decarboxylierung in Essigsäureanhydrid u. Propionsäureanhydrid (5,6%) steht im Einklang mit Chlorierungsunterss., die zeigten, daß die α-Stellungen von Säurederivv. von bestimmten Radikaltypen nicht substituiert werden. — Angegeben wird eine verbesserte Darst. von I aus Acetanilid u. $CH_3COONa$ in Eisessig-Acetanhydrid bei 5—10° mit Zusatz einer 25—30%ig. Lsg. von Nitrosylchlorid in Acetanhydrid; Ausbeute 75—80% I, ist wenige Std. bei 0° als Lsg., einige Wochen in feuchtem Zustand bei Trockeneistemp. haltbar. (J. Amer. chem. Soc. **73.** 1446—49. April 1951. Ithaca, N. Y., Cornell Univ., Baker Labor. of Chem.) BEHNE. D 225

**Eugene E. van Tamelen,** *Der Mechanismus von N-O-Acylwanderungen.* Im Anschluß an frühere Arbeiten über den Mechanismus der Acylwanderungen (vgl. PHILLIPS u. BALTZLY, C. **1948.** I. 683; WELSH, C. **1950.** II. 1237; FODOR u. KISS, C. **1951.** II. 3580) untersucht Vf. diese an *cis* (**I**)- u. *trans-N-[p-Nitrobenzoyl]-2-aminocyclopentanol* (**II**). I bildet in trocknem Dioxan nach Sättigung mit HCl 61% Hydrochlorid des *cis-2-Aminocyclopentyl-p-nitrobenzoats* (**III** aus Dioxan, F. 178—179°), während **II** bei gleicher Behandlung unverändert zurückgewonnen wird. Vf. erklärt dies durch Annahme eines cycl. Zwischenzustandes bei den Acylwanderungen, dessen Bldg. aus ster. Gründen bei **II** nicht möglich ist. Durch 24std. Kochen entstehen aus **II** nach WALDENscher Umkehrung 18% **III**, in keinem Fall wurde die Bldg. von trans-2-Aminocyclopentyl-p-nitrobenzoat beobachtet. Vf. sieht hierin einen strengen Beweis für die obige Annahme. (J. Amer. chem. Soc. **73.** 5773—74. Dez. 1951. Madison, Wis., Univ., Labor. of Organ. Chem.) BEHNE. D 225

**Cornubert, Anziani, R. André, Aubry, de Demo, Hartmann, Joly, Lemoine** und **Robinet,** *Sterische Umlagerungen bei α.α'-Dimethylcyclohexanonen und Cyclohexanolen.* 1. Mitt. Zusammenfassender Vortrag über die C. **1951.** I. 2715. 2717 beschriebenen Ergebnisse bei *cis-* u. *trans-1.3-Dimethylcyclohexanon-(2)* u. den 3 *1.3-Dimethylcyclohexanolen-(2).* (Bull. Soc. chim. France, Mém. [5] **18.** C21—C23. März/April 1951, u. Colloques int. Centre nat. Rech. sci. **30.** 29—31. April 1950. Montpellier, Internat. Colloquium.) DU MONT. D 225

**Cornubert, Anziani, Claudon, Lemoine-Tressont, Marcel André, René André, Aubry, Bourguignon, de Demo, Golé, Hartmann, Koly, Kaziz, Michel Lemoine, Morelle, Nicolas** und **Strébel,** *Sterische Umlagerungen bei Cyclohexanonen, Cyclohexanolen, bei dem Übergang von Cyclohexylaminen in Cyclohexanole und bei der Darstellung von Cyclohexancarbonsäuren aus Cyclohexanolen.* 2. Mitt. (1. vgl. vorst. Ref.) Nach einem Rückblick auf Arbeiten über cis-trans-Umlagerungen bei *α.α'-Dibenzylcyclohexanonen* wird auf Analogien zu den *α-Dekalonen* sowie auf die *α.α'-Dibenzylcyclopentanone, α.α'-Di-p-tolylmethylcyclopentanone, -cyclohexanone* u. *-cycloheptanone* hingewiesen. Ähnliche Umlagerungen der trans- in die cis-Form u. umgekehrt finden sich auch bei dem *α-Methyl-α'-benzylcyclohexanon, α.α'-Dimethylcyclopentanon, α-Methyl-α'-isopropylcyclopentanon* (*Dihydrocamphoron*) u. *α.α'-Dibenzyl-α-methylcyclohexanon.* Die Umlagerungen dieser geometr. Isomeren gehen nur dann vor sich, wenn in α-Stellung zur Ketogruppe ein H vorhanden ist (wahrscheinlich über die intermediäre Bldg. von Enolformen). Sind die Substituenten in β-Stellung, z. B. bei β.β'-Diphenylcyclopentanon, β.β'-Dimethylcyclohexanon, lassen sich keine Umlagerungen beobachten, in Analogie zur Stabilität der β-Dekalone. Bei den beobachteten Umlagerungen bei *l-Menthon, Carvomenthon, α-Isopropyl-β'-methylcyclohexanon* sollen die β-ständigen Substituenten ihre Stellung behalten, die α-ständigen Inversion erleiden. In Verbb., die außer α.α'-ständig auch β- oder β.β'-ständig substituiert sind, wie *β.β'-Dimethyl-α.α'-dibenzylcyclohexanon,* ist die Umlagerung erschwert. — Auch bei der Umwandlung substituierter Cyclohexylamine in die entsprechenden Alkohole wurden je nach den Reaktionsbedingungen Beibehaltung oder Änderung der Konfiguration festgestellt. Die Amine selbst wurden aus den Oximen der Ketone erhalten, dabei bildete sich je nach den Reaktionsbedingungen die zum Keton gleiche oder entgegengesetzte ster. Form. Die Alkohole dieser Klasse können sich durch Erhitzen oder durch Na in feuchtem Ae. von der cis-Form in die trans-Form umlagern. Zuweilen ist eine bestimmte Minimaltemp. dafür nötig; so lagert sich das *α.α'-Dimethylcyclohexanol* bei 170° noch nicht, aber bei 200° um. Schwierig ist es danach überhaupt, einer Verb. dieser Klasse eine bestimmte Konfiguration mit Sicherheit zuzuordnen, da bei allen Test-Rkk. Umlagerungen eintreten können. (In der Diskussion wurde auf den Wert des RAMAN-Spektr. in dieser Beziehung hingewiesen.) Bes. problemat. wird die Konfigurationszuordnung bei dem Übergang von Alkoholen über Halogenderiv. u. GRIGNARD-Rk. zur Carbonsäure. Als allg. Resultat ist festzustellen, daß es keine eindeutige Bevorzugung einer bestimmten Form gibt, die Umlagerungen gehen keineswegs immer im selben Sinne vor sich, u. die Bldg. der cis- oder trans-Form im einzelnen Falle hängt sehr stark von den Reaktionsbedingungen ab. (Bull. Soc. chim. France, Mém. [5] **18.** C23—C28. März/April 1951, u. Colloques int. Centre nat. Rech. sci. **30.** 31—36. April 1950. Montpellier, Internat. Colloquium.) DU MONT. D 225

**Bernhard Witkop** und **J. B. Patrick,** *Der Verlauf und die Kinetik der durch Säuren oder Basen katalysierten Umlagerungen des 11-Oxytetrahydrocarbazolenins. 11-Oxytetrahydrocarbazolenin* (**I**) entsteht durch katalyt. Oxydation von *Tetrahydrocarbazol* (**II**) in

Ggw. von Pt u. anschließende Hydrierung oder — in schlechter Ausbeute — bei der Einw. von $H_2O_2$ auf **II**. Unter der Einw. von Säure erleidet **I** eine WAGNER-MEERWEIN-Umlagerung zu *Spiro-[cyclopentan-1:2'-pseudoindoxyl]* (**III**), welches jedoch nicht isoliert werden kann; statt dessen erhält man die dimere *Verb.* $C_{24}H_{26}O_2N_2$ (**IV**), die auf Grund ihres Infrarotspektr. nach Ansicht der Vff. nebenst. Konst. hat. **IV** entsteht auch durch Mischen von **I** u. **III** in saurem Medium; durch Erhitzen von **III** auf 160° oder durch Wasserabspaltung aus **IV** erhält man eine *Verb.* $C_{24}H_{24}ON_2$ (**V**); als Nebenprod. bildet sich bei der Einw. von $H^+$ auf **I** eine *Verb.* $C_{24}H_{22}N_2$ (**VI**), welche der katalyt. Hydrierung widersteht u. sich nicht zu **V** umsetzen läßt. Unter der Einw. von Basen oder durch Hitze erfährt **I** eine Benzilsäureumlagerung, bei der ebenfalls **III** entsteht. Vff. untersuchten spektrophotometr. bei 400 mμ die Kinetik der Umlagerungen **I** → **III** in Ggw. von p-Toluolsulfonsäure in A. bei 30° mit $C_2H_5ONa$ bzw. therm. in A. bei 40°. Alle Umlagerungen sind in bezug auf **I** Rkk. 1. Ordnung. Zur Aufklärung des Verlaufs der Rkk. werden die zwischen 2 u. 12 μ in Chlf. ermittelten Infrarotspektren von **I**, seiner *Peroxyverb.*, **V**, **VI** (auch in Nujol), *11-Oxy-1.2.3.4.10.11-hexahydrocarbazol* (**VII**) u. *2-Isopropyl-3.3-dimethylindolenin* (**VIII**) u. die in A. bestimmten UV-Absorptionsspektren von **I**, **III**, **V**, **VI** (Chlf.), **VIII** u. von *Spiro-[cyclopentan-1.2'-dihydroindoxyl]* herangezogen. — **I** läßt sich im Gegensatz zu n. Indoleninen diazotieren. — Vff. nehmen an, daß das von PLANT u. TOMLINSON (vgl. C. **1933**. I. 3448 u. früher) mit „*10-Oxy-1.2.3.10-tetrahydrocarbazol*" bezeichnete Prod. in Wirklichkeit **I** ist u. daß es sich bei „*2.3-Dihydrocarbazol*" um **VI** u. bei „*11-Oxy-2.3.4.11-tetrahydrocarbazol*" um *1-* oder *4-Oxytetrahydrocarbazol* handelt. Beim Vers., letztere Annahme zu bestätigen, erhielten die Vff. jedoch eine neue *Verb.* $C_{19}H_{15}O_2N$ (**IX**).

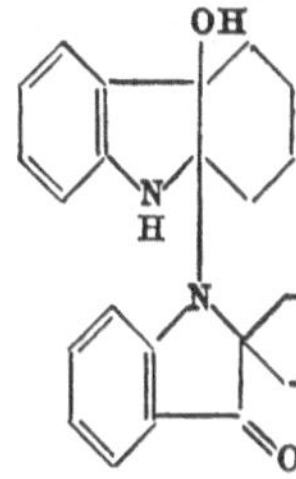

IV

V e r s u c h e (FF. korr.; KOFLER-Block): *11-Oxytetrahydrocarbazolenin* (**I**), $C_{12}H_{13}$·ON, F. 159° (sublimiert ab 90°), a) durch 4std. Einw. von Pt-Katalysator auf **II** in Essigester unter $O_2$; 75% (Ausbeute); b) durch 35std. Einw. von äther. $H_2O_2$-Lsg. auf 120 g **II**; neben 2,5 g *Carbazol*, 3,2 g; zeigt in Ae. blaue Fluorescenz; gibt nach Diazotieren in A. mit β-Naphthol einen roten Farbstoff; mit Pikrinsäure entsteht in Ae. das Pikrat von **VI** (**VIa**). — *11-Oxy-1.2.3.4.10.11-hexahydrocarbazol* (**VII**), $C_{12}H_{15}ON$, F. 109° (Essigester), durch 20minütige Einw. von $PtO_2$-Katalysator auf **I** in Essigester unter $H_2$. Das in Ae. dargestellte gelbe *Pikrat* geht nach wenigen Sek. in das rote **II**-Pikrat über. — *Tetrahydrocarbazol* (**II**), F. 118° (wss. Methanol), a) durch Zugabe von etwas 2nHCl zu einer Lsg. von **VII** in Methanol u. Eindampfen, b) aus 0,05 g **I** u. äther. $LiAlH_4$; 0,045 g. — *Spiro-[cyclopentan-1:2'-pseudoindoxyl]* (**III**), F. 79° (PAe.), a) durch Kochen einer methanol. Lsg. von **I** mit 2nNaOH; b) durch kurzes Erhitzen von 0,2 g **I** auf 160°; 0,15 g, daneben 0,02 g **V**; c) durch 5std. Kochen von 0.2 g **I** in absol. A. unter Ausschluß von $H^+$; 0,16 g; daneben etwas **IV**. — *Verb.* $C_{24}H_{22}N_2$ (**VI**), aus Bzl. glänzende Polyeder, die ab 217° sublimieren, bei 255° schmelzen u. darüber zu langen gelben Nadeln wiedererstarren, F. 315° (Zers.), a) durch 5std. Einw. von 1/300n p-Toluolsulfonsäure auf 0,2 g **I**, daneben **V**; 0,075 g; b) durch ½std. Kochen von 0,5 g **I** in Essigsäureanhydrid; 0,06 g; c) durch 5std. Kochen von **I** in A. in Ggw. einer Spur HCl; 10%; gibt nach 4std. Kochen mit etwas HCl in A. ein gelbes, in Chlf. grün fluorescierendes Pulver, F. 206—210° (Methanol). **VI**-*Pikrat* (**VIa**), $C_{24}H_{22}N_2 \cdot 2C_6H_3O_7N_3$, aus Bzl.-PAe. (1:2) rote Nadeln, F. 165°. — *Verb.* $C_{24}H_{24}ON_2$ (**V**), aus Bzl.-PAe., F. 227—229° (sublimiert ab 215°), als Nebenprod. bei der Darst. von **III**, **IV** oder **VI**. — *Verb.* $C_{24}H_{26}O_2N_2$ (**IV**), aus Methanol, F. 138—141° (unter Aufschäumen), a) bei der Darst. von **III**; b) durch 1std. Einw. von p-Toluolsulfonsäure auf 0,1 g **I** in absol. A.; 0,03 g; c) durch 5std. Einw. von etwas p-Toluolsulfonsäure auf ein Gemisch von **I** u. **III** in A.; daneben **V**; aus Methanol gelbe Prismen. — *Verb.* $C_{19}H_{15}$·$O_2N$ (**IX**), F. 248° (PAe.), bei Einw. von $Br_2$ auf N-Benzoyltetrahydrocarbazol. (J. Amer. chem. Soc. **73**. 2188—95. Mai 1951. Cambridge, Mass., Harvard Univ., Converse Memorial Labor.) W. HOFFMANN. D 225

**Ss. I. Chromow, Ss. Ss. Nowikow, N. A. Radshabli** und **N. D. Zelinsky**, *Kontaktumwandlungen äthylsubstituierter fünf- und sechsgliedriger Kohlenwasserstoffe.* Äthylcyclohexan (**I**) liefert bei 350° im $H_2$-Strom über Ni-Katalysator auf $Al_2O_3$ 35% *Äthylbenzol* (**II**), 48% *Toluol* u. 9% *Benzol.* Durch Vergleichsverss. mit **II** wird festgestellt, daß die Dehydrierung von **I** zu **II** der Entalkylierung vorausgeht. Bei Äthylcyclopentan (**III**) ist höhere Temp. (400°) u. Druck (7 at) erforderlich, um eine Entalkylierung zu bewirken. Von den Reaktionsprodd. wurden *Pentan, Cyclopentan* u. *Methylcyclopentan* identifiziert. Die Verss. zeigen, daß die katalyt. Entalkylierung bei **I** leichter erfolgt als bei **II** u. bei **II** leichter als bei **III**. (Доклады Академии Наук СССР [Ber. Akad. Wiss. UdSSR] [N. S.] **85**. 1053—56. 11/8. 1952. Inst. für organ. Chem. der Akad. der Wiss. der UdSSR.) R. K. MÜLLER. D 227

## $D_2$. Präparative organische Chemie. Naturstoffe.

**Friedrich Nerdel,** *Über ein neues Verfahren zur Einführung von Fluor in organische Verbindungen.* Das durch Umsetzung von Hg mit $ClF_3$ erhältliche *$HgF_2$* ist ein sehr reaktionsfähiges Fluorierungsmittel, das nicht nur substituierend wirkt, sondern auch sein $F_2$ an Doppelbindungen anzulagern vermag u. dabei in elementares Hg übergeht. Durch HF-Abspaltung aus den Additionsprodd. können neue Doppelbindungen entstehen, an die wiederum $F_2$ angelagert wird. Allerdings ist $HgF_2$ außerordentlich empfindlich gegen W., Hydroxylverbb. u. Ester; so läßt sich Fluoressigester nicht aus Chloressigester mit $HgF_2$ darstellen. Wenn äquimol. Mengen *Acetonitril* (I) u. $HgF_2$ im Stahlautoklaven 2 Std. auf 150—180° erhitzt werden, entstehen neben HF die Verbb. $C_2H_3NF_2$, $C_2H_3NF_4$, $C_2H_2NF$ u. $C_2H_2NF_3$. In diesen Verbb. ist das F durch verd. Alkali hydrolysierbar, wobei Essigsäure entsteht. Es wird daher angenommen, daß primär eine Anlagerung von einem u. zwei Mol $F_2$ an I zu *$H_3C-CF=NF$* u. *$H_3C-CF_2-NF_2$* erfolgt u. dann aus diesen Verbb. je ein Mol HF abgespalten wird, wobei *$CH_2=C=NF$* u. *$CH_2=CF-NF_2$* entstehen. Diese durch $HgF_2$ bewirkte $F_2$-Anlagerung an ungesätt. Gruppen ist nicht auf die Nitrilgruppe beschränkt, sondern gelingt auch bei $CH_2=CH_2$, CO u. *Dimethylsulfid* (II). Aus *$CH_2=CH_2$* entsteht ein kompliziertes Reaktionsprod., aus dem sich *Hexafluoräthan* u. *Monofluoräthylen* isolieren lassen. *CO* liefert quantitativ *Fluorphosgen.* II lagert zwei u. vier F-Atome an das S-Atom an. Die so gebildeten Verbb. *$H_3C-SF_2-CH_3$* u. *$H_3C-SF_4-CH_3$* sind gegen Quarzglas unbeständig u. konnten nicht rein erhalten werden. (Naturwissenschaften **39.** 209—10. Mai 1952. Berlin-Charlottenburg, TU; Verss. in Breslau, TH u. Univ., Chem. Inst.) FORCHE. 450

**A. W. Toptschijew, B. A. Krenzel und L. N. Andrejew,** *Photochemische Chlorierung von Butan.* Die optimale Temp. der photochem. Chlorierung von Butan ist 45—55°. Bestrahlt wurde mit einer Quarzlampe von 200 Watt. Die Bldg. von *Dichlorbutan,* $C_4H_8Cl_2$ neben *Monochlorbutanen* (maximal 77%) kann im Gegensatz zur therm. Chlorierung auch durch 10fachen Überschuß an Butan nicht verhindert werden. Die Ausbeute an Chloriden in g/Liter Reaktionsraum ist bei der photochem. Chlorierung (450) günstiger als bei der therm. (300). (Доклады Академии Наук СССР [Ber. Akad. Wiss. UdSSR] [N. S.] **85.** 1049—51. 11/8. 1952.) WÖRFFEL. 510

**R. N. Haszeldine und K. Leedham,** *Reaktionen von Fluorkohlenstoffradikalen. 6. Mitt. Die Hydratisierung von trifluormethyl- und pentafluoräthylsubstituierten Acetylenen.* (5. vgl. C. **1952.** 6037.) Pentafluorjodäthan ($C_2F_5J$) setzt sich mit *$CH\equiv CH$* bei über 200° oder unter UV-Belichtung bei Zimmertemp. zu *3.3.4.4.4-Pentafluor-1-jodbuten-(1)* (I) u. geringen Mengen *5.5.6.6.6-Pentafluor-1-jodhexadien-(1.3)* um. Die Behandlung von I mit festem KOH liefert unter HJ-Abspaltung *3.3.4.4.4-Pentafluorbutin-(1)* (II), welches in üblicher Weise ein Cu-, Ag- u. Hg-Acetylid bildet. Das Ultrarotspektr. von II zeigt die acetylen. C—H-Frequenz bei 3,01 μ u. die C≡C-Frequenz bei 4,66 μ. — *3.3.3-Trifluorpropin* (III) wurde in folgender Reaktionsfolge mit ca. 70%ig. Gesamtausbeute dargestellt: $CF_3J \xrightarrow{C_2H_4} CF_3-CH_2-CH_2J$ (**IV**) $\xrightarrow{-HJ} CF_3-CH=CH_2 \xrightarrow{Br_2} CF_3-CHBr-CH_2Br$ (**V**) $\xrightarrow{-HBr} CF_3-CBr=CH_2$ (**VI**) $\xrightarrow{Br_2} CF_3-CBr_2-CH_2Br \xrightarrow{-HBr} CF_3-CBr=CHBr$ (**VII**) $\xrightarrow[A.]{Zn} CF_3-C\equiv CH$ (**III**). — **II** u. **III** werden von 10%ig. $H_2SO_4$ bei 110 bzw. 100° nicht angegriffen. Aber in Ggw. von $HgSO_4$ wird **III** langsam zu einem Gemisch von *1.1.1-Trifluoraceton* (**VIII**) u. *β.β.β-Trifluorpropionaldehyd* (**IX**) im Verhältnis 2:1 hydratisiert, das sich durch Überführung von **VIII** in das 2.4-Dinitrophenylhydrazon u. von **IX** in das Dimedonderiv. trennen läßt. Aus der Polarisation von **III** gemäß $F_3C \text{—}\!\leftarrow\!\text{—} \overset{\delta-}{C}\equiv\overset{\delta+}{C}H$ sollte man als Hauptprod. den Aldehyd erwarten. Für den abweichenden Verlauf der Rk. zum Keton werden zwei Theorien entwickelt. Bei spurenweisem Zusatz von $HgSO_4$ erfolgt bei 130° vollständige Red. zu metall. Hg, so daß die Hydratisierung zum Stillstand kommt; in diesem Falle erhält man **VIII** u. Spuren von *β.β.β-Trifluorpropionsäure* (**X**), aber kein **IX.** Mit $HgSO_4$-Überschuß tritt bei 135° vollständiger Umsatz des **III** ohne Hg-Abscheidung zu **VIII,** Fluoroform, $CO_2$ u. **X** ein. Ebenso setzt sich **II** in Ggw. von überschüssigem $HgSO_4$ zu *3.3.4.4.4-Pentafluorbutanon-(2),* $CO_2$, Pentafluoräthan u. *β.β.γ.γ.γ-Pentafluorbuttersäure* (**XI**) um. — Die Bldg. der beiden Säuren **X** u. **XI** wird durch therm. Oxydation der Aldehyde erklärt. Diese fluorierten Säuren der allg. Formel $CF_3-(CF_2)_n-(CH_2)_m-COOH$ mit $m = 0$ oder 1 sind stärker als ihre fluorfreien Analogen u. geben leicht Nitronsalze, die sich beim Erhitzen zersetzen u. am besten an Hand ihrer Ultrarotspektren charakterisiert werden. Säuren mit $m > 1$ setzen sich leicht mit den Carbodiimiden $C(=N-C_6H_4R)_2$ zu Harnstoffderivv. mit scharfem F. u. charakterist. Ultrarotspektren um. So erhält man aus **X** mit einer äther. Lsg. von N.N'-Bis-[p-dimethylaminophenyl]-carbodiimid das Harnstoffderiv. *$(CH_3)_2NC_6H_4-NHCON(COCH_2CF_3)-C_6H_4N(CH_3)_2$* (**XII**).

Versuche: Wenn 3,25 g $C_2F_5J$ u. 0,41 g CH≡CH im CARIUS-Rohr 15—20 Std. auf 220—260° erhitzt u. die fl. Prodd. zur Entfernung des $J_2$ mit Hg geschüttelt u. dest. werden, erhält man neben 10% nichtumgesetztem CH≡CH 72% *3.3.4.4.4-Pentafluor-1-jodbuten-(1)* (I), $C_4H_2JF_5$, Kp. 84,4°, $n_D^{25}$ 1,392; ca. 0,5% *5.5.6.6.6-Pentafluor-1-jod-hexadien-(1.3)*, $C_6H_4JF_5$, $Kp._{46}$ 104°; 0,5—1% *trans-Dijodäthylen*, $C_2H_2J_2$, F. 72,5—73,5°, u. vermutliches cis-Dijodäthylen. Bei 9tägiger UV-Belichtung von 12,8 g $C_2F_5J$ u. 1,55 g CH≡CH entstehen 57% I. — *3.3.4.4.4-Pentafluorbutin-(1)* (*Pentafluoräthylacetylen*) (II), $C_4HF_5$, Kp. —12°; durch Auftropfen von 38,6 g I auf 50 g pulverisiertes KOH, Erwärmen auf 110°, Abtreiben des nichtumgesetzten I (9%) im Vakuum u. Reinigung des Prod. durch fraktionierte Vakuumkondensation; 63,5% (Ausbeute); Dampfdruckgleichung zwischen —70 u. —12° log P (mm) = 7,5952—1231,7/T; Verdampfungswärme 5640 cal/Mol; TROUTONsche Konstante 21,6. *Hg-Pentafluorbutinylid*, $C_8F_{10}Hg$, weiße Kristalle, F. ~25° nach Sublimation bei 100°/760 mm. Die *Cu-Verb.* $C_4F_5Cu$ ist khakifarben, die *Ag-Verb.* $C_4F_5Ag$ weiß. — *1.1.1-Trifluor-3-jodpropan* (IV), durch 15std. Erhitzen von $CF_3J$ mit der äquimol. Menge CH≡CH im Autoklaven auf 275°; 82%. — *2.3-Dibrom-1.1.1-trifluorpropan* (V), Kp. 116°, durch Eintropfen von 113 g IV im Laufe von 2½ Std. in eine Lsg. von 60 g KOH in 300 cm³ A. u. Einleiten des gebildeten *3.3.3-Trifluorpropylens* in 103 g $Br_2$ unter UV-Belichtung; 92,5%. — *2-Brom-3.3.3-trifluorpropen-(1)* (VI), Kp. 33,8°; durch Versetzen von 110 g V bei —5° mit einer eiskalten Lsg. von 26 g KOH in 65 cm³ A., einstd. Rühren u. Ansäuern mit HCl; 91,5%. — *1.2-Dibrom-3.3.3-trifluorpropen-(1)* (VII), Kp. 96°; durch Bromierung von 15,3 g VI mit 16,5 g $Br_2$ im UV-Licht u. Behandlung des Reaktionsgemisches mit einer Lsg. von 5,6 g KOH in 15 cm³ A.; 87%. — *3.3.3-Trifluorpropin* (III), durch Zugabe von 17,8 g VII im Laufe von 5 Std. zu 14 g Zn in 60 cm³ A. bei Siedetemp.; 93%. — Wenn 1,05 g III 148 Std. mit 6,54 g $HgSO_4$ u. 5 cm³ 15%ig. $H_2SO_4$ bei Zimmertemp. geschüttelt werden, entstehen (neben 10% nichtumgesetztem III) 61% *1.1.1-Trifluoraceton* (VIII), $C_3H_3OF_3$, Kp. 22,0° (identifiziert als *2.4-Dinitrophenylhydrazon*, $C_9H_7O_4N_4F_3$, F. 138,5—139,0°) u. 28% *β.β.β-Trifluorpropionaldehyd* (IX), identifiziert als *Dimedonderiv.*, $C_{19}H_{25}O_4F_3$, F. 115°. — Bei 15std. Erhitzen von 1,75 g III mit 12,6 g $HgSO_4$ u. 5 cm³ 10%ig. $H_2SO_4$ im CARIUS-Rohr auf 135° erhält man 0,26 g $CO_2$, 0,02 g Fluoroform, 0,37 g (18%) VIII u. ca. 22% *β.β.β-Trifluorpropionsäure* (X), charakterisiert als *Nitronsalz* $C_{23}H_{19}O_2N_4F_3$ sowie als *N.N'-Bis-[p-dimethylaminophenyl]-N-3.3.3-trifluorpropionylharnstoff* (XII), $C_{20}H_{23}O_2N_4F_3$, F. 155°. — In Ggw. von nur 0,2 g $HgSO_4$ erhält man aus 2,25 g III bei 130° in 15 Std. 0,096 g Hg, 0,77% nichtumgesetztes III, 19% VIII u. eine Spur X. — Bei 16std. Erhitzen von 4,33 g II mit 16,6 g $HgSO_4$ u. 5 cm³ 10%ig. $H_2SO_4$ auf 110° entstehen 13% $CO_2$, 16% II, 0,07 g Pentafluoräthan, 16% *3.3.4.4.4-Pentafluorbutanon-(2)*, $C_4H_3OF_5$, Kp. 39,5—40° (*2.4-Dinitrophenylhydrazon*, $C_{10}H_7O_4N_4F_5$, F. 99°) u. 17% *β.β.γ.γ.γ-Pentafluorbuttersäure* (XI) (*Harnstoffderiv.* $(CH_3)_2NC_6H_4NH$*-CO-N*$(COCH_2C_2F_5)$*-*$C_6H_4N(CH_3)_2$, F. 151°). (J. chem. Soc. [London] **1952**. 3483—90. Sept. Cambridge, Univ., Chem. Labor.) FORCHE. 530

**R. N. Haszeldine**, *Reaktionen von Fluorkohlenstoffradikalen.* 7. Mitt. *Anlagerung an trifluormethylsubstituierte Acetylene.* (6. vgl. vorst. Ref.) Um den Einfl. der $CF_3$-Gruppe auf das Verh. einer benachbarten —C≡C-Gruppe aufzuklären, untersuchte Vf. den Verlauf von verschied. Anlagerungs-Rkk. an *3.3.3-Trifluorpropin* (I) u. *Hexafluorbutin-(2)* (II). Die Anlagerung von HF, HCl, HBr u. HJ an I verläuft in umgekehrter Richtung wie beim Propin zu *$CF_3$—CH=CHF*, *$CF_3$—CH=CHCl*, *$CF_3$—CH=CHBr* (III) bzw. *$CF_3$—CH=CHJ* (IV). HF, HCl u. HBr reagieren schon ohne Katalysator, aber ein zweites Mol Halogenwasserstoff läßt sich nicht anlagern. Die HF-Anlagerung wird durch $BF_3$, die HCl- u. HBr-Anlagerung durch Al-Halogenide katalysiert. Die HJ-Anlagerung erfordert bei Zimmertemp. die Ggw. von $AlJ_3$ als Katalysator; bei höheren Tempp. u. in Ggw. von überschüssigem HJ entstehen $AlF_3$, IV, *3.3.3-Trifluorpropen-(1)* (V) u. höhersd., nichtidentifizierte Produkte. Die HBr-Anlagerung an I im UV-Licht liefert ausschließlich III; im Dunkeln tritt keine Rk. ein. — HCN wird von I langsam angelagert; die Hydrolyse des Additionsprod. liefert *γ.γ.γ-Trifluorcrotonsäure* (VI), welche ferner durch Anlagerung von $CF_3J$ an Acrylnitril im UV-Licht u. anschließende HJ-Abspaltung u. Hydrolyse des Jodnitrils dargestellt wurde. Die therm. Zers. des Na-Salzes von VI in Borsäure enthaltendem Äthylenglykol führt zu V. Bei der Behandlung des Ag-Salzes von VI mit $J_2$ entsteht IV. — Die Umsetzung von I mit Methanol oder A. in Ggw. der entsprechenden Alkoholate liefert *1-Methoxy-* bzw. *1-Äthoxy-3.3.3-trifluorpropen* (VII bzw. VIII). Mit HJ setzen sich VII u. VIII zu *β.β.β-Trifluorpropionaldehyd* (IX) u. Alkyljodid um; von alkal. $KMnO_4$ werden sie zu Trifluoressigsäure oxydiert. Die Behandlung von VII u. VIII mit $H_2$ unter Druck in Ggw. von RANEY-Ni führt nur zum Teil zu den 1-Alkoxy-3.3.3-trifluorpropanen, während hauptsächlich IX u. Methan bzw. Äthan gemäß $2CF_3—CH=CHOR \xrightarrow{4\,H} CF_3—CH_2—CHO + RH + CF_3—CH_2—CH_2OR$ entstehen. Die Anlagerung eines zweiten Alkoholmol. an **VIII** läßt sich bei 80° erzwingen, ist aber von Zerstörung der $CF_3$-Gruppe begleitet. Das gebildete *1.1-Diäthoxy-3.3.3-trifluorpropan* wurde nicht isoliert, sondern mit 50% ig. $H_2SO_4$ zu **IX** hydrolysiert. — Bei der Anlagerung von *Diäthylamin* (**X**) an **I** erhält man mit mäßiger Ausbeute *1-Diäthylamino-3.3.3-trifluorpropen* u. ein nicht näher charakterisiertes Prod. der mutmaßlichen Struktur $CF_3-CH_2CH(NC_2H_5)_2-C{\equiv}C-CF_3$. — **II** lagert HCl u. HBr bei Abwesenheit eines Al-Halogenidkatalysators nur langsam zu $CF_3-CH{=}CCl-CF_3$ bzw. $CF_3-CH{=}CBr-CF_3$ an. Die Rk. wird durch $AlCl_3$ bzw. $AlBr_3$ beschleunigt, wobei $AlF_3$ entsteht, welches vielleicht als der eigentliche Katalysator anzusehen ist. Die photochem. HBr-Anlagerung verläuft schnell u. nahezu quantitativ u. liefert als Nebenprod. *2.3-Dibromhexafluorbuten-(2)*. — Methanol u. A. werden von **II** in Ggw. der entsprechenden Alkoholate leicht zu den Vinyläthern **XI** u. **XII** angelagert, welche von alkal. $KMnO_4$ zu Trifluoressigsäure oxydiert werden u. $Br_2$ quantitativ unter Bldg. der Dibromverbb. absorbieren. Die Umsetzung von **XII** mit $H_2$ gemäß $CF_3-CH{=}C(OC_2H_5)-CF_3 \xrightarrow{2\,H} C_2H_6 + CF_3-CH_2-CO-CF_3$ (**XIII**) erfordert höhere Tempp. als diejenige von **VIII** u. liefert im Gegensatz zu der letzteren nicht den hydrierten Äther. Die Anlagerung eines zweiten Mol. Methanol bzw. A. an **XI** u. **XII** zu den 2.2-Dialkoxyhexafluorbutanen erfolgt leichter als bei den Alkoxytrifluorpropenen **VII** u. **VIII**. Die 2.2-Dialkoxyhexafluorbutane werden durch 50% ig. $H_2SO_4$ zu **XIII** hydrolysiert. — Die Anlagerung von **X** an **II** liefert *2-Diäthylamino-1.1.1.4.4.4-hexafluorbuten-(2)*. — Zur Deutung des Einfl. einer $CF_3$-Gruppe auf eine benachbarte Dreifachbindung werden sowohl der starke Induktionseffekt der $CF_3$-Gruppe als auch Resonanzeffekte in Betracht gezogen. Besondere Bedeutung wird den hyperkonjugierten Strukturen vom Typ $F-CF_2{=}C{=}C\langle$ beigemessen. Die $CF_3$-Gruppe übt einen ausgeprägten desaktivierenden Einfl. auf den elektrophilen Angriff von benachbarten Doppel- u. Dreifachbindungen aus. Die Anlagerung von HCl u. HBr an **I** erfolgt langsamer als bei Propin, u. das stärker desaktivierende **II** erfordert die Anwesenheit von Katalysatoren. Hand in Hand mit der verminderten Fähigkeit zu elektrophilen Umsetzungen geht eine erhöhte Bereitschaft zu nucleophilen Reaktionen. Die Rkk. von **I** u. **II** mit Alkoholen u. Aminen erfolgen fast ebenso leicht wie diejenigen von Polyfluorolefinen, wie $CF_2{=}CF_2$ u. $CF_2{=}CFCl$. Die Beobachtung, daß **I** u. **II** jeweils nur ein Mol anlagern u. die Rk. mit der Bldg. des Monoadditionsprod. zum Stillstand kommt, beweist, daß die $CF_3$-Gruppe auf die Doppelbindung einen größeren Einfl. ausübt als auf die Dreifachbindung.

Versuche: *1.3.3.3-Tetrafluorpropen-(1)*, $C_3H_2F_4$, Kp. —16°; aus 0,94 g **I** u. 10 cm³ wasserfreier HF in einer Ni-Bombe in 48 Std. bei Zimmertemp. u. 4 Std. bei 60°; 92% (Ausbeute). — *1-Chlor-3.3.3-trifluorpropen-(1)*, $C_3H_2ClF_3$, Kp. 21°; aus 0,94 g **I** u. 0,38 g HCl im Pyrex-CARIUS-Rohr in 2 Std. bei Raumtemp.; 100%. Auch mit 100% ig. HCl-Überschuß entsteht nur die Monochlorverbindung. — *1-Brom-3.3.3-trifluorpropen-(1)* (**III**), $C_3H_2BrF_3$, Kp. 39,5—40°, $n_D^{20}$ 1,357; analog bei 0°, 100% (in Ggw. von 0,1 g $AlBr_3$ ist die Umsetzung schon bei —25° in 4 Std. vollständig); oder durch 8std. UV-Belichtung von **I** u. HBr im Einschmelzrohr bei —60°. — *1-Jod-3.3.3-trifluorpropen-(1)* (**IV**), Kp. 70,5°; bei 100°; 65%. In Ggw. von 0,25 g $AlJ_3$ entstehen in 24 Std. bei Zimmertemp. 80% **IV**. Bei Anwendung eines 100%ig. HJ-Überschusses in Ggw. von $AlJ_3$ bilden sich bei 100° 20% **IV**, 8% *3.3.3-Trifluorpropen-(1)* (**V**) sowie höhersd. Prodd. u. $AlF_3$. — *γ.γ.γ-Trifluorcrotonsäure* (**VI**), $C_4H_3O_2F_3$, F. 51°; durch 24—36std. Erhitzen von 0,94 g **I**, 0,81 g HCN, 0,1 g KCN, 0,2 g KCl, 0,8 g CuCl u. 10 cm³ W. im CARIUS-Rohr auf 110 bis 120°, Behandlung der fl. Phase mit überschüssiger 10% ig. NaOH, langsames Erwärmen auf 80°, Ansäuern mit $H_2SO_4$ u. Extraktion mit Ae., 62%; oder durch 48std. UV-Bestrahlung von 0,53 g Acrylnitril u. 8,5 g $CF_3J$ im Einschlußrohr, Behandlung des *γ.γ.γ-Trifluor-α-jodbutyronitrils* mit 10%ig. alkoh. KOH (5% Überschuß) bei Zimmertemp. u. anschließend eine Std. bei 50°, Ansäuern mit verd. $H_2SO_4$ u. Extraktion mit Ae.; 72%. Das Ultrarotspektr. von **VI** wurde aufgenommen. — Wenn 0,40 g des Na-Salzes von **VI** mit 15 cm³ Äthylenglykol u. 2 g Borsäure 4 Std. auf 150 → 200° erhitzt werden, bilden sich 41% **V**. — Beim Erhitzen eines Gemisches aus 1,23 g des Ag-Salzes von **VI** u. 3 g gepulvertem $J_2$ bei einem Druck von ca. 10 mm entstehen 76% **IV**. — *1-Methoxy-3.3.3-trifluorpropen* (**VII**), $C_4H_5OF_3$, Kp. 83—84°; aus 1,88 g **I**, 25 cm³ Methanol u. 0,5 g Na im Einschlußrohr bei ca. —20° in 3 Std.; 92%. — *1-Äthoxy-3.3.3-trifluorpropen* (**VIII**), $C_5H_7OF_3$, Kp. 103°, $n_D^{25}$ 1,349; analog mit A. bei —5 bis —10°; 91%. — *β.β.β-Trifluorpropionaldehyd* (**IX**), durch Kochen von **VII** oder **VIII** mit überschüssiger HJ am Rückflußkühler; 57 bzw. 61%. *2.4-Dinitrophenylhydrazon*, F. 150,5—151°, *Dimedonderiv.*, F. 114°. — Bei einstd. Erwärmen von 1,25 g **VII** mit 0,1 g $H_2$, 0,3 g RANEY-Ni u. 4 cm³ A. im CARIUS-Rohr auf 10—15° bilden sich neben 80% Methan 79—82% **IX** u. 15% *1-Methoxy-3.3.3-trifluorpropan*, $C_4H_7OF_3$, Kp. 54,5—55,5°. Im Autoklaven unter 10 at Druck erhält man 91% **IX** u. die theoret. Methanmenge. Analog liefert **VIII** im Autoklaven 98% Äthan u.

89% **IX**, im Einschmelzrohr mit Methanol als Lösungsm. 78% Äthan, 74% **IX** u. 18% *1-Äthoxy-3.3.3-trifluorpropan*, $C_5H_9OF_3$, Kp. 72—73,5°. — *1-Diäthylamino-3.3.3-trifluorpropen*, $C_7H_{12}NF_3$, Kp.$_{105}$ ~40°; aus 0,94 g **I**, 0,02 g CuCl u. 3 cm³ **X** im Einschlußrohr in 4 Std. bei Raumtemp. u. anschließend auf 100° erwärmt; 28%. — *2-Chlor-1.1.1.4.4.4-hexafluorbuten-(2)*, $C_4HClF_6$, Kp. 34—35°; aus 0,81 g **II**, HCl (20% Überschuß) u. 0,1 g $AlCl_3$ im Einschlußrohr in 3 Std. bei Zimmertemp. u. halbstd. Erwärmen auf 50°; 65%. Ohne $AlCl_3$ erhält man nach 24std. Erhitzen auf 100° eine 78%ig. Ausbeute. — *2-Brom-1.1.1.-4.4.4-hexafluorbuten-(2)*, $C_4HBrF_6$, Kp. 55°; ebenso mit HBr u. $AlBr_3$ im Dunkeln bei 30° in 7 Tagen; 68%; oder durch 2std. UV-Bestrahlung von **II** u. HBr; 87% neben ca. 5% *2.3-Dibromhexafluorbuten-(2)*, Kp. 105—107°. — *2-Methoxy-1.1.1.4.4.4-hexafluorbuten-(2)* (**XI**), $C_5H_4OF_6$, Kp. 55—57°; aus 1,51 g **II** mit 15 cm³ Methanol u. 0,75 g Na im Einschmelzrohr in 48 Std. bei 0° u. 1 Std. bei 30°; 71%. — *2-Äthoxy-1.1.1.4.4.4-hexafluorbuten-(2)* (**XII**), $C_6H_6OF_6$, Kp. 72,5—73°; ebenso mit A.; 57%. — *2.3-Dibrom-2-methoxy-1.1.1.4.4.4-hexafluorbutan*, $C_5H_4OBr_2F_6$, Kp.$_{25}$ 58—59°, $n_D^{20}$ 1,408. — *2.3-Dibrom-2-äthoxy-1.1.1.4.4.4-hexafluorbutan*, $C_6H_6OBr_2F_6$, Kp.$_{23}$ 72—73°, $n_D^{20}$ 1,409. — *1.1.1.4.4.4-Hexafluorbutanon-(2)* (**XIII**), aus **XI** oder **XII** mit HJ im Einschlußrohr, 51 bzw. 55%; oder durch Hydrierung von 2,31 g **XII** im Autoklaven mit 10 at $H_2$ in Ggw. von 0,15 g RANEY-Ni u. 10 cm³ Methanol in ½ Std. bei Zimmertemp. u. ½ Std. bei 120°; 58% (neben 88% Äthan). *Semicarbazon*, $C_5H_5ON_3F_6$, aus Methanol krist., F. 123°. — *2.2-Diäthoxy-1.1.1.-4.4.4-hexafluorbutan*, $C_8H_{12}O_2F_6$, Kp. 135°, $n_D^{20}$ 1,342; aus 1,65 g **XII** mit 10 cm³ A. u. 1 g Na-Äthylat im CARIUS-Rohr bei 70° in einer Std.; 59%. — *2.2-Dimethoxy-1.1.1.-4.4.4-hexafluorbutan*, $C_6H_8O_2F_6$, Kp.$_{100}$ 50°; ebenso aus **XI** mit Methanol u. Na-Methylat; 53%. — *2-Diäthylamino-1.1.1.4.4.4-hexafluorbuten-(2)*, $C_8H_{11}NF_6$, Kp.$_{150}$ 72—74°, Kp.$_{760}$ 123°, $n_D^{20}$ 1,371; aus 1,42 g **II** u. 5 cm³ **X** im Einschlußrohr in 24 Tagen bei Zimmertemp. u. 5 Std. bei 50°; 57%. (J. chem. Soc. [London] **1952**. 3490—98. Sept. Cambridge, Univ., Chem. Labor.) FORCHE. 530

**M. F. Schosstakowski** und **F. P. Ssidelkowskaja**, *Synthese von α.β-Dichloräthylalkyläthern und ihre Umwandlungen*. 2. Mitt. *Synthese von α.β-Dichloräthylmethyl-, α.β-Dichlordiäthyl- und α.β-Dichloräthylisopropyläther*. (1. vgl. Журнал Общей Химии [J. allg. Chem.] **17**. (**79**.) [1947.] 957.) Die Ausbeute bei der Herst. von *α.β-Dichloräthylalkyläthern* (**I**) durch Chlorierung von Vinyläthern konnte bis auf 71% gesteigert werden. Bei der Rk. entstehen als Nebenprod. *α.β.β-Trichloräthylalkyläther* (**II**), deren Hydrolyse *Dichloracetaldehyd* ergab. **I** sind farblose, bei Atmosphärendruck unter Zers. sd. Fll. von scharfem Geruch. Längere Zeit über 100° erhitzt, gehen sie in eine kautschukähnliche, dann in eine zerbrechliche M. über; sie rauchen an der Luft. Bes. zersetzlich sind die niederen Glieder, bei denen die kryoskop. Mol.-Gew.-Best. schon 3—4 Std. nach der Herst. zu niedrige Werte gibt. Mit Alkoholen entstehen *Acetale* von *Chloracetaldehyd*, mit W. dieser selbst. Analog **I** bilden **II** bei Behandlung mit wss. Aldehydreagentien (salzsaures Semicarbazid, 2.4-Dinitrophenylhydrazin) *Derivv.* des *Dichloracetaldehyds*, beim Kochen *Glyoxalderivate*. — Bei der Chlorierung von Dimethylacetal bildet sich nicht, wie von REICHERT, BAILY u. NIEUWLAND (J. Amer. chem. Soc. **45**. [1923.] 1552) angegeben, α.β-Dichloräthylmethyläther, sondern *Chloracetaldehyddimethylacetal*.

V e r s u c h e : *α.β-Dichloräthylbutyläther*, Kp.$_6$ 50°, durch Einleiten eines schwachen $Cl_2$-Stroms in 30 g Vinylbutyläther unter starker Kühlung (Reaktionstemp. nicht über 30°) u. Zugabe von weiteren 86 g in kleinen Anteilen unter gleichzeitiger Verstärkung des $Cl_2$-Stroms; $D._4^{20}$ 1,1024; $n_D^{20}$ 1,4473; 71% (Ausbeute). — Vinylmethyläther liefert unter analogen Bedingungen *α.β-Dichloräthylmethyläther*, $C_3H_6OCl_2$, Kp.$_{11}$ 24,5—24,7°; $n_D^{20}$ 1,4480; $D._4^{20}$ 1,2317; 39,3%, u. *α.β.β-Trichloräthylmethyläther*, $C_3H_5OCl_3$, Kp.$_9$ 50,5°; $D._4^{20}$ 1,4210; $n_D^{20}$ 1,4722; 20,7%. Letzteres gibt mit *2.4-Dinitrophenylhydrazin* in heißer HCl das *2.4-Dinitrophenylosazon des Glyoxals*, F. 314—315°. — Vinyläthyläther liefert *α.β-Dichlordiäthyläther*; 54,1%, u. *α.β.β-Trichlordiäthyläther*; 3,1%. — Vinylisopropyläther gibt *α.β-Dichloräthylisopropyläther*, $C_5H_{10}OCl_2$, Kp.$_9$ 34—34,5°; $D._4^{20}$ 1,1235; $n_D^{20}$ 1,4430; 43%, u. *α.β.β-Trichloräthylisopropyläther*, $C_5H_9OCl_3$, Kp.$_{11}$ 63—64°; $D._4^{20}$ 1,2861; $n_D^{20}$ 1,4640; 11%. (Журнал Общей Химии [J. allg. Chem.] **21**. (**83**.) 1610—17. Sept. 1951. Inst. für organ. Chem. der Akad. der Wiss. der UdSSR, Labor. für Vinyl-Verbb.) FÖRSTER. 560

**Carl T. Bahner, Peter P. Neblett jr.** und **Henry A. Rutter jr.**, *Einige Sulfonium- und Selenonium-Salze*. Als Verbb., die möglicherweise Tumorzellen schädigen, wurden nachst. Salze (Bis-[2-cyanäthyl]-sulfid gab keine Sulfoniumsalze) a) aus den Komponenten bei Raumtemp., b) durch Kochen in $CH_3OH$ dargestellt: *p-Fluorphenacyldimethylsulfoniumchlorid*, $C_{10}H_{12}OClFS$, F. 139° ($CH_3OH$ + Isopropyläther), aus p-Fluorphenacylchlorid (**I**) u. Dimethylsulfid nach a) während 1 Tages; 65% (Ausbeute roh). — *Salze des Methyläthylsulfids*: mit **I**, $C_{11}H_{14}OClFS$, F. 130°, a) 1 Tag; 67% (roh); mit *p-Fluorphenacylbromid* (**II**), $C_{11}H_{14}OBrFS$, F. 127°, a) 10 Min.; 57%. — *Salz des Diäthylsulfids* mit *β-Naph-*

*thacylbromid* (III), $C_{16}H_{19}OBrS$, F. 127,5°, b) 5 Min.; 58%. — *Salze des Bis-[2-oxyäthyl]-sulfids*: mit I, $C_{12}H_{16}O_3ClFS$, F. 115°, a) 2 Tage bei 40°; 99% (roh); mit III, $C_{16}H_{19}O_3BrS$, F. 121—121,5°, b) 5 Min.; 99% (roh); mit *p-Phenylphenacylbromid*, $C_{18}H_{21}O_3BrS$, F. 122,5 bis 123°, b) 20 Minuten. — *Salze des Diäthylselenids*: mit II, $C_{12}H_{16}OBrFSe$, F. 96,5—99°, a) 5 Min.; 85% (roh); mit III, $C_{16}H_{19}OBrSe$, F. 106,5°, b) 5 Min.; 58% (roh.) (J. Amer. chem. Soc. **74**. 3453—54. 5/7. 1952. Jefferson City, Tenn., Carson-Newman-Coll.)
LIPPOLD. 600

**Otto Dann, Harry Distler** und **Hermann Merkel**, *Notiz über die Darstellung von Acetonylaceton, 2.5-Dimethylfurancarbonsäure-(3) und von Diacetbernsteinsäureester.* Durch Umsatz von Na-Acetessigester (I) mit α-Chloracetessigester (II) in Aceton bei Ggw. von etwas NaJ erhalten Vff. *Diacetbernsteinsäurediäthylester*. Analog entsteht aus I u. Chloraceton (III) *α-Acetonylacetessigsäureäthylester* (IV), der bei Dest. im Vakuum bzw. durch Sieden in Oxalsäure unter $H_2O$-Abspaltung in *2.5-Dimethylfurancarbonsäure-(3)-äthylester* verwandelt wird. Aus der freien Säure hiervon entsteht mit sd. KOH *Acetonylaceton*.

Versuche: *Diacetbernsteinsäurediäthylester*, F. 88—89° (Bzl.), durch Zutropfen von 0,2 Mol II zu einer warmen Lsg. von 0,2 Mol I u. 1 g NaJ in Aceton; nach 5std. Rühren, Absaugen von NaCl u. Einengen; 54% (Rohausbeute). — *α-Acetonylacetessigsäureäthylester* (IV), aus I u. III, Gießen in W. nach Abdest. des Acetons u. Ausäthern; 89%. Hieraus durch mehrfache Dest. im Vakuum bei 12 mm *2.5-Dimethylfurancarbonsäure-(3)-äthylester*, $Kp._{12}$ 100—105°, $n_D^{24}$ 1,4680. *Freie Säure*, F. 136°, a) durch Verseifung des Esters. b) Durch $1^1/_4$std. Sieden von IV mit Oxalsäure, weiteres Sieden mit alkoh. KOH, Abdampfen, Aufnehmen in W. u. Ansäuern; 91%. — *2.5-Dimethylfuran*, Kp. 93 bis 94°, aus 10 g vorst. Verb. durch Eindampfen mit der äquivalenten Menge $Ba(OH)_2$ u. Trockendest.; 5 g. — *Acetonylaceton*, $Kp._{15}$ 81—82°, durch Sieden von IV (roh) in KOH, Aussalzen mit Pottasche u. Dest. des sich ausscheidenden Öles; $n_D^{19}$ 1,4253; ca. 70%. (Chem. Ber. **85**. 457—61. 20/5. 1952. Erlangen, Inst. für angewandte Chem.)
LEHWALD. 720

**P. Oxley, M. W. Partridge** und **W. F. Short**, *Darstellung von Nitrilen.* Für die von BOIVIN (Canad. J. Res., Sect. B **28**. [1950.] 671) beschriebene Darst. von Nitrilen aus Amiden u. Ammoniumsulfamat, bei der unter $NH_3$-Abspaltung Zwischenprodd. der Form $RCONHSO_2ONH_4$ auftreten, wird in Analogie zu eigenen Verss. (C. **1948**. E. 391 u. früher) über die Umsetzung von Carbonsäureamiden mit Sulfonamiden nachst. Verlauf in Erwägung gezogen: $R \cdot CO \cdot NH \cdot SO_2 \cdot ONH_4 \rightarrow NH_4O \cdot SO_2O \cdot CR{:}NH \rightarrow NH_4OSO_2OH +$ RCN. Auch die Umwandlung von Carbonsäureamiden in ihre Nitrile mit Sulfaminsäure nach KIRSSANOW u. SOLOTOW (C. **1951**. I. 28) kann ebenso formuliert werden. (Chem. and Ind. **1951**. 77. 27/1. Nottingham.) SPAETH. 800

**Murray Hauptschein** und **Aristid v. Grosse**, *Die Umsetzung von Silber-n-perfluorbutyrat mit n-Perfluorpropyljodid und mit 1.2-Dibrom-1-chlortrifluoräthan.* Im Gegensatz zu der leichten Bldg. von Estern aus den Ag-Salzen von Perfluorfettsäuren mit n-Alkyljodiden oder -dijodiden setzt sich *Silber-n-perfluorbutyrat* (I) mit *n-Perfluorpropyljodid* in Ni- oder Ag-Druckgefäßen bei 275—335° nicht zu dem erwarteten n-Perfluorbuttersäure-n-perfluorpropylester um, sondern reagiert gemäß $CF_3CF_2CF_2J + CF_3CF_2CF_2COOAg \rightarrow$ n-$C_6F_{14} + CO_2 +$ AgJ zu *n-Perfluorhexan*, Kp. 56°. Zur Erklärung des Reaktionsverlaufs wird die Entstehung der freien Radikale $C_3F_7\cdot$ u. $C_3F_7COO\cdot$ angenommen, die bei den hohen Tempp. nicht unmittelbar zusammentreten. Erst nachdem aus dem $C_3F_7COO$-Radikal $CO_2$ abgespalten worden ist, erfolgt die Vereinigung zu $C_3F_7—C_3F_7$. — Auch bei der Umsetzung von I mit *1.2-Dibrom-1-chlortrifluoräthan* (II) (erhalten durch photochem. Bromierung von $CF_2{=}CFCl$) bei 100—200° bildet sich nicht der Di-[heptafluorbuttersäure]-trifluorchlorglykolester. Wenn die Rk. in einem Lösungsmittelgemisch aus Ae. u. Heptafluorbuttersäure durchgeführt wird, entstehen AgBr, $CO_2$ u. $CF_2{=}CFCl$. Erhitzt man 36,5 g I, 15,0 g II u. 70 $cm^3$ Methanol im Pyrex-Einschmelzrohr 5 Std. auf 100°, so setzt sich I mit dem Lösungsm. Methanol um u. man erhält, neben 20,2 g AgBr u. Spuren $CF_2{=}CFCl$, 18,18 g *n-Heptafluorbuttersäuremethylester*, $Kp._{760}$ 80—80,8°, $n_D^{20}$ 1,293. (J. Amer. chem. Soc. **74**. 4454—55. 5/9. 1952. Philadelphia, Pa., Temple Univ., Res. Inst.)
FORÇHE. 810

**R. Lukeš** und **J. Pliml**, *Über das 1-Dimethylaminopentadien-(2.4) und das 1-Dimethylamino-2-methylpentadien-(2.4).* (Vgl. C. **1953**. **1647**.) Vff. untersuchen die physikal. u. chem. Eigg. von *1-Dimethylaminopentadien-(2.4)* (I) u. *1-Dimethylamino-2-methylpentadien-(2.4)* (II). Beide Verbb. haben die gleiche spezif. Exaltation; ihre Absorptionskurven werden angegeben u. die Maxima mit denen von *Butadien, Piperylen* (III), *Isopren, 2.3-Dimethylbutadien-(1.3)* u. *Hexadien-(2.4)* verglichen. I u. II addieren ebenso wie III kein Maleinsäureanhydrid. In 48%ig. HBr werden nur 2 Br-Atome addiert, mit Zn lassen sich die Diene dann regenerieren. $H_2$ führt zu den vollständig gesätt. Basen.

Versuche: *1-Dimethylaminopentadien-(2.4)* (I), Kp. 129°, Darst. vgl. Collect. Trav. chim. Tchécoslov. **12.** [1947.] 71; $D.^{20}_{4}$ 0,7837; $n_D^{20}$ 1,4650. — *1-Dimethylamino-2-methylpentadien-(2.4)* (II), Kp. 144—146°, Darst. vgl. l. c.; $D.^{20}_{4}$ 0,7932; $n_D^{20}$ 1,4709. — Nach 3tägiger Rk. von I mit Maleinsäureanhydrid in Bzl. wird nur eine geringe Menge *saures Maleinat* von I, $C_{11}H_{17}O_4N$, gebildet; F. ca. 73° (Bzl.). Ebenso verhält sich II: *Saures Maleinat*, $C_{12}H_{19}O_4N$, F. 106° (n-Heptan). — Nach langsamer Zugabe von 8,6 g $Br_2$ zu 6 g I in 48%ig. HBr werden 12 g I-*Dibromid-Hydrobromid*, $C_7H_{14}NBr_3$, erhalten; F. 131,5° (A.); es reagiert nicht weiter mit $Br_2$ in HBr. — II-*Dibromid-Hydrobromid*, $C_8H_{16}NBr_3$, F. 137—138° (A.). — *1-Dimethylamino-2-methylpentan*, $C_8H_{19}N$, Kp. 134°, aus II in Eisessig durch Hydrierung in Ggw. von $PtO_2$ bei 1000 mm u. 20°; Reinigung über das Hydrochlorid. *Pikrat*, $C_{14}H_{22}O_7N_4$, Prismen aus absol. A., F. 98°. Aus der Mutterlauge nach mehreren Tagen etwas *Dimethylaminpikrat*, $C_8H_{10}O_7N_4$, F. 154°. (Collect. Trav. chim. Tchécoslov. **15.** 512—19. 1950. Prag, École Polytechn., Inst. de chim. organ.) NITZSCHKE. 910

**D. Fleš** und **K. Balenović**, *Die Entschwefelung von S-Benzyl-N-phthaloyl-L-cystein durch Raney-Nickel. S-Benzyl-N-phthaloyl-L-cystein* (I) wurde mit RANEY-Ni zu *N-Phthaloyl-L-alanin* (II) entschwefelt.

Versuche: I ($[\alpha]_D^{15}$ —151°) wird mit RANEY-Ni in absol. A. 4 Std. am Rückfluß erhitzt u. über Nacht bei Raumtemp. stehengelassen. Der ölige Rückstand des Filtrats wird in Bzl. gelöst u. diese Lsg. mit 5%ig. HCl u. mit W. geschüttelt. Der Trockenrückstand der benzol. Lsg. gibt *N-Phthaloyl-L-alanin* (II), $C_{11}H_9O_4N$, aus A.-W., F. 150—151°, $[\alpha]_D^{20}$ —18,3 ± 0,7° (c = 2,63 in A.); 40% Ausbeute. (J. chem. Soc. [London] **1952.** 2447. Juni. Zagreb, Univ., Chem. Labor.) K. F. MÜLLER. 950

**R. O. Atkinson** und **F. Poppelsdorf**, *Eine neue Synthese von α.γ-Diaminobuttersäure.* Acrolein u. Phthalimid werden in Ggw. von Triton B zu *β-Phthalimidopropionaldehyd* (I) kondensiert, der nach STRECKER in *α.γ-Diaminobuttersäure* (II) übergeführt wird. Das ebenfalls dargestellte entsprechende *Hydantoin* (III) gab nach Säurehydrolyse nur eine sehr geringe Ausbeute an II.

Versuche: *β-Phthalimidopropionaldehyd* (I), $C_{11}H_9O_3N$. Äquimol. Mengen Acrolein u. Phthalimid werden in Essigester auf 60° erhitzt, zur Mischung wird Triton B (60%ig. Lsg. von Benzyltrimethylammoniumhydroxyd) gegeben u. weitere 15 Min. unter Rühren erhitzt; seidige Nadeln aus W., F. 125—126°; 98% (Ausbeute). *Semicarbazon*, aus wss. A., F. 229°. *2.4-Dinitrophenylhydrazon*, aus Essigsäure, F. 207°. — *DL-α.γ-Diaminobuttersäure* (II)-*Hydrochlorid*, $C_4H_{11}O_2N_2Cl$, aus dem *Cyanhydrin von* I (F. 99—100°; 90%) u. alkoh. $NH_3$ (3 Tage bei Raumtemp.) u. Hydrolyse des Aminonitrils durch 6std. Erhitzen mit HCl; aus wss. A., F. 228—230°; 48,4% (bezogen auf das Cyanhydrin). II-*Dipikrat*, aus W., F. 188—189° (Zers.). — *5-[2-Phthalimidoäthyl]-hydantoin* (III), $C_{13}H_{11}O_4N_3$, aus der Bisulfitverb. von 0,6 Mol I, 1,1 Mol NaCN u. 3 Mol $(NH_4)_2CO_3$ in W. u. A. (4 Std. bei 50—55°); aus W., F. 186—187°; 57,5% (roh). (J. chem. Soc. [London] **1952.** 2448. Juni. London, Brit. Drug Houses, Ltd., Amino Acids Dep.) K. F. MÜLLER. 950

**C. Monard** und **H. Jean**, *Über die Darstellung von Dialkylfluorphosphaten.* Die Ester der Monofluorphosphorsäure erhält man in einfacher Weise durch Umsetzung von $POCl_3$ mit Alkoholen u. feingepulvertem, über $P_2O_5$ getrocknetem NaF in *Äthylenchlorid* (I) als Lösungsmittel. Phenole reagieren nicht.

Versuche: *Diisopropylfluorphosphat*, $FPO(OC_3H_7)_2$, $Kp._8$ 60°, $Kp._{12}$ 66,25°, $D.^{19,5}_{4}$ 1,064, $D.^{20,5}_{4}$ 1,0622, $n_D^{19,75}$ 1,3810; durch Zugabe von 51 g $POCl_3$ in 50 cm³ I zu einem Gemisch aus 80 g NaF, 44 g wasserfreiem Isopropylalkohol u. 100 cm³ I bei 45°, weiteres kräftiges Rühren ohne Kühlung, 4std. Erwärmen auf 64—65°, Filtrieren durch eine Glasfritte, Nachspülen mit I, Neutralisieren des in Eiswasser abgekühlten Filtrats mit gasförmigem $NH_3$ gegen Bromphenolblau, Filtrieren durch wasserfreies $Na_2SO_4$, 12std. Trocknen der Lsg. über $Na_2SO_4$, Abdampfen des I bei 130—140 mm u. schließlich bei 10—12 mm u. Vakuumdest. des Prod.; Ausbeute 72%, berechnet auf $POCl_3$. — *Diäthylfluorphosphat*, $FPO(OC_2H_5)_2$, $Kp._9$ 54,25—54,5°, $D.^{17,3}_{4}$ 1,1512, $n_D^{19}$ 1,3729; ebenso aus einer Suspension von 80 g NaF, 34 g absol. A. u. 100 cm³ I mit 51 g $POCl_3$ in 50 cm³ I; 59,8%. — *Diallylfluorphosphat*, $FPO(OCH_2CH{=}CH_2)_2$, $Kp._8$ 78—78,5°, $D.^{17,5}_{4}$ 1,1498, $n_D^{19}$ 1,4132; analog aus Allylalkohol; 62,7%. — *Di-[β-chloräthyl]-fluorphosphat*, $FPO(O\cdot CH_2CH_2Cl)_2$, $Kp._{0,06}$ 67—68°, $D.^{25}_{4}$ 1,4538, $n_D^{25}$ 1,4352; aus $CH_2ClCH_2OH$; 48,8%. — *Di-[β-bromäthyl]-fluorphosphat*, $FPO(OCH_2CH_2Br)_2$, $Kp._{0,05}$ 85—87°, $D.^{25}_{4}$ 1,9258, $n_D^{25}$ 1,4784; aus $CH_2BrCH_2OH$; 32,5%. — *Dicyclohexylfluorphosphat*, $FPO(OC_6H_{11})_2$, $Kp._{0,04}$ 83 bis 85°, $D.^{25}_{4}$ 1,1254, $n_D^{25}$ 1,4532; aus $C_6H_{11}OH$; 40,4%. — *Dipinakolylfluorphosphat*, $FPO[OCH(CH_3)-C(CH_3)_3]_2$, $Kp._{0,02}$ 61—62°, $D.^{25}_{4}$ 0,9904, $n_D^{25}$ 1,4131; aus Pinakolinalkohol: 32,6%. (Bull. Soc. chim. France, Mém. [5] **19.** 544—46. Mai/Juni 1952. Centre d'Études du Bouchet.) FORCHE. 980

**Kai Arne Jensen** und **O. Rosenlund Hansen**, *Derivate und Reaktionen des Sulfanilhydrazids.* Vff. stellten aus Sulfanilylfluorid (II) u. Hydrazin *Sulfanilhydrazid* (I) dar. Dieses reagiert mit Methylisothiocyanat unter Bldg. eines *Thiosemicarbazids,* mit Acetylaceton bzw. Acetessigsäureäthylester zu *1-Sulfanilyl-3.5-dimethylpyrazol* bzw. *1-Sulfanilyl-3-methylpyrazolon-(5).* Auch mit anderen Carbonylverbb., wie Benzaldehyd, Aceton u. Brenztraubensäure, geht es Verbb. ein. Die $SO_2$-Gruppe von I übt einen induktiven Effekt aus, der die Reaktionsfähigkeit der NH–$NH_2$-Gruppe herabsetzt, es reagiert daher nicht mit $CS_2$ oder Cyanamid. II reagiert nur langsam mit Phenylhydrazin, demgegenüber reagierte Acetylsulfanilylchlorid (III) hiermit zum entsprechenden *Phenylhydrazid,* das durch Oxydation mit HgO eine gelbe *Azoverb.* lieferte. Diese ließ sich ebenfalls aus Na-4-Acetylaminobenzolsulfinat u. Benzoldiazoniumchlorid darstellen. Bei der Rk. von Acetylsulfanilhydrazid (IV) mit Cyanamid entstand *Di-[p-acetylaminodiphenyl]-disulfid* an Stelle des erwarteten Acetylsulfanilylaminoguanidins. Rk. von Acetylsulfanilylcyanamid mit Hydrazin lieferte *N''-[Acetylsulfanilyl]-N-aminoguanidin,* das mit $HNO_2$ zu Acetylsulfanilylaminotetrazol reagierte.

Versuche: *Sulfanilhydrazid* (I), $C_6H_9O_2N_3S$, F. 133—135° (unter Zers. zu $N_2$, $SO_2$ u. Anilin), durch langsames Erwärmen einer Suspension von II u. Hydrazinhydrat in A. bis zur beginnenden Rk. u. Zufügen von W. nach Beendigung; Nadeln aus 30%ig. A.; 75% (Ausbeute). — *Acetylsulfanilhydrazid* (IV), $C_8H_{11}O_3N_3S$, F. 176—178° (Zers.; bei langsamem Erhitzen), F. 191—192° (Zers.; auf vorgeheiztem Block), aus III u. Hydrazinhydrat in absol. A.; 96%; zers. sich bei Erwärmen in wss. Lösung. — *Benzaldehydsulfanilhydrazon,* $C_{13}H_{13}O_2N_3S$, F. 172—173° (A.), aus I u. Benzaldehyd in A.; 87%. — *Isatin-β-sulfanilhydrazon,* $C_{14}H_{12}O_3N_4S$, aus I u. Isatin in A.; gelbe Kristalle; 92%. — *Acetylsulfanilphenylhydrazid,* $C_{14}H_{15}O_3N_3S$, F. 160—161° (Zers.), aus III u. Phenylhydrazin unter Sieden, nach Abkühlen Filtrieren u. Verdünnen des Filtrats mit W.; 90%. — *Acetylsulfanilylazobenzol,* $C_{14}H_{13}O_3N_3S$, Zers. bei 100—110°, durch Kochen vorst. Verb. mit Bzl. in A. u. Schütteln mit HgO, Filtrieren, Abdampfen u. Aufnehmen in A.; 40%; wurde auch durch Mischen einer Lsg. von Na-4-Acetamidobenzolsulfinat mit einer Lsg. von Benzoldiazoniumchlorid dargestellt. — *1-Acetylsulfanilyl-4-methylthiosemicarbazid,* $C_{10}H_{14}$·$O_3N_4S_2$, F. 248° (Zers.), durch 1std. Kochen von IV mit Methylisothiocyanat in alkoh. Lsg.; 55% (roh). — *1-Sulfanilyl-4-methylthiosemicarbazid,* $C_8H_{12}O_2N_4S_2$, F. 195—196°, aus I u. Methylisothiocyanat wie vorst.; Nadeln aus A.; 75%. — *1-Sulfanilylsemicarbazid,* $C_7H_{10}$·$O_3N_4S$, zers. sich unter Gasentw. über 200°, durch Zufügen von KOCN in W. zu I in Essigsäure unter Rühren; 56%. — *1-Sulfanilyl-3.5-dimethylpyrazol,* $C_{11}H_{13}O_2N_3S$, F. 182°, durch 2std. Erwärmen von I u. Acetylaceton in A. u. Abdampfen; Blättchen aus A.; 53%. — *1-Sulfanilyl-3-methylpyrazolon-(5),* $C_{10}H_{11}O_3N_3S$, F. 148°, aus I u. Acetessigsäureäthylester wie vorst.; Nadeln aus A.; 67%. — *4-Acetylsulfanilylaminoguanidin,* $C_9H_{13}O_3N_5S$, F. 256°, durch 1std. Erhitzen von Acetylsulfanilylcyanamid, Hydrazinsulfat u. -hydrat auf 160—170° u. Extrahieren mit sd. Wasser. — *4-Sulfanilylaminoguanidin,* $C_7H_{11}O_2N_5S$, F. 202°, durch Verseifen vorst. Verb. in 2n NaOH; 53%. — *Acetylsulfanilylaminotetrazol,* $C_9H_{10}O_3N_6S$, F. 172—173° (Zers.), durch Zufügen von $NaNO_2$ in W. zu vorst. Acetylverb. in 4n $H_2SO_4$; 0,5 g aus 0,7 g; gibt bei Hydrolyse in NaOH ein *Azoimid* u. bei Behandlung in kalter n NaOH ein Isomeres vom F. 202°. (Acta chem. scand. **6.** 195—200. 1952. Kopenhagen, Univ., Chem. Labor.) LEHWALD. 1090

**Ernst D. Bergmann**, *p-Amino- und p-Fluor-β-phenylalanin.* Die Darst. von *β-[p-Aminophenyl]-alanin* erfolgte einerseits durch katalyt. Hydrierung von *β-[p-Nitrophenyl]-alanin* (I) u. andererseits durch Red. des aus *Hippursäure* (II) u. *p-Nitrobenzaldehyd* (III) erhaltenen *Azlactons.* — Zur Darst. von *β-[p-Fluorphenyl]-alanin* wurde Phthalimidomalonsäureäthylester mit *p-Fluorbenzylchlorid* (IV) kondensiert, das Prod. zu *N-[o-Carboxybenzoyl]-p-fluorbenzylaminomalonsäure* verseift u. letztere mit HCl erhitzt.

Versuche: *Azlacton der α-Benzoylamino-p-nitrozimtsäure,* F. 242°; durch 45 Min. langes Erhitzen eines Gemisches aus 40 g II, 82 g wasserfreiem Na-Acetat, 25 g III u. 102 g Essigsäureanhydrid auf dem Dampfbad; aus Toluol gelbe Nadeln; 91,8% (Ausbeute). — *β-[p-Aminophenyl]-alanin-Hydrat,* $C_9H_{12}O_2N_2 \cdot H_2O$, aus W. Nadeln, F. bei schnellem Erhitzen 265° (Zers.), bei langsamem Erhitzen 254°; durch 6std. Kochen eines Gemisches aus 29,4 g des vorst. Azlactons, 200 cm³ Eisessig, 500 g HJ (D. 1,7) u. 20 g rotem P am Rückflußkühler, 85,3%; oder durch Hydrierung von 8 g I (aus tert.-Butylalkohol F. 240 bis 245° unter Zers.) in 150 cm³ W. bei Zimmertemp. u. n. Druck in Ggw. von 0,8 g 5%ig. Pd–$BaSO_4$-Katalysator; 87%. — *p-Fluorbenzylphthalimidomalonsäurediäthylester,* $C_{22}H_{20}$·$O_6NF$, Kp.$_{13}$ 245—250°; durch 6std. Erhitzen eines innigen Gemisches von 11,7 g Na-Phthalimidomalonsäureäthylester u. 6,7 g IV (Kp.$_{14}$ 75—77°) auf 160° u. anschließend 15 Min. auf 200°; 72%. — *N-[o-Carboxybenzoyl]-p-fluorbenzylaminomalonsäure,* $C_{18}H_{14}$·$O_7NF$, F. 165° (aus 50%ig. Essigsäure krist.); durch 2std. Kochen von 5 g der vorst.

Verb. mit 5 cm³ A. u. 14 cm³ 5nNaOH; 87%. — *β-[p-Fluorphenyl]-alanin*, $C_9H_{10}O_2NF$, F. 238—242° (Zers.); durch 45 Min. langes Erhitzen von 4,2 g der vorst. Säure mit 120 cm³ 5nHCl u. weitere 2 Std. mit 60 cm³ 10nHCl auf 100°, Eindampfen der filtrierten Lsg. im Vakuum, Auflösen in wenig heißem W. u. Zugabe von $NH_4OH$; aus W.-A. Nadeln; 80%. (J. Amer. chem. Soc. **74.** 4947—48. 5/10. 1952. Rehovoth, Israel, Weizmann Inst. of Sci., Daniel Sieff Res. Inst.) FORCHE. 1350

**H. A. Clark, A. F. Gordon, C. W. Young** und **M. J. Hunter**, *Stellungsisomere von substituierten Aryltrimethylsilanen.* Es werden die physikal. Eigg. sowie die Ultrarotspektren der o-, m-, p-Isomeren der Verbb. $(CH_3)_3SiC_6H_4X$ mit X = $CH_3$, Cl, $C_6H_5$ u. $(CH_3)_3Si$ verglichen. Die p-Isomeren haben den höchsten F., die o-Isomeren den höchsten Kp., wie bei den Dihalogenbenzolen. Im Gegensatz zu diesen reagieren die Chlorphenyltrimethylsilane (**II**, **III** u. **IV**) mit Na nach Art der WURTZ-FITTIGschen Synthese. Die Spektren wurden im Bereich von 2—7,5 μ in $CCl_4$, von 7,5—16 μ in $CS_2$, von 5—6 μ auch im reinen fl. oder festen Zustand aufgenommen. Sie eignen sich zur Identifizierung der verschied. Isomeren. Bei den Tolylverbb. u. **II**, **III** u. **IV** gelingt die Best. der Stellung der Gruppen nach einer von YOUNG, DUVALL u. WRIGHT (C. **1952.** 27) für Benzolderivv. aufgestellten Meth. im Bereich von 5—6 μ. Die sonst zur Unterscheidung der Isomeren benutzten längerwelligen Bereiche von 12—13,5 μ werden durch die Absorption der $(CH_3)_3Si$-Gruppe gestört.

Versuche: *Trimethyl-o-tolylsilan*, $Kp._{748}$ 196°, F. < —75°, aus o-Tolyl-MgBr u. Trimethylchlorsilan (**I**), 3 Std. in Ae. am Rückfluß, Zugabe von Xylol, Ae. abdest., 3 Std. bei 75—80°, in Eis, W. u. HCl eingegossen; $D.^{25}_4$ 0,822, $n_D^{25}$ 1,5005, Mol.-Refr. 54,82; 50% (Ausbeute, bezogen auf o-Bromtoluol). — *Trimethyl-m-tolylsilan*, $Kp._{748}$ 188°, F. < —75°, aus m-Bromtoluol u. **I** mit geschmolzenem Na in Xylol u. Toluol, 1 Std. am Rückfluß, $D.^{25}_4$ 0,865, $n_D^{25}$ 1,4902, Mol.-Refr. 54,91; 85%. — *Trimethyl-p-tolylsilan*, $Kp._{748}$ 192°, F. —38°, aus p-Tolyl-MgBr u. **I** in Ae. 5—6 Std. am Rückfluß, Rückstand der Ae.-Dest. auf 120° erhitzt; $D.^{25}_4$ 0,860, $n_D^{25}$ 1,4892, Mol.-Refr. 55,14; 56%. — *o-Chlorphenyltrimethylsilan* (**II**), nicht durch GRIGNARD-Rk. darstellbar; durch Chlorierung von $C_6H_5SiCl_3$ u. Methylierung des o-$ClC_6H_4SiCl_3$ ($Kp._{743}$ 226—227°) mit $CH_3MgBr$ wurde mindestens 80% ig. **II**, verunreinigt durch p-Isomeres, erhalten; $Kp._{740}$ 207—208°, F. —75°, $D.^{25}_4$ 1,0266, $n_D^{25}$ 1,512; 22%. — *m-Chlorphenyltrimethylsilan* (**III**), $Kp._{740}$ 206—207°, aus m-Chlorphenyl-MgBr u. **I** in Ae. u. Toluol, nach Dest. des Ae. einige Std. bei 70°; $D.^{25}_4$ 1,013, $n_D^{25}$ 1,5095, Mol.-Refr. 54,94; 72%. — *p-Chlorphenyltrimethylsilan* (**IV**), $Kp._{740}$ 206—207°, F. 0,5°, nach BURKHARD (J. Amer. chem. Soc. **68.** [1946.] 2103); $D.^{25}_4$ 0,9959, $n_D^{25}$ 1,5067, Mol.-Refr. 55,17. — *Trimethyl-o-xenylsilan*, $Kp._{13}$ 148°, F. 21,7°, aus 2-Chlorbiphenyl u. **I** mit geschmolzenem Na in Toluol am Rückfluß; $D.^{25}_4$ 0,9732, $n_D^{25}$ 1,5612, Mol.-Refr. 75,23; 77%. — *Trimethyl-m-xenylsilan*, $Kp._4$ 138°, F. —51°, aus einem fl. Xenyltrichlorsilan (Nebenprod. der Rk. von $C_6H_5MgCl$ mit $SiCl_4$) u. $CH_3MgCl$ in Ae. u. Toluol; $D.^{25}_4$ 0,9700, $n_D^{25}$ 1,5652; Mol.-Refr. 76,02. — *Trimethyl-p-xenylsilan*, $Kp._1$ 131°, F. 50—51°, aus 4-Chlorbiphenyl u. **I**; 86%. — *o-Bis-[trimethylsilyl]-benzol*, $Kp._{20}$ 135°, F. —72°, aus **II** u. **I** mit geschmolzenem Na in Toluol 2 Std. am Rückfluß u. Dest. (Abtrennung des p-Bis-[trimethylsilyl]-benzols durch Kristallisation bei 0°); $D.^{25}_4$ 0,8985, $n_D^{25}$ 1,5110; Mol.-Refr. 74,17; 73% (o- + p-Verb.). — *m-Bis-[trimethylsilyl]-benzol*, $Kp._{22}$ 112°, F. —26°, aus **III** u. **I** analog vorst. Verb.; $D.^{25}_4$ 0,8685, $n_D^{25}$ 1,4867, Mol.-Refr. 73,62; 52%. — *p-Bis-[trimethylsilyl]-benzol*, $Kp._{43}$ 143°, F. 88°, aus **IV** u. **I** wie vorst.; aus absol. A. lange Nadeln; 30%. (J. Amer. chem. Soc. **73.** 3798—3803. Aug. 1951. Midland, Mich., Dow Corning Corp.) GROSSE-RUYKEN. 1380

**D. C. Abbott** und **C. L. Arcus**, *Addition von Acylhypobromiten an Styrol.* Das bei der Rk. von Ag-(+)-2-Äthylhexanoat mit $Br_2$ in $CCl_4$ entstehende Acylhypobromit bildet mit Styrol *(+)-2-Äthylhexansäure-[2-brom-1-phenyläthyl]-ester* (**Ia**), der bei der alkal. Hydrolyse *(±)-Phenylglykol* (**II**) liefert. **II** entsteht auch bei Verwendung von Ag-(—)-2-Äthylhexanoat. Da angenommen werden kann, daß bei der Hydrolyse keine Racemisierung eingetreten ist, haben sich die beiden Konfigurationen am neuen Asymmetriezentrum im gleichen Ausmaß gebildet. Die zurückgewonnenen 2-Äthylhexansäuren hatten sich zu 36 bzw. 40% racemisiert. Acetylhypobromit, dargestellt aus Ag-Acetat u. $Br_2$, liefert bei der Rk. mit Styrol *Essigsäure-[2-brom-1-phenyläthyl]-ester*, bei Hydrolyse hiervon entsteht wiederum **II**.

Versuche: *Ag-(+)-2-Äthylhexanoat*, aus der Säure durch Lösen in n-NaOH, Einstellen auf $p_H$ 10 u. Zutropfen von $AgNO_3$-Lsg.; 99% (Ausbeute). — Analog *Ag-(—)-2-Äthylhexanoat.* — *(+)-2-Äthylhexansäure-[2-brom-1-phenyläthyl]-ester* (**Ia**), $C_{16}H_{23}O_2Br$, $Kp._{1,5}$ 152—156°, durch Zutropfen von $Br_2$ in $CCl_4$ zu einer Lsg. des (+)-Ag-Salzes in $CCl_4$ unter Rühren bei —10 bis —20°, dann von Styrol in $CCl_4$, Filtrieren u. Rektifikation; $n_D^{25}$ 1,5081; $[\alpha]_{5893}$ +0,88° (l = 0,5); 60%. Daneben *Styroldibromid*, F. 73°. — *(—)-2-Äthyl-*

*hexansäure-[2-brom-1-phenyläthyl]-ester* (**Ib**), Kp.$_1$ 150—154°, $n_D^{25}$ 1,5080, $[\alpha]_{5893}^{17}$ —0,61° ($l$ = 0,5); 35%. — *Essigsäure-[2-brom-1-phenyläthyl]-ester*, $C_{10}H_{11}O_2Br$, Kp.$_{0,3}$ 98—100°, analog mit Ag-Acetat; $n_D^{25}$ 1,5389. — (±)-*Phenylglykol* (**II**), $C_8H_{10}O_2$, F. 64—65°, a) aus vorst. Verb. durch 3std. Kochen in n NaOH; 65%; b) ebenso aus **Ia**; 65%; c) aus **Ib**; 74%. *Dibenzoat*, F. 93—94°. Daneben bei b) (+)-*2-Äthylhexansäure*, Kp. 223—225°, $[\alpha]_{5893}^{17}$ +2,40° (l = 0,5); 80%; bei c) (—)-*2-Äthylhexansäure*, Kp. 223°, $[\alpha]_{5893}^{15}$ —1,80° (l = 0,5); 83%. (J. chem. Soc. [London] **1952**. 1515—18. April. London, Battersea Polytechnic.) LEHWALD. 1410

**A. A. Petrow** und **N. P. Ssopow**, *Synthese und Eigenschaften einiger Isomere, Homologe und Analoge von α-Terpineol auf der Grundlage von 1.3-Dienkohlenwasserstoffen.* Bei der Rk. von $CH_3MgJ$ u. $C_2H_5MgJ$ mit hydroaromat. Aldehyden u. Ketonen, die durch Kondensation von Acrolein (**I**) u. Methylvinylketon (**II**) mit 1.3-Dienverbb. erhalten wurden, entstehen *sek.* u. *tert. hydroaromat. Alkohole.*

Versuche: Darst. hydroaromat. Aldehyde u. Ketone. Die Kondensation der 1.3-Dienverbb. mit **I** u. **II** erfolgte im Autoklaven in offenen Glasgefäßen bei 6std. Erhitzen auf 120—140°. Ausbeuten 75—80%, auf **I** bzw. **II** bezogen. Piperylen u. Hexadien-(2.4) wurden in großem Überschuß eingesetzt, da nur die trans-Formen dieser Verbb. reagieren. Alle nachst. angegebenen Aldehyde u. Ketone sind schon früher hergestellt worden. Bei den von PETROW (Журнал Общей Химии [J. allg. Chem.] **11.** (**73.**) [1941.] 309) gewonnenen Verbb. werden für die Kpp. neue, verbesserte Werte angeführt. *1-Formylcyclohexen-(3)*, Kp.$_{20}$ 58—58,5°; D.$^{20}_4$ 0,9725; $n_D^{20}$ 1,4732. — *2-Methyl-1-formylcyclohexen-(3)*, Kp.$_{20}$ 70,5—71°; D.$^{20}_4$ 0,9528; $n_D^{20}$ 1,4715. — *4-Methyl-1-formylcyclohexen-(3)*, Kp.$_{20}$ 73,5 bis 74,5°; D.$^{20}_4$ 0,9490; $n_D^{20}$ 1,4732. Oxydation mit feuchtem AgOH gibt *4-Methylcyclohexen-(3)-carbonsäure-(1)*, F. 98°. — *4-Chlor-1-formylcyclohexen-(3)*, Kp.$_{20}$ 104—104,5°; D.$^{20}_4$ 1,1589; $n_D^{20}$ 1,5033. — *1-Acetylcyclohexen-(3)*, Kp.$_{20}$ 77,5—78,5°; D.$^{20}_4$ 0,9580; $n_D^{20}$ 1,4698. — *2-Methyl-1-acetylcyclohexen-(3)*, Kp.$_{20}$ 85—86°; D.$^{20}_4$ 0,9387; $n_D^{20}$ 1,4682. *p-Nitrophenylhydrazon*, F. 143—144°. — *4-Methyl-1-acetylcyclohexen-(3)*, Kp.$_{20}$ 91—91,5°; D.$^{20}_4$ 0,9373; $n_D^{20}$ 1,4706. — *3.4-Dimethyl-1-acetylcyclohexen-(3)*, Kp.$_{20}$ 106,5—107°; D.$^{20}_4$ 0,9374; $n_D^{20}$ 1,4784. — *2.5-Dimethyl-1-acetylcyclohexen-(3)*, Kp.$_{20}$ 100—102°; D.$^{20}_4$ 0,9359; $n_D^{20}$ 1,4732. — *4-Chlor-1-acetylcyclohexen-(3)*, Kp.$_{20}$ 120—120,5°; D.$^{20}_4$ 1,1216; $n_D^{20}$ 1,4972. — Darst. sek. u. tert. Alkohole. Zu einer GRIGNARD-Lsg. aus 0,2 g-Atom Mg u. 0,22 g-Mol $CH_3J$ oder $C_2H_5J$ in 200 ml absol. Ae. werden unter Rühren u. Kühlen 0,2 g-Mol eines hydroaromat. Aldehyds oder Ketons in 100 ml Ae. hinzugefügt. Nach 1std. Einw. wird 1½ Std. auf dem Wasserbad erwärmt u. mit $NH_4Cl$ + Eis zers.; die Ausbeute beträgt 78—82% bei den sek. Alkoholen, aber nur 60—70% bei den tert. Alkoholen, auf den Aldehyd bezogen. *Methyl-[cyclohexen-(3)-yl-(1)]-carbinol*, $C_8H_{14}O$, Kp.$_{20}$ 93—93,5°; D.$^{20}_4$ 0,9592; $n_D^{20}$ 1,4842; Mol.-Refr. ($[MR]_D$) 38,53. *Acetat*, $C_{10}H_{16}O_2$, Kp.$_{20}$ 101—101,5°; D.$^{20}_4$ 0,9777; $n_D^{20}$ 1,4594. — *Methyl-[2-methylcyclohexen-(3)-yl-(1)]-carbinol*, $C_9H_{16}O$, Kp.$_{20}$ 102—102,5°; D.$^{20}_4$ 0,9492; $n_D^{20}$ 1,4834; $[MR]_D$ 42,21. Durch Oxydation mit $Na_2Cr_2O_7$ in Essigsäure + $H_2SO_4$ bei 15—20° entsteht *2-Methyl-1-acetylcyclohexen-(3)*. — *Methyl-[4-methylcyclohexen-(3)-yl-(1)]-carbinol*, Kp.$_{20}$ 106,25°; D.$^{20}_4$ 0,9421; $n_D^{20}$ 1,4832; $[MR]_D$ 42,53. Oxydation führt zu *4-Methyl-1-acetylcyclohexen-(3)* (*Semicarbazon*, F. 150—151°; *p-Nitrophenylhydrazon*, F. 166—167°). — *Methyl-[4-chlorcyclohexen-(3)-yl-(1)]-carbinol*, $C_8H_{13}OCl$, Kp.$_{20}$ 124,5°; D.$^{20}_4$ 1,1194; $n_D^{20}$ 1,5060, $[MR]_D$ 42,65. *Acetat*, $C_{10}H_{15}O_2Cl$, Kp.$_{20}$ 137,5—138°; D.$^{20}_4$ 1,1050; $n_D^{20}$ 1,4806. — *Äthyl-[cyclohexen-(3)-yl-(1)]-carbinol*, $C_9H_{16}O$, Kp.$_{20}$ 104—104,5°; D.$^{20}_4$ 0,9503; $n_D^{20}$ 1,4832; $[MR]_D$ 42,16. *Acetat*, $C_{11}H_{18}O_2$, Kp.$_{20}$ 113,5—114°; D.$^{20}_4$ 0,9668; $n_D^{20}$ 1,4608. Durch Oxydation des Carbinols entsteht *1-Propionylcyclohexen-(3)*, $C_9H_{14}O$, Kp.$_{20}$ 90—90,5°; D.$^{20}_4$ 0,9405; $n_D^{20}$ 1,4700; $[MR]_D$ 40,97. *Semicarbazon*, F. 138°; aus wss. Alkohol. — *Äthyl-[2-methylcyclohexen-(3)-yl-(1)]-carbinol*, $C_{10}H_{18}O$, Kp.$_{20}$ 111,5—112°; D.$^{20}_4$ 0,9406; $n_D^{20}$ 1,4830; $[MR]_D$ 46,83. — *Äthyl-[4-methylcyclohexen-(3)-yl-(1)]-carbinol*, $C_{10}H_{18}O$, Kp.$_{20}$ 116,5—117°; D.$^{20}_4$ 0,9374; $n_D^{20}$ 1,4828; $[MR]_D$ 46,98. — *Dimethyl-[cyclohexen-(3)-yl-(1)]-carbinol* (**III**), $C_9H_{16}O$, Kp.$_{20}$ 95,5—96°; D.$^{20}_4$ 0,9479; $n_D^{20}$ 1,4824; $[MR]_D$ 42,21. Durch Bromierung wurde ein krist. *Dibromid*, F. 87°, erhalten. — *Dimethyl-[4-chlorcyclohexen-(3)-yl-(1)]-carbinol* (**IV**), $C_9H_{15}OCl$, Kp.$_{20}$ 132—133°; D.$^{20}_4$ 1,0960; $n_D^{20}$ 1,5038; $[MR]_D$ 47,17. — *Dimethyl-[2-methylcyclohexen-(3)-yl-(1)]-carbinol* (**V**), $C_{10}H_{18}O$, Kp.$_{20}$ 102—103°; D.$^{20}_4$ 0,9405; $n_D^{20}$ 1,4838; $[MR]_D$ 46,90. 6std. Kochen des Dibromids in Essigsäure ergab *o-Cymol* (Kp. 175—176°; D.$^{20}_4$ 0,8770; $n_D^{20}$ 1,4985). — *Dimethyl-[4-methylcyclohexen-(3)-yl-(1)]-carbinol* (*α-Terpineol*) (**VI**), Kp.$_{20}$ 109,5—110°; D.$^{20}_4$ 0,9344; $n_D^{20}$ 1,4830; $[MR]_D$ 47,17. Reaktionsprod. mit Nitrosylchlorid, F. 103°. — *Dimethyl-[3.4-dimethylcyclohexen-(3)-yl-(1)]-carbinol*, $C_{11}H_{20}O$, F. 38—42°; Kp.$_{20}$ 121—121,5°; D.$^{20}_4$ 0,9370; $n_D^{20}$ 1,4882; $[MR]_D$ 51,76. — *Dimethyl-[2.5-dimethylcyclohexen-(3)-yl-(1)]-carbinol*, $C_{11}H_{20}O$, Kp.$_{20}$ 111,5 bis 112,5°; D.$^{20}_4$ 0,9367; $n_D^{20}$ 1,4844; $[MR]_D$ 51,30. — *Methyläthyl-[cyclohexen-(3)-yl-(1)]-carbinol*, $C_{10}H_{18}O$, Kp.$_{20}$ 108—109°; D.$^{20}_4$ 0,9483; $n_D^{20}$ 1,4852; $[MR]_D$ 46,65. — *Methyl-*

*äthyl-[4-methylcyclohexen-(3)-yl-(1)]-carbinol*, Kp.$_{20}$ 120—121°; D.$^{20}_{4}$ 0,9377; $n_D^{20}$ 1,4850; $[MR]_D$ 51,30. — *Dimethyl-[1-methylcyclohexen-(3)-yl-(1)]-carbinol* (**VII**), $C_{10}H_{18}O$, Kp.$_{20}$ 103,5—104°; aus dem Kondensationsprod. von Divinyl mit Methacrylsäuremethylester nach PETROW u. SSOPOW (Журнал Общей Химии [J. allg. Chem.] **18.** (**80.**) [1948.] 1781) u. $CH_3MgJ$ in Ae.; D.$^{20}_{4}$ 0,9619; $n_D^{20}$ 1,4912; $[MR]_D$ 46,46; 89%. — Die Dehydratation der tert. Alkohole wurde nach 3 Methoden durchgeführt. **A**. Durch 6std. Erhitzen mit Acetanhydrid im Rohr auf 200° (85—90% Ausbeute); **B**. Dest. im Vakuum über $P_2O_5$ (70%); **C**. Dest. mit 5%ig. Oxalsäurelsg. (80%). Die entstehenden KW-stoffe sind als Gemische der 2 möglichen Isomeren anzusehen; nur aus **VII** kann nur 1 Verb. (s. unten) entstehen. Nachst. die Konstanten der Dehydratationsprodukte. Aus **III**, Kp.$_{760}$ 151—155°; D.$^{20}_{4}$ 0,8467; $n_D^{20}$ 1,4774; (**A**). — Aus **V**, Kp.$_{760}$ 172—174°; D.$^{20}_{4}$ 0,8544; $n_D^{20}$ 1,4785 (**A**). — Aus **VI**, Kp.$_{760}$ 176—177°; D.$^{20}_{4}$ 0,8498; $n_D^{20}$ 1,4830 (**A**) (beim Überleiten über Pd/Asbest bei 300° wurde p-Cymol erhalten). — Aus **IV**, Kp.$_{20}$ 94,5—95,5°; D.$^{20}_{4}$ 1,0169; $n_D^{20}$ 1,5014 (**B**) (Überleiten über Pd/Asbest bei 300° ergab Cumol.) — *1-Methyl-1-isopropenylcyclohexen-(3)*, $C_{10}H_{16}$, aus **VII**, Kp.$_{20}$ 63—64°; D.$^{20}_{4}$ 0,8574; $n_D^{20}$ 1,4768 (**C**). (Журнал Общей Химии [J. allg. Chem.] **22.** (**84.**) 591—603. April 1952. Leningrad, Inst. für Luftfahrt-Gerätebau, Chem. Labor.) H. FRÖHLICH. 1870

**Masanao Matsui, F. B. LaForge, N. Green und Milton S. Schechter,** *Furethrin.* Furfuralaceton geht bei Hydrierung in *Furfurylaceton* über, das mit Diäthylcarbonat in Ggw. von NaH oder Na-Alkoholat *5-[Furyl-(2)]-3-oxopentansäureäthylester* liefert. Das K-Salz hiervon reagiert mit Brenztraubenaldehyd zu *3-Oxy-7-[furyl-(2)]-heptandion-(2.5)*, aus dem durch Ringschluß mit Alkali *2-[Furfuryl-(2)]-4-oxy-3-methylcyclopenten-(2)-on-(1)* (*Furethrolon*) entsteht. Bei Acylierung mit einer Mischung von dl-cis- u. dl-trans-Chrysanthemummonocarbonsäurechlorid bildet sich hieraus das Estergemisch *Furethrin.*

Versuche: *4-[Furyl-(2)]-butanon-(2)* (*Furfurylaceton*), Kp.$_{23}$ 100—104°, durch RANEY-Hydrierung von Furfuralaceton in etwas W. bei 50°/10 at u. Dest.; $n_D^{17}$ 1,4696; D.$^{15}_{4}$ 1,0319; 80—83% (Ausbeute). *2.4-Dinitrophenylhydrazon*, $C_{14}H_{14}O_5N_4$, F. 106—107°, rote Kristalle. *Semicarbazon*, $C_9H_{13}O_2N_3$, F. 143°. — *5-[Furyl-(2)]-3-oxopentansäureäthylester*, $C_{11}H_{14}O_4$, Kp.$_{0,7}$ 102—103°; a) durch Carbäthoxylierung vorst. Verb. bei Ggw. von 2 Mol NaH + 2 Mol Diäthylcarbonat; $n_D^{25}$ 1,4720; 70%; b) wie vorst. unter Verwendung von $NaOCH_3$ statt NaH; c) wie vorst. mit $NaNH_2$; 21,9%. — *3-Oxy-7-[furyl-(2)]-heptandion-(2.5)*, $C_{11}H_{14}O_4$, Kp.$_{0,5}$ 138—142°, aus vorst. Verb. durch 3tägiges Stehen mit NaOH bei 5°, Sättigen mit $CO_2$, Zufügen einer Lsg. von Brenztraubenaldehyd (aus dem Diisopropylacetal durch Verseifung mit $H_2SO_4$ u. Neutralisation mit $NaHCO_3$) u. Ausäthern nach Stehen; $n_D^{25}$ 1,4977; 56%. — *2-[Furfuryl-(2)]-4-oxy-3-methylcyclopenten-(2)-on-(1)* (*Furethrolon*), $C_{11}H_{12}O_3$, Kp.$_{0,3}$ 140—141°, aus vorst. Verb. mit 2%ig. NaOH + etwas Hydrochinon; $n_D^{25}$ 1,5410; 45%. *Semicarbazon*, $C_{12}H_{15}O_3N_3$, F. 216,5—217° (Zers.; Essigester). *3.5-Dinitrobenzoat*, $C_{18}H_{14}O_8N_2$, F. 168—169°. *p-Nitrobenzoat*, $C_{18}H_{15}O_6N$, F. 108 bis 109°. — *Furethrin*, $C_{21}H_{26}O_4$, Kp.$_{0,4}$ 187—188°, aus 0,061 Mol vorst. Verb. u. dl-cis- + dl-trans-Chrysanthemummonocarbonsäurechlorid durch Veresterung in Bzl. + Pyridin (18 Std.), Verdünnen mit W. u. Dest. der organ. Phase; $n_D^{25}$ 1,5202; 21 g. (J. Amer. chem. Soc. **74.** 2181—82. 5/5. 1952. Osaka, Japan, Nissin Chem. Co., u. Beltsville, Md., U. S. Dep. of Agricult., Bur. of Entomol. and Plant Quarantine.) LEHWALD. 2010

**Tanezo Taguchi und Miwako Nakayama,** *Die 2-Aminocyclohexanole.* 1. Mitt. *N-Äthylierung.* 2. Mitt. *Ein neues Detosylierungsprodukt aus dem trans-N-Benzoyl-O-tosylat.* Die Äthylierung von *trans-* u. *cis-2-Aminocyclohexanol* (**I**) zeigte, daß das durch Einw. von Diäthylamin auf Cyclohexenoxyd oder trans-2-Chlorcyclohexanol gebildete *2-Diäthylaminocyclohexanol* (**II**) nicht — wie früher angenommen — die cis-, sondern die *trans*-Form ist. cis-**I** ließ sich im Gegensatz zu trans-**I** nur zur *Monoäthylverb.* (cis-**III**) äthylieren. *dl-trans-2-Benzoylaminocyclohexyl-p-toluolsulfonat* (**IV**) gab mit neutralem A. das „*Prod. A*"-*Tosylat* (**At**) (*dl-cis-2-Phenyl-2-oxy-4.5-cyclohexanooxazolidintosylat* oder *dl-cis-2-Benzoyloxycyclohexylamintosylat*).

Versuche: *dl-trans-2-Aminocyclohexanol* (trans-**I**), Kp.$_{10}$ 105°, F. 66—68°. *Hydrochlorid*, F. 173°. — *dl-trans-2-Benzoylaminocyclohexyl-p-toluolsulfonat* (**IV**), $C_{20}H_{23}O_4NS$, F. 123°, aus $p-CH_3C_6H_4SO_2Cl$ u. der Suspension von dl-trans-2-Benzoylaminocyclohexanol (F. 169°) in Pyridin bei 0° u. 24 Std. bei Zimmertemp.; bei 0° 10%ig. HCl zugegeben, Nd., Nadeln aus Aceton; 79,8% (Ausbeute). — „*Prod. A*" (*dl-cis-2-Phenyl-2-oxy-4.5-cyclohexanooxazolidin* oder *dl-cis-2-Benzoyloxycyclohexylamin*)-*Tosylat* (**At**), $C_{13}H_{17}O_2N \cdot C_7H_8O_3S$, F. 175°, a) aus 10 g **IV** in 50 cm³ A., Zugabe von 50 cm³ W., 5 Min. Kochen, Abdest. des A. (Wasserbad), Kühlen u. Zusetzen von W.; 9,5 g Nadeln aus Essigester; b) durch 2std. Erhitzen von **IV** in absol. A auf 120° im Druckrohr u. Evakuieren. „*Prod. A*" (**A**), durch Verrühren von **At** mit Ae. u. 10%ig. NaOH oder Sodalsg. im Eiswasserbad; ein Teil der Ätherlsg. gab das *Pikrat* von **A**, ein anderer hinterließ im Vakuum ein allmählich fest u. ätherunlösl. werdendes Öl, ident. mit *dl-cis-2-Benzoylaminocyclohexanol* (**V**), das auch aus der Lsg. von **At** in 10%ig. wss. $NaHCO_3$ nach ½ Std. ausfiel. **A**-*Hydrochlorid*, F. 218° (trocknes Chlf.-Ae. oder absol. A.-Ae.), ident. mit *dl-cis-Benzoyloxycyclohexylaminhydrochlorid* nach Johnson u. Schubert (J. Amer. chem. Soc. **72.** [1950.] 2187) bzw. Fodor u. Kiss (C. **1951.** II. 3580). *Pikrat*, $C_{13}H_{17}O_2N \cdot C_6H_3O_7N_3$, F. 223—224° (Zers.), a) aus **At** in W. u. etwas A. mit gesätt. Na-Pikratlsg., aus A. gelbe Nadeln, langsam in orangegelbe Tafeln übergehend; b) aus **A**·HCl in W. mit gesätt. wss. Na-Pikrat. — *dl-cis-2-Aminocyclohexanol* (cis-**I**)-*Hydrochlorid*, aus Essigester–A., F. 184 bis 185°. a) 1 g **At**, in 10%ig. HCl 2 Std. gekocht, kalt von $C_6H_5COOH$ abfiltriert, Filtrat eingedampft, etwas W. zugefügt u. bei 0° mit konz. NaOH versetzt; durch Ausäthern u. HCl-Gas: 0,23 g; b) 2 g **At**, mit Lsg. von $CH_3COONa$ in $CH_3COOH$ u. Acetanhydrid (5 : 1 g) 4 Std. gekocht u. in W. gegossen; Ätherlsg. des Öls mit 5%ig. Sodalsg. ausgezogen, abdest. u. Rückstand mit 10%ig. HCl 2 Std. gekocht; Filtrat von $C_6H_5COOH$ eingedampft; 0,55 g; c) 2 g **At**, mit 4 g Acetanhydrid gekocht u. wie vorst. verarbeitet; 0,5 g. — *dl-trans-2-Äthylaminocyclohexanol* (trans-**III**), Kp.$_{12}$ 104—105°, aus trans-**I**, $C_2H_5Br$, Soda u. A. durch Kochen, Eindampfen des Filtrats, Zugabe von etwas W. u. konz. NaOH; Ausäthern; 73%. *Hydrochlorid*, $C_8H_{17}ON \cdot HCl$, F. 155°. — *dl-trans-Diäthylaminocyclohexanol* (**II**), Kp.$_{15}$ 111°, a) durch 5std. Kochen von trans-**III** mit $C_2H_5Br$, $K_2CO_3$ u. A. u. wie bei trans-**III**; 67%; b) durch 10 Min. Kochen von trans-**I** in $C_6H_5NO_2$ mit p-$CH_3C_6H_4SO_3C_2H_5$, Zugabe von HCl u. Dampfdest.; Filtrat mit Soda alkalisiert u. ausgeäthert; Ausbeute schlechter als bei a). *Hydrochlorid*, F. 173°. — dl-cis-**III**, Kp.$_{18}$ 111 bis 112°, F. 63—65°, a) analog trans-**III**; 42%; b) analog **II**, Meth. b) (3 Min., 230°); Nd. mit Ae. gewaschen, in W. mit konz. NaOH versetzt (0°) u. ausgeäthert; 78,3%. *Hydrochlorid*, F. 189°. *Pikrat*, $C_8H_{17}ON \cdot C_6H_3O_7N_3$, F. 169°. — *dl-cis-2-[Phenylcarbamyl]-äthylaminocyclohexylphenylcarbamat*, $C_{22}H_{27}O_3N_3$, F. 205°, mit $C_6H_5NCO$, aus A. Nadeln. (J. Amer. chem. Soc. **73.** 5679—81. Dez. 1951. Tokio, Univ., Med. Fac., Pharmaceut. Inst.) Lehmstedt. 2120

**D. B. Bruce** und **R. H. Thomson**, *Aromatische Ketoenole.* 2. Mitt. *Einige neue 2.3-Dihydro-1.4-naphthochinone und -anthrachinone.* (1. vgl. Thomson, C. **1951.** I. 3480.) Einige 1.4-Dioxynaphthaline isomerisieren sich beim Schmelzen in die entsprechenden 1.2.3.4-Tetrahydro-1.4-diketonaphthaline, die isoliert werden können u. deren Stabilität durch peri-ständige OH-Gruppen erhöht wird. Es werden nun noch einige Verbb. dieses Typs dargestellt. Überraschenderweise ließ sich 1.4-Dioxy-2.3-dimethylnaphthalin nicht isomerisieren, u. 2-Chlor-1.4-dioxynaphthalin spaltete unter diesen Bedingungen HCl ab. *1.2.4-Trioxynaphthalin* (**I**) ging beim Schmelzen in geringer Ausbeute in *1.2.3.4-Tetrahydro-1.4-diketonaphthalin* über, während das 3-$CH_3$-substituierte Deriv. von **I** kein Diketon ergab. Alle Verss., 2.3-Dioxynaphthalin zu isomerisieren, waren ergebnislos. Zur Darst. der 1.2.3.4-Tetrahydro-1.4-naphthochinone stand ferner die Red. von 1.4-Naphthochinonen mit $ZnCl_2$ oder $Na_2S_2O_4$ zur Verfügung, bei der die aus der Anthrachinonreihe bekannte Eliminierung von β-Substituenten eintrat. So lieferten die 3-substituierten Juglone (Cl, OH, $N(CH_3)_2$, $NHC_6H_5$ oder $SC_2H_5$) in jedem Fall *β-Hydrojuglon* (**IV**). In der Naphthazarinreihe führt nur *Chlornaphthazarin* (**VI**) bei der $SnCl_2$-Red. zu *1.2.3.4-Tetrahydro-5.8-dioxy-1.4-diketonaphthalin* (**VII**). Obwohl das aus Methylnaphthazarin erhaltene $CH_3$-Deriv. von **VII** aus Toluhydrochinon u. Bernsteinsäureanhydrid nicht auf eindeutigem Wege erhalten werden konnte, ergab sich seine Konst. als *1.2.3.4-Tetrahydro-5.8-dioxy-1.4-diketo-6-methylnaphthalin* (**IX**) aus der katalyt. Hydrierung, Abspaltung von $2H_2O$ u. Oxydation zu *2-Methyl-1.4-naphthochinon.* In ähnlicher Weise ergab sich die Konst. des aus *Naphthopurpurin* (**XI**) mit $SnCl_2$ erhaltenen *1.2.3.4-Tetrahydro-5.6.8-trioxy-1.4-diketonaphthalins* (**X**) durch Überführung in *2.5-Dioxy-1.4-naphthochinon.* In der Anthracenreihe ergab die Schmelze von *1.4-Dioxyanthracen* (**VIII**) *1.2.3.4-Tetrahydro-1.4-diketoanthracen*, das sich langsam in verd. NaOH löst u. beim Ansäuern als **VIII** wieder ausfällt. Eine interessante Verb. dieser Reihe ist *Leuko-1.4.5.8-tetraoxyanthrachinon* (**II**), für das die Konst. **IIa** wahrscheinlich gemacht werden kann. Ähnlich Chinizarin liefert *1.4-Diaminoanthrachinon* (**V**) eine stabile Leukoverb., die sich wie **I** beim Erwärmen unter Ausschluß von Luft isomerisiert; die Bldg. eines Diimins wurde jedoch nicht beobachtet.

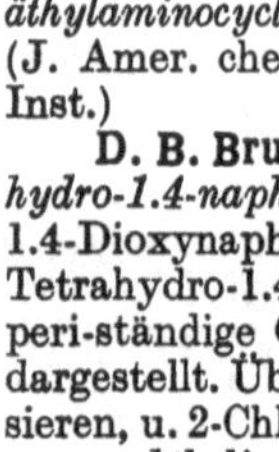

IIa

Versuche: *2.3-Dihydro-1.4-naphthochinon*, F. 97°, aus **I** durch Schmelzen bei 205° im Vakuum (10 Min.) u. Extrahieren aus der durch Abschrecken mit W. erhaltenen Schmelze mit Bzl. + Chlf.; aus Hexan Täfelchen. *1.4-Diacetoxynaphthalin*, F. 130°, durch Acetylieren. — *6-Methyl-1.4-naphthochinon* (**III**) (mit **J. M. Lyons**), F. 91°, aus Benzochinon u. Isopren in Eisessig bei Zimmertemp. (3 Tage) u. anschließende Oxydation mit $K_2Cr_2O_7$ u. $H_2SO_4$; aus Essigsäure gelbe Nadeln; 63% (Ausbeute). — *1.4-Diacetoxy-*

*6-methylnaphthalin*, $C_{15}H_{14}O_4$, F. 105°, durch reduktive Acetylierung; aus wss. A. Täfelchen. — *1.4-Dioxy-6-methylnaphthalin*, $C_{11}H_{10}O_2$, F. 170° (Zers.), durch Red. von **III** mit $SnCl_2$ u. wss. HCl; aus W. (+ wenig $Na_2S_2O_4$) Nadeln; 75%. — *1.2.3.4-Tetrahydro-6-methyl-1.4-diketonaphthalin*, $C_{11}H_{10}O_2$, F. 92°, aus vorst. Verb. im Vakuum bei 190 bis 200° (5 Min.) u. Extrahieren mit Chlf.; aus PAe. Nadeln; 17%. *Bis-p-nitrophenylhydrazon*, $C_{23}H_{20}O_4N_6$, F. 267° (Zers.), aus wss. Dioxan rote Kristalle. — *1.2.3.4-Tetrahydro-5-oxy-1.4-diketonaphthalin* (**IV**), F. 96—97°, aus den 3-substituierten 5-Oxy-1.4-naphthochinonen mit $SnCl_2$ in sd. wss. HCl (30 Min.) u. Extrahieren mit Chlf.; aus PAe. gelbe Täfelchen; ~ 30%. — *1.4.5-Triacetoxynaphthalin*, F. 130°. — *5-Oxy-2-methyl-1.4-naphthochinon* [*Plumbagin*], F. 77°, durch Red. von 3-Chlor-5-oxy-2-methyl-1.4-naphthochinon mit $SnCl_2$ + HCl, Oxydieren der wss. Lsg. mit $H_2O_2$ u. Extrahieren mit Chlf. u. Ae.; aus wss. A. orangegelbe Nadeln; 37%. — *1.2.3.4-Tetrahydro-5.8-dioxy-1.4-diketonaphthalin* (**VII**), F. 152°, aus **VI** mit $SnCl_2$ in sd. 4n HCl (15—30 Min.); $\lambda_{max}$ 228, 255 u. 294,5 mμ (log ε = 4,15, 4,04 u. 3,86 in 95%ig. A.). — *1.2.3.4-Tetrahydro-5.8-dioxy-1.4-diketo-6-methylnaphthalin* (**IX**), $C_{11}H_{10}O_4$, F. 161,5°, analog oder durch Umsetzung von Toluhydrochinon mit Bernsteinsäureanhydrid in geschmolzenem $AlCl_3$ + NaCl unter $N_2$ bei 180—200°; aus Bzn. orangefarbene Nadeln; 6%; $\lambda_{max}$ 234, 263 u. 394 mμ (log ε = 4,22, 3,99 u. 3,88 in 95%ig. A.). *Diacetat*, $C_{15}H_{14}O_6$, F. 169—171°, mit Essigsäureanhydrid + konz. $H_2SO_4$; aus Methanol hellgelbe Nadeln. — *2-Methyl-1.4-naphthochinon*, F. 102°, durch Hydrieren von **IX** in Essigester mit 2 Mol $H_2$ in Ggw. von $PtO_2$, Auskochen des Verdampfungsrückstandes mit 15%ig. KOH unter $N_2$ u. Fällen der alkoh. Lsg. mit HCl u. wss. $FeCl_3$ als orangefarbener Nd.; 78%. — *1.4-Diacetoxy-2-methylnaphthalin*, F. 113°, durch reduktive Acetylierung oder aus 2-Methylnaphthohydrochinon [F. ca. 153° (Zers.), aus **IX** durch Hydrierung u. Dehydratisierung mit sd. wss.-alkoh. HCl]. — *1.2.3.4-Tetrahydro-5.6.8-trioxy-1.4-diketonaphthalin* (**X**), $C_{10}H_8O_5$, F. 223°, aus **XI** (vgl. FIESER, J. Amer. chem. Soc. **50.** [1928.] 460) mit $SnCl_2$ u. HCl; aus Bzl. gelborangefarbene Nadeln; $\lambda_{max}$ 250, 263,5, 303, 356 u. 399 mμ (log ε = 4,09, 3,93, 3,91 u. 3,98 in 95%ig. A.), CO-Bande bei 3493 $cm^{-1}$ u. OH-Bande bei 1637 $cm^{-1}$. — *2.5-Dioxy-1.4-naphthochinon*, F. 195—200° (Zers.), durch Hydrieren von **X** in Ggw. von $PtO_2$ u. Erwärmen mit 15%ig. KOH; 40%. *Diacetat*, F. 151,5°. — *Anilinonaphthazarin*, $C_{16}H_{11}O_4N$, F. 233°, nach FIERZ-DAVID u. STOCKER (Helv. chim. Acta **26.** [1943.] 95), aus Chlorbenzol dunkelgrüne Täfelchen. — *6-Anilino-1.2.3.4-tetrahydro-5.8-dioxy-1.4-diketonaphthalin*, $C_{16}H_{13}O_4N$, F. 173 bis 173,5°, aus vorst. Verb. mit $SnCl_2$ + HCl; aus Bzn. gelbe Nadeln; $\lambda_{max}$ 265, 307,5, 339 u. 417 mμ (log ε = 4,39, 3,94, 3,86 u. 4,16 in 95%ig. A.). — *1.4-Dioxyanthracen* (**VIII**), $C_{14}H_{10}O_2$, F. 190° (Zers.), durch Red. einer äther. Lsg. von Anthrachinon-(1.4) mit wss. $Na_2S_2O_4$; aus wss. A. (+ $Na_2S_2O_4$) hellgelbe Nadeln; 84%. — *1.2.3.4-Tetrahydro-1.4-diketoanthracen*, $C_{14}H_{10}O_2$, F. 170—171°, durch Schmelzen von **VIII** bei 210—220° im Vakuum u. Extrahieren aus der mit W. abgeschreckten Schmelze mit Chlf.; aus A. u. Bzn. gelbe Blättchen; 50%. *Bis-p-nitrophenylhydrazon*, $C_{26}H_{20}O_4N_6$, F. 295° (Zers.), aus wss. Dimethylformamid rostrote Nadeln. — *Chinizarin*, F. 195°, aus Purpurin mit Zn-Staub in Eisessig; aus A. orangerote Nadeln. — *Leukochinizarin*, F. 157°, analog aus 2-Chlorchinizarin; aus Bzn. orangegelbe Nadeln. — *Leuko-1.4.5.8-tetraoxyanthrachinon* (**II**), F. ca. 300°, aus Dioxan bronzefarbene Blättchen. *Tetraacetat*, $C_{22}H_{18}O_{10}$, F. 266° (Zers.), mit Acetylchlorid in Pyridin; aus Eisessig gelbe Nadeln. *Dimethyläther*, $C_{16}H_{14}O_6$, F. 200° (Zers.), mit Diazomethan in Chlf. bei —10°; aus A. dunkelrotbraune Kristalle. — *1.4-Naphthylendiamin*, F. 121°, durch Hydrieren von 4-Nitro-1-aminonaphthalin in Essigester in Ggw. von RANEY-Ni; aus Bzn. gelbe Nadeln; 80%. — *Leuko-1.4-diaminoanthrachinon*, F. 271° (Zers.), durch Hydrieren von **V** in Dimethylformamid in Ggw. von ADAMS-Katalysator mit 1 Mol $H_2$; durch Fällen mit W. dunkelgefärbte Kristalle mit grünem Glanz. (J. chem. Soc. [London] **1952.** 2759—66. Juli. Aberdeen, Marischal Coll.) GOLD. 2600

**G. Hilardi** und **G. Kalopissis**, *Über einige Polymethylnaphthaline*. 1. Mitt. *1.8-Dimethylnaphthalin*. Eine neue u. einfache Meth. der Darst. von *1.8-Dimethylnaphthalin* (**I**) besteht in der Red. von *1.8-Naphthalsäureanhydrid* (**II**) mit $LiAlH_4$ zu *1.8-Bis-[oxymethyl]-naphthalin* (**III**) u. Red. des aus **III** erhaltenen Dibromids **IV** mit Al-Amalgam. — *1.8-Bis-[oxymethyl]-naphthalin* (**III**), $C_{12}H_{12}O$, F. 154—155°, aus **II** im SOXHLET mit einer sd. äther. Lsg. von $LiAlH_4$, aus W. Nadeln; 45%. — *1.8-Bis-[brommethyl]-naphthalin* (**IV**), $C_{12}H_{10}Br_2$, F. 129—130°, aus **III** mit $PBr_3$ in äther. Suspension bei 30—35°, aus Ae. Täfelchen; 75%. — *1.8-Dimethylnaphthalin* (**I**), $C_{12}H_{12}$, F. 62—63°, aus **IV** in Ae. mit Al-Amalgam, aus Methanol Kristalle; 100%. *Pikrat*, F. 155—156°, gelborange Nadeln. (Bull. Soc. chim. France, Mém. [5] **19.** 217. Jan./Febr. 1952.) GOLD. 2700

**P. A. Robins** und **James Walker**, *Untersuchungen über die Diels-Alder-Reaktion*. 2. Mitt. *Die Reaktion zwischen Methylvinylcyclohexen und Benzochinon*. (1. vgl. C. **1952.** **7168.**) Die Umsetzung der Methylvinylcyclohexene **III** u. **IV** (s = solid, l = liquid), deren

Darst. aus 2-Methylcyclohexanol beschrieben wird (vgl. Verss.), mit Benzochinon liefert in jedem Falle das gleiche *$\Delta^{2,9,14}$-Dekahydro-1.4-diketo-8-methylphenanthren* (**V**). Seine Zn-Staubred. ergab *$\Delta^{9,14}$-Dodekahydro-1.4-diketo-8-methylphenanthren* (**VI**) u. die Perhydrierung in Ggw. von $PtO_2$ die Perhydroverb. **VII**, von der eine reine stereoisomere Form isoliert werden konnte. Die Hydrierung in Ggw. von Pd führte je nach den Bedingungen zu dem *Diketon* **VIII**, bzw. zu dem *Oxyketon* **IX**. Die

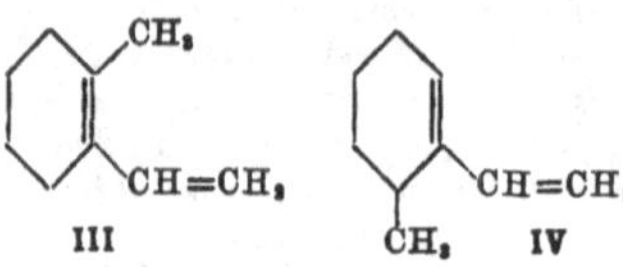

III IV

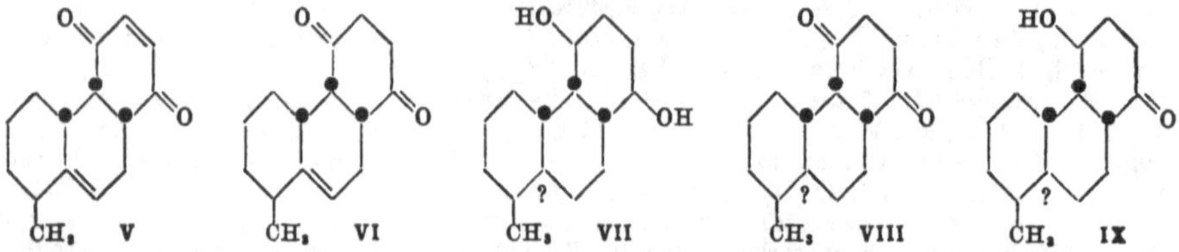

V VI VII VIII IX

Konst. von **IX** ergab sich aus der Umsetzung mit Methyl-MgJ u. anschließende Dehydrierung zu *1.8-Dimethylphenanthren* (**X**).

Versuche: *2-Methylcyclohexanol*, $Kp._{20}$ 74—76°, durch Hydrieren von o-Kresol in Ggw. von RANEY-Ni u. sehr wenig Na bei 80° mit 110 at $H_2$ in exothermer Rk. → 200°; 95% (Ausbeute). — *2-Methylcyclohexanon*, $Kp._{21}$ 62°, $n_D^{20}$ 1,4522, durch Oxydation der vorst. Verb. mit $Na_2Cr_2O_7$ in konz. $H_2SO_4$ bei 50°; 70%. — *1-Äthinyl-2-methylcyclohexanol*, $Kp._{13}$ 77°, aus dem vorst. mit Na-Acetylid in fl. $NH_3$ (vgl. 1. Mitt., l. c.); 75—87%. 30% erstarren bei 0° zu einem kristallinen stereoisomeren Material vom F. 56—58° (aus PAe.). — *2-Methyl-1-vinylcyclohexanol-s* (**I**), $C_9H_{16}O$, $Kp._{15}$ 78—80°, $n_D^{19}$ 1,4830, durch partielle Hydrierung von 85 g des vorst. Alkohols vom F. 55° in Methanol in Ggw. von Pd–$SrCO_3$ u. 1 at $H_2$; 79 g. — *2-Methyl-1-vinylcyclohexanol-l* (**II**), $Kp._{11}$ 74—75°, $n_D^{23}$ 1,4760, analog aus dem fl. Isomeren. — *2-Methyl-1-vinylcyclohexen-s* (**III**), Kp. 156—157°, $n_D^{19}$ 1,4978, durch Dehydratisieren von **I** mit $KHSO_4$ unter $N_2$ bei 180° als Destillat; 80%. — *6-Methyl-1-vinylcyclohexen-(1)-l* (**IV**), Kp. 155—157°, $n_D^{18}$ 1,4895, analog aus **II**. — *$\Delta^{2,9,14}$-Dekahydro-1.4-diketo-8-methylphenanthren* (**V**), $C_{15}H_{18}O_2$, F. 125°, aus **III** oder **IV** mit Benzochinon in Methanol bei Zimmertemp. (18 Std.) als Nd. bei —5° oder in sd. Bzl., gelbe Blättchen, $\lambda_{max}$ 225, 290, 340 m$\mu$ (log $\varepsilon$ = 4,08, 2,20, 1,90). — *$\Delta^{9,14}$-Dodekahydro-1.4-diketo-8-methylphenanthren* (**VI**), $C_{15}H_{20}O_2$, F. 122—123°, durch Red. von **V** mit Zn-Staub in Eisessig bei Zimmertemp. (10 Min.), Verdünnen mit Ae. u. Extrahieren des Verdampfungsrückstandes (50°) mit PAe., Prismen. — *Perhydro-1.4-dioxy-8-methylphenanthren* (**VII**), $C_{15}H_{26}O_2$, F. 195°, durch Hydrieren von **V** in Essigester (+ wenig $HClO_4$) mit 4,5 Mol $H_2$ in Ggw. von $PtO_2$, aus Bzl. + A. Nadeln. — *1-Methylphenanthren*, F. 118—119°, durch Perhydrieren von **VII** in Eisessig in Ggw. von $PtO_2$ (3,6 Mol $H_2$), Dehydratisieren des erhaltenen Isomerengemisches mit $KHSO_4$ bei 180—200° (45 Min.) u. Dehydrieren des in PAe. leicht lösl. Anteils mit Pd-Kohle in sd. Diphenylamin, aus Methanol Tafeln. *Styphnat*, F. 149—150°. — *Perhydro-1.4-diketo-8-methylphenanthren* (**VIII**), $C_{15}H_{22}O_2$, F. 140—141°, durch Hydrieren von **V** mit 2 Mol $H_2$ in Ggw. von Pd–$SrCO_3$ bei Zimmertemp. (70 Min.); aus wss. Methanol Nadeln. — *Perhydro-4-oxy-1-keto-8-methylphenanthren* (**IX**), $C_{15}H_{24}O_2$, F. 125—126°, aus dem Vorst. durch Hydrieren in Methanol mit 1 Mol $H_2$ in Ggw. von $PtO_2$ (42 Std.) oder durch Hydrieren von **V** in Methanol in Ggw. von Pt–$SrCO_3$ (56%), aus PAe. + Essigester Nadeln. *2.4-Dinitrophenylhydrazon*, $C_{21}H_{28}O_5N_4$, F. 190—193°, aus Toluol orangefarbene Nadeln. — *Perhydro-1.4-dioxy-1.8-dimethylphenanthren*, $C_{16}H_{28}O_2$, F. 155—156°, aus dem vorst. Oxyketon mit Methyl-MgJ in sd. Bzl. (5 Std.) u. Zers. mit verd. $H_2SO_4$, aus Essigester + PAe. Prismen. — *1.8-Dimethylphenanthren* (**X**), $C_{16}H_{14}$, F. 187—190°, durch Dehydrieren der vorst. Verb. mit $KHSO_4$ bei 180° (45 Min.) u. anschließend mit Se im Rohr bei 345°, nach der Sublimation bei 180—200°/20 mm aus Eisessig Tafeln. (J. chem. Soc. [London] **1952**. 1610—15. Mai. London, Ridgway, Mill Hill, Nat. Inst. for Med. Res.) GOLD .2850

**Arthur C. Cope** und **Martin E. Synerholm**, *Cyclische Polyolefine*. 1 1.Mitt. *Verbindungen mit Carbonylbrücke, die sich von dem Addukt aus α-Carbäthoxycyclohexanon und Acrolein ableiten*. (10. vgl. C. **1952**. 360.) Im Anschluß an die früheren Synthesen phenylsubstituierter Cyclooctadiene aus Zwischenprodd. mit CO-Brücke werden 8gliedrige cycl. Carbonsäuren mit CO-Brücke aufgebaut. — Wird das K-Enolat von α-Carbäthoxycyclohexanon (**III**) mit β-Chlorpropionaldehyddiäthylacetal alkyliert u. die entstandene Verb. vorsichtig mit HCl hydrolysiert, so wird nicht der erwartete *β-[1-Carbäthoxy-2-ketocyclohexyl]-propionaldehyd* (**I**) erhalten, sondern die isomere Verb. **II**, die durch intramol. Aldolkondensation aus **I** gebildet ist. Die MICHAEL-Addition von **III** an Acrolein führt unter n. Bedingungen nur zu Polymeren; bei $-70^0$ kann jedoch **I** in guter Ausbeute isoliert werden. Er liefert bei milder Behandlung mit HCl ebenfalls das Aldol **II**. **I** u. **II** geben beide bei der Behandlung mit konz. $H_2SO_4$ den bicycl. ungesätt. Ester **IV**; die entsprechende Säure **V** wird durch Erhitzen, auch in Ggw. von Chinolin u. Cu, nicht decarboxyliert. **V** wurde zur entsprechenden gesätt. Säure (**VI**) hydriert, wobei teilweise auch die Ketogruppe angegriffen wird, so daß das entstehende Rohprod., das auch Oxysäure enthält, nachoxydiert werden muß. **VI** ist wahrscheinlich mit **V** isomorph, ebenso sind es die jeweiligen 2.4-Dinitrophenylhydrazone u. Amide. Auch **VI** wird in der Hitze nicht decarboxyliert; die $CO_2$-Abspaltung gelingt aber durch Behandlung des Ag-Salzes mit $Br_2$ u. führt dann zu *1-Brombicyclo-[3.3.1]-nonanon-(9)* (**VIII**), das nach CLEMMENSEN zum entsprechenden KW-stoff red. werden konnte. Die Red. mit Na oder $NaNH_2$ in fl. $NH_3$ führt zu einer Verb. der wahrscheinlichen Konst. **VII**; sie kann durch eine der FAWORSKI-Umlagerung ähnliche Umlagerung aus **VIII** entstanden sein. **VIII** fällt sofort AgBr aus wss.-alkoh. $AgNO_3$-Lsg. u. steht damit im Gegensatz zu den anderen Verbb. mit einem analog angeordneten Halogenatom.

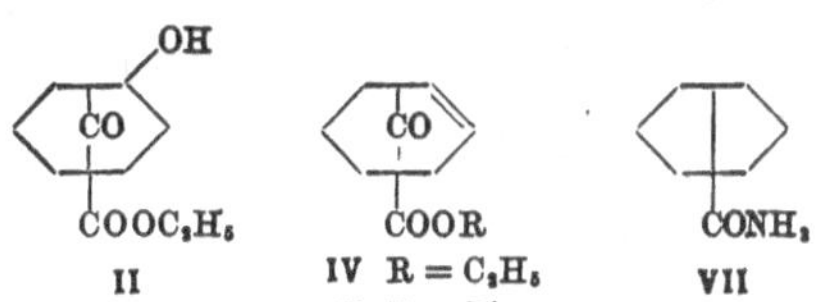

II IV $R = C_2H_5$ V $R = H$ VII

Versuche (FF. korr., Kpp. unkorr.): *β-[1-Carbäthoxy-2-ketocyclohexyl]-propionaldehyddiäthylacetal*, $C_{16}H_{28}O_5$, Kp.$_{0,6}$ 130—135°, aus K in Xylol unter $N_2$ durch Erhitzen, tropfenweise Zugabe von α-Carbäthoxycyclohexanon (**III**), später von β-Chlorpropionaldehyddiäthylacetal in Xylol, 15std. Kochen, Einengen im Vakuum u. schnelle Hochvakuumdest.; $n_D^{25}$ 1,4562; $D.^{25}_4$ 1,0307; Mol.-Refr. 78,9; 31% (Ausbeute). — *1-Carbäthoxy-4-oxybicyclo-[3.3.1]-nonanon-(9)* (**II**), $C_{12}H_{18}O_4$, Kp.$_{0,3}$ bei 170—200° Blocktemp., aus 1 g vorst. Verb. durch Erwärmen mit 4 cm³ Essigsäure, 2 cm³ W. u. 1 cm³ konz. HCl, 18std. Stehen, Neutralisation mit wss. $NaHCO_3$ u. Ausäthern; viscoses Öl; $n_D^{25}$ 1,4930; 0,5 g. — *β-[1-Carbäthoxy-2-ketocyclohexyl]-propionaldehyd* (**I**), $C_{12}H_{18}O_4$, Kp.$_{1,5}$ 140—143°, aus Na in absol. A. u. etwas Hydrochinon durch langsame Zugabe der Mischung aus **III** u. Acrolein bei $-70^0$, Einstellen auf $p_H$ 7 mit Eisessig oder HCl in A. nach ½ Std., Abdest. im Vakuum u. Lösen des Rückstandes in Ae.; $n_D^{25}$ 1,4718; $D.^{25}_4$ 1,094; Mol.-Refr. 57,6; 65—75%. **I** gibt bei Behandlung mit wss. Essigsäure + HCl wie oben **II**. — *β-[1-Carbäthoxy-2-ketocyclohexyl]-propionsäure*, F. 60—60,5° (Methylcyclohexan), aus 2 g **I** u. alkal. $Ag_2O$ (aus $AgNO_3$, W., NaOH u. A.), Ansäuern des Filtrats, Ausäthern, Ausschütteln der äther. Lsg. mit $NaHCO_3$-Lsg., Ansäuern u. Ausäthern; 1 g. — *1-Carbäthoxybicyclo-[3.3.1]-nonen-(3)-on-(9)* (**IV**), $C_{12}H_{16}O_3$, F. 48,5—49,4°, aus **II** in konz. $H_2SO_4$ unter Kühlung, Erwärmen auf n. Temp., Gießen auf Eis u. Ausäthern; Kp.$_{0,45}$ 93°; $n_D^{25}$ 1,4920; Nadeln; 29%. **IV** entsteht auch aus **I** durch tropfenweise Zugabe zu konz. $H_2SO_4$ unter Kühlung u. Aufarbeitung wie vorst.; 62%. *2.4-Dinitrophenylhydrazon*, $C_{18}H_{20}O_6N_4$, aus A. orangefarbene Nadeln, F. 174—176. *Semicarbazon*, $C_{13}H_{19}O_3N_3$, F. 206—207° (A.). — *Bicyclo-[3.3.1]-nonen-(3)-on-(9)-carbonsäure-(1)* (**V**), $C_{10}H_{12}O_3$, F. 133,8—134,3° (Methylcyclohexan), aus **I** durch tropfenweise Zugabe zu konz. $H_2SO_4$ in der Kälte, 5—12std. Stehen bei n. Temp., Gießen auf Eis, ½std. Erhitzen des festen Prod. mit 5%ig. KOH auf dem Dampfbad, Ansäuern mit HCl u. Ausäthern; 69%. *2.4-Dinitrophenylhydrazon*, $C_{16}H_{16}O_6N_4$, F. 259—261° unter Zers. (Nitromethan). — **V**-*Amid*, $C_{10}H_{13}O_2N$, F. 126—128°, über das mit $SOCl_2$ bereitete rohe Säurechlorid; Nadeln. — *Bicyclo-[3.3.1]-nonanon-(9)-carbonsäure-(1)* (**VI**), $C_{10}H_{14}O_3$, F. 138,6—139,4° (W., dann Methylcyclohexan), aus **V** in A. durch Hydrierung in Ggw. von 10%ig. Pd-Norit bei 30—15 lbs/sq.in. bis zur Aufnahme von 150% der theoret. Menge $H_2$, Eindampfen des Filtrats im Vakuum, Behandeln mit $K_2Cr_2O_7$ in verd. $H_2SO_4$ u. Essigsäure unterhalb 45°, 18std. Stehen, Erwärmen auf 80°, Ausäthern u. Ausziehen des nach Abdest. erhaltenen Rückstandes mit sd. Methylcyclohexan; dicke Nadeln; 53%; isomorph mit **V** (Misch-F. 134—135,5°). *2.4-Dinitrophenylhydrazon*, $C_{16}H_{18}O_6N_4$, aus Nitromethan orangefarbene Nadeln, F. 260—261,5°; isomorph mit dem entsprechenden **V**-Derivat. **VI**-*Amid*, $C_{10}H_{15}O_2N$, F. 127—128°, aus 5 g **VI** u. $SOCl_2$ in Bzl. u. Rk. des rohen Chlorids mit $NH_4OH$; aus Methylcyclohexan Nadeln; 3,2 g; isomorph mit dem **V**-Amid. **VI**-*Äthylester-2.4-dinitrophenylhydrazon*, $C_{18}H_{22}O_6N_4$, F. 174 bis 177° (A.), aus **IV** durch Hydrierung in A. bei n. Druck in Ggw. von Pd-$BaSO_4$ bis zur Aufnahme von 1 Mol $H_2$ u. Überführung in das Deriv.; isomorph mit dem entsprechenden **IV**-Derivat. — *1-Brombicyclo-[3.3.1]-nonanon-(9)* (**VIII**), $C_9H_{13}OBr$, F. 59—60° (PAe.), aus **VI** in $CH_3OH$ durch Titration mit methanol. KOH (Phenolphthalein), tropfenweise Zugabe von $AgNO_3$ in W. u. $CH_3OH$, Trocknen des **VI**-*Ag-Salzes* bei 70°/0,5 mm, langsame Zugabe zu $Br_2$ in $CCl_4$ unter strengem Feuchtigkeitsausschluß bei höchstens Zimmertemp., ¼std. Erwärmen auf 50°, Einengen des Filtrats im Vakuum, Ausäthern u. Schütteln mit $KHSO_3$-Lsg.; 74%. *2.4-Dinitrophenylhydrazon*, $C_{15}H_{17}O_4N_4Br$, F. 185—186° (A.). —

*Bicyclo-[3.3.1]-nonan*, F. 145—146° (Methanol), aus **VIII**, amalgamiertem Zn u. konz. HCl durch ½ std. Kochen u. Sublimation bei 100°; 70%. — Nach Zugabe von Na zu **VIII** in fl. $NH_3$, dann von $NH_4Cl$, Entfernung des $NH_3$ u. Ausziehen des Rückstandes mit Aceton wurde die Verb. $C_9H_{15}ON$, wahrscheinlich **VII**, erhalten; aus Methylcyclohexan glitzernde Platten, F. 107—107,5°; 68%. Die Verb. gibt kein Hydrochlorid, Benzoylderiv., Semicarbazon, 2.4-Dinitrophenylhydrazon u. bildet $NH_3$ mit sd. NaOH. Sie entsteht auch aus **VIII** u. dem aus Na u. wenig Fe-Oxyd in fl. $NH_3$ gewonnenen $NaNH_2$. (J. Amer. chem. Soc. **72.** 5228—32. Nov. 1950. Cambridge, Mass., Massachusetts Inst. of Technol., Dep. of Chem.) NITZSCHKE. 2950

**Paul N. Craig,** *Cyclische quaternäre Immoniumderivate der 2.2-Diphenylpenten-(4)-säure. 2.2-Diphenylpenten-(4)-säure* (**I**)-*amid* wurde durch Behandlung mit HCl in $CCl_4$ in *3.3-Diphenyl-5-methyl-2-iminotetrahydrofuranhydrochlorid* übergeführt, das auch durch Alkylierung von Diphenylacetonitril mit Propylenoxyd erhalten werden kann. Auch die aus **I** u. sek. Aminen dargestellten Amide führen nach Einw. von $Br_2$ zu ringförmigen quaternären Immoniumsalzen. Es wird angenommen, daß diese Rk. ebenfalls, wie die Lactonisierung der Säure, unter Ausbildung eines Carboniumsalzes verläuft:

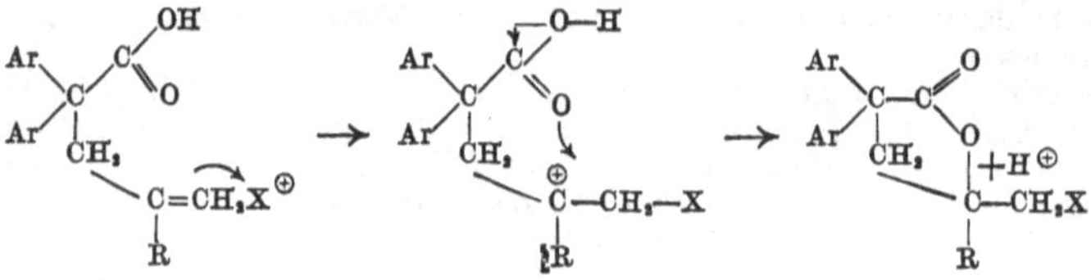


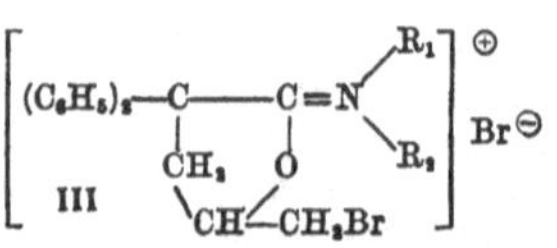

Die Tatsache, daß *2.2-Diphenyl-4-methylpenten-(4)-säure* schneller lactonisiert als **I**, wird so erklärt, daß die Methylgruppe durch Hyperkonjugation an dem Elektronenaustausch beteiligt ist u. dadurch die Bldg. des Carboniumsalzes begünstigt. Wurde der **I**-Methylester in Ggw. von $Br_2$ lactonisiert, so wurde $CH_3Br$ in Freiheit gesetzt. — Die dargestellten quaternären Immoniumsalze wurden durch saure Hydrolyse in *2.2-Diphenyl-5-brom-4-valerolacton* (**IV**) übergeführt. Die vom $NH_3$ abgeleiteten Immoniumsalze hydrolysierten bereits durch Wasser. *2.2-Diphenyl-5-morpholinopentanolacton-(4)* wurde sowohl durch Rk. von *Morpholin* (**II**) mit 3.3-Diphenyl-5-brommethyltetrahydrofuran-2-dimethylimmoniumbromid als auch mit **IV** erhalten. Die UV-Spektr. der Verbb. wurden verglichen.

Versuche: Methyl-2.2-diphenyl-4-methylpenten-(4)-oat wurde unter Einleiten von $N_2$ mit $Br_2$ in $CCl_4$ behandelt, die austretenden Gase mit W. gewaschen u. in alkoh. $AgNO_3$ geleitet: Nd. von AgBr. Die freie Säure lieferte in einem Blindvers. keinen Niederschlag. — *3.3-Diphenyl-5-methyl-2-iminotetrahydrofuranhydrochlorid*, F. 215—216°, durch Einleiten von HCl in **I**-Amid in $CCl_4$ u. Verdünnung mit Äther. Hydrolyse mit verd. HCl lieferte *2.2-Diphenyl-4-valerolacton*, F. 112—113°. Die Darst. der nachst. Amide $(C_6H_5)_2—C(CH_2CH{=}CH_2)CO—NR^1R^2$ erfolgte aus **I** über das Säurechlorid: $R^1{=}R^2 = H$, Kp.$_{0,8}$ 180—181°, F. 77—78°; 78%. — $R^1{=}R^2 = CH_3$, F. 110—111°; 75%. — $R^1{=}R^2 = C_2H_5$, Kp.$_{3,5}$ 185—195°, F. 93,5—94,5°; 70%. — $R^1{+}R^2 = —CH_2CH_2—O—CH_2CH_2—$, Kp.$_{2,5-3,0}$ 200—216°, F. 96—98°; 83%. — *3.3-Diphenyl-5-brommethyl-2-iminotetrahydrofuranhydrochlorid*, F. 247—249° (Zers.), durch Zutropfen von $Br_2$ in $CCl_4$ zu **I**-Amid in $CCl_4$ u. Zugabe von Aceton; 80% (Ausbeute). Ebenso wurden nachst. *Immoniumsalze* der Formel **III** dargestellt: $R^1{=}R^2 = CH_3$, F. 194—197° (Zers.); 73%. — $R^1{=}R^2 = C_2H_5$, F. 195—196° (Zers.). — $R^1{+}R^2 = —CH_2CH_2—O—CH_2CH_2—$, F. 194—195° (Zers.); 62%. — Die Hydrolyse der vorst. Verbb. wurde durch verschieden langes Erhitzen mit verd. HCl auf dem Dampfbad erreicht. — *2.2-Diphenyl-5-morpholino-4-pentanolactonhydrochlorid*, F. 220—222°, durch ¼std. Kochen von **II** mit 3.3-Diphenyl-5-brommethyltetrahydrofuran-2-dimethylimmoniumbromid oder 2.2-Diphenyl-5-brompentanolacton-(4) (**IV**), Verdünnen mit W., Extraktion mit Ae. u. Einleiten von HCl, Kristalle aus Chlf., Aceton u. Äther. *Freie Base*, $C_{21}H_{23}O_3N$, F. 103—105° (A. + W.). (J. Amer. chem. Soc. **74.** 129—31. Jan. 1952. Philadelphia, Pa., Kline and French Labors., Res. Div.) HORST BAGANZ. 3061

**C. Mentzer, D. Molho, H. Pachéco** und **Y. Berguer,** *Über ein Verfahren, welches den Abbau gewisser Indole zu 3-Oxyanthranilsäure ermöglicht.* Vff. unternahmen einige Verss. zur Klärung der Frage, ob die in Naturprodd. auftretende *3-Oxyanthranilsäure* (**I**) durch Oxydation von *Anthranilsäure* (**II**) oder eines Deriv. oder durch oxydative Abbau-Rkk.

aus höheren, in 3-Stellung durch eine O-haltige Gruppe substituierten Homologen entsteht u. kamen zu dem Ergebnis, daß letzteres der Fall sein muß, da bei der Oxydation von **II** mit $H_2O_2$ in Ggw. von $NH_4$-Molybdat nur *o-Nitrobenzoesäure* entsteht, während bei der biol. Oxydation von **II** mit Hilfe keimender Linsenkörner nach anschließender papierchromatograph. Adsorption ein Prod. erhalten wurde, welches auf keinen Fall **I**, sondern wahrscheinlich *5-Oxyanthranilsäure* ist. Als biol. Vorläufer von **I** kommt nach Ansicht der Vff. *3-Oxykynurenin* in Frage, welches möglicherweise aus *7-Oxytryptophan* entstehen kann. Verss., dessen Grundkörper *7-Oxyindol* zu synthetisieren, führten bisher zu keinem Erfolg (vgl. C. **1951.** II. 1118 u. früher); es gelang nur, *2-Aryl-7-methoxyindole* zu gewinnen. Die Oxydation von *2-Phenyl-7-methoxyindol* ließ sich nicht mit $CrO_3$ oder $H_2O_2$ in Ggw. von $NH_4$-Molybdat, wohl aber durch $O_3$ bewerkstelligen u. führte über *N-Benzoyl-3-methoxyanthranilaldehyd* bzw. über das entsprechende *Anthranil* (**IV**) (beide Verbb. wurden isoliert), *N-Benzoyl-3-methoxyanthranilsäure* (**III**) u. *3-Methoxyanthranilsäure* zu **I**.

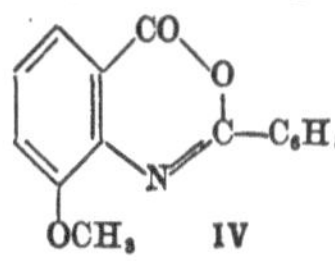
IV

Versuche: Biol. Umwandlung von **II** mit keimenden Linsenkörnern durch 24std. Einw. von 0,5%ig. wss. Na-Anthranilatlsg. auf helle Linsenkörner, 15tägiges Keimenlassen bei 15—18° auf feuchtem Filterpapier, Zerkleinern zu einem homogenen Brei, Aufkochen in W., Abfiltrieren der Proteine, Ansäuern mit verd. $H_2SO_4$ bis $p_H$ 2, Extrahieren mit Ae. u. papierchromatograph. Adsorption der stark eingeengten äther. Lsg. bei 23—24°; bei Verwendung von mit W. gesätt. Butanol nach kurzem Trocknen bei 100° 2 Substanzen (WOOD-Lampe; EHRLICH-Reagens): $R_F$ 0,89, entspricht **II**, u. $R_F$ 0,5, wahrscheinlich *5-Oxyanthranilsäure*, bei Verwendung von mit W. gesätt. Phenol $R_F$ 0,85 bzw. 0,41; $R_F$-Werte mit Butanol bzw. Phenol für **I**: 0,86 bzw. 0,6. — *2-Phenyl-7-methoxyindol*, $C_{15}H_{13}ON$, F. 98° (Propionsäure), Kp.$_{10}$ 220—225°, durch 10 Min. Erhitzen von 20 g ω-Bromacetophenon u. überschüssigem o-Anisidin auf 180°, Eingießen in 10%ig. HCl, Ausäthern, Waschen mit W., konz. HCl u. 5%ig. $NaHCO_3$-Lsg. u. Umkristallisieren aus wenig Essigsäure; 6—10 g (Ausbeute). — *N-Benzoyl-3-methoxyanthranilsäure* (**III**), $C_{15}H_{13}O_4N$, F. 205°, bei 4—5std. Durchleiten von 0,6% $O_3$ enthaltendem $O_2$ durch 3 g vorst. Verb. in Essigester bei —10° nach Abdampfen, Aufnehmen in Ae., Waschen mit W., Versetzen mit 5%ig. $NaHCO_3$-Lsg. u. Ansäuern des Filtrats; 0,7 g. — *Anthranilderiv.* (**IV**), $C_{15}H_{11}O_3N$, F. 167°, fällt bei der Darst. von **III** in der $NaHCO_3$-Lsg. aus; Aufnehmen in Ae. u. Waschen mit $NaHSO_3$-Lsg.; 1 g; gibt in 5%ig. Sodalsg. beim Ansäuern 1 g **III**. — *3-Methoxyanthranilsäure*, $C_8H_9O_3N$, F. 168° (Bzl.), durch 5std. Kochen von **III** in konz. HCl, Eindampfen im Vakuum, Aufnehmen in W. u. Zufügen von $NH_4OH$ bis $p_H$ 4—5; gibt bei der Demethylierung mit HBr in essigsaurem Medium *3-Oxyanthranilsäure* (**I**), $C_7H_7O_3N$. — *N-Benzoyl-3-methoxyanthranilaldehyd*, $C_{15}H_{13}O_3N$, F. 116° (A.), aus der $NaHSO_3$-Lsg. bei der Darst. von **IV** mit Soda u. Ae.; gibt mit $H_2O_2$ in Alkali bei 60° quantitativ **III**. (Bull. Soc. Chim. biol. **33.** 1297—1303. 1951. Lyon, Fac. des Sci., Labor. de Chim. biol.) W. HOFFMANN. 3081

**B. N. Feitelson** und **V. Petrow**, *Carbazole, Carboline und verwandte Verbindungen.* 4. Mitt. *Aminoderivate von 9-Arsafluoreninsäure.* (3. vgl. C. **1949.** II. 540.) Die *2-*, *3-* u. *4-Aminoderivv.* von *9-Arsafluoreninsäure* (**I**) wurden synthetisiert u. **I** zu *2.7-Dinitro-9-arsafluoreninsäure* (**II**) nitriert, das aber nicht zur Diaminoverb. red. werden konnte.

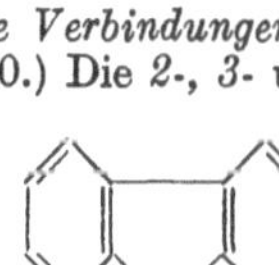
I

Versuche [SBR = SCHELLER-BART-Rk. (vgl. ONETO u. WAY, J. Amer. chem. Soc. **63.** [1941.] 3068)]: *Diphenylyl-(2)-arsonsäure* (**III**), F. 206°, aus 2-Aminodiphenyl in absol. A., konz. $H_2SO_4$ u. gesätt. $NaNO_2$-Lsg. (2 Std., 0—5°) u. Zugabe von $AsCl_3$ in absol. A.; nach ½ Std. wird CuBr zugesetzt, auf 70° erwärmt u. nach Dampfdest. Nd. über K-Salz gereinigt; Nadeln aus 50%ig. $CH_3COOH$; 40% (Ausbeute). — *9-Arsafluoreninsäure* (**I**), $C_{12}H_9O_2As$, F. >300°, durch 1 std. Erwärmen von **III** in konz. $H_2SO_4$ auf 50—60°, Nadeln aus $CH_3COOH$; 80%. — *2-Nitro-9-arsafluoreninsäure*, $C_{12}H_8O_4NAs$, F. 345°, aus **I** in konz. $H_2SO_4$ u. $HNO_3$ (D. 1,42) + konz. $H_2SO_4$ bei 0°, blaßgelbe Kristalle aus 50%ig. $CH_3COOH$; 90%. — *2-Amino-9-arsafluoreninsäure* (**IV**), $C_{12}H_{10}O_2NAs$, F. 240°, aus vorst. Verb. in 2,5n NaOH u. wss. $FeSO_4$ (mit $NH_3$ lackmusalkal. gemacht) durch 10 Min. Schütteln u. Einstellen von $p_H$ 3 im Filtrat; rötlicher Nd. durch Umfällen gereinigt; 75%. — *4'-Nitrodiphenylyl-(2)-arsonsäure* (**V**), $C_{12}H_{10}O_5NAs$, F. 290° (Zers.), gelbe Kristalle aus $CH_3OH$ oder wss. $CH_3COOH$; 77%. — *Bis-[4'-nitrodiphenylyl-(2)]-arsinsäure*, $C_{24}H_{17}O_6N_2As$, F. >260°, durch 1½ std. Kochen von 5 g **V** mit $POCl_3$; Vakuumrückstand mit 2n NaOH ausgezogen u. mit HCl gefällt; Nd. mit 200 cm³ A. ausgekocht u. Rückstand aus A. umkrist.; 1,1 g. — *4'-Aminodiphenylyl-(2)-arsonsäure*, $C_{12}H_{12}O_3NAs$, F. 213°, a) aus **V** u. ammoniakal. $FeSO_4$; b) durch Red. ($H_2$, RANEY-Ni) von **V** in A.; Mikrokristalle; fast

100%; Ringschluß gab **IV**, F. 240°. — *4'-Carbäthoxyaminodiphenylyl-(2)-arsonsäure*, $C_{15}H_{16}O_5NAs$, F. 228° (wss. A.); 15%; gab in konz. $H_2SO_4$ durch Erwärmen in 20 Min. auf 125—130° u. nach 30 Min. auf Eis gießen **IV**. — *5-Nitrodiphenylyl-(2)-arsonsäure* (**VI**), $C_{12}H_{10}O_5NAs$, F. 228—229°, aus 2-Amino-5-nitrodiphenyl durch SBR, glitzernde Tafeln aus wss. A.; 50%. — *3-Nitro-9-arsafluoreninsäure* (**VII**), $C_{12}H_8O_4NAs$, F. >330°, aus **VI** mit konz. $H_2SO_4$ (45 Min., 60°), krist. Pulver aus wss. $CH_3COOH$; 75%. — *3-Amino-9-arsafluoreninsäure*, $C_{12}H_{10}O_2NAs$, F. 350°, aus **VII** in NaOH u. red. Fe in NaCl-Lsg. (2 Std. 90°); $p_H$ mit HCl auf 7—8 gehalten, 33%ig. NaOH zugegeben u. sd. filtriert, Rückstand mit NaOH ausgezogen u. Filtrate auf $p_H$ 7 gebracht; Reinigung durch Umfällen, orangefarbene Nadeln aus wss. $CH_3COOH$; 87%. — *5-Aminodiphenylyl-(2)-arsonsäure*, $C_{12}H_{12}O_3NAs$, F. 187°, a) aus **VI** in 2,5—3nNaOH u. wss. $FeSO_4$, Alkalisieren mit NaOH, $^1/_4$std. Schütteln, Zentrifugieren u. Konz. auf 200 cm³; bei $p_H$ 3 Nd.; Nadeln aus wss. A.; 66%; b) durch Red. von **VI** ($H_2$, RANEY-Ni); 92%; durch $3^1/_4$std. Erwärmen mit konz. $H_2SO_4$ entstand **VII**. — *2'-Acetamidodiphenylyl-(2)-arsonsäure*, $C_{14}H_{14}O_4NAs$, F. 122° (A.), durch SBR aus 2'-Acetamido-2-aminodiphenyl. — *4-Amino-9-arsafluoreninsäure*, $C_{12}H_{10}O_2NAs$, F. >300°, sehr wenig durch Ringschluß der vorst. Verb., Mikrokristalle. — *2.7-Dinitro-9-arsafluoreninsäure* (**II**), $C_{12}H_7O_6N_2As$, F. >300°, aus **I** in konz. $H_2SO_4$ u. $HNO_3$ (D. 1,42) + konz. $H_2SO_4$ bei 2°; blaßgelbes Pulver, über K-Salz gereinigt; 87% roh. — *x.x-Dinitrodiphenylyl-(2)-arsonsäure*, $C_{12}H_9O_7N_2As$, F. >300°, aus **III** analog **II** bei 5°, nach 1 Std. auf Zimmertemp. erwärmt u. in viel Eiswasser gegossen; Reinigung über K-Salz; 70%. — *2-Oxy-4.4'-dinitrodiphenyl*, $C_{12}H_8O_5N_2$, F. 209—210°, aus 4,45 g 2-Amino-4.4'-dinitrodiphenyl durch SBR u. Anreiben mit Aceton; gelbe Nadeln aus $CH_3COOH$; daneben aus der Acetonlsg. 3,2 g *4.4'-Dinitrodiphenyl*, F. 235°, gelbe Nadeln aus wss. Aceton. — *4.4'-Dicarbäthoxybenzidin*, $C_{18}H_{20}O_4N_2$, F. 235—237°, a) aus der Suspension von 34,3 g 2-Amino-4.4'-bis-carbäthoxyaminodiphenyl (**VIII**) in 20%ig. HCl + etwas W. mit $NaNO_2$-Lsg., Eintragen in 10%ig. NaOH + wss. $Na_3AsO_3$ bei 0°, langsames Erwärmen auf 65°, nach 3 Std. Kühlen u. Ansäuern, Nadeln aus wss. A.; 14 g roh; b) durch Eintropfen von $ClCOOC_2H_5$ in die eben sd. Lsg. von 47,6 g Benzidin u. Diäthylanilin in A.; nach 2 Std. u. Stehen über Nacht in n-HCl gegossen; 45 g rein. — *4.4'-Bis-[carbäthoxyamino]-2-oxydiphenyl*, $C_{18}H_{20}O_5N_2$, F. 128—130°, durch SBR von 34,3 g **VIII**, Nadeln aus wss. A.; 11 g. — *4.4'-Dimethyldiphenylyl-(2)-arsonsäure*, $C_{14}H_{15}$·$O_3As$, F. 237°, durch SBR von 2-Amino-4.4'-ditolyl, Nadeln aus 75%ig. $CH_3COOH$; durch Ausäthern der alkal. Lsg. des Rohprod. *4.4'-Ditolyl*, $C_{14}H_{14}$, F. 122—123°, aus PAe. blaßgelbe Prismen. — *2.7-Dimethyl-9-arsafluoreninsäure*, $C_{14}H_{13}O_2As$, F. 321—322°, durch Ringschluß der vorst. Verb. mit konz. $H_2SO_4$, Nadeln aus $CH_3COOH$; 92%. — *2.7-Dimethyl-3.6-dinitro-9-arsafluoreninsäure*, $C_{14}H_{11}O_6N_2As$, F. 300°, durch Nitrierung der vorst. Verb. wie **II** bei 0—5°, federartige Nadeln aus $CH_3COOH$; 76%. — *4'.5-Dinitrodiphenylyl-(2)-arsonsäure*, $C_{12}H_9O_7N_2As$, F. 220° (Zers.), in geringer Ausbeute aus 2-Amino-4'.5-dinitrodiphenyl; Ringschluß gelang nicht. (J. chem. Soc. [London] **1951**. 2279—83. Sept. London, Brit. Drug Houses, Ltd., Chem. Res. Labors.) LEHMSTEDT. 3091

**John C. Sheehan** und **Elias J. Corey**, *Die Kondensationsprodukte von Oxalylchlorid mit monosubstituierten Amiden: Struktur und Reaktionen.* Aus 2-Benzyliden-4.5-diketo-oxazolidinyl-(3)-acetylchlorid (**I**), dessen Verwendbarkeit zur indirekten Synth. des Benzylpenicillins u. seiner Homologen diskutiert wird, stellten Vff. das *Anilid* (**II**) u. den *Benzylester* (**III**) der *2-Benzyliden-4.5-diketo-oxazolidinyl-(3)-essigsäure* dar. **III** entstand auch bei der Einw. von ClCOCOCl auf *Phenacetursäurebenzylester* (**IV**). Daß den bei der Rk. zwischen Oxalylchlorid u. Phenylacetamiden entstehenden Prodd. die Struktur des **III** u. nicht die von SKINNER u. PERKINS (vgl. J. Amer. chem. Soc. **72**. [1950.] 5569) vermutete Pyrrolidintrion-(2.3.5)-Struktur zukommt, wurde bewiesen durch die Auswertung der Infrarotspektren u. Prüfung auf Enolisierbarkeit beim Vgl. mit [*4-Phenyl-2.3.5-triketopyrrolidinyl-(1)*]*-acetanilid* (**V**) u. dem entsprechenden *Benzylester* (**VI**), die bei der alkal. Hydrolyse von **II** mit 1 Mol NaOH bzw. aus **III** mit 2 Mol NaOH entstanden. Aus **VI** ließ sich dank seiner Enolisierbarkeit ein *Benzhydryläther* gewinnen. Die Alkoholyse von **III** ergab *N-Äthoxalylphenacetursäurebenzylester* (**VII**) neben **VI**. Durch längeres Erhitzen wurde das Gleichgewicht ganz zugunsten von **VI** verschoben. Die Hydrolyse von **II** mit 3 Mol NaOH lieferte *Phenacetursäureanilid*. Als beste Meth. zur Darst. der monosubstituierten Amide aus **II** bzw. **III** erwies sich jedoch die Aminolyse mit $C_6H_5CH_2NH_2$, $C_6H_5NHNH_2$ oder $CH_3NH_2$, während Anilin u. Piperidin ungeeignet waren. Die Infrarotspektren zwischen 2 u. 8 $\mu$ von **I**, **III**, **VI** u. **VII** wurden in $Cl_2CHCHCl_2$, die von **V** u. von **VI**-*Dinitrophenylhydrazon* in Nujol bestimmt.

Versuche (FF. korr.): [*2-Benzyliden-4.5-diketo-oxazolidinyl-(3)*]*-acetanilid* (**II**), $C_{18}H_{14}O_4N_2$, F. 260—262°, durch 20 Min. Einw. von Anilin auf **I** in Dioxan–Bzl. bei 5°; nach Waschen mit $CCl_4$ u. W. aus Dioxan–Bzl. gelbe Nadeln; 85,2% (Ausbeute). —

*[2-Benzyliden-4.5-diketo-oxazolidinyl-(3)]-essigsäurebenzylester* (III), $C_{19}H_{15}O_5N$, F. 177,5 bis 180°, a) durch 2std. Einw. von ClCOCOCl auf IV in Dioxan, Eindampfen u. Aufnehmen in Bzl.; aus Dioxan–Ligroin oder Bzl. gelbe Nadeln; 91%; b) durch $^1/_4$std. Rk. von 0,1 g I mit Benzylalkohol u. Pyridin in Bzl., Filtrieren, Fällen mit PAe. u. Umkristallisieren aus Bzl.–Methylcyclohexan; 0,07 g. — *Phenacetursäureanilid*, F. 156—162°, a) durch 12std. Aminolyse von II mit Benzylamin in Dioxan–Bzl.; 61%; b) durch Hydrolyse einer Lsg. von II in Aceton mit 3 Mol NaOH (als 0,1n Lsg.) nach Einengen u. Extrahieren mit Chlf.; 39,2%; daneben aus der wss. Lsg. etwas *Phenylessigsäure*. — *[4-Phenyl-2.3.5-triketopyrrolidinyl-(1)]-acetanilid* (V), $C_{18}H_{14}O_4N_2$, F. 236,5—237,5°, durch $^3/_4$std. Hydrolyse von II (in Dioxan) mit 1 Mol NaOH (als 0,1n Lsg.), Einengen im Vakuum, Zugabe von W., Ansäuern u. Ausäthern; aus A.–W. gelbe Nadeln; 29,5%; gibt mit $FeCl_3$ in A. grüne Farbreaktion. — *[4-Phenyl-2.3.5-triketopyrrolidinyl-(1)]-essigsäurebenzylester* (VI), $C_{19}H_{15}O_5N$, F. 137,8—138,4°, a) durch ½std. Hydrolyse von 0,5 g III mit 28 cm³ 0,1nNaOH in Aceton, Einengen im Vakuum, Waschen mit Chlf., Ansäuern, Extrahieren mit Chlf., Eindampfen u. Aufnehmen in $CCl_4$; nach 4 Tagen aus $CCl_4$–Ligroin Kristalle; 0,012 g; b) durch 13 Min. Erhitzen einer Lsg. von III in absol. A. in Ggw. von etwas Pyridin, Zugabe von Eis, Titrieren mit 0,1nNaOH gegen Phenolphthalein, Entfernen von gebildetem IV durch Chloroformextraktion, Ansäuern mit 4nHCl u. 2std. Stehenlassen; aus $CCl_4$ hellgelbe Nadeln (Ketoform); 47%; c) neben VII bei der Alkoholyse von III durch Einengen der alkoh. Lsg. im Vakuum u. Aufnehmen in $CCl_4$; 12,8%; bei 2,5 Min. Erhitzen 44%; bei 3 Std. 84%; d) durch 40 Min. Kochen einer Lsg. von VII in Dioxan mit NaH unter $N_2$, Einengen, Versetzen mit W. in Ggw. einer Spur HCl u. Umkristallisieren aus $CCl_4$; 68%; gibt mit $FeCl_3$ in A. grüne Farbreaktion. *2.4-Dinitrophenylhydrazon*, $C_{25}H_{19}O_8N_5$, F. 243,2—244,3°, durch Erhitzen von VI mit 2.4-Dinitrophenylhydrazin in A. in Ggw. von etwas 12nHCl Umkristallisieren aus Dioxan u. Auslaugen des gebildeten $C_{25}H_{19}O_8N_5 \cdot ½\, C_4H_8O_2$ (F. 238,5—240,5°; 39,2%) mit Essigester; gibt blaue Farb-Rk. bei Zusatz von W. zur Lsg. in Aceton. *Benzhydrylenoläther*, $C_{32}H_{25}O_5N$, F. 128,5—129,5°, durch 12std. Einw. von Diphenyldiazomethan auf VI in Ae.; nach Einengen u. Fällen mit PAe. aus $CCl_4$–PAe. dicke gelbe Blättchen; 53,5%. — *N-Äthoxalylphenacetursäurebenzylester* (VII), $C_{21}H_{21}O_6N$, F. 100,0—100,7°, bei der Alkoholyse von III durch kurzes Erhitzen in absol. A. in Ggw. von etwas Pyridin; nach Animpfen u. 1std. Stehenlassen bei 5° aus A. Nadeln; 74% (bei 25 Min. Erhitzen nur 35%); daneben VI. — *N-tert.-Butoxalylphenacetursäurebenzylester*, $C_{23}H_{25}O_6N$, F. 126,3—127,5°, analog VII aus III u. tert.-Butanol, aber durch 8std. Kochen. — *[3-Phenyl-2.4.5-triketopyrrolidinyl-(1)]-essigsäuremethylester*, $C_{13}H_{11}O_5N$, F. 134,2—135,3°, bei der Alkoholyse durch $^1/_4$std. Erhitzen von 2-Benzyliden-4.5-diketo-oxazolidinyl-(3)-essigsäuremethylester (F. 188,5 bis 189,0°) in A.; aus $CCl_4$ hellgelbe Nadeln; daneben *N-Äthoxalylphenacetursäuremethylester*, F. 97,3—98,5°. — *Phenacetursäurebenzylester* (IV), F. 93,6—95,0° (Bzl.–Ligroin), a) bei der Darst. von VI (Meth. b) durch Behandeln des eingedampften Chloroformextrakts mit PAe. u. wss. Methanol; 15%; b) durch Einw. von 1nNaOH auf eine Lsg. von VII in A. u. Dioxan bei 0°, Zugabe von W. u. Extrahieren mit Chlf.; 27,1%; c) bei der Aminolyse von III mit Phenylhydrazin (69%), $CH_3NH_2$ (nach 12 Tagen 53% IV neben 71,5% *N.N'-Dimethyloxamid*) oder $C_6H_5NH_2$ in Bzl., Filtrieren, Einengen u. Fällen mit PAe.; 66%; daneben *N.N'-Dibenzyloxamid*, F. 220,5—222,0°; 98,5%; entsteht auch bei der Aminolyse von II; 96%. (J. Amer. chem. Soc. **74**. 360—65. 20/1. 1952. Cambridge, Mass., Massachusetts Inst. of Technol., Dep. of Chem.) W. HOFFMANN. 3132

**Bodo Klarmann**, *Notiz über Saccharinimin*. Bei der Einw. von $NH_3$ auf Benzaldehydsulfonsäure-(2)-chlorid (I) unter Druck bei Tempp. nicht über 60° entsteht *Saccharinimin* (II), das dann bei höheren Tempp. in *Saccharin* (III) übergeht. Auf diesem Wege ist auch die Darst. von III nach D. R. P. 94 948 [1887] zu erklären; III ist nicht etwa Primärprod. der Rk., da es unter den angewandten Bedingungen nicht II, sondern nur das $NH_4$-Salz von III liefert. Wie schon MAMELI u. MANNESSIER-MAMELI (Gazz. chim. ital. **70**. [1941.] 861) zeigten, ist II ident. mit dem von JESURUN [1893] als Pseudosaccharinamid bezeichneten Produkt.

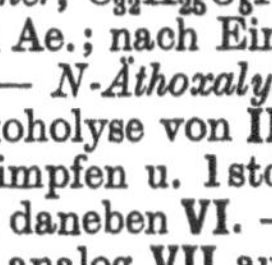

II

Versuche: *Saccharinimin* (II), F. 300°, durch 2std. Schütteln von 10 g I mit 30%ig. $NH_4OH$ im Rohr bei 60° u. 12std. Stehen bei 0°; 2,5 g Rohprod.; II schmeckt nicht süß. Bei Ausführung der Rk. bei 100° entstanden 2 g III (F. 220°). — III gab beim 7std. Erwärmen mit 30%ig. $NH_4OH$ u. 12std. Stehen in der Kälte kein II. (Chem. Ber. **85**. 162—64. 1952. Frankfurt/M.-Griesheim.) SPAETH. 3142

**Muvaffak Seyhan**, *Notiz über einige Komplexbildner der Azomethin-Reihe*. Durch Kondensation von Chinolinaldehyd-(2) u. Benzthiazolaldehyd mit o-Aminophenol entstehen *Chinolinaldehyd-(2)-o-oxyanil* u. *Benzthiazolaldehyd-o-oxyanil*, die bei Einw. von Uranylacetat Komplexe bilden, denen Vf. umstehende Struktur zuteilt.

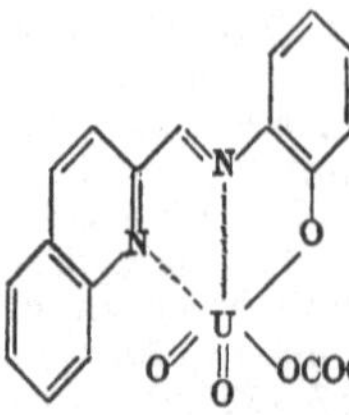
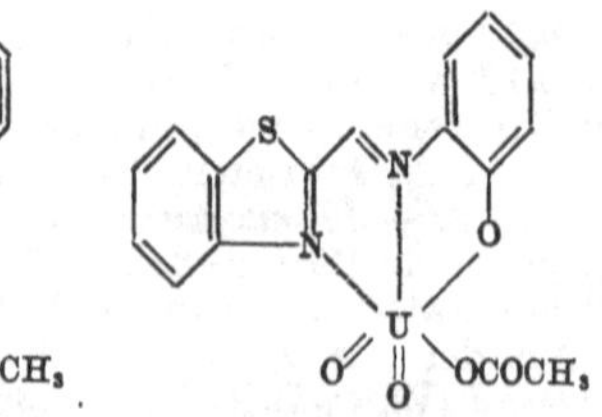

Versuche: *Chinolinaldehyd-(2)-o-oxyanil*, $C_{16}H_{12}ON_2$, F. 141—142°, durch Kondensation des Aldehyds mit o-Aminophenol in A.; dunkelgelbe Kristalle aus Ligroin. *Uranylacetat*, $C_{18}H_{14}$·$O_5N_2U$, rote Mikrokristalle. — *Benzthiazolaldehyd-o-oxyanil*, $C_{14}H_{10}ON_2S$, F. 151°, analog vorst. Verb.; hellgelbe Kristalle. *Uranylacetat*, $C_{16}H_{12}O_5N_2SU$, dunkelrote Mikrokristalle. (Chem. Ber. **85**. 436—38. 20/5. 1952. Istambul, Univ., Chem. Inst.) LEHWALD. 3142

**Robert P. Zelinski, Norman G. Peterson** und **Hope R. Wallner**, *Darstellung von l-2-Aminomethyltetrahydropyran.* Um substituierte Tetrahydropyranderivv. mit den Kohlenhydraten in Beziehung setzen zu können, wurden *dl-Tetrahydropyran-(2)-essigsäure* (dl-**I**) u. *dl-2-Aminomethyltetrahydropyran* (dl-**II**) synthetisiert u. in die opt. Antipoden aufgespalten. Dazu wurde aus 2-Bromtetrahydropyran u. Malonester *dl-Tetrahydropyran-(2)-malonester* (**IV**) hergestellt, der nach Verseifung zur *dl-Tetrahydropyranyl-(2)-malonsäure* (**V**) durch Decarboxylierung in dl-**I** übergeführt wurde. Aus **I** wurde auf übliche Weise das *dl-Tetrahydropyranyl-(2)-acetamid* (**VI**) gewonnen, das nach HOFMANN zu **II** abgebaut wurde. Der Abbau nach SCHMIDT oder CURTIUS gelang nicht. Die Spaltung der rac. **I** wurde mit Chinin bzw. D-Desoxyephedrin durchgeführt; akt. **II** wurde entweder aus rac. **II** mit Weinsäure oder durch Abbau der opt.-akt. **I** erhalten.

Versuche: *dl-Tetrahydropyranyl-(2)-malonsäurediäthylester* (**IV**), $C_{12}H_{20}O_5$, Kp.$_{1-2}$ 120—122°, nach A. P. 2 522 966 (C. **1951**. I. 3391); $n_D^{20}$ 1,4480, D.$^{20}$ 1,075; 78% (Ausbeute), in wasserfreiem Dioxan nur 48%. — *dl-Tetrahydropyranyl-(2)-malonsäure* (**V**), $C_8H_{12}O_5$, F. 140—141° (Zers.; Isopropyläther + PAe.), aus **IV** mit NaOH in verd. A. durch 1½ std. Kochen; 98%. — *dl-Tetrahydropyranyl-(2)-essigsäure* (dl-**I**), $C_7H_{12}O_3$, F. 55—57° (Bzn.), a) aus **IV** durch 2 std. Kochen mit 2n HCl u. Dest. (Kp.$_2$ 110—112°); 52%; mit n-HCl (6 Std.) oder 4n HCl (4 Std.) waren die Ausbeuten geringer; b) aus **V** durch Erhitzen auf 140—150°; 77%. — *dl-Tetrahydropyranyl-(2)-acetylchlorid* (**III**), $C_7H_{11}O_2Cl$, Kp.$_3$ 60—65°, aus dl-**I** mit $SOCl_2$; 93%. — *dl-Tetrahydropyranyl-(2)-acetanilid*, $C_{13}H_{17}O_2N$, F. 83—84° (PAe.), aus **III** in Bzl. u. Anilin; 49%. — *dl-Tetrahydropyranyl-(2)-acetamid* (**VI**), $C_7H_{13}O_2N$, F. 99—101° (PAe.), aus **III** in PAe. u. $NH_3$-Gas unter Eiskühlung; 83%; oder aus **III** in Dioxan mit 15n $NH_4OH$ unter Eiskühlung; 81%. — *dl-2-Aminomethyltetrahydropyran* (dl-**II**), $C_6H_{13}ON$, Kp. 167—169°, durch Eintragen von **VI** in NaOBr-Lsg. bei 0°, Erwärmen auf 90° nach 3 Std. bei 0°, Dest. in 3n HCl, Eintragen des erhaltenen rohen Hydrochlorids in NaOH u. Extraktion mit Bzl.; $n_D^{20}$ 1,4589, D.$^{20}$ 0,987; 48%. — *N-Benzoyl-2-aminomethyltetrahydropyran*, $C_{13}H_{17}O_2N$, F. 116—118° (A.); 43%. — *N-[Tetrahydropyranyl-(2)-acetyl]-2-aminomethyltetrahydropyran*, $C_{13}H_{23}O_3N$, F. 67—69° (PAe.). — *d*-**II**, Kp. 167—169°, aus dl-**II** in $CH_3OH$ mit d-Weinsäure über das *d-II-d-Tartrat* ($C_{10}H_{19}$·$O_7N$, F. 160—161°, $[\alpha]_D^{27}$ +40,3° [c = 1,35 in W.]; 40%), dessen Hydrolyse mit 10%ig. NaOH u. Benzolextraktion; $[\alpha]_D^{24}$ +8,3° (homogen, l = 1 dm); 50%. — *N-Benzoyl-d-2-aminomethyltetrahydropyran*, F. 112—113°, $[\alpha]_D^{24}$ +28,3° (c = 2,9 in Chlf.). — *l*-**I**, F. 37—38° (PAe.), aus dl-**I** in Bzl. mit Chinin über das *Chinin-l-tetrahydropyranyl-(2)-acetat* ($C_{27}H_{36}O_5N_2$, F. 162—163°, $[\alpha]_D^{17}$ −136,3° [c = 0,7 in A.]; 28%), dessen Hydrolyse mit 2n NaOH in Chlf., Ansäuern mit 1,5n HCl u. Extraktion mit Chlf.; Kp.$_4$ 120—125°, $[\alpha]_D^{27}$ −5,67° (c = 15 in A.). Weniger gut wurde l-**I** über *D-Desoxyephedrin-l-tetrahydropyranyl-(2)-acetat* ($C_{17}H_{27}O_3N$, F. 103—104° [Butanon], $[\alpha]_D^{25}$ +2,00° [c = 6,5 in A.]; 30%) erhalten. HOFMANNscher Abbau von l-**I** über *d-Tetrahydropyranyl-(2)-acetamid* ($C_7H_{13}O_2N$, F. 84—85°, $[\alpha]_D^{24}$ +12,5° [c = 1,6 in A.]; 74%) lieferte d-**II**. (J. Amer. chem. Soc. **74**. 1504—06. 20/3. 1952. Chicago, Ill., De Paul-Univ., Dep. of Chem.) IPPEN. 3211

**John S. Meek, Raymond T. Merrow** und **Stanley J. Cristol**, *Die Diels-Alder-Reaktion von Isopren mit Styrol und 2-Vinylpyridin.* Bei der Diensynth. von *Isopren* (**I**) mit *Styrol* (**II**) entsteht als Hauptprod. *4-Methyl-1.2.3.6-tetrahydrobiphenyl* neben Spuren des isomeren *3-Methyl-1.2.5.6-tetrahydrobiphenyls* (Strukturbeweis durch Dehydrierung u. Oxydation zu den entsprechenden *Phenylbenzoesäuren*); aus **I** u. *2-Vinylpyridin* (**III**) wurde als einziges Reaktionsprod. *1-Methyl-4-[α-pyridyl]-cyclohexen* erhalten, das zu *2-[p-Tolyl]-pyridin* (**V**) dehydriert wurde.

Versuche: Kondensation von je 0,5 Mol **I** u. **II** in Ggw. von 1 g p-tert.-Butylbrenzcatechin (**IV**) bei 150—160°, 24 Std. in der Bombe, lieferte ein Additionsprod. (Isomerengemisch) $C_{13}H_{16}$, Kp.$_6$ 118—119°; $n_D^{20}$ 1,5351; 19,7% (Ausbeute). — 3 g der vorst. Verb. wurden mit 1,15 g S dehydriert (25 Std. 260—265°), dann mit Zn-Staub 20 Min. erhitzt, die entstandene viscose Fl. (2 g) mit 4,75 g $KMnO_4$ in W. bis zur Entfärbung gekocht (8 Std.), mit Dampf dest., bis kein Öl mehr überging, filtriert u. das Filtrat nach Einengen angesäuert; der Nd. lieferte beim Umlösen aus wss. Methanol *p-Phenylbenzoesäure*, F. 220,5—221,5°; 0,8 g; daneben eine Spur *m-Phenylbenzoesäure*, F. 163—164°. — *1-Methyl-4-[α-pyridyl]-cyclohexen*, $C_{12}H_{15}N$, Kp.$_6$ 103—104°; Darst. aus 0,6 Mol **I**, 0,5 Mol **III** u. 1 g **IV** in 30 cm³ Aceton (24 Std. 170°); $n_D^{20}$ 1,5390; D.$^{20}$ 0,9961; 26,9%. — Daraus durch Dehydrierung mit S (26 Std. 180—185° u. 24 Std. 210—220°), dann Erhitzen mit Zn-Staub *2-[p-Tolyl]-pyridin* (**V**), $C_{12}H_{11}N$, Kp.$_4$ 108—109°, das auch dargestellt wurde aus p-Tolyl-Li (aus 3,5 g Li u. 43 g p-Bromtoluol in absol. Ae.) u. 40 g Pyridin in Toluol (Ae. abdest., 8 Std. bei 105—110° rühren); 40,4%. *Pikrat*, $C_{18}H_{14}O_7N_4$, F. 176—177°. Ein Vers. zur Darst. von **V** analog dem Verf. von HAWORTH u. Mitarbeiter (J. chem. Soc. [London] **1940.** 349) für 2-Phenylpyridin durch Kupplung des Diazoniumsalzes von p-Toluidin mit Pyridin lieferte 3 Pikrate: *3-[p-Tolyl]-pyridinpikrat*, F. 198,5 bis 199,5°; *4-[p-Tolyl]-pyridinpikrat*, F. 197—198°, u. **V**-Pikrat (Trennung durch fraktionierte Kristallisation aus Aceton). — *2-[m-Tolyl]-pyridin*, $C_{12}H_{11}N$, Kp.$_2$ 106—107°; aus m-Bromtoluol, Li u. Pyridin wie beschrieben; 20%. *Pikrat*, $C_{18}H_{14}O_7N_4$, F. 175,5 bis 177°. (J. Amer. chem. Soc. **74.** 2667—68. 20/5. 1952. Boulder, Colo., Univ. of Colorado, Dep. of Chem.) GOEBEL. 3231

**R. Lukeš** und **J. Pliml**, *Über die Reduktion des Pyridinringes durch Ameisensäure.* 3. Mitt. *Reduktion von β-Picolin.* (2. vgl. Collect. Trav. chim. Tchécoslov. **12.** [1947.] 71.) Ebenso wie N-Methylpyridiniumformiat wird *N-Methyl-β-picoliniumformiat* durch HCOOH bei 140—170° hauptsächlich zur *Hexahydroverb.* (**IV**) red.; nebenbei entsteht das *Tetrahydroderiv.* (**I**). Die Trennung der beiden Prodd. erfolgt wie bei den entsprechenden Pyridinverbb. durch Einw. von $Br_2$ auf das Gemisch der Hydrobromide: **I**-Hydrobromid bildet *1.3-Dimethyl-3.4-dibrompiperidin* (**III**), das mit Zn zu *1.3-Dimethylpiperidein* (**I**) debromiert werden kann. Daß die Doppelbindung in **I** in 3.4-Stellung liegt u. nicht in 5.6-Stellung, wird dadurch wahrscheinlich, daß das Ozonisationsprod. die Jodoform-Rk. gibt, also wahrscheinlich die Verb. $CH_3COCH_2N(CH_3)CH_2CH_2CHO$ ist. Mit $Br_2$ u. $(CN)_2$ wurde aus **I** die *1-Cyanverb.* neben *1.1.3-Trimethyl-1.2.5.6-tetrahydropyridiniumbromid* (**II**) gewonnen. Erstere kann zu *3-Methyl-1.2.5.6-tetrahydropyridin* hydrolysiert werden. Außerdem ist **I** nicht mit dem von SORM (Collect. Trav. chim. Tchécoslov. **13.** [1948.] 57) durch elektrolyt. Red. von Nicotinsäure erhaltenen Tetrahydro-β-picolin identisch. Das **II** entsprechende Hydroxyd (**I**-Methylhydroxyd) gibt bei Zers. *1-Dimethylamino-2-methylpentadien-(2.4)*.

Versuche: *1.3-Dimethylpyridiniumbromid*, aus β-Picolin u. $CH_3Br$ in Methanol als Rohprodukt. — Nach 4½ std. Erhitzen von 578 g vorst. Verb. mit HCOOK + 328 cm³ HCOOH auf über 140° unter weiterer Zugabe von wasserfreier HCOOH (CO- u. $CO_2$-, zum Ende der Rk. nur CO-Entw.) u. Dest. werden 237 g Basen erhalten. — Nach Lösen von 257 g hydrierten Basen in 48 % ig. HBr, Zugabe von $Br_2$ bis zur Sättigung, Abfiltrieren, Kristallisation aus A., weiterer Rk. des Filtrats mit $Br_2$, Eindampfen im Vakuum u. Impfen werden 336 g *1.3-Dimethyl-3.4-dibrompiperidin* (**III**)-*Hydrobromid*, $C_7H_{14}NBr_3$, erhalten, das obige Reduktionsgemisch enthält demnach 45% **I. III**, F. 117°. Die Mutterlaugen aus der Kristallisation des **III**-Hydrobromids liefern nach Eindampfen mit W., Alkalisieren, Ausäthern, Dest. in eine auf —80° gekühlte Vorlage u. Reinigen über das Hydrochlorid *1.3-Dimethylpiperidin* (**IV**), $C_7H_{15}N$, Kp. 124—126°. *Pikrat*, F. 165° (A.). *Jodmethylat*, F. 196° (A.). Zum Vgl. wurde **IV** aus 3-Methylpiperidin durch Eindampfen mit HCl u. Rk. mit HCHO zunächst bei 140°, dann bei 180° (mehrere Std.) dargestellt; es wurde in HCl aufgenommen, zweimal mit A., dann mit Chlf. eingedampft; das *Hydrochlorid* ist hygroskopisch. — *1.3-Dimethyl-1.2.5.6-tetrahydropyridin* (**I**), $C_7H_{13}N$, Kp. 157—158°, aus 352 g **III**-Hydrobromid in W. durch Zugabe von überschüssigem Zn-Pulver, Alkalisieren u. Dampfdest.; D.$^{20}{}_4$ 0,8540; $n_D^{20}$ 1,4611; 96,6 g (Ausbeute). — *1.1.3-Trimethyl-1.2.5.6-tetrahydropyridiniumjodid*, $C_8H_{16}NJ$, F. 154°, aus 3,8 g **I** u. 4,9 g $CH_3J$ in A.; Lamellen; 7,0 g. **I**-*Pikrat*, $C_{13}H_{16}O_7N_4$, F. 107° (A.). — Nach Einleiten von $O_3$ in die HCl-Lsg. von **I** bis zur Absättigung der Doppelbindung, 2 std. Kochen u. Vakuumverdampfen entsteht eine sirupöse M., die die Jodoform-Rk. gibt. — Nach vorsichtiger Zugabe von BrCN in Ae. zu **I** in Ae. in der Kälte u. 1 tägiger Rk. wurden die abgeschiedenen Kristalle zu *1.1.3-Trimethyl-1.2.5.6-tetrahydropyridiniumbromid* (**II**) (hygroskop.) aufgearbeitet. *Pikrat*, $C_{14}H_{18}O_7N_4$, aus A. lange Nadeln, F. 213°. Aus der Mutterlauge von **II** *1-Cyan-3-methyl-1.2.5.6-tetrahydropyridin*, $C_7H_{10}N_2$, Kp.$_{12}$ 115°; D.$^{20}{}_4$ 0,9930; $n_D^{20}$ 1,4925. — *3-Methyl-1.2.5.6-tetrahydropyridin*, aus vorst. Verb. durch 2 std. Kochen mit 12 % ig. HCl, Eindampfen, Aufnehmen in Chlf., Eindampfen des Filtrats u. Freimachen der Base; *Pikrat*, $C_{12}H_{14}O_7N_4$, dünne lange Säulen aus A., dann W., F. 159—160°. — *1-Dimethylamino-2-methylpentadien-(2.4)*, $C_8H_{15}N$, Kp. 144—146°, aus **II** in W. durch Schütteln mit $Ag_2O$, Eindampfen u. Zers. des entstandenen Methylhydroxyds; 66%. *Pikrat*, $C_{14}H_{18}O_7N_4$, dünne Lamellen aus A., F. 133°. (Collect. Trav. chim. Tchécoslov. **15.** 463—70

u. Chem. Listy Vědu Průmysl **44.** 297—300. 1950. Prag, École Polytechn., Inst. de Chim. organ.) NITZSCHKE. 3231

**J. W. Cook** und **J. S. Moffatt,** *Synthesen einiger Derivate von 2-Phenyl-1-azapyren.* 4-Benzamidophenanthrene wurden zu *2-Phenyl-1-azapyrenen* cyclisiert, z. B. zu *2-Phenyl-* (I), *2-[p-Aminophenyl]-* (II), *4-Carbäthoxyamino-2-[p-nitrophenyl]-* (III) u. *2-[p-Aminophenyl]-4-carbäthoxyamino-1-azapyren* (IV). Die *quaternären Ammoniumsalze* dieser Verbb. zeigten trypanocide Eigg., waren aber den entsprechenden Phenanthridiniumsalzen unterlegen.

Versuche: Die Herst. von *γ-[β-Naphthyl]-buttersäure* nach NEWMAN u. ZAHM (J. Amer. chem. Soc. **65.** [1945.] 1097) verlief nur bei kleinen Ansätzen (5 g) befriedigend; sie gab mit trocknem HF *1.2.3.4-Tetrahydro-4-ketophenanthren* (V); 80% (Ausbeute). — *1.2.3.4-Tetrahydro-4-keto-5-nitrophenanthren* (VI), $C_{14}H_{11}O_3N$, F. 162°, aus **V** in $CH_3COOH$ bei 0° mit 98%ig. $HNO_3$ u. Acetanhydrid (4 Std.), aus A. Rhomben; 49%; blieb mit $NH_2OH \cdot HCl$ in sd. Pyridin unverändert. — *8-Nitronaphthalin-1.2-dicarbonsäure,* $C_{12}H_7 \cdot O_6N$, F. 232—234°, aus **V** durch 90std. Kochen mit $HNO_3$ (D. 1,42) u. W. (1 : 12 Vol.); Nd. mit warmer 2n Sodalsg. ausgezogen; durch konz. HCl Nd., aus W. gelbe Prismen. — *1.2.3.4-Tetrahydro-4.5-iminophenanthren,* $C_{14}H_{13}N$, F. 113°, durch Hydrierung (20%ig. Pd-Kohle) von 0,5 g in absol. A. suspendiertem **VI** bis zur Aufnahme von 4,1 Mol $H_2$ u. Anreiben des Vakuumrückstandes mit A., aus A. Nadeln; 0,1 g. Wegen schneller Verfärbung an der Luft 8std. Dampfbaderhitzen des Rohprod. mit Acetanhydrid: *N-Acetylverb.,* $C_{16}H_{15}ON$, F. 136°, Prismen aus $CH_3OH$; 0,26 g. — *N-Acetyliminophenanthren,* $C_{16}H_{11}ON$, F. 174—175°, durch 1std. Erhitzen vorst. Verb. mit 20%ig. Pd-Kohle auf 180—250° unter $CO_2$, aus A. lange Nadeln. — *1.2.3.4-Tetrahydro-1-keto-9-nitrophenanthren* (VII), $C_{14}H_{11}O_3N$, F. 147—148°, durch Einrühren von 5 cm³ 98%ig. $HNO_3$ u. 4 cm³ Acetanhydrid in die Lsg. von 10 g Keton in $CH_3COOH$–Acetanhydrid (14 : 4 cm³) bei 0°; nach 3 Std. Filtrieren, gelbe Nadeln aus A.; 3,7 g. *Oxim,* $C_{14}H_{12}O_3N_2$, F. 202 bis 203° (A.). — *9-Amino-1.2.3.4-tetrahydro-1-ketophenanthrenhydrochlorid,* $C_{14}H_{13}ON \cdot HCl$, F. 229—231°, durch Hydrierung (10%ig. Pd-Kohle) von **VII** in absol. A., Zerlegen in hochschm. neutrales Prod. u. Base; mit heißer 2n HCl hellbraune Prismen. — *1-Amino-9-nitrophenanthren* (VIII), $C_{14}H_{10}O_2N_2$, F. 171—173°, durch 8std. Durchleiten von HCl-Gas durch das Gemisch von 2,25 g **VII**-Oxim, 34 cm³ $CH_3COOH$ u. 4,5 cm³ Acetanhydrid auf dem Wasserbade; nach 3 Tagen bei Zimmertemp. Ausziehen des Nd. mit sd. 2n HCl; Gießen der Benzollsg. des Rückstandes durch kurze $Al_2O_3$-Säule u. Waschen mit Bzl.; aus Bzl. 0,2 g einer *Verb.* $C_{13}H_{11}O_4N$, F. 208—210°, aus A. blaßhellbraune Nadeln; HCl-Extrakt mit konz. $NH_3$ gefällt, Nd. in Bzl. an $Al_2O_3$ chromatographiert u. mit 0,2%ig. $CH_3OH$–Bzl. eluiert: carminrote Nadeln aus A.; 0,7 g. — *9-Nitrophenanthren,* $C_{14}H_9O_2N$, F. 113—114°, durch Eintragen der Pyridinlsg. von 100 mg **VIII** in $NaNO_2$ in $H_2SO_4$ (1 : 2 Vol.) bei 0°, Zugabe von 30%ig. $NaH_2PO_2$-Lsg. u. 24std. Stehen; Chromatographie der Benzollsg. des Nd. an $Al_2O_3$ u. Elution mit Bzl.; gelbe Nadeln aus A.; 49 mg. Daraus durch Hydrierung (20%ig. Pd-Kohle) in A. 20 mg *Base,* F. 113—120°; in Bzl. + Acetanhydrid → *9-Acetamidophenanthren,* F. 210—211°, Nadeln aus $CH_3OH$. — *γ-[6-Oxynaphthyl-(2)]-buttersäure* (IX), $C_{14}H_{14}O_3$, F. 150—152°, Kp.$_{0,3}$ 200—210°, durch 1std. Kochen von 51,6 g β-[6-Methoxynaphthoyl-(2)]-propionsäure, 37,6 g KOH, 260 cm³ $O(CH_2CH_2OH)_2$ u. 52 cm³ 90%ig. $N_2H_4 \cdot H_2O$ u. Dest. bis 190° im Gemisch; Rückstand 3,5 Std. gekocht, verd. u. in n-HCl gegossen; Rhomben aus Aceton. — *γ-[6-Methoxynaphthyl-(2)]-buttersäure,* F. 134—136°; rohe **IX** in verd. NaOH gelöst u. bei 60° $(CH_3)_2SO_4$ eingetropft, 1 Std. auf 80° gehalten u. verd.; nach 12 Std. Nd. des Na-Salzes; hieraus u. aus Filtrat 12,5 g rein u. 20,5 g, F. 129—132° (Aceton). — *1.2.3.4-Tetrahydro-4-keto-7-methoxyphenanthren* (X), $C_{15}H_{14}O_2$, Kp.$_{0,3}$ 172—175°, F. 52°, aus 10 g vorst. Verb. durch 3std. Wasserbaderhitzen mit $POCl_3$ u. Bzl., Zers. mit Eis, Zugabe von NaCl u. Ausäthern; Eindampfrückstand in 100 cm³ Ae. gelöst; Nd. von *γ-[6-Methoxynaphthyl-(2)]-buttersäureanhydrid,* $C_{30}H_{30}O_5$, F. 130—132°, aus Bzl. 0,8 g Nadeln; aus Filtrat Prismen; 6 g; wurde auch aus der Säure mit $H_2F_2$ erhalten; 81%. *Oxim* (XI), $C_{15}H_{15}O_2N$, F. 174°, mit $NH_2OH \cdot HCl$ in sd. Pyridin, aus A. Rhomben. — *1.2.3.4-Tetrahydro-7-oxy-4-ketophenanthren* (XII), $C_{14}H_{12}O_2$, F. 186—187°, aus 15,5 g **X** u. $AlCl_3$ durch 4std. Kochen in Bzl. u. Zers. mit Eis + HCl; Umfällen aus 2n NaOH; Prismen aus $CH_3OH$; 13,6 g; entstand auch aus **IX** u. $H_2F_2$. — *7-Amino-1.2.3.4-tetrahydro-4-ketophenanthren,* F. 153—155°, aus 2 g **XII**, Dioxan, konz. $NaHSO_3$-Lsg. u. $NH_4OH$ (D. 0,88) durch 19std. Erhitzen auf 180—190° im Druckrohr u. Gießen in W.; Ausziehen der $CHCl_3$-Lsg. des Nd. mit 2n NaOH (mit HCl 1.3 g **XII** zurück); Eindampfrückstand des Chlf. mit sd. n-HCl ausgezogen u. mit $NH_3$ gefällt: 3,7 g gelber Nd., prakt. rein. — *7-Carbäthoxyamino-1.2.3.4-tetrahydro-4-ketophenanthren,* $C_{17}H_{17}O_3N$, F. 182—183°, aus 3,94 g vorst. Verb. u. Diäthylanilin in A. mit $ClCOOC_2H_5$ durch ½std. Kochen u. Einengen: 4,5 g prakt. rein; noch 0,3 g aus Filtrat durch Ausziehen des Eindampfrückstandes mit verd. HCl, aus A. Nadeln. *Oxim,*

$C_{17}H_{18}O_3N_2$, F. 167°, wie **XI**, aus A. Rhomben. — *5-Amino-2-carbäthoxyaminophenanthren* (**XIII**), $C_{17}H_{16}O_2N_2$, F. 164°, aus 6,16 g vorst. Oxim ähnlich **VIII**, aber 6std. Überleiten von HCl; beim Ausziehen des Nd. mit sd. n/2 HCl blieben als Rückstand 1,23 g *Verb.* $C_{19}H_{18}O_3N_2$, F. 166°, aus A. Nadeln; HCl-Lsg. mit konz. $NH_3$ gefällt; Chromatographie des Nd. in Bzl. an $Al_2O_3$ u. Elution mit 0,1%ig. $CH_3OH$–Bzl.: aus A. 1,09 g hellbraune Prismen. *Acetylverb.*, $C_{19}H_{18}O_3N_2$, F. 241°, mit Acetanhydrid in A.; aus A. Rhomben. — *5-Amino-2-methoxyphenanthren*, $C_{15}H_{13}ON$, F. 106°, aus **X!** analog **XIII**, rote Rhomben aus A.; 13%. — Folgende Verbb. wurden durch Zugabe eines substituierten Benzoylchlorids zur Lsg. eines 4-Aminophenanthrens in Pyridin bei 0°, 24std. Stehenlassen bei Zimmertemp. u. Gießen in W. hergestellt: *4-[p-Nitrobenzamido]-phenanthren* (**XIV**), $C_{21}H_{14}O_3N_2$, F. 234°, aus A. blaßgelbe Nadeln. — *4-[p-Carbäthoxyaminobenzamido]-phenanthren* (**XV**), $C_{24}H_{20}O_3N_2$, F. 222°, aus A. Nadeln. — *2-Methoxy-5-[p-nitrobenzamido]-phenanthren* (**XVI**), $C_{22}H_{16}O_4N_2$, F. 231—232°, blaßgelbe Nadeln aus $CH_3COOH$. — *2-Carbäthoxyamino-5-[p-nitrobenzamido]-phenanthren* (**XVII**), $C_{24}H_{19}O_5N_3$, F. 247°, blaßgelbe Nadeln aus $CH_3COOH$. — *2-Carbäthoxyamino-5-[p-carbäthoxyaminobenzamido]-phenanthren*, $C_{27}H_{25}O_5N_3$, F. 222°, Rhomben aus $CH_3COOH$. — *2-Phenyl-1-azapyren* (**I**), aus 4-Benzamidophenanthren u. $P_2O_5$ in sd. Xylol; 70%. *Methobromiddihydrat*, $C_{22}H_{16}NBr \cdot 2\,H_2O$, F. 227° (Zers.), aus 0,36 g **I** u. $C_6H_5NO_2$ durch Zugabe von $(CH_3)_2SO_4$ bei 150—160°; nach 5 Min. gekühlt u. mit Ae. verd.; Nd. in warmem W. gelöst u. mit konz. KBr-Lsg. vermischt: 0,38 g gelbe Nadeln aus $H_2O$. — Bei ähnlicher Rk. blieben **XV**, **XVI** u. **XVII** weitgehend unangegriffen; bei **XVI** sehr wenig *4-Methoxy-2-[p-nitrophenyl]-1-azapyren*, $C_{22}H_{14}O_3N_2$, F. 259—260°, gelbe Kristalle aus $CH_3COOH$; entstand auch durch 2std. Wasserbaderhitzen von 100 mg **XVI** mit $POCl_3$, Evakuieren bei 40° u. Zers. mit Eis + $NH_4OH$; Fällen der warmen Acetonlsg. des Nd. mit Pikrinsäure in Aceton gab 20 mg *Pikrat*, $C_{22}H_{14}O_3N_2 \cdot C_6H_3O_7N_3$, F. 243—246° (Zers.), orangefarbene Prismen aus Aceton. — *Verb.* $C_{22}H_{16}O_2N_2$, F. 96—98° (Zers.), durch 1std. Kochen von 200 mg **XV** u. $POCl_3$ u. wie vorst.; $NH_4OH$-Nd. mit A. ausgezogen, Extrakt evakuiert u. verd.: 40 mg Nd., aus $CH_3OH$ gelbe Prismen. — *2-[p-Aminophenyl]-1-azapyren* (**II**). *Pikrat*, $C_{21}H_{14}N_2 \cdot C_6H_3O_7N_3$, F. 216—219° (Zers.), durch 6std. Kochen von 630 mg **XV** u. $POCl_3$ wie vorst.; Extrakt mit alkoh. Pikrinsäure vermischt: orangefarbene Mikroprismen; 0,4 g. *Monohydrat*, $C_{21}H_{14}N_2 \cdot H_2O$, F. 124—125°, aus Pikrat mit $NH_4OH$ u. Ausziehen mit Chlf.; Chromatographie des Eindampfrückstandes an $Al_2O_3$ in Bzl., Elution mit 0,2%ig. $CH_3OH$–Bzl., gelbe Rhomben aus $CH_3OH$. — *2-[p-Nitrophenyl]-1-azapyren*, F. 241°, aus 0,7 g **XIV** u. $POCl_3$ in $C_6H_5NO_2$ (2 Std., 155—160°), Zers. mit Eis u. Dampfdest., gelbe Nadeln aus A., dann $CH_3COOH$; 0,4 g. — **II**-*Metho-p-toluolsulfonat*, $C_{29}H_{24}O_3N_2S$, F. 268—270° (Zers.), aus 0,35 g vorst. Verb. in $C_6H_5NO_2$ u. p-$CH_3C_6H_4SO_3CH_3$ bei 180° u. $^1/_4$std. Erwärmen auf 200°, 0,32 g gelbe Nadeln aus W., F. 245—250°; diese 1½ Std. auf dem Wasserbad mit red. Fe-Pulver, 0,1n HCl u. A. erwärmt, mit 0,1n NaOH u. A. versetzt u. heiß filtriert; 0,2 g carminrote Tafeln. — *4-Carbäthoxyamino-2-[p-nitrophenyl]-1-azapyren* (**III**). *Methomethylsulfat*, $C_{26}H_{23}O_8N_3S \cdot 1½\,H_2O$, F. 230—232° (Zers.), aus 1,32 g **XVII** in $C_6H_5NO_2$ u. $POCl_3$ (1 Std., 135—140°); nach Zugabe von W. u. $NH_4OH$ Dampfdest.; Rückstand in $C_6H_5NO_2$ bei 155—165° mit $(CH_3)_2SO_4$ versetzt, nach 8 Min. in W. gegossen u. dampfdest.; aus Filtrat 0,58 g gelbe Prismen. — *2-[p-Aminophenyl]-4-carbäthoxyamino-1-azapyren* (**IV**). *Methomethylsulfat*, $C_{26}H_{25}O_6N_3S \cdot H_2O$, F. 225° (Zers.), aus 280 mg vorst. Verb., Fe-Pulver, 0,05n $H_2SO_4$ u. A. (2 Std., Wasserbad), Zugabe von 0,1n NaOH u. Heißfiltration; Rückstand mit A. ausgekocht, Filtrate auf 5 cm³ eingeengt; Fl. von Harz abgegossen, dieses mit $CH_3OH$ angerieben; 80 mg scharlachrote Nadeln aus $CH_3OH$. (J. chem. Soc. [London] **1951**. 2487—92. Sept. Glasgow, Univ.) LEHMSTEDT. 3231

**Muvaffak Seyhan**, *Notiz über die Oxydation von 2.3-Dimethylchinolin mit Selendioxyd.* (Vgl. C. **1952**. 847.) Im Gegensatz zu 2.4-Dimethylchinolin, das bei Oxydation mit $SeO_2$ eine Monocarbonsäure, einen Monoaldehyd u. einen Dialdehyd bildet, führt die Oxydation von 2.3-Dimethylchinolin in 50%ig. Ausbeute zu einem *Monoaldehyd*, vermutlich *3-Methylchinolinaldehyd-(2)*. Die Bldg. einer Säure konnte nicht nachgewiesen werden.

Versuche: *3-Methylchinolinaldehyd-(2)*, $C_{11}H_9ON$, F. 115—116° (PAe.), aus 2.3-Dimethylchinolin in sd. Xylol durch langsames Zufügen von $SeO_2$, nach kurzem Erhitzen auf 130—135° (Bad), Filtrieren (heiß) u. Wasserdampfdest.; 50% (Ausbeute). *p-Nitrophenylhydrazon*, $C_{17}H_{14}O_2N_4$, F. 257°, aus A. gelbe Kristalle. *2.4-Dinitrophenylhydrazon*, $C_{17}H_{13}O_4N_5$, F. 274°, aus A. gelbe Kristalle. (Chem. Ber. **85**. 425—26. 20/5. 1952. Istambul, Univ., Chem. Inst.) LEHWALD. 3231

**Carl Tabb Bahner** und **Billy Lee Stump**, *8-Oxychinoliniumsalze. 1-[p-Chlorphenacyl]-8-oxychinoliniumbromid*, $C_{17}H_{13}O_2NClBr$, Zers. bei 235—236° (A.–Ae.), aus p-Chlorphenacylbromid u. 8-Oxychinolin, 30 Min. bei 100°; 52% (Rohausbeute). — *1-Allyl-8-oxychinoliniumbromid*, $C_{12}H_{12}ONBr$, Zers. bei 148°, mit Allylbromid, 6,5 Std. bei 70°;

81%. — Die beiden Salze zeigten 18 bzw. 11% der Wrkg. des wachstumshemmenden 8-Oxychinolins. (J. Amer. chem. Soc. **74.** 3454. 5/7. 1952. Jefferson City, Tenn., Carson-Newman-Coll.) LIPPOLD. 3231

**E. P. Taylor,** *N-Methyl-6.7.8-trimethoxy-1.2.3.4-tetrahydroisochinolin.* Vf. bemerkt, daß die von CASTRILLÓN (C. **1952.** 5894) als bisher in der Literatur nicht beschrieben bezeichnete, genannte Verb. bereits von ihm dargestellt wurde (vgl. J. chem. Soc. [London] **1951.** 1153). (J. Amer. chem. Soc. **74.** 3196. 20/6. 1952. Ware, Herts., Allen and Handburys, Res. Div.) LEHWALD. 3231

**Ph. Fresenius,** *Die Reaktion zwischen Barbitursäuren und Methylolverbindungen.* 1. Mitt. Die Bldg. von *Methylen-bis-antipyrin* (**III**) aus HCHO u. Antipyrin (**I**) in saurer Lsg. bzw. die Bldg. von *Antipyrylmethylbarbitursäuren* aus 5-monosubstituierten Barbitursäuren, HCHO u. **I** in saurer Lsg. nach D. R. PP. 573 541 u. 587 428 (C. **1934.** I. 3468. 3484) (Rk. **A**), die Bldg. von *Methylolantipyrin* (**II**) aus HCHO u. **I** bei alkal. Kondensation (Rk. **B**), die Bldg. von **III** aus **II** bei der Einw. von HCl (Rk. **C**), die Bldg. von *Alkylmethylolbarbitursäuren* aus Alkylbarbitursäuren u. HCHO in saurer Lsg. (Rk. **D**) sowie die Weiterkondensation der Alkylmethylolbarbitursäuren mit **I** zu *Alkyl-[antipyrylmethyl]-barbitursäuren* in HCl (Rk. **E**) wird mit Hilfe ion. u. polarer Grenzformeln veranschaulicht; bei **A** reagiert die polare Grenzform von **I** mit HCHO–HCl-Kation, bei **B** das **I**-Anion mit der polaren Grenzform des HCHO, bei **C** reagieren polare Grenzform u. Kation von **II** miteinander, bei **D** reagiert die polare Grenzform der Alkylbarbitursäureenolform mit dem HCHO–HCl-Kation u. bei **E** das Alkylmethylolbarbitursäurekation mit der polaren Grenzform von **I**. Wegen seiner Unbeständigkeit gegenüber Säuren ist **II** nicht als Zwischenprod. bei der Rk. **A** anzusehen. — Während im allg. Säureeinw. auf **II** zur Bldg. von **III** führt, findet mit Barbitursäure (**IV**) Kondensation statt, die je nach dem Verhältnis **II**:**IV** zu *5-[Antipyrylmethyl]-barbitursäure* bzw. *5.5-Bis-[antipyrylmethyl]-barbitursäure* führt, wobei die beiden H-Atome an $C_{(5)}$ von **IV** nacheinander substituiert werden. Auch andere Methylolverbb. als **II** lassen sich mit **IV** u. ihren 5-monosubstituierten Derivv. in HCl kondensieren, z. B. α-Methylolketone, dagegen konnten Phenylpropiolalkohol u. Tetramethylolcyclopentanon nicht mit **IV** zur Rk. gebracht werden.

Versuche: *5.5-Bis-[antipyrylmethyl]-barbitursäure,* $C_{28}H_{28}O_5N_6$, Zers. bei 269°, aus 1 Mol **IV**·2$H_2O$ u. 2 Mol **II** in W.; aus W. kleine prismat. Kristalle. *K-Salz,* $C_{28}H_{27}O_5 \cdot N_6K$, feine Nadeln. — *5-[Antipyrylmethyl]-barbitursäure,* $C_{16}H_{16}O_4N_4$, Zers. bei 247°, aus 1 Mol **IV** u. 1 Mol **II** in W.; aus 50%ig. $CH_3COOH$ kleine Prismen. — *5-Äthyl-5-[antipyrylmethyl]-barbitursäure,* $C_{18}H_{20}O_4N_4$, Zers. bei 270° (50%ig. A.), aus **II** u. 5-Äthylbarbitursäure. — *5-Isopropyl-5-[antipyrylmethyl]-barbitursäure,* $C_{19}H_{22}O_4N_4$, Zers. bei 274° (A.), aus **II** u. 5-Isopropylbarbitursäure oder aus **I** u. 5-Isopropyl-5-oxymethylbarbitursäure in konz. HCl auf dem Wasserbad. — *5-Allyl-5-[antipyrylmethyl]-barbitursäure,* $C_{19}H_{20}O_4N_4$, Zers. bei 272° (50%ig. $CH_3COOH$), aus 5-Allylbarbitursäure u. **II**. — *5-Phenyl-5-[antipyrylmethyl]-barbitursäure,* $C_{22}H_{20}O_4N_4$, Zers. bei 250° (Amylalkohol), aus 5-Phenylbarbitursäure u. **II**. — *1-Allyl-5.5-bis-[antipyrylmethyl]-barbitursäure,* $C_{31}H_{32} \cdot O_5N_6$, F. 221° (Verfärbung), aus 1 Mol N-Allylbarbitursäure u. 2 Mol **II**; aus verd. A. Nadeln. — *5.5-Bis-[cyclohexanonyl-(2)-methyl]-barbitursäure,* $C_{18}H_{24}O_5N_2$, F. 191°, durch Kochen von **IV** u. α-Oxymethylcyclohexanon (1:2) in W. mit 6n HCl; aus verd. A. Spieße. — *5-[Cyclohexanonyl-(2)-methyl]-barbitursäure* (**V**), $C_{11}H_{14}O_4N_2$, F. 221° (Verfärbung), wie vorst. im Verhältnis 1:1; aus Eisessig Nadeln. — *5-Isopropyl-5-[cyclohexanonyl-(2)-methyl]-barbitursäure,* $C_{14}H_{20}O_4N_2$, F. 185—187°, analog vorst. Verb.; aus Aceton + PAe. Nadeln; als Nebenprod. entstand eine N-freie Verb., wahrscheinlich *Bis-[cyclohexanonyl-(2)-methyl]-äther,* $C_{14}H_{22}O_3$, F. 155°. — *5-Phenyl-5-[cyclohexanonyl-(2)-methyl]-barbitursäure,* $C_{17}H_{18}O_4N_2$, F. 225° (A.). — *5-[Cyclohexanonyl-(2)-methyl]-5-[antipyrylmethyl]-barbitursäure,* $C_{23}H_{26}O_5N_4$, Zers. bei 220—222°, aus **II** u. **V** in W.; aus A. seidige Nadeln. — *5-Isopropyl-5-[cyclopentanonyl-(2)-methyl]-barbitursäure,* $C_{13}H_{18}O_4N_2$, F. 176°, mit α-Oxymethylcyclopentanon; aus wss. A. Blättchen. (Arzneimittel-Forsch. **1.** 128—31. Juni 1951. Karlsruhe, TH, Pharmazeut.-Chem. Inst.) SPAETH. 3272

**Ph. Fresenius,** *Die Reaktion zwischen Barbitursäuren und Methylolverbindungen.* 2. Mitt. (1. vgl. vorst. Ref.) Es wird das Verh. weiterer Methylolverbb. gegenüber Barbitursäure (**I**) u. 5-Isopropylbarbitursäure (**II**) untersucht. 3-Ketobutanol-(1) (**III**) reagierte nicht in der erwarteten Weise; mit **I** entstand eine unlösl., sich bei 300° noch nicht zers. Substanz, mit **II** bildete sich eine *Verb.* $C_{19}H_{26}O_7N_4$, die vielleicht *1.5-Bis-[5-isopropylbarbituryl-(5)]-n-pentanon-(3)* ist, entstanden durch Zers. eines Teils von **III** unter Abspaltung von HCHO, der mit **II** *5-Methylol-5-isopropylbarbitursäure* bildet, die sich ihrerseits mit dem n. Kondensationsprod. aus **II** u. **III** umsetzt. Vanillylalkohol (**IV**) läßt sich glatt mit **I** oder ihren 5-monosubstituierten Derivv. in wss. Lsg. kondensieren, wobei aus **I** u. **IV** immer *5.5-Divanillylbarbitursäure* entsteht; wenn von mol. Mengen **I** u. **IV** ausgegangen wird, so bleibt die halbe Menge von **I** unverändert. Im Gegensatz zu **IV** ließen sich 2-Oxy-3.5-dimethylbenzylalkohol u. Dimethylol-p-kresol nicht mit **I** oder **II** kondensieren, sondern gaben zunächst ölige, später erstarrende Prodd., wahrscheinlich Phenolharze. *o-Vanillylalkohol*, der durch katalyt. Hydrierung von o-Vanillin in Ggw. von RANEY-Ni krist. erhalten wurde, kondensierte sich ebenfalls nicht mit **I**, was auf ster. Gründe zurückgeführt wird. Auch *p-Nitrobenzylalkohol*, der in kleinen Mengen durch unmittelbare Verseifung von p-Nitrobenzylchlorid (**V**) in wss. A. mit $Na_2CO_3$ erhältlich ist, ließ sich in neutraler oder alkal. Lsg. nicht mit **II** kondensieren, mit HCl trat Rückbldg. von **V** ein.

Versuche: *Verb.* $C_{19}H_{26}O_7N_4$ *(1.5-Bis-[5-isopropylbarbituryl-(5)]-n-pentanon-(3)* (?), Zers. bei 246° (beginnende Zers. bei 235°), durch halbstd. Erwärmen von **II** u. **III** in W. mit 6nHCl auf dem Wasserbad, Abtrennen der unveränderten **II** u. Eindampfen der Mutterlauge; aus A. Prismen. — *5.5-Divanillylbarbitursäure*, $C_{20}H_{20}O_7N_2$, F. 226° (unscharf), aus **I** u. **IV** in W. auf dem Wasserbad; aus A. Prismen. — *5-Phenyl-5-vanillylbarbitursäure*, $C_{18}H_{16}O_5N_2$, F. 225° (unscharf), wie vorst. aus **IV** u. 5-Phenylbarbitursäure; aus A. Nadeln. — *5-Isopropyl-5-vanillylbarbitursäure*, $C_{15}H_{18}O_5N_2$, F. 246° (unscharf), aus **IV** u. **II**; aus A. + Isopropanol (1:1) Büschel feiner Prismen. — *o-Vanillylalkohol*, $C_8H_{10}O_3$, F. 60°, durch Schütteln von o-Vanillin in $CH_3OH$ mit RANEY-Ni in $H_2$-Atmosphäre während 24 Std. (bei größeren Ansätzen 72 Std.), Eindunsten ohne Erwärmen u. Stehen, nach 8 Wochen erfolgte Kristallisation; aus Bzl. lange Nadeln; der ölige Verdunstungsrückstand roch deutlich nach *Guajacol*. — *p-Nitrobenzylalkohol*, F. 93° (Bzl.), durch 6std. Kochen von **V** in A. mit krist. Soda in $H_2O$. (Arzneimittel-Forsch. **2**. 28—30. Jan. 1952.) SPAETH. 3272

**Roland K. Robins** und **Bert E. Christensen**, *Purine*. 1. Mitt. *Chlorierung gewisser Purinone mit Phosphoroxychlorid in Gegenwart aliphatischer tertiärer Amine.* Durch Umsetzung von Harnsäure [als Mono-K-Urat (**I**)], Xanthin (**II**) u. Hypoxanthin (**III**) mit $POCl_3$ in Ggw. verschied. tert. aliphat. Amine wurden Verbb. erhalten, in denen die Oxygruppe in 6- u. teilweise auch in 2- u. 6-Stellung durch Dialkylaminoreste ersetzt ist. Die Struktur einiger dieser Verbb. konnte durch anderweitige Synth. sichergestellt werden. Außerdem wurde *8-Chlorxanthin* (**IV**) in guter Ausbeute aus **I** mit $POCl_3$ u. einer geringen Menge Triäthylamin (**V**) erhalten. Wurde bei dieser Rk. **V** im Überschuß angewandt, so entstand *2.8-Dichlor-6-diäthylaminopurin* (**VI**).

Versuche (FF. korr.): *8-Chlorxanthin* [**IV**; *8-Chlorpurindion-(2.6)*], $C_5H_3O_2N_4Cl$, durch 4½std. Kochen von **I** u. trockenem **V** mit $POCl_3$; nach Abdest. des überschüssigen $POCl_3$ im Vakuum wurde das Reaktionsprod. auf Eis gegossen u. dann 3 Std. bei Zimmertemp. stehengelassen; nach Kaltstellen über Nacht wurde filtriert, der Rückstand mit W. u. Aceton gewaschen u. bei 110° getrocknet; 85,5% (Ausbeute); weitere Reinigung durch Kochen der Lsg. des $NH_4$-Salzes mit Kohle u. Wiederausfällen mit verd. HCl. — *8-Chlorcoffein*, F. 188°, aus 1 g rohem **IV** mit $CH_3J$; 0,61 g. — *Xanthin* (**II**), $C_5H_4O_2N_4$, aus 2 g **IV** durch 5 Min. Kochen mit HJ; 1,7 g. — *2.8-Dichlor-6-diäthylaminopurin* (**VI**), $C_9H_{11}N_5Cl_2$, F. 225—225,5°, a) aus 100 ml $POCl_3$, 5 g **I** u. 30 ml **V** durch 13std. Kochen; aus dem durch Aufgießen auf Eis, Stehenlassen u. Trocknen im Luftstrom erhaltenen, gummiartigen Rohprod. wurde **VI** durch Extraktion mit Ae. erhalten; aus A. bzw. Heptan 2,1 g Nadeln; b) aus 5 ml Diäthylamin in W. u. 1 g Trichlorpurin (**IX**) durch ½std. Kochen; 0,8 g; c) aus 40 ml $POCl_3$, 2,5 g **IX** u. 15 ml **V** durch 13std. Kochen; 1,1 g. — *6-Diäthylaminopurin*, $C_9H_{13}N_5$, F. 222—223°, a) aus 4 g **III**, 75 ml $POCl_3$ u. 20 ml **V** durch 4std. Kochen; Nadeln aus verd. A.; 3 g; b) aus 0,5 g **VI** u. 10 g HJ (D. 1,5) durch 10 Min. Kochen; 0,15 g. — *2.6-Bis-[diäthylamino]-purin* (**XI**), $C_{13}H_{22}N_6$, F. 116,5—117,5° (Vakuumsublimation, aus Ligroin), aus 6 g **II**, 35 ml **V** u. 100 ml $POCl_3$ durch 3½std. Kochen; 4,8 g. *Pikrat*, $C_{19}H_{25}O_7N_9$, F. 173—174° (A.). — *2.6-Bis-[dimethylamino]-purin*, $C_9H_{14}N_6$, F. 254—255° (Sublimation, Xylol, A.), aus 4 g **II** u. 60 ml $POCl_3$; bei 0° wurden 20 ml trockenes Trimethylamin (**X**) zugesetzt; nach langsamem Anwärmen auf Zimmertemp. wurde 15 Min. u. nach erneutem Zusatz von 10 ml **X** bei 0° 4 Std. gekocht; 2 g. — *6-Di-n-propylaminopurinon-(2)*, $C_{11}H_{17}ON_5$, F. 290,5—291,5° (A. u. Methanol), aus 1,5 g **II**, 13 ml Tri-n-propylamin u. 50 ml $POCl_3$ durch 4½std. Kochen; 1,1 g feine Nadeln. — *6-Di-n-butylaminopurinon-(2)* (**VIII**), $C_{13}H_{21}ON_5$, F. 279—280° (A. u. $CH_3OH$), aus 1 g **II**, 15 ml Tri-n-butylamin u. 45 ml $POCl_3$ durch 3½std. Kochen; 0,3 g. — *2.8-Dichlor-6-di-n-butylaminopurin* (**VII**), $C_{13}H_{19}N_5Cl_2$, F. 168—169° (A. u. Heptan), aus 3 g **IX** u. 10 ml Di-n-butylamin in verd. A. durch 1std. Kochen; 2,2 g Nadeln. — *2-Äthoxy-8-chlor-6-di-n-butylaminopurin*, $C_{15}H_{24}ON_5Cl$, F. 164—165° (A.), aus 1 g **VII** u. $C_2H_5ONa$ in absol. A. durch 3½std. Erhitzen auf 130°; 0,8 g; gibt durch Entalkylierung mit HJ (D. 1,5) **VIII**. — *2(6)-Chlor-6(2)-diäthylaminopurin*, $C_9H_{12}N_5Cl$, F. 225—227°, aus 15 g **II** u. 200 ml $POCl_3$ durch allmähliche Zugabe von 65 ml **V** u. 14std. Kochen; aus dem braunen, gummiartigen Rohprod. (6,5 g) mit Heptan extrahiert; 0,4 g feine Nadeln; gleichzeitig entstandenes **XI** blieb im Heptan gelöst. (J. Amer. chem. Soc. **74.** 3624—27. 20/7. 1952. Corvallis, Oreg., State Coll., Dep. of Chem.) IPPEN. 3272

**S. Sunner,** *Reaktionen zwischen Hydrazin, Thiocyansäure und Oxo-Verbindungen. 2. Mitt. Hydrazin, Thiocyansäure und Aldehyde.* (1. vgl. Kgl. Fisiograf. Sällskap. Lund, Förh. **18.** [1948.] 139.) Aldehyde reagieren mit Hydrazin u. Thiocyansäure (**I**) nicht analog den Ketonen (l. c.). Vf. erhält Prodd., die er als bicycl. Verbb., die zwei kondensierte 1.2.4-Triazolidinthion-(3)-systeme mit 2 gemeinsamen N-Atomen enthalten, formuliert. Diese Verbb. sind analog den von BAILEY (J. Amer. chem. Soc. **39.** [1917.] 279 u. 1322) aus aromat. Aldazinen u. Cyan- bzw. Thiocyansäure erhaltenen Verbindungen. Acetaldehyd bildet ein krist. Reaktionsprod., wahrscheinlich *2.6-Dimethyl-1.3.5.7-tetraza-bicyclo-[3.3.0]-octandithion-(4.8)* (**II**). Die gleiche Verb. wird nach der Meth. von BAILEY aus Acetaldazin u. **I** erhalten. **II** zers. sich an der Luft, ist lichtempfindlich u. bildet bei mehrmaligem Umkristallisieren aus A. *3-Mercapto-5-methyltriazol.* Bei der Hydrolyse entsteht Acetaldehyd u. *Hydrazin-bis-[thiocarboxamid].* Acetylierung ergab ein Diacetylderiv., Methylierung je nach den Versuchsbedingungen zwei Dimethylderivate. Bei Methylierung der wss. Lsg. entsteht *S.S'-Dimethylhydrazin-bis-[thiocarboxamid],* $[H_2N-C(SCH_3)=N-]_2$. Aus Chloressigsäure u. **II** bildet sich *Hydrazin-bis-thiazolidon* (**III**).

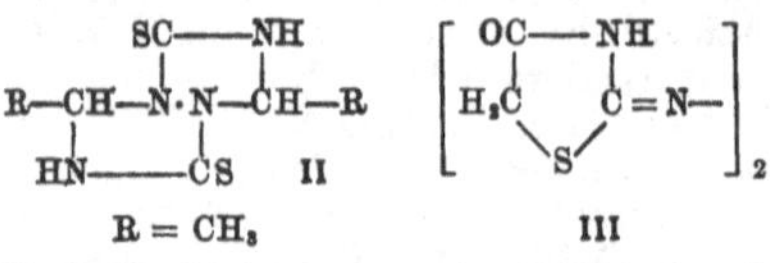

V e r s u c h e : *2.6-Dimethyl-1.3.5.7-tetraza-bicyclo-[3.3.0]-octandithion-(4.8)* (**II**), $C_6H_{10}N_4S_2$, F. 170°, Zers. (absol. A.), a) aus Hydrazinthiocyanat u. Acetaldehyd unter 10°; 85% (Ausbeute), oder b) aus Acetaldazin u. HNCS-Lsg. in W. bei 5°; 60%. *Diacetylderiv.,* $C_{10}H_{14}O_2N_4S_2$, F. 116°, aus **II** u. Essigsäureanhydrid oder Acetylchlorid. *Dimethylderivv.,* $C_8H_{14}N_4S_2$, a) F. 82° (Methanol), sublimiert im Vakuum 0,1 mm bei 100°, aus 2 g **II** in KOH u. 3,75 cm³ Dimethylsulfat; 1,2 g; *Hydrochlorid,* F. 140—142°; b) F. 75—76°, sublimiert im Vakuum 0,001 mm bei 100°, aus 1 g **II** u. Diazomethan in absol. Ae.; 0,2 g; daneben 0,5 g vorst. Verb. (Trennung durch fraktionierte Sublimation im Vakuum). — *Hydrazin-bis-[thiocarboxamid],* $C_2H_6N_4S_2$, F. 212°, durch Hydrolyse von **II** mit kochendem W., daneben zwei weitere Substanzen. — *Verb.* $C_6H_{10}O_2N_4$, F. 200—205° (Zers.), durch Oxydation von **II** mit $H_2O_2$, gelbweiße Kristalle. — *Hydrazin-bis-thiazolidon* (**III**), $C_6H_8O_2N_4S_2$, F. >300°, aus **II** mit Chloressigsäure. — Folgende Homologe der Verb. **II** wurden analog Verf. a) dargestellt: *R = Äthyl-,* F. 177° (Zers.); 70%. — *R = Isopropyl-,* F. 204° (Zers.); 50%; bzw. aus Isobutyraldazin in absol. Ae. u. HNCS in absol. Ae.; 55%. — *R = Phenyl,* F. 185—187° (Zers.); 69%; gibt bei Oxydation mit $H_2O_2$ *Verb.* $C_{16}H_{14}O_2N_4$, F. 231°. — *3-Mercapto-5-methyltriazol,* $C_3H_5N_3S$, F. 260—264° (Zers.), durch mehrmaliges Umkristallisieren von **II** aus absol. Äthanol. — *S.S'-Dimethylhydrazin-bis-[thiocarboxamid]-dihydrochlorid,* $C_4H_{10}N_4S_2 \cdot 2HCl$, F. 195°, aus **II** in NaOH unter Kühlung mit Dimethylsulfat, Öl mit Ae. extrahieren, Ae. trocknen u. HCl einleiten. (Svensk kem. Tidskr. **64.** 121—31. 1952. Lund, Schweden, Univ., Chem. Inst.) ULRICH. 3313

**P. F. Fleury, J. E. Courtois** und **A. Bieder,** *Über die Einwirkung von Perjodsäure auf Zucker und stereoisomere Polyole.* Vff. oxydieren *Glucose, Galaktose, Mannose,* sowie *Mannit* u. *Sorbit* mit $HJO_4$, u. stellen fest, daß die cis-α-Glykole rascher als die trans-Isomeren angegriffen werden, wenn die Oxydationsgeschwindigkeit durch Abkühlung auf 0° in wss. Medium, oder besser bei 0° in 70%ig. alkoh. bzw. 50%ig. essigsaurer Lsg. verlangsamt wird. In gleicher Weise, aber ausgeprägter, wirkt Pb-Tetraacetat. Die Aldohexosen reagieren in alkoh. Lsg. bei 70°, sowie in 50%ig. $CH_3COOH$ oder in wss. Medium bei $p_H$ 1,6 in der Pyranoseform, dagegen in wss. Medium bei $p_H$ 6,5 u. bei Ggw. eines Phosphatpuffers in linearer Form, wobei die Oxydation rascher erfolgt als bei $p_H$ 1,6. (Bull. Soc. chim. France, Mém. [5] **19.** 118—22. Jan./Febr. 1952. Paris, Fac. de Pharm., Labor. de Chim. biol.) FAHRNLAENDER. 3400

**M. L. Wolfrom, H. W. Hilton** und **W. W. Binkley,** *Ein neues Di-D-fructosedianhydrid.* Bei der Unters. des durch Einw. von konz. HCl bei —5° auf D-Fructose entstehende Reaktionsprod. bleibt nach der Abtrennung der *Diheterolävulosan I (Di-D-fructopyranose-[1.2';2.1']-dianhydrid;* **I**) u. *Diheterolävulosan II (D-Fructopyranose-D-fructofuranose-1.2';2.1']-dianhydrid;* **II**) enthaltenden Fraktionen (vgl. C. **1952.** 3489) ein Sirup (Fraktion D), in dem durch chromatograph. Trennung weitere Mengen **I** u. **II**, die *Difructoseanhydride I (Di-D-fructofuranose-[1.2';2.1']-dianhydrid)* u. *II* von JACKSON u. Mitarbeiter (Bur. Standards J. Res. **6.** [1931.] 709 u. früher) u. eine neue Verb. *Diheterolävulosan III* (**III**) nachgewiesen wurde. Bei der Perjodatoxydation verhält sich **III** wie **II**, u. die Analyse der opt. Drehwerte auf Grund der Isorotationsregeln von HUDSON läßt **III** als anomer mit **II** erscheinen. Ebenso werden Difructoseanhydrid II, das von MCDONALD u. TURCOTTE (J. Res. nat. Bur. Standards **38.** [1947.] 423) als Di-D-fructofuranose-[2.1';4.2']-dianhydrid formuliert wurde, u. Difructoseanhydrid III (Di-D-fructofuranose-[1.2';2.3']-dianhydrid) eher als anomere Verbb. angesehen. Schema der chromatograph. Trennung vgl. Original.

Versuche: Aus Fraktion D bei der chromatograph. Trennung: *Diheterolävulosan II* (II), F. 258—261° (Zers., korr.), $[\alpha]_D^{28}$ —35,4° (c = 3,8 in W.); u. Kristalle, F. 240 bis 245° (Zers.), die bei nochmaliger Chromatographie mit größeren Entwicklermengen in *Diheterolävulosan I* (I), u. *Diheterolävulosan III* (III), $C_{12}H_{20}O_{10}$, F. 255—258° (korr.), $[\alpha]_D^{29}$ —179° (c = 3,6 in W.) (Röntgendiagramm), getrennt werden. III verbraucht 3,06 Mol Perjodat/Mol III u. bildet 1,06 Mol HCHO. III-*Hexaacetat*, F. 135,5—136,5° (korr.) (Bzl./Ae.), $[\alpha]_D^{25}$ —169° (c = 1 in Chlf.). — Aus den Mutterlaugen von Fraktion D durch weitere chromatograph. Trennung: *Glycerin*, identifiziert als *p-Nitrobenzoat*, F. 190 bis 192°. *Difructoseanhydrid II*, F. 204,5—208° (korr.), $[\alpha]_D^{30}$ +13,1° (c = 1,8 in W.), u. *Difructoseanhydrid I*, F. 158—160°, $[\alpha]_D^{30}$ +26° (c = 1,6 in W.), identifiziert als *Hexaacetat*, $C_{24}H_{32}O_{16}$, F. 125,5—127° u. nach Wiederfestwerden F. 138,5—139°; $[\alpha]_D^{26}$ +1,6°, $[\alpha]_{D\,5160}^{26}$ +1,8°, $[\alpha]_{D\,4960}^{26}$ +2,1° (c = 3,6 in Chlf.). (J. Amer. chem. Soc. **74.** 2867—70. 5/6. 1952. Columbus, O., State Univ., Dep. of Chem.) ROSSOW. 3400

**F. Smith** und **J. W. van Cleve**, *Erneute Untersuchung der Darstellung von β-Methyllactosid.* Es wird reines krist. *β-Methyllactosid* (I) hergestellt u. gezeigt, daß das von DITMAR (1902) beschriebene Prod. nicht rein gewesen ist. Die Struktur von I wird durch Perjodatoxydation u. durch auf Methylierung folgende Hydrolyse u. Identifizierung von *2.3.6-Trimethyl-D-glucose* u. *2.3.4.6-Tetramethyl-D-galaktose* bewiesen.

Versuche: *β-Methyllactosid* (I), $C_{13}H_{24}O_{11}\cdot H_2O$, F. 206° (A.), aus Acetobromlactose durch Schütteln mit $Ag_2CO_3$ in $CH_3OH$ u. Desacetylieren mit $CH_3ONa$; $[\alpha]_D^{26}$ +5,6° (c = 3 in W.); *wasserfrei*, durch 1 std. Erhitzen im Vakuum auf 150°; $[\alpha]_D^{23}$ +6,3 (c = 3,5 in W.); bei der Oxydation mit 0,1n $HJO_4$ sind nach 95 Std. 3,1 Mol Perjodat/Mol I verbraucht. — *Heptamethyl-β-methyllactosid*, $C_{20}H_{38}O_{11}$, F. 86—86,5°, durch Methylierung von I mit Methylsulfat u. 30%ig. NaOH u. Vervollständigung der Methylierung durch Lösen des Rohprod. in Toluol u. Behandlung mit Na u. $CH_3J$; aus PAe. Nadeln, $[\alpha]_D^{19}$ —22,2° (c = 2,1 in A.). — Nach 2,5 std. Hydrolyse vorst. Prod. in 1n $H_2SO_4$ auf dem Wasserbad wird die Mischung der Monosaccharide über einer Cellulosekolonne chromatographiert (Methyläthylketon/Wasserazeotrop): *2.3.6-Trimethyl-D-glucose*, F. u. Misch-F. 115—117°, u. *2.3.4.6-Tetramethyl-D-galaktose*, F. u. Misch-F. 196—197°. (J. Amer. chem. Soc. **74.** 1912—13. 20/4. 1952. St. Paul, Minn., Univ., Div. of Agricult. Biochem.) ROSSOW. 3400

**Joseph Fried, Paul Numerof** und **Nettie H. Coy**, *Neogermitrin, ein neues Esteralkaloid aus Veratrum viride.* Aus der benzollösl. Alkaloidfraktion von Veratrum viride (aus den östlichen USA) wird durch Chromatographie u. Gegenstromverteilung (vgl. FRIED u. Mitarbeiter, C. **1951.** II. 527) neben *Germidin* (III; F. 202—203° u. 231—233°, $[\alpha]_D^{23}$ —11° [Pyridin], wenig *Germitrin* (II; F. 214—218°) u. einem nicht näher untersuchten *Alkaloid* (F. 227—230°, $[\alpha]_D^{24}$ —6,5° [Chlf.]) ein neues Alkaloid *Neogermitrin* (I; $C_{36}H_{55}O_{11}N$, F. 230 bis 231°, $[\alpha]_D^{23}$ —78° [Pyridin] bzw. 0° [Chlf.]) isoliert, das bei der Hydrolyse mit wss.-methanol. NaOH *Germin* (IV; $C_{27}H_{43}O_8N$, F. 216—221°, $[\alpha]_D^{24}$ +5° [A.]), 1 Mol (—)-*α-Methylbuttersäure* ($[\alpha]_D^{25}$ —25° [W.]; *p-Phenylphenacylester*, F. 70—71°) u. 2 Mol *Essigsäure* (*p-Phenylphenacylester*, F. 109,5—111°), bei der Methanolyse, je nach der Dauer, III oder IV (in unreiner Form, wie es auch bei der Methanolyse von Pentaacetylgermin entsteht) liefert. Durch Acetylierung geht I in ein *Monoacetylderiv.* ($C_{38}H_{57}O_{12}N$, F. 248—249° [Zers.], $[\alpha]_D^{24}$ —88° [Pyridin]) über, das auch durch Acetylierung von III erhalten wird. I ist demnach ein Diacetyl-mono-α-methylbutyrylgermin; der leicht abspaltbare Acetylrest entspricht dem Acetylrest von II, wie auch aus der beträchtlichen Änderung des mol. Drehwertes beim Übergang I → III zu schließen ist, die ungefähr ebenso groß ist wie die beim Übergang II → Germerin beobachtete. Die Infrarot (IR)-Spektren der verschied. Esteralkaloide weisen untereinander genügend Unterschiede auf, um zur Identifizierung der Alkaloide herangezogen zu werden. Die Zus. der Esteralkaloidfraktion von Veratrum viride kann offenbar erheblich variieren, da in früher untersuchtem Pflanzenmaterial an Stelle von I ausschließlich II, in anderem an Stelle von III nur Germerin aufgefunden worden ist. Die blutdruckerniedrigende Wirksamkeit am anästhetisierten Hund beträgt für IV ~ 0, für III 240, für I 870, für Monoacetyl-I > 80, wenn die von II = 1000 gesetzt wird. — Das IR-Spektr. von IV zeigt eine schwache Bande bei 6,05 μ, die einer C—C-Doppelbindung zuzuschreiben ist. Diese kann sich aber nicht in 8,14-Stellung des Steroidgerüstes befinden (vgl. JACOBS u. SATO, C. **1949.** II. 1202), da $\Delta^{8.14}$-Stenole in diesem Gebiet nicht absorbieren. Ebensowenig kann die Deutung der Isomerisierung IV → Isogermin zutreffen, da das letztere nach Ausweis des IR- u. des UV-Spektr. eine CO-Gruppe enthält (vgl. hierzu JAFFE u. JACOBS, C. **1952.** 5742). (Alle FF. korr.) (J. Amer. chem. Soc. **74.** 3041—46. 20/6. 1952. New Brunswick, N. J., Squibb Inst. for Med. Res.) BOIT. 3500

**Gordon S. Myers, William L. Glen, Paul Morozovitch, Richard Barber** und **Gordon A. Grant**, *Germbudin, Isogermidin und Veratetrin, drei neue blutdruckerniedrigende Alkaloide von Veratrum viride.* Die aus Wurzeln u. Rhizomen von Veratrum viride mit Bzl. extrahierten Alkaloide werden in eine krist. Fraktion von Nichtesteralkaloiden u. eine amorphe Fraktion mit stark blutdruckerniedrigender Wirksamkeit aufgeteilt. Aus der letzteren werden durch Gegenstromverteilung *Neogermitrin, Germerin* (F. 203—205°, $[\alpha]_D^{26}$ —14,2° [Pyridin] bzw. +6° [Chlf.]) u. 3 neue Esteralkaloide: *Germbudin* (**I**; $C_{37}H_{59}\cdot O_{12}N$, F. 158—160°, $[\alpha]_D^{27}$ —8,4° [Pyridin] bzw. +10,7 [Chlf.], mit 0,91 Äquivalenten flüchtiger Säure), *Isogermidin* (**II**; $C_{34}H_{53}O_{10}N$, F. 221—222° oder 229—230°, $[\alpha]_D^{28}$ —63,2° [Pyridin] bzw. —26,0° [Chlf.]) u. *Vetratetrin* (**III**; $C_{43}H_{64}O_{16}N$ [ungerade Valenzsumme. Der Referent], F. 269—270° Zers., $[\alpha]_D^{26}$ —31° [Pyridin] bzw. —2° [Chlf.], mit 3,2 Äquivalenten flüchtiger Säure) isoliert. **I** liefert bei der alkal. Hydrolyse *Germin* (**IV**), *α-Methylbuttersäure* (**V**) u. eine nicht identifizierte „*Säure D*" (**VI**); **II** liefert **IV**, **V** u. *Essigsäure*, während aus **III** *Isoprotoverin*, 1 Mol **V**, 1 Mol **VI** u. 2 Mol Essigsäure erhalten werden. **III** ist auch aus Veratrum album isolierbar. Relativ zu einem Esteralkaloidgemisch „Deravin" aus Veratrum viride, das eine 30%ig. Erniedrigung des mittleren arteriellen Blutdrucks beim anästhesierten Hund mit 0,2 γ je kg u. Min. hervorruft, beträgt die Wirksamkeit von **I** 0,97, von **II** 0,12, von **III** 0,87. (J. Amer. chem. Soc. **74.** 3198—99. 20/6. 1952. Montreal, Can., Ayerst, McKenna & Harrison Ltd., Res. and Biol. Labors.) BOIT. 3500

**S. Morris Kupchan** und **C. V. Deliwala**, *Zygadenus-Alkaloide.* 2. Mitt. *Vorkommen blutdruckerniedrigender Germinester in Zygadenus venenosus.* (1. vgl. C. **1952.** 7345.) Aus der mit Chlf. extrahierbaren Alkaloidfraktion von Zygadenus venenonsus (aus dem nordöstlichen Oregon) werden durch Gegenstromverteilung zwischen Bzl. u. Phosphatpuffer ($p_H$ 7,1) außer den in der 1. Mitt. beschriebenen Alkaloiden *Protoveratridin* (**II**; $C_{32}H_{51}\cdot O_9N$, F. 272—273° Zers., $[\alpha]_D^{22}$ —9° [Pyridin]), *Neogermitrin, Germidin* (vgl. FRIED u. Mitarbeiter, C. **1951.** II. 527) u. ein neues Alkaloid *Neogermidin* (**I**; $C_{34}H_{53}O_{10}N$, F. 221 bis 223°, $[\alpha]_D^{22}$ —60° [Pyridin] bzw. —25° [Chlf.]; *Thiocyanat*, $C_{34}H_{53}O_{10}N\cdot HNCS$, F. 247 bis 249° Zers.) isoliert. **I** liefert bei der Methanolyse **II**, bei der alkal. Hydrolyse *Germin* u. je 1 Mol. *Essigsäure* u. *α-Methylbuttersäure* (identifiziert als p-Phenylphenacylester). Durch Acetylierung geht es wie **II** u. Germidin in *Acetylneogermitrin* (F. 248—249° Zers.) über. Demnach befindet sich der α-Methylbutyrylrest in allen Germinestern aus Zygadenus venenosus an der gleichen Stelle im Mol.; der Acetylrest von **I** entspricht offenbar dem leicht abspaltbaren Acetylrest von Neogermitrin (u. dem von Germitrin). — **I** wirkt auf den Kreislauf der Katze u. auf den Froschmuskel ähnlich wie Germidin. (J. Amer. chem. Soc. **74.** 3202. 20/6. 1952. Cambridge, Mass., Harvard Univ., Dep. of Chem.) BOIT. 3500

**Wilhelm Treibs** (unter Mitarbeit von **H. M. Barchet, A. Stein, G. Bach, W. Kirchhof** und **W. Ziegenbein**, *Neuere Untersuchungen über Azulene und Azulenbildner.* (Vortrag.) Zusammenfassender Überblick über die von Vf. bisher veröffentlichten Arbeiten. —

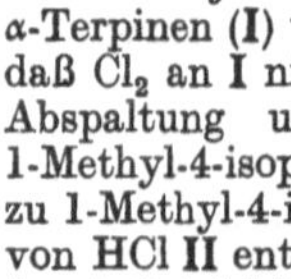

I

In noch nicht veröffentlichten Unterss. ermittelte Vf. die Konst. des *Germacrols* (**I**), $C_{15}H_{22}O$, eines Sesquiterpenoxyds aus bulgar. Geraniumöl. Je nach den Reaktionsbedingungen entsteht bei seiner Dehydrierung ausschließlich *Cadalin* oder auch *Guajazulen.* Durch umlagernde Mittel ergibt das Oxyd ein *Keton* u. dessen Hydrierung einen gesätt. *tert.-Alkohol* $C_{15}H_{18}O$. Der oxydative Abbau führt stets zu *Lävulinsäure.* (Pharmazie **7.** 65—69. Febr. 1952. Leipzig, Univ., Inst. für org. Chem.) BARCHET. 3600

**D. Tischtschenko** und **N. Ssumm**, *Neuer Typus der Terpenumwandlungen.* 6. Mitt. *Einwirkung von Chlor auf α-Terpinen.* (5. vgl. C. **1951.** I. 51.) Bei der Einw. von $Cl_2$ auf α-Terpinen (**I**) wurde als Hauptprod. *p-Cymol* (**II**) erhalten. Dessen Bldg. erklärt sich so, daß $Cl_2$ an **I** nicht in 1.4-, sondern 1.2- oder 3.4-Stellung angelagert wird, worauf HCl-Abspaltung unter Bldg. von 1-Methyl-4-isopropyl-2-chlorcyclohexadien-(3.6) bzw. 1-Methyl-4-isopropyl-3-chlorcyclohexadien-(1.4) erfolgt. Allylumlagerung führt von diesen zu 1-Methyl-4-isopropyl-6- bzw. -5-chlorcyclohexadien-(1.3), aus denen durch Abspaltung von HCl **II** entsteht. Diese Zwischenprodd. wurden nicht isoliert. Als Nebenprod. wurde durch 1.4-Addition an **I** *1.4-Dichlor-p-menthen-(2)* (**III**) gebildet, dessen Struktur durch Ozonisation u. folgende Oxydation zu *2.5-Dioxy-2-methyl-5-isopropyladipinsäure* (**IV**) bewiesen wurde. — Das für die Verss. benutzte **I** wurde aus Terpineol durch Dehydratation erhalten. Nebenprodd. hierbei sind *Terpinolen* u. *Cineol.* Ersteres ließ sich durch Fraktionieren, letzteres als Mol.-Verb. mit Resorcin abtrennen. Die Konstanten des so gewonnenen Präp. kommen denen des reinsten, von RICHTER (Ber. dtsch. chem. Ges. **63** [1930.] 1720) beschriebenen, nahe.

Versuche: α-Terpinen (**I**), $Kp._1$ 31,5°, $Kp._{760}$ 172,5—173,5°. Man läßt zu gesätt. sd. Oxalsäurelsg. 1800 g Terpineol zutropfen, fraktioniert das Destillat, erhitzt die bei

56—60°/11 mm sd. Fraktion mit 20% Resorcin 2 Std. auf dem Wasserbad u. dest. I bei 1 mm ab; die Behandlung mit Resorcin wird wiederholt; $D.^{20}_4$ 0,8398; $n_D^{20}$ 1,4770; 325 g (Ausbeute). — Chlorierung. Ein Gemisch von 310 g I u. 192 g $NaHCO_3$ wird mit $Cl_2$ bis zur Aufnahme von 70,5 g behandelt, wobei die Temp. höchstens —10° betragen soll; überschüssiges I wird bei Badtemp. <35°/0,9 mm abdest. u. der Rückstand einer sorgfältigen Fraktionierung bei 0,5, dann $10^{-3}$ mm unterworfen. *1.4-Dichlor-p-menthen-(2)* (**III**), $C_{10}H_{16}Cl_2$, $Kp._{0,001}$ 27—31°; $D.^{20}_4$ 1,007; $n_D^{20}$ 1,4966; ca. 32 g (Ausbeute). *p-Cymol* (**II**), Kp. 175—176°; aus den KW-stoffen des Chlorierungsprod. von I durch Schütteln mit $H_2SO_4$ (D. 1,73) zur Entfernung der Terpene; $D.^{20}_4$ 0,855; $n_D^{13}$ 1,4922; ca. 12,5 g. Wird zu *p-Oxyisopropylbenzoesäure* oxydiert. — *2.5-Dioxy-2-methyl-5-isopropyladipinsäure* (**IV**), $C_{10}H_{18}O_6$. Beim Ozonisieren von **III** in Chlf. unter Kühlen mit Schnee + NaCl wurde nach Zers. des Ozonids mit Eiswasser in Ggw. von Pt-Schwarz ein Prod. von der annähernden Zus. $C_{10}H_{16}O_2Cl_2$ erhalten, das die Aldehyd-Rkk. gab u. durch Oxydation mit $H_2O_2$ in NaOH **IV** lieferte; Kristalle. *Silbersalz*, $C_{10}H_{16}O_6Ag_2$. (Журнал Общей Химии [J. allg. Chem.] **22.** (**84.**) 798—802. Mai 1952. Forsttechn. Kirow-Akad.) WÖRFFEL. 3600

**D. Tischtschenko, A. Chowanskaja** und **T. Danilowa,** *Neuer Typus der Terpenumwandlungen.* 7. Mitt. *Gewinnung von Alkoholen und Äthern aus Chlorterpenen.* (6. vgl. vorst. Ref.) 7-Chlor-α-pinen [6.6-Dimethyl-2-chlormethylbicyclo-[1.1.3]-hepten-(2)] (**I**), 3-Chlor-$\Delta^4$-Caren [2-Chlor-3.7.7-trimethylbicyclo-[0.1.4]-hepten-(3)] (**II**), 4-Chlordipenten (**III**) u. „Chlorisosanten" (**IV**) (vgl. TISCHTSCHENKO u. DANILOWA, C. **1951.** I. 50, dortiges Monochlorid **II**) lassen sich mit heißem W. oder Alkalicarbonatlsgg. nur unvollständig u. unter Verharzung verseifen. Mit K-Acetat in Eisessig wurden mit von **I**—**IV** zunehmender Leichtigkeit ohne Umlagerung die *Essigsäureester* von *Myrtenol, 3-Oxy-$\Delta^4$-Caren, 4-Oxydipenten, „Isosantenol"* u. daraus durch Verseifen mit alkoh. Lauge die entsprechenden *Alkohole* erhalten. Als Nebenprodd. bildeten sich aus **II, III** u. **IV** unter Abspaltung von HCl *„Dehydroterpene"* der Zus. $C_{10}H_{14}$. Aus I wurden ferner der *Methyl-, Äthyl-* u. *Isoamyläther* des *Myrtenols* durch Einw. einer Lsg. von NaOH in dem entsprechenden Alkohol erhalten.

Versuche: *Myrtenol,* $C_{10}H_{16}O$, $Kp._{13}$ 106,5—107°; durch 2std. Erhitzen seines Acetats mit alkoh. KOH auf dem Wasserbad; $D.^{20}_4$ 0,9746; $n_D^{20}$ 1,4960; $[\alpha]_D^{15}$ (10 cm) + 29,1°; Mol.-Refr. ($[MR]_D$) 45,55; 94% (Ausbeute). Wurde durch $CrO_3$ in Essigsäure zu *Myrtenal* oxydiert, das als *Oxim* (F. 71—72°) u. durch Überführung in *Myrtensäure* (F. 52—53°) identifiziert wurde. *Acetat,* $C_{12}H_{18}O_2$, $Kp._{10}$ 110—112°; durch $3\frac{1}{2}$ std. Kochen von I mit wasserfreiem K-Acetat in Eisessig; $D.^{20}_4$ 0,9905; $n_D^{20}$ 1,4744; $[\alpha]_D^{14}$ (10 cm) + 29,3°; VZ. 286; 72%. *Methyläther,* $C_{10}H_{15}OCH_3$, $Kp._{10}$ 81—83°; neben dem *Acetat* (51%) durch 16std. Kochen von I mit K-Acetat in Methanol; $D.^{18}_4$ 0,937; $n_D^{18}$ 1,4832; 37%. *Äthyläther*; neben dem *Acetat* (60%) aus I u. K-Acetat in sd. A.; $D.^{20}_4$ 0,925; $n_D^{20}$ 1,4728; $[\alpha]_D^{14}$ (10 cm) + 10,7°; 25%. *Phthalsäuremonomyrtenylester,* $C_{18}H_{20}O_4$, F. 117—118°; aus Myrtenol u. Phthalsäureanhydrid bei 100°; aus Bzn. Kristalle. *Phenylurethan,* $C_{17}H_{21}\cdot O_2N$, F. 66—67°; aus Bzn. Prismen. — *Caren-(4)-ol-(3)* [*3-Oxy-$\Delta^4$-Caren*], $C_{10}H_{15}OH$, $Kp._{0,7}$ 80—81°; aus seinem Acetat durch 4std. Kochen mit überschüssiger alkoh. Lauge; hat blumigen Geruch; $D.^{20}_4$ 0,967; $n_D^{20}$ 1,4987; $[MR]_D$ 46,12; reagiert mit Phthalsäureanhydrid in sd. Bzl. nicht. *Phenylurethan,* F. 121°; aus Bzn. Kristalle. *Acetat,* $C_{10}H_{15}\cdot OCOCH_3$, $Kp._4$ 91—93°; aus 20 g II u. 14 g K.-Acetat in 100 cm³ Eisessig $2\frac{1}{2}$ Std. auf dem Wasserbad; angenehm blumig riechendes Öl; $D.^{20}_4$ 0,987; $n_D^{20}$ 1,4820; $[MR]_D$ 56,06; VZ. 282; 6,3 g. — *4-Oxydipenten,* $C_{10}H_{16}O$, $Kp._1$ 69—73°; aus dem Acetat (11,2 g) analog Vorst.; $D.^{20}_4$ 0,968; $n_D^{20}$ 1,508; $[MR]_D$ 46,99; 1,3 g. *Acetat,* $Kp._{0,1}$ 40—41°; man erwärmt 49 g III mit 50 g K-Acetat u. 300 cm³ Eisessig 20 Min. auf 50° oder hält 1 Tag bei 15°; $D.^{20}_4$ 0,9740; $n_D^{20}$ 1,4923; 6,5 g, neben viel *„Dehydroterpenen"*. — *„Isosantenol"*, $C_9H_{13}OH$, $Kp._{10}$ 80—86°; aus dem Acetat; $D.^{20}_4$ 1,006; $n_D^{20}$ 1,4972; hat Camphergeruch. *Acetat,* $C_9H_{13}OCOCH_3$, $Kp._4$ 72—74°; aus **IV** analog Vorst., 24 Std. bei 50°; $D.^{20}_4$ 1,018; $n_D^{20}$ 1,4773; $[MR]_D$ 50,03; VZ. 312; 14,5 g aus 23 g **IV**, neben „Dehydroterpenen". — Folgende *Äther $C_{10}H_{15}OR$* wurden aus I durch Erhitzen mit überschüssigem (20%) Alkalihydroxyd, gelöst in dem betreffenden Alkohol, in 80%ig. Ausbeute hergestellt: R = $CH_3$, $Kp._7$ 79 bis 91°; $D.^{20}_4$ 0,0936; $n_D^{20}$ 1,4836. R = $C_2H_5$, $Kp._{15}$ 94—95°. R = $C_5H_{11}$ (aus Gärungsamylalkohol), $Kp._{10}$ 128—130°; $D.^{18}_4$ 0,895. Vorst. Äther sind bewegliche Fll. mit eigenartigem Geruch. (Журнал Общей Химии [J. allg. Chem.] **22.** (**84.**) 803—08. Mai 1952.) WÖRFFEL. 3600

**D. Tischtschenko** und **W. Foliadow,** *Neuer Typus der Terpenumwandlungen.* 8. Mitt. *Synthese von Acetessig- und Malonsäureestern in der Terpenreihe und deren Spaltungsprodukte.* (7. vgl. vorst. Ref.) Aus 6-Chlordipenten (**I**) (Carvylchlorid; vgl. 3. Mitt., C. **1951.** I. 50) wurden mit den Na-Derivv. von Acetessigester (**II**), α-Methylacetessigester (**III**) u. Malonester (**IV**) *α-[Dipentenyl-(6)]-acetessigester* (**V**), *α-Methyl-α-[dipentenyl-(6)]-acetessigester* (**VI**) u. *Dipentenyl-(6)-malonester* (**VII**) erhalten. Die in Toluol durchgeführten Rkk. verliefen sehr langsam — in 16—24 Std. erst zu 30—70% —, ohne daß sich Nebenprodd. bildeten. **V** lieferte bei der Ketonspaltung *6-Acetonyldipenten*, **VI** gab *α-Methyl-α-[dipentenyl-(6)]-aceton*. Bei der Säurespaltung entstand *Methyl-[dipentenyl-(6)]-essigsäure* aus **VI**.

Versuche: *α-[Dipentenyl-(6)]-acetessigester* (**V**), $C_{16}H_{24}O_3$. Aus 2,7 g Na u. 15,3 g **II** in 100 cm³ Toluol wurde durch 6std. Erhitzen die Na-Verb. hergestellt u. das Gemisch unter Rühren 16 Std. mit 20 g **I** auf 100° erhitzt. Man zers. mit W., dest. von dem Reaktionsprod. bei 0,2 mm unverändertes **I** u. **II** ab u. fraktioniert den Rückstand bei 0,001 mm; **V** dest. bei 80—85° (Badtemp.). $D.^{20}{}_4$ 1,0144; $n_D{}^{20}$ 1,4891; Mol.-Refr. ($[MR]_D$) 75,18; 15,55 g. — *6-Acetonyldipenten*, $C_{13}H_{20}O$, $Kp._1$ 85—87°; aus **V** beim Behandeln mit 7%ig. KOH unter Durchleiten von Wasserdampf. Das im Destillat befindliche Reaktionsprod. wird durch fraktionierte Dest. isoliert. Fl. von angenehmem, etwas scharfem Geruch. $D.^{20}{}_4$ 0,9353; $n_D{}^{20}$ 1,4880; $[MR]_D$ 59,19; 6,8 g aus 16 g **V**. *Semicarbazon*, $C_{14}H_{23}ON_3$, F. 129,5—130°; aus A. Kristalle. — *α-Methyl-α-[dipentenyl-(6)]-acetessigester* (**VI**), $C_{17}H_{26}O_3$, $Kp._1$ 135—137°; aus **I** u. der Na-Verb. von **III**; das Reaktionsprod. wurde bei 0,001 mm/100° (Badtemp.) dest. u. das Destillat bei 1 mm fraktioniert. $D.^{20}{}_4$ 1,017; $n_D{}^{20}$ 1,4889; $[MR]_D$ 78,83; 30,75 g aus 48,5 g **I**. — *α-Methyl-α-[dipentenyl-(6)]-aceton*, $CH_3COCH\cdot(CH_3)C_{10}H_{15}$, $Kp._{1,25}$ 96—98°; aus **VI** bei der Wasserdampfdest. mit 7%ig. KOH; $D.^{20}{}_4$ 0,9378; $n_D{}^{20}$ 1,4834; $[MR]_D$ 62,83; 5,2 g aus 19,75 g **VI**. *Semicarbazon*, $C_{15}H_{25}ON_3$, F. 127 bis 127,5°; aus Methanol Kristalle. — *Methyl-[dipentenyl-(6)]-essigsäure*, $C_{13}H_{20}O_2$; man erhitzt **VI** mit konz. KOH 3¾ Std. auf 100°; der saure Anteil des Reaktionsprod. wurde bei 0,001 mm/80—90° (Badtemp.) dest.; krist. nicht; 3,6 g Rohprodukt. *Silbersalz*, $C_{13}H_{19}O_2Ag$. — *Dipentenyl-(6)-malonester* (**VII**), $C_{17}H_{26}O_4$, $Kp._{0,01}$ 112—113°; aus **I** u. der Na-Verb. von **IV** (2,7 g Na; 29 g **IV**; 20,5 g **I**; 300 cm³ Toluol) durch 2½ std. Erhitzen auf 100°; $D.^{20}{}_4$ 1,031; $n_D{}^{20}$ 1,4755; $[MR]_D$ 80,82; 8,7 g. 7,45 g **VII** lieferten bei 3std. Erhitzen mit 4 g KOH u. 3 cm³ W. auf 100° 5,9 g rohe, ölige *Dipentenyl-(6)-malonsäure*, die etwas sauren Ester enthielt, u. beim Erhitzen auf 110—190° *Dipentenyl-(6)-essigsäure*, $C_{12}H_{18}O_2$, 3,7 g aus 4,9 g, gab. (Журнал Общей Химии [J. allg. Chem.] **22**. (**84**.) 945—50. Juni 1952.) WÖRFFEL. 3600

**Louis F. Fieser, Josef E. Herz, Murle W. Klohs, Miguel A. Romero** und **Torlief Utne**, *Cathylierung (Carbäthoxylierung) von Steroidalkoholen*. Es wird gezeigt, daß die Carbäthoxylierung von OH-Gruppen mit Äthylchlorcarbonat an $C_{(6)}$, $C_{(7)}$, $C_{(12)}$ u. $C_{(17)}$ selektiv an den äquatorialen OH-Gruppen stattfindet. Die Oxydation mit N-Bromsuccinimid ist weniger selektiv. Das Cholestan-3β.5α.6β-triol gibt ausschließlich das 3-Monocarbäthoxylat (für die Carbäthoxylgruppe wird die Bezeichnung *Cathyl* vorgeschlagen), während das 3β.5α.6α-Triol die 3.6-Bis-Verb. bildet. Ebenso gibt Cholestan-3β.7β-diol die Bis-Verb. u. Cholestan-3β.7α-diol die Monoverb.; dagegen werden beide Diole zu 7-Ketocholestanol oxydiert. Da beide Koprostanole leicht acyliert werden, wird angenommen, daß im Ring A leicht Epimerisierung eintritt. Es werden weitere Beispiele gegeben.

Versuche: *7α- u. 7β-Oxycholestan-3β-ol*, aus 7-Ketocholestanylacetat u. $LiAlH_4$ in Ae.; *3β.7β-Diol*, F. 169—170° (Bzl.); $[\alpha]_D{}^{24}$ +53,3° (Chlf.); 35% (Ausbeute). *3β.7α-Diol*, F. 153—154° (wss. A.); $[\alpha]_D{}^{24}$ +8,5° (Chlf.); 23%. — *Lithocholanylalkohol*, $C_{24}H_{42}O_2$, F. 176—178° (wss. Methanol), aus Lithocholsäure wie vorst. Verbb.; $[\alpha]_D{}^{27}$ +35±2° (Methanol). — Die Carbäthoxylierung findet statt mit Äthylchlorcarbonat in Dioxan u. Pyridin (Meth. **A**) oder in Pyridin (Meth. **B**). *Methylcholat-3-cathylat*, F. 177—178°, **A**, aus Methylcholat (F. 154,5—156°, $[\alpha]_D{}^{23}$ +22,9±0,5° [Chlf.]); runde Nadelbüschel aus Bzl.-PAe., $[\alpha]_D{}^{22,5}$ +40±2° (Chlf.), +43±0,1° (Dioxan); 64%. *7-Acetat* (**I**), $C_{30}H_{48}O_8$, F. 165—166°, kleine Prismen aus Methanol. *7.12-Diformiat*, $C_{30}H_{46}O_9$, F. 187—188°, große, rechteckige, prismat. Tafeln aus Methanol. — *Cholestan-3β.5α.6β-triol-3-cathylat* (**II**), $C_{30}H_{52}O_5$, F. 184—185°, **A**; Prismen aus Methanol, $[\alpha]_D{}^{22,5}$ −16±1° (Chlf.), −13±1° (Dioxan); 83%; **B**; $[\alpha]_D{}^{22}$ −14±2° (Chlf.); 0,85 g aus 1 g Triol. — *Cholestan-3β.5α.6α-triol-3.6-dicathylat*, $C_{33}H_{56}O_7$, F. 165—167° (wss. A.), **B**, aus Cholestan-3β.5α.6α-triol (F. 236—238°, $[\alpha]_D$ +21±2° [Dioxan]); $[\alpha]_D{}^{25}$ +12,3±2° (Dioxan); 52%. — *Cholestan-3β.7α-diol-3-cathylat*, $C_{30}H_{52}O_4$, F. 135° (wss. A.), **B**; $[\alpha]_D{}^{22}$ +2,1±0,3° (Chlf.); 0,29 g aus 0,5 g Diol. — *Cholestan-3β.7β-diol-3.7-dicathylat*, $C_{33}H_{56}O_6$, F. 122° (wss. A.), **B**; $[\alpha]_D{}^{22}$ +38±0,3° (Chlf.); 45%. — *Methyl-Δ¹¹-lithocholenat-3-cathylat*, $C_{28}H_{44}O_5$, F. 135 bis 136°, **B**; Tafeln aus Methanol, $[\alpha]_D{}^{25}$ +43±2° (Dioxan). — *Cholesterylcathylat* (**III**), $C_{30}H_{50}O_3$, **A**, F. 83—84° (starke blaue Fluorescenz beim Abkühlen der Schmelze); große Prismen aus Ae.-Methanol; $[\alpha]_D{}^{22,5}$ −36,0±1° (Chlf.), −30,0±1° (Dioxan); 95%; **B**, F. 82—84°; Nadeln aus wss. Methanol; 64%. — *Dehydroepiandrosteroncathylat*, $C_{22}H_{32}O_4$, F. 184—186°, **A**, aus Dehydroepiandrosteron (F. 148—149°, $[\alpha]_D{}^{23}$ −6,8±0,5° [Chlf.]); Nadeln aus Methanol, $[\alpha]_D{}^{23}$ 0±1° (Chlf.), +3±1° (Dioxan); 94%. — *Cholestanylcathylat*, $C_{30}H_{52}O_3$, F. 105—106° (Methanol), **A**; $[\alpha]_D{}^{25}$ +13±1° (Chlf.), +14±1° (Dioxan). — *Δ⁷-Cholestenylcathylat*, $C_{30}H_{50}O_3$, F. 92—93° (wss. Aceton), **B**; $[\alpha]_D{}^{23}$ +1,4±

0,3° (Chlf.), $[\alpha]_D^{22}$ $+10\pm2°$ (Dioxan). — *Epicholestanylcathylat*, $C_{30}H_{52}O_3$, F. 102—103°, **B**, aus Epicholestanol (F. 186—187°, $[\alpha]_D$ +28,4° [Chlf.]); aus A. Blättchen. — *Koprostanylcathylat*, $C_{30}H_{52}O_3$, F. 107—109°, **B**, aus Koprostanol (F. 108,5—110°, $[\alpha]_D$+27° [Chlf.]); $[\alpha]_D^{25}$ $+23,6\pm2°$ (Dioxan); 34%. — *Epikoprostanylcathylat*, $C_{30}H_{52}O_3$, F. 101 bis 103°, **B**, aus Epikoprostanol (F. 109,5—110°, $[\alpha]_D^{25}$ +32° [Chlf.]); $[\alpha]_D^{23}$ $+42,4\pm0,5°$ (Chlf.), $+49\pm2°$ (Dioxan); 51%. — *Androstan-3β.17β-diol-dicathylat*, $C_{25}H_{40}O_6$, F. 130 bis 132°, aus Androstan-3β.17β-diol (F. 158—160°); Tafeln aus Methanol, $[\alpha]_D^{22}$ $\pm0°$ (Chlf.); 44%. — *Lithocholanylalkoholdicathylat*, $C_{30}H_{50}O_6$, F. 75—76° (Methanol), **A**; $[\alpha]_D^{25}$ $+41\pm2°$ (Dioxan). — *$\Delta^5$-Cholesten-3β.4β-diol-dicathylat*, $C_{33}H_{54}O_6$, F. 147—149°, **B**, aus $\Delta^5$-Cholesten-3β.4β-diol (F. 176—177°, $[\alpha]_D^{27}$ $-62\pm3°$ [Chlf.]); Blättchen aus Methanol, $[\alpha]_D^{22}$ $-79,8\pm0,5°$ (Chlf.); 74%. — *$\Delta^4$-Cholesten-3β.6β-diol-dicathylat*, $C_{33}H_{54}O_6$, F. 168—170°, **B**, aus $\Delta^4$-Cholesten-3β.6β-diol (F. 256—257°, $[\alpha]_D^{22}$ $+7,6\pm0,4°$ [Pyridin]); Blättchen aus Methanol, $[\alpha]_D^{22}$ $-19,6\pm0,6°$ (Chlf.); 80%. — *$\Delta^5$-Cholesten-3β.7β-diol-dicathylat*, $C_{33}H_{54}O_6$, F. 93—95°, **B**, aus 7β-Oxycholesterin (F. 174—176°, $[\alpha]_D^{26}$ $0\pm0,7°$ [Chlf.]); Nadeln aus Aceton; 55%. — 7α-Oxycholesterin (F. 186—187°, $[\alpha]_D^{22}$ $-89\pm0,6°$ [Chlf.]) lieferte kein krist. Prod.; eine nach Chromatographie an $Al_2O_3$ mit PAe.-Bzl. (10 : 1) eluierte Fraktion zeigte $[\alpha]_D^{22}$ $-79,8\pm0,4°$ (Chlf.), $\lambda$ = 5,80 u. 7,90 μ, also keine OH-Absorption u. daher wahrscheinlich ein *Dicathylat*. — Koprostan-3β.6α-diol (F. 195 bis 196°, $[\alpha]_D$ $+23\pm0,4°$ [Chlf.]) gab ebenfalls kein krist. Prod.; *Dicathylat*-Fraktion, $[\alpha]_D^{20}$ $+4,5\pm0,5°$ (Chlf.), $\lambda$ = 5,80 u. 7,90 μ. — Die Oxydation mit N-Bromsuccinimid erfolgte in Dioxan: *3α-Cathyloxy-5α-oxycholestan-6-on*, $C_{30}H_{50}O_5$, F. 217—218° (Aceton), aus 1,8 g **II**; $[\alpha]_D^{22}$ $-45\pm2°$ (Dioxan); 1,0 g. — *7-Ketocholestanol*, $C_{27}H_{46}O_2$, F. 161° (wss. A.), aus 7α- bzw. 7β-Oxycholestanol; $[\alpha]_D^{21}$ $-33,8°$ bzw. $[\alpha]_D^{22}$ $-32,0°$ (Chlf.); 65 bzw. 62%. Die Rk. verläuft nach polarimetr. Beobachtung bei beiden Epimeren gleich schnell; beste Ausbeuten bei 2 Mol Bromsuccinimid pro Mol Alkohol; Rk. wird beschleunigt durch HBr, verlangsamt durch $NaHCO_3$. — *7-Ketocholesterylcathylat*, $C_{30}H_{48}O_4$, F. 117—117,5°, aus 3 g **III** in Essigsäure mit $CrO_3$; Nadeln aus Methanol, $[\alpha]_D^{23,5}$ $-87,5\pm0,2°$ (Dioxan); 0,5 g. — *Methyl-3α-cathyloxy-7α-acetoxy-12-ketocholanat*, $C_{30}H_{46}O_8$, F. 155—156°, aus **I** mit $Na_2Cr_2O_7\cdot H_2O$ in Essigsäure; große prismat. Nadeln aus Ligroin, $[\alpha]_D^{27}$ $+69,0\pm0,5°$ (Chlf.), $+64,0\pm0,5°$ (Dioxan); 92,5%. (J. Amer. chem. Soc. **74**. 3309—13. 5/7. 1952. Cambridge, Mass., Harvard Univ., Chem. Labor.)

H.-J. KOCH. 3700

**A. W. Johnson, A. R. Todd** und **L. C. Vining**, *Actinomycin*. 2. Mitt. *Untersuchungen über das chromophore System*. (1. vgl. C. **1951**. II. 529.) Auf Grund quantitativer Hydrierungsverss. ergibt sich für *Actinomycin B* (**I**) nunmehr ein Mol.-Gew. von $1240\pm20$ entsprechend einer Zus. von $C_{61}H_{88}O_{16}N_{12}$. Demnach entstehen bei der Säurehydrolyse je Mol. **I** wahrscheinlich 9 Moll. Aminosäure. Hydrolyse mit wss. $Ba(OH)_2$ liefert *Actinomycinol B* (**II**), $C_{16}H_{13}O_5N$, ein rotes, peptidfreies Chinon, das jedoch nicht mehr die ursprüngliche chromophore Gruppe von **I** enthält. **II** stimmt in gewissen Eigg. weitgehend mit dem von BROCKMANN u. GRUBHOFER (C. **1951**. I. 3192) beschriebenen *Despeptidoactinomycin C* überein, während es sich in der geringen Basizität u. den Eigg. der Acetylderivv. von diesem unterscheidet. **II** ist reversibel reduzierbar, enthält mindestens 2 phenol. OH-Gruppen u. ein acetylierbares H-Atom in Form einer NH- oder OH-Gruppe. Auf Grund verschied. Farb-Rkk., des Verh. bei Diazotierungsverss. u. des Infrarotspektr. liegt in **II** kein substituiertes Aminoanthrachinon vor, ebenso kommt eine Formulierung als Iminoanthrachinon wegen des chem. Verh. nicht in Betracht. Verss. zum Nachw. u. zur Entfernung einer etwa vorhandenen prim. $NH_2$-Gruppe durch Diazotierung in Verbindung mit einer Red. oder Hydrolyse verliefen negativ. Zn-Einw. auf **II** in $ZnCl_2$–NaCl gab in sehr kleiner Menge eine neutrale, farblose, krist. Substanz (F. 117—121°, $\lambda_{max}$ 2270, 2720, 2800 Å), die sich in ihrem Verh. von Methylanthracenen unterschied. Vielleicht enthält **II** eine cycl. Amidbindung, $-N{=}C(OH)- \rightleftharpoons -NH-CO-$, die verschied. seiner chem. Eigg. gerecht würde.

Versuche: Bei der Hydrierung von wasserfreiem **I** (92,9 mg) in Dioxan mit $PtO_2$ Aufnahme von $H_2$ (1,87 cm³, 25,5°/755 mm); Mol.-Gew. 1258, 1217. — *Tetraacetylactinomycin B*, $C_{69}H_{96}O_{20}N_{12}$, F. 227—229°, orangerot, amorph (wss. A.), an neutralem $Al_2O_3$ chromatograph. einheitlich, unlösl. in W., wss. NaOH, PAe., lösl. in Bzl., Aceton, A., Äthylacetat, Chlf., tiefrote Lsg. in 10%ig. HCl; a) aus **I** in trockenem Pyridin mit Acetylchlorid unter Kühlung; b) aus **I** in Acetanhydrid + 1 Tropfen 70%ig. $HClO_4$; $\lambda_{max}$ 4480 ($\varepsilon$ = 21700), 4340 Å ($\varepsilon$ = 21400). — *Hexaacetyldihydroactinomycin B*, $C_{73}H_{102}O_{22}N_{12}\cdot 3\,H_2O$, F. 265—266°, gelbe Prismen (Toluol), $\lambda_{max}$ 2830 Å ($\varepsilon$ = 3570), unlösl. in Alkalien, PAe., W., lösl. in Bzl., Aceton, A., Chlf., konz. HCl; aus **I** in Acetanhydrid mit Zn-Staub u. 70%ig. $HClO_4$ (1 Tropfen), Farbumschlag rot–hellgrün–grünlichgelb. — Durch Hydrolyse von **I** mit kaltem 0,4n $Ba(OH)_2$ unter $NH_3$-Entw. eine rote amorphe *Substanz $C_{61}H_{91}\cdot O_{19}N_{11}$*, F. 195—197° (aus Chlf. mit Essigester-Aceton), $\lambda_{max}$ 4460 ($\varepsilon$ = 19260), 4300 Å

($\varepsilon$ = 18500), mit $Na_2S_2O_4$ reversibel reduzierbar. — *Actinomycinol B* (II), $C_{16}H_{13}O_5N$, rote, metall. glänzende Nadeln (Nitrobenzol), Dunkelfärbung > 300°, $\lambda_{max}$ 2900 ($\varepsilon$ = 23400), 3000 ($\varepsilon$ = 20400), 4920 Å ($\varepsilon$ = 5540) (Chlf.), Mol.-Gew. 266 aus der Hydrierung mit $PtO_2$ in Dioxan bei 25,5°/758 mm; II entsteht durch 8std. Hydrolyse von I mit 2n $Ba(OH)_2$ am Rückfluß, wobei 2 Mol $NH_3$ u. ein violetter Nd. des *Ba-Salzes* von II gebildet werden. — *Triacetylactinomycinol B* (III), $C_{22}H_{19}O_8N$, F. 209,5—210°, gelbe Nadeln (Toluol), $\lambda_{max}$ 4260 ($\varepsilon$ = 5090), 2910 ($\varepsilon$ = 19500), 2770 ($\varepsilon$ = 20000), 2710 ($\varepsilon$ = 20400), 2350 Å ($\varepsilon$ = 49680) (Ae.), unlösl. in HCl u. $NaHCO_3$-Lsg., lösl. in wss. NaOH mit tiefviolett-brauner Farbe. — *Pentaacetyldihydroactinomycinol B*, $C_{26}H_{25}O_{10}N$, hellgelbe Stäbchen, F. 237—238° (Toluol), $\lambda_{max}$ 3910 ($\varepsilon$ = 4270), 3150 ($\varepsilon$ = 7620), 2650 Å ($\varepsilon$ = 9320) (A.); durch reduzierende Acetylierung von II. — KOH-Schmelze von II (45 Min.) liefert 1,1 Mol $NH_3$. — Diazotierungsverss.: 1-Amino-4.5.8-trioxyanthrachinon in $NaNO_2$-haltiger $H_2SO_4$ lösen, zu eisgekühltem Eisessig geben, Mischung in Suspension von $Cu_2O$ in A. eintragen; daraus *1.4.5.8-Tetraoxyanthrachinon*; Dunkelfärbung u. Sublimation über 300°. *Acetylderiv.*, aus Toluol gelbe Nadeln, F. 281,5—282,5°. — II gibt unter gleichen Bedingungen eine N-haltige, II sehr ähnliche Verb. (IV), deren Acetylierungsprod. jedoch von III chromatograph. abtrennbar ist. — 4-Aminoalizarin in kalter $NaNO_2$-haltiger $H_2SO_4$ lösen, nach 3 Std. 40%ig. unterphosphorige Säure zugeben (Kühlung), Nd. von *Alizarin*, F. 289—291°, aus wss. A. orangefarbene Nadeln. — 1-Amino-4.5.8-trioxyanthrachinon, Amylnitrit u. konz. $H_2SO_4$ in A. lösen, 1 Std. erhitzen, einengen, mit W. verd., Nd. von *1.4.5.8-Tetraoxyanthrachinon*. Ein entsprechender Vers. mit II gab eine rote, krist. N-haltige, IV sehr ähnliche Substanz. (J. chem. Soc. [London] **1952**. 2672—79. Juli. Cambridge, Univ., Chem. Labor.) K. MAIER. 3900

**M. W. Bullock, John A. Brockman jr., E. L. Patterson, J. V. Pierce** und **E. L. R. Stokstad**, *Synthese von Verbindungen in der Thioctsäurereihe.* (Vgl. C. **1953**. 226.) Vff. synthetisieren die *DL-6-Thioctsäure* (I, *6.8-Disulfidooctansäure, Protogen A*) auf folgendem Wege: Adipinsäureäthylesterchlorid wurde mit Äthylen + $AlCl_3$ zu *Äthyl-6-keto-$\Delta^7$-octenoat*, $Kp._{1,5}$ 116—118°, kondensiert u. dieses nach Zugabe von Thioessigsäure u. Red. zu *DL-8-Mercapto-6-oxy-octansäure*, $Kp._{0,05}$ 164°, hydrolysiert. Hieraus durch Behandlung mit Thioharnstoff, Kochen mit HJ u. anschließende Verseifung *DL-6.8-Dithioloctansäure* (*Dihydro-6-thioctsäure*), die durch Oxydation I, $Kp._{0,1}$ 160—165°, F. 60—61°, ergibt. Außerdem werden aus dem Reaktionsprod. der DL-5-Thioctsäuresynth. nach der früher (C. **1953**. 226) angegebenen Meth. (dort nur *DL-Thioctsäure* genannt) neben 22% dieser Säure, F. 58°, 1% DL-4-Thioctsäure, F. 81—86°, ident. mit der aus 4-Oxy-8-bromoctansäure gewonnenen Verb., u. 5% I — durch biol. Test nachgewiesen — isoliert. Letztere Verb. konnte in reiner Form nur durch Oxydation zum Sulfoxyd u. Umwandlung in das krist. *S-Benzylthiuroniumsalz*, F. 143—144°, gewonnen werden. Eine Tabelle zeigt, daß I m Vgl. zu 4- u. 5-Thioctsäure die 100—1000fache biol. Wirksamkeit besitzt. (J. Amer. chem. Soc. **74**. 3455. 5/7. 1952. New York, Amer. Cyanamid Corp., Lederle Labor. Div.) BARCHET. 3950

## $D_3$. Makromolekulare Chemie.

**John D. Hoffman**, *Spezifische Wärme und Kristallisationsgrad von Polychlortrifluoräthylen.* (Vortrag.) Kurze Inhaltsangabe über die C. **1952**. 7667 referierten Ergebnisse. (Physic. Rev. [2] **86**. 657. 15/5. 1952.) FORCHE. 4010

**E. Heintz**, *Die Fluorescenz der Polystyrole.* 1. Mitt. *Untersuchung der Polarisation des Fluorescenzlichtes von Polystyrol unter Einwirkung einer Löschsubstanz.* Die Polarisation des Fluorescenzlichtes verschied. Polystyrol- u. Styrollsgg. verschied. Konz. in Bzl. u. Toluol bei Anregung mit dem polarisierten Licht einer Hg-Hochdrucklampe wird mittels Elektronenvervielfacher als Funktion der Konz. C von Nitrobenzol als fluorescenzlöschende Substanz gemessen. Die großen Moll. der polymerisierten Stoffe folgen dem gleichen Gesetz wie die Monomeren. Bemerkenswert ist, daß die Grundpolarisation (C = 0) für alle Stoffe gleich ist (23%), was dadurch erklärt wird, daß die Grundpolarisation einzelnen Fluorescenzzentren unabhängig von der Mol.-Größe zuzuordnen ist. Als Zentren werden die $C_6H_5$—CH—$CH_2$-Gruppen angenommen. Die Annahme wird bestärkt durch eine vergleichende Polarisationsmessung an Äthylbenzol, die eine Grundpolarisation von 22% ergibt, sowie durch Unterss. der Löschkonstanten, bei deren exakten Best. — wie gezeigt wird — die Absorption des Löschers im Anregungsgebiet berücksichtigt werden muß. (J. Chim. physique Physico-Chim. biol. **48**. 545. Nov./Dez. 1951. Strasbourg, Inst. de Phys., Centre d'Étude de Phys. Macromol.) RUDOLPH. 4010

**Kurt Edelmann**, *Die Strukturviscosität des Polyacrylnitrils und der polymerisierten ε-Aminocapronsäure in Lösung.* Eine eingehende theoret. Erörterung der Ursachen für das Auftreten von Strukturviscosität in Lsgg. von Hochpolymeren zeigt, daß die einzelnen Makromoll. in der Fl. als Knäuelgerüste eine rotierende Bewegung ausführen, einschließlich der im Knäuelinnern vorhandenen Fl. u. der angrenzenden Flüssigkeitsschicht. Durch die Scherkräfte der Strömung in dem Geschwindigkeitsgefälle erleiden die elast. Knäuel eine dauernde Deformation, welche die Abweichungen vom NEWTON-Gesetz bedingt. Unterss. des Fließverh. von *Polyacrylnitril* (I) in Lsg. (Strukturviscosimeter nach UMSTÄTTER) über einen großen Geschwindigkeitsgefälle- u. Tangentialbereich, deren Ergebnisse in Fließkurvenform dargestellt wurden, ergaben, daß die Zustandsbilder von I von verschied. Mol.-Gew. stark ausgeprägte Strukturviscosität zeigen u. denen der Viscose oder der Nitrocellulose gleichen. Aus den Zustandsbildern der polymerisierten ε-Aminocapronsäure (II) hingegen geht hervor, daß eine Strukturviscosität erst bei hohen Tangentialdrucken auftritt. Vf. sieht in den auseinanderliegenden Mol.-Geww. der beiden Polymeren die Ursache für dieses unterschiedliche Verh. u. führt darauf auch die Tatsache zurück, daß I sehr gut aus Lsg. zu einer vollsynthet. Faser versponnen werden kann, II dagegen nicht. (Kautschuk u. Gummi **5.** Nr. 8. Wiss. u. Techn. WT 120—24. Aug. 1952.) WINIKER. 4010

**J. Bischoff** und **V. Desreux,** *Untersuchungen über verdünnte Lösungen von Polymethacrylsäuremethylester.* 1. Mitt. Durch systemat. Unters. der Viscosität, des osmot. Druckes u. der Lichtstreuung von *Polymethacrylsäuremethylester* (I) in verschied. Lösungsmitteln, wie Aceton, Methyläthylketon u. Chlf., wird die Struktur der Moll. in diesen Lsgg ermittelt. Das Mol. des I stellt eine bewegliche, gewundene Kette dar, deren Rotationsfreiheit um die C—C-Achse durch Abstoßung zwischen den benachbarten Estergruppen vermindert ist. Reinigung des Monomeren, Polymerisation u. Fraktionierung des Polymerisats werden im einzelnen beschrieben, die Resultate werden in zahlreichen Tabellen u. graph. Darstellungen zusammengefaßt. Beziehungen zwischen der Intrinsicviscosität u. dem Mol.-Gew. werden für die Lsgg. bei 25° gegeben. Unstimmigkeiten mit Ergebnissen von BAXENDALE u. Mitarbeitern (vgl. BAXENDALE u. a., J. Polymer Sci. **1.** [1946.] 237), sowie SCHULZ u. Mitarbeitern (vgl. SCHULZ u. DINGLINGER, J. prakt. Chem. **158.** [1941.] 136) werden diskutiert. Nur bei guten Lösungsmitteln für I, wie Chlf., ist die Übereinstimmung mit DEBYEs Viscositätstheorie (vgl. DEBYE u. BUECHE, J. chem. Physics **16.** [1948.] 573) befriedigend. (Bull. Soc. chim. belges **61.** 10—32. Jan./Febr. 1952. Liège, Univ., Labor. de Chimie-Physique.) NIESWANDT. 4010

**P. Alexander** und **M. Fox,** *Unterschiede in der Reaktion von Makromolekülen mit Röntgenstrahlen und Stickstofflost.* Vff. untersuchen die Wrkg. von *Stickstofflost* [$CH_3N\cdot(CH_2CH_2Cl)_2$] (I) u. Röntgenstrahlen (RS) auf *Polyacryl-* bzw. *Polymethacrylsäure* (II). I verestert die Carboxylgruppen von II (bei 0,05% II u. 0,05% I in $NaHCO_3$ bei $p_H$ 7 sind 60% der Carboxylgruppen verestert), wobei meistens ein Mol. I mit 2 Carboxylgruppen reagiert. Die Viscosität von II ist nach Behandlung mit I stark erniedrigt. Nach RS-Behandlung sinkt die Viscosität in gleichem Maße, doch ist die Zahl der freien Carboxylgruppen nicht merklich verändert. Der Grund für die Viscositätsabnahme ist hier eine Spaltung der Hauptketten des Mol. (Abnahme des Mol.-Gew.); diese wird verhindert, wenn unter Ausschluß von $O_2$ gearbeitet wird. Vff. nehmen an, daß die Ursache für die Wrkg. von RS die Bldg. von Peroxydradikalen ist. Mit UV-Licht bestrahltes $H_2O_2$ hat die gleiche Wrkg. auf II wie RS. (Nature [London] **169.** 572—74. 5/4. 1952. London, Royal Cancer Hosp., Chester Beatty Res. Labor., u. Imperial Coll. of Sci. and Technol., Dep. of Chem.) REISS. 4010

**Siegfried Nussenbaum** und **W. Z. Hassid,** *Bestimmung des Molekulargewichtes von Stärkepolysacchariden. Bestimmung ihrer reduzierenden Endgruppen.* Vff. verwenden eine Modifikation der colorimetr. Meth. von FOLIN u. MALMROS (J. biol. Chemistry **131.** [1929.] 211) zur Best. der reduzierenden Gruppe des Polysaccharids. Die Oxydation der Aldehydgruppe erfolgt durch alkal. Ferricyanid in Ggw. von Cyanid. Das durch Ferrisulfatzusatz gebildete Berliner Blau wird colorimetr. bestimmt. Der Vgl. der nach dieser Meth. bestimmten Molgewichte einer Reihe von Amylodextrinen, Amylosestärkefraktionen, synthet. Polysacchariden u. Amylopektinfraktionen von kleinem Mol.-Gew. mit den aus den Bestimmungen des osmot. Druckes errechneten zeigen befriedigende Übereinstimmung. (Analytic. Chem. **24.** 501—03. März 1952. Berkeley, Calif., Univ. of California, Coll. of Agricult., Div. of Plant Biochem.) NEHRING. 4050

**Eugene F. Paschall** und **Joseph F. Foster,** *Untersuchung des Aggregationszustandes wässeriger Amyloselösungen durch Lichtstreuung.* Vff. führen Trübungsmessungen an 0,267%ig. wss. Amyloselsgg. in nKOH durch. Es wird bei *Getreide-* u. *Kartoffelamylose* während 150 Std. eine langsame Abnahme der Trübung, auch bei Abwesenheit von $O_2$ festgestellt, so daß oxydative Degenerierung ausgeschlossen ist. Eine schnellere Abnahme der Trübung findet in neutralen Lsgg. ($p_H$ 6,5—7,0) statt, während bei $p_H$ 4,0 die Trübungen für mindestens 30 Tage unverändert bleiben. Als Folge der Retrogradation tritt bei Getreide- u. *Tapiokaamylose* nach ca. 40 Std. in neutralen Lsgg. ein Anstieg der Trübung auf, bei Kartoffelamylose dagegen folgt einem nur geringen Trübungsabfall ein stärkerer Anstieg, da Kartoffelstärke anfangs nur wenig aggregiert ist. Durch J-Zusatz werden die Amyloselsgg. stabilisiert. Mit der Trübungsänderung laufen Viscositätsänderungen parallel. Nach den vorliegenden Ergebnissen werden 2 verschied. Formen von Aggregationszuständen angenommen, u. zwar sogenannte „native" u. „retrogradierte". Die Trübungsabnahme läßt den Schluß zu, daß der Übergang von dem einen zum anderen Zustand über den mol. geht. (J. Polymer Sci. **9**. 73—84. Juli 1952. Ames, Iowa, Iowa State Coll., Dep. of Chem.) Fahrnlaender. 4050

**Eugene F. Paschall** und **Joseph F. Foster,** *Weitere Untersuchungen von Amyloseaggregationen durch Lichtstreuung. Die Teilchengewichte unter verschiedenen Bedingungen.* (Vgl. vorst. Ref.) Vff. stellen die Abnahme der Teilchengröße von *Amylose* (**I**) bei der Alterung in neutraler u. alkal. (KOH)-Lsg. durch Messung der Trübung als Funktion der Konz. fest. Die Teilchengewichte sinken von ca. 900000 bis $3 \cdot 10^6$ auf 300000—400000. Somit beruht die in vorst. Arbeit berichtete Trübungsabnahme auf Desaggregierung der Moleküle. Bei den aggregierten Substanzen werden bei $p_H$ 4,0 die gleichen Teilchengewichte (ca. 900000 bis $1 \cdot 10^6$) erhalten. In Verdünnungsreihen, die in neutraler Lsg. ($p_H$ 6,5—7) u. in Lsgg. bei $p_H$ 4 mit Amylosen von niedrigem Aggregationsgrad ausgeführt werden, treten Anomalien auf. Die Substanzen können teilweise in einem gegebenen Desaggregationszustand stabilisiert werden, indem ihre Lsg. alkal. gemacht, oder von $p_H$ 4 aus wieder neutralisiert wird. Die Desaggregierung der „nativen" Aggregate setzt sich während der Retrogradierung fort u. die „retrogradierten" Aggregate werden durch Alkali zersetzt. (J. Polymer. Sci. **9.** 85—92. Juli 1952.) Fahrnlaender. 4050

**M. Joly** und **E. Barbu,** *Untersuchung der thermischen Aggregatbildung bei Serumalbumin mit Hilfe der Strömungsdoppelbrechung.* Bei der Aggregation handelt es sich nicht um eine Streuung geknäuelter Teilchen. Es wird neben der Viscosität die Strömungsdoppelbrechung u. der Depolarisationsgrad in Abhängigkeit von den verschied. Faktoren, wie Dauer u. Temp. der Erwärmung, Proteinkonz. u. Einfl. des $p_H$ u. der Neutralsalze besprochen. (J. Chim. physique Physico-Chim. biol. **48.** 636—42. Nov./Dez. 1951. Paris, Inst. Pasteur.) Hentschel. 4070

**John T. Edsall,** *Struktur der Proteine.* Bericht über eine Diskussionstagung der Royal Soc. zum Thema der Proteinstruktur unter besonderer Berücksichtigung des von Pauling angegebenen Modells der schraubenförmig gewundenen Polypeptidkette in Proteinen des α-Keratintyps (vgl. C. **1952.** 537). Es wird der von Astbury gegen das Paulingsche Modell erhobene Einwand hervorgehoben, daß die aus dem Modell errechnete D. für α-Keratin von 1,15 mit der gemessenen von 1,3 nicht übereinstimmt. (Nature [London] **170.** 53—55. 12/7. 1952.) Heyns. 4070

**J. Pouradier** und **A. M. Venet,** *Untersuchungen über die in den Gelatinen vorkommenden Aldehyde.* Mit Steigmann (C. **1950.** II. 1311) wird angenommen, daß photograph. *Gelatinen* (**I**) ungesätt. oder aromat. *Aldehyde* enthalten, die sich mit *2-Thiobarbitursäure* (**II**) durch eine mehr oder weniger intensive gelbbraune Farb-Rk. nachweisen lassen. Auf Grund von Absorptionsmessungen halten es Vff. für wahrscheinlich, daß in **I** zwei verschied. Aldehyde vorkommen, deren Menge nach Herkunft des Gelatinerohmaterials schwankt. Die Absorptionsmaxima (**AM**) der farbigen Reaktionsprodd. mit **II** liegen bei 450—530 mμ, ihre Intensität hängt von den einzelnen Gelatinesorten ab. Die Bande bei 530 mμ ist stark ausgeprägt bei **I** aus Schweine- u. Ziegenhäuten, sie ist schwach bei **I** aus Knochen u. Kalbshäuten u. nur andeutungsweise bei **I** aus Rindshäuten vorhanden (Absorptionskurven vgl. Original). Es wird versucht, die Konst. der Aldehyde aufzuklären. Zucker, Formaldehyd, Acetaldehyd u. a. geben durch direkten Umsatz mit **II** keine mit den **I**-Reaktionsprodd. ident. Farbstoffe. Dagegen geben Abbauprodd. von Zuckern, wie sie z. B. durch Behandlung von Glucose in alkal. Lsg. bei $p_H > 10$ entstehen, mit **II** farbige Lsgg., deren **AM** bei 450 mμ dem der **I**–**II**-Umsatzprodd. entspricht. Wird Saccharose in essigsaurer Lsg. bei 30—40° invertiert u. dann in alkal. Lsg. $> p_H$ 10 mit **II** umgesetzt, so entsteht ein rötlicher Farbstoff vom **AM** 530 mμ. Diese Feststellung steht im Einklang mit der Annahme von Steigmann, daß sich die Aldehyde aus Zuckern bilden, die im *Kollagen* von **I** enthalten sind. Die Träger der Aldehyd-Rk. kommen im Kollagen nicht als freie Verb. vor, sondern sind offenbar mit der Polypeptidkette verknüpft. Sie werden teilweise oder ganz durch die verschied. Arbeitsverff. bei der Herst. von **I** in Freiheit gesetzt. (Bull. Soc. chim. France, Mém. [5] **19.** 347—50. März/April 1952.) W. Günther. 4070

**J. Wismer Pedersen** und **Bruce E. Baker,** *Hydrolyse von Casein mit Schwefeldioxyd.* 2 g Casein wurden mit 12 g fl. $SO_2$ u. 50 g Eis im zugeschmolzenen Pyrexrohr bis zu 72 Std. auf 100° erhitzt u. der Hydrolysegrad nach Verjagen des Gases durch Formoltitration des Amino-N bestimmt. Die Hydrolysate bleiben bis zu einer Hydrolysedauer von 24 Std. wasserklar u. geben eine stark positive Tryptophan-Rk. nach HOPKINS-COLE. Bei längerer Hydrolyse verfärben sich die Hydrolysate blaßrot u. enthalten kein Tryptophan mehr. $SO_2$ ist somit in hohen Konzz. ein wirksames Hydrolysiermittel für Proteine u. baut bei gleichem Hydrolysegrad Tryptophan weniger stark ab als $H_2SO_4$. (Nature [London] **169**. 928. 31/5. 1952. Quebec, Can., McGill Univ., Macdonald Coll.) ZAHN. 4070

**M. E. Reichmann, Roger Varin** und **Paul Doty**, *Das Molekulargewicht und die Gestalt der Desoxypentosenucleinsäure.* Die Mol.-Gew.-Best. eines von Vff. nach SCHWANDER u. SIGNER (C. **1951**. II. 694) dargestellten *Desoxypentosenucleinsäure* (I)-Präp. durch Messung der Winkelverteilung des durch eine Lsg. von I in 0,2 mol. NaCl-Lsg. gestreuten Lichts nach DOTY u. BUNCE ergab eine Mol.-Gew. von 7700000 (gegenüber 6700000 für eine Originalprobe von SIGNER). Aus der Winkelverteilung der auf die Konz. Null extrapolierten red. Intensität ergab sich, daß das I-Mol. bei $p_H$ 6,5 keineswegs stäbchenförmig ist, sondern eine 3dimensionale Struktur hat; die maximale Ausdehnung des Mol. ist ca. 6500 Å. Durch Erniedrigung des $p_H$ der I-Lsg. in 0,2 mol. NaCl durch Dialyse ändert sich das Mol.-Gew. nicht; das Mol. schrumpft zu einem Stäbchen der Länge 3000 Å zusammen. Nach Entfernung des Salzes aus der I-Lsg. nimmt die maximale Ausdehnung des Mol. bei $p_H$ 6,5 nur um ca. 60% zu, u. die red. spezif. Viscosität steigt nur von 55 (bei 16 mg/100 $cm^3$) auf 85 (bei 1 mg/100 $cm^3$). Diese begrenzte Ausdehnbarkeit schließt die Möglichkeit des Vorliegens einer Stäbchenform bei $p_H$ 6,5 aus. (J. Amer. chem. Soc. **74**. 3203—04. 20/6. 1952. Cambridge, Mass., Harvard Univ., Gibbs Labor.) K. F. MÜLLER. 4090

# E. Biologische Chemie. Physiologie. Medizin.

## $E_1$. Allgemeine Biologie und Biochemie.

**Arthur W. Lindquist**, *Die Anwendung radioaktiver Substanzen bei entomologischen Untersuchungen.* In einer zusammenfassenden Betrachtung erörtert Vf. die Möglichkeiten der Anwendung natürlich oder künstlich radioakt. Stoffe in der Entomologie u. erklärt die grundlegenden Begriffe der Strahlenphysik. — Literatur. (J. econ. Entomol. **45**. 264—70. April 1952. Bureau of Entomology and Plant Quarantine.) REUSSE. 4100

**M. Slater**, *Die Inaktivierung von Enzymen und Viren durch Elektronen.* Die Erweiterung früherer Verss. (C. **1952**. 2198) ergab für *Katalase, Urease, Invertase, Chymotrypsin, Hämoglobin, T-1-Bakteriophagen* u. *Tabakmosaikvirus* exponentielle Überlebenskurven. Berechnungen des Vf. ergaben, daß der strahlensensible Teil des Mol. 0,2—1,0 des gesamten Molekülvol. beträgt. Der Energieverlust pro Primärionisation in Gasen u. festen Stoffen errechnet sich daraus zu (110±10) eV. (Physic. Rev. [2] **86**. 612. 15/5.; Bull. Amer. physic. Soc. **27**. Nr. 1. 37. 31/1. 1952.) REUSSE. 4102

**N. P. Badenhuizen**, *Chemie und Vererbung.* Kurzer Überblick über die Beiträge der Chemie zur Genetik (chem. Wirkungen der Gene, die mögliche chem. Zus. der Gene, Störung der n. Mitose durch Chemikalien; Beispiele: Tryptophan- u. Nicotinsäureamidsynthese). (South African ind. Chemist **6**. 46—50. März 1952. Johannesburg, Univ.) K. F. MÜLLER. 4130

**Guy Deysson**, *Über Untersuchungsmethoden der Zellpermeabilität.* Die zur Unters. der Zellpermeabilität gebräuchlichen Methoden (indirekte u. direkte) werden krit. besprochen. Es wird darauf hingewiesen, daß die Ergebnisse nicht durch gleichzeitig stattfindende Änderungen des physiol. Zustandes der Zellen gefälscht werden dürfen. Die Vitalität der Zellen kann an der mitot. Aktivität erkannt werden. (Rev. gén. Sci. pures appl. **59**. 217—28. 1952. Paris.) ITZEROTT. 4150

**Sidney Mittler**, *Einfluß der Ernährung auf die Tumorbildung des $Tu^{50j}$-Stammes von D. melanogaster.* Unterss. über den Einfl. verschied., auf vitamin- u. aminosäurenfreien Nährböden gezüchteter Hefen auf den Grad der Tumorbldg. des $Tu^{50j}$-Stammes von D. melanogaster. Das Auftreten von Tumoren ist abhängig von den verwendeten Hefestämmen (bei Saccharomyces cerevisiae 4,7% Tumoren; bei Rhodotorula gracilis, R. glutinis u. Geotrichium 0%.) (Science [Washington] **115**. 271—72. 7/3. 1952. Chicago, Ill., Inst. of Technol., Dep. of Biol.) REISS. 4160

**Harry S. Penn**, *Tumorlipoide.* 1. Mitt. *Bereitung einer serologisch aktiven, unverseifbaren Leberfraktion krebskranker Patienten.* Es wird angenommen, daß in der unverseifbaren Fraktion menschlicher Gewebe endogene krebserzeugende Substanzen enthalten sind, die Antigeneigg. besitzen. Lebergewebe von Krebskranken wird nach Verdauung mit Pepsin anschließend mit Toluol u. Aceton extrahiert, der Extrakt verseift u. mit Aceton u. Ae. erneut extrahiert, worauf das Cholesterin mit Digitonin entfernt wird. Das nach dem Abdampfen des Filtrats verbleibende Lipoid enthält das Antigen. Es gibt mit dem Serum von Krebskranken eine Flockungs-Rk., nicht aber mit

Normalserum. (J. nat. Cancer Inst. **12.** 1389—99. Juni 1952. Los Angeles, Calif., Univ. of California at Los Angeles, Dep. of Zool.) Druckrey. 4160

**George C. Hall, Andrew H. Dowdy, Harry S. Penn** und **Albert W. Bellamy,** *Tumorlipoide. 2. Mitt. Klinische Auswertung einer serologisch aktiven, unverseifbaren Leberfraktion krebskranker Patienten.* (1. vgl. vorst. Ref.) Die Serum-Flockungs-Rk. auf Krebs von Penn wird an 6257 Patienten in 5 Jahren geprüft. Bei Krebskranken wurden 98% richtige positive, bei nicht Krebskranken 13% falsche positive Rkk. gefunden. (J. nat. Cancer Inst. **12.** 1399—1416. Juni 1952. Los Angeles, Calif., Univ. of California, Dep. of Zool.) Druckrey. 4160

**H. Kürten,** *Von der gemeinsamen Rolle der Milchsäure und des Cholins im gestörten Energiestoffwechsel des Krebsträgers und in der internen Krebswachstumshemmung.* Gestützt auf umfangreiche klin.-experimentelle Unterss. kommt Vf. zu der Auffassung, daß der Vorgang des Krebswachstums durch eine Störung des Energiestoffwechsels bedingt wird, dessen Normalisierung krebswachstumshemmend wirkt. Unter diesem Gesichtspunkt werden zwei von verschied. Autoren sehr unterschiedlich gedeutete, das Krebswachstum hemmende, körpereigene Substanzen, die *Milchsäure* u. das *Cholin,* betrachtet. Vf. erörtert, wie die Milchsäure u. das Cholin eine Reihe der von ihm als Tumorträgerstörungen aufgezeigten Ausfälle zu beheben vermögen u. in welcher wechselseitigen Beziehung diese beiden Substanzen zueinander stehen. (Hippokrates **23.** 440—42. 31/8. 1952. München.) Pohloudek-Fabini. 4160

**H. K. Fuchs,** *Androgenausscheidung beim Prostatacarcinom vor und nach Behandlung mit Cyren.* Vt. findet den Geh. des Harns an 17-Ketosteroiden bei 15 Fällen mit Prostatacarcinom nach *Cyren*-Therapie von 18,9 mg/Liter im Durchschnitt auf 21,52 mg pro Liter erhöht. Es wird geschlossen, daß die Östrogenbehandlung eine Erhöhung der $\beta$-Steroide bewirkt; der eigentliche therapeut. Effekt wird in dieser $\beta$-Steroidausschüttung gesehen (Erhöhung der $\beta$-Fraktion bei Kastraten, die nie an Prostatacarcinom erkranken). Behandlung von 5 Prostatacarcinomkranken mit 25 Injektionen des $\beta$-17-Ketosteroids *Dehydroandrosteronacetat* (25 mg/Injektion) führte zu einer deutlichen Besserung. (Z. Urol. Sonderh. Verhandlungsber. dtsch. Ges. Urol. **1951.** 352—55. 1952. Würzburg.) Reiss. 4160

**Lois Irene Platt,** *Cytologische Beobachtung über die Wirkung von Progesteron auf das cervicale Gewebe des squamösen Zellcarcinoms der Cervix.* Vf. beobachtet bei cytolog. Unterss. in cervicalen Exkreten von 30 Patienten mit squamösem Zellcarcinom der Cervix nach *Progesteron* (I) eine Abnahme der Zellbruchstücke, eine Zunahme der Zahl der squamösen Zellen u./oder eine Veränderung in dem Erscheinen maligner Zellen. I bewirkt eine Abnahme von Glykogen im Zellkern u. eine Zunahme in der extracellulären Flüssigkeit. (Amer. J. clin. Pathol. **22.** 662—70. Juli 1952. Washington, D. C., George Washington Univ., Cytology Labor.) Reiss. 4160

**Johannes Männel,** *Erfahrungen mit Farmacyrol KS in der Behandlung des Prostatacarcinoms.* Intramuskuläre Applikation von *Farmacyrol KS* (I; *Dienöstroldiacetat*; Farmaryn-Ges., Berlin) in wss. krist. Suspension (25 mg alle 14 Tage bis 100 mg, dann 10 mg alle 10 Tage) führte bei 10 sicheren Prostatacarcinomfällen (5 mit Knochenmetastasen) zu einer Besserung des Blutbildes, des cystoskop. Bildes, des Allgemeinbefindens sowie zu einem Nachlassen der Metastasenschmerzen u. einem Abfall des Restharns. Keine Befundänderung an der Prostata, keine feminine Umwandlung. Erfahrungen über lebensverlängernde Wrkg. liegen noch nicht vor. (Therap. d. Gegenwart **91.** 211—12. 1952. Berlin-Zehlendorf, Städt. Krankenhaus Zinnowwald.) Reiss. 4160

**R. Uebelhör,** *Die Therapie des Prostatacarcinoms.* Vf. berichtet über seine Erfahrungen bei der Behandlung des Prostatacarcinoms mit *Östrogen* (I) u. empfiehlt Anwendung von I prä- u. postoperativ. (Med. Klin. **47.** 1183—85. 5/9. 1952. Lainz/Wien, Krankenhaus.) Reiss. 4160

**K. Heusch,** *Therapieversuche mit Arsen beim inoperablen Blasenkrebs.* Vf. berichtet über 11 Fälle mit inoperablem Blasenkrebs. Ausbleiben der Kachexie, klin., cystoskop. u. histolog. Anzeichen von Besserung nach Gaben von As (1.—15. Tag: 1—15 Tropfen Sol. Fowleri/Tag; 15.—30. Tag: 15—1 Tropfen/Tag, dann wieder ansteigend usw. bis zu 20 Monaten). (Z. Urol. Sonderh. Verhandlungsber. dtsch. Ges. Urol. **1951.** 298—302. 1952. Aachen.) Reiss. 4160

**H. Wolterhoff,** *Therapieversuche mit Lost beim inoperablen Blasenkrebs.* Behandlung von 2 Fällen mit inoperablem Blasencarcinom mit je 30 mg *Sinalost* in 7 Injektionen. Besserung des cystoskop. u. histolog. Bildes nach 5 Wochen bei dem einen mit wenig differenziertem Carcinom, im Gegensatz zu dem mit hochdifferenziertem. (Z. Urol. Sonderh. Verhandlungsber. dtsch. Ges. Urol. **1951.** 303—07. 1952. Aachen.) Reiss. 4160

**Hans Lettré** und **Hans Fernholz,** *Vergleich von Colchicin, Isocolchicin und Homologen auf ihre zellteilungshemmende Wirkung.* Vff. untersuchen an in vitro gezüchteten Fibroblasten die mitosehemmende Wrkg. von *Colchicin* (**I**), *Isocolchicin* (**II**), *Isoäthylcolchicin* (**III**)

u. des von ihnen erhaltenen krist. *Äthylcolchiceins* (**IV**). Die Wrkg. von **II** ist 50mal, die von **III** ca. 1000mal u. die von **IV** 4—5mal geringer als die von **I**. Mit Mäuse-Ascites-Tumorzellen werden ähnliche Resultate erhalten. (Hoppe-Seyler's Z. physiol. Chem. **289**. 123—27. April 1952. Heidelberg, Univ., Inst. für exp. Krebsforschung.) REISS. 4160

**Charles G. Foster,** *Die Behandlung von Schilddrüsenkrebs mit Radiojod* ($^{131}J$). Vf. berichtet über die Behandlung von Schilddrüsentumoren durch $^{131}J$. Diese ist indiziert unter den folgenden Bedingungen: Chirurg. Behandlung ist nicht möglich, der Tumor ist so ausgeprägt, daß er ausreichende Mengen an $^{131}J$ zu speichern vermag, u. die resultierende Totalkörperbestrahlung bleibt unterhalb der schädlichen Dosis. (Int. Rec. Med. **165**. 361—63. Juni 1952. Upton, N. Y., Brookhaven Nat. Labor., Med. Dep.) REUSSE. 4160

**Loyal Davis** und **Stanton L. Goldstein,** *Die therapeutische Anwendung radioaktiver Isotopen bei intracranialen Tumoren.* Ausgehend von einer Besprechung der therapeut. Möglichkeiten der Injektion von Radioisotopen bei cerebralen Gliomen berichten Vff. über Verss. an Katzen. Nach Trepanation wurden in das Gehirn der Tiere kleine Stücke *Gelfoam* oder einer Stärke von schwammiger Struktur implantiert, die entweder mit koll. $^{198}Au$ oder $^{32}P$ (Chromphosphat) imprägniert waren. Die histolog. Unters. des Gehirngewebes der Tiere nach verschied. Zeiten ergab lediglich histolog. Veränderungen bis zu einem Abstand von 1—3 mm vom Implantat. Nach einigen Wochen zeigte sich Regeneration der gesetzten Nekrosen. Die beiden angewandten $\beta$-Strahler zeigten kein unterschiedliches Verhalten. Rkk. am Zentralnervensystem oder an entfernten Organen wurden nicht beobachtet. Vff. diskutieren die postoperative Behandlung cerebraler Gliome durch implantierte radioakt. Isotope bei Menschen. — Literatur. (Ann. Surgery **136**. 381—91. Sept. 1952. Chicago, Ill., Northwestern Univ., Med. School, Dep. of Surgery.) REUSSE. 4160

**J. Guillaume, I. Bertrand, P.-L. Gérard** und **J. Pecker,** *Durch Kontaktstrahlung hervorgerufene cerebrale Radionekrose.* Bei Kaninchen wurde die Schädeldecke unter Pentothalnarkose trepaniert u. das freiliegende cerebrale Feld mit 3500, 12000, 24000 bzw. 30000 r kontaktbestrahlt (50 kV, Filter 0,2 mm Al, FHA 20 mm, kreisförmiges Bestrahlungsfeld mit 25 mm Durchmesser). Oberhalb 12000 r traten schwere nekrot. Schäden auf, bei 24000 vasculäre Störungen u. Ausdehnung der Nekrose über das prim. Bestrahlungsfeld hinaus. Die Bedeutung der Befunde für die cerebrale Tumortherapie am Menschen wird diskutiert. (Presse méd. **60**. 242—43. 20/2. 1952. Paris.) REUSSE. 4160

## $E_2$. Enzymologie. Gärung.

**Naomi C. Turner** und **George E. Crowell,** *Temperatureinfluß auf die Stärkespaltung durch Speichelfermente.* Die Stärkespaltung durch menschlichen Speichel ist stark temperaturabhängig; einer Reaktionszeit von 200 Min. bei 50° F entspricht eine solche von weniger als 6 Min. bei 90° F. (J. Dental Res. **31**. 359—60. Juni 1952. Boston, Mass., Forsyth. Dent. Infirmary for Children, Biochem. Labor.) RUPPERT. 4210

**P. Caselli,** *Exsudateigenschaften von Transsudat nach Zusatz von Hyaluronsäure.* Vf. untersuchte das Verh. von Transsudaten, in denen *Hyaluronsäure* (**I**) gelöst wurde, da wahrscheinlich ist, daß die wesentlichen Unterschiede zwischen Transsudat u. Exsudat durch den **I**-Geh. des Exsudates bedingt sind. Es gelang, durch Zusatz von 0,1 mg **I**/ml eines typ. RIVALTA-negativen Transsudates dieses RIVALTA-positiv zu machen. Auch die turbidimetr. Messung dieser Lsg. zeigte jetzt die typ. $p_H$-Abhängigkeit (Maximum zwischen $p_H$ 4 u. 5) eines Exsudates. Durch Behandeln eines mit **I** versetzten Transsudates mit *Hyaluronidase* erhält man ebenso wie aus einem typ. Exsudat Prodd., die beide geringere Viscosität u. negative RIVALTA-Rk. zeigen. (Riv. Ist. sieroterap. ital. **27**. 196—202. Mai/Juni 1952. Cagliari, Univ., Ist. di Patolog. generale.) IPPEN. 4210

**Joseph M. Di Caprio, Lowell A. Rantz** und **Elizabeth Randall,** *Untersuchungen über Streptokokkenhyaluronidase und -antihyaluronidase.* Mittels eines etwas modifizierten Hemmungstestes der Gerinnselbldg. (mucin clot prevention) wurden bei 140 hämolyt. *A-Streptokokken* 31% *Hyaluronidase* (**I**)-Bildner gefunden. Die hiergegen experimentell erzeugten *Antihyaluronidasen* (**II**) erweisen sich als streng spezies- u. gruppenspezif. Antikörper. **I** scheint ein schwächeres Antigen als Streptolysin zu sein u. in wirksamen Mengen in vivo nur von wenigen Streptokokkenstämmen gebildet zu werden. **II** tritt bei Kindern im Gefolge von Streptokokkeninfektionen auf. Bes. hoch ist der **II**-Spiegel bei Patienten mit akutem Rheumatismus (active rheumatic fever); **II** kann in Einzelfällen aber auch fehlen, so daß eine enge Beziehung des Rheumatismus zum **I**/**II**-Syst. offenbar nicht gegeben ist. Die mögliche Rolle der Streptokokken-*Hyaluronsäure* bleibt überhaupt ungeklärt. (A. M. A. Arch. intern. Med. **89**. 374—86. März 1952. San Francisco, Stanford Univ., School of Med., Dep. of Med.) GIBIAN. 4230

**J. Monguió,** *Bedeutung der Polyphenoloxydasen im tierischen Organismus.* Phloroglucin, Hydrochinon, Brenzcatechin u. Resorcin wurden im Hinblick auf die Steigerung der Gewebsatmung an Rattenorganen (Muskel, Nieren u. Leber) untersucht. Mit Ausnahme des Resorcins vermehren die angegebenen Oxybenzole die Atmung, zum Teil im Falle des Phloroglucins auf das Doppelte, während das Resorcin hemmend wirkt. Ob es sich dabei um einen narkotisierenden Effekt oder, wie bei der Hemmung der Synth. organ. Jodverbb. in der Schilddrüse, um eine Störung der Oxydase handelt, ist ungewiß. (Rev. clín. españ. **46.** 100—03. 31/7. 1952. Barcelona, Clinica Medica Universitaria.) P. G. Scheurlen. 4230

**M. B. Hoagland,** *Beryllium und Wachstum.* 3. Mitt. *Die Wirkung von Beryllium auf die Pflanzenphosphatase.* (2. vgl. C. **1953.** 1507.) Vf. beschreibt die Gewinnung eines an *Phosphatase* reichen Extraktes aus Tomatenblättern u. dessen Wrkg. auf die Na-Verbb. von *Adenosintriphosphat* (I) u. *β-Glycerophosphat* (II). Es konnte gezeigt werden, daß *Be* auf den Umsatz von I u. II eine mit seiner Konz. steigende Hemmung ausübt, die von der Substratkonz. abhängig u. zwar ihr umgekehrt proportional ist. Die *Be* nahe verwandten Metalle *Ca* u. *Mg* zeigen nur geringe Hemmung. Bei Anwesenheit von I u. II wird von dem Fermentpräp. in *Be*-Ggw. aus II erheblich mehr P freigesetzt als aus I (Be hemmt also die Adenosintriphosphatase stärker als die *β*-Glycerophosphatase). Das Verhältnis von umgesetztem II zu I beträgt bei einer Substratkonz. von $0{,}5 \cdot 10^{-3}$ Mol 5 u. sinkt mit steigender Substratmenge. Da die fermentative P-Abspaltung Energie verbraucht, kann die Be-Wrkg. auf Wachstum u. Stoffwechsel auf seine phosphatasehemmenden Eigg. zurückgeführt werden. (Arch. Biochem. Biophysics **35.** 259—67. Febr. 1952. Boston, Mass., Massachusetts General Hosp.) Krusen. 4230

**J. R. Ring,** *Aktivität der alkalischen Phosphatase in heilenden Zahnfleischwunden der Ratte.* Experimentell erzeugte Zahnfleischwunden bei Albinoratten zeigen vermehrte Aktivität der *alkal. Phosphatase* in den äußeren Epithelschichten, die an die Wunde angrenzen, u. in dem sich organisierenden Fibrinbelag u. in seiner Umgebung in der *Lamina propria.* Die vermehrte Fermentaktivität scheint in Zusammenhang zu stehen mit der Bldg. u. Funktion der Capillaren, der Aktivität von Fibroblasten in Zusammenhang mit der Bldg. von Bindegewebsfasern, der Aktivität von Makrophagen innerhalb der Läsion u. in deren Umgebung u. ferner mit dem Keratinisierungsprozeß. (J. dental Res. **31.** 329—34. Juni 1952. St. Louis, Mo., Washington Univ., School of Dentistry, Dep. of Anat.) Ruppert. 4230

**Erik Jacobsen,** *Der Stoffwechsel von Äthylalkohol.* (Vgl. C. **1953.** 563.) Bericht über den jetzigen Stand der Kenntnisse über Abbau u. Elimination von *A.* mit besonderer Berücksichtigung der beiden Oxydationsmöglichkeiten durch *Alkoholdehydrogenase* u. *Katalase.* — 28 Literaturangaben. (Nature [London] **169.** 645—47. 19/4. 1952. Kopenhagen, A/S Medicinalco.) Krusen. 4230

**T. A. F. Quinlan-Watson,** *Aldolaseaktivität in Pflanzen bei Zinkmangel.* Es wird die *Aldolase*-Aktivität von Haferpflanzen (Avena sativa var. Algerian), die bei Kupfer- u. Zinkmangel in Wasserkulturen gezüchtet worden waren, untersucht. In beiden Versuchsreihen waren Mangelerscheinungen zu beobachten. Während die Aldolaseaktivität der Kupfermangelpflanzen ($Q/_m = \sim 6{,}7$) von der der Kontrollpflanzen ($Q/_m = \sim 7{,}4$) nur unbedeutend abwich, zeigten die Zinkmangelpflanzen ($Q/_m = \sim 2{,}3$) eine erhebliche Erniedrigung ihrer Aldolaseaktivität. Auch in Verss. mit Klee (Trifolium subterraneum L.), der in Zinkmangel-Wasserkulturen gezüchtet worden war, war die Aldolaseaktivität gegenüber den Kontrollpflanzen ($Q/_m = \sim 0{,}34/2{,}2$) bedeutend erniedrigt. (Nature [London] **167.** 1033—34. 23/6. 1951. Adelaide, Commonwealth Sci. and Ind. Res. Organiz., Div. of Biochem. and General Nutr.) Kathen. 4230

**B. Kaiser** und **M. Dietz,** *Dehydrierungsaktivität des Sperma und Fertilitätspotenz.* Unter Modifizierung der Methylenblaumeth. von Thunberg u. Sörensen wurde versucht, die Dehydrierungsaktivität (Da.) des Spermas in Beziehung zu Zahl, Reife, Vitalität u. Motilität der Samenzellen zu setzen u. Rückschlüsse auf die Fertilitätspotenz zu ziehen. Die Ergebnisse an 50 Ejaculaten sind in einer Tabelle zusammengefaßt. Es wurde gefunden, daß die Da. mit der Zahl der Samenzellen ansteigt u. nicht nur an die Spermien, sondern auch an die Zellen der Spermiogenese gebunden ist u. deshalb keinen sicheren Rückschluß auf die Fruchtbarkeit gestattet. Aus der Beweglichkeit der Samenfäden darf nicht auf ihre Vitalität geschlossen werden, da auch akinet. Zellen manchmal dehydrieren können. (Dermatol. Wschr. **126.** 1072—75. 1952. Marburg/Lahn, Univ., Hautklinik.) R. König. 4230

## $E_3$. Mikrobiologie. Bakteriologie. Immunologie.

**Luria Luciano,** *Atmung der Tuberkelbacillen im Dubos-Medium.* Mit dem Warburg App. wurde der $O_2$-Verbrauch von Tuberkelbacillen in Dubos-Medium mit u. ohne *Tween 80* geprüft. Mit Tween war der $O_2$-Verbrauch höher. Die Fortpflanzungsgeschwindigkeit war in der logarithm. Wachstumsphase jedoch gleich. (Giron. Batteriol. Immunol. **44.** 161—88. März/April 1952. Torino, Ist. di Igiene a Microbiol. dell' Univ.) Mülhens. 4320

**Gilbert Turian** und **Francis Haxo**, *Anwendung von Diphenylamin bei der Untersuchung der Carotinoidbiosynthese durch Mycobacterium phlei.* Von in Ggw. von 1/40000 *Diphenylamin* gezüchtetem Mycobacterium phlei wurden die Pigmente mit Aceton extrahiert u. an MgO-Celit chromatographiert. Es konnten 2 Substanzen getrennt werden, die in unter n. Umständen gewachsenen Organismen nicht vorkommen. Die obere Fraktion, von gelber Farbe, zeigt Absorptionsmaxima bei 384, 403, 426 u. 254 mμ. Die untere Fraktion ist farblos, fluoresciert im UV-Licht grünlich-grau u. zeigt Maxima bei 332, 348 u. 267 mμ. Sie ist vermutlich mit dem von anderen Autoren beschriebenen *Phytofluen* identisch. Die gefundenen Substanzen werden als Intermediärprodukte der Carotinoidsynth. angesprochen, die sich infolge einer Hemmung durch *Diphenylamin* anhäufen. (J. Bacteriol. **63**. 690—91. Mai 1952. Baltimore, Md., Johns Hopkins Univ., Dep. of Biol.) KRUSEN. 4320

**Alessandro Ballio** und **Serena Russi**, *Über die bakteriostatische Wirkung einiger organischer Verbindungen, die mit Metallionen Komplexsalze bilden können. Beitrag zum Wirkungsmechanismus der Thiolverbindungen.* Es wurde der Einfl. von $Zn^{2+}$, $Cu^{2+}$ u. $Co^{2+}$ auf die bakteriostat. Wrkg. von *Dimethylglyoxim*, *α-Benzoinoxim* (*Cupron*), *Salicylaldoxim*, *Diphenylthiocarbazon* (*Dithizon*), *Nitrosophenylhydroxylamin* (*Cupferron*), *α-Nitroso-β-naphthol*, *8-Oxychinolin* u. *2-Mercaptobenzothiazol* (I) untersucht. Die Ergebnisse stützen die Hypothese, daß die Wrkg. von **I** mit der Bldg. von Komplexen mit solchen Kationen zusammenhängt, die für die Funktion der Enzyme des Bakterienstoffwechsels notwendig sind. (Ricerca sci. **21**. 893—96. Juni 1951. Rom, Univ., Labor. di chim. organ.) MÜLHENS. 4330

**Jean Ribéreau-Gayon**, **Émile Peynaud** und **Suzanne Lafourcade**, *Über die Bildung von Gärungshemmstoffen durch Botrytis cinerea.* Verschied. *B. cinerea*-Stämme erzeugen einen oder mehrere Hemmstoffe (I) für alkoholbildende Hefen. **I** sind wasserlösl., diffundieren in die Kultur-Fl. (Traubensaft), auf deren Oberfläche das Pilzwachstum stattfindet, sind leicht aus dem zerkleinerten Mycel durch Mazeration mit kaltem, besser heißem W. extrahierbar u. aus wss. Lsg. mit A. fällbar. Die antibiot. **I**-Aktivität der Kultur-Fl. erreicht das Maximum mit dem Auftreten der Conidien, während im Mycel **I** mit dessen Gewicht zunehmen. Auf Traubensaft wie auf Bierwürze wird die gleiche maximale **I**-Aktivität erreicht. Kurzes Erhitzen der A.-Fällung von **I**, der wss. **I**-Lsg. oder der Kultur-Fl. auf 100° steigert, wahrscheinlich infolge Zerstörung der Oxydasen, die gärungshemmende Wrkg. von **I**, während 15 Min. Erhitzen auf 120° diese großenteils vernichtet. Aktivkohle adsorbiert **I** teilweise. Zusatz von 50 mg $SO_2$/Liter zu Traubensaft mit *Botrytis*-Infektion begünstigt die Gärung u. ermöglicht eine 25%ig. Zunahme der Hefezellen, d. h. Most aus verdorbenen Trauben ist durch einen geringen $SO_2$-Zusatz leichter vergärbar. In pilzinfiziertem Traubensaft verläuft die Gärung bei einem höheren Redoxpotential als in n. (0,216 V bei $p_H$ 3,5 gegenüber 0,106 V). In infiziertem Traubensaft oder solchem mit **I**-Zusatz wird während der Gärung reichlicher Essigsäure als n. gebildet. Auf Grund des Verh. stellen **I** aus *B. cinerea* möglicherweise Proteine oder Polypeptide mit Enzymcharakter dar. (C. R. hebd. Séances Acad. Sci. **234**. 478—80. 21/1. 1952.) K. MAIER. 4340

**G. Cavallo**, *Freisetzung von Nucleotiden in Bacillensporen durch Wärme.* Vf. setzte Sporen von Bacillus subtilis u. B. anthracis 10—30 Min. Tempp. von 50—120° aus. Dabei wurde in keinem Falle die Freisetzung von *Ribonucleotiden* (Best. durch Messung der Zunahme der UV-Absorption bei 300 mμ) beobachtet. Dagegen verstärkt sich in gewissem Umfang parallel zur Temp. die Absorption bei 225 mμ. Außerdem wurde bei B. subtilis bei Tempp. über 100° das Austreten von Substanzen mit einem UV-Absorptionsmaximum bei 270 mμ in die umgebende Lsg. beobachtet, bei denen es sich vielleicht um Eiweiß oder Derivv. davon handelt. (Riv. Ist. sieroterap. ital. **27**. 213—18. Mai/Juni 1952, Napoli, Univ., Ist. di Microbiol.) IPPEN. 4350

**Günther Heymann**, *Experimentelle Untersuchungen über das Gift des Flexnerschen Ruhrbacillus.* 3. Mitt. *A. Bakteriologisch-serologischer Teil.* (1. u. 2. vgl. Z. Hyg. Infektions-Krankh. **105**. [1926.] 488 bzw. **127**. [1947.] 54.) (Arb. Paul Ehrlich-Inst. Georg Speyer-Haus Frankfurt a. M. **49**. 23—31. 1951.) LOCH. 4370

**L. Levine**, *Über die antitoxische Wirkung und γ-Globulinverteilung in fraktionierten Pferde-Diphtherie- und Tetanusantitoxin.* Vf. untersucht die Verteilung von *γ-Globulin* (I) in nieder-(nsF) u. hochsalzhaltigen (hsF) Fraktionen von Pferde-Diphtherie- u. Tetanusantitoxin. Höhere Konz. von **I** enthielten die nsF (Euglobulin) im Gegensatz zu der hsF (Pseudoglobulin). Die Annahme, daß **I** größere therapeut. Wrkg. hat als β-Globulin, wurde untersucht. Der Vgl. mit β-Globulin fiel zu Ungunsten von **I** aus. (Brit. J. exp. Pathol. **33**. 190—95. April 1952. Boston, Mass., Massachusetts Biol. Labor., Inst. of Labor., Massachusetts Dep. of Public Health.) BÖHM. 4370

## E4. Pflanzenchemie. Pflanzenphysiologie. Pflanzenpathologie.

**Herta Munding**, *Untersuchungen zur Frage der Strahlenresistenz des Chlorophylls in den Chloroplasten.* Vf. berichtet über umfangreiche Verss. zur Strahlenresistenz des Chlorophylls im lebenden Blatt gegenüber Bestrahlung mit sichtbarer u. UV-Strahlung, wobei besonderes Augenmerk auf die zeitliche Aufeinanderfolge der verschied. Rkk. gerichtet wird. Dabei werden die Zusammenhänge zwischen der Vergilbung der Chloroplasten einerseits u. den morpholog. Änderungen andererseits untersucht. Der Farbstoffabbau der Chloroplasten verläuft nicht über gelbe Farbstadien, sondern es finden sich in abgestorbenen Zellen grüne, blaßgrüne u. völlig ausgebleichte Stadien. Außerdem wird eine Größenred. der Plastiden beobachtet. Die der Strahlenquelle zugewandten Zellschichten werden stärker geschädigt als die abgekehrten Zellen. Die Vergilbung der Chloroplasten wird vorwiegend durch sichtbare Strahlen hervorgerufen. Auch bei roter Einstrahlung sind Vergilbungserscheinungen bei hinreichend langer Exposition zu beobachten. Die in der Nachwirkung zu beobachtenden Wirkungen treten dagegen bei UV-Einstrahlung deutlicher in Erscheinung. Die strahleninduzierten Rkk. werden hinsichtlich ihres Mechanismus diskutiert. — Literatur. (Protoplasma **41**. 212—34. 1952. Frankfurt/M., Univ., Bot. Inst.) REUSSE. 4404

**M. Sirsi, Leela Kale, S. Natarajan** und **U. B. Nayak**, *Untersuchungen über die antimikrobielle Aktivität und die pharmakologischen Eigenschaften von einigen aus lokal angebauten Pflanzen stammenden ätherischen Ölen.* Die äther. Öle von einigen in Indien, in der UdSSR u. in Afrika vorkommenden Pflanzen, deren Preßsäfte von der Bevölkerung als Heilmittel verwendet werden, wurden analysiert u. auf ihre antibakterielle, bes. tuberkulostat., Wrkg. u. auf ihre sonstigen pharmakol. Eigg. untersucht. Das äther. Öl von *Ocimum kilimandscharicum* (I) enthält 70% *Campher*, 10% *L-Pinen*, 6% *Limonen* u. ein Gemisch aus 6% Limonen u. 5% *Terpinolen*. Das Öl aus *Ocimum gratissimum* (II) enthält 61,8% *Eugenol* u. 15% *Ocimen*, das von *Ocimum canum* besteht aus 87% *Methylcinnamat* u. *Campher*, das Öl von *Pogostemon patschuli* enthält *Benzaldehyd*, *Zimtaldehyd*, *Eugenol*, *Patschulialkohol*, *Sesquiterpen* u. *Patschulen*. Im Öl von *Atlantia monophylla* (Rutaceae) sind *L-Sabinen*, *L-Linalool* u. *Linalylacetat* enthalten, u. in dem äther. Öl von *Hymenantherum tentifolium* (III) wurde das Monoterpen *Hymenantheren* als Bestandteil einer KW-stofffraktion gefunden. Bei den Unterss. in vitro gegen einen Stamm von *B. mycotuberculosis* zeigte das Öl von II die höchste Aktivität; es hemmte das Wachstum noch in einer Verdünnung von 1:$10^6$. Tatsächlich wird der Saft von II mit gutem Erfolg bei tuberkulösen Affektionen der Haut angewendet. Die Wachstumshemmung gegenüber *St. aureus*, *Str. pyogenes*, *Bact. coli* u. *Bact. typhosum* ist ebenfalls bei dem Öl von II am größten. Dagegen erweist sich das Öl von I am giftigsten gegenüber einem Ciliaten (*Epistylis*). Auf der Kaninchenhaut riefen sämtliche geprüften äther. Öle außer dem von III ungefähr gleichartige Erytheme hervor, die 48 Std. anhielten. III war gänzlich ohne Einfluß. — Da der Preßsaft von II von der Bevölkerung gegen Ohren- u. Zahnschmerzen mit Erfolg angewandt wird u. diese Wrkg. dem in ihm enthaltenen äther. Öl zugeschrieben werden muß, wurde dessen anästhesierende Wrkg. durch Injektion in den Conjunctivalsack des Meerschweinchenauges geprüft. In einer Verdünnung von 1:100 wirkt es lokalanästhesierend, ohne großen Reiz auszuüben. In einer Konz. von 10 $\gamma$/cm³ bewirkt es eine Erschlaffung der Intestinalmuskulatur (bei der Ratte) u. der Uterusmuskulatur (beim Meerschweinchen). Die stimulierende Wrkg. von $BaCl_2$ auf die Intestinalmuskulatur konnte ebenfalls durch das äther. Öl von II aufgehoben werden, das dann sofort eine Erschlaffung herbeiführte. Darauf ist die Wrkg. des II-Saftes, den die Eingeborenen auch bei Darmkoliken der Kinder mit gutem Erfolg anwenden, zurückzuführen. (J. Indian Inst. Sci. **34**. 261—67. Juli 1952. Bangalore, Indian Inst. of Sci., Biochem. Dep., Pharmacol. Labors., u. Organ. Chem. Dep.) KLESSE. 4420

**P. A. Kurup** und **P. L. Narasimha Rao**, *Antibiotisch wirksame Substanz aus Moringa pterygosperma.* Aus den Wurzeln des in Indien als Heilpflanze verwendeten „Trommelstockbaumes", *Moringa pterygosperma*, wird durch Extraktion mit A. ein rötlich-braunes Öl, *Pterygospermin* (I), gewonnen, das schon im ungereinigten Zustand (in Konzz. von 1:160000 bis 1:200000) eine gewisse Toxizität gegenüber *Micrococcus pyogenes var. aureus* aufweist. Aus I konnten Vff. sowohl durch Extraktion mit Bzl. oder Toluol wie durch Adsorptionschromatographie bzw. Adsorption an mit Säure gewaschener Aktivkohle ein verschieden hoch antibiot. wirksames Prod. isolieren. 2 bes. stark antibiot. wirksame Substanzen wurden durch Hochvakuumfraktionierung von I erhalten. Es sind farblose ölige Fll. mit charakterist. Geruch, leicht lösl. in allen organ. Lösungsmitteln, aber nur sehr wenig in W. lösl.; sie sind opt. inakt., zeigen keine Fluorescenz im UV u. sind noch in Verdünnungen von 1:5·$10^5$ gegen M. pyogenes var. aureus wirksam. Durch Molekulardest. nach Entfernen der Sterine mit Digitonin wurde daraus ein Prod. erhalten, das als *Benzyl-*

*isothiocyanat* identifiziert wurde u. als Zersetzungsprod. des Antibioticums angesehen wird. — Auffällig ist der hohe Geh. von I an elementarem *S* (bis über 100 mg S/1,2 g I). Jedoch war S auf die Aktivität in hohen Verdünnungen ohne Einfluß. (J. Indian Inst. Sci., Sect. A **34.** 219—27. Juli 1952. Bangalore, Indian Inst. of Sci., Dep. of Biochem., Antibiotic Labor.) KLESSE. 4420

**S. M. Caplin** und **F. C. Steward,** *Untersuchungen über Wachstum und Stoffwechsel von Pflanzenzellen.* 2. Mitt. *Verschiedene Beeinflussung von Gewebeexplantaten und Beschreibung einer quantitativen mit Karotten arbeitenden Methode.* (1. vgl. C. **1952.** 4004.) Beschreibung der Methoden u. notwendigen Vorsichtsmaßregeln (asept. Bedingungen u. dgl.) bei der Herst. u. Züchtung von Gewebezylindern, die in bestimmter Entfernung vom Cambium aus. Karotten herausgeschnitten werden. Als Nährlsg. wird WHITE-Medium benutzt, in dem $FeCl_3$ durch Fe-Tartrat ersetzt ist, mit Zusatz von *Cocosmilch* (**I**). Optimal sind 10—15% **I.** Der in **I** enthaltene *Wachstumsfaktor* ist hitzestabil; nach 8 std. Autoklavieren bleibt noch über die Hälfte der Aktivität erhalten. Aufbewahrung der **I** bei $-20^0$ wird jedoch zur Erhaltung der Aktivität empfohlen. (Ann. Botany [N. S.] **16.** 219—34. April 1952. Rochester, N. Y., Univ. of Rochester, Dep. of Bot., u. Ithaca, N. Y., Cornell Univ., Dep. of Bot.) KLESSE. 4460

**F. Laibach** und **F. J. Kribben,** *Der Einfluß von Wuchsstoff auf das Geschlecht der Blüten bei einer monözischen Pflanze.* Durch Behandlung von jungen Gurkenpflanzen mit *Wuchsstoff* (**I**), denen **I** durch Bestreichen des Stielstumpfes des 1. oder 2. Blattes, dessen Spreite kurz vorher abgeschnitten worden war, mit einer **I**-haltigen Paste (auf Wollfettgrundlage) oder durch Besprühen mit einer wss. **I**-Lsg. zugeführt worden war, konnte das Geschlecht der in den Achseln der ersten 7 Blätter entstehenden Blüten, die ohne **I** stets ♂ sind, beeinflußt werden. Die meisten ♀ Blüten wurden durch Applikation von *α-Naphthylessigsäure* (**II**) auf den Stielstumpf des 2. Blattes erhalten (26 Blüten bei 7 Pflanzen). Die Wrkg. von *β-Indolylessigsäure* war geringer als die von **II,** die von *2.4-Dichlorphenoxyessigsäure* (*U 46*) zwar schwach, aber noch gesichert. Das Besprühen mit **I**-Lsg. hatte allg. zwar nicht die gute Wrkg. wie die entsprechende Pastenbehandlung des 2. Blattes, aber doch noch eine bessere als das Bestreichen des 1. Blattstumpfes. Bei Anwendung von Pasten erstreckt sich die Wrkg. hauptsächlich apikalwärts, bei Behandlung des 2. Blattes bis zum 7., manchmal sogar bis zum 10. Blatt. Neben einer Erhöhung der Zahl der ♀ Blüten haben die Wuchsstoffe noch eine weitere Wrkg., u. zwar wird die Gesamtzahl der Blüten vermindert (mit **II**-Paste behandelte Pflanzen bildeten 63 Blüten, davon 26 ♀, die unbehandelten Kontrollen 186 Blüten, davon 2 ♀). Durch Applikation der **I**-Pasten wird der behandelte Blattstiel verlängert u. schwillt an, u. außerdem wird, wenigstens für eine gewisse Zeit, die Entw. der apikalwärts gelegenen Teile gehemmt u. zwar durch **II** mehr als durch die beiden anderen Substanzen. Es ist möglich, daß die erhöhte Bldg. von ♀ Blüten mit dieser Entwicklungshemmung in Zusammenhang steht. (Vgl. auch C. **1953.** 1192.) (Beitr. Biol. Pflanzen **28.** 64—67. 1950. Limburg/Lahn, Biol. Forschungsinst.) KLESSE. 4485

**Victoria Rossetti** und **A. A. Bitancourt,** *Thiamin und die Wuchsstoffe für Phytophthora in der Rinde von Citrusbäumen.* BITANCOURT u. ROSSETTI (Rev. brasil. biol. **9.** [1942.] 525) hatten gezeigt, daß *Thiamin* (**I**) bei *Phytophthora* wohl die Verzweigung der Hyphen, also das Dickenwachstum (lichtelektr. bestimmt), nicht aber das strahlenförmige Wachstum der Thalli (durch Durchmesser bestimmt) anregt. Für dieses ist vielmehr ein *Faktor L,* der in der Wirtspflanze u. in kleinen Mengen im Agar enthalten ist, verantwortlich. Neue Wachstumsverss. (Rindenscheiben von süßen u. sauren Orangen, Filtrierpapier mit 0,4 γ **I** auf 2% CZAPEK-Agar, Entfernung nach 4 Std. u. Impfung der betreffenden Stellen mit *C. Citrophthora* [LEONIAN]) ergaben keinen wesentlichen Unterschied im Durchmesser des Pilzwachstums an den Stellen der süßen bzw. sauren Orange, doch waren beide Durchmesser wesentlich größer als an der Stelle von **I** bzw. im Kontrollversuch. Das Dickenwachstum war dagegen bei **I** am stärksten ausgeprägt; bei der süßen Orange war es stärker als bei der sauren. Entnahme der Proben zu verschied. Tageszeiten hatte keinen Einfluß. Diese Verss. stützen wie schon die früheren die Theorie, daß die unterschiedliche Anfälligkeit der Citrusarten auch teilweise von der Menge der in der Rinde vorhandenen Wuchsstoffe abhängt. Faktor L wäre dann für die Unterschiede zwischen den Varietäten der süßen Orange verantwortlich, **I** oder ähnlich wirkende Stoffe für die Unterschiede zwischen süßer u. saurer Orange. — Bei Befall mit *Phytophthora gummosis* zeigt sich in der inneren Rinde ein charakterist. Zonenwachstum, bei dem jede Zone einer Periode von 24 Std. entspricht. Diese Periodizität könnte auf eine period. Veränderung der Menge der Wuchsstoffe zurückzuführen sein. Bei den oben berichteten Verss. ergab sich kein Anhaltspunkt für eine solche Periodizität. (Science [Washington] **115.** 205—06. 22/2. 1952.) FRÜHWALD. 4490

---

F. F. **Matzkow,** Die Ernährung der Pflanzen durch die Blätter. Kiew: Verlag der Akad. der Wiss. der UkrSSR. 1952. (50 S. m. Abb.) 85 Kop. [russ.]

## $E_5$. Tierchemie. Tierphysiologie. Tierpathologie.

**C. P. Dubbelman**, *Eine Perfusionspumpe mit einer Kapazität, die der des menschlichen Herzens gleich ist.* (Acta physiol. pharmacol. neerl. **2.** 157—79. 1951/52, ausg. 1952. Kampen, Municipal Hosp. Labor.) ITZEROTT. 4500

**H. P. Wolvekamp** und **A. G. Vlasblom**, *Gleichzeitige Bestimmung der Sauerstoffaufnahme aus Wasser und aus der Luft durch Luft–Wasser-Atmer.* Ein App. zur Best. der Atmungsgröße von Tieren, die sowohl ihren $O_2$ aus Wasser als auch aus Luft nehmen können, wird beschrieben. (Acta physiol. pharmacol. neerl. **2.** 214—28. 1951/52, ausg. 1952. Leiden, Univ., Zool. Inst., Dep. of Physiol.) ITZEROTT. 4500

**Gerhard E. Voigt**, *Silber in menschlichen Haaren.* In den Haaren von Personen, die keiner besonderen *Ag*-Aufnahme ausgesetzt waren, wurden mit dem UV-Spektrograph kleine *Ag*-Mengen aufgefunden. Zwischen Pigment- u. *Ag*-Geh. ließen sich keine Zusammenhänge feststellen. (Dtsch. Z. ges. gerichtl. Med. **41.** 151—53. 1952. Jena, Univ., Inst. für gerichtl. Med. u. Kriminalistik.) KRUSEN. 4510

**D. N. Grindley**, *Die Zusammensetzung des Körperfettes von kleinen grünen Chironomiden.* Mittels einer bes. konstruierten Falle werden Mücken (Tanytarsus lewisi Freeman; Diptera; Chironomidae) gefangen; 18000 Insekten = 1 g. Die an warmer Luft getrockneten Insekten zeigen folgende Zus.: Gewichtsverlust (110°) 4,39%; Asche 5,64%; Protein 60,68%; Chloroformextrakt 11,71%; anschließender A.-Extrakt 17,78%. Aus dem Chloroformextrakt wird ein stark dunkelbraunes, übelriechendes Öl abgeschieden (freie Säure [Ölsäure] 22,28%; VZ. 205,5; Unverseifbares 7,45%), das nach der Verseifung in einer Ausbeute von 88,38% die Gesamtfettsäuren liefert (JZ. [WIJS] 137,2; Rhodanzahl 93,02; mittleres Mol.-Gew. 280). Die nach den üblichen Methoden durchgeführte Unters. (Bromierung, REICHERT-MEISSL- u. POLENSKE-Zahl; milde Oxydation mit $KMnO_4$) lehrt, daß das Körperfett eine größere Menge von polyolefin. Fettsäuren (wie Fischfett) enthält u. damit dem Fett von Algen u. Plankton (Hauptnahrung) ähnelt. Das Fett dieser Mücken unterscheidet sich erheblich von dem der meisten terrestr. Insekten. (J. exp. Biology **29.** 440—44. Sept. 1952. Khartoum, Sudan, Min. of Health, Wellcome Chem. Labor.) TÄUFEL. 4520

**Robert Stumper**, *Über riechende Sekrete einiger Ameisen.* Die mit Ae. extrahierten Fettanteile verschied. Ameisenarten enthielten stark riechende Bestandteile, die leicht flüchtig u. oxydabel waren. Geschlechtsbestimmende oder -anziehende Eigg. konnten den Geruchsstoffen, die bei Tapinoma erratívum citronenmelisse-, bei Lasius fuliginosus moschus- u. bei Lasius flavus vanillinähnlich waren, nicht nachgewiesen werden. (C. R. hebd. Séances Acad. Sci. **235.** 526—28. 1/9. 1952.) KRUSEN. 4520

**J. Edmund Bradley** und **Margaret Tilghman**, *Wasserstoffionenmessungen in situ in Mund, Ösophagus und Magen bei Neugeborenen.* Die Messungen bei insgesamt 42 Kindern mit einer Glaselektrode ergaben bei bis 24 Std. alten Neugeborenen im Mund (alles Mittelwerte) 6,96, Ösophagus 6,62, Magenfundus 2,10 u. Pylorusantrum 6,62; bei 24—48 Std. alten Säuglingen 6,38; 6,31; 2,03 u. 6,31. (Amer. J. Digest. Diseases **19.** 255—57. Aug. 1952. Baltimore, Md., Univ. of Maryland, School of Med., Dep. of Ped.; Univ. Hosp.) KRUSEN. 4550

**G. Viarengo** und **A. D'Anelli**, *Verhalten des Blutzuckerspiegels in Venen nach längerdauernder Stase.* Vff. untersuchten die Veränderungen des Blutzuckerspiegels in Venen, die einer künstlichen Stase von 18—24 Min. unterworfen wurden. Das Blut wurde alle 6 Min. entnommen u. eine zunehmende Verminderung des Blutzuckers um 10—43% festgestellt. Die Vff. erklären diese Erscheinung mit einer durch den $O_2$-Mangel bedingten Milchsäuregärung der *Glucose* (I) bei fehlender Glykogenrückbildung. Außerdem scheint unter diesen Bedingungen eine erhebliche Resorption der I durch das Gewebe zur Auffüllung von dessen Glykogenreserven stattzufinden. Wenn dies experimentell bestätigt würde, könnten daraus nach Ansicht der Vff. wichtige Schlüsse für die Kreislaufpathologie gezogen werden. (Minerva med. [Torino] **43.** I. 1348—50. 21/6. 1952. Asti, Ospedale Civile, Sez. Med.) IPPEN. 4550

**Claus Weiner**, *Schwere amyloide Myocardose bei generalisierter Paramyloidose.* Durch 2 derartige Fälle veranlaßt, vermittelt Vf. einen tiefen Einblick in das entsprechende Schrifttum u. erörtert die wenig aufgeklärte Chemie des *Amyloids* u. *Paramyloids.* Es wird hier nochmals die Bedeutung des Eiweißes in der *Chondroitinschwefelsäure* u. die Beziehung dieser Stoffe zum *Hyalin* erwähnt. Nach Zusammenstellung der bisher bekannten Tatsachen über die Herkunft der sogenannten „*Paraproteine*" u. ihrer Beziehung zu verschied. Krankheiten (Reticulosen, Retothelsarkome, Leukämien, Plasmocytom) nimmt Vf. krit. zu dem gesamten Problem Stellung u. stellt hierbei unter Wahrscheinlichkeit an Hand der Befunde der vorliegenden 2 Fälle fest, daß das Paramyloid aus dem aus dem Blut herrührenden Paraprotein u. einer an Ort u. Stelle gebildeten Substanz bestehen muß. Er nimmt das als Prod. einer hypererg. Rk. des Mesenchyms auf das körperfremde Paraprotein an. — 77 Literaturangaben. (Dtsch. Z. Verdauungs- u. Stoffwechselkrankh. **12.** 142—65. 1952. Leipzig, Univ., Pathol. Inst. u. Med. Klinik.) DUCHO. 4551

**Poul Broendstrup,** *Infantile Cystinosis mit Cystinkristallen in Cornea und Conjunctiva.* Bericht über 2 Fälle. (Acta ophthalmol. [Copenhagen] **30.** 365—77. 1952. Kopenhagen, Rigshosp., Ophthalm. Dep.) KRUSEN. 4552

**William N. Taylor** und **Jack N. Taylor,** *Xanthinsteine. Bericht über einen Fall.* Bei einem Patienten wurden bei Pyelotomie u. Lithotomie im Nierenbecken ein Stein von 12 g u. in den Kelchen mehrere kleine Steine gefunden. Nach der chem. Analyse bestanden diese aus *Xanthin.* (J. Urology **68.** 659—60. Sept. 1952. Columbus, O., Ohio State Univ., Dep. of Surg. [Urol.]) DOSSMANN. 4552

**F. Hoff** und **R. Bayer,** *Das Muskelwachstum des menschlichen Uterus unter dem Synergismus von Follikelhormon (F.H.) und Corpus-luteum-Hormon (C.l.H.). Corpus-luteum-Hormon* (I) übt auf die Muskelzelle des Uterus einen viel stärkeren Wachstumsimpuls aus als das *Follikelhormon* (II). Dies könnte für die Hyperplasiewrkg. als spezif. Effekt angesehen werden. Man kann I als einen dem II synergist. wirkenden Ergänzungsstoff bezeichnen, der in seiner uterotropen Sphäre allein nahezu unwirksam bleibt, jedoch im Zusammenwirken mit II die Uterusmuskelzelle baulich u. funktionell analog dem Endometrium zu transformieren vermag. (Zbl. Gynäkol. **74.** 1089—95. 1952. Graz.) RUPPERT. 4559

**F. Hoff** und **R. Bayer,** *Hormonale und mechanische Bedingnisse für das Wachstum des menschlichen Uterusmuskels in der Schwangerschaft.* Wenn im Tiervers. die Dehnung der Muskelwand allein, *Follikelhormon* (I)-Einw. allein oder im Zusammenwirken mit *Corpus-luteum-Hormon* (II), oder das Zusammenspiel aller 3 Faktoren Hypertrophie u. Hyperplasie an den Uterusmuskelzellen auszulösen vermag, dann müssen die Bedingungen für die Schwangerschaftshypertrophie u. -hyperplasie des menschlichen Uterusmuskels auf das Zusammenwirken folgender Voraussetzungen erweitert werden: Volle konstitutionelle Reife der Muskelfaser, ausreichende Produktion u. Wirkfähigkeit von I u. II, volle Produktionskraft des Chorionepithels mit lokalem Wirkvermögen der Chorionhormone, lokale Wrkg. mechan. Wachstumsfaktoren von Seiten des Eies. (Zbl. Gynäkol. **74.** 1095—1101. 1952. Graz.) RUPPERT. 4559

**Rudolf Zippel,** *Das Follikelhormon, ein den Muskelinnendruck bestimmender Faktor im normalen Menstruationscyclus.* Der Muskelinnendruck (beim weiblichen Geschlecht niedriger als beim männlichen) erfährt bis zum Beginn der Regelblutung eine allmähliche Steigerung, um mit dem Einsetzen derselben einem individuell verschieden starken Abfall unterworfen zu sein, wobei Muskelinnendruck u. Follikelhormonspiegel im Blut parallel verlaufen. Der Follikelhormonspiegel scheint einen mittel- oder unmittelbaren günstigen Einfl. auf den Kreislauf u. somit auf den Muskelstoffwechsel auszuüben, der in den erhaltenen Muskelinnendruckwerten offensichtlich wird. Der Durchschnittswert des Muskelinnendruckes liegt 1951 für beide Geschlechter (vermutlich bessere Ernährungsverhältnisse) höher als 1948. (Zbl. Gynäkol. **74.** 1335—41. 1952. Jena, Univ. Frauenklinik.) RUPPERT. 4559

**R. Alemany-Vall** und **G. Hernández-Riera,** *Aus Urin asthmakranker Frauen extrahiertes Pregnandiol als Behandlungsmittel. Pregnandiol* wurde aus dem Urin nichtschwangerer asthmakranker Frauen entnommen u. den gleichen Personen wieder subcutan injiziert. Diese Behandlung soll wesentlich dazu beigetragen haben, prämenstruelle Asthmaattacken zu mindern oder aufzuheben, wie an Hand von 12 über zwei Jahre beobachteten Patientinnen festgestellt werden konnte. (Rev. clín. españ. **46.** 168—70. 15/8. 1952. Barcelona, Hosp. Muncipial de Nuestra Señora de la Esperanza.) P. G. SCHEURLEN. 4559

**H. O. Kleine,** *Die hormonale Kastration mittels Androgenen in der Therapie des Morbus Werlhof gravis bei Frauen.* Bei jüngeren Frauen mit schwerem Morbus WERLHOF wird an Stelle der operativen Kastration oder Strahlenmenolyse die Ovarialausschaltung durch hormonale Kastration als Meth. der Wahl empfohlen. Bericht über eine 25jährige Frau mit Morbus WERLHOF gravis, bei der im Anschluß an Spontangeburt im Wochenbett ein Thrombocytenabfall bis zu 2400/$mm^3$ erfolgte. Calcium, Vitamin K, C u. P-Faktoren, sowie Hormodyn ohne Nutzen, dagegen guter Erfolg durch 700 mg *Testosteronpropionat* i. m. während 4 Wochen, dann je 300 mg monatlich für die Dauer eines Jahres. (Zbl. Gynäkol. **74.** 1127—34. 1952. Ludwigshafen, Städt. Frauenklinik.) RUPPERT. 4559

**Ricardo Moleres Ferrandis,** *Atelektase der Lungen und hämorrhagische Pericarditis nach ACTH.* An Hand eines Falles, bei dem nach über ein Jahr dauernder Behandlung mit *ACTH* sich Lungenatelektasen u. eine hämorrhag. Pericarditis entwickelten (56jährige

Frau mit Asthma bronch. u. Arthritis rheum.), sowie auf Grund ausführlicher Literaturangaben werden die Folgen langdauernder ACTH-Medikation diskutiert. Es soll hierbei sich ein Vitamin-C-Mangel ausbilden, dessen Folge sich in einem skorbutähnlichen Krankheitsbild mit Permeabilitätserhöhung u. Capillarbrüchigkeit äußert (petechiale Blutungen u. pos. RUMPEL-LEEDE). Nimmt man die durch die asthmat. Grundkrankheit bedingten Belastungen im Thoraxraum hinzu, so ist es verständlich, daß es hier durch den erhöhten Unterdruck im Pleuraraum zum Blutaustritt durch die vorgeschädigten Capillarendothelien der Pleura- u. Pericardgefäße kommt. Durch Behandlung mit Vitamin C können diese Prozesse gestoppt werden. — Da nach den Beobachtungen anderer Autoren während des „Stress" u. der frühen Stadien der ACTH-Medikation die Capillarpermeabilität eher herabgesetzt ist, u. sich der Vitamin-C-Spiegel in der Nebenniere eher erhöht, muß bei der ACTH-Wrkg. eine frühe u. späte Phase unterschieden werden, bei welcher zuletzt offenbar die Nebenniere in ein Stadium der Erschöpfung gekommen ist. Daß aber aus dem Verh. des Vitamin-C-Spiegels nicht ohne weiteres auf das Verh. der Nebenniere geschlossen werden darf, geht daraus hervor, daß andere Funktionen der Nebennierenrinde oft keine Abweichungen von der Norm, bzw. vom Bild der frühen ACTH-Wrkg. erkennen lassen (17-Ketosteroidausscheidung, Cholesterin- u. Mineralspiegel). (Med. españ. **28.** (15.) 31 bis 50. Juli 1952. Philadelphia, Pa., Philadelphia Gen. Hosp.) P. G. SCHEURLEN. 4560

**Choh Hao Li** und **Kai O. Pedersen,** *Physikalisch-chemische Merkmale des follikelstimulierenden Hormons der Hypophyse.* Das aus Schafshypophyse gewonnene *follikelstimulierende Hormon* (I) erweist sich in der Elektrophorese als einheitliche Substanz, deren isoelektr. Punkt mittels dieser Meth. bei $p_H$ 4,5 errechnet wurde. Die Diffusionskonstante beträgt $6{,}0 \cdot 10^{-7}$. Mittels der Ultrazentrifuge (S = 4,7) wurde das Mol.-Gew. auf 67000 berechnet. Die chem. Analyse ergab kein P. Prozentuale Zus. C 44,9; H 6,67; N 15,10; S 1,5; Hexose 1,23; Hexosamin 1,51%. Hitze, schwache HCl u. Fettlösungsmittel setzen die Wirksamkeit von I herab. Unter den Aminosäuren steht die *Glutaminsäure* mit 13,4% an erster Stelle. (J. gen. Physiol. **35.** 629—37. 20/3. 1952. Berkeley, Calif., Univ., Dep. of Biochem.; Upsala, Inst. of Biochem. and Phys. Chem.)
P. G. SCHEURLEN. 4560

**A. W. Gledhill** und **R. J. W. Rees,** *Über eine spontane Enterokokkenerkrankung der Maus und ihre Verschlimmerung durch Cortison.* Vff. beschreiben eine durch einen Enterococcus (bakteriol. Eigg. werden beschrieben) bei Mäusen hervorgerufene Enterokokkenerkrankung mit Leberbeteiligung, die experimentell durch intraperitoneale oder intravenöse Einbringung oder Verfütterung des Erregers erzeugt werden kann. Die Empfänglichkeit für die experimentell erzeugte Erkrankung wird durch *Cortison*-Gaben gesteigert. (Brit. J. exp. Pathol. **33.** 183—89. April 1952. London, Nat. Inst. for Med. Res.) BÖHM. 4561

**Volker Schliack,** *Vor- und Frühsymptome des Diabetes mellitus.* Unterss. über die Entw. der diabet. Stoffwechselstörung bei 1000 Patienten mit Diabetes mellitus. Polydipsie u. Polyurie (90% der Fälle), Polyphagie (49%), Absinken des Körpergewichtes (80%). Im jugendlichen Alter stürm. Beginn u. Verlauf. (Z. ges. inn. Med. Grenzgebiete **7.** 507—13. 1/6. 1952. Garz u. Karlsburg, Diabetikerheim, Anst. zur Erforsch. u. Behandlung der Zuckerkrankh.) REISS. 4564

**P. de la Barreda, A. F. Molina, R. Alcalá** und **C. Jiménez Diaz,** *Die Herkunft der blutdrucksteigernden Substanz aus den Arterienwänden.* Bei einer besonderen Versuchsanordnung (Parabiose u. Trennung des Blutkreislaufs zum Kopf u. zum übrigen Körper) läßt sich beim Hund eine blutdruckerhöhende Substanz nachweisen. Sie bedingt einen Anstieg des Blutdrucks nach zentraler Reizung nur dann, wenn nicht gleichzeitig die nervöse Übermittlung via Vagus unterbrochen ist. Um eine aus dem Zentralnervensyst. ausgeschiedene Substanz kann es sich nicht handeln, da eine Trennung der venösen vom Kopf ableitenden Gefäße den Effekt nach zentraler Reizung nicht zu unterbrechen vermag. Wahrscheinlich handelt es sich um eine durch Dibenamin gehemmte, noradrenalinähnliche Substanz, die in den Arterienwänden selbst gebildet wird. (Rev. clín. españ. **44.** 300—03. 15/3. 1952. Madrid, Univ., Inst. de Investig. Med.) P. G. SCHEURLEN. 4569

**Jorge Guasch, José Vinas, Sergio Garriga** und **Enrique Raya,** *Bemerkungen über einige Fäl e von Agranulocytose.* N-Lostpräpp. wirken tox. auf das Chromosom. *Methyl-bis-[β-chloräthyl]-amin* (I) zeigt sek. Einflüsse auf die Leukopoiese u. das periphere Bild der Leukocyten. Bei einfacher Agranulocytose (Agc) kann schon eine einmalige Dosis von 0,3 mg I oder *Methyl-tris-[β-chloräthyl]-amin* zu rascher Besserung führen, während bei aplast. Anämie kein Erfolg festgestellt wird. In einem anscheinend durch *Gardan* ausgelösten Fall von Agc versagte die Therapie mit Na-Nucleinat u. Adrenalin, ein durch *Atophan* ausgelöster Fall von vorübergehender, latenter Agc wurde mit *Penicillin* geheilt. (Med. clín. [Barcelona] **18.** [10] 225—35. April 1952. Barcelona u. Granada.)
R. K. MÜLLER. 4573

**Alfred Oberdorfer**, *Über cytochemische Befunde an weißen Blutkörperchen und ihre Bedeutung für die Prognose leukämischer Krankheiten.* Neben der bisherigen vorwiegend cytomorpholog. Betrachtungsweise der leukäm. Krankheiten wird neuerdings der Cytochemie für die hämatolog. Forschung das Wort gegeben. Es wird das Verh. der Nucleoproteide in leukäm. Zellen an 23 Fällen untersucht. Die Meth. beruht auf der Verdaulichkeit bzw. Nichtverdaulichkeit der Zellstrukturen durch Enzyme des Ribo- bzw. Desoxyribonucleasekomplexes. Die Kerne der neutrophilen Granulocyten sind vorwiegend ribonucleasestabil. Die Meth. (auf Objektträgern) wird näher beschrieben. Die Färbung der vorbehandelten Ausstriche erfolgt nach MAY-GRUENWALD oder GIEMSA. Erörterung der cytoenzymat. Befunde für die prognost. Bedeutung des einzelnen Falles. (Münchener med. Wschr. **94.** 1449—55. 18/7. 1513—16. 25/7. 1952. München, Univ., Inst. Ger. Med.)
PATZSCH. 4573

**T. D. Lovegrove, H. A. De Luca** und **R. J. Rossiter**, *Die Aufnahme radioaktiven Phosphates in Kaninchenreticulocyten in vitro.* Durch mehrmalige, im wöchentlichen Abstand durchgeführte Blutentnahmen gelang es den Vff., die Reticulocytenzahl auf 20—50% ansteigen zu lassen. Es konnte beobachtet werden, daß radioakt. P, in vitro zu abgemessenen Mengen beigefügt, je nach Grad der Ausblutung, d. h. nach Höhe dieser Jugendformen der erythrocytären Zellen, aufgenommen wurde. Eine gleichzeitig mögliche Lipämie konnte ausgeschaltet werden. Wurde Plasma durch KREBS-RINGER-Phosphat als Suspensionsmedium substituiert, so war die $^{32}$P-Aufnahme geringer, umgekehrt war sie höher u. schneller bei KREBS-RINGER-Bicarbonat. Durch Cyanid wurde die Aufnahme gehemmt. (Canad. J. med. Sci. **30.** 143—50. April 1952. London, Ontario, Can., Univ. of Western Ontario, Dep. of Biochem.) P. G. SCHEURLEN. 4573

**A. Gonzalez Cruz**, *Ernährungsfaktoren bei der Erythropoiese.* Die bisher bekannten Faktoren, die auf Erythrocytenbldg. u. Reifung einwirken, werden in ihrer Wrkg. besprochen. (Med. españ. [15] **27.** 426—42. Juni 1952. Valencia, Clín. Med. B de la Fac. de Med.)
GERBER. 4573

**John J. Spitzer**, *Der Einfluß des Heparins auf die Aktivierungsenergie der Thrombinhemmung.* Mißt man den Einfl. des Thrombins auf die Fibrinogenumwandlung ohne u. mit Zugabe von abgemessenen Heparinmengen, so läßt sich unter Anwendung der Gleichung von ARRHENIUS die Aktivierungsenergie des Thrombins im Normalfalle auf 9000 bis 14000 cal/Mol errechnen (wechselnd bei verschied. Tieren). *Heparin* setzt diese herab. Da ein solcher Effekt für Katalysatoren charakterist. ist, kann Heparin u. seine Wrkg. im Gerinnungssyst. als eine katalyt. angesehen werden. (Canad. J. med. Sci. **30.** 122—24. April 1952. Halifax, N. S., Dalhousie Univ., Dep. of Physiol.) P. G. SCHEURLEN. 4574

**Darius Molho** und **Lucie Molho-Lacroix**, *Papierverteilungschromatographie von in Wasser und Plasma gelöstem Heparin.* Als Lösungsm. wurde eine Mischung von 40% n-Propanol u. 60% W. verwendet, die Entw. erfolgte mit einer 0,015%ig. wss. Lsg. von Toluidinblau. Bei Anwendung von 5 γ *Heparin* (I) (ROCHE) wurde eine größere Fraktion mit dem $R_F$-Wert von 0,57, die starke antikoagulierende Wrkg. zeigte, u. eine kleinere Fraktion mit $R_F = 0$ mit geringer Aktivität gefunden. Vff. konnten zeigen, daß I in einer Lsg. von 5 γ in $^1/_{1000}$ ml Oxalatplasma zu $^4/_5$ an Albumine ($R_F = 0,67$) u. zu $^1/_5$ an Globuline ($R_F = 0$) gebunden wird. Nach der Elution zeigt der I-Albumin-Komplex gegenüber reinem Fibrinogen (II) keine Antithrombinwrkg., was auf das Fehlen des im Plasma befindlichen Cofaktors zurückgeführt wird. Aus diesem Befund wird geschlossen, daß der Cofaktor nicht durch Bindung an I, sondern durch Einw. auf II wirksam ist. (C. R. hebd. Séances Acad. Sci. **235.** 522—24. 1/9. 1952.) KRUSEN. 4574

**M. Le Saget, E. Desassis** und **M. Macheboeuf**, *Untersuchungen über die Aufspaltung von Lipoproteinsymplexen durch Seifen.* Hinweis an Hand eigener früherer Unterss. (C. R. Séances Soc. Biol. Filiales Associées **130.** [1939.] 1027. 1029) auf die Tatsache, daß die Extrahierbarkeit der Lipoide aus Blutserum mit Ae. nach Zugabe von Seife von verschied. Faktoren beeinflußt wird. Verss. mit Pferdeblutserum; als Seife wird das Kaliumdibromstearat in verschied. Konz. benutzt; im Ae.-Extrakt wird der Abdampfrückstand hergestellt, in Chlf. wieder gelöst, filtriert, wieder zur Trockne gebracht u. gewogen; teilweise Analyse des Extraktes auf Phospholipoide, Cholesterin u. Fettsäure. Darst. der Resultate, indem die Extraktausbeute (Ordinate) der Menge der Seife (Abscisse) graph. gegenübergestellt wird; durch veränderte Stellung des Extraktionsgefäßes werden Schichtdicke u. Berührungsfläche zwischen äther. u. wss. Phase variiert. Aus den Verss. wird abgeleitet, daß die Extraktausbeute von den beiden vorerwähnten Faktoren abhängt. Man beobachtet, daß ein Teil der während der ersten Tage im Ae. gelösten Lipoide späterhin wieder in die wss. Phase des Serums zurückwandert. Die gezogenen Schlüsse erstrecken sich auf jeden der mit Ae. extrahierten Konstituenten (Phospholipoide, Cholesterine, Fettsäuren). (Ann. Inst. Pasteur **82.** 257—65. März 1952. Paris, Inst. Pasteur.) TÄUFEL. 4574

**Morris Tager,** *Die Wirkung von kristallisiertem Trypsin und Sojabohnentrypsinhemmstoff auf den durch die Staphylokoagulase ausgelösten Blutgerinnungsmechanismus.* Anschließend an frühere Unterss. teilt Vf. mit, daß krist. *Trypsin,* in bestimmten Konzz., die durch die Staphylokoagulase ausgelöste Gerinnung des Plasmas beschleunigt. Der Sojabohnentrypsinhemmstoff (I) beeinflußt den Koagulasegerinnungsmechanismus nicht. Dagegen setzt I den während der Prothrombinumwandlung entstehenden Verlust der Plasmakomponente (coagulase reacting factor) herab. (Yale J. Biol. Med. **24.** 525—32. Juni 1952. Atlanta, Ga., Univ., Dep. of Bact. and Immunol.) REICHLE. 4574

**Benjamin Alexander** und **Robert Goldstein,** *Parahämophilie bei 3 Blutsverwandten (Owrensche Krankheit) mit Untersuchungen an bestimmten, die Prothrombinumwandlung bewirkenden Plasmakomponenten.* Die Untersuchungsergebnisse von — wahrscheinlich angeborener — Parahämophilie bei 3 Blutsverwandten zeigen, daß die Störung die eine Art von Pseudohypoprothrombinämie darstellt, dem Mangel an einem Nicht-Thrombinplasmabestandteil zuzuschreiben ist, der für die schnelle physiol. Umwandlung von Prothrombin in Thrombin durch Thromboplasten u. Ca notwendig ist. Diese Substanz, für die die Bezeichnung Ac-Globulin von WARE u. SEEGERS als geeignetste angesehen wird, ist ident. mit dem labilen Faktor von QUICK, dem Faktor V oder Proaccelerin von OWREN u. dem Faktor von FANTL u. NANCE. Sie ist in frischem, n., gesunden Blut oder Plasma vorhanden; dies schafft die Basis für eine wirkungsvolle klin. Behandlung von Parahämophilie. Von SPCA (serum prothrombin conversion accelerator; vgl. C. **1950. II.** 1835) u. seinen Vorläufern ist diese Substanz deutlich verschieden, da deren Mangel sich in einer anderen Form von Pseudohypoprothrombinämie äußert. (Amer. J. Med. **13.** 255—72. Sept. 1952. Boston, Mass., Harvard Med. School, Dep. of Med., u. Beth Israel Hosp., Yamins Res. Labor.) KÖNIGSDORF. 4574

**Walter Lyon Bloom,** *Dextran. Ein Polysaccharid zur Erhöhung des Plasmavolumens.* Nach Injektion von 500 $cm^3$ eines 6%ig. *Dextran*-Partialhydrolysates (COMMERCIAL SOLVENTS CORP., Terre Haute, Ind.) bei 50 Versuchspersonen mit verschied. Krankheiten (Infektionen, cardiovasculären, gastrointestinalen u. neurolog. Erkrankungen, Neoplasia, Arthritis u. a.) war keinerlei Schockwrkg. zu bemerken. Mit klin. Methoden ließen sich auch keinerlei renale oder hepat. Funktionsänderungen als Folgeerscheinung der Dextraninjektion nachweisen. Totalserumproteinbest. u. Hämatokrit lassen eine Blutverdünnung ($16{,}8 \pm 1{,}55\%$ bzw. $12{,}7 \pm 1{,}2\%$) erkennen, die mindestens 6 Std. anhält. (Southern med. J. **45.** 457—60. Mai 1952. Georgia, Emory Univ., Dep. of Biochem. and Med., u. Chamblee, Ga., Lawson Veterans Administr. Hosp., Res. Div.) KÖNIGSDORF. 4576

**David W. Bishop** und **Harriet P. Mathews,** *Hemmung der Beweglichkeit des Spermas durch Tetrazoliumsalze.* In Ggw. von Zucker (I) wird gewaschenes u. in TYRODE-Lsg. resuspendiertes Kaninchensperma durch Zusatz von *2.3.5-Triphenyltetrazoniumchlorid* (II) in Konzz. bis zu $^1/_{50}$ mol. nicht angegriffen. Bei Abwesenheit von I genügt dagegen schon eine II-Konz. von $^1/_{10000}$ mol. um sofort Bewegungshemmung hervorzurufen; diese Rk. ist innerhalb 1 Std. durch I-Zusatz umkehrbar. Verss. mit verschied. I u. photored. (roten) II widerlegten die Vermutung, daß die Red. des II durch I verursacht würde. Glucose (III) u. Mannose sind gleichwertig in ihrer Gegenwrkg. auf II, Galaktose u. Mannose weniger, Fructose, Saccharose u. Lactose am wenigsten wirksam, Ribose überhaupt nicht. Die mol. Mengen sowohl von I wie auch von II können ohne Änderung der Rk. innerhalb des Zehnfachen variieren. Keine Schutzwrkg. gegen II zeigten $^1/_{1000}$—$^1/_{100}$ mol. Lsgg. von Succinat, Malat, Fumarat u. Malonat. *Neo-* u. *Ditetrazoliumchlorid* hemmen schon bei niedrigerer Konz., ebenso gilt die Rk. auch für menschliches u. Rindersperma. — Die Bewegung wird durch II auch bei Anwesenheit von III gehemmt, wenn gleichzeitig Jodacetat oder F anwesend ist. Andererseits bleiben, solange III verfügbar ist, die Cyanid- u. Azidempfindlichkeit mit u. ohne II gleich. — Die Rk. muß nicht unbedingt bis zur roten Formazanstufe führen. (Science [Washington] **115.** 211—12. 22/2. 1952. Amherst, Mass., Univ.)
FRÜHWALD. 4582

**Karl Wünsche,** *Penicillium, eine Sterilitätsursache beim Rind?* (Vorl. Mitt.) Eine Versuchsreihe an 3 Rindern u. 25 von ihnen gedeckten Kühen ergab mit großer Sicherheit, daß die gestörte Konzeption auf das Vorhandensein von Sporen einer Penicilliumart in den Schleimhäuten des Geschlechtstrakts zurückzuführen war. Der Pilz wurde als zur *Asymmetricum*-Gruppe gehörig identifiziert. (Wiener tierärztl. Mschr. **39.** 476—80. Aug. 1952. St. Johann im Pongau, tierärztl. Arbeitsgemeinschaft.) DOSSMANN. 4582

**L. De la Villa Rodriguez** und **F. Rodriguez Megía,** *Einfluß der Verabfolgung von Aminosäuren auf das Wachstum des Frühgeborenen.* Unter 57 Frühgeborenen blieben 13 durch perorale oder parenterale Aminosäuregaben (in Form von Caseinhydrolysaten) unbeeinflußt. Sonst ließ sich eine geringe Beschleunigung der Gewichtszunahme beobachten. Die physiol. Gewichtsabnahme blieb unbeeinflußt. Parenterale Gaben waren wirksamer als perorale. (Rev. clín. españ. **46.** 92—97. 31/7. 1952.) P. G. SCHEURLEN. 4584

**M. Gruber,** *Fettsynthese aus Kohlenhydrat bei Thiaminmangel.* (Acta physiol. pharmacol. neerl. **2.** 411—31. 1951/52. Utrecht, Univ., Labor. of Physiol. Chem.) — C. **1952.** 3684. TÄUFEL. 4587

**O. Wiss** und **H. Hellmann,** *Neue Befunde zur biologischen Nicotinsäuresynthese.* Vff. konnten zeigen, daß synthet. dargestellte *3.4-Dioxyanthranilsäure* nicht als Zwischenprod. der *Nicotinsäure*-Bldg. aus Tryptophan in Frage kommt. Enzymat. dargestelltes *3-Oxyanthranilsäurephosphat* erwies sich dagegen als biol. wirksam. Es gelang der Nachw., daß *Pyridoxal-5-phosphat* das Coferment der *Kynureninase* ist, die die Aufspaltung von Kynurenin u. 3-Oxykynurenin in Anthranilsäure bzw. in 3-Oxyanthranilsäure u. Alanin durchführt. (Helv. physiol. pharmacol. Acta **10.** C 35—C 36. 1952. Tübingen, Univ., Max-Planck-Inst. für Biochem., u. Physiol.-chem. Inst.) KRUSEN. 4587

**St. Greif** und **F. Wennig,** *Zur peroralen Therapie der perniciösen Anämie.* (Vgl. C. **1952.** 882.) Demonstration von 3 Fällen, die kombiniert mit *Folsäure* u. *Vitamin $B_{12}$* behandelt wurden. (Wiener med. Wschr. **102.** 591—92. 2/8. 1952. Graz, Landeskrankenhaus.) DUCHO. 4587

**Hayo L. Wychgram,** *Eine objektive Methode zur quantitativen Bestimmung des Vitamin-C-Blutspiegels im Vollblut (Roe und Kuether).* Zu 10 ml einer Suspension von 1% Carbo activatus in 5%ig. Trichloressigsäure werden 5 ml Citratblut gegeben. Nach 5 Min. wird filtriert, zu 3 ml Filtrat 1 ml einer Lsg. von 2% 2.4-Dinitrophenylhydrazin u. 0,25% Thioharnstoff in 9n $H_2SO_4$ gegeben u. 4 Std. bei 37° gehalten. Nach Abkühlung im Eisbad werden 5 ml eisgekühlte 65 Vol.-%ig. $H_2SO_4$ langsam zugetropft u. die rote Färbung nach 30—45 Min. bei 520 mμ colorimetriert. Auswertung erfolgt gegen den Reagentienleerwert an Hand einer Eichkurve. (Dtsch. med. Wschr. **77.** 215—17. 15/2. 1952. Kopenhagen, Vispebjerg-Hosp.) KRUSEN. 4587

**Raoul Lecoq,** *Zur Begriffsbestimmung des Vitamins P. Die avitaminotische Gefäßbrüchigkeit.* Da das Syndrom der Gefäßbrüchigkeit viele Ursachen haben kann, dürfen nicht alle Substanzen, die diesen Zustand korrigieren, als *Vitamine P* angesehen werden; ein *Vitamin P* muß eine strikte P-Avitaminose-Diät dauerhaft vervollständigen können. Zu dieser Gruppe gehören: *Rutosid, Epicatechin, Erdnußchromogen* u. alle alkalot. wirkenden Substanzen, die die Auswirkungen des wahren P-Mangels, der acidot. ist, verhindern. Daher dürfen *Ascorbinsäure* u. *Äsculosid,* die acidot. wirken u. auf die Brüchigkeit der Gefäße eine gewisse Wrkg. haben, nicht mit den Vitaminen der Gruppe P verwechselt werden. (C. R. hebd. Séances Acad. Sci. **235.** 585—87. 15/9. 1952. Paris.) KRUSEN. 4587

**G. Goetsch,** *Der Vitamin-T-Komplex und seine Bedeutung in der Medizin.* Vf. gibt einen Überblick über seine bereits im deutschsprachigen Schrifttum bekannten Unterss. über das das Wachstum fördernde *Vitamin T.* Bes. erwähnt wird der Unterschied zu den Auxonen. (Med. clín. [Barcelona] **19.** [10] 73—80. Aug. 1952. Graz, Univ.) P. G. SCHEURLEN. 4587

**Carl A. Zoll, R. Shirley** und **S. Villani,** *Prä- und postoperative Anwendung von Glucoseinfusion mit Ergänzung eines wässerigen Multivitaminpräparates: Bericht über 137 Fälle.* In 37 Fällen verabreichten Vff. prä- u. postoperativ zu je 1000 ml 5%ig. *Glucose*-Infusion 1 Ampulle *Vi-Syneral Injectable* (U. S. VITAMIN CORP. OF NEW YORK), in 10 ml enthaltend: 10000 U.S.P.-E. *Vitamin A,* 1000 U.S.P.-E. *Vitamin D,* 5 mg *dl-α-Tocopherol,* 500 mg *Ascorbinsäure,* 50 mg *Thiaminhydrochlorid,* 10 mg *Riboflavin,* 100 mg *Nicotinsäureamid,* 15 mg *Pyridoxinhydrochlorid,* 25 mg *Pantothensäure* u. 1% eines Sorbitanesters. Es wurde eine günstige klin. Wrkg. bes. auf das postoperative Erbrechen u. auf das subjektive Befinden erzielt. Keine Nebenerscheinungen. (Amer. J. Digest. Diseases **19.** 259—61. Aug. 1952. New York.) KRUSEN. 4587

**Carl Martius** und **Dagobert Nitz-Litzow,** *Über den anaeroben Abbau der Citronensäure in tierischem Gewebe.* Auf die früheren Verss. von HAHN u. HARMANN (Z. Biol. **89.** [1929.] 563) hinweisend, haben Vff. *Citronensäure* (I) unter Ausschluß von Sauerstoff mit Leberbrei (Kalbsleber) bebrütet. Die neben unveränderter **I** isolierten Abbauprodd. wurden mit Hilfe einer für diesen Zweck verbesserten papierchromatograph. Meth. qualitativ u. quantitativ nachgeweisen (es wird in 40% $SO_2$ enthaltender Atmosphäre chromatographiert). Als Hauptprodd. des anaeroben Abbaus wurden neben etwas *Bernsteinsäure* die *α-Oxyglutarsäure,* ihr Lacton u. die *Glutaconsäure* aufgefunden. Bei letztgenannter Säure dürfte es sich nach Vff. um ein Kunstprod. handeln, das sich erst bei der Aufarbeitung aus α-Oxyglutarsäure bildet. In abschließenden Betrachtungen besprechen Vff. den Mechanismus dieses anaeroben Citratabbaues u. seine physiol. Bedeutung. (Chem. Ber. **85.** 605—08. 1952. Tübingen, Univ., Physiol.-chem. Inst.) POHLOUDEK-FABINI. 4596

**H. B. Stoner, C. J. Threlfall** und **H. N. Green,** *Untersuchungen über den Schock. Kohlenhydratstoffwechsel im nucleotischen und ischämischen Schock.* Überwiegend an Ratten u. Mäusen untersuchten Vff. in ausgedehnten Verss. den Kohlenhydratstoffwechsel im

Schock nach intraperitonealer Injektion des Mg-Salzes des Adenosintriphosphates u. im ischäm. Schock. Sie unterscheiden 3 Stadien: 1. Kohlenhydratmobilisierung aus dem Glykogen der Leber u. Muskeln infolge des stimulierenden Reflexes des Nebennierenmarkes; 2. Abnahme der Glucoseverwertung durch Hemmung der frühesten Stufen der Glykolyse u. durch Gluconeogenese; 3. Terminalstadium, Abfall des Blutzuckers u. Anstieg von Blutmilchsäurewerten. Diese Änderungen werden diskutiert im Hinblick darauf, daß der Schock ein Defensivmechanismus gegen Schädigung ist. (Brit. J. exp. Pathol. **33**. 131—54. April 1952. Univ. of Sheffield, Dep. of Pathol.) BÖHM. 4596

**Helmut Gros** und **Ernst-Josef Kirnberger**, *Klinische Prüfung der Entgiftungsfunktion der Leber mit Borneol.* Es wurde bei Lebergesunden, Leberkranken u. Lungentuberkulosekranken nach Belastung des Stoffwechsels mit *Borneol* (**I**) im ausgeschiedenen Harn das **I** (nicht die daran gebundene Glucuronsäure) gravimetr. nach der von ROSENMUND u. ESSELLIER angegebenen Meth. bestimmt. Deren Ergebnisse wurden bestätigt. (Münchener med. Wschr. **94**. 1803—08. 5/9. 1952. Mainz, Univ., Med. Klinik.) DUCHO. 4597

**Wolfgang Horst** und **Hans-Joachim Tepe**, *Der Plasmalipoidphosphorumsatz gesunder Personen ohne und nach Cholinchloridgaben, ermittelt durch Radiophosphat (P 32). Ein Beitrag zur Frage der Wirkung lipotroper Substanzen.* Nach Injektion von $^{32}$P (0,25 mC nahezu trägerfreies $NaH_2PO_4$) wurde nach 2, 24 u. in einigen Fällen nach 8, 48 u. 72 Std. der Geh. des Plasmalipoid-P an $^{32}$P u. der Lipoid-P-Geh. des Plasmas selbst ermittelt. Die spezif. Aktivität (Verhältnis des Plasmalipoid-P in mg-% zu der in ihm nachweisbaren Radioaktivität, ausgedrückt in % der zugeführten Dosis in 100 cm$^3$) wird als Ausdruck des von der Leber geleisteten Plasmalipoid-P-Umsatzes betrachtet. Nach peroraler Gabe von 3 g Cholinchlorid an eine Gruppe von 20 gesunden Personen wurde die spezif. Aktivität des Plasmalipoid-P (13,65 $\pm$ 0,86) gegenüber einer Kontrollgruppe von 20 Personen ohne Gabe von lipotropen Substanzen (**14,3** $\pm$ 0,86) nicht signifikant verändert gefunden. Vermutlich steigern lipotrope Stoffe nur dann den Lipoid-P-Umsatz, wenn bestimmte limitierende Faktoren (vermehrter Verbrauch, verminderte Zufuhr, verminderte Resorption, Mangel an Oxydationssystemen in der Leber bei Eiweißmangel) vorliegen. Die endogene Methylgruppensynth. ist nach dem heutigen Stand der Kenntnisse offenbar gering. (Dtsch. med. Wschr. **77**. 1184—86. 26/9. 1952. Hamburg-Eppendorf, Univ.-Krankenhaus, Allg. Strahleninst., u. Physiol.-chem. Inst.) FRANKE. 4597

**Leonard Illig**, *Die Reaktion der Haut des Neurodermitikers auf zwei nicotinsäureesterhaltige Reizstoffe.* Mit lokalen, hyperämisierenden Hautreizstoffen in Salbenform, dem *Pyridincarbonsäurebenzylester* (5%; *PBE*) u. der Kombination von *Nicotinsäurebutoxyäthylester* (2,5%; *NBE*) mit *Nonylsäurevanillylamid* (0,4%; *NV*) wurde die Haut-Rk. bei 178 Nichtneurodermitikern u. 47 Neurodermitikern geprüft. 33 der letzteren zeigten von der Norm abweichende Rk., die sich teilweise auch bei Personen der ersten Gruppe fanden. Die Ergebnisse lassen sich für differentialdiagnost. Zwecke auswerten, wofür Vf. 3 Beispiele anführt. (Dermatol. Wschr. **126**. 753—63. 1952. Marburg, Univ., Hautklinik.) DUCHO. 4597

**J. Rof Carballo**, *Pathologie des Bindegewebes, Entzündung und Allergie.* Umfassende Übersicht über die bisherigen Forschungsergebnisse betreffend die mkr. Struktur des mesenchymalen Bindegewebes u. die submkr. Formen u. Bestandteile der Zelle, bes. im Hinblick auf die Proteinsynth. u. Antikörperbildung. Bes. erwähnt wird der Einfl. von *ACTH* u. *Cortison* auf beide Prozesse. — Literaturangaben. (Rev. clin. españ. **45**. 365—80. 30/6. 1952.) P. G. SCHEURLEN. 4597

## E₆. Pharmakologie. Therapie. Toxikologie. Hygiene.

**H. Langendorff**, *Das Problem des Reaktionsvorganges bei der biologischen Strahlenwirkung.* Die Entw. der Vorstellungen über die Wrkg. von ionisierenden Strahlen im biol. Objekt wird zusammenfassend dargestellt, bes. die Bedeutung des Gewebewassers, seiner Ionisierung u. Spaltung u. der dabei prim. u. sek. ausgelösten Reaktionen. Ferner werden die Strahlenschutzstoffe, bes. diejenigen mit einer leicht reversibel reduzierbaren SH-Gruppe behandelt. (Strahlentherapie **88**. 164—70. 1952. Freiburg/Br., Univ., Radiolog. Inst., u. Heiligenberg/Bodensee, Heiligenberg-Inst.) REUSSE. 4601

**R. Birkner, J. G. Frey** und **J. Trautmann**, *Über den Einfluß der Röntgenstrahlen auf das Prothrombinpotential des menschlichen Blutes.* Die vorliegenden Theorien der Blutgerinnung u. die für diese maßgebenden Faktoren werden erörtert. Eigene Verss. der Vff. an menschlichen Tumorträgern wurden mit dem Ziel durchgeführt, den Einfl. von Röntgenstrahlungen auf die Gerinnung klarzustellen. Nach der ersten fraktionierten Bestrahlung wird danach das Prothrombinpotential erhöht, die Gerinnungszeit daher verkürzt. Nach weiteren Bestrahlungen tritt zum Teil weitere Verkürzung, zum Teil der umgekehrte

Effekt auf. Nach dem derzeitigen Stand der Kenntnisse über den Mechanismus der Blutgerinnung können die gewonnenen Ergebnisse nicht erklärt werden. (Strahlentherapie **88.** 44—52. 1952. Berlin, Städt. Krankenhaus Moabit, Röntgeninst. u. Strahlentherapeut. Klinik.) REUSSE. 4601

**Viktor Buchtala** und **Günter Viehweger,** *Die Vorteile der Entzündungsbestrahlung unter Berücksichtigung der Chemotherapie.* Umfangreiche therapeut. Arbeiten haben Vff. zu dem Resultat gebracht, daß die von PAPE empfohlene Röntgentherapie mit Kleinstdosen (5·25 r) bei entzündlichen Prozessen an Weichteilen indiziert sind (Furunkel, Panaritien, Abszesse der apokrinen Drüsen). Im letzteren Falle werden gute Heilerfolge jedoch nur bei gleichzeitiger Applikation von *Penicillin* erzielt. Unerläßlich ist bei Therapie mit Kleinstdosen die Bestrahlung großer Felder (20×24 cm). — Literatur. (Strahlentherapie **88.** 53—58. 1952. Würzburg, Univ., Chirurg. Klinik, Röntgenabt.) REUSSE. 4601

**Finn Devik,** *Cytologische Untersuchung am Knochenmark von weißen Mäusen nach Applikation von Schutzmitteln und nachfolgende Röntgenbestrahlung.* Vf. hat den Vers. unternommen, eine Beziehung zwischen der durch chem. Schutzmittel gegen die Wrkg. ionisierender Strahlen erzielten Verringerung der Strahlenempfindlichkeit einerseits u. der Zahl von Chromosomenschädigungen andererseits zu ermitteln. Die Verss. wurden an weißen Mäusen durchgeführt; 25—70 Min. vor der Bestrahlung wurden intravenöse Injektionen von *dl-Cysteinhydrochlorid, Glutathion, Thiocholinchlorid, Thioharnstoff, Ascorbinsäure, Methylenblau* u. *Vitamin* $B_{12}$ verabfolgt. Bestrahlungsdaten: 170 KV, 15 mA, Filter 1 mm Cu, FHA ca. 42 cm, Dosisleistung 37 r/min, Gesamtdosis 200 r. Die Unters. der Chromosomen im Knochenmark ergab keine Wrkg. der geprüften Schutzstoffe in der Form einer verringerten Schädigungsrate. Dagegen trat red. Chromosomenschädigung bei Tieren auf, die unter Hypoxie bestrahlt wurden. (Brit. J. Radiol. **25.** 481—84. Sept. 1952. Oslo, Univ., Inst. for Chem. and Exp. Pathol.) REUSSE. 4601

**L. J. Cole, V. P. Bond** und **M. C. Fishler,** *Der Schutz gegen letale Röntgenbestrahlungen bei Mäusen durch Natriumnitrit.* Mäuse von 20—25 g Gewicht u. einem Alter von 6 Wochen wurden totalbestrahlt (250 kV, 15 mA, Filter 0,5 mm Cu + 1 mm Al, HWS 1,5 mm Cu, FHA 100 cm, Dosisleistung 25 r/Min.). Etwa ½ Std. vor der Bestrahlung erhielten die Tiere intraperitoneale Injektionen einer $NaNO_2$-Lösung. Das Salz wurde in einer $^1/_{15}$ mol. Phosphatpufferlsg. $p_H$ 7,2 gelöst u. in einer Konz. von 5 mg $NaNO_2$/ml appliziert. Kontrolltiere erhielten Injektionen mit reiner Pufferlösung. Die Zahl der Überlebenden nach 30 Tagen betrug bei Bestrahlung mit 600 r ca. 16%, sie stieg auf 100%, wenn vorher je kg Körpergewicht 100—125 mg obiger Lsg. injiziert wurden. Im Zusammenhang mit der Deutung dieses Befundes werden die von anderer Seite gewonnenen Resultate diskutiert. Entscheidend scheint die Beschleunigung des $H_2O_2$-Zerfalles durch die reduzierende Wrkg. des $NaNO_2$ zu sein, ein Einfl. des letzteren auf die Bldg. von Methämoglobin kann darüber hinaus nicht ausgeschlossen werden. (Science [Washington] **115.** 644—46. 13/6. 1952. San Francisco, Calif., U. S. Naval Radiol. Defense Labor.) REUSSE. 4601

**F. Marott Sinex,** *Kohlenstoff 14.* Zusammenfassender Bericht über die diagnost. u. therapeut. Anwendung von mit $^{14}C$ markierten C-Verbindungen. (Int. Rec. Med. **165.** 364—66. Juni 1952. Upton, Long Island, N. Y., Brookhaven Nat. Labor., Med. Dep., Biochem. Div.) REUSSE. 4601

**L. Babaiantz,** *Jodallergien bei intravenösen Urographien.* Ein eingehend geschilderter Fall allerg. Rkk. eines Patienten auf Injektion eines jodhaltigen Kontrastmittels für eine urograph. Röntgenaufnahme gibt dem Vf. Anlaß zu einer Diskussion der Ursachen u. der Vermeidung derartiger Störungen. (Rev. méd. Suisse romande **72.** 632—40. Sept. 1952. Lausanne, Univ., Inst. de Radiol.) REUSSE. 4601

**Peter A. Theodos,** *Bronchographie bei Jodempfindlichkeit.* Vf. berichtet über einen Patienten, der nach Einführung jodierter Öle als Kontrastmittel für die Aufnahme eines Bronchogrammes Schwellungen der submaxillaren Drüsen, Fieber u. Hautausschlag als Folgen einer spezif. Jodempfindlichkeit zeigte. Es gelang, diese nahezu vollständig zu eliminieren, wenn Patient während 9 Tagen vor der Jodzufuhr täglich *Corticotropin*-Gaben erhielt (4 Tage lang 2 mal täglich 20 mg, dann 5 Tage lang täglich 10 mg). (J. Amer. med. Assoc. **148.** 1419—20. 19/4. 1952. Philadelphia.) REUSSE. 4601

**Z. Zsebök, T. Kozma** und **B. Láng,** *Über den Zusammenhang der Ausscheidung des Tetrajodphenolphthaleinnatrium und der negativen Cholecystographie.* Vff. haben die möglichen Ursachen für das in der Cholecystographie gelegentlich beobachtete Ausbleiben einer Kontrastwrkg. in der Gallenblase untersucht u. kommen zu dem Schluß, daß das intravenös gegebene *Tetrajodphenolphthaleinnatrium* (I) in solchen Fällen vom Blut nicht ausgeschieden wird u. daher nicht in ausreichender Menge in der Gallenblase auftritt. Als

Ursache für diesen Befund sehen Vff. die oft einen Schock auslösende Wrkg. des I an, die die sekretor. Funktion der Leberzellen auf dem Wege über das autonome Nervensyst. blockiert. (Radiol. clin. [Basel] **20.** 135—44. Mai 1951. Budapest, Univ., II. Chirurg. Klinik, Röntgenabt., u. Staatl. Hyg. Inst., Chem. Sekt.) REUSSE. 4601

**Harry Larsson** und **Andreas Palmlöv,** *Abdominelle Aortographie unter besonderer Berücksichtigung ihrer Komplikationen.* Vff. berichten über Tierverss. mit den Röntgenkontrastmitteln *Umbradil* (ASTRA) u. *Dijodon* (LEO), bes. unter dem Gesichtspunkt der Schädigung des Patienten. Ratten erhielten intravenöse Injektionen bis zu 7 ml/kg Körpergewicht, wobei 70%ig. Lsgg. zur Anwendung kamen. Bei gut gezeichneten Aortogrammen konnten Schäden an den Tieren nicht nachgewiesen werden. Eine eingehende Diskussion der an Menschen aufgetretenen Schäden infolge der Kontrastmittelanwendung ergibt, daß diese bei nur geringer klin. Bedeutung allg. als Folgen der Punktur anzusehen sind. (Acta Radiologica [Stockholm] **38.** 111—24. Aug. 1952. Göteborg, Sahlgrenska Sjukhuset, Surg. Dep., u. Roentgen Dep.) REUSSE. 4601

**H. K. Müller** und **O. Kleifeld,** *Über den Mechanismus des Eindringens von radioaktivem Phosphor in die Linsen jüngerer und älterer Kaninchen.* Die extrahierten Augenlinsen frisch getöteter Kaninchen wurden in Kulturkammern bei 37° mit HAANscher Nährlsg. umspült, der $^{32}P$ als $H_3PO_4$ zugesetzt war. Die $^{32}P$-Konz. in den Linsen erreicht nach 6—8 Std. ein Maximum. Höhe des Maximums u. zeitliche Lage derselben hängen vom Alter der Tiere ab. Zugesetzte Monojodessigsäure vermindert den $^{32}P$-Geh. auf $^1/_2$ bis $^1/_3$. Ähnlich wirkt Zusatz von Cyanid. Vff. schließen daraus, daß der Eintritt von Phosphationen in die Linse von Fermentprozessen abhängig ist. Die Aufnahme der $^{32}P$-Ionen konnte dagegen durch Änderung des Glucosegeh. von 35 auf 500 mg-% nicht beeinflußt werden. (Klin. Wschr. **30.** 662—63. 15/7. 1952. Bonn, Univ., Augenklinik.) REUSSE. 4601

**William M. Hale** und **Richard D. Stoner,** *Die Wirkung der γ-Strahlung von $^{60}Co$ auf die Bildung von Antikörpern und auf die Immunität.* (Int. Rec. Med. **165.** 358—60. Juni 1952. Upton, N. Y., Brookhaven Nat. Labor., Med. Dep.) REUSSE. 4601

**O. M. de Vaal,** *Wirkungen von parenteral gegebenem Succus Liquiritiae auf Ratten.* Eine 10%ig. Lsg. von *Succus Liquiritiae* (S.L.) ruft bei Mäusen den Tod hervor. Die pharmakol. Unters. von rohen u. mit A. gereinigten S.L.-Extrakten ergab folgendes bei Ratten u. Kaninchen: Nach subcutaner u. intramuskulärer Injektion zeigt sich lokale Reizung mit brauner Verfärbung u. gelatinöser Gewebedegeneration. Dosen von 0,75 ml/100 g intravenös verabreicht, rufen Ödeme der Beine, der Schnauze u. bei ♂ vor allem im Scrotum hervor, verbunden mit Temperaturabnahme u. Schlappheit. Die Symptome sind innerhalb 24 Std. verschwunden. Das Syndrom ist prakt. mit dem bei Ratten nach Ovalbumin erzeugten identisch. Adrenalektomierte Tiere reagieren bereits auf Dosen von 0,25—0,5 ml /100 g S.L. DOCA hat keine Schutzwrkg., dagegen Adrenalin bei n. u. operierten Tieren. Die klin. Symptome beim Menschen nach oraler Gabe von S.L. sind aller Wahrscheinlichkeit nach völlig verschieden von den bei Ratten erzeugten Phänomenen. (Acta physiol. pharmacol. neerl. **2.** 288—90. 1951/52, ausg. 1952. Amsterdam, Univ., Pharma-therapeutic Labor.) ITZEROTT. 4608

**E. Guija Morales,** *Pathologische Wirkungen des Atebrins auf das ZNS.* Vf. berichtet über einen in der bisherigen Literatur nicht bekannten Fall von LISSAUERscher Encephalopathia paralytica, die im Anschluß an eine langwährende Behandlung mit *Atebrin* beobachtet wurde. Dieser Vorgang ist dem Vf. Anlaß, auf die neurotox. Wirkungen des Atebrins einzugehen, die zwar im ganzen selten sind, die aber doch gelegentlich in Form von Störungen der Wärmeregulation (ähnlich denen bei Pellagra) u. zentral bedingten Krampfanfällen auftreten können. (Rev. clin. españ. **46.** 25—30. 15/7. 1952. Sevilla, Fac. de Med.) P. G. SCHEURLEN. 4610

**Ragnar Mattsson,** *Transitorische Myopie nach Anwendung von Sulfonamiden.* Nach einer Literaturbesprechung wird über 2 Fälle von vorübergehender Myopie unter *Sulfonamid*-Therapie berichtet, bei denen verminderte Akkomodation, flache Vorderkammer u. Mydriasis festgestellt wurden. Die *Sulfonamid*-Myopie ist wahrscheinlich auf ein allerg. Ödem des Ciliarkörpers zurückzuführen. — 51 Literaturangaben. (Acta ophthalmol. [Copenhagen] **30.** 385—98. 1952. Visby, Schweden.) KRUSEN. 4610

**A. Lützenkirchen,** *Rationelle Behandlung der Salvarsan-Dermatitis.* Die *Cortison*-Behandlung der *Salvarsan*-Dermatitis scheint heute die Meth. der Wahl zu sein. Insgesamt werden 2000—2500 mg Cortison bei Tagesdosen von 100 mg verabreicht. Die Dosis wird allmählich wieder herabgesetzt. Bei schweren, schon länger bestehenden Fällen scheint es angezeigt, zuerst mit *BAL* zu entgiften, dann mit Antibioticis zu desinfizieren u. schließlich mit Cortison die Bekämpfung der Entzündung u. der allerg. Erscheinungen zu beginnen. Bei akutem Auftreten der Dermatitis scheint sofortige Cortisonbehandlung angezeigt. (Die Medizinische **1952.** 1186—88. 20/9. Köln, Univ., Hautklinik.) REICHLE. 4610

**Juan J. Permanyer Maciá**, *Arzneimittelallergie und hämorrhagische Diathese. Ein Fall von Purpura thrombopenica durch Arsenobenzol.* Es wird ein Fall beschrieben, in dem nach einer zweiten Injektion von *Neosalvarsan* (I) Abnahme der Thrombocyten auf 30000, 7 Jahre später, bei erneuter I-Behandlung, wieder prakt. vollständige Abnahme beobachtet wurde, beidemal mit rascher Erholung mit Ca, Vitamin K u. P u. Bettruhe. (Med. clín. [Barcelona] **18.** [10] 266—68. April 1952. Barcelona, Fac. méd., Labor. de la Clín. med. B.) R. K. MÜLLER. 4610

**M. L. Burdin, W. Plowright** und **H. S. Purchase**, *Beobachtungen über das Trypanosomenmittel Phenidiumchlorid (Phenanthridinium 897).* Verss. zur Feststellung der Toxizität von *Phenidiumchlorid* (I) bei Rinder-Trypanosomiasis. 6 Färsen erhielten 5 bis 10 mg I/kg; bei allen trat nach intravenöser Injektion eine Schock-Rk. auf. Nur ein Tier, das die offenbar zu hohe Dosis von 10 mg I/kg erhalten hatte, kam ad exitum. 27 Zebu-Färsen erhielten subcutan bis zu 8 mg/kg. Alle Tiere blieben am Leben. Bei Nachbeobachtungen über 73 Tage traten keine Nebenwirkungen, keine Gewichtsverluste u. Leberschäden auf; irgendwelche Funktionsstörungen wurden bei Blutunterss. nicht festgestellt. (Veterin. Rec. **64.** 217—20. 12/4. 1952. Kabete, Kenya, Veterinary Res. Labor.) DOSSMANN. 4610

**R. P. Königstein**, *Fortschritte auf dem Gebiet der Malariaforschung.* Bericht über Forschungsergebnisse der letzten Jahre. Behandelt wird der Entwicklungskreislauf der Malariaparasiten; als einziger Fortschritt in der Diagnose wird die Einführung der Knochenmarkpunktion angegeben. Ferner Besprechung des Wirkungsmechanismus der gebräuchlichsten Malariamittel, wie *Chinin, Atebrin, Chloroquine, Paludrine, Plasmochin* u. andere *8-Aminochinoline*, wie *Pentaquine* u. *Primaquine*, die sich fast alle auch zur Prophylaxe eignen. Erwähnt wird noch Moskitobekämpfung mit *DDT* u. *BHC* (Benzolhexachlorid) u. zum Schutz der Haut gegen Moskitobiß *Phthalsäurederivate.* (Wiener med. Wschr. **102.** 817—20. 11/10. 1952. Wien, Allg. Poliklinik.) DOSSMANN. 4610

**Josef Graulich** und **K. F. Flockenhaus**, *Untersuchungen über den Verlauf der Blutsenkung und ihre Verwertbarkeit als Aktivitätszeichen während der Contebenbehandlung der Lungentuberkulose.* Häufige Bestimmungen der Blutkörperchensenkungsgeschwindigkeit (BKS) bei Tuberkulösen vor u. während *Conteben* (I)-Medikation ergaben meist ein sturzartiges Absinken der BKS auf n. Werte mit langsamem Wiederanstieg, seltener ein kontinuierliches Absinken mit Beibehaltung der niedrigeren, fast n. Werte. In Fällen, in denen I keine Wrkg. auf den Krankheitsablauf hatte, war meist auch kein Einfl. auf die BKS festzustellen. Demnach ist der Gesamtverlauf der BKS auch bei I-Therapie bei Vernachlässigung anfänglicher Schwankungen ein Gradmesser für den Verlauf der Tuberkulose. — 40 Literaturangaben. (Klin. Wschr. **30.** 115—20. 1/2. 1952. Bonn, Univ., Med. Klinik.) KRUSEN. 4610

**Vitaliano Kettlitz**, *Ein neues synthetisches Tuberkulostaticum: Isonicotinsäurehydrazid.* Literaturübersicht über Chemie u. Pharmakologie des als Tuberkulostaticum in die Therapie eingeführten *Isonicotinsäurehydrazids.* Die bisherigen klin. Erfahrungen werden nur kurz erwähnt. — 56 Literaturangaben. (Boll. chim. farmac. **91.** 100—05. März 1952.) IPPEN. 4610

**Xavier Vilanova** und **F. Garcia Valdecasas**, *Das Isonicotinsäurehydrazid in der Behandlung der Zungentuberkulose.* Bei 2 Patienten mit chron. Zungengeschwüren tuberkulöser Genese wurde das *Isonicotinsäurehydrazid* (I) in Anwendung gebracht, nachdem andere Therapeutica ohne Erfolg geblieben waren. I wurde zu täglich 150—200 mg dosiert, wobei sich die Ulcera bereits nach 1—2 Wochen narbig verschlossen. Da biopt. unter den Narben noch Tuberkulome nachgewiesen werden können, sollte I noch längere Zeit weiter verabfolgt werden. (Med. clín. [Barcelona] **19.** (**10.**) 120—21. Aug. 1952. Barcelona, Univ., Cátedras de Dermatología y de Farmacologia.) P. G. SCHEURLEN. 4610

**S. Almansa de Cara**, *Das Isonicotinsäurehydrazid, ein neues Mittel gegen Tuberkulose.* Übersicht über Chemie, Pharmakologie, Indikation u. klin. Anwendung des Isonicotinsäurehydrazids. Die Arbeit bezieht sich auf Angaben der Literatur. (Rev. clín. españ. **45.** 422—32. 30/6. 1952.) P. G. SCHEURLEN. 4610

**W. Waentig**, *Erfahrungen mit Solu-Supronal „Bayer".* Bei 12 Patienten wurde das *Solu-Supronal* zu über 200 intravenösen Injektionen verwandt. Es zeigten sich keinerlei Nebenerscheinungen oder Unverträglichkeiten, u. die therapeut. Wrkg. scheint durch die Injektion schneller u. intensiver einzutreten als bei oraler oder rektaler Gabe. Zweckmäßig erweist sich auch das Kombinationspräp. *Aquacillin comp.* (Solu-Supronal + Penicillin). (Die Medizinische **1952.** 1197—98. 20/9. Birkenfeld/Nahe, Elisabeth-Krankenhaus.) REICHLE. 4610

**Santiago Noguer Moré**, *Behandlung dringender Fälle in der Dermatologie.* Es werden die Behandlungsmöglichkeiten verschied. Hauterkrankungen angegeben. *Penicillin* wird zur Behandlung infektiöser Prozesse empfohlen. Erwähnt ist die Therapie der Impetigo contagiosa mit „Agua de Alibour“ (Aq. camphor. 200,0, Zinc. sulf. 0,2, Cupr. sulf. 0,1) u. die Behandlung des Erythems solare mit *Vitamin $B_6$* u. Resorcin. (Clín. y Lab. **54.** (**37.**) 187—95. Sept. 1952. Barcelona.) P. G. SCHEURLEN. 4610

**Francisco de los R'os Lechuga,** *Streptomycin, PAS und TB I bei der Lungentuberkulose.* Allg. Überblick über Chemie, Pharmakologie u. Anwendungsbereich der genannten Tuberkulostatica. Bemerkenswert erscheint der Hinweis, daß Vf. bei mehreren Tausend mit *PAS* behandelten Patienten niemals agranulocytot. Rkk. beobachten konnte. (Med. Cirurg. Guerra **14.** 27—38. Jan. 1952. Madrid-Carabanchel, Servicio de Tisiologia, Hospital Militar „Gomez Ulla“.) P. G. SCHEURLEN. 4610

**J. Monereo González,** *Antibiotica in der Bauchchirurgie.* Vf. gibt einen ausführlichen Überblick über die Anwendung der Sulfonamide u. der Antibiotica in der Bauchchirurgie. Ohne auf Einzelheiten einzugehen, kann gesagt werden, daß die Mortalität gesenkt werden konnte (bei akuter Appendicitis um 0,5%). Hier hat sich als Mittel der Wahl Penicillin in lokaler u. Terramycin in lokaler u. parenteraler Anwendung bewährt. Bei akuter Cholecystitis erweisen sich diese Antibiotica als weniger wirksam, obwohl auch hier die genannten in Frage kommen. Pneumokokkenperitonitis wird mit Penicillin behandelt. Perforationen sind Domäne der chirurg. Maßnahmen, gleichzeitig durch Antibiotica geschützt. Zur Desinfektion des Bauchraums werden ihrer geringen Löslichkeit u. des billigeren Preises wegen Sulfonamide bevorzugt, in zweiter Linie, nach ihrer Wirksamkeit, Streptomycin, Terramycin, Chloramphenicol, Neomycin u. Aureomycin. (Rev. clín. españ. **46.** 38—43. 15/7. 109—17. 31/7. 1952. Madrid, Hospital Provincial.) P. G. SCHEURLEN. 4611

**N. G. Heatley, J. L. Gowans, H. W. Florey** und **A. G. Sanders,** *Die Wirkung einer Micrococcin–Triton-Lösung auf experimentelle Tuberkulose und andere Infektionen.* Das Antibioticum *Micrococcin* (**I**) ist fast unlösl., kann aber durch synthet. Lösungsmittel gelöst werden. Vff. benutzten eine Lsg. von **I** (5 mg/cm$^3$) in Triton WR-1339 (**II**) (10 mg pro cm$^3$). **II** beeinflußt in vitro das Bakterienwachstum nicht, wirkt aber antagonist. gegen die antibakterielle Wrkg. von **I**. Größere wiederholte intravenöse Gaben von **I**–**II**-Lsg. schädigen bei Mäusen u. Meerschweinchen die Glomeruli. Kleinere Dosen scheinen nichttox. zu sein. **I** kann in Gefrierschnitten durch seine Purpurfluorescenz im UV-Licht nachgewiesen werden. Nach intravenöser Injektion finden sich beträchtliche Mengen des gelösten **I** in der Lunge, später findet es sich im RES, bes. in Milz u. Leber. Mäuse konnten durch intravenöse Gaben der **I**–**II**-Lsg. gegen Str. pyogenes-Infektion geschützt werden. Wiederholte intravenöse Injektion der **I**–**II**-Lsg. konnte den Verlauf von experimenteller Tbc beim Meerschweinchen nicht merklich beeinflussen. (Brit. J. exp. Pathol. **33.** 105—22. April 1952. Oxford, Sir William Dunn School of Pathology.) BÖHM. 4611

**Harald Kreibich,** *Über die Bedeutung des Penicillinschutzes bei der erweiterten Indikation zur Sectio caesarea.* (Zbl. Gynäkol. **74.** 1101—07. 1952. Zwickau, Heinrich-Braun-Krankenhaus, Frauenklinik.) RUPPERT. 4611

**W. Wiessner,** *Die Penicillintherapie der Rotlaufseptikämie.* Bericht über *Penicillin*(I)-Behandlung von 13 Schweinen. Die Tiere erhielten unabhängig vom Gewicht $1{,}5 \cdot 10^5$ I.E. *Procain*-I in Öl, 20—30—40 cm$^3$ *Serum*, 7 cm$^3$ *Vaccine* u. zusätzlich $10^5$ E. intravenös verabreichtes **I**, außerdem als Kreislaufmittel bis zu 3 g eines *Coffein*-Doppelsalzes. 10 Tiere wurden geheilt, fast alle innerhalb 24 Stunden. In einem Fall trat ein schwerer Serumschock auf, bei 3 Tieren war offenbar die Dosis zu niedrig. Septikämien sind nur dann erfolgreich zu behandeln, wenn hohes Fieber festzustellen ist u. keine zu schwere Herz- u. Kreislaufschwäche vorliegt. (Wiener tierärztl. Mschr. **39.** 481—85. Aug. 1952. Wien, Tierärztl. Hochschule, Lehrkanzel für Bakteriologie u. Tierhygiene.) DOSSMANN. 4611

**E. Koch, F. Heiss** und **R. Schneider,** *Neurotoxische Enteritis als Penicillin-Gifteffekt. Penicillinaseaktivität des Hirngewebes — ein wirksamer Schutzfaktor.* Nach genügend hoher *Penicillin* (**I**)-Gabe (80—120000 E./kg) trat bei Meerschweinchen eine tödliche Enteritis auf. Entsprechend der schweren Enteritis zeigte sich eine erhebliche Bluteindickung, ein Wasserverlust der Gewebe, Hypocholesterinämie u. eine Blutzuckererniedrigung. Die Diastase war mit 4—8000 WE. gegenüber 200—1000 WE. in der Norm stark erhöht. Durch veränderten Applikationsort, z. B. intracerebral, konnte mit wesentlich kleineren I-Dosen (120—160 E./kg) das gleiche Krankheitsbild erzeugt werden. Die zwischen Injektion u. Tod an Enteritis liegende Latenzzeit betrug 2 Tage u. ließ sich durch hohe intramuskuläre Injektionen von **I** nicht verringern. Ratten erwiesen sich auch bei höchsten Dosen gegenüber **I** unempfindlich, lediglich bei intracerebraler Injektion kam es zu Krämpfen, jedoch trat nie das Bild einer Enteritis auf. Vff. untersuchten den **I**-Geh. des Gehirns von Meerschweinchen u. Ratten nach intramuskulären Injektionen. Es gelang bei Meerschweinchen bei Verabreichung von über 80000 E./kg einen Spiegel von 0,6—0,7 E.

I/g nachzuweisen, dagegen gelang dies bei Ratten in keinem Fall. Es ließ sich weiter aufzeigen, daß Hirnbrei von Meerschweinchen nicht in der Lage ist, dagegen Rattenhirnbrei innerhalb von 3 Std., 100—300 E. I zu inaktivieren. In vivo ließ sich ähnliches nachweisen. Bei der Ratte ließ sich die *Penicillinase*-Aktivität auch in Leber-, Pankreas u. Darmschleimhautgewebe beweisen. Vff. schließen aus den Verss., daß das Meerschweinchenhirn keine Penicillinaseaktivität besitzt, so daß I in das Zentralnervensyst. gelangt u. dort seine Wrkg. entfaltet. Hier soll der Erregungseffekt vegetativer Apparate zu Störungen des Blutumlaufes, vornehmlich in der Darmwand u. damit zur Enteritis führen. (Die Medizinische **1952.** 1184—86. 20/9. Gießen, Med. Hochschule, Nerven-Klinik, u. Hygiene-Inst.) REICHLE. 4611

**Marcial Valdés** und **Emilio de la Peña**, *Einige interessante Wirkungen des Streptomycins auf die tuberkulösen Lungenveränderungen und submikroskopische Beobachtungen an Bac. Koch bei streptomycinbehandelten Patienten mit Urogenitaltuberkulose.* Es werden elektronenopt. Unterss. an Bac. KOCH vorgetragen, wobei Bilder von Stäbchen gezeigt werden, die infolge der *Streptomycin*-Behandlung sich zu kleinen kub. Granula umwandelten. Diese Formen sollen filtrierbar sein u. werden als mögliche Ursache der Rezidive bzw. der Resistenz auf Streptomycin angesehen. (Med. clín. [Barcelona] **19.** (**10.**) 89—99. Aug. 1952.) P. G. SCHEURLEN. 4611

**E. Roda Pérez** und **D. Centenera Fondón**, *Hepatitis und Cirrhose bei Maltafieber.* Vff. berichten über 5 Fälle von Maltafieberinfektion u. weisen hier vor allem auf die blutchem. feststellbaren Leberveränderungen hin. Daraus soll die Progressivität der Lebererkrankung beobachtet werden können, welche im Verlauf der Erkrankung nicht selten sein soll. Frühzeitige Behandlung mit *Streptomycin* u. *Aureomycin* kann günstig sein u. wird sehr empfohlen, da damit die einzige Möglichkeit, eine chron. Leberschädigung aufzuhalten, gegeben ist. (Rev. clín. españ. **46.** 6—12. 15/7. 1952. Madrid, Clínica Medica Universitaria.) P. G. SCHEURLEN. 4611

**Tomás Cerviá**, *Entzündungen des Magen-Darmkanals, Chloromycetin und Tuberkulose.* Entzündliche Prozesse im Magen–Darm-Trakt verursachen oft ohne eindeutige Symptomatologie Fieberschübe. Besteht gleichzeitig eine Tuberkulose, so lassen sich solche Darminfektionen, sofern sie durch Stämme der Salmonellagruppe verursacht werden, durch *Chloromycetin* beheben, das gleichzeitig auch eine geringe antituberkulöse Wrkg. ausübt. (Clín. y Lab. **54.** (**37.**) 196—98. Sept. 1952. Sante Cruz de Tenerife, Sanatorio de Ofra.) P. G. SCHEURLEN. 4611

**Roland Gädeke** und **Karl-Eduard Schoenherr**, *Morphologische Untersuchungen zur Serum- und Terramycintherapie der Canicola-Leptospirose des Goldhamsters.* Die Behandlung mit Immunserum (1,25 $cm^3$/kg) oder mit *Terramycin* (4,25 mg/kg, 3mal täglich, 3 Tage) verhindert bei mit Leptospira canicola infizierten Hamstern zuverlässig den tödlichen Ausgang. Bei der Serumtherapie wird die Entstehung von Spätschäden (Lebercirrhose u. Nierenfibrose) nicht aufgehalten, bei Terramycinbehandlung erfolgt blande Vernarbung der eingetretenen Gewebsschäden. (Z. Immunitätsforsch. exp. Therap. **109.** 488—502. 31/8. 1952. Freiburg/Br., Univ., Staatl. Forschungsinst. u. Kinderklinik.) FISCHOEDER. 4611

**Milton A. Lesser**, *Hyaluronidase.* Überblick mit Bezug vor allem auf klin. Anwendung (65 Zitate). (Drug Cosmet. Ind. **70.** 186—87. 260—66. Febr. 1952.) GIBIAN. 4614

**Ulrich Krech**, *Der Einfluß von Hyaluronidase auf die therapeutische Wirkung des Diphtherieserums.* Mit *Hyaluronidase* vermischtes Diphtherieserum neutralisiert im Tiervers. Diphtherietoxin ca. 10mal stärker als Serum ohne Hyaluronidase u. verhindert ausreichend auch Spätlähmungen. (Z. Immunitätsforsch. exp. Therap. **109.** 427—28. 31/8. 1952. Marburg /Lahn, Inst. für exp. Ther. „Emil von Behring".) FISCHOEDER. 4614

**F. X. Wohlzogen**, *Hyaluronidase bei experimenteller Oxalurie.* Bei 2 Versuchspersonen wurde durch entsprechende Kost Oxalurie erzeugt. Im Gegensatz zur unbehandelten Kontrolle verschwand bei dem mit subcutaner *Hyaluronidase* (**I**) Behandelten die Harntrübung vollständig, im Sediment waren nur mehr kleinste, im Mikroskop erkennbare Oxalatkristalle zu finden. Behandlung einer Steinträgerin (röntgenolog. nachgewiesen) mit I ergab wesentliche Besserung des patholog. Harnbefundes. (Wiener klin. Wschr. **64.** [N. F. 7.] 562—63. 8/8. 1952. Wien, Univ., Physiolog. Inst.) GIBIAN. 4614

**Herbert Kless**, *Ganglienblockierende Substanzen und ihre Anwendung. Tetraäthylammonium*-Verbb., *Methonium*-Verbb., *Nu 2222* (HOFFMANN-LA ROCHE), *SC-1950* (G. D. SEARLE & CO.), *Pendiomid* (CIBA), *Dibutoline* (MERCK & CO.), *Buscopan* (BOEHRINGER) u. *Banthine* (G. D. SEARLE & CO.) werden in einer Übersichtsarbeit besprochen. (Wiener med. Wschr. **102.** 649—53. 23/8. 1952. Wien, Arzneimittelfabrik Dr. Kutiak & Co.) DAUTZENBERG. 4620

**H. Killian**, *Isopropylchlorid.* Nach Aufführen der chem. u. pharmakol. bekannten Daten wird über die Verwendung des Isopropylchlorid im poliklin. Betrieb u. Kreißsaal als Rauschnarkoticum berichtet. Wegen der Gefahr von Reizleitungsstörungen wird vor Verwendung als Vollnarkoticum gewarnt. (Münchener med. Wschr. **94.** 1817—20. 5/9. 1952. Freiburg/Br.) DUCHO. 4621

**J. G. Bourne,** *Cyclopropannarkose zur Zahnextraktion und anderen Eingriffen bei ambulanten Patienten. Bericht über 1000 Fälle.* An Hand der Anwendung von *Cyclopropan* (I) in 1000 Fällen (Alter der Patienten 14 Monate bis 84 Jahre) werden im Vgl. zur bisher meist üblichen $N_2O$ (II)-Narkose in der ambulanten Zahnpraxis folgende Vorteile des I festgestellt: Leichtere Technik der Applikation, sichere Bewußtseinausschaltung, schnelleres Eintreten der Narkose, Vermeidung der bei II häufig eintretenden Anoxie. Demgegenüber stehen als Nachteil gelegentliches postnarkot. Erbrechen (21% der Fälle) u. die Explosionsgefahr. Im ganzen ist I sicherer für den Patienten u. wird daher für die ambulante Praxis vorgezogen. (Lancet **263.** 705—08. 11/10. 1952. London, St. Thomas's Hosp.; Salisbury Hosp. Group.) DAUTZENBERG. 4621

**Karl-Heinz Schulz,** *Über die Verwendung von Alkyl-Polyäthylenoxyd-Derivaten als Oberflächenanästhetica.* In 1—5%ig. wss. Lsg. u. Salbe erwies sich der Polyäthylenoxydäther des Dodecylalkohols (bezeichnet als *Sch 600*, hergestellt von der BADISCHEN ANILIN- & SODA-FABRIK, Ludwigshafen/Rh., unter den Namen „*Thesit*" von den DESITIN-WERKEN, KARL KLINKE, Hamburg, in den Handel gebracht) an 63 erprobten Fällen als gutes Analgeticum bei schmerzhaften Wunden, Verbrennungen u. Schleimhautaffektionen. Die antipruriginöse Wrkg. war bei verschied. Dermatosen jedoch nicht so eindeutig. Bei 5 Patienten wurden zusätzliche Reizungen von akut-entzündeter Haut beobachtet. Echte Sensibilisierung konnte nicht gesehen werden. (Dermatol. Wschr. **126.** 657—62. 1952. Hamburg, Univ., Hautklinik.) DUCHO. 4621

**Herbert Harnisch,** *Zur Toxizität des Xylocains.* Die Best. der $LD_{50}$ an der weißen Maus bei subcutaner Injektion ergab für *Xylocain* 2% (I) 0,23 g/kg, für *Novocain* 2% (II) 0,47 g/kg. Submuköse Injektion im Maul des Kaninchens ergab ebenfalls für I etwa die doppelte Toxizität wie für II. Bei der intravenösen Dauerinfusion am Kaninchen wurden von I 0,5 m/kg/Min. vertragen, von II nach SCHAUMANN 2 mg/kg/Minute. Die hieraus ersichtliche langsame Entgiftung im Organismus muß bei der klin. Anwendung beachtet werden. (Dtsch. zahnärztl. Z. **7.** 380—84. 1/4. 1952. Mainz, Johannes-Gutenberg-Univ., Klinik u. Poliklinik für Zahn-, Mund- u. Kieferkrankh,) DAUTZENBERG. 4621

**B. Rodriguez-Arias,** *Die Narkoanalyse mit Benzedrin.* Bei 200 mit *Benzedrin*-Narkose behandelten Patienten wurde während der Behandlung teilweise eine systol. u. diastol. Blutdruckerhöhung beobachtet. In wechselndem Maß wurde auch Tachykardie oder Bradykardie festgestellt, sowie geringe Temperaturerhöhung, manchmal Rötung des Gesichts u. Stirnkopfschmerz. (Rev. clín. españ. **46.** 163—68. 15/8. 1952. Barcelona, Inst. Neurologico Municipal.) P. G. SCHEURLEN. 4621

**Johannes Cremerius,** *Erfahrungen mit einem neuartigen Kombinationsanästheticum mit verlängerter Wirkungsdauer.* Bei der Heilanästhesie wurden mit *Symprocain* (Kombination von *Procain* u. *Benzylalkohol*, BRUNNENGRÄBER) gute Erfahrungen gemacht. Die lange Wirkungsdauer des Mittels verringerte die Zahl der notwendigen Injektionen bis auf $^1/_4$. Die Verträglichkeit war bis auf Brennen an der Injektionsstelle gut. 28 Fälle werden näher dargestellt. (Münchener med. Wschr. **94.** 1746—50. 29/8. 1952. München, Univ., Med. Poliklinik.) DAUTZENBERG. 4621

**David E. Haft** und **Arthur Mirsky,** *Die Wirkung von Barbituraten auf den Kohlenhydratstoffwechsel des isolierten Rattenzwerchfells.* Stoffwechselverss. mit dem isolierten Rattenzwerchfell im WARBURG-App. ergaben mit steigender *Pentobarbital*-Konz. eine Verminderung der Atmung u. des Glykogengeh. u. eine Steigerung des Glucoseverbrauchs, sowie eine Hemmung der Wrkg. zugesetzten *Insulins.* Analoge Ergebnisse wurden mit *Amytal* erhalten. Unter anaeroben Bedingungen, ohne *Pentobarbital,* wurde der Glucoseverbrauch nicht beeinflußt, die Insulinwrkg. jedoch gehemmt. (J. Pharmacol. exp. Therapeut. **105.** 74—79. Mai 1952. Pittsburgh, Pa., Univ. of Pittsburgh, School of Med., Dep. of Clin. Sci.) DAUTZENBERG. 4621

**R. Frey, H. Göppert** und **W. Raule,** *Vergleichende Untersuchung der Wirkungen muskelerschlaffender Mittel auf das Atemzentrum.* An Hunden wurde die zentrale u. periphere Wrkg. auf die Atmung von *d-Tubocurarinchlorid, Dimethyl-d-tubocurarinchlorid, Flaxedil, Desoxy-Dauricin III Pl 144* (KNOLL), *Retensin* (ASTA), *Dekamethonium* (BRAUN, Melsungen), *Succinylcholin* u. *Guajakol-Glycerinäther* (*My 301;* BRUNNENGRÄBER) durch fortlaufende Registrierung der Aktionsströme des Nervus phrenicus u. des Zwerchfells untersucht. Alle Relaxantien verursachen nach einer kurzen Erregung u. Inkoordination eine länger dauernde Depression des Atemzentrums, die aber in therapeut. Dosen im allg. keine klin. Bedeutung hat. Zwischen den verschied. verwendeten Substanzen bestehen nur quantitative Unterschiede. Die zahlreichen Widersprüche in der Literatur werden besprochen (89 Literaturangaben). (Anaesthesist **1.** 33—44. Juni 1952. Heidelberg, Univ., Physiol. Inst. u. Chirurg. Klinik.) DAUTZENBERG. 4628

**P. R. Dumery,** *Unsere Erfahrungen mit d-Isochondrodendrin.* In mehr als 60 Fällen spast. Erkrankungen des Verdauungs-, Urogenital-, Gefäß- u. Bronchialsyst. wurde *d-Isochondrodendrin* (Alkaloid einer brasilian. Pflanze, als Sulfat unter der Bezeichnung *„Isendryl"* eingeführt) mit meist gutem Erfolg verwendet. Hervorgehoben wird bes. das Fehlen jeglicher Nebenwirkungen bei guter spasmolyt. Wirksamkeit u. die sehr geringe Toxizität (therapeut. Index ca. 1:100). (Semaine méd. **28.** 343—45. 18—22/7. 1952.) DAUTZENBERG. 4628

**Karl-Theodor Ruckdeschel** und **Joachim Fischer,** *Erster Bericht über ein deutsches kurzwirksames Muskelrelaxans bei der Krampfbehandlung. Curacholin* (*Succinyldicholinjodid*; MACK, Illertissen) wurde in seinen Eigg. als gleichwertig mit den bekannten ausländ. Succinylcholinestern befunden. Bei 421 Krampfbehandlungen unter Curacholin (327 Elektro-, 43 Cardiazol- u. 51 Elektrokrämpfe im Insulinschock) wurden sehr gute Erfahrungen gemacht. Es traten keine Zwischenfälle auf. (Münchener med. Wschr. **94.** 1737—40. 29/8. 1952. München, Univ., Nervenklinik u. Chirurg. Klinik.) DAUTZENBERG. 4628

**Paul Mellin,** *Zur Behandlung des Tetanus mit Curare.* Nach Besprechung der Literatur wird ein eigener Fall von mittelschwerem Tetanus mitgeteilt, der nach insgesamt 313,5 mg *d-Tubocurarinchlorid* intramuskulär neben 300000 AE. Tetanusantitoxin geheilt wurde. Neben der subjektiven Erleichterung wird bes. die Einsparung großer Mengen Schlafmittel durch die Curareanwendung betont. (Zbl. Chirurg. **77.** 1681—87. 1952. Berlin, Städt. Krankenh. Westend, I. Chirurg. Abt.) DAUTZENBERG. 4628

**Werner Keil** und **Ursula Neumärker,** *Über die präoperative Kreislauftestung mit Histamin.* Vff. empfehlen zur Erkennung der Operationsgefährdung seitens des Kreislaufs einen aus dem Stehvers. nach SCHELLONG u. einer Histaminbelastung kombinierten Test, der sich in 115 Fällen als geeignet erwiesen hat. (Dtsch. Gesundheitswes. **7.** 1217—23. 26/9. 1952. Dresden, Stadtkrankenhaus Dresden-Johannstadt, Chirurg. Klinik.) DAUTZENBERG. 4630

**W. Schober,** *Cerebrale Durchblutungsstörungen im mittleren Lebensalter.* Es wird über 12 Fälle von Thromboendangiitis obliterans mit cerebraler Beteiligung berichtet, die durch Behandlung mit *Hydergin* (Kombination von *Dihydroergocornin, Dihydroergocristin* u. *Dihydroergokryptin*) günstig beeinflußt wurden. Das Mittel wurde intramuskulär u. peroral gegeben. Wegen der lokalen gefäßerweiternden Wrkg. wurde in 8 Fällen von Hirndurchblutungsstörungen verschied. Genese *Hydergin* in die Arteria carotis der Herdseite injiziert u. dadurch in 6 Fällen Besserungen erzielt, nachdem teilweise erfolglose Stellatumblockaden vorausgegangen waren. (Klin. Med. [Wien] **7.** 289—303. 1/7. 1952. Wien, Städt. allg. Poliklinik, Neurolog. Abt.) DAUTZENBERG. 4630

**Lester A. Riskind** und **Harry A. Zide,** *Banthin bei urologischen Krankheiten. Banthin,* ein Präp. mit anticholinerg. Wrkg., wurde mit Erfolg in 12 Fällen mit Miktionsstörungen u. verminderter Blasenkapazität angewandt. (J. Urology **68.** 636—37. Sept. 1952, Beverly Hills, Calif.) DOSSMANN. 4640

**A. F. Dosal** und **José L. Del Piñal,** *Banthin in der Behandlung des Magen- und Duodenalulcus. Banthin,* das eine atropinähnliche, anticholinerg. u. durch Physostigmin reversible Wrkg. hat, wurde bei 10 Patienten angewandt. Bei einer Dosierung von 100 mg, 6—8stündlich schwanden die subjektiven Beschwerden nach 2—5, die röntgenolog. Veränderungen nach 13—24 Tagen. Unverträglichkeit wurde nicht beobachtet. Nebenerscheinungen waren geringe Erhöhung des Blutdrucks u. der Pulsfrequenz. (Rev. clín. españ. **46.** 150—57. 15/8. 1952.) P. G. SCHEURLEN. 4645

**Franz Meder,** *Behandlung von Ferkeldurchfällen mit Ventrigal. Ventrigal* (**I**; DR. HOLZINGER, Wien) besteht aus einer kolloiden Lsg. eines *Follikelhormon*-Wirkstoffs u. *Ag-Protalbinat* mit *Pektin* als Stabilisator u. Corrigentien; die Bestandteile werden mit Aqua dest. auf 200 g ergänzt. Behandelt wurden 281 Tiere mit schweren Durchfällen; sie erhielten **I**-Lsg. 1:5 verd., u. einmalig eine Pferdeseruminjektion. 83,5% der Tiere waren nach dem 2.—5. Tag geheilt, Mortalität 12%. 11 Ferkel, die mit der **I**-Therapie nicht geheilt werden konnten, sprachen günstig auf *Sulfaguanidin* + *Acid. tannicum* per os u. einmalige *Penicillin*-Gabe von $5 \cdot 10^4$ E. an. Bei alleiniger *Serum*-Behandlung betrug die Heilungsziffer nur 55% u. die Mortalität 45%. (Wiener tierärztl. Mschr. **39.** 499—502. Aug. 1952. Glaubendorf, N.-Ö.) DOSSMANN. 4645

**Fritz Prügelhof,** *Natriumfluorid als Wurmmittel beim Schwein. Na-Fluorid* (**I**) wurde 2,5 Jahre erprobt. Es erwies sich als sicheres Mittel zur Bekämpfung von Askariden, Strongyloiden u. Ösophagostomen. **I** wird mit dem Trank verabreicht, 0,3 g/kg in 3 Gaben pro die. Höchste Tagesdosis unabhängig vom Gewicht 30 g I. Erbrechen wird vermieden, wenn die Tiere vor der Kur nicht ausgehungert sind. I ist als *Siuverm* (ASID-Seruminst. Wien) in Tablettenform im Handel, dies enthält außer I ein geeignetes Laxans. (Wiener tierärztl. Mschr. **39.** 490—95. Aug. 1952. Gols im Burgenland.) DOSSMANN. 4649

**Devi Chand,** *Hakenwurmbefall im Bezirk Sirmur (Himachal Pradesh).* Es wird über 100 Fälle von Ankylostomiasis unter der Landbevölkerung berichtet. Beschreibung der klin. u. hämatolog. Bilder. Unter der Behandlung mit *Tetrachloräthylen* stießen 87 die Würmer aus; die Symptome u. das Blutbild besserten sich. Tox. Auswirkungen wurden nicht beobachtet. (Indian med. Gaz. **87.** 142—45. April 1952. Mahan, Civil Surgeon.) DUCHO. 4649

**F. J. Garcia-Conde Gomez, J. Bigné Pertegaz** und **F. Aparicio Rico,** *Bronchialasthma und Stickstofflost.* 10 Fälle wurden mit *Dichloren* mit 5—8 Injektionen zu 5 mg jeden 2. Tag behandelt. 6 zeigten wesentliche Besserung. Davon wurden allerdings 3 wieder rückfällig. Auffallend sind die Leuko- u. Lymphopenie, ebenfalls die Eosinophilie nach der Behandlung. (Med. españ. **27.** (**15.**) 419—25. Juni 1952. Valencia, Clínica de Patología General de la Facultad de Medicina.) GERBER. 4650

**T. Gordonoff** und **W. Mimder,** *Die Cariesprophylaxe mit Fluor, auch ein physiologisches Problem.* In Verss. an Ratten wurde die Beeinflussung des *Ca*-Stoffwechsels durch *F* geprüft. Gruppe 1 erhielt nur $^{45}$Ca, Gruppe 1a außer $^{45}$Ca täglich einen Tropfen 0,5%ig. NaF-Lsg.; Gruppe 2 $^{45}$Ca + *Thiomidil* (I), einen die *Thyroxin* (II)-Bldg. in der Schilddrüse hemmenden Stoff (anfänglich 10 mg/100 g Körpergewicht, später 5 mg/100 g), Gruppe 2a $^{45}$Ca + I + NaF; Gruppe 3 $^{45}$Ca + II; Gruppe 3a $^{45}$Ca + II + NaF. Durch nachfolgende Unters. der Nagezähne u. des Femurs von jedem Tier wurde der Prozentsatz des durch radioakt. Ca ersetzten Ca in den Zähnen u. Knochen festgestellt, wobei sich ergab, daß F den Ca-Stoffwechsel deutlich herabsetzt. I hat eine noch stärkere Wrkg., die sich vor allem in den Incisivi äußert. II steigert den Stoffwechsel, jedoch wird die Steigerung durch Zugabe von F aufgehoben. Damit ist ein zwischen II u. Ca bestehender Antagonismus bewiesen, der auch in Verss. mit radioakt. *J* bestätigt werden konnte. Auf Grund dieser Befunde weisen Vff. darauf hin, daß der vor allem in der Schweiz durch Jodierung des Kochsalzes erzielte Rückgang der Kropfendemie u. die Kropfprophylaxe durch eine allg. durchgeführte Cariesprophylaxe mit F (Fluorierung des Trinkwassers) gefährdet werden könnten. (Schweiz. med. Wschr. **82.** 972—73. 27/9. 1952. Bern.) KLESSE. 4655

**P. Silbert** und **M. Kostner,** *Olcutin.* Bericht über 2jährige Erfahrungen mit *Olcutin* (I) bei der Behandlung von Dermatosen beim Hund. I = *Devitol* (Kombination von *Terpenen, Thymol, Chlorophyll* (II) u. *Olivenöl*). Der Wert des II-Anteils wird bes. hervorgehoben. Erfolgreiche Behandlung mit Skarifikationen u. intracutanen Einreibungen. (Wiener tierärztl. Mschr. **39.** 495—99. Aug. 1952. Graz, Landestierspital.) DOSSMANN. 4661

**V. Erspamer** und **A. Ottolenghi,** *Antidiuretische Wirkung von reinem synthetischen Enteramin bei Ratten nach reichlicher Wassergabe.* Die diuret. Wrkg. des reinen synthet. *Enteraminpikrats* (I; *5-Oxytryptaminpikrat*), gemessen an der Urinmenge u. Ausscheidung von Kreatinin u. p-Aminohippursäure bei Ratten nach reichlicher Wasseraufnahme durch die Niere, zeigte eine Bestätigung der mit enteraminhaltigen Rohextrakten gefundenen Resultate. Die kleinste diuresehemmende Dosis betrug 10 $\gamma$ I/kg Körpergewicht. Ein Vers. mit anderen Indolderivv. mit I-ähnlicher Struktur an Ratten nach reichlicher Wasseraufnahme ergab für Skatol, 5-Methoxyindol, $\beta$-Indolylessigsäure $\beta$-Indolylpropionsäure, $\gamma$-Indolylbuttersäure, Tryptophan, Tryptophanol, Hypophorin, Tryptamin, N-Methyltryptamin, N.N-Dimethyltryptamin, 1-Methyltryptamin, Bufotenin (= N.N-Dimethylenteramin), Bufotenidin, Bufothionin, Dehydrobufotenin, Bufoviridin entweder keine oder höchstens 10% der I-Wirkung. Nur *5-Methoxytryptamin* zeigte starke antidiuret. Wrkg., die aber 2—4mal schwächer war als die von I. Nur *Serotonin-Kreatininsufat* (ABBOT) gibt in äquimol. Dosen angewandt die gleichen qualitativen u. quantitativen Resultate wie I. (Experientia [Basel] **8.** 232—33. 15/6. 1952. Bari, Univ., Pharmacol. Inst.) ITZEROTT. 4670

**E. Lindner,** *Erfahrungen mit Polydyn.* (Vorl. Mitt.) Es wird über die Behandlung mit *Polydyn* (Gewebsextrakt) bei 12 Fällen mit verschied. Krankheiten berichtet (Tumoren, Ulcus cruris, hochgradiger Ascites bei Lebercirrhose). Es konnte die schmerzstillende u. diuret. Wrkg. mit Hebung des Allgemeinzustandes bestätigt werden. Auch Ulcus cruris heilte unter der Behandlung ab. Hemmung des Tumorwachstums wurde jedoch nicht beobachtet. (Wiener med. Wschr. **102.** 589—91. 2/8. 1952. Wien-Grainz, Krankenhaus u. Altersheim.) DUCHO. 4670

**G. W. Korting,** *Die Popoffsche Trypanblau-Behandlung des M. Duhring.* Unter weitgehender Heranziehung der einschlägigen Literatur (62 Zitate) unternimmt Vf. eine krit. Nachprüfung der von POPOFF vorgeschlagenen Therapie des *M. Duhring* mit *Trypan-*

*blau* (I). I wird in Form einer frischbereiteten wss. 1 % ig. Lsg. intravenös injiziert (Dosis: 1 cm$^3$, bzw. 0,3—0,5 cm$^3$, jeden 2 oder 3. Tag). Einige mitgeteilte Fälle lassen erkennen, daß I zweifellos ein wertvolles Mittel ist, um eine zuverlässige u. nachhaltige Remission des Hauterscheinungsbildes zu erzielen. Nebenerscheinungen wurden nicht beobachtet. (Dermatol. Wschr. **126.** 1065—72. 1952. Tübingen, Univ., Hautklinik.) R. KÖNIG. 4670

**R. Vara López** und **J. L. Inclán Bolado,** *Reitersches Syndrom. (Seine Behandlung mit Bernsteinsäure.)* Vff. referieren die bisher diskutierten Ansichten über Ätiologie u. Pathogenese des REITERschen Syndroms (Urethritis aspecifica, Conjunctivitis, Arthritis). Mit wechselndem Erfolg kamen schon Penicillin, Neosalvarsan, Serumreiztherapie u. Arsenpräpp. zur Anwendung. Gute Erfolge zeitigten auch Cortison u. ACTH. Vff. erreichten bei 2 Patienten sehr gute Wrkg. mit *Bernsteinsäure* (2 % ig.; täglich 10 cm$^3$ intravenös). Die Conjunctivitis schwand nach 3, die Urethritis nach 6 u. die Arthritis nach 15 Tagen. Rezidive wurden nicht beobachtet. (Rev. clín. españ. **46.** 75—81. 31/7. 1952. Valladolid, Clínica Quirúrgica de la Facultad de Medicina.) P. G. SCHEURLEN. 4670

**Paul Chodoff** und **John R. McGreevy,** *Myasthenia gravis — ein Überblick.* Übersicht über die Behandlungsmethoden der Myasthenia gravis unter besonderer Berücksichtigung von *Neostigmin,* unterstützt durch *Kalium* u. *Ephedrin,* u. *ACTH* sowie Cholinesterasehemmstoffen. (Med. Ann. District Columbia **21.** 307—11. Juni 1952. Washington, George Washington Univ., School of Med., Neurolog. Dep.; Georgetown, Univ., School of Med., Neurolog. Dep.; Veterans Admin. Hosp.) DAUTZENBERG. 4670

**Rolf Schmidt,** *Zur operationslosen Starbehandlung.* Es wird über teilweise Visusbesserungen nach Behandlung mit „*Sanolent*" bei 20 Patienten mit Cataracta senilis corticalis berichtet. Dieses Präp. setzt sich zusammen aus dem Linseneiweiß infantiler Tiere, Ascorbinsäure, K-Jodat, Vitamin B$_2$ u. Strychnin. nitr. (DR. KLINGER, Illertissen). (Klin. Monatsbl. Augenheilkunde augenärztl. Fortbild. **121.** 148—53. 1952. Kirn/Nahe, Städt. Krankenhaus.) DUCHO. 4670

**Andreas Heydenreich,** *Behandlung des absoluten Glaukoms mit Mydriaticum zur Schmerzbekämpfung.* Bei 8 Patienten mit primärem u. 15 Pat. mit sek. Glaukom wurde der bessernde Einfl. der Mydriatica *Scopolamin* u. *Atropin* beobachtet. (Klin. Monatsbl. Augenheilkunde augenärztl. Fortbild. **121.** 168—74. 1952. Rostock, Univ., Augenklin.) DUCHO. 4670

**Wilhelm Schiffer, Johannes Giesen** und **Paul P. Koelzer,** *Erleichterung und Beschleunigung der Eröffnungsperiode durch Lyspamin „forte".* Das Nicotinsäurederiv. *Lyspamin forte* führt bei guter Verträglichkeit auch in g-Dosen eine erhebliche Verkürzung der Eröffnungszeit in der Geburt herbei. Dabei wird die mehrstündige, die Eröffnung nicht weitertreibende Latenzzeit verkürzt, während der natürliche Ablauf der Muttermunderweiterung unbeeinflußt bleibt u. lediglich früher einsetzt. (Zbl. Gynäkol. **74.** 1109—12. 1952. Düsseldorf, St. Martinus-Krankenhaus, Geburtenabteilung.) RUPPERT. 4670

**H. Schmorell,** *Zur Therapie der Eklampsie.* Die Osmotherapie der Eklampsie mit 600—1000 cm$^3$ 12,5 % ig. *Traubenzucker*-Infusion intravenös unter Zusatz von *Euphyllin* u. *Insulin,* die noch im Narkosestadium unmittelbar nach der Schnittentbindung einsetzte, ergab in allen 12 beobachteten Fällen Heilung der Erkrankten. (Zbl. Gynäkol. **74.** 1107—08. 1952. Wriezen, Krankenhaus.) RUPPERT. 4670

**Floyd R. Skelton, Hilda M. McConkey** und **Gordon A. Grant,** *Synergistische Wirkung von Antabus-R und intravenös gegebenem Cyanamid auf den Acetaldehyd-Blutspiegel nach Alkoholaufnahme.* Gibt man Kaninchen *Antabus-R* (3 Tage lang je 0,75 mg) bzw. *Cyanamid* (1 mal intravenös 0,2 mg/kg), so vermag jedes den Acetaldehydspiegel nach A.-Gaben zu erhöhen (ungefähr in der gleichen Größe). Gibt man beide Substanzen kombiniert, so erzielt man eine Steigerung dieses Spiegels, die größer ist, als es der einfachen Summe beider entsprechen würde. Offenbar besteht also zwischen diesen beiden, an sich verschied. Substanzen ein synergist. Wirkungsmechanismus, der noch unbekannt ist. (Canad. J. med. Sci. **30.** 151—54. April 1952. Ayerst, McKenna, Can., Res. and Biol. Labors.) P. G. SCHEURLEN. 4670

**L. Dérobert, A. Hadengue** und **R. Martin,** *Zwei Fälle von tödlicher Schleimhautverbrennung durch Essigsäure bzw. durch Salzsäure.* Bericht über 2 Fälle von tödlicher Schleimhautverbrennung bei Kindern. Im 1. Fall handelte es sich um Verbrennungen von Zunge, Mundschleimhäuten, Rachen u. Speiseröhre, hervorgerufen durch Essigsäure; im 2. Fall um eine Magenperforation nach Zufuhr von HCl, die letale Bauchfellentzündung hervorrief. (Ann. Méd. légale Criminol. **32.** 266—69. Juli/Aug./Sept. 1952. Paris.) KRUSEN. 4675

**L. Dérobert, A. Hadengue** und **R. Martin,** *Tödliche Vergiftung durch Zufuhr reiner Fluorwasserstoffsäure.* Bericht über einen Fall von Selbstmord durch *HF,* der nach 45 Min.

mit schweren Schleimhautzerstörungen, bes. des Magens u. Darmes, ad exitum kam. (Ann. Méd. légale Criminol. **32.** 264—65. Juli/Aug./Sept. 1952. Paris.) KRUSEN. 4675

**Audrey M. Bond** und **Margaret M. Murray,** *Nierenfunktion und -struktur bei chronischer Fluorosis.* Ratten, die *NaF* (4—15 mg täglich) mit der Nahrung erhielten, wiesen außer den wohlbekannten Skelett- u. Zahnläsionen Polydipsie u. Polyurie auf. Der Harn hatte niederes spezif. Gewicht u. war frei von Albumin u. Formelementen, Nach 18 Std. Fasten fand sich leichte Glykosurie bei Blutzuckerwerten von 70—80 mg/100 $cm^3$ infolge erniedrigter Nierenschwelle. Autopt. waren die Nieren dunkel, geschrumpft u. knotig. Histolog. fanden sich vasculäre, glomeruläre u. tubuläre Degeneration u. interstitielle Fibrosis. Außer verminderten Wachstum u. Körpergewicht war eine auffallende Verminderung der Fettvorräte bemerkenswert. Der N-Stoffwechsel war größer als bei den Kontrolltieren. (Brit. J. exp. Pathol. **33.** 168—76. April 1952. London, Univ., Bedfors Coll., Dep. of Physiol.) BÖHM. 4675

**Hans-Georg Mertens,** *Über die Entstehung von arteriellem Hochdruck bei Thalliumvergiftung.* (*Ein Beitrag zur nervalen Hypertoniegenese.*) Ausgehend von der bei 5 mit *Tl* vergifteten Patienten beobachteten, 9 Wochen dauernden systol. u. diastol. Blutdrucksteigerung mit Tachykardie diskutiert Vf. die möglichen Ursachen der *Tl*-Hypertonie. Da andere Möglichkeiten ausgeschlossen werden können, sind nervale Entstehungsursachen anzunehmen. Auf Grund der sonstigen Intoxikationssymptome ist eine spezif. Sympathicusreizung wahrscheinlich. — 95 Literaturangaben. (Dtsch. Z. Nervenheilkunde **167.** 442—58. 1952. Bremen, Städt. Krankenanstalt.) KRUSEN. 4675

**Fritz Lange,** *Doppelseitige Opticusatrophie nach akuter Thalliumvergiftung.* 5 bis 6 Wochen nach zweimaliger Einnahme von je 0,75 g *Thalliumsulfat* zum Selbstmordzweck traten doppelseitige vetrobulbäre Neuritis mit Ausgang in Atrophie, einseitige passagere Trochlearisparese u. eine Sympathicusschädigung auf. Ein Mitwirken einer latenten Encephalomyelitis disseminata ist jedoch nicht ausgeschlossen. (Klin. Monatsbl. Augenheilkunde augenärztl. Fortbild. **121.** 221—23. 1952. Kiel, Univ., Augenklinik.) DUCHO. 4675

**C. Pedoya** und **A. Julia,** *Drei Fälle von akuter Methylbromidvergiftung.* Vff. berichten über 3 Fälle von akuter *Methylbromid* (I)-Vergiftung, hervorgerufen durch einen undichten Feuerlöscher. Während der schwerste der Fälle innerhalb 15 Std. nach Auftreten der ersten Symptome (Erbrechen u. Diarrhoe) im Koma ad exitum kam u. schwere Nierenschädigungen aufwies, konnte ein anderer durch Herz- u. Gefäßstärkungsmittel, Glucoseserum, Gardenal intramuskulär, Chloralwaschungen, Vitamin $B_{12}$ u. Methionin-Injektionen gebessert werden; bei diesem Fall blieben noch nach 4 Monaten schwere neurolog. Folgeerscheinungen zurück. Der dritte Fall wies eine erythematöse Pharyngitis u. Reste einer akuten Nephritis auf. Die unterschiedlichen Symptome sind auf verschied. Dauer der I-Einw. zurückzuführen. (Ann. Méd. légale Criminol. **32.** 290—94. Juli/Aug./Sept. 1952. Paris.) KRUSEN. 4675

**L. Dérobert, Caby, A. Hadengue, R. Martin** und **J. Pradut,** *Zwei Fälle von tödlicher Hepatonephritis durch Einatmung von Trichloräthylen.* Bericht über 2 Fälle von Vergiftung durch Einatmen von *Trichloräthylen,* die unter dem Erscheinungsbild einer Hepatonephritis ad exitum kamen, einer davon trotz mehrfacher partieller Blutaustauschtransfusionen. (Ann. Méd. légale Criminol. **32.** 282—87. Juli/Aug./Sept. 1952. Paris.) KRUSEN. 4675

**Dérobert, Desclaux, Hadengue** und **Le Breton,** *Vergiftung mit 2.4-Dinitrophenol* (*Thermol*). 3. Mitt. *Wirkung von Cortison.* In Tierverss. stellten Vff. fest, daß auf Verabreichung von *2.4-Dinitrophenol* Ratten u. Kaninchen zwar allg. mit Hyperthermie reagierten, Rkk. von Hypothermie oder plötzlicher letaler Ausgang aber ebenfalls zahlreich waren. Die Hyperthermie-Rk. wurde bei beiden Tierarten durch gleichzeitige Verabreichung von *ACTH* gehemmt, während Meerschweinchen bei gleicher Behandlung unterschiedlich reagierten. Vff. weisen auf die durch *ACTH* bewirkten histolog. Veränderungen des vegetativen Nervensyst. hin. (Ann. Méd. légale Criminol. **32.** 246—49. Juli/Aug./Sept. 1952. Paris, Fac. de Paris, Labor. de Méd. légale.) KRUSEN. 4675

**L. Dérobert, A. Hadengue** und **R. Martin,** *Selbstmord durch Insulin.* Bericht über einen Fall von Selbstmord durch Injektion von 800 E. *Insulin.* Die festgestellten Schädigungen, bes. Lungenödem, gleichen den beim *Insulin*-Koma beobachteten. (Ann. Méd. légale Criminol. **32.** 278—79. Juli/Aug./Sept. 1952. Paris.) KRUSEN. 4675

**Léon Binet, Pierre Desclaux, Henri Chanéac** und **Jaqueline Teysseyre,** *Histologische encephalische Veränderungen beim Kaninchen im Verlaufe der Vergiftung mit Amanita phalloides.* 10 Kaninchen erhielten einmalig die gleiche Dosis eines verd. alkoh. Extraktes von *Amanita phalloides* (Knollenblätterschwamm). 6 der Tiere starben innerhalb 24 bis 48 Std., die restlichen 4 wurden 10 Tage nach der Injektion getötet. Bei sämtlichen Tieren wurden in der Hirnrinde, im Thalamus u. im Hypothalamus Veränderungen an den Nervenzellen festgestellt. Vff. weisen bes. auf die deutlichen Veränderungen des Paraventricularkernes hin, die den bei Kohlenhydratstoffwechselstörungen, z. B. Alloxan-Diabetes, beobachteten ähnlich sind. Vff. weisen auf die Möglichkeit einer Beteiligung des Nervensyst. u. bes. des Hypothalamus am Kohlenhydratstoffwechsel hin. (C. R. hebd. Séances Acad. Sci. **235**. 564—66. 15/9. 1952. Paris.) KRUSEN. 4675

**J. M. Barnes**, *Die Wirkung einiger synthetischer Insekticide auf Säugetiere.* Zusammenstellung von Hinweisen auf biol. Wirkungen organ. Insekticide mit den Schrifttumshinweisen. Bes. behandelt werden: *DDT*, *Methoxychlor*, *DDD*, *TDE*, $C_6H_6Cl_6$-*Isomere*, *Chlordan*, *Aldrin* u. *Dieldrin*. (Trans. Roy. Soc. trop. Med. Hyg. **46**. 264—70. Mai 1952. Carshalton, Surrey, Med. Res. Council Unit for Res. in Toxicol.) LIEBNER. 4675

**John C. Smith**, *Gummischlauch als Ursache von Trombophlebitis nach Infusion.* Nach eingehender Unters., Reinigung, Analysierung u. Sterilisierung von intravenösen Tropfapparaten u. der verwendeten Lsgg. u. Behälter wurden Gummischläuche als Ursache für Thrombophlebitis an der Punktionsstelle erkannt. (Lancet **262**. 823. 19/4. 1952. Hitchin, Hertfordshire, Lister Hosp.) DUCHO. 4675

**A. Thelwall Jones**, *Schädliche Gase und Dämpfe.* Ausführungen über mögliche chron. Schädigungen der menschlichen Gesundheit, die durch Einatmung schädlicher Gase u. Dämpfe verursacht werden. Als Beispiel werden Untersuchungsergebnisse behandelt, die im Laufe von 16 Jahren an 820 Arbeitern gewonnen wurden, welche in Chlorbetrieben der chem. Industrie tätig waren. (Proc. Roy. Soc. Med. **45**. 609—10. Sept. 1952. United Liverpool Hosp.) EISENBARTH. 4681

**J. Vives Mañé**, *Benzolanämien.* An 10 Krankheitsfällen wird die Hämatologie u. Klinik der latenten u. der schweren *Bzl.*-Vergiftung erörtert. Für deren Mechanismus wird als Ursache ein Überverbrauch des als Gegengift gegen Bzl. wirkenden *Cysteins* (I) angenommen, der sich auf die Bldg. des Cytochroms als Geweberedoxferment auswirkt, bei dessen Synth. das Cystein beteiligt ist. Da *Methionin* I bildet, erscheint dessen therapeut. Verwendung zweckmäßig. Anderseits könnte auch *BAL* durch seine SH-Radikale geeignet sein, Cystein zu ersetzen. (Med. clín. [Barcelona] **18**. [10] 243—49. April 1952. Barcelona, Fac. de Med., Clín. méd. B.) R. K. MÜLLER. 4681

**Jorge Guasch** und **Antonio Raichs**, *Schwere Hämopathien durch Benzol.* Es wird über 3 Fälle von chron. *Bzl.*-Vergiftung aus der Bekleidungs- u. Schuhindustrie mit verschied. Formen von aplast. Anämie u. einen Fall mit Myeloblastose berichtet, alle mit letalem Ausgang. Im Anschluß daran werden die tox. Wirkungen des Bzl. u. eingehender die Pathogenese der durch Bzl. verursachten leichteren u. schweren Bluterkrankungen besprochen, unter denen vor allem aplast. Anämie bzw. Aleukie u. Benzolleukose häufiger beobachtet wurden. Bei der Diagnose kommt der Sternalpunktion besondere Bedeutung zu, da sich hierdurch die schlecht prognostizierbare Markatrophie verfolgen läßt. Kollektive u. individuelle Prophylaxe u. gesetzgeber. Maßnahmen werden erörtert. — 99 Literaturangaben. (Med. clín. [Barcelona] **18**. [10] 249—66. April 1952. Barcelona, Inst. policlin.) R. K. MÜLLER. 4681

**R. S. F. Schilling**, *Byssinosis in der britischen Baumwollindustrie.* Byssinosis ist eine Berufskrankheit, die bei Baumwollarbeitern in Lancashire durch Einatmung feinen Baumwollstaubes entsteht. Ihr Krankheitsbild u. der Umfang, den die Krankheit angenommen hat, werden behandelt. (Proc. Roy. Soc. Med. **45**. 601—03. Sept. 1952. Manchester. Univ., Nuffield Dep. of Occupat. Health.) EISENBARTH. 4681

**Adelaide Ross Smith**, *Pleura-Verkalkung durch Einwirkung gewisser Stäube.* Ein gehäuftes Vork. von Pleuraverkalkung wurde bei Arbeitern beobachtet, die der Einw. von Talk- u. Glimmerstaub (Ca–Mg-Silicat) ausgesetzt waren. Das wird auf eine Pleurareizung durch diese Stoffe u. auf ihren Ca-Geh., dessen Ablagerung in den Geweben durch die Anwesenheit des Mg aktiviert wird, zurückgeführt. (Amer. J. Roentgenol. Radium Therapy **67**. 375—82. März 1952. New York State Dep. of Labor., u. Div. of Ind. Hyg.) BRAUKMANN. 4681

## F. Pharmazie. Desinfektion.

**V. Dim-Zajec**, *Experimentelle Untersuchungen über die Züchtung von Arzneipflanzen.* 6. Mitt. (5. vgl. Farmac. Glasnik **5**. [1949.] 171.) Bericht über Züchtungs- u. Anbauverss. mit den Arzneipflanzen *Levisticum offic. L.* (**I**), *Marrubium vulgare L.* (**II**), *Ruta graveolens L.* (**III**) u. *Salvia sclarea L.* (**IV**) in Kroatien. — In den geernteten Pflanzen wurden einige wesentliche Bestandteile bestimmt. **I**: äther. Öl in den Blättern 0,36—1,46%, in den Samen 1,10—1,60%, im Stengel 0,14—0,18%. — **II**: äther. Öl in Spuren, W. 11,3 bis 12,6%, Asche 10,67—13,79%, Bitterstoffzahl 800—1300. — **III**: äther. Öl 0,08—0,24%, W. 9,95—10,7%, Asche 5,80—9,12%. — **IV**: äther. Öl in den Blüten 0,30—0,36%. (Farmac. Glasnik **8**. 89—96. März 1952.) BECKMANN. 4782

**Ratko Košak**, *Farnwurzel (Rhizoma filicis maris) aus Bosnien. (Chemische und biologische Untersuchung.)* Die lufttrockenen u. gepulverten Wurzelstöcke der in Bosnien u. der Herzegowina reichlich vorkommenden u. dort gesammelten Farne *Dryopteris Filix mas (L.) Schott.* (**I**), *Dryopteris austriaca (Jacq.) Woynar subsp. spinulosa (Müll.) Schinz et Thell.* (**II**), *Polystichum lobatum (Huds.) Chevall* (**III**) u. *Athryum Filix femina (L.) Roth.* (**IV**) wurden chem. u. pharmakol. untersucht. **I** u. **II** haben einen niedrigeren Aschengeh. (3,3—3,4%) u. höheren Geh. an Ae.-Extrakt (8,8—10,7%) als **III** u. **IV** (4,9—5,3% Asche, 0,8—1,6% Ae.-Extrakt). Der Geh. der Drogen bzw. der Ae.-Extrakte an Rohfilicin (**V**) beträgt bei **I** 2,8 bzw. 25,9%, bei **II** 3,0 bzw. 34,2%, bei **III** u. **IV** nur 0,02—0,04 bzw. 2,2—2,9%. Nur **I** u. **II** sind daher anthelminth. brauchbar u. entsprechen den Forderungen der Arzneibücher. — Die Rückstände der Ae.-Extraktion der 4 Drogen enthalten 30,9—47,1% in W. lösl. Substanzen. — Die Farne mit höherem Geh. an anthelminth. Bestandteilen in den Rhizomen enthalten weniger Gerbstoffe u. umgekehrt: **I** u. **II** enthalten 10,4—11%, **III** u. **IV** 12,0—16,4% Gerbstoffe, die bei allen 4 Farnen ident. sind. Sie gehören zur Brenzcatechingruppe, enthalten gebundenes Phloroglucin, keine gebundene Ellagsäure, keine freie Gallussäure, wahrscheinlich auch kein Gallotannin. — Durch Adsorption der Ae.-Lsgg. der Drogen **I**—**IV** an MgO u. anschließende Entw. mit Ae. werden Chromatogramme erhalten, die sich bei Tageslicht u. im UV-Licht deutlich voneinander unterscheiden u. zur Identifizierung der einzelnen Drogen geeignet sind. Bes. stark unterscheiden sich die Chromatogramme der stark anthelminth. wirksamen Drogenextrakte **I** u. **II** von den weniger wirksamen **III** u. **IV**. — Die Ausbeute an **V** aus den Ae.-Extrakten ist bei Verwendung von MgO nach KÄSERMANN (Dissertation, Bern 1942) um 3—4% niedriger als bei Verwendung von $Ba(OH)_2$ nach Ph. Helv. V. — Bei der Herst. von Filicin wird durch Zuhilfenahme von Lipase die Ausbeute nicht verbessert. — Für die Prüfung der anthelminth. Wrkg. von Farnpräpp. wurde eine neue, ausführlich beschriebene Meth. entwickelt, bei der die letale Konz. an Blutegeln bestimmt wird. — Das aus demselben Ae.-Extrakt mit MgO nach KÄSERMANN hergestellte **V** ist gegenüber Blutegeln doppelt so wirksam wie das mit Hilfe von $Ba(OH)_2$ dargestellte. Durch Verwendung von Lipase bei der Darst. des **V** wird die anthelminth. Aktivität des Präp. nicht beeinflußt. Die Toxizität der auf verschied. Weise gewonnenen u. per os Mäusen zugeführten **V**-Präpp. ist verschieden u. etwa proportional der Aktivität gegenüber Blutegeln. Es wird empfohlen, nur solche Farnwurzelpräpp. als „biol. geprüft" zu bezeichnen, die nicht nur bei Kaltblütern, sondern auch bei Warmblütern auf ihre perorale Toxizität geprüft worden sind. — Bei 2 Jahre alten Drogen von **I** wurde chem. ein hoher Geh. an **V** (2,6%) gefunden, das aber nur eine geringe anthelminth. Wrkg. (0,015%) u. eine hohe Toxizität bei Mäusen (0,025 g) besaß. Daraus folgt, daß alte Drogen für therapeut. Zwecke unbrauchbar sind u. daß die chem. Prüfung der anthelminth. Wrkg. ungenügend ist u. durch eine biol. Prüfung ergänzt werden muß. — 213 Literaturangaben. (Farmac. Glasnik **8**. 1—18. Jan. 49—59. Febr. 96—110. März. 136—49. April 1952. Sarajevo u. Zagreb, Pharmakol. Inst. der Med. Fakultäten.) BECKMANN. 4782

**Hilmar Friedrich**, *Über pflanzliche Gerbstoffe.* Ausführliche Übersicht über den chem. Aufbau, den qualitativen Nachw., das Vork. im Pflanzenreich u. die pharmakol. Bedeutung der hydrolysierbaren u. kondensierten Gerbstoffe. Zum Schluß wird auf den Gerbstoffgeh. einiger Lebensmittel eingegangen. — 117 Literaturstellen. (Pharmazie **7**. 284—91. Mai 1952. Gatersleben, Akad. der Wiss., Inst. für Kulturpflanzenforschung.) HERRMANN. 4782

**Asima Chatterjee** (geb. **Mookerjee**) und **Sukumar Bose**, *Ein neues Alkaloid aus den Wurzeln von Rauwolfia serpentina Benth.* Aus den Wurzeln von Rauwolfia serpentina wird ein neues, schwach bas. Alkaloid, *Rauwolfinin* (**I**), rhomb. Tafeln aus verd. A., F. 235—236° (Zers.), isoliert. **I** ist in A., Äthylacetat, Aceton u. Bzl. leicht, in Ae. wenig lösl.; es gibt mit $KBiJ_4$ u. $K_2HgJ_4$ Ndd., mit $H_2SO_4 + K_2Cr_2O_7$ braunrote → purpurrote, mit FRÖHDEs Reagens grüne, allmählich verblassende Farbreaktion. Es besitzt antifebrile Eigenschaften. (Sci. and Cult. **17**. 139. Sept. 1951. Calcutta, Univ., Coll. of Sci. and Technol., Dep. of Pure Chem.) BOIT. 4782

**Erich Benk**, *Eigenschaften und Verwendungsmöglichkeiten von Karion flüssig.* Karion fl., eine fast reine Lsg. von Sorbit in W., eignet sich vor allem als Weichmachungs- u. Feuchthaltungsmittel in pharmazeut. (oder kosmet.) Erzeugnissen; seine Eigg. u. Verwendungsmöglichkeiten werden besprochen. (Dtsch. Drogisten-Ztg. **6**. 118—19. 1/3. 1951. Stuttgart.) FIEDLER. 4786

**Karl D. Dietrich**, *Gebrauch eines Tantalnetzes zur Nephropexie.* Ein neues Verf. der Nephropexie mit einem Netz aus metall. *Tantal* wird beschrieben. (J. int. Coll. Surgeons **17.** 369—73. März 1952. Missouri, Univ., School of Med.) DUCHO. 4796

**L. Pietrantoni**, *Autoplastische, homoplastische und heteroplastische Knochen- und Knorpeltransplantate sowie Acrylharzprothesen in der chirurgischen Behandlung der Ozaena.* Krit. Betrachtung über die verschied. plast. Verff., die Vf. in den letzten 4 Jahren an 72 Ozaenapatienten durchführte. Die Erfolge waren sehr gut, jedoch wuchsen bei 4 der 16 mit *Acrylharz* (**I**)-Plastiken behandelten Patienten die Prothesen nicht ein. Bei jugendlichen Patienten waren die **I**-Plastiken der Nase aber ebenso geeignet wie Organtransplantate. (Minerva med. [Torino] **43.** I. 1333—41. 21/6. 1952. Milano, Univ., Clinica otorinolaringologica.) IPPEN. 4796

**Lars Fagerlind, Bo Holmstedt** und **Olle Wallén**, *Darstellung und Bestimmung von Diäthyl-p-nitrophenylphosphat (E 600), eines zur Behandlung des Glaukoms verwendeten Arzneimittels. Diäthyl-p-nitrophenylphosphat* (**I**, *E 600, Mintacol*) wurde nach der 1. Meth. von SCHRADER [1947] aus *Diäthylphosphorylchlorid* (**II**) u. *p-Nitrophenolat* (1. Synth.) u. nach einer Meth. der Vff. durch Rk. von **II** mit p-Nitrophenol in Ggw. von $Na_2CO_3$ (2. Synth.) synthetisiert. Die miot. Wrkg. u. die Toxizität der nach beiden Methoden gewonnenen **I**-Präpp. u. die eines Handelsprod. stimmten überein. Die UV-Spektren von 0,002%ig. wss. Lsgg. der nach beiden Methoden gewonnenen **I**-Präpp. u. des Handelsprod. wurden zwischen 2200 u. 3400 Å aufgenommen; sie zeigten ein Maximum bei 2740 Å mit $\varepsilon = 8900$. Zur Best. von **I** wurde eine photometr. Meth. ausgearbeitet, die auf der Red. zur Aminoverb., Diazotierung u. Kupplung mit *N-(1-Naphthyl)-äthylendiamin* (**III**) zu einem roten Farbstoff beruht.

V e r s u c h e : Darst. von **I** (2. Synth.): Zu einem Gemisch von 0,2 Mol p-Nitrophenol, 0,2 Mol $Na_2CO_3$ u. 200 ml Aceton gibt man unter heftigem Rühren 0,2 Mol **II** u. erhitzt 5 Std. am Rückfluß; nach Abfiltrieren des NaCl u. $NaHCO_3$ wird im Vakuum fraktioniert, gelbe Fl., $Kp._{0,35}$ 141°, $n_D^{24}$ 1,4980, $D.^{24}_4$ 1,248. **I** nach 1. Synth.: $Kp._{0,6}$ 155°, $n_D^{24}$ 1,5063, $D.^{24}_4$ 1,265. B e s t. v o n **I**: 10 ml einer alkoh. Lsg. von **I** (mit 20—100 mg **I**) werden mit 10 ml W., 2 ml 5mol. HCl u. 0,20 g Zn-Staub versetzt u. 10 Min. erhitzt. Nach dem Abkühlen filtriert man in einem 50 ml-Meßkolben, wäscht mit etwas W. nach u. gibt 1,0 ml 0,25%ig. $NaNO_2$-Lsg. hinzu. Nach 10 Min. fügt man 1,0 ml 2,5%ig. wss. $NH_4$-Sulfamatlsg. hinzu u. nach weiteren 10 Min. 1 ml einer 1%ig. wss. **III**-Hydrochloridlsg. u. ergänzt mit W. zu 50 ml. Nach 10 Min. mißt man die Extinktion unter Verwendung eines 5000 Å-Filters bei der Schichtdicke 1 cm gegen einen Blindversuch. Die Eichkurve verläuft im Bereich zwischen 0 u. 200 $\gamma$ **I**/50 ml Lsg. geradlinig. (Svensk farmac. Tidskr. **1952.** 303—08. 20/5. Stockholm, Res. Inst. of Nat. Defense, Med. Sect., u. Pharmaceut. Control Labor.) K. F. MÜLLER. 4806

**J. M. Montañes del Olmo** und **J. Cibeira Valladares**, *Künstliche östrogene Stoffe.* 1. u. 2. Mitt. Übersicht über die natürlich vorkommenden östrogenen Stoffe u. ihre Konst. sowie ihre Synth., z. B. des *Östrons* nach ANNER u. MIESCHER (1948), des *Äthinylöstradiols* nach INHOFFEN u. HOHLWEG. — Künstliche östrogene Stoffe der Phenanthrenreihe, Aufzählung einer Reihe bekannter Prodd., Literaturhinweise, Angabe der östrogenen Wirkung. (Farmac. nueva **17.** 105—09. März. 163—68. April 1952.) ALTPETER. 4808

**Alf Lund**, *Adrenalin und Noradrenalin. Eine Übersicht.* Übersicht über die Chemie u. Physiologie von Adrenalin (**I**) u. Noradrenalin (**II**). Erörterung des Ersatzes von **I** durch **II** in gewissen pharmazeut. Präparaten. — 29 Literaturhinweise. (Dansk. Tidsskr. Farmaci **26.** 109—15. Juni 1952.) GEITZ. 4808

**Gunnar Hansen**, *Kommentar zur Herstellungsvorschrift für Dentifyl-Zahnpasta.* Vf. behandelt die Herst. der Zahnpaste „Dentifyl" mit Chlorophyll. An Stelle von Glycerin (Erhärten der Paste) als Bindemittel ist Sorbit genannt. (Arch. Pharmac. og Chem. **59. (109.)** 654—56. 9/8. 1952. Danmarks Apotekerforenings Kontrollabor.) GEITZ. 4822

**F. W. Brauss** und **G. Gröblinghoff**, *Über die Wirkung infraroter Strahlen bei der Instrumentensterilisation.* Untersucht wurde der Einfl. der Strahlen des Heißluftsterilisators „Practicus" auf den Sterilisierungsvorgang. Als Test wurden negative Erdsporen verwendet. Die Tempp. betrugen 150, 160, 170 u. 180°, die Zeiten lagen zwischen 1 u. 60 Minuten. Bei 180° waren 20 Min., bei 170° 25 Min. Bestrahlungszeit zur vollkommenen Sterilisation erforderlich. Bei 160° konnte trotz stark verlängerter Zeit keine Sterilisation beobachtet werden. Zur einwandfreien Feststellung der Wrkg. muß ein zeitlicher Sicherheitsfaktor eingeschaltet werden. Aus weiteren Verss. wird festgestellt, daß die Wrkg. der infraroten Strahlen nur auf Wärmeeinfl. beruht. Eine spezielle bactericide Wrkg. besitzen die Strahlen nicht. (Prakt. Desinfektor **1.** (N. F. 46) 55—79. Aug. 1952.) BOYE. 4836

**Henning Koefoed**, *Über das Erhitzen von Infusionsflüssigkeiten im Autoklaven.* Vf. stellte fest, daß beim Erwärmen die Flaschentemp. mit der Autoklaventemp. nahezu gleichmäßig steigt, während beim Abkühlen die Flaschentemp. wesentlich hinter der

Autoklaventemp. zurückbleibt. Der Autoklav soll erst geöffnet werden, wenn nach ca. 30 Min. sein Druck auf Atmosphärendruck gesunken ist u. die Temp. der wärmsten Flasche unter 90° liegt. Man vermeidet so Flaschenbruch. (Arch. Pharmac. og Chem. **59.** (**109.**) 16—18. 12/1. 1952. Bispebjerg Hospitals Apotek.) GEITZ. 4836

**M. Brandstätter** und **H. Thaler**, *Identifizierung von organischen Flüssigkeiten durch Mikro-Schmelzpunktsbestimmung ihrer Derivate.* Vff. zeigen, wie 35 pharmazeut. verwendete Fll. durch Überführung in Kristallderivv., deren FF., Eutektica mit geeigneten Partnern u. Brechungsexponenten dicht oberhalb ihres F. bestimmt werden, gek. werden können. Dabei werden Alkohole u. Phenole in die entsprechende 3.5-Dinitrobenzoylverb., p-Nitrobenzoylverb. oder Benzoylverb. übergeführt. Ester werden verseift u. entweder die entsprechenden Alkohole, wie angegeben, identifiziert, oder die gebildeten Säuren werden als solche bestimmt oder als Hydrazide oder Hydrazone charakterisiert. Aliphat. Säuren werden in S-Benzylthiuroniumsalze, Aldehyde u. Ketone werden mit Dimedon, p-Nitrophenylhydrazin oder 2.4-Dinitrophenylhydrazin in die entsprechenden Derivv. übergeführt u. diese untersucht. Benzolderivv. werden als Tribromanilin nachgewiesen, Toluol als 2.4-Dinitrotoluol. Genaue Darstellungsvorschriften für die genannten Derivv. bei Verwendung von 1 Tropfen bis 0,5 ml der zu charakterisierenden Fl. vgl. im Original. Der bisher noch nicht beschriebene *3.5-Dinitrobenzoesäurebenzylester* ist dimorph (F. 105 u. 113°). Auf die Ausarbeitung eines Analysenganges zur Erkennung pharmazeut. Fll. wird hingewiesen (THALER, Dissertation, Innsbruck 1951), u. die Übertragung der hierbei verwendeten Mikro-Siedepunktsbest. nach SIWOLOBOFF (1886) auf die Mikroheiztischmeth. nach KOFLER wird eingehend beschrieben. (Mikrochem. verein. Mikrochim. Acta **38.** 358—71. 1951. Innsbruck, Univ., Pharmakognost. Inst.) H. GEHLEN. 4880

**Mogens Wellendorf**, *Ein Versuch der biologischen Bestimmung der abführenden Wirkung verschiedener Rhabarbersorten.* Vf. stellte Vergleichsverss. an zwischen *Shensi-Rhabarberwurzel* (**I**) als Standard u. dem unterird. Teil von *Rheum rhaponticum L.* (**II**) u. *Rheum undulatum L.* (**III**) als Versuchsstoffen. Von einem wss. Auszug (1 : 7) jeder Droge wurden je 2 Dosen direkt in den Magen einer weißen Maus eingeführt. Nach den Daten (Mausgewicht, Dosis u. Fäcesgewicht) ergaben sich für das Verhältnis der purgierenden Wrkg. von **I** : **II** u. **I** : **III** jeweils die Werte 3,1 u. 2,9. (Arch. Pharmac. og Chem. **59.** (**109**) 1—16. 12/1. 1952.) GEITZ. 4880

**V. Vukčev.ć-Kovačev ć** und **H. Živković**, *Über den Nachweis von Methanol.* Im Zusammenhang mit Vorarbeiten für ein neues jugoslaw. Arzneibuch wurden verschied. Nachweis-Rkk. für *Methanol* (**I**) nachgeprüft. Für die Rk. von SABALITSCHKA (C. **1919.** II. 817) wird folgende Abänderung vorgeschlagen: 0,1 g $CuSO_4 \cdot 5\,H_2O$ mit 2 cm³ **I** 5 bis 7 Min. schütteln, 1 cm³ der abgegossenen klaren Lsg. mit 1—2 Tropfen 10%ig. $NH_3$-Lsg. versetzen, wobei ein violetter Nd. entsteht. — Für die katalyt. Oxydation von **I** mit Cu wird folgende Ausführung vorgeschlagen: in 2—3 Tropfen **I** eine erwärmte Cu-Drahtöse einführen, Geruch nach Formaldehyd. — Modifikation der Rk. mit $K_2Cr_2O_7$: Zu einer sd. Mischung von 3—4 cm³ 5%ig. $K_2Cr_2O_7$-Lsg. u. 1 cm³ konz. $H_2SO_4$ werden 2—3 cm³ **I** zugegeben; Grünfärbung u. Entw. von $CO_2$, das mit NaOH-Phenolphthaleinpapier nachgewiesen wird. Ebenso können *A.* (Geruch nach Essigsäure u. Acetaldehyd), *Isopropanol* (Aceton, nachgewiesen mit Nitroprussid-Na) u. *Isoamylalkohol* (Geruch nach Isovaleriansäure u. -ester) nachgewiesen werden. — Die Meth. von FENDLER u. MANNICH (C. **1906.** II. 821) u. MATTHES (C. **1927.** II. 143) wird wie folgt abgeändert: zu 1—2 Tropfen **I** je 1 Tropfen konz. $H_2SO_4$ u. 0,1n $KMnO_4$ zugeben, nach 1 Min. mit $NH_4$-Oxalat entfärben u. etwas Morphinhydrochlorid bzw. K-Sulfoguajacolat sowie 0,5—1 cm³ konz. $H_2SO_4$ zugeben; erst rosarote bzw. rosaviolette Zone, später rotviolette bzw. blauviolette Farbe. — Bei der Nachprüfung der Rk. von BROWN (C. **1935.** I. 758) mit Vanillin u. konz. $H_2SO_4$ wurden keine reproduzierbaren Ergebnisse erhalten. (Farmac. Glasnik **8.** 43—49. Febr. 1952. Zagreb, Pharmazeut.-Chem. Inst.) BECKMANN. 4880

**P. J. Hol**, *Die Bestimmung des HCN-Gehaltes von Kirschlorbeerwasser und von verdünnter Cyanwasserstoffsäure.* 3 Verff. werden miteinander verglichen: 1. (Vorschrift des Codex Medic. Neerl.) Man verd. 5 g der Probe mit W. auf 100 cm³, versetzt 10 cm³ des Gemisches mit 1 cm³ $NH_3$-W. u. 200 mg KJ u. titriert mit 0,01n $AgNO_3$-Lsg., bis das ausgeschiedene KJ nicht mehr verschwindet. 2. Man pipettiert 5 cm³ der verd. HCN-Lsg. in ein ca. 10 cm³ 2n NaOH-Lsg. enthaltendes, gewogenes Wägeglas, schließt dieses rasch, schüttelt, wägt, verd. die Lsg. auf 250 cm³, versetzt mit 5 cm³ Indicatorlsg. (KOLTHOFF u. MENZEL, Die Maßanalyse II. [1931]) u. titriert unter Rühren mit 0,1n $AgNO_3$-Lsg. bis zum Auftreten einer leichten AgJ-Trübung. 3. Man arbeitet nach 1., legt jedoch 10 cm³ ca. 2n NaOH-Lsg. vor. — Beleganalysen zeigen, daß das 2. Verf. die besten Ergebnisse liefert. (Chem. Weekbl. **48.** 448—49. 21/6. 1952. Dordrecht, Niederlande, N. V. Stikstofbindingsbedrijf „Nederland".) WESLY. 4880

---

**R. P. Scherer Corp.**, Detroit, Mich., V. St. A., *Gelatinekapseln*, deren Längshälften verschied. Elastizität aufweisen. — Z. B. wird die eine Hälfte aus 82 (%) Gelatine (**I**), 8 W. u. 10 Glycerin (**II**), die andere Hälfte aus 60 **I**, 10 W. u. 30 **II** gefertigt. Sorbitsirup als Weichmacher u. verschied. Einfärben der Hälften ist vorgesehen. Erleichterung der Applikation u. des Austretens des Inhalts. (**E. P. 667 607** vom 21/2. 1950, ausg. 5/3. 1952.) SCHINDLER. 4767

**R. P. Scherer Corp.**, Detroit, Mich., V. St. A., und **William Warren Triggs**, London, England, *Schmelzen von Gelatine* (I)-*Lösungen*. Die Lsgg. von I in W. oder W.-Glycerin werden unter Luftabschluß gegebenenfalls im Vakuum so lange fl. gehalten, bis alle Luftbläschen entfernt sind. *Zur Herst. pharmazeut. Kapseln.* (**E. P. 675 287** vom 5/4. 1949, ausg. 9/7. 1952.) HEINZE. 4767

**N. V. Moutsuikerindustrie & Extractiebedrijf Maltostase**, Weesp (Erfinder: **Pieter Kreuger**, Bussum, und **Jan Christoffel Jansen**, Amsterdam), Holland, *Gelatinekapsel* mit wss. Inhalt, dad. gek., daß die Konz. an Gelöstem sowohl im Inhalt der Kapsel als auch im W. der Wand durch die Gleichung $n/N + n = 1 - \mu$ gegeben ist, worin n die Anzahl Mol gelösten Stoff, N Anzahl Mol W. u. $\mu$ die relative Feuchtigkeit der Kapselumgebung ist u. wobei Abweichungen von n, die ca. 15% betragen, noch zulässig sind. Die wss. Lsg. mit 40—90% Trockensubstanz besteht im wesentlichen aus niedermol. Dextrinen, z. B. Maltosesirup, Glucosesirup, wodurch wss. Arzneimittellsgg. angewendet werden können. Bessere Haltbarkeit. (**D. B. P. 855 895** Kl. 30h vom 17/12. 1949, ausg. 17/11. 1952. Holl. Priorr. 11/1. 1947, 2/6. 1948 u. 8/11. 1949.) SCHINDLER. 4767

**G. Pohl, Chemisch-Pharmazeutische Fabrik** (Erfinder: **Arthur Boskamp**, Lockstedter Lager, Holst., **F. A. Henglein** und **Egon Kruse**, Karlsruhe), *Herstellung von Arzneimittelkapseln aus wasserlöslichen Stoffen, wie Gelatine*, dad. gek., daß die Innenseite der Kapseln mit einer oder mehreren Schichten aus wasserunlösl., filmbildenden, elast., makromol. Stoffen, wie Cellulose- oder Pektinestern, gegebenenfalls unter Zusatz von Weichmachern, versehen wird. Hierdurch können wss. Lsgg. von Medikamenten in den Verdauungstraktus gebracht werden. (**D. B. P. 852 124** Kl. 30h vom 9/2. 1951, ausg. 13/10. 1952.) SCHINDLER. 4767

**Samuel Wild**, Basel, Schweiz, *Herstellung eines mindestens zwei in kompatible Substanzen enthaltenden Präparates in Form von Pillen, Suppositorien, Ovula, Tabletten, Bonbons und dergleichen*, dad. gek., daß eine für den menschlichen oder tier. Organismus unschädliche, als Bindemittel wirkende Trennschicht zwischen je 2 miteinander nicht verträgliche Substanzen bzw. Substanzgemische eingeführt u. die Trennschicht bzw. -schichten derart gewählt werden, daß sie mindestens an der Berührungszone mit mindestens einer der ihr benachbarten Substanzen chem. zu reagieren vermögen, derart, daß ein unlösl., einerseits mit der Trennschicht u. andererseits mit der benachbarten Substanz eine haftende Bindung hervorrufendes Prod. entsteht. Nach einem Beispiel werden Ca-Gluconat einerseits u. die Vitamine A u. D andererseits in Kakaobutter verteilt. Zwischen die aneinanderstoßenden Substanzgemische wird bei z. B. Suppositorien eine Schicht $Na_3PO_4$, geschmolzen u. ohne Kristallisation abgekühlt, gebracht. (**D. B. P. 858 128** Kl. 30h vom 20/1. 1949, ausg. 4/12. 1952. Schwz. Prior. 4/7. 1947.) SCHINDLER. 4767

**Upjohn Co.** Kalamazoo, Mich., V. St. A., *Mit Wasser anteigbare Salbengrundlage* aus Bentonit (**I**) oder dgl., Carboxymethylcellulose (**II**), Netzmittel, z. B. Natriumlaurylsulfat (**III**), Konservierungsmittel, wie p-Oxybenzoesäuremethylester (**IV**), einem Puffer, z. B. Citronensäure (**V**), u. einem gegen W. empfindlichen Medikament, wie Penicillin-G-Na (**VI**), oder Bacitracin. Die Komponenten werden trocken gemischt, sterilisiert u. sind lange Zeit haltbar. — Z. B. 18 (g) **VI**, 400 **II**, 400 **I**, 50 **III**, 6 **V**, 52 **IV** u. 76 $\beta$-Lactose. Weitere Beispiele. *Zur Behandlung von Wunden u. Dermatosen.* (**E. P. 673 578** vom 12/7. 1950, ausg. 11/6. 1952. A. Prior. 18/8. 1949.) HEINZE. 4793

**Ruhrchemie Akt. Ges.**, Oberhausen (Erfinder: **Wilhelm Gottschall**, Oberhausen, **Helmut Kolling**, Duisburg, und **Hermann Velde**, Essen), *Herstellung einer Salbengrundlage*, dad. gek., daß man KW-stoffe $> C_{20}$, bes. solche, die der katalyt. CO-Hydrierung entstammen, zunächst durch Halogenanlagerung u. -abspaltung in die entsprechenden Olefine überführt u. an diese auf katalyt. Wege CO u. H anlagert, worauf abschließend mit H bis zum Alkohol red. wird. — Z. B. gibt eine Mischung von 80 (Teilen) Weichparaffin der mittleren C-Zahl $C_{24}$ u. 20 Hartparaffin ($C_{33}$) bei ca. 20% Cl-Aufnahme bes. gute Salbengrundlagen. Halogenierung erfolgt in der Schmelze, Dehalogenierung bei ca. 300°, Hydrierung bei 100—200° u. 50—100 kg/cm² Druck mit Co- oder Fe-Katalysatoren. (**D. B. P. 858 295** Kl. 30h vom 2/10. 1948, ausg. 4/12. 1952.) SCHINDLER. 4793

**Imperial Chemical Industries Ltd.**, London, **Joseph Edwin Davison**, **Reginald John William Reynolds** und **Francis Leslie Rose**, Blackley, England, *Verbandmaterial aus*

*N-Alkoxymethylpolyamid,* z. B. N-Methoxymethylpolyhexamethylenadipinsäureamid (I), welches höchstens 0,04% einer organ. Hg-Verb., z. B. Phenyl-Hg-acetat (II), enthält. Die Lsg. von I in n-Propanol u. W. wird mit II versetzt, unter Druck filtriert u. zu einem dünnen Film ausgegossen. Nach Verdunsten des Lösungsm. wird der Film befeuchtet u. auf 100° erhitzt. Er ist transparent u. elastisch. (**E. P. 669 195** vom 28/3. 1949, ausg. 26/3. 1952.) Heinze. 4795

**Alfons Krause**, Posen, Polen, *Fällung von Eisenhydroxyd* in Ggw. von Mg-, Cu-, Co- oder Mn-Hydroxyd aus wss. Lsg. mit NaOH u. anschließender Oxydation des Nd. durch den Luftsauerstoff. — *Therapeut. Verwendung.* (**E. P. 672 918** vom 12/5. 1949, ausg. 28/5. 1952.) Heinze. 4805

**F. Hoffmann-La Roche & Co. Akt.-Ges.**, Basel, Schweiz, *Herstellung von m-Allyloxyphenylisothiocyanat* (I) durch Rk. von m-Allyloxyanilin (II) mit $CSCl_2$ (III) in Wasser. — Z. B. werden 140 (Teile) II in 1000 W., die 120 II enthalten, eingetropft. I, $Kp._{0,05}$ 110 bis 112°. *Vermicide Wirkung.* (**Schwz. P. 279 107** vom 8/12. 1949, ausg. 16/2. 1952.) Heinze. 4807

**F. Hoffmann-La Roche & Co. Akt.-Ges.**, Basel, Schweiz, *Herstellung eines Isothiocyanats* durch Rk. von m-Aminophenol (II) mit $CSCl_2$ (I) in einem inerten Lösungsm., z. B. W., u. anschließende Alkylierung des m-Oxyphenylisothiocyanats (III) mit Allylhalogenid (IV) in Ggw. von säurebindenden Mitteln. — Z. B. werden 25,5 (Teile) I in 300 W. suspendiert u. nach u. nach mit 22 II versetzt. 12,35 III werden mit 20 Aceton, 10 IV u. 12 $K_2CO_3$ verkocht. *m-Allyloxyphenylisothiocyanat,* $Kp._{0,03}$ 110—112°. *Vermicide Wirkung.* (**Schwz. P. 279 108** vom 13/12. 1949, ausg. 16/2. 1952.) Heinze. 4807

E. Merck (Erfinder: **Otto Zima** und **Fritz von Werder**), Darmstadt, *Herstellung des Propionsäureesters des p-tert.-Amylphenols* in üblicher Weise. $Kp._{0,4}$ 120—122°; *anthelminth. Wirkung.* (**D. B. P. 855 858** Kl. 12q vom 25/2. 1951, ausg. 17/11. 1952.) Fabel. 4807

**Dr. Karl Thomae G. m. b. H. Chemisch-pharmazeutische Fabrik** (Erfinder: **Ernst Seeger** und **August Kottler**), Biberach/Riss. *Nicotinsäureester* erhält man durch Rk. von Nicotinsäure (I), I-Anhydrid oder I-Halogeniden mit Monoalkyl-, -aryl- oder -aralkyläthern des Äthylenglykols in Ggw. wasserentziehender oder säurebindender Mittel. Aus I u. Äthylenglykolmonopropyläther erhält man unter Durchleiten eines HCl-Gasstroms u. Erhitzen auf ca. 140° den *Nicotinsäure-β-propoxyäthylester,* $Kp._{17}$ 165°. — *β-Butoxyäthylester,* $Kp._{11}$ 166—167°. — *β-Phenoxyäthylester,* $Kp._5$ 195—196°. — *β-Benzyloxyäthylester,* $Kp._5$ 205°. — *Hyperämisierende* Wirkung. (**D. B. P. 858 401** Kl. 12p vom 10/10. 1950, ausg. 8/12. 1952.) Brösamle. 4807

**Byk-Gulden Lomberg, Chemische Fabrik G. m. b. H.**, Konstanz (Erfinder: **Hans Langner** und **Viktor Lebedew**, Berlin), *1.3-Dimethyl-4-amino-5-formylamino-2.6-dioxypyrimidin* erhält man in 1 Stufe durch Red. von 1.3-Dimethyl-4-amino-5-nitroso-2.6-dioxypyrimidin mittels Zn-Staub u. HCOOH. — Zwischenprod. der *Theophyllin*-Synth. nach Traube. (**D. B. P. 859 311** Kl. 12p vom 27/7. 1943, ausg. 11/12. 1952.) Brösamle. 4807

**Byk-Gulden Lomberg, Chemische Fabrik G. m. b. H.**, Konstanz (Erfinder: **Ladislaus Szabó**, Weilheim/Obb., und **Helmut Weissenburger**, Konstanz), *Herstellung neutraler oder schwach saurer Lösungen substituierter Xanthine,* wie Theophyllin, unter Verwendung von Salzen der Sulfosalicylsäure mit anorgan. oder organ. Basen als Lösungsvermittler (II). Als Basen kommen Amine, Alkanolamine, heterocycl. Basen u. Alkaloide, wie Papaverin, Chinidin, Narcotin, Lobelin, Ephedrin, γ.γ-Diphenylpropylamine usw. in Betracht. Es können andere II, z. B. nicotinsaure Salze oder Nicotinsäureamid bzw. Traubenzucker, Strophanthin u. Glucoside, zugesetzt werden. — Beispiele. — *Herzmittel.* (**D. B. P. 858 455** Kl. 30h vom 10/10. 1950, ausg. 8/12. 1952.) Heinze. 4807

**Byk-Gulden Lomberg, Chemische Fabrik G. m. b. H.**, Konstanz (Erfinder: **Peter Marquardt**, Freiburg/Br., und **Ingeborg Müller-Ebeling**, Göttingen), *Therapeutisch wirksame Stoffe aus Theophyllin.* Man nitriert Theophyllin (I) u. überführt die erhaltenen Nitroderivv., gegebenenfalls durch Zusatz von Aminen oder andern, zur Löslichmachung des I geeigneten bekannten Lösungsvermittlern, in wss. Lösungen. — *Mononitrotheophyllin,* F. 280° (Zers.), schwer lösl. in W., lösl. bei Aminzusatz. — *Therapeut.* Verwendung; *blutdrucksenkende* Wirkung. (**D. B. P. 859 470** Kl. 12p vom 11/7. 1943, ausg. 15/12. 1952.) Brösamle. 4807

**Deutsche Hydrierwerke Akt.-Ges.**, Düsseldorf (Erfinder: **Christoph Grundmann**, Columbus, O., V. St. A.), *Aminopyridazine.* Man bringt Halogenpyridazine mit wasserfreiem $NH_3$ oder wasserfreien niedermol. prim. oder sek. Aminen unter Druck bei $>100°$, bes. bei 130—200°, zur Reaktion. — Aus 3-Chlor-6-methylpyridazin u. fl. $NH_3$ erhält man bei maximal 160 at u. 180° *3-Amino-6-methylpyridazin,* F. 222—223° (aus W.). —

*3-Aminopyridazin*, F. 172°. — *Zwischenprodd.* zur Herst. von *Heilmitteln*. (**D. B. P. 859 621** Kl. 12p vom 13/7. 1943, ausg. 15/12. 1952.) BRÖSAMLE. 4807

**Coffarom Akt.-Ges.**, Glarus, Schweiz, und **Arthur Abbey**, London, England, *Injizierbare Lävuloselösungen aus Inulin.* Inulin wird durch mehrfaches Umkristallisieren u. Fällen mit A. gereinigt u. in Ggw. von inerten Gasen, wie $CO_2$, mit Säuren, z. B. Milch-, Glucon-, Ketoglucon-, Ascorbinsäure, oder gegebenenfalls unter Druck, z. B. bei 2 atü, hydrolysiert. Die erhaltenen 20—30%ig. Lävuloselsgg. können mit Arzneimitteln, wie k-Strophanthin, Coffeincitrat u. dgl., versetzt werden. (**E. P 668 850** vom 2/3. 1949, ausg. 26/3. 1952.) HEINZE. 4807

**Eastman Kodak Co.**, übert. von: **James G. Baxter** und **Henry M. Kascher**, Rochester, N. Y., V. St. A., *Anreichern von Vitamin-A-Estern* aus z. B. Fischleberölen durch Lösen der Öle in PAe. u. Filtrieren der Lsg. durch eine mit synthet. Na-Al-Silicat beschickte Adsorptionskolonne, wodurch 30—80% des Öles zurückgehalten werden. Durch Verdampfen des PAe. erhält man dann ein das Vitamin in konz. Form enthaltendes Öl. Als Lösungsmittel sind noch Hexan, Cyclohexan, $CCl_4$ u. Äthylbenzol genannt. (**A. P. 2 584 662** vom 24/3. 1949, ausg. 5/2. 1952.) SCHINDLER. 4809

**Schering Akt.-Ges.**, Berlin (Erfinder: **Rudolf Tschesche, Friedhelm Korte** und **Carl-Heinz Köhncke**, Hamburg), *Darstellung von 9-Oxypteroinsäure* oder ihren Derivv., bes. der 9-Oxypteroylglutaminsäure (Oxyfolsäure) nach Hauptpatent, gek. durch Verwendung von 2-Amino-6.9-dioxy-8-halogen-, bes. -8-brommethylpteridin (I) als Ausgangsstoff zur Kondensation. — Z. B. werden 0,7 g I in 40 cm³ Glykol mit 1,5 g p-Aminobenzoesäureester 3 Std. auf 100—120° erhitzt. — Weitere Beispiele. (**D. B. P. 836 651** Kl. 12p vom 26/3. 1950, ausg. 15/4. 1952. **Zusatz zu D. B. P. 806 457; C. 1951. II. 1932.**) HEINZE. 4809

**American Cyanamid Co.**, New York, N. Y., übert. von: **Martin E. Hultquist**, Bound Brook, und **James M. Smith jr.**, North Plainfield, N. J., V. St. A., *Pterine*, die gegenüber der *Folsäure antagonist.* wirken, erhält man durch Rk. eines 2.4.5-Triaminopyrimidins, das in 6-Stellung eine OH-, SH- oder $NH_2$-Gruppe besitzt, mit einem 2.2.3-Trihalogenalkylaldehyd, der wenigstens 4 C-Atome aufweist, u. einem prim. oder sek. Amin. — Z. B. erhält man aus 2.4.5-Triamino-6-oxypyrimidin, Butylchloral u. p-Aminobenzoylglutaminsäure die *11-Methylfolsäure.* Analog werden dargestellt: *6-Amino-11.12-dimethylpteroinsäure*; *11.12-Dimethylfolsäure*; *11.12-Dimethylpteroinsäure*; *6-Amino-11-methylfolsäure.* (**A. P. 2 595 196** vom 5/3. 1948, ausg. 29/4. 1952.) BRÖSAMLE. 4809

**Abbott Laboratories**, Chicago, übert. von: **Howard H. Fricke**, Waukegan, Ill., V. St. A., *Reinigung von Roh-Vitamin-$B_{12}$* aus Streptomyces griseus-Kultur-Fl., die nach Filtration auf $^1/_6$ im Vakuum konz. wurde. Nach Zusatz von Aceton (I) bis zu 50% werden die gefällten Stoffe abfiltriert u. zur Lsg. weiteres I bis zu 70% gegeben. Der Nd. aus Roh-Vitamin wird abfiltriert u. mit wenig W. gelöst. Durch Zusatz von Isopropanol bis zu 70% wird das gereinigte Vitamin $B_{12}$ gefällt. (**A. P. 2 582 589** vom 13/5. 1949, ausg. 15/1. 1952.) SCHINDLER. 4809

**N. V. Organon**, Oss, Holland, *Nachreinigung von Vitamin $B_{12}$ enthaltenden Konzentraten* durch Chromatographie an $Al_2O_3$ (II) mit Methanol (II), dessen Wassergeh. $\leq$ 10%. — Z. B. werden 40 mg Vitamin-$B_{12}$-Konzentrat aus Leber, welches bereits verunreinigt ist, in 2 cm³ II gelöst u. über eine Säule von 6 g I chromatographiert, bis das Eluat farblos ist. Eindampfen führt zu roten Kristallen von Vitamin $B_{12}$. (**E. P. 670 860** vom 2/6. 1950, ausg. 23/4. 1952. Holl. Prior. 2/6. 1949.) HEINZE. 4809

**Wilhelm Goetsch**, Krumpendorf, Österreich, *Gewinnung von hochprozentigen Vitamin-T-Präparaten*, dad. gek., daß Antibiotica (I) u./oder deren Fabrikationsreste zunächst, gegebenenfalls in gelöster Form, bes. auf 80—140° erhitzt u. dann trocken oder gelöst mit Aminosäuren vereinigt werden. Als I sind Penicillin, Streptomycin oder die abgepreßten Mycele aus deren Gewinnung genannt. Die z. B. mit Asparaginsäure versetzten Präpp. bewirken erhöhte Zellassimilation, z. B. bessere Nahrungsauswertung. (**D. B. P. 852 122** Kl. 30h vom 11/12. 1949, ausg. 13/10. 1952.) SCHINDLER. 4809

**C. F. Boehringer & Soehne G. m. b. H.**, Mannheim-Waldhof, *Testosteron* (I), $[\alpha]_D^{20}$ +90 bis +95°. Androstendion wird in Eisessig in Ggw. von PtO oder RANEY-Ni mit $H_2$, z. B. bei 50—70°, hydriert, bis 1 Mol. $H_2$ aufgenommen wurde. (**D. B. P. 855 557** Kl. 12o vom 10/7. 1936, ausg. 13/11. 1952.) KRAUSS. 4809

**Farbwerke Hoechst, vormals Meister Lucius & Brüning** (Erfinder: **Fritz Lindner** und **Eugen Dörzbach**), Frankfurt/M., *Herstellung von kristallisierten Präparaten aus dem blutzuckersenkenden Hormon der Bauchspeicheldrüse* durch Rk. dieses Hormons mit solchen Verbb. der Acridin- u. Chinolinreihe, deren Basen bei $p_H$ 6,5—9 liegen u. entweder unlösl. oder nur koll. lösl. sind, dad. gek., daß man die Reaktionsprodd. in der für reines Inselhormon üblichen Weise zur Kristallisation bringt. Als Reaktionskomponenten sind genannt: Bis-2-methyl-4-aminochinolyl-6-carbamid, 2-Äthoxy-6.9-diaminoacridinlactat,

3.6-Diamino-10-methylacridiniumchlorid, 2-$\beta$-Diäthylaminoäthoxy-6-acetamido-9-aminoacridinacetat u. N.N'-Di-(2-methyl-4-aminochinolyl-6)-adipinsäure- (oder -cyanursäure-) diamiddihydrochlorid. Protrahierte Wirkung. (**D. B. P. 852 591** Kl. 30h vom 6/4. 1950, ausg. 16/10. 1952.) SCHINDLER. 4809

**Staley Mfg. Co.**, übert. von: **William F. Allen**, Decatur, Ill., V. St. A., *Nährlösung für die Züchtung Streptomycin erzeugender Mikroorganismen*, bestehend im wesentlichen aus Sojamehl u. als Wachstumsbeschleuniger 0,01—10% Inosit (I) oder I im Gemisch mit Eiweißhydrolysat aus Mais-, Weizen- oder Sojaprotein in Mengen von 0,5—50% des Gesamtnährstoffgemisches. (**A. PP. 2 596 971** u. **2 596 972** vom 30/12. 1947, ausg. 20/5. 1952.) SCHINDLER. 4811

**Merck & Co., Inc.**, Rahway, übert. von: **Frank J. Wolf**, Westfield, N. J., V. St. A., *Kristallisiertes Dihydrostreptomycinhydrochlorid* (I). Eine methanol. Lsg. von I (40 mg/cm³) gibt man in das ca. 15fache Vol. Aceton u. läßt die trübe Lsg. bis zur Kristallisation stehen. Das kristallmethanolhaltige I wird dann im Vakuum auf ca. 100° erhitzt. I wird durch Red. von Streptomycin–$CaCl_2$ mit PtO u. $H_2$ in W. erhalten. (**A. P. 2 594 245** vom 19/5. 1950, ausg. 22/4. 1952.) KRAUSS. 4811

**American Cyanamid Co.**, New York, N. Y. (Erfinder: **Edward Richard Harnes**, Park Ridge, N. J.), V. St. A., *Isolieren von Aureomycin* (I) als saures Salz aus wss. Lsgg., gek. durch Verwendung einer sauren, I enthaltenden Lsg. mit $p_H < 4$ u. mit mindestens 0,3 mg I/cm³ u. Zufügen eines Salzes u. eines organ. Lösungsm. für I, wobei die Salzmenge so gewählt ist, daß sie zur Abscheidung des sauren I-Salzes ausreicht u. die Lösungsmittelmenge zweckmäßig nicht ausreicht, um I in merklichen Mengen zu lösen oder zu extrahieren, worauf das saure I-Salz abgeschieden wird. Beispiele für direkte Säuerung, für Alkali–Säure-Verff., für Alkali–Säure–Aceton-Verf. u. alkal. Acetonverfahren. Lösungsmittel sind z. B. Methanol, A., Decanol, Äthylglykol; Salze sind z. B. NaCl, $Na_2SO_4$, $Na_2HPO_4$, $KH_2PO_4$. (**D. B. P. 855 762** Kl. 30h vom 3/8. 1950, ausg. 17/11. 1952, u. **E. P. 672 510** vom 20/7. 1950, ausg. 21/5. 1952. Beide A. Prior. 20/8. 1949.) SCHINDLER. 4811

**Friedrich August Henglein, Egon Kruse, Herbert Schwen** und **Werner Haase**, Karlsruhe, *Röntgenkontrastmittel* erhält man durch Mischen von Pektinlsgg. mit wasserlösl. Kontrastgebern. Man löst z. B. NaF oder NaBr in W. u. bringt unter Rühren reinstes Pektin in die Lsg.; nach Zusatz von $NaHCO_3$ bis zum Neutralpunkt ist die in Ampullen abgefüllte Lsg. haltbar. (**D. B. P. 858 457** Kl. 30h vom 24/5. 1949, ausg. 8/12. 1952.) SCHINDLER. 4829

**Eli Lilly & Co.**, Indianapolis, Ind., V. St. A., *Herstellung von jodierten Benzoesäurederivv.* der allg. nebenst. Formel, worin X $CH_2$ oder CO bedeutet, durch Jodieren von Oxybenzoylbenzoesäure oder Oxybenzylbenzoesäure mit Jodmonochlorid (I) oder J–NaJ-Lösung. — Z. B. werden 43 (Teile) o-(4-Oxybenzoyl)-benzoesäure in 1000 Eisessig gelöst, 100 I in der Wärme zugesetzt, 1000 W. zugegeben u. 30 Min. auf 80—90° erwärmt. Aufarbeitung ergibt *o-(4-Oxy-3.5-dijodbenzoyl)-benzoesäure*, F. 223°. — *Röntgenkontrastmittel*. (**E. P. 662 413** vom 17/11. 1949, ausg. 5/12. 1951. A. Prior. 27/11. 1948.) HEINZE. 4829

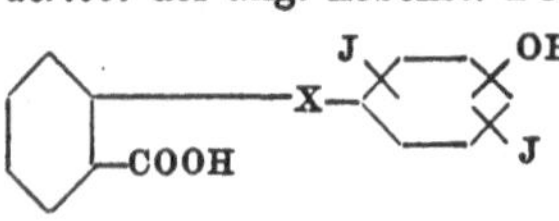


**Sterling Drug Inc.**, New York, übert. von: **Benjamin F. Tullar**, East Greenbush, und **James O. Hoppe**, Albany, N. Y., V. St. A., *Trennung der optisch Isomeren von Röntgenkontrastmitteln*. Über das Chininsalz wird die $\beta$-(4-Oxyphenyl)-$\alpha$-phenylpropionsäure (I) in die d- u. in die l-Verb. zerlegt: d-I-Chinisalz, F. 210—212°, *l*-I-Chininsalz, F. 188 bis 190°. Rk. mit NaOH gibt die d-I, F. 201—202°, $[\alpha]_D^{25°}$ (1,5% in 95%ig. A.) = +111°, Mol.-Gew. 242; u. die *l*-I, F. 201—202°, $[\alpha]_D^{25°}$ (1,5% in 95%ig. A.) = −111°, Mol.-Gew. 242. Jodieren mit KJ in NaOH-Lsg. ergibt eine unreine d- oder l-Säure, die mit Dimethylaminoäthanol zum entsprechenden Salz der d-$\beta$-(3.5-Dijod-4-oxyphenyl)-$\alpha$-phenylpropionsäure, F. 151—153°, bzw. der l-Säure, F. 151—153°, umgesetzt werden. Die freien *d-* bzw. *l-(3.5-Dijod-4-oxyphenyl)-$\alpha$-phenylpropionsäuren*, F. 80—85° bzw. 80—90°, beide $[\alpha]_D^{25°}$ (1,5% in 95%ig. A.) = +59 bzw. −59,5°, geben die entsprechenden Di–Na-Salze, F. über 230°, Zers. u. $[\alpha]_D^{26°}$ (1,5% in W.) = +56,6° bzw. $[\alpha]_D^{30°}$ (1,5% in W.) = −56,9°. Als Fällungsmittel dient Aceton. (**A. P. 2 552 696** vom 26/2. 1949, ausg. 15/5. 1951.) SCHINDLER. 4829

## G. Analyse. Laboratorium.

**M. I. Kuadshe**, *Ein Dosimeter*. Das Dosimeter „MIK" stellt ein cylindr., unten kon. verjüngtes Gefäß mit Zu- u. Abflußrohr u. mikrometr. einschraubbarer Reguliernadel dar. Dadurch wird ein konstantes Flüssigkeitsniveau u. damit ein Arbeiten bei konstantem Druck ermöglicht. (Почвоведение [Bodenkunde] **1952**. 291. März.) v. WILPERT. 5014

**W. E. Williams jr.**, *Empfindlicher Quecksilberspiegelhöhenmesser für Manometer.* Zur Messung winziger Höhenänderungen wurde dem Hg-Spiegel ein Spulenpaar gegenübergestellt, dessen Gegeninduktion sich in Abhängigkeit von dem Abstand des Hg-Spiegels ändert. Die eine der Spulen wird mit einem Hochfrequenzstrom von 0,5 A u. 480 kHz beschickt, die an der anderen Spule auftretende Spannung wird nach Gleichrichtung einem Meßinstrument zugeführt. So wird die Höhenänderung in jedem Schenkel des U-Rohrs für sich gemessen u. angezeigt, außerdem die Höhendifferenz gebildet u. nach Verstärkung gemessen. (J. Res. nat. Bur. Standards **48.** 54—58. Jan. 1952. Washington, Nat. Bur. of Standards.) PAULI. 5016

**E. N. Thrower**, *Ein servoreguliertes Rheometer für konstanten Druck.* Zur Aufzeichnung von Deformierungen u. elast. Rückformungen zylindr. Probekörper (bis 2 Zoll hoch; *Peche, Bitumen* usw.) in Abhängigkeit von der Zeit bei konstantem Druck oder konstanter Belastung wurde ein Rheometer entwickelt. Durch Kombination von steuernden Luftdüsen mit Reversionsantrieben, Schaltern u. Motoren wird die Ab- oder Zunahme der Zylinderhöhe aufgezeichnet u. der Druck auf den sich verbreiternden Körper konstant gehalten. Ein umgebendes wss. Bad gleicher D. hält die Temp. konstant u. schaltet den Einfl. des Eigengewichts der Probe aus. — Reproduzierbarkeit auf 0,25%; absol. Fehler durch Ausbuchtung der Körper. (J. sci. Instruments **29.** 91—93. März 1952. Harmondworth, Middles., Road Res. Labor.) BLUMRICH. 5040

**R. S. Higginbotham** und **J. J. Benbow**, *Zwei Viscosimeter zur raschen Messung bei bestimmter Scherspannung.* Es werden 2 Abarten des von HIGGINBOTHAM bereits früher beschriebenen Kegel- u. Plattenviscosimeters für rasche techn. Messungen (innerhalb ca. 2 Min.) angegeben, von denen das erste für niedrige Scherspannungen (10 bis 100 dyn/cm²) geeignete ein Phosphorbronzeband zur Torsionsbelastung des Kegels benutzt. Das zweite für die direkte Ablesung bei höherer Scherspannung (4500 dyn/cm²) geeignete Gerät erzielt eine konstante Torsionsbelastung des Kegels durch einen kleinen Gleichstrommotor. Der Meßbereich des ersten Instrumentes liegt bei 1—100 Poise für eine Torsion von 10 dyn/cm² bzw. 10—1000 Poise für 100 dyn/cm²; derjenige des zweiten Instrumentes bei 0,5—30 Poise, wobei man mit einer Genauigkeit von ±5% rechnen kann. (J. sci. Instruments **29.** 221—24. Juli 1952. Manchester, Shirley Inst.) HENTSCHEL. 5040

**Rodes Trautman** und **J. W. Gofman**, *Hydrodynamische Faktoren bei der Elektrophorese bewegter Grenzzonen. Eine Einführung in die elektrophoretische Untersuchung der Lipoproteine.* Vff. geben die Konstruktion einer Schlierenkamera zur Unters. nichtebener Grenzzonen durch Veränderung einer Elektrophoreseapp. an. Die Ausbildung der Grenzzone durch hydrodynam. Fluß („Kompensation") wird durch Aufnahmen der Schlierenbldg. verfolgt. Zur Entw. der Zone in einer TISELIUS-Zelle wird die eine der beiden „Endlösungen" gleichmäßig abgesaugt („Capillarentw."). Es wird die Wrkg. der Elektroosmose bei der Elektrophorese untersucht u. festgestellt, daß die Kompensation bei geeigneter Sauggeschwindigkeit die Wrkg. gerade aufheben kann. Bei der Elektrophorese lipoproteinreicher Fraktionen wird die stationär gehaltene Grenzzone scharf ausgebildet, während die andere unscharf wird. Die Meth. ist gut anwendbar für Lsgg., bei denen die Differenz der Wanderungsgeschwindigkeiten der Komponenten gering ist. (J. physic. Chem. **56.** 464—72. April 1952. Berkeley, Calif., Univ. of California, Div. of Med. Phys., Donner Labor. and Radiat. Labor.) H. J. KOCH. 5048

**Paul E. Wenger** und **Denys Monnier**, *Ein Vorschlag für eine schnelle, halbquantitative Methode in der Mikrochemie.* Vff. diskutieren die Nützlichkeit organ. Reagentien für halbquantitative Methoden in der Mikrochemie an 2 Beispielen: 1. Die Best. des *Cr* im *Leder* mit Diphenylcarbazon u. Guajak-Harz; 2. Best. des *Fe* mit Sulfosalicylsäure. (Chim. analytique [4] **34.** 63—64. März 1952.) FRETZDORFF. 5050

**R. V. Savacool** und **G. E. Ullyot**, *Verbesserter Apparat für die quantitative Halbmikrohydrierung.* Beschreibung eines einfachen App. zur Best. von Doppelbindungen in organ. Verbb., der nach dem Kompensationsprinzip arbeitet, mit magnet. Rührung u. ebenfalls magnet. arbeitender Vorr. zur Einführung der Substanz. Dieser App. eignet sich bes. für langdauernde Hydrierungen. Genauigkeit der Meth. ca. 2% bei 5 ml $H_2$-Verbrauch. (Analytic. Chem. **24.** 714—17. April 1952. Philadelphia, Pa., Smith, French and Kline Labors.) FRETZDORFF. 5052

**G. L. Rogers**, *Versuche über Beugungsmikroskopie.* (Vgl. C. **1951.** I. 1045.) Vf. berichtet über Verss., die den Zweck hatten, unter Benutzung rein opt. Methoden die Theorie des Beugungsmikroskops von GABOR (vgl. C. **1949.** II. 488) zu bestätigen u. zu erweitern. (Proc. Roy. Soc. Edinburgh, Sect. A **63.** 193—221. 1950/51. Dundee, Univ. Coll., Dep. of Phys.) GOTTFRIED. 5056

**Maurice Françon** und **Alberto Sáez**, *Untersuchung der Trennschärfe des Phasenkontrastmikroskops. Beobachtungen über die Struktur der Beugungserscheinungen in Gegen-*

*wart eines zusammenhängenden Untergrundes.* Unter Benutzung einer ringförmigen Phasenplatte in der Brennebene des Objektivs wird das Auflösungsvermögen eines Phasenkontrastmikroskops untersucht, das mit dem Radius der Phasenplatte zunimmt. Vf. berechnet die Lichtamplitude im Bild für eine ebene Welle senkrecht zur Achse des Mikroskops mit u. ohne Phasenplatte. Auch die Struktur der Beugungserscheinungen bei zusammenhängendem Grund wird rechner. behandelt. (An. Real Soc. españ. Física Quím., Ser. A **47.** 275—88. Nov./Dez. 1951. Madrid, Inst. de Optica Daza de Valdés.) R. K. Müller. 5056

**J. Rienitz,** *Das Lochkammerinterferometer.* Die Einführung einer Lochblende zwischen Lichtquelle u. Interferometertrennplatte gestattet die Herst. eines eindeutigen Zusammenhanges zwischen Interferenzbild u. der zu prüfenden Fläche, der bei Anwendung des Winkelspiegelinterferometers durch die Haidingerschen Ringe nicht gegeben war. (Vgl. C. **1952.** 6102). (Optik **9.** 206—15. 1952. Berlin.) Lindberg. 5063

**G. J. Koch** und **D. S. Brinsmaid,** *Unterdrückung der Seitenbänder in Vielschicht-Interferenzfiltern.* Durch Spiegelung an vielschichtigen Filmen aus abwechselnd aufgedampftem *ZnS* u. $MgF_2$ können bestimmte opt. Wellenlängen ausgesiebt werden. Es wird daran gearbeitet, einen scharfen Knick in der Reflexionskurve als Funktion der Wellenlänge u. die Unterdrückung von unerwünschtem Licht in den Seitenbanden, die an das eigentliche Reflexionsband anstoßen, zu erreichen. (Physic. Rev. [2] **84.** 1077—78. 1/12. 1951. Eastman Kodak Co.) H. Hauswald. 5063

**Andrée Gilles** und **Pierre Johannin,** *Regulierung des Spaltes eines Vakuumspektrographen.* Es wird eine einfache Konstruktion einer Schraubvorr. mit flexiblem Rohr zur von außen erfolgenden Spalteinstellung am Vakuumspektrographen beschrieben. (J. Physique Radium **13.** 170. März 1952.) Rudolph. 5063

**A. Camuñas,** *Anwendung eines Systems graduierter Diaphragmen bei dem Spektrographen von Littrow mit Glasoptik.* Beim Littrow-Spektrographen kann man Diaphragmen mit variablen Öffnungen an der Kollimatorlinse anbringen. Durch Aufnahme von Fe-Spektren bei konstanten Zeiten u. mit Diaphragmen von variabler Höhe werden leicht die Kurven der Beziehung von Schwärzungsdichte u. Lichtintensität erhalten. Auf diese Weise wird der stroboskop. Effekt vermieden. (An. Real Soc. españ. Física Quím., Ser. A **48.** 45—46. Jan./Febr. 1952. Madrid, Inst. de Quím.-Fís. A. de Rocasolano.) R. K. Müller. 5063

**John G. Conway** und **Milton F. Moore,** *Anwendung spektrochemischer Analyse auf 2 mol. Perchlorsäurelösungen.* Angabe eines Verf., bei welchem die Oberfläche von Cu-Elektroden durch einen Anstrichfarben-Grundstoff gegen $HClO_4$ resistent gemacht wird. (Analytic. Chem. **24.** 610. März 1952. Berkeley, Calif., Univ., of California, Radiat. Labor.) Eichhoff. 5063

**Frances H. Elliott,** *Bestimmung der Charakteristiken eines Flammenphotometers und Einflüsse störender Substanzen.* Es wird zuerst eine Meth. beschrieben, um die optimalen Luft- u. Gasdrucke zur Erhaltung einer stetigen Flamme zum Gebrauch in einem Perkin-Elmer-Photometer zu erreichen. Das Photometer wird im voliegenden Fall zur Best. von K u. Na in biol. Material benutzt. Als störende Substanzen bei der K- u. Na-Best. in *Urin, Blutserum, Speichel, Milch, Magensaft* kommen Harnstoff, Phosphorsäure, $NH_3$, HCl, $H_2SO_4$ u. $HNO_3$ in Frage. Ihr Einfl. kann durch passende Verdünnung der zu untersuchenden Lsgg. ausgeschaltet werden. Die Höhe der Verdünnung ist von App. zu App. verschieden u. muß in jedem einzelnen Fall gesondert festgelegt werden. (Canad. J. Technol. **29.** 111—22. Febr. 1951. Montreal, Quebec, Can., Univ., Allan Memorial Inst. and Dep. of Psych.) Gottfried. 5064

**E. R. Weaver,** *Die elektrische Messung von Wasserdampf mittels eines hygroskopischen Filmes.* Vf. gibt einen Überblick über die Entw., den heutigen Stand u. die Anwendungsmöglichkeiten der Leitfähigkeitsmethode. Dunmore (J. Res. nat. Bur. Standards **20.** [1938.] 723 u. **23.** [1939.] 701) gelang es, Filme von *LiCl* in Polyvinylalkohol auf einem Polystyrolzylinder herzustellen. Diese ausreichend stabilen Filme, mit denen relative Feuchtigkeiten über 5% gemessen werden können, sind heute im Handel erhältlich. Mit den weitaus empfindlicheren Filmen von $H_2SO_4$ u. $H_3PO_4$ können wesentlich geringere Wasserdampfkonzz. in sehr kleinen Probemengen in viel kürzerer Zeit bestimmt werden: diese Filme müssen jedoch bei Gebrauch geeicht werden. Die Konstruktionen u. die Verwendungsmöglichkeiten beider Hygrometertypen werden beschrieben. (Analytic. Chem. **23.** 1076—80. Aug. 1951. Washington, D. C., Nat. Bureau of Standards.) Gedschold. 5074

**C. M. Birdsall, A. C. Jenkins** und **Edward Spadinger,** *Jodometrische Bestimmung von Ozon.* Vff. bestimmen 1—25 Mol-% $O_3$ neben $O_2$ durch Einleiten des Gases in neutrale

2%ig. KJ-Lsg. u. Titration mit Thiosulfat u. vergleichen dieses Verf. mit älteren Methoden. Anwendung borsäuregepufferter KJ-Lsg. kann zu fehlerhaften Ergebnissen führen. Die gefundenen $O_3$-Werte wurden mit physikal. ermittelten verglichen u. wiesen Abweichungen bis 2% auf. (Analytic. Chem. **24.** 662—64. April 1952. Tonawanda, N. Y., Linde Air Products Co., Div. of Union Carbide and Carbon Corp.) MOISAR. 5086

**F. Teichert,** *Erfahrungen mit chemischen Ozonmeßmethoden.* Vf. vergleicht das $O_3$-Meßverf. nach REGENER, bei dem die zu untersuchende Luft über hintereinander angeordnete Becher mit KJ-Lsg. u. Na-Thiosulfatlsg. geblasen wird, mit dem Verf. nach CAUER, bei dem die Luft die Meß-Fl. (KJ-Lsg. mit Na-Acetat) in einer Waschflasche mit Glasfritte durchperlt, sowie mit dem Silicagelverf., bei dem Fremdgase von mit fl. Luft gekühltem Silicagel zurückgehalten werden, wobei auch $O_3$ zunächst absorbiert wird, aber schon bei einer Temp. unter $-120^0$ wieder abgegeben wird u. wobei gefrorener Ae. (F. $-117{,}4^0$) das Festhalten der Stickoxyde erleichtert. Vf. fügt absichtlich Fremdgase zu u. findet, daß oxydierende wie $O_3$ wirken, also bei den beiden ersten Verff. eine zu hohe Anzeige ergeben, reduzierende Gase so wirken, daß zu wenig $O_3$ angezeigt wird, u. nur Gase wie $CO_2$ u. $SO_2$ nicht stören. Das an sich sicherste Silicagelverf. ist aber in Aufwand u. Ausführung oft zu umständlich, es können die einfacheren Verff. benutzt werden, wenn Abwesenheit störender Fremdgase angenommen werden kann. (Z. Meteorol. **6.** 132—38. Nr. 5. Mai 1952. Dresden-Wahnsdorf, Meteorol. Obs.) PAULI. 5088

## a) Elemente und anorganische Verbindungen.

**Leonard P. Pepkowitz,** *Mikronachweis von Kohlenstoff.* Freier u. gebundener C werden nach der vom Vf. modifizierten Meth. von EMICH nachgewiesen. Die Nachweisgrenze liegt bei mehreren Millionstel mg. Die App. wird beschrieben. Ein T-Stück von 4 mm Durchmesser aus Borsilicatglas endet in seinem vertikalen Schenkel in einer Capillare, die mit einem Tropfen frisch bereiteter gesätt. $Ba(OH)_2$-Lsg. gefüllt ist. Die offenen Enden des horizontalen Teiles werden nach Füllung des Raumes mit $O_2$ u. nach Einbringen der zu bestimmenden Probe ebenfalls abgeschmolzen u. dann vorsichtig bis zur Bldg. von $BaCO_3$ erhitzt. Bei der Unters. von Carbonaten fällt die Sauerstoffüllung fort u. die Zers. erfolgt durch einen Tropfen 6n HCl. (Analytic. Chem. **23.** 1716—17. Nov. 1951. Schenectady, N. Y., Knolls Atomic Power Labor., General Electric Co.) SCHLEGEL. G 260

**W. Dewald** und **H. Schmidt,** *Beiträge zur analytischen Bestimmung der verschiedenen Phosphate nebeneinander.* 1. Mitt. Vff. untersuchen zunächst die potentiometr. Best. von Pyrophosphat nach BRITSKE-DRAGUNOW u. BELL, die einen empir. Umrechungsfaktor erfordert, u. finden auch in Abwesenheit von $P_2O_7^{4-}$ bei der Titration von n/10 HCl nach der gleichen Meth. Minusfehler. Es wird der Potentiometrierfaktor: ml NaOH (theoret.)/ml NaOH (nach dem Verf.) eingeführt u. diskutiert. Zur Best. werden 0,5 g der von Poly- u. Hexametaphosphat freien Probe in 100 ml W. gelöst, auf $p_H$ 3,8 gebracht, mit 70 ml 12,5%ig. Lsg. von $ZnSO_4 \cdot 7H_2O$ vom $p_H$ 3,8 versetzt u. auf das $p_H$ 3,8 mit n/10 NaOH zurücktitriert. Die korrigierten Werte zeigen eine gute Genauigkeit. Ersetzt man $ZnSO_4 \cdot 7H_2O$ durch $ZnCl_2$, so ist der Potentiometrierfaktor zwar sehr klein (0,2—0,4%), doch sind die Resultate nicht gut reproduzierbar. Bei der Analyse von Pyrophosphat u. Trimetaphosphat nebeneinander kann zunächst $H_2P_2O_7^{2-}$ potentiometr. oder gravimetr. als $Zn_2P_2O_7$, dann im Filtrat $(NaPO_3)_3$ nach dem Eindampfen mit $HNO_3$ u. Fällen mit $MgCl_2$ in Ggw. von Ammoniumcitrat bestimmt werden. Die tabellar. mitgeteilten Ergebnisse zeigen nach dem Umfällen des $MgNH_4PO_4$ eine befriedigende Genauigkeit. (Z. analyt. Chem. **134.** 17—22. 1951. Wiesbaden-Biebrich, Chem. Werke Albert, Anorgan.-analyt. Forschungslabor.) WEITBRECHT. G 264

**W. Dewald** und **H. Schmidt,** *Beiträge zur analytischen Bestimmung der verschiedenen Phosphate nebeneinander.* 2. Mitt. *Die Bestimmung von Pyrophosphat und hochpolymerem Metaphosphat nebeneinander.* (1. vgl. vorst. Ref.) An Mischungen von reinem $(HPO_3)_x$ u. $Na_4P_2O_7$ überprüfen Vff. die Bestimmungsverfahren. Während $P_2O_7^{4-}$ ohne Störung potentiometr. titriert werden kann, eignet sich für $(PO^{3-})_x$ die Fällung mit $Ba^{2+}$ nach JONES u. titrimetr. Bestimmung. Dazu wird 1 g Probe in 100 ml W. gelöst u. mit n/1 HCl neutralisiert, mit 1,25 ml im Überschuß versetzt u. mit 60 ml 2,5%ig. Lsg. von $BaCl_2 \cdot 2H_2O$ gefällt. Den Nd. kocht man mit 0,1n HCl am Rückflußkühler ca. 12 Std., fällt $Ba^{2+}$ mit $Na_2SO_4$, gibt die der HCl äquivalente Menge n/10 NaOH hinzu u. titriert weiter in Ggw. von Thymolphthalein als Indicator. Ein Geh. von $<2$% $Na_2SO_4$ hat keinen Einfl. auf das Ergebnis, während höhere Gehh. zu hohe Werte für $(PO^{3-})_x$ ergeben. Schließlich wird die Zus. von GRAHAMschem Salz u. Testmetaphosphat überprüft, indem zuerst $(PO_3^-)_x$ mit $BaCl_2$ gefällt u. titrimetr. bestimmt wird. Beim Alkalischmachen fallen die Ba-Salze der Nichtmetaphosphate, die als $Mg_2P_2O_7$ bestimmt werden. Im alkal. Filtrat endlich läßt sich $(NaPO_3)_3$ nach Umwandlung in $PO_4^{3-}$ als $Mg_2P_2O_7$ bestimmen. Bei

Mischungen von Pyrophosphat/Testhexametaphosphat fallen die $P_2O_7^{4-}$-Werte etwas zu hoch aus. Sonst zeigen die tabellar. mitgeteilten Analysenergebnisse die Brauchbarkeit der Bestimmungsmethoden. (Z. analyt. Chem. **134**. 86—95. 1951.) Weitbrecht. G 264

**Heinz W. Sternberg, Irving Wender** und **Milton Orchin**, *Die Analyse von Dikobaltoctacarbonyl und Kobaltcarbonylanionen enthaltenden Mischungen.* Es wird eine Meth. angegeben, nach welcher Lsgg., die sowohl *Dikobaltoctacarbonyl*, $[Co(CO)_4]_2$ (**I**), als auch das *Kobaltcarbonylanion*, $[Co(CO)_4]^-$ (**II**) [letzteres kann als Kobalthydrocarbonyl, $HCo\cdot(CO)_4$ (**III**) oder als entsprechendes Kobaltsalz vorliegen] enthalten, analysiert werden können. Die Meth. beruht auf der quantitativen Zers. von **I** u. **II** (bzw. **III**) durch Jod im Überschuß nach $[Co(CO)_4]_2 + 2 J_2 \rightarrow 2 CoJ_2 + 8 CO$, $2[Co(CO)_4]^- + 3 J_2 \rightarrow 2 CoJ_2 + 8 CO + 2 J^-$, $2 HCo(CO)_4 + 3 J_2 \rightarrow 2 CoJ_2 + 8 CO + 2 HJ$. Die Gesamtmenge an **I** u. **II** (bzw. **III**) wird durch Messen des entwickelten CO festgestellt. Nach Zugabe von Nickel-o-phenanthrolinchlorid, dessen Kation nur mit **II** bzw. **III**, nicht aber mit **I**, unter Bldg. eines in W., Hexan u. Toluol unlösl. Salzes nach $2[Co(CO)_4]^- + [Ni\text{-}(o\text{-}Phenanthrolin)_3]^{2+} \rightarrow$ $[$*Ni*-(*o-Phenanthrolin*)$_3][$*Co*(*CO*)$_4]_2$ (**IV**) reagiert, kann **I**, welches in diesen Lösungsmitteln gut lösl. ist, abgetrennt werden. Das frisch gefällte **IV** wird durch Jod im Überschuß quantitativ nach $[Ni\text{-}(o\text{-}Phenanthrolin)_3][Co(CO)_4]_2 + 3 J_2 \rightarrow [Ni\text{-}(o\text{-}Phenanthrolin)_3]J_2 + 2 Co\cdot J_2 + 8 CO$ zersetzt. Aus der Menge CO, welche dabei entwickelt wird, kann die Menge des in der Lsg. vorhandenen **II** berechnet werden. Aus der Differenz zwischen der Gesamtmenge an Carbonyl (**I** u. **II**) u. der Menge des **II** ergibt sich der Geh. der Lsg. an **I**. **I** u. **II** dürfen nicht längere Zeit der Einw. von $O_2$ ausgesetzt werden, da Zers. eintritt. Die Meth. ist zur Best. kleiner Mengen Carbonyl gut geeignet u. kann, da 1 Millimol Carbonyl 89,6 ml CO entwickelt, für Mikrobestimmungen verwendet werden. Wegen der Giftigkeit des CO sind beim Arbeiten mit Carbonylen besondere Vorsichtsmaßnahmen notwendig. (Analytic. Chem. **24**. 174—76. Jan. 1952. Bruceton, Pa., Bur. of Mines.)
Gedschold. G 355

**R. Belcher** und **T. S. West**, *Die gravimetrische Bestimmung von Kupfer als Kupfer(I)-thiocyanat.* In Fortsetzung früherer Verss. (C. **1952**. 2725) untersuchen Vff. die Bedingungen für die Best. von $Cu^{2+}$ als CuSCN bei der Verwendung von $(NH_4)_2Fe(SO_4)_2$ als Reduktionsmittel u. prüfen den Einfl. der Zeit, der Konzz. an Säure u. $SCN^-$. Die Lsg. mit ca. 250 mg Cu wird mit dem 2fachen Überschuß einer Lsg. von 0,1 Mol $(NH_4)_2Fe(SO_4)_2$ in 1000 ml 0,1n $H_2SO_4$ versetzt, auf 150 ml verd. u. mit 0,5 ml konz. $H_2SO_4$ angesäuert, so daß die Lsg. $<$0,5n an Säure ist. Dann fügt man tropfenweise der sd. Lsg. einen kleinen Überschuß 10%ig. $NH_4SCN$-Lsg. zu ($<$0,2n), filtriert nach 6 Std. u. trocknet bei 110°. Bei unbekanntem Cu-Geh. eignet sich der $Fe(SCN)_3$-Komplex als Indicator zur Best. der benötigten Menge an $NH_4SCN$. Die Versuchsergebnisse zeigen sehr gute Übereinstimmung mit den durch Red. mit $SO_2$ erhaltenen Werten. (Anatytica chim. Acta [Amsterdam] **6**. 337—39. April 1952. Birmingham, Univ., Dep. of Chem.) Weitbrecht. G 358

## b) Organische Verbindungen.

**Stephen Dal Nogare** und **Alan N. Oemler**, *Acidimetrische Bestimmung vicinaler Hydroxylgruppen mittels Natriumperjodats.* Das zu bestimmende *Glykolderiv.* wird mittels Na-Metaperjodats oxydiert. An Stelle der sonst üblichen jodometr. Best. des Perjodatüberschusses wird dieser acidimetr. bestimmt u. zwar durch Titration des *Na-Paraperjodats* ($NaJO_4 + 2 H_2O \rightarrow NaH_4JO_6$) mit NaOH bis zum *Dinatriumparaperjodat* ($NaH_4JO_6 + NaOH \rightarrow Na_2H_3JO_6 + H_2O$) gegen einen Thymolphthalein-1-Naphtholbenzein-Mischindicator bei 0° ($p_H$ 9,7). Enthält das Prod. eine sek. OH-Gruppe (wie z. B. *Glycerin*), die zu HCOOH oxydiert wird, so ist die auf die HCOOH zurückzuführende Acidität zu bestimmen u. zu berücksichtigen. Ausführung: Die ca. 20 mVal vic. OH-Gruppe entsprechende Glykolprobe wird auf 250 ml mit W. aufgefüllt. 50 ml dieser Lsg. werden mit 50 ml 0,1 mol. $NaJO_4$-Lsg. 20 Min. stehengelassen u. nach der Rk. mit Eis auf eine Temp. von $<1^0$ gebracht. Man gibt 2 ml Mischindicator (0,2% Thymolphthalein u. 0,1% 1-Naphtholbenzein in 90%ig. A.) hinzu u. titriert mit 0,1 n NaOH bis zum ersten Umschlag von Gelborange nach Graublau. Gleichzeitig Blindversuch. Enthält die Probe noch sek. OH-Gruppen, so unterwirft man eine weitere 50 ml-Portion derselben Oxydation, gibt zur Zerstörung des überschüssigen Perjodats 1 ml reines Äthylenglykol hinzu u. titriert die HCOOH bei Raumtemp. mit 0,1n NaOH gegen Methylrot. Das verbrauchte NaOH-Vol. ist dann noch zu subtrahieren. Die Analysen von *Äthylenglykol, 1.2-Propylenglykol, 2.3-Butylenglykol* u. *Glycerin* ergaben eine mittlere Abweichung von $\pm$0,3%, Analysen von Gemischen dieser Verbb. eine mittlere Abweichung von $\pm$0,46%. (Analytic. Chem. **24**. 902—04. Mai 1952. Wilmington, Del., E. I. du Pont de Nemours & Co., Inc., Polychem. Dep.) K. F. Müller. 5364

**Frank H. Conrad, M. C. Flint, R. H. Meyer** und **J. W. Sjoberg**, *Analyse des Systems Methanol–Äthylenglykol–Wasser.* Vff. stellen genau eingewogene Mischungen von Methanol, Äthylenglykol (D.[25] 1,1105 u. $n_D^{20}$ 1,4314) u. W. her, so daß sie die Menge jeweils einer der 3 Komponenten konstant halten u. die anderen beiden variieren, u. bestimmen D. u. Brechungsindex der Mischungen. Mit Hilfe der erhaltenen Werte zeichnen sie ein Dreiecksdiagramm, aus dem sie im umgekehrten Verf. mit einer Genauigkeit von $\pm$0,2%, Grenzwert $\pm$0,5%, die Menge Methanol, Äthylenglykol u. W. eines entsprechenden, beliebig zusammengestellten Gemisches ablesen können, wenn sie von diesem Gemisch D. u. Brechungsindex bestimmt haben. In 8 Diagrammen wird die Abhängigkeit der D. u. des Brechungsindex vom Geh. der 3 Komponenten im Gemisch bei Konstanthaltung jeweils einer der Komponenten gezeigt. (Analytic. Chem. **24.** 837—40. Mai 1952. Rolla, Mo., Univ. of Missouri, School of Mines and Metallurgy.) Barchet. G 570

**Robert H. Cundiff** und **John A. Riddick**, *Bestimmung von flüchtigen Aminen in 2-Oxyäthyltrimethylammonium (Cholin)-Salzen.* Um Verunreinigungen durch *Trimethylamin* in *Cholin* (**I**) quantitativ zu bestimmen, werden 50 ml **I**-Salzlsg. zu 50 ml 30%ig. NaOH-Lsg. in ein Reaktionsgefäß gefüllt, das mit einem mit 50 ml *Eisessig* (**II**) angefüllten Erlenmeyer-Kolben verbunden ist, der wieder mit einem 10 ml **II** enthaltenden Reagensglas in Verbindung steht. 75 Min. wird gewaschene Luft durchgesaugt; danach werden die beiden **II**-Lsgg. zusammengegeben, 15 ml *Essigsäureanhydrid* (**III**) hinzugefügt u. 5 Min. gekocht. Nach dem Abkühlen wird die Lsg. mit 0,1n $HClO_4$-Lsg. (hergestellt aus 14,5 g 70—72%ig. $HClO_4$-Lsg. + 960 ml **II** + 24,2 g **III**) gegen 1 Tropfen *Kristallviolett* (**IV**)-Indicator (aus 1 g **IV** in 100 ml **II**) titriert. — Skizze der Apparatur. (Analytic. Chem. **24.** 910—11. Mai 1952. Terre Haute, Ind., Commercial Solvents Corp.) Moslé. G 920

**G. Malyoth** und **H. W. Stein**, *Beitrag zur Papierchromatographie der Cholinester und der Zucker.* Vff. geben 2 Lösungsmittelgemische mit definiertem Wassergeh. zur Papierchromatographie von *Zuckern* an: 1. Essigester:Pyridin:W. (50:35:15) u. 2. dasselbe (50:30:20). Beide Lösungsmittel sind ebenfalls für die Papierchromatographie von *Cholin* u. seinen Derivv. anwendbar. Die Anfärbung erfolgt durch Besprühen mit einer Lsg. von 0,2 g Dipikrylamin in 50 $cm^3$ Aceton + 50 $cm^3$ bidest. W.; Trocknung bei Zimmertemperatur. (Biochem. Z. **322.** 165—67. 1951. München, Univ.-Kinderklinik, Forschungslabor.) Nehring. G 920

**H. Thies, S. W. Souci** und **G. Kallinich**, *Beiträge zur colorimetrischen Bestimmung von Ketohexosen.* Die chromatograph. Unters. der Rk. zwischen Fructose u. anderen ketosehaltigen Kohlenhydraten (Inulin, Saccharose) mit Diphenylamin hat gezeigt, daß hierbei mindestens 4 verschieden gefärbte, nicht näher charakterisierte Reaktionsprodd. entstehen: Schwarzblau (**I**), Marineblau (**II**), Olivgrün (**III**) u. Orangebraun (**IV**). Ihr Mengenverhältnis untereinander hängt von der Art des untersuchten Kohlenhydrats ab. So ist die **II**-Menge für Inulin größer als bei Fructose u. kleiner als bei Saccharose. Die spektroskop. Unters. ergab, daß **IV** im Bereich des langwelligen Maximums ($\bar{\nu} \approx 16000\ cm^{-1}$), in welchem die photometr. Best. der Fructose üblicherweise vorgenommen wird, ein erheblich geringeres Absorptionsvermögen besitzt als **II**, während **III** in etwa der gleichen Weise absorbiert wie **II**. (Z. Lebensmittel-Unters. u. -Forsch. **94.** 240—45. April 1952. München, Univ., Inst. für Pharmazie u. Lebensmittelchemie, u. Deutsche Forschungsanstalt für Lebensmittelchemie.) Winiker. G 3400

**E. Letzig**, *Beitrag zum Nachweis und zur Unterscheidung von Natriumamylopektinglykolat und Natriumcelluloseglykolat und zur Frage der Unschädlichkeit dieser Verbindungen.* Vergleichende Unterss. an *Na-Amylopektinglykolat* (**I**) u. *Na-Celluloseglykolat* (**II**) ergaben eine große Ähnlichkeit beider Stoffe hinsichtlich Struktur, Eigg. u. Verwendungsmöglichkeiten. Eine analyt. Unterscheidungsmöglichkeit ergibt sich durch die Blaufärbung von **I** mit Jod, die bei **II** nicht eintritt. Außerdem wird **I** im Gegensatz zu **II** durch körpereigene Amylasen (Pankreatin, Speichel) abgebaut. Bei Tierverss. wurde die Unschädlichkeit von **I** u. **II** auch bei Verfütterung größerer Mengen über mehrere Wochen bewiesen. Papierchromatograph. Unterss. von Hydrolysaten von **I** u. **II** ergaben für beide neben Glucose das Auftreten zweier weiterer reduzierender, nicht vergärbarer Substanzen, die vermutlich als Glucoseglykolate anzusehen sind. (Z. Lebensmittel-Unters. u. -Forsch. **94.** 227—34. April 1952. Dresden, Staatl. Chem. Untersuchungsanstalt.) Krusen. G 3400

## c) Bestandteile von Pflanzen und Tieren.

**W. A. Pjankow** und **Je. G. Margoliss**, *Über die gleichzeitige Bestimmung kleiner Mengen von Silicaten und Phosphaten in biologischen Objekten.* Das biol. Objekt wird bei 110—120° getrocknet u. zerrieben. Die Einwaage (0,05—0,1 g bei großen $SiO_2$-Mengen, sonst 0,5—1 g) wird mit 0,5 g $Na_2CO_3$ + $K_2CO_3$ (1:1) vermischt u. im Muffelofen 20—30 Min. geschmolzen. Nach dem Auslaugen werden 4 ml konz. Essigsäure, dann 4 ml 10%ig. $NH_4$-Molybdatlsg. zugesetzt, auf 40—60 ml verd. u. halbiert. Zur 1. Hälfte werden zur $SiO_2$ (**I**)-

Best. 5 ml 10%ig. Weinsäurelsg. u. 2 ml Hydrochinonsulfitmischung (2 g Hydrochinon u. 10 g $Na_2SO_3$ in 100 ml W.) zugesetzt, beide Portionen 10 Min. auf sd. Wasserbad erhitzt, auf 100 ml aufgefüllt u. photocolorimetriert. Die Kurve für $SiO_2$-Geh. in Ggw. von $P_2O_5$ zeigt geringere $SiO_2$-Werte als in Abwesenheit von P an. Die Differenz zwischen 2. u. 1. Probe ergibt die $P_2O_5$-Menge (Faktor 1,6). Oxyde von Fe u. Al stören die I-Best. nicht. Die $P_2O_5$-Werte sind etwas zu hoch. (Биохимия [Biochemie] **17.** 39—43. Jan./Febr. 1952. Stalino, Donez-Inst. für Arbeitsphysiol.) v. Wilpert. 5664

**W. A. Bulen, J. E. Varner** und **R. C. Burrell**, *Trennung organischer Säuren aus Pflanzengeweben. Chromatographische Technik.* Vff. erörtern die Schwierigkeiten der bisherigen chromatograph. Verff. bei der Trennung von komplexen Mischungen organ. Säuren aus biol. Material. Nach ihrem Verf., das sie bes. für Trennungen u. Identifizierungen von Säuren aus Tomaten u. Bryophyllum-Blättern benutzten, konnten sie 16 biol. wichtige Säuren nachweisen u. trennen (*Essig-, Brenztrauben-, Glutar-, Fumar-, Ameisen-, Milch-, Bernstein-, α-Ketoglutar-, trans-Aconit-, Oxal-, Glykol-, cis-Aconit-, Äpfel-, Citronen-, Isocitronen-* u. *Weinsäure*) u. schwer trennbare Gruppen aufteilen (so Fumar-, Glutar- u. Ameisensäure; Bernstein-, Milch- u. α-Ketoglutarsäure; Oxal-, Glykol- u. cis-Aconitsäure). Genaue Einzelheiten des Verf. u. der App. werden beschrieben (u. a. $N_2$ als Druckgas; gegebenenfalls Verwendung von 2 Säulenröhren: 12 mm Durchmesser, 24 cm lang bzw. 7 mm Durchmesser, 75 cm lang; Silicagel von feinsten Teilchen befreit als Füllung; vorherige Mischung der zu chromatographierenden Säureproben — ca. 10—100 mg in 0,5 $cm^3$ 0,5n $H_2SO_4$ — mit 1 g trockenem Silicagel) u. die Entwicklungsmischungen angegeben ($CHCl_3$ mit 5, 15, 20, 25, 35 u. 50 Vol.-% n-Butylalkohol oder Bzl. mit 25 Vol.-% Butylalkohol). Einfl. von Länge u. Durchmesser der Säule, der Entwicklerzuss., der Hydratation u. Aufbereitung des Silicagels, der Durchflußzeiten der Fll., quantitative Ausbeute u. a. werden diskutiert. (Analytic. Chem. **24.** 187—90. Jan. 1952. Columbus, O., Ohio State Univ., Dep. of Agricult. Biochem.) Wingchen. 5062

**Jean P. Nitsch**, *Mikrobestimmung von L-Tryptophan in Pflanzen.* Beschreibung einer verfeinerten Meth. zur Best. des *L-Tryptophan*(I)-Geh. von Pflanzen auf der Basis des Verf. von Greene u. Black (vgl. J. biol. Chemistry **155.** [1944.] 1). Sie beruht auf der Beobachtung, daß sich das Wachstum von Lactobacillus arabinosus auf einem Medium proportional zur zugesetzten I-Menge u. zur gebildeten Milchsäure verhält. Durch Titrierung der letzteren kann demnach der I-Geh. unbekannter Extrakte bestimmt werden. Bei genügend starker Verdünnung letzterer ist die Best. des I-Geh. von der Größenordnung 0,1 γ möglich. Ausführliche Beschreibung des Verfahrens. (C. R. Séances Soc. Biol. Filiales **145.** 1809—12. Dez. 1951.) Rang. 5666

## d) Medizinische und toxikologische Analyse.

**E. Köiw, G. Wallenius** und **A. Grönwall**, *Papierelektrophorese in der klinischen Chemie. Ein Vergleich mit der Originalmethode nach Tiselius.* Vergleichende elektrophoret. Serumprotein-Unterss. mit den Methoden nach Tiselius (Trans. Faraday Soc. **33.** [1937.] 524) u. nach Cremer u. Tiselius (C. **1951.** II. 1339) ergaben, daß die letzte Meth. trotz einiger Abweichungen für klin. u. diagnost. Zwecke ausreichende Ergebnisse liefert. (Scand. J. clin. Lab. Invest. **4.** 47—54. 1952. Uppsala, Schweden, Univ., Hosp.) Krusen. 5728

**G. Schneider** und **Ch. Wunderly**, *Die Papierelektrophorese als Schnellmethode des klinisch-chemischen Laboratoriums. Möglichkeiten und Grenzen ihrer Anwendung.* Die von Vff. angegebene Meth. gestattet die gleichzeitige Unters. von 9 Seren, die zu je 3 auf 3 Papierstreifen von 29 × 9 cm aufgebracht werden. Die einzelnen, mit Puffer angefeuchteten u. mit den Proben versehenen Streifen werden zwischen Glasplatten (10 × 15 cm) gelegt, durch 4 Metallklammern zu einem Paket zusammengepreßt u. in Chlorbenzol eingelegt, so daß die Enden der Streifen aus dem Bad herausragen. Der Kontakt zwischen der Pufferlsg. (Veronalacetat $p_H$ 8,9; $\mu = 0,06$), in die die Kohleelektroden eintauchen, u. den Papierstreifen wird durch Glasheber hergestellt. Angewandte Spannung 300 V, Stromstärke ca. 20 mA. Die Dauer der Elektrophorese beträgt 3½ Std. für eine Auftrennung von ca. 10 cm Länge. Die Auswertung erfolgt durch Extrahieren u. Photometrieren kleiner, aufeinanderfolgender Bezirke nach Anfärbung mit Bromphenolblau. Erforderliche Serummenge 0,02—0,03 $cm^3$. Weitere Anwendungen zur Analyse von Eiweiß im Urin, im Liquor u. in der Ödem-Fl. wird beschrieben u. in Reproduktionen gezeigt, ebenso die gesonderte Abb. von Gallenpigment des Serums eines Ikteruspatienten. (Schweiz. med. Wschr. **82.** 445—49. 19/4. 1952. Zürich, Med. Univ.-Klinik.) Nehring. 5728

**Horst Frunder** und **Hans Börnig**, *Die Papierelektrophorese von lipoidfreiem menschlichem Serum.* Nach Entfernung der Lipoide aus menschlichem Serum treten im Proteindiagramm wesentliche Änderungen auf, die, bes. bei patholog. Seren, ein Hinweis auf die Verknüpfung der beiden Komponenten sind. (Z. ges. inn. Med. Grenzgebiete **7.** 855—59. 15/9. 1952. Leipzig, Univ., Physiol.-Chem. Inst.) LOCH. 5062

**Fritz Kubowitz,** *Über quantitative Milchsäurebestimmungen im Blutserum und eine neue photoelektrische (colorimetrische) Bestimmungsmethode.* In ausführlichen Verss. konnte Vf. zeigen, daß die Methoden zur *Milchsäure* (I)-Best. nach FUCHS (Hoppe-Seyler's Z. physiol. Chem. **221.** [1933.] 271; **225.** [1934.] 35), nach AVERY u. HASTINGS (J. biol. Chemistry **94.** [1931.] 273) u. nach MENDEL, ENGEL u. GOLDSCHEIDER (Biochem. Z. **246.** [1932.] 479) für die Routine-I-Best. nicht zufriedenstellende Ergebnisse liefern. Es wird eine verbesserte colorimetr. Meth. mitgeteilt, bei der zu 1 ml Serum 5,1 ml bidest. W., 0,5 ml $Na_2CO_3$-Lsg. u. 0,4 ml Hg–Acetatlsg. gegeben werden. Nach 10 Min. Stehen wird 10 Min. zentrifugiert, 5 ml der klaren Fl. werden entnommen u. mit 0,1 ml 10n $H_2SO_4$, 1 ml konz. $CuSO_4$-Lsg. u. 2 ml $CaO/Ca(OH)_2$-Suspension versetzt. Nach 30 Min. Stehen wird zentrifugiert, zu 0,6 ml werden 3 ml 80%ig. $H_2SO_4$, die in 100 ml 1,72 g wasserfreies $FeCl_3$ enthalten, u. 0,1 ml einer Lsg. von 0,1 ml Veratrol in 50 ml bidest. W. gegeben. Nach 30 Min. wird die Absorption bei 467,9 m$\mu$ gemessen. Vergleichsbest. unter Zusatz eines abgemessenen Vol. Li-Lactatlösung. Von einer großen Anzahl geprüfter Substanzen störten nur Formaldehyd u. Methylglyoxal, das durch Fällung mit 2.4-Dinitrophenylhydrazin eliminiert werden kann. (Z. ges. inn. Med. Grenzgebiete **7.** 865—82. 1/10. 1952. Berlin, Charité, I. Med. Univ.-Klinik, Biochem. Labor.) KRUSEN. 5728

**L. Jacobsson** und **H. Hansen,** *Turbidimetrische Bestimmung der Diastase in Harn mit Dextrin als Substrat.* Als Substrat dient eine Lsg. von 15,0 g Dextrin puriss. MERCK (I), 1,36 g $KH_2PO_4$ u. 1,78 g $Na_2HPO_4 \cdot 2\,H_2O$, 7,0 g NaCl u. 0,5 g p-Oxybenzoesäuremethylester. 1 ml dieser Lsg. soll nach Zusatz von 10 ml 72%ig. A. eine opt. D. von 0,958 $\pm$ 0,015 haben. In einem Wasserbad von 38° befindliche Teströhrchen werden mit 1 ml der I-Pufferlsg. u. 0,1 ml Harn beschickt. Nach 30 Min. werden 10 ml 72%ig. A. zugesetzt u. nach 40 Min. Stehen bei Raumtemp. die Trübung im PULFRICH-Photometer mit Filter S 72 gegen W. gemessen. Auswertung mittels Eichkurve. Vgl. mit der Meth. nach WOHLGEMUTH (Biochem. Z. **9.** [1908.] 1.) ergab zufriedenstellende Übereinstimmung. Die Meth. ist für Reihenunterss. gut geeignet. (Scand. J. clin. Lab. Invest. **4.** 134—41. 1952. Gothenburg, Schweden, Sahlgren's Hosp.) KRUSEN. 5732

**Michael Lederer,** Progrès récents de la chromatographie. II. Chimie minérale. Paris: Hermann & Cie. (132 S.) fr. 1200,—.

**Ludwig Medicus** und **Margot Goehring,** Kurze Anleitung zur qualitativen Analyse. 26. verb. Aufl. Berlin: Arbeitsgemeinschaft med. Verlage; Dresden; Leipzig: Th. Steinkopff. 1952. (X + 144 S. m. 15 Abb.) 8° = Medicus: Einleitung in d. chem. Analyse. Bd. 1. DM 5,—.

**Richard J. Block, Raymond Le Strange** and **Gunter Zweig,** *Paper Chromatography. A Laboratory Manual.* New York: Academic Press Inc. 1952. (X + 195 S. m. Abb. u. Taf.) $ 4,50.

Das monograph. Handbuch stellt ein vorzügliches Hilfsmittel für den prakt. Gebrauch dar. Neben einer Besprechung der Theorie u. der verschied. Methoden, einschließlich der mikrobiol. u. enzymat., sowie der Papierelektrophorese, wird die experimentelle Technik ausführlich behandelt. Besondere Abschnitte sind den chromatograph. Trennungsverff. u. Analysenmethoden von Aminosäuren, Aminen u. Proteinen, Kohlenhydraten, aliphat. Säuren u. Steroiden, Purinen, Pyrimidinen, Phenolen, aromat. Säuren u. Porphyrinen, Antibiotica u. Vitaminen usw. gewidmet. Zum Schluß wird auf die anorgan. Trennmethoden eingegangen. Ausführliches Sach- u. Autorenregister sowie umfangreiches Literaturverzeichnis (bis Anfang 1952). KLEVER. 5062

# H. Angewandte Chemie.

## I. Allgemeine chemische Technologie.

**Badische Anilin- & Soda-Fabrik,** Ludwigshafen/Rh. (Erfinder: **Hans Krzikalla,** Heidelberg, und **Fritz Stastny,** Weinheim), *Plastische Massen* aus Polyamiden oder Polyurethanen u. alkylierten Phenolen als Weichmacher, wie man sie durch Kondensation von Phenolen mit den Chlorierungsprodd. gesätt. aliphat. KW-stoffe mit $>$7 C-Atomen u. $>$1 Cl-Atom erhält. — Verwendung als *Dichtungsmaterial,* Treibriemen. (**D. B. P. 855 910** Kl. 39b vom 12/8. **1944,** ausg. 17/11. 1952.) SALZMANN. 5813

**John B. Pierce Foundation,** New York, N. Y., V. St. A., *Hydrolysebeständiges Wärmeübertragungsmittel* mit sehr niedrigem F. u. hohem Kp., bestehend aus Tetraisopropylisobutylorthosilicaten im Verhältnis von mindestens 1 Isobutylradikal (I) auf 3 Isopropylradikale (II). Als Motorkühlmittel soll es F. unter —70° u. Kp. über 190° besitzen u. I : II wie 1,5 : 2,5 sein. Die Prodd. erhält man durch Rk. von Isopropyl- u. Isobutylalkohol mit $SiCl_4$. Durch Variation der Alkoholmengen werden Prodd. mit verschied. F. u. Kp. erhalten. (**D. B. P. 851 704** Kl. 46c[4] vom 13/12. 1950, ausg. 6/10. 1952. A. Prior. 9/2. 1950.) SCHINDLER. 5815

**Paul Brüninghaus**, Remscheid, *Herstellung von kolloidalen Lösungen aller Art.* Das Lösungsm. wird, zweckmäßig im Kreislauf, unter starkem Druck durch eine Düse in die zu lösende, z. B. vorzerkleinerte u. spezif. schwere Substanz gedrückt. In den Kreislauf werden Zwischenbecken mit Schweidewänden u. Filter eingeschaltet. — Abbildung. (**D. B. P. 846 251** Kl. 12g vom 5/1. 1950, ausg. 11/8. 1952.) STEIL. 5825

**Chemische Fabrik Pfersee G. m. b. H.** (Erfinder: **Hans Boe**), Augsburg, *Herstellung flüssig bleibender wässeriger Emulsionen* von lipophilen Stoffen, die Salze mehrwertiger Metalle, aber keine Schutzkolloide, wie Leim u. Gelatine, enthalten, gek. durch die Mitverwendung von Harnstoff u. bzw. oder Thioharnstoff in Mengen, die zur Vermeidung von Thixotropie genügen. — Z. B. werden Paraffin–Hartwachs-Dispersionen, die bas. Al-Formiat enthalten, durch Zugabe von Harnstoff lagerfähig gemacht. (**D. B. P. 856 891** Kl. 12s vom 12/1. 1945, ausg. 24/11. 1952.) HERBST. 5825

**Karl Zieke**, Efferen bei Köln, *Herstellung von Emulsionen*, dad. gek., daß Abfallstoffe der Glykolherst., wie z. B. Polyprodd., soweit sie wasserlösl. sind, durch Dest. in den wasserunlösl. Zustand übergeführt u. mit W. zu Emulsionen verarbeitet werden, während bei den wasserunlösl. Anteilen die Dest. entfällt. Zusatz von Ölen usw. möglich. Anwendung zur Herst. von Schädlingsbekämpfungsmitteln, Bohrölen, Textil- u. Waschhilfsmitteln usw. (**D. B. P. 853 448** Kl. 12s vom 14/5. 1949, ausg. 23/10. 1952.) SCHINDLER. 5825

**Gesellschaft für Linde's Eismaschinen Akt.-Ges.**, Höllriegelskreuth b. München (Erfinder: **Ernst Karwat**, Pullach), *Reinigen oder Zerlegen von Gasgemischen.* Zwecks Gewinnung (I) eines oder mehrerer Bestandteile (II) durch Waschen (III) mit einer die II lösenden Fl. bei tiefer Temperatur. Die bei dem vorhergegangenen Waschen gelösten II werden bei der Temp. des Waschens ausgetrieben, indem die Wasch-Fl. einem zuvor gekühlten Gas im Gegenstrom entgegengeführt wird, welches den ausgetriebenen II aufnimmt. Zur Gewinnung von $CO_2$ wäscht man mit Trichloräthylen, Methanol, Aceton usw. u. entgast die Wasch-Fl. bei tiefer Temp. mit Hilfsgas oder unter Vakuum. — Zeichnungen. (**D. B. P. 843 545** Kl. 12e vom 25/12. 1949, ausg. 10/7. 1952.) HEINSEN. 5849

**Dinglerwerke Akt.-Ges.** (Erfinder: **Otto Adam**, Oberauerbach), Zweibrücken, Pfalz, *Naßreinigung von Industriegasen.* Das zu reinigende Gas (Hochofengas) wird nach Durchströmen eines Grobstaubabscheiders einem bzw. mehreren Feinstaubabscheidern (Desintegratoren) zugeführt, in denen der größte Teil des W.–Staub-Gemisches in Schaum (I) verwandelt wird. Der I wird laufend abgeschöpft, getrocknet u. gesintert. Das Verf. ist wichtig für Industriewerke mit schlechter Wasserbasis. — Vorrichtung. (**D. B. P. 850 592** Kl. 12e vom 22/12. 1950, ausg. 25/9. 1952.) HEINSEN. 5851

**Gesellschaft für Linde's Eismaschinen Akt.-Ges.** (Erfinder: **Hermann Linde**, München-Solln), Höllriegelskreuth bei München, *Abscheidung von Flüssigkeiten aus Gasen mit Zentrifugalabscheidern.* Sie wird unter erhöhtem Druck in Rohrspiralen bei einer Zentrifugalbeschleunigung von mehr als der 1000fachen Erdbeschleunigung vorgenommen. Man läßt die Gase viele Windungen einer eng gewickelten Rohrschlange durchströmen, wobei das Rohrende erweitert ist u. die abgeschiedene Fl. an einer durch Adhäsion wirkenden, glatt am unteren Spiralrohrende anschließenden Fläche abgestreift wird. — Zeichnung. (**D. B. P. 843 841** Kl. 12e vom 25/1. 1950, ausg. 14/7. 1952.) HEINSEN. 5851

**Werner Wachs**, Berlin, und **Josef Reitstötter**, München, *Oberflächenverdampfung*, bes. bei der Molekular- oder Kurzwegdest., dad. gek., daß für die Verdampfungsfläche großoberflächige Stoffe mit guter Wärmeleitfähigkeit, z. B. poröse Metalle, verwendet werden. Als Heiz-Fl. für die Verdampfungsfläche sollen Fll. hoher spezif. Wärme, z. B. Öl, verwendet werden. (**D. B. P. 851 636** Kl. 12a vom 14/1. 1950, ausg. 6/10. 1952.) SCHINDLER. 5865

**N. V. de Bataafsche Petroleum Mij.**, Den Haag (Erfinder: **Johannes Jan Broeze**, Delft, und **Willem Johannes Dominicus van Dijck**, Den Haag), Holland, *Durchführung von sehr kurzzeitigen chemischen Reaktionen bei hohem Druck und hoher Temperatur in der Gasphase* mit Hilfe einer Verdichtung, der eine Entspannung folgt, in dem Zylinder einer hin u. her gehenden Maschine. Die für die period. Kreisläufe erforderliche Energie wird aus der Entspannungsenergie eines Gases (z. B. Wasserdampf) erhalten, das in den Arbeitszylinder unter einem Druck eingeführt wird, der wesentlich niedriger ist als der höchste im Zylinder auftretende Druck. Dieses Gas kann während der Entspannung oder während der Verdichtung eingeführt werden. Der hierfür benötigte Zylinder besitzt Öffnungen für die Zu- u. Abführung der Reaktionsgase u. für das die Entspannungsenergie liefernde Hilfsgas. — Abbildungen. (**D. B. P. 845 496** Kl. 12g vom 1/10. 1950, ausg. 31/7. 1952. Holl. Prior. 7/10. 1949.) STEIL. 5897

## III. Elektrotechnik.

**Soc. d'Électro-Chimie, d'Électro-Métallurgie et des Aciéries Électriques d'Ugine,** Paris, Frankreich, *Gewinnung von Ferriten,* bes. für *Magnetkerne.* Ein Gemisch aus Oxalaten, Formiaten oder/u. Acetaten des Fe u. Ni (2 : 1) wird bei $< 500^0$ zers. u., nachdem man das dabei erhaltene Pulver in die gewünschte Form gepreßt hat, 2 Std. oxydierend bei ca. $1000^0$ erhitzt. (**E. P. 672 217** vom 2/6. 1949, ausg. 14/5. 1952. F. Prior. 14/6. 1948.) NEBELSIEK. 5959

**Comp. Générale d'Électricité, Soc. An.,** Paris, Frankreich, *Herstellen von Hüllen für Akkumulatorenplatten.* Die Platte wird in eine Gewebehülle (I) gesteckt, die durch Wärme zusammenziehbare Fäden (II) enthält, u. erwärmt, bis I fest anliegt. I ist am unteren Teil offen; nur die Fäden, die quer zur Platte verlaufen, sind II. Die II werden aus Polyvinylchlorid, Polyamiden oder Polystyrol hergestellt, die nichtzusammenziehbaren Fäden aus Glas oder Leinen. (**D. B. P. 849 863** Kl. 21b vom 15/8. 1950, ausg. 18/9. 1952. F. Prior. 7/6. 1946.) LAASS. 5971

**Soc. Le Carbone Lorraine** (Erfinder: **André Morisset,** Paris), Frankreich, *Primärelement mit alkalischem Elektrolyten.* Die unlösl. feste Depolarisationselektrode, z. B. aus poröser oder akt. Kohle, wird mit einer Hülle, z. B. aus Fasergewebe, porösem Gummi oder Glaswolle, umkleidet, die für den Elektrolyten selbst durchlässig, dagegen für die sich am Behälterboden absetzenden, bei der Regeneration entstehenden Ndd. von Zn-Verbb. (Oxyden, Hydroxyden usw.) undurchlässig sind. (**D. B. P. 851 209** Kl. 21b vom 17/9. 1950, ausg. 2/10. 1952. F. Prior. 6/10. 1941.) LAASS. 5971

**Marconi's Wireless Telegraph Co. Ltd.,** übert. von: **Humboldt W. Leverenz,** South Orange, N. J., V. St. A., *Leuchtschichten für Gasentladungsleuchtröhren oder Kathodenstrahlröhren* bestehen aus Silicaten oder Germanaten (oder Gemischen hieraus) mit einem Geh. von 0,1—70% Pb oder Sn oder beiden. Ein niedriger Sn- oder Pb-Geh. wird gewählt, wenn die sonstigen metall. Komponenten schwerere Metalle sind (z. B. Zn, Zr, Cd, Sr, W, Ba), ein höherer, wenn die sonstigen metall. Komponenten leichtere Metalle sind (z. B. Na, Be, Mg, Ca, Ti, Li, B, Al). Als Aktivator kann Mn dienen. (**E. P. 669 380** vom 7/10. 1944, ausg. 2/4. 1952. A. Prior. 31/12. 1941.) KESSEL. 5973

**Westinghouse Electric International Co.,** New York, N. Y., V. St. A., *Niederdruck-Gasentladungsleuchtröhren.* Die Füllung besteht aus Hg, 45—55 (Vol.-%) Kr u. 55—45 Ar oder 70—80 Kr u. 30—20 Ne bei einem Druck von 2—3 Torr. Die Betriebstemp. wird auf $40—50^0$ gehalten. Die Gefäßinnenwand ist mit einer Leuchtschicht bedeckt, die bei Anregung mit 2537 Å im Sichtbaren stark fluoresciert. (**E. PP. 673 477** u. **673 485** vom 18/4. 1950, ausg. 4/6. 1952. A. Prior. 29/6. 1949.) KESSEL. 5975

**Sylvania Electric Products, Inc.,** Salem, Mass., V. St. A., *Gasentladungsleuchtröhre.* Um Verfärbung an den Röhrenenden zu vermeiden, erhalten die aus W bestehenden, mit Emissionsmasse gefüllten Elektroden-Doppelwendel in ihren nur einfach gewendelten Enden oder an ihren über die Schweißstellen hinausragenden Enden einen Vorrat an pulverisiertem Zr. Dieses wird prakt. mit Hilfe einer Lsg. von Sr-Borat in Isopropylalkohol aufgebracht. (**E. P. 673 285** vom 16/6. 1950, ausg. 4/6. 1952. A. Prior. 30/6. 1949.) KESSEL. 5975

**Zenith Radio Corp.,** Chicago, Ill., V. St. A. (Erfinder: **R. Adler, A. Ellet** und **W. L. Cherry jr.**), *Piezoelektrischer Stromwandler,* bestehend aus einem Kristallaggregat aus $BaTiO_3$ u. $BaSr(TiO_3)_2$, die durch ein keram. Mittel verbunden sind. Diesen Körpern werden durch ein gleichgerichtetes polarisierendes Feld permanente piezoelektr. Eigg. mit verschied. Richtung zu den piezoelektr. Achsen in den einzelnen Teilen des Körpers verliehen. — Zeichnungen. (**Schwed. P. 131 075** vom 22/12. 1948, ausg. 13/3. 1951. A. Prior. 26/12. 1947.) JÜRGEN SCHMIDT. 5981

**Comp. Générale d'Électricité, Soc. An.** (Erfinder: **Gaston Raoult**), Frankreich, *Elektrolytkondensator.* Die Anodenplatte wird vor der elektrolyt. Formierung elektrolyt. poliert. (**F. P. 998 559** vom 30/10. 1945, ausg. 21/1. 1952.) KESSEL. 5983

**Lonza Elektrizitätswerke und Chemische Fabriken Akt.-Ges. (Gampel),** Basel (Erfinder: **Ewald Zdansky,** Monthea, Wallis), Schweiz, *Inbetriebnahme von mehrzelligen Überdruck-Elektrolyseuren,* deren Zellen mit Diaphragmen ausgerüstet, sowie über Gas- u. Elektrolytleitungen miteinander verbunden sind. Die Gasräume des App. werden mit inertem Gas ($N_2$) von mindestens 1 atü, zweckmäßig bis zur Höhe des Betriebsdruckes, gefüllt, dann unter diesem Druck der Strom eingeschaltet u. unmittelbar auf volle Betriebsstromstärke hochgefahren. (**D. B. P. 846 688** Kl. 12h vom 1/12. 1950, ausg. 14/8. 1952. Schwz. Prior. 8/9. 1950.) STEIL. 5993

## IV. Wasser. Abwasser.

**O. J. Muegge,** *Erhebungen über den natürlichen und künstlichen Fluorgehalt.* Kommissionsbericht. In 37 Staaten der USA u. in Canada erfolgte Anfang 1952 in 172 Trinkwasserversorgungen für 240 Gemeinden mit 4,41 Mio angeschlossenen Personen ein Fluoridzusatz. NaF wird in 91, $Na_2SiF_6$ in 66, $H_2SiF_6$ in 15, HF in 1 Werk verwendet. Nach Unterlagen aus 44 Staaten werden 87,7 Mio der Bevölkerung mit Trinkwasser von weniger als 0,69 mg/Liter F u. 1,13 Mio mit Trinkwasser von 1,5—3 u. mehr mg/Liter F-Geh. versorgt. (J. Amer. Water Works Assoc. **44.** 553—59. Juni 1952. Madison, Wis., State San. Engr. Bur. of San. Eng.) MANZ. 6014

**Winston H. Berkeley,** *Erfahrung mit Filterböden in Lewiston, Idaho.* In den in der üblichen Weise mit abgestufter Kiesstützschicht von 457 mm Höhe gebauten Filtern trat starke Verlagerung von Kies- u. Sandschichten bei der Rückspülung u. starke Korrosion der eingebauten gußeisernen Verteilungsrohre ein, die zu einem völligen Umbau der Filterböden unter Verwendung poröser Platten aus $Al_2O_3$ auf einer Betontragkonstruktion unter Vermeidung von Stützschichten u. Fe-Teilen Veranlassung gab. (J. Amer. Water Works Assoc. **44.** 491—97. Juni 1952. Lewiston, Idaho, Filter Plant.) MANZ. 6016

**—,** *Maßnahmen zur Verhinderung von Steinabscheidungen bei Hypochloritdosieranlagen.* Die bei Hypochloritdosieranlagen störende Abscheidung der Härte des Verdünnungswassers durch die Alkalität der Hypochloritlauge wird durch Komplexbindung der Härte mittels Hexametaphosphat in einer Zusatzmenge von 150 g je $m^3$ u. Härtegrad vermieden. (Bau u. Betrieb **4.** 15—16. Sept. 1952. Beilage zu Gas- u. Wasserfach.) MANZ. 6024

**S. M. Paradiso,** *Kontrolle von Kesselspeise- und Kühlwasser.* Es wird die Eignung der bekannten Reinigungsverff. nach der Wasserzus. besprochen; auch das zweckmäßig gewählte Verf. gibt nur bei ständiger Kontrolle befriedigende Resultate. (J. Amer. Water Works Assoc. **44.** 484—90. Juni 1952. Indianapolis, Ind., Eli Lilly & Co. Power Plant.) MANZ. 6030

**John R. Baylis,** *Die Korrosion an einem Heißwassersystem.* Bericht über die Korrosion in einer Heißwasseranlage nach 22,5 Jahren Gebrauch. Lochbldg. im Tank erschien bereits 5 Jahre nach der Instandsetzung. Die Rosttuberkeln an der Innenwand des Tanks waren bis zu 30 in. lang. Lochbldg. wurde sowohl im heißen als auch im kalten W. beobachtet. Kupferrohre im Erhitzer begünstigen die Korrosion. (J. Amer. Water Works Assoc. **44.** 224—38. März 1952. Chicago, Ill., Water Purif., Bur. of Eng.) J. FISCHER. 6030

**Raymond V. Stone jr., Harold B. Gotaas** und **Vinton W. Bacon,** *Wirtschaftlicher und technischer Stand der Wassernutzung aus Abwasser und gewerblichem Abwasser.* Überblick über den derzeitigen Umfang der Wiederverwendung von Abwasser in den ariden u. semiariden Gegenden des Südwestens u. Mitt. der Analysendaten von 58 für Landbewässerung verwendeten Abwässern mit Kennzeichnung ihrer Eignung hinsichtlich Na-, B-, Cl- u. Sulfatgehalt. Ergebnisse der neueren Bemühungen zur Steigerung der Bodenfilterung gereinigter Abwässer durch Beeinflussung des Untergrundes. (J. Amer. Water Works Assoc. **44.** 503—17. Juni 1952. Richmond, Calif., Univ.; Sacramento, California State Water Pollut. Control Board.) MANZ. 6036

**Stewart H. Newland,** *Anwendung von Chlor zur Regulierung mikrobiologischer Organismen in Abwässern.* Diskussion über die Abwasserchlorung, die Organismen (Algen, Pilze, Bakterien, Eisen- u. Schwefelbakterien, 18 Mikrophotos) im Abwasser, Bedeutung des $p_H$-Wertes für die Wrkg. beim Chloren, Chlorungsgeräte u. Methoden zur Best. des Restchlorgehaltes. (Amer. Dyestuff Reporter **41.** P 392—97. 23/6. 1952. Boston, Wallace & Tiernan Co., Inc.) ZAHN. 6042

**Nelson L. Nemerow,** *Färbereiabwässer.* (Vgl. C. **1953.** 111.) (Chem. Age **66.** 887—90. 14/6. 1952. North Carolina State Coll.) MANZ. 6042

**Eugene M. Diskant,** *Photometrische Methoden bei der Wasseruntersuchung.* Es werden die Grundlagen u. die Wirkungsweise photometr. Apparate im Hinblick auf die Anwendung bei Wasserunterss. erläutert. Ungeachtet der gesteigerten Anwendung lichtelektr. Colorimeter ist auch der visuelle Vgl., bes. mit NESSLER-Zylinder von 30 cm Schichthöhe zufolge der Erkennbarkeit störender Einflüsse u. der Unempfindlichkeit gegenüber Abweichungen vom BEERschen Gesetz in geeigneten Fällen mit Vorteil anwendbar. Photometer sollen für prakt. Messung im Bereich von höchstens 10—80%, besser nur von 20—60% Extinktion an Hand von Eichkurven auf einfachem Koordinatenpapier verwendet werden. Für die Beurteilung der Empfindlichkeit u. die Wahl des geeigneten Spektralgebietes ist die Darst. in halblogarithm. Maßstab zweckmäßiger. (J. Amer. Water Works Assoc. **44.** 625—47. Juli 1952. Los Angeles, Calif., Dep. of Water and Power.) MANZ. 6056

**F. M. Middleton, Harry Braus** und **C. C. Ruchhoft**, *Grundlegende Untersuchungen über Geschmacks- und Geruchsstoffe in Wasserversorgungen.* Die von Vff. entwickelte Aktivkohlefiltertechnik ermöglicht die Konzentrierung u. Unters. der geringen Mengen organ. Chemikalien in W., die Geschmack u. Geruch verursachen. Nach Verss. im Wasserwerk Cincinnati beseitigte ein Aktivkohlezusatz von 10 g je $m^3$ 63% der im Filterzulauf enthaltenen Stoffe; im Kohleextrakt überwiegen neutrale Stoffe, die einen starken, dem Rohwasser entsprechenden Geruch schon in einer Konz. von 5 Teilen je Billion aufweisen. Durch die Kohlefiltertechnik wird bei den für Versorgungswasser n. $p_H$-Werten der wesentliche Teil der Geschmacks- u. Geruchsstoffe erfaßt. In Verbindung mit Infrarotabsorptionsunters. der isolierten Stoffe scheint eine Identifizierung u. die Möglichkeit, Ursprung u. Einführung geschmacksbildender Stoffe in Wasserversorgungen zu lokalisieren, gegeben. (J. Amer. Water Works Assoc. **44.** 538—46. Juni 1952. Cincinnati, O., U. S. Public Health Serv., Environmental Health Center.) MANZ. 6058

—, Gewässerschutz und Abwasser-Reinigungsanlagen. Rüschlikon-Zürich: Verlag Baublatt AG. 1952. (238 S. m. Abb.) Sfr. 25,—.

## V. Anorganische Industrie.

**G. A. Zotos**, *Wasserstoffsuperoxyd.* Beschreibung der in den USA techn. angewendeten Verff. zur Herst. von $H_2O_2$. Diese bestehen im wesentlichen aus folgenden 3 Verfahrensstufen: Elektrolyt. Erzeugung eines Persalzes oder einer Persäure, bes. $H_2S_2O_8$ oder deren $NH_4$- oder K-Salz; Hydrolyse zu verd. $H_2O_2$; Konzentrierung bis zu 98%. Maßnahmen zur Verhinderung der meist katalyt. Zers. des $H_2O_2$ sowie die Auswahl zweckmäßiger Destillationskolonnenwerkstoffe werden ausführlich behandelt. (Chem. Engng. **58.** 114—16. April 1951.) GERHARD GÜNTHER. H 241

**H. Börger**, *Die Gewinnung von Salzen durch Auslaugen mit Hilfe von Bohrlöchern.* Eingehende Unters. der Gewinnung von Steinsalz u. Kalisalzen durch Auflösen auf ihren natürlichen Lagerstätten mit Hilfe von Bohrlöchern. (Bergbau Rdsch. **4.** 84—88. Febr. 1952. Clausthal-Zellerfeld.) WINIKER. H 272

**Power-Gas Corp. Ltd.**, übert. von: **Arthur T. Grisenthwaite** und **Kurt Ruschin**, Stockton-on-Tees, Durham, England, *Herstellung von Wasserstoff* mittels eines erhitzten Eisenoxydkatalysators, der abwechselnd red. u. durch Dampf oxydiert wird, wobei letzterer über einen Überhitzer geführt wird u. die aus dem Regenerator entweichenden Gase im Überhitzer in $H_2$ zerlegt werden. (**Can. P. 476 753** vom 1/5. 1946, ausg. 4/9. 1951. E. Prior. 6/6. 1941.) WITTHOLZ. H 238

**Joh. A. Benckiser G. m. b. H.**, Ludwigshafen/Rh. (Erfinder: **Hermann Rudy**, Mannheim), *Herstellung von Gemischen von Mono- und Dialkaliphosphat.* In eine konz. Lsg. oder Suspension von Tri- bzw. Dialkaliphosphat leitet man unter Überdruck $CO_2$ bis zur Erreichung des erforderlichen $p_H$ u. trennt aus dem Reaktionsgemisch die Alkaliphosphate als Lsg. oder in fester Form ab. Sie lassen sich zu Polyphosphaten mit hohem Kalkbindevermögen weiterverarbeiten. (**D. B. P. 847 441** Kl. 12i vom 7/3. 1944, ausg. 25/8. 1952.) ZÜRN. H 264

**Jean Charles Séailles**, Paris, Frankreich, *Gewinnung von Magnesiumhydroxyd.* Man mischt Seewasser, das gelöstes $NaHCO_3$ u. gelöste Mg-Salze enthält, mit $H_3PO_4$, bis $p_H$ 5 erreicht ist. Dann setzt man der Lsg. vorher ausgefälltes $Mg(OH)_2$ (aus einem anderen Arbeitsgang stammend) zu u. erhält so eine Suspension von $Mg(OH)_2$-Teilchen. Anschließend versetzt man, dem Mg-Salzgeh. entsprechend, mit $Ca(OH)_2$, wodurch $Mg(OH)_2$ ausfällt. Durch den Zusatz an $H_3PO_4$ wird dieser Nd. voluminös u. ist von geringer Dichte. (**A. P. 2 587 001** vom 6/8. 1947, ausg. 26/2. 1952. F. Prior. 10/12. 1942.) NEBELSIEK. H 282

**Carbonisation et Exploitations Forestières Soc. An.**, Schweiz, *Gewinnung von weißem Zinkoxyd* aus zinkcarbonathaltigen Mineralien. Das feingepulverte Mineral wird mit einer wss. $NH_3$-Lsg. behandelt. Der ammoniakal. Lsg. wird die Lsg. einer solchen Verb. hinzugefügt, die mit den $CO_3$-Ionen ein unlösl. Carbonat bilden kann, welches die Verunreinigungen durch Adsorption mitreißt. Beim Erwärmen der vom Nd. befreiten Zn-haltigen Mutterlauge fällt $Zn(OH)_2$ aus, das durch Erhitzen in ZnO übergeführt wird. — Die ammoniakal. Lsg., die 125 (g) $ZnCO_3$ im Liter enthält, wird mit einer Lsg. von $CaCl_2$, die 368 $CaCl_2 \cdot 4 H_2O$ im Liter enthält, vermischt. Die vom ausgefällten $CaCO_3$ befreite Mutterlauge wird durch Tierkohle (7 kg je $m^3$) entfärbt u. unter red. Druck auf 40—70° erwärmt. Das ausgefällte $Zn(OH)_2$ wird bei n. Temp. mit $Na_2CO_3$ (20 g im Liter) einige Min. behandelt, um gebildetes ZnOHCl umzusetzen. Das Prod. wird gewaschen u. auf 200° erhitzt. Es enthält 90,5—93% ZnO, 1—1,5% Cl u. 6—8% $H_2O$. (**F. P. 984 798** vom 16/4. 1949, ausg. 10/7. 1951. Schwz. Prior. 26/4. 1948.) HEYNE. H 288

**Monolith Portland Midwest Co.**, Los Angeles, Calif. (Erfinder: **F. J. Anderson** und **Duncan R. Williams**, Laramie, Wyo.), V. St. A., *Herstellung von Aluminiumhydroxyd.* Man setzt dem zwecks Auswaschen von Alkalialuminat mit W. zu behandelnden Calcinierungsprod. des Ausgangsmaterials u. auch dem W. selbst $Na_2CO_3$ in solcher M. zu, daß sich ein Molverhältnis zwischen $Na_2O$ u. $Al_2O_3$ von ca. 1,5—1,9 ergibt. Außerdem verwendet man zum Auswaschen ein W., das 0,2—2% Zucker, bezogen auf das Calcinierungsprod., enthält. (**D. B. P. 850 886** Kl. 12m vom 1/10. 1950, ausg. 29/9. 1952. A. Prior. 11/8. 1943. **Zusatz zu D. B. P. 841 450; C. 1952. 7238.**) NEBELSIEK. H 294

**National Lead Co.**, New York, N. Y., V. St. A., *Gewinnung von Gel-bildenden Tonen.* Man rührt Bentonit (mit einem austauschbaren anorgan. Kation, z. B. Na oder Mg) mit W. zu einem Schlamm an, läßt absitzen u. dekantiert, so daß die Verunreinigungen beseitigt sind. Dann fügt man die wss. Lsg. eines Oniumsalzes (Dodecylammoniumacetat) der Na- oder Mg-Bentonitaufschlämmung zu. Der ausgeflockte Nd. von Dodecylammoniumbentonit wird filtriert, gewaschen u. getrocknet. Er zeigt bei Zusatz bereits in geringer Menge zu vielen organ. Fll. Gelbildung. (**E. P. 664 830** vom 20/8. 1948, ausg. 16/1. 1952.) NEBELSIEK. H 294

**Titan Co., Inc.**, New York, N. Y., V. St. A., *Gewinnung von Ammoniumzirkonsulfat.* Man mischt 1 (Mol) $ZrO_2$ mit 2—3,5 $(NH_4)_2SO_4$, erhitzt das Gemisch auf 400—600°, bes. 400—500°, kühlt ab u. pulverisiert das entstandene $(NH_4)_2H_2ZrO(SO_4)_3$ in einer Hammermühle. (**E. P. 671 175** vom 16/5. 1950, ausg. 30/4. 1952. A. Prior. 18/5. 1949.) NEBELSIEK. H 322

**Davis Jayet**, Frankreich, *Verbesserung in der Herstellung von MnO.* Manganerz wird auf 600° erhitzt, wobei sich MnO u. $MnO_2$ bilden, letzteres wird in Ggw. von freiem, aus der Elektrolyse von Mn-Lsgg. stammenden $H_2$ zu MnO reduziert. Röstung u. Elektrolyse können zum Kreisprozeß vereinigt werden. — Zeichnung. (**F. P. 989 875** vom 28/6. 1949, ausg. 14/9. 1951.) WITTHOLZ. H 350

**Carbonisation et Charbons actifs**, Frankreich, *Aktivieren von Bleicherden.* Der mit Säure vorbehandelte, mit W. gewaschene Ton wird von seiner Feuchtigkeit durch mit W. nicht mischbare Stoffe, z. B. Lösungsm., wie Bzn., Trichloräthylen usw., befreit. Diese Stoffe können in geeigneten Anlagen wiedergewonnen werden. Der Entfärbeeffekt ist gegenüber den nach bekannten Verff. getrockneten Bleicherden um 51% größer. (**F. P. 990 366** vom 6/7. 1949, ausg. 20/9. 1951.) WITTHOLZ. 6157

## VI. Silicatchemie. Baustoffe.

**P. Beyersdorfer**, *Der Glaszustand.* Vf. weist darauf hin, daß das Glas nicht nur selbständig existiert, sondern daß auch die keram. Erzeugnisse eine Glasphase haben, in die Kristalle eingebettet sind. Er gibt dann einen Überblick über die gegenwärtige Auffassung der Struktur des Glases als zufallbedingtes, räumliches Netzwerk von $SiO_2$-Ionen. Der Zustand der Gläser kann nicht einfach als „unterkühlte Fl." angesehen werden (DIETZEL schlägt die Bezeichnung „Vitroid" vor). Er stellt kein thermodynam. Gleichgewicht dar, sondern ist als unterkühlte, ungeordnete Phase anzusehen, die eine einzigartige thermodynam. Stellung hat. (Chemiker-Ztg. **76.** 109—12. 25/2.; Silikattechnik **3.** 57—60. Febr. 1952.) KÜHNERT. 6200

**F. L. Bishop** und **F. W. Mowrey**, *Korrosion an der Oberfläche von Flachglas.* Vff. verweisen auf die Probleme, die Verpackung u. Lagerung von Flachglas stellen, u. gehen kurz auf Theorien über den Unterschied des Glasinneren u. der Oberfläche ein. Verss. werden gemacht, indem Glas einem Luftstrom von 100° F (37,8° C) ausgesetzt u. alle 60 Std. kontrolliert wird. Verpacktes Glas wird unter üblichen Bedingungen magaziniert mit verschied. Verpackungsmitteln u. alle 3 Monate kontrolliert. Mikroaufnahmen, Tabellen u. graph. Darstellungen zeigen, daß die oft verwendete Packung in Sägespänen ungeeignet ist, daß hingegen gut absorbierendes, nicht alkal. Papier dafür wünschenswert ist. Eine eingehende Unters. über die gegebenen Anregungen wird für nötig gehalten. (Amer. ceram. Soc. Bull. **31.** 13—15. Jan. 1952.) KÜHNERT. 6200

**Johannes Löffler** und **Wolfgang Prinz**, *Über Blasen in Tafelglas, gefüllt mit einer Lösung von Natriumsulfid in Wasser.* In Tafelglas werden gelegentlich Blasen mit einer tropfbar fl. wss. Lsg. von $Na_2S$ beobachtet, die noch andere Kristalle, z. B. FeS, enthalten; außerdem war noch $SiO_2$ nachzuweisen. Das Entstehen der Blasen kann man sich aus einem Zusammentreffen genügend großer Mengen Alkalisulfat, Fe, C u. W. vorstellen. (Glastechn. Ber. **25.** 170—72. Juni 1952.) THIENE. 6200

**Max Linseis**, *Zur Theorie der Verflüssigung von Kaolinitsuspensionen.* Die bisherige Theorie erklärt nicht befriedigend den Unterschied der Alkalien zu den Erdalkalien bzgl. der Verflüssigungseigenschaften. Die Zugabe von 6 mval/100 g Ton Erdalkali erniedrigt die scheinbare Viscosität auf ca. $^1/_5$ des Ausgangswertes, die gleiche Alkalimenge dagegen auf $^1/_{200}$—$^1/_{300}$. Es werden bis zu dem plötzlichen Viscositätsabfall ca. 0,002 mval/Alkalihydroxyd pro $m^2$ Oberfläche der Teilchen verbraucht. Da die Oberflächen der tafelförmigen Teilchen ladungsneutral sind, kommen bei der Verteilungsberechnung nur die Kanten in Betracht. Bei einem Verhältnis von 1 : 8 von Dicke zu Durchmesser eines Kaolinitteilchens ergibt sich eine Verteilung von ca. 1 OH-Ion auf 16 Å$^2$ (ÅNGSTRÖM-Quadrat). Die Unabhängigkeit der Verflüssigungswrkg. von der Art des Alkaliions u. die starke Abhängigkeit der Verflüssigungswrkg. von der Art des Erdalkaliions deuten darauf hin, daß bei den Alkalien der wesentlich stärkere Zerteilungseffekt das sicher vorhandene $\zeta$-Potential überdeckt, während bei den Erdalkalien der Einfl. des $\zeta$-Potentials noch deutlich feststellbar ist. (Ber. dtsch. keram. Ges. e. V. Ver. dtsch. Emailfachleute e. V. **29.** 226—28. Juli 1952. Arzberg/Obfr.) SCHÜTZ. 6208

**W. Kerstan,** *Keramik, mikroskopisch gesehen.* An Hand von 19 Querschnittdünnschliffen von Massen u. ihren Glasuren behandelt Vf. einige Rkk. zwischen Scherben u. Glasur, Glasur u. Unterglasurfarbe, den Aufbau von Mattglasuren, Lüsterglasuren usw. (Ber. dtsch. keram. Ges. e. V. Ver. dtsch. Emailfachleute e. V. **29.** 229—34. Juli 1952. Frankfurt/M., Labor. der Degussa.) SCHÜTZ. 6212

**W. Kerstan,** *Über Haarrisse in Glasuren auf porösen keramischen Erzeugnissen.* Die Ursache der Haarrisse in Glasuren ist sehr mannigfaltig. Vf. bringt zahlreiche Vorschläge zur Beseitigung von der Masseseite, Glasurseite, brenntechn. Seite u. arbeitstechn. Seite. (Sprechsaal Keram., Glas, Email **85.** 139—41. 5/4. 163—66. 20/4. 189—93. 5/5. 1952. Frankfurt/M., Labor. der Degussa.) SCHÜTZ. 6212

**P. D. S. St. Pierre,** *$p_H$-Viscositätsbeziehungen im System Zirkoniumdioxyd–Wasser–Polyvinylalkohol–Salzsäure.* Auf Grund der Messungen der Viscosität konz. $ZrO_2$-Suspensionen bei verschied. $p_H$-Werten lassen sich folgende Schlüsse ziehen: Ein richtig vermahlenes $ZrO_2$-Pulver läßt sich in W. oder einer 1%ig. Lsg. von Polyvinylalkohol zu einem Gießschlicker dispergieren. Weitgehend von der Konz. unabhängig zeigt ein solcher Schlicker bei $p_H$ 1,5—2,0 ein Minimum der Viscosität. Für einen gegebenen $p_H$-Wert wird die Viscosität des Schlickers durch die Teilchengröße u. D. des Schlickers bestimmt. Zu weit gehendes Vermahlen führt zu gegen $p_H$-Änderungen sehr empfindlichen, hochviscosen, schlecht zu verarbeitenden Schlickern. Ein n. vermahlenes $ZrO_2$ gibt einen gut zu verarbeitenden Schlicker bei einem Feststoffgeh. von 70—80%. Geringe Mengen Polyvinylalkohol, die die Viscosität nur wenig beeinflussen, machen die Schlicker anscheinend gegen $p_H$-Änderungen weniger empfindlich. (Trans. Brit. ceram. Soc. **51.** 260—68. April 1952. Ottawa.) HENTSCHEL. 6216

—, *Die Kalk–Tonerde-Hydratationsprodukte der Zemente.* Ausführungen über die heutige Kenntnis der wasserhaltigen $CaO–Al_2O_3$-Verbb. u. Calciumsulfoaluminate, die beim Abbinden u. Erhärten der Zemente einschließlich der Tonerdezemente entstehen können. (Cement Lime Manufact. **25.** 13—16. Jan. 1952.) MAUNE. 6222

**P. P. Budnikow, M. A. Matwejew** und **Ss. I. Jurtschik,** *Zur Theorie der Intensivierung der Gewinnung von Silicatbaumaterialien mit Hilfe von Kristallhydratzusätzen.* Es wird gezeigt, daß ein Zusatz bestimmter Kristallhydrate (Salze der Alkalien u. alkal. Erden) zum Sand–Kalk-Gemisch die Herst. von Silicatbaumaterialien bedeutend beschleunigt: die hydrothermale Behandlung wird auf 4 an Stelle von 8—10 Std., der Dampfdruck auf 4—2 at an Stelle der üblichen 8—9 at herabgesetzt, ohne daß der Baustoff dadurch minderwertig wird. Als Zusätze werden bes. empfohlen: 2—3% granuliertes *Na-Silicat* oder *Astrachanit*, $Na_2Mg(SO_4)_2 \cdot 4 H_2O$. Geeignet sind auch *Epsomit*, $MgSO_4 \cdot 7 H_2O$, *Mirabilit*, $Na_2SO_4 \cdot 10 H_2O$, *Reichardit*, $MgSO_4 \cdot 6 H_2O$, $FeSO_4 \cdot 7 H_2O$ u. $CaCl_2 \cdot 6 H_2O$. Diese Zusätze beschleunigen bedeutend das Löschen des Kalks; es bilden sich NaOH, akt. $SiO_2$ u. Hydrosilicate des Na, Ca, Mg, welche die Quarzteilchen zementieren u. den Baumaterialien die notwendige mechan. Festigkeit verleihen. (Доклады Академии Наук СССР [Ber. Akad. Wiss. UdSSR] [N. S.] **84.** 1021—24. 11/6. 1952. Chem.-Technolog. Mendelejew-Inst.) v. WILPERT. 6228

**Gastone Maresca,** *Über einen besonderen Straßentyp mit Betondecke.* In dem Bestreben, für vorübergehend hohe Belastung u. langanhaltende durchschnittliche Beanspruchung widerstandsfähige Straßen zu bauen, untersucht Vf. das mechan. Verh. von Betondecken in Abhängigkeit von dem Unterbau. Es zeigt sich, daß bei einer Schichtfolge von Erdreich, 5 cm Makadam u. 2 cm Beton (in den 9 Lagen leichten Eisengeflechts — 0,5 kg/$m^2$ — eingelegt sind) eine günstige Elastizität sowie gleichmäßige Verteilung der stat. Druck-, Biege- u. Schubkräfte — auch seitlich von der Belastungszone durch Aufnahme in die Packlage — erreicht wird. Die Betondecke ist mittels Bitumenschicht oder durch langsames Eindringen des Betons in die rauhe Oberfläche der Packlage mit dieser verbunden. Ein auf Grund der Untersuchungsergebnisse angefertigtes Stück Rollbahn hat sich in über einjähriger Benutzung in jeder Hinsicht bewährt. (Ind. ital. Cemento **22**. 111—15. Mai 1952.) ANIKA. 6230

---

**Standard Brick & Sand Co. Ltd.**, Holmethorpe, Redhill, übert. von: **Herbert Daymond Segrove**, Thornton Heath, England, *Reinigen von Sand für die Glasbereitung.* Um die Fe-haltigen Verunreinigungen von der Oberfläche des Sandes zu entfernen, wird dieser mit einer verd. wss. HF-Lsg. behandelt, der geringe Mengen von $H_2S_2O_4$ u./oder ein Salz dieser Säure, bes. $Na_2S_2O_4$, zugesetzt sind. (**A. P. 2 583 280** vom 14/12. 1949, ausg. 22/1. 1952. E. Prior. 16/12. 1948.) HANS HOFFMANN. 6171

**Corning Glass Works**, übert. von: **William H. Armistead**, Corning, N. Y., V. St. A., *Bleiborosilicatglas.* Zur Herst. von Elektronenröhren oder dgl. wird ein Glas von folgender Zus. verwendet: 68—76 (%) $SiO_2$, 10—19 $B_2O_3$, 2—12 PbO, mit wenigstens zwei Alkalioxyden, u. zwar 0,1—1 $Li_2O$, 1—5 $K_2O$, bis zu 3 $Na_2O$, ferner 0,5—3 $Al_2O_3$. Die Summe dieser Oxyde soll wenigstens 94 der Glasmasse ausmachen, wobei der Alkalioxydgeh. 3—6 u. $B_2O_3$ + PbO 15—26 betragen soll. Das Glas ist chem. beständig u. hat einen therm. Ausdehnungskoeff. zwischen $32 \cdot 10^{-7}$ u. $40 \cdot 10^{-7}$ bei Tempp. zwischen 0 u. 300° sowie einen unter 770° liegenden Erweichungspunkt. — Beispiel für eine Glaszus.: 70 $SiO_2$, 17 $B_2O_3$, 6 PbO, 0,25 $Li_2O$, 3,75 $K_2O$, 2 $Al_2O_3$, 1 $As_2O_3$. Erweichungspunkt: 750°; Ausdehnungskoeff.: $36,0 \cdot 10^{-7}$. (**A. P. 2 570 020** vom 13/7. 1949, ausg. 2/10. 1952.) HANS HOFFMANN. 6201

**Comp. Générale de Télégraphie sans Fil**, Paris, Frankreich, *Glas für Hochfrequenzröhren.* Dieses besteht aus 45—50 (%) $SiO_2$, 8—12 $K_2O$, 30—36 CaO + SrO + BaO, 0 bis 3 MgO, 4—7 $B_2O_3$ u. 0—1 Verschiedenes. — Beispiel: 48,3 $SiO_2$, 9 $K_2O$, 3 CaO, 32 BaO, 2 MgO, 5,1 $B_2O_3$ u. 0,6 $As_2O_3$. (**E. P. 660 911** vom 24/3. 1949, ausg. 14/11. 1951. **A. P. 2 580 662** vom 30/3. 1949, ausg. 1/1. 1952. Beide F. Prior. 23/4. 1948.) HANS HOFFMANN. 6201

**Pittsburgh Corning Corp.**, Allegheny County, Pa., übert. von: **Montgomery J. Shoemaker**, Olean, N. Y., V. St. A., *Herstellung von hellfarbigem Zellglas.* Es wird eine pulverförmige Mischung aus einem Glas mit 3—15 (Gew.-%) $Fe_2O_3$ u. C auf Tempp. zwischen 1500 u. 1800° F zwecks Sinterung u. Bldg. von Zellglas erhitzt. Die Zus. des Glases liegt zwischen folgenden Werten: 50—80 $SiO_2$, 0—10 $Al_2O_3$, 0—20 CaO + MgO, 2—15 $Na_2O$ + $K_2O$, 0—15 $B_2O_3$ u. 3—15 $Fe_2O_3$. (**A. P. 2 582 852** vom 16/6. 1948, ausg. 15/1. 1952.) HANS HOFFMANN. 6201

**Universal Atlas Cement Co.**, übert. von: **Norman C. Ludwig**, Chicago, Ill., V. St. A., *Langsam abbindender Zement.* Zwecks Herst. eines Zementes, der selbst bei erhöhten Tempp., wie sie in Ölbohrlöchern auftreten, langsam abbindet, wird Portlandzement mit 0,05 bis 0,60% wasserlösl. Oxyäthylcellulose vermischt. Der Zement eignet sich bes. zur Herst. von Schlämmen zum Auszementieren von Ölbohrlöchern. (**A. P. 2 580 565** vom 25/4. 1946, ausg. 1/1. 1952.) HANS HOFFMANN. 6223

**Phillips Petroleum Co.**, übert. von: **Peggy J. Lea**, Kansas City, Mo., und **Henry B. Fisher**, Bartlesville, Okla., V. St. A., *Wasserarmer Zementdickschlamm.* Bei der Herst. von Dickschlämmen zum Auszementieren von Ölbohrlöchern oder Rissen in Gebäuden wird zwecks Erzeugung einer wasserarmen Zementschlämme ein geringer Zusatz eines Stärkeäthers oder eines Celluloseäthers oder eines Salzes dieser Äther verwendet. Als Zusätze kommen z. B. die Na-Salze von Sulfobenzylstärkeäther, Carboxyläthyl-(oder methyl-)stärkeäther, Sulfoäthylstärkeäther bzw. Äthylnatriumsulfoäthylcelluloseäther in Frage. (**A. PP. 2 562 148** vom 11/7. 1949, ausg. 24/7. 1951 u. **2 583 657** vom 11/7. 1949, ausg. 29/1. 1952.) HANS HOFFMANN. 6225

**Stephen H. Smith** und **John Lewis Kronsis**, Canton, O., V. St. A., *Herstellung von Bausteinen.* Eine Mischung aus Zement, Sand u. Füllstoffen wird mit W. angefeuchtet u. durch Pressen verformt, wobei die Oberfläche des Formlings auf 500—700° F erhitzt wird. Zum Trocknen wird der Stein 12—15 Std. auf ca. 150° F erwärmt u. anschließend mit einer färbenden Metallsalzlsg. getränkt. Zur Erzeugung einer Rotfärbung wird z. B. eine Lsg. benutzt, die 1 (Teil) $K_2Cr_2O_7$, 5 $FeSO_4$ u. 4 $Fe_2O_3$ enthält. — Abbildungen (**A. P. 2 577 215** vom 2/12. 1948, ausg. 4/12. 1952.) HANS HOFFMANN. 6229

**Friedrich Pungs**, Bad Godesberg, *Herstellen von Platten* aller Art, bes. von *Bauplatten* mit mindestens einer glatten Oberfläche durch Aufbringen von pastenartigen, erhärtbaren Kunststoffmassen. Die M. wird auf einer Unterlage, z. B. Hartfaserplatte, zunächst grob verteilt, dann durch eine zweckmäßig durchsichtige, an der Berührungsfläche mit einem adhäsionsfeindlichen Mittel (Fett) überzogene, glatte, biegsame Folie bedeckt u. diese auf den pastenartigen Stoff aufgedrückt u. nach dessen Erstarren wieder abgezogen. — Zeichnungen. (**D. B. P. 844 661** Kl. 39a vom 7/4. 1951, ausg. 24/7. 1952.) SCHLITT. 6229

**Oliver G. Bowen**, übert. von: **Edward W. Novell**, Pasadena, Calif., V. St. A., *Herstellung von isolierenden Bauelementen.* Zwecks Herst. von isolierenden Bauelementen, wie Steinen, Platten, Dachziegeln, wird zerkleinerter Perlit auf so hohe Tempp. erhitzt, daß sich die einzelnen Teilchen unter Feuchtigkeitsabgabe aufblähen. Das noch heiße Prod. wird mit Wasserglas vermischt, welches 60% W. enthält u. ein Verhältnis von $Na_2O : SiO_2 = 1 : 3{,}22$ aufweist. Die M. wird nach dem Erhitzen auf 500—550° F durch Pressen verformt. (**A. P. 2 583 292** vom 24/2. 1948, ausg. 22/1. 1952.) HANS HOFFMANN. 6229

---

**Louis Vielhaber**, Rezept-Taschenbuch für Emails und Glasuren. Nebst Anl. zur Berechnung der Versätze u. Kontrolle der Emailmassen für Werkmeister, Betriebsleiter, Chemiker u. Fabrikanten d. Emailindustrie und Glasuren verarbeitenden Betriebe. 2. Aufl. Hamburg: Garrels. 1952. (96 S.) 8°. DM 5,—.

## VII. Agrikulturchemie. Schädlingsbekämpfung.

**L. Kreybig**, *Die phosphorsaure Vergärung des Stalldüngers.* Dreijährige Vergärungsverss. von Stalldünger mit Zusatz von 2% Super- oder Rohphosphat (I) u. Felddüngungsverss. zeigten gegenüber Kontrollen ohne I-Zusatz folgende Hauptergebnisse: Temperaturerhöhung mit Super-I, -erniedrigung mit Roh-I. Höhere Ausbeute u. geringere N-Verluste mit I. In dem mit I vergorenen Dünger ist die Phosphorsäure (II) teilweise an $NH_3$ u. wahrscheinlich koll. u. organ. gebunden. Geringerer Geh. an aufnehmbarem N bes. in mit Roh-I vergorenem Dünger infolge der N-Assimilation; bedeutende Erhöhung des Geh. an aufnehmbarer II. — Vf. schätzt die Erhöhung von Ausbeute u. Wirkungswert des I-vergorenen Stalldüngers auf ca. 20%. (Acta agronom. Acad. Sci. hung. **1.** 3—109. 1951.) RANG. 6294

**Paul Münchberg**, *Zur Chemie der fungiciden Pflanzenschutzmittel.* Die fungiciden Kupfer- u. Schwefelspritzmittel werden heute als pulverförmige Fertigpräpp. verwendet, während sie früher aus einer Mischung von Kupfersulfat bzw. Schwefel u. Kalkmilch als Spritzmittel angerührt wurden. Der wirksame Bestandteil der Kupfermittel ist das Kupferoxychlorid $3\,CuO \cdot CuCl_2 \cdot H_2O$ in feinverteilten Teilchen von 0,1—1 $\mu$ Größe. Der wirksame Bestandteil der Schwefelmittel sind die Polysulfide, bes. Bariumpolysulfide in hochdisperser Emulsion. Von organ. synthet. Fungiciden wird Dimethyldithiocarbamat verwendet, welches infolge seiner schnellen Zersetzbarkeit ungiftig für Mensch u. Tier ist. Auch Acridin findet als Fungicid Verwendung, welches gegenüber den Kupfer- u. Schwefelmitteln den Vorteil hat, daß es nicht nur vor der Infektion, sondern selbst nach eingetretenem Pilzbefall voll wirksam ist. Die Anwendung von Antibioticis für phytopatholog. Zwecke ist noch im Versuchsstadium. (Naturwiss. Rdsch. **5.** 104—06. März 1952. Soest, Aldegrever Gymnasium.) GRÜTZ. 6312

**H. Goile**, *Über die Unkrautbekämpfung mit Hormonpräparaten im Getreide.* Das im LEUNAWERK „WALTER ULBRICHT" hergestellte Hormonspritzmittel „*L 2*" u. das vom ELEKTROCHEM. KOMBINAT BITTERFELD gefertigte Spritzmittel „*Hormit*" wurden bei 25—27° u. Windstärke 1—2 auf trockenes Sommergetreide verspritzt. Trotz hoher Ndd. (57,4 mm in 20 Std.) war nach 10 Tagen Gänsefingerkraut bereits eingegangen. Nach 7 Wochen waren Hederich u. Ackersenf vernichtet u. Ackerwinde unterdrückt. Behandelte Disteln, die nicht abgestorben waren, trugen keine Samen. Klebkraut, Adonisröschen u. Ackerhahnenfuß waren geschädigt, brachten aber ihre Samen zur Ausreife, Vogelknöterich zeigte jedoch keine Wirkung. Zur wirksamen Bekämpfung von Huflattich ist jedoch eine 3fache Gabe erforderlich. Normalerweise reicht 1 kg „Hormit" für 1 ha Fläche. Die beste Wrkg. ist zu erzielen, wenn das Getreide eine Höhe von 10—20 cm erreicht hat. Beide Präpp. sind als gleichwertig anzusehen u. zeigen beim Getreide keine ertragsmindernde u. qualitätsschädigende Wirkung. (Dtsch. Landwirtsch. **3.** 146—47. März 1952. Jena, Landesanst. für Ackerbau, Bodenkunde u. Pflanzenernährung.) GRÜTZ. 6312

**H. Engel**, *Die Bekämpfung des Getreideplattkäfers Oryzaephilus surinamensis L. in Wohnräumen.* Bei einem Massenbefall von Oryzaephilus surinamensis L. bewährte sich *E 605 f* bestens. (Anz. Schädlingskunde **25.** 152. Okt. 1952. Freiburg.) WINIKER. 6312

**Eberhard Fickewirth**, *Beitrag zur Bekämpfung des Maiszünslers Pyrausta nubilalis Hb.* Wegen längeren Zeitraums des Schlüpfens scheint ein kombiniertes Hexa-DDT-Mittel, in Abständen von 10—14 Tagen an die Pflanzen gebracht, am sichersten zu sein. Emulsionen ist wegen besserer Haftfähigkeit der Vorzug zu geben. (Anz. Schädlingskunde **25.** 84—86. Juni 1952. Gießen, Bezirksstelle des Pflanzenschutzamtes Hessen-Nassau.) WINIKER. 6312

**F. Beyer**, *Bekämpfung der Narzissenfliege mit Berührungsgift auf γ-Basis.* Auf Grund von Laboratoriums- u. Freilandverss. darf die Anfälligkeit der Larven von Merodon equestris u. Eumerus strigatus gegen *γ-Streunex* als gesichert gelten. (Anz. Schädlingskunde **25.** 149—51. Okt. 1952. Jülich/Rhld.) WINIKER. 6312

**O. Jancke**, *Über innertherapeutische Schädlingsbekämpfung.* Inhaltlich im wesentlichen ident. mit der C. **1952.** 435 referierten Arbeit. (Anz. Schädlingskunde **24.** 137—38. Sept. 1951. Neustadt/Weinstraße, Landesanst. für Wein-, Obst- u. Gartenbau.) v. OSTEN. 6312

**G. A. Patel** und **S. N. Hadli**, *Wirksamkeit gewisser neuer organischer Insekticide auf Larven von Schistocerca gregaria Forsk.* Bei Freiland-Käfigverss. wurden Larven von Schistocerca gregaria Forsk durch Bestäuben mit 10%ig. $\gamma$-$C_6H_6Cl_6$ (**I**, 0,56 lbs./acre) nach 12 Std. zu 89% getötet oder gelähmt, mit 5- bzw. 10%ig. Toxaphen (2 bzw. 4 lbs.) zu 73,8 bzw. 77% u. mit 3%ig. Chlordan (2 lbs.) zu 83,1%. Nach 6 u. 9 Std. war die Wrkg. noch unzureichend. — Nach den Ergebnissen ist **I** wirksamer als viel höhere Gaben/acre der beiden anderen Insekticide. (Sci. and Cult. **18.** 42—43. Juli 1952. Poona, Bombay State, Dep. of Agric.) RANG. 6312

**Christian Winner**, *Zuckerrübenschädlinge in den Vereinigten Staaten.* Überblick mit Hinweisen auf chem. Bekämpfungsmöglichkeiten. (Zucker **5.** 414—16. 15/9. 1952.) WINIKER. 6312

**K. G. Smith**, *Das Besprühen von Säcken mit Kakaobohnen mittels einer großen Dosis von DDT gegen Ephestia und Tribolium.* Gegen Ephestia cautella u. Tribolium castaneum werden die Oberflächen von Säcken mit gerösteten Kakaobohnen mit einer 5%ig. Suspension netzbaren DDT-Pulvers in W. besprüht, so daß 10,3 g DDT je $m^2$ verwendet werden. Bei Ephestia cautella wurde keine bestimmbare Wrkg. erhalten, während sich auf Tribolium castaneum eine schnelle Einw. ergab u. deren Eindringen in die Säcke verhinderte. (Bull. entomol. Res. **43.** 313—15. Juli 1952. Lagos, West African Pest Infestat. Surv.) LIEBNER. 6312

**Günther Richter**, *Laboratoriumserhebungen im Dienste der Engerlingsbekämpfung mit Hexa- und Estermitteln.* Folgende Insekticide waren bei Laboratoriumsverss. gegen Engerlinge wirksam: Versuchsemulsion *Gammexan* (SAPOTEX FETTCHEMIE u. FEWA-WERKE, Chemnitz; Dosis: 150 g/a $\gamma$), *Stäubeverindal Hx* (PHARMA SCHERING, Berlin-Adlershof; 75 g/a $\gamma$) u. *E 605 f*-Emulsion (BAYER, Leverkusen; 1 : 1000 verd.). Ein Versuchsplan zur Engerlingsbekämpfung wurde aufgestellt. (Forstwirtsch.-Holzwirtsch. **5.** 112—17. 15/4. 1951. Eberswalde, Inst. für Waldschutz des Forstl. Versuchswesens.) RANG. 6312

**Erwin Schimitscheck**, *Der amerikanische Webebär, Hyphantria cunea Drury, in Österreich.* Zur Bekämpfung der vollwüchsigen Raupe erwiesen sich *E 605*-Staub u. *E 605 forte* (0,04%ig) als am wirkungsvollsten (98%ig. Abtötung). (Anz. Schädlingskunde **25.** 49—52. April 1952. Mariabrunn bei Wien, Forstl. Bundesversuchsanst.) WINIKER. 6312

**N. van Tiel**, *Verbesserung der Rückstandsgiftigkeit von DDT-Lösungen durch Zugabe von Cumaronharz.* Gegen Musca domestica wurden biol. Verss. mit wenig Cumaronharz enthaltenden DDT-Lsgg. angestellt. Das Cumaronharz verringerte die Teilchengröße der sich ausscheidenden DDT-Kristalle, wodurch bessere Wrkg., die von der Teilchengröße abhängig ist, erzielt wurde. (Bull. entomol. Res. **43.** 413—19. Juli 1952. Amsterdam, Koninklijke Shell-Labor.) LIEBNER. 6312

**Giovanni Speroni**, *Entwicklung synergetischer Mittel im Kampf gegen die Stubenfliege, die gegen Kontaktgifte resistent ist.* Zur Aktivierung von Kontaktgiften gegen resistente Fliegen eignen sich als Synergetica 4.4-Dichlordiphenylmethylcarbinol (*DMC*) sowie eine Reihe von Derivv. des Diphenylamins u. Benzolsulfoanilids. Durch Zugabe von 10% Synergeticum wird die Aktivität von DDT gegenüber der resistenten Fliege wiederhergestellt. — 38 Literaturzitate. (Chim. e Ind. [Milano] **34.** 391—403. Juli 1952. Signa-Florenz, Montecatini, Centro Studi Antiparassitari.) SCHEIFELE. 6312

**Fritz Steiniger**, *Die Giftmethode in der Sperlingsbekämpfung.* Allg. Ausführungen unter besonderer Berücksichtigung der Grünkornmethode. — 76 Literaturhinweise. (Anz. Schädlingskunde **25.** 21—26. Febr. 1952. Flensburg.) WINIKER. 6312

---

**Sturtevant Engineering Co. Ltd.**, Sutton, Surrey, **Hy. Richardson & Co. (York) Ltd.**, York, **John Tyndale Procter**, York, und **Alexander Ogilvie**, St. Albans, Hertfordshire, England, *Herstellung von Tripelsuperphosphat.* Sehr fein gemahlenes Rohphosphat u. $H_3PO_4$ mit ca. 38—40% $P_2O_5$ werden in einer Mischschnecke innig bis zur Bldg. einer breiförmigen M. vermischt, die darauf einer langsam bewegten, geneigten Oberfläche zugeleitet wird, von wo die poröse, zerteilte M. in eine schneller umlaufende Granulier- u. Trockentrommel gelangt. *Phosphatdüngemittel* mit hohem Geh. an wasserlösl. $P_2O_5$. — Vorrichtung. (**E. P. 668 269** vom 22/9. 1947, ausg. 12/3. 1952.) KARST. 6283

**Süddeutsche Kalkstickstoff-Werke Akt.-Ges.**, Trostberg, Obb., *Herstellung von Nitrat enthaltendem Calciumcyanamid.* $CaCN_2$ wird bei höchstens 50° stufenweise mit feinstversprühter, ca. 50% ig., wss. $HNO_3$ derart behandelt, daß der Nitratgeh. des Prod. höchstens 2,5% beträgt u. der freie Kalk hydratisiert wird. Die M. wird anschließend granuliert. N-Verluste werden vermieden u. *Düngemittel* mit Nitrat-N- u. Cyanamid-N-Geh. gewonnen. (**E. P. 673 327** vom 24/8. 1950, ausg. 4/6. 1952. D. Prior. 27/8. 1949.) KARST. 6285

**Marius M. Ch. Guilbanel** und **Jean F. I. Lecarme**, Frankreich, *Organisches Düngemittel*, bestehend aus Lignin, bes. aus den Mutterlaugen der Papierfabrikation gewonnen, dem eine beträchtliche Menge Bentonit oder ein anderes koll. Mineral zugesetzt ist, welche einen Kationenaustausch ermöglichen. Außerdem werden ertragfördernde Bakterien u. organ. oder anorgan. wachstumsfördernde Wirkstoffe, gegebenenfalls an Bentonit oder koll. Mineral adsorbiert, zugemischt. (**F. P. 991 696** vom 28/4. 1944, ausg. 9/10. 1951.) WITTHOLZ. 6297

**Frank I. Sowa**, Cranford, N. J., V. St. A., *Unkrautvertilgungsmittel.* Die Mittel bestehen aus einem fl. Medium, das Isopropylalkohol u. bis zu 90% einer Komplexverb. aus $BF_3$ u. einem Alkanolamin, z. B. Monoäthanol-, Monoisopropanol-, Octyldiäthanol-, Lauryl-, Myristyl-, Cetyl- u. Stearyldiäthanolamin, im Verhältnis 1 : 1—3 enthält. Eine 1% ig. wss. Lsg. der Komplexverb. hat eine Oberflächenspannung unter ca. 65 dyn je $cm^2$/23°. Konz. 0,1—10% in wss. Lösung. Bes. geeignet zur Vernichtung unerwünschter Gräser u. breitblättriger Pflanzen. (**A. P. 2 580 474** vom 4/1. 1950, ausg. 1/1. 1952.) KARST. 6313

**Union Oil Co. of California**, Los Angeles, übert. von: **Loren L. Neff**, Long Beach, und **Elvin L. Wampler**, Anaheim, Calif., V. St. A., *Insekticide Mittel.* Im Gemisch mit inerten Füllmitteln, suspendiert oder gelöst in wss. oder öligen Lsgg., Suspensionen oder Emulsionen, wird *Be-Acetylaceton* zur Bekämpfung von Pflanzenschädlingen verwendet. Auch zur Bodendesinfektion, bes. gegen Limonius californicus, ist es geeignet. (**A. P. 2 564 855** vom 7/8. 1947, ausg. 21/8. 1951.) KARST. 6313

**Pennsylvania Salt Mfg. Co.**, Wyndmoor, Pa., V. St. A., *Herstellung von DDT.* Schmelzen mit ca. 50—90% DDT werden unter Rühren in < 10 Min. von ca. 110 auf 20 bis 60° durch Einlaufen in W. oder Behandlung mit gekühlten Flächen aus Metall (Cu), Glas oder plast. Massen abgekühlt. Nach Trocknung kann das Prod. leicht zerkleinert oder gepulvert werden. (**Schwz. P. 277 549** vom 20/2. 1948, ausg. 1/12. 1951. A. Prior. 21/7. 1945.) KARST. 6313

**Colgate-Palmolive-Peet Co.**, Jersey City, N. J., übert. von: **Joseph Henry Percy**, Woodmere, N. Y., und **Herbert Frank Neumann**, South Orange, N. J., V. St. A., *Insekticide Mittel.* Organ. Insekticide, z. B. DDT, Rotenon, Nicotin, Pyrethrum, Derris, β-Naphthol, Thiocyanate, p-Dichlorbenzol oder dgl., werden in Monoestern höherer Fettsäuren, wie Äthylen-, Diäthylen-, Propylenglykolmonostearat, Äthylenglykolmonocaprat u. dgl., gelöst, mit W. u. mit einem Emulgator versetzt. Das Gemisch wird in W. dispergiert u. als Spritzmittel zur *Bekämpfung* von *Obstbaumschädlingen* verwendet. (**A. P. 2 564 606** vom 4/5. 1946, ausg. 14/8. 1951.) KARST. 6313

**Pillsbury Mills, Inc.**, übert. von: **George B. Wagner**, Minneapolis, Minn., V. St. A., *Insekticide Mittel.* Für Menschen u. warmblütige Tiere unschädliche Insekticide, z. B. *Piperonylbutoxyd, Pyrethrum, Rotenon, DDT* u. dgl. werden in Mengen von 0,1—2 (%) mit 98—99,9 eines Weizenstaubes innig vermischt, der bei der Trockenreinigung des Weizens durch Windsichtung, in Aspiratoren oder Staubsammlern oder bei der Behandlung mit W. nach Filtration anfällt. Der Staub besitzt eine Teilchengröße, die durch ein 60- oder 100-Maschensieb geht, sein Geh. an äußerer Schale beträgt 25, an Endosperm 15 u. an Wachsmaterial 2%. Das Gemisch ist zur Bekämpfung von Insekten an Pflanzen u. in gelagertem Getreide geeignet u. erhöht dessen Aschegeh. nicht. (**A. P. 2 585 356** vom 11/4. 1949, ausg. 12/2. 1952.) KARST. 6313

## VIII. Metallurgie. Metallographie. Metallverarbeitung.

**J. L. Bray**, *Grenzen für die Größe elektrischer Schmelzöfen.* (Iron Age **168.** Nr. 24. 127—30. 13/12. 1951. Lafayette, Ind., Purdue Univ.) KÖHN. 0370

**J. E. Lafon**, *Die industrielle Feuerung. Warum künstlicher Zug beim Siemens-Martin-Ofen?* Allg. physikal. Überlegungen über die Zugverhältnisse in einem Regenerativofen. Einfache Experimente u. Erklärung ihrer Ergebnisse. Einfl. der Brennerköpfe, Gas- u. Windmenge, Windgeschwindigkeit, Druckabfall durch die Schieber. — 13 Literaturangaben. (Métallurgie Construct. mécan. **83.** 965—69. Dez. 1951. **84.** 47—51. Jan. 1952.) K. STEIN. 6370

**E. Knipp**, *Über Schwinden und Lunkern.* Ein Lunker kann nur auftreten, wenn die Schwindung des in einem Gußstück noch befindlichen fl. Metalls dem äußeren, schon fest gewordenen Teil voreilt. Je größer die Abkühlungsgeschwindigkeit u. der Schwindungskoeff. des fl. Metalls gegenüber dem festen ist, desto größer ist die Lunkerung. Bei *Gußeisen* mit verschied. Si-Gehh. wurde die Abhängigkeit des Formfüllvermögens, der D. u. der Lunkerung vom Si-Geh. ermittelt. Das Formfüllvermögen wächst mit dem Si-Geh. bis zur eutekt. Zus., um dann wieder abzufallen. Die D. scheint vom Si-Geh. nicht beeinflußt zu werden; dagegen ist sie stark abhängig von der Wandstärke der Gußstücke. Je kleiner diese ist, desto geringer ist die Dichte. Bei den Lunkerproben konnte eine Änderung der Lunkergröße bis zum eutekt. Si-Geh. nicht festgestellt werden; bei darüber hinausgehendem Si-Geh. nahm die Lunkerneigung zu. Größe u. Form der Außenlunker bei Nachgußstücken werden stark beeinflußt durch die sich beim Gießen entwickelnden Gase, die in das Metall eindringen. Je höher die Gießtemp. bei Grauguß, desto geringer die Lunkerbildung. Bei bas. Elektro-*Stahlguß* bewirkt eine höhere Gießtemp. eine Vergrößerung der Lunker, was bei Bessemer- u. Elektrostahlguß nicht beobachtet wird. Luftpfeifen zur Verminderung eines Gasblasenlunkers haben nur bei langsamem Gießen Erfolg. (Giesserei, techn.-wiss. Beih. **1952.** 349—53. März. Jünkerath.) HOCHSTEIN. 6382

**Robert Durrer,** *Betrachtungen über die Entwicklung der Eisengewinnung.* (Berg- u. hüttenmänn. Mh. montan. Hochschule Leoben **97.** 177—79. Sept. 1952. Zürich.) HOCHSTEIN. 6390

**Franz Wever,** *Aufgabe und Wege der Eisenforschung.* Grundlagenforschung als zentrale Aufgabe. Zusammengefaßter Einsatz der Arbeitsweisen u. Hilfsmittel der exakten Naturwissenschaften als Weg. (Stahl u. Eisen **72.** 1053—55. 28/8. 1952. Düsseldorf, Max-Planck-Inst. für Eisenforschung.) HOCHSTEIN. 6390

**Karl Mayer, Helmut Knüppel** und **Hans Jürgen Därmann,** *Das Frischen von Thomas-Roheisen mit Kohlensäure–Sauerstoff-Gasgemischen.* Es sind drei Abwandlungsmöglichkeiten des Blasens mit $CO_2$–$O_2$-Gasgemischen möglich. Die Schmelzführung ist schwierig, da die Konverterflamme über den ganzen Blaseverlauf stark leuchtet. Der Frischverlauf u. die Abgasanalysen werden auf Grund von zahlreichen, aus dem blasenden Konverter gezogenen Proben dargestellt. Die $N_2$-Gehh. der Versuchsschmelzen liegen bei 0,002—0,01%. Eine $N_2$-Ausspülung in der P-Periode wurde nicht festgestellt. Die in dieser Zeit herrschende Aufstickungstendenz wird beim Blasen mit $CO_2$–$O_2$-Gasgemischen jedoch unterbunden. Die Endstickstoffgehh. hängen vom $N_2$-Geh. beim Umschalten auf das $CO_2$–$O_2$-Gasgemisch ab. Die $O_2$-Gehh. liegen höher als bei SIEMENS-MARTIN-Stählen. Die Fe-Gehh. der Schlacken liegen höher als bei THOMAS- u. SIEMENS-MARTIN-Schlacken. Die metallurg. Vorteile des Blasens mit $CO_2$–$O_2$-Gasgemischen sind durch die Möglichkeit der sicheren Einhaltung von Endstickstoffgehh. unter 0,004% gegeben. Der $O_2$-Anteil in dem Gasgemisch soll wegen der Bodenhaltbarkeit unter 50% liegen. Ein Gasgemisch mit 52% $CO_2$ u. 48% $O_2$ entspricht beim Blasen in seiner therm. Wrkg. etwa der Luft. — Diskussion. (Stahl u. Eisen **72.** 1409—18. 6/11. 1952. Dortmund.) HOCHSTEIN. 6408

**Carl A. Zappfe** und **F. E. Landgraf,** *Versprödung von rostfreien Stählen durch Dampf bei erhöhten Temperaturen.* Die Versprödung von härtbaren Cr-Stählen während der Wärmebehandlung wird durch Rk. mit Wasserdampf unter $H_2$-Bldg. hervorgerufen u. ist ein der Beizsprödigkeit ähnlicher Effekt. Kurzzeitige Einwirkungsdauer von Dampf genügt schon, um die Wrkg. zu erreichen. Die Biegewinkel der in trockener u. feuchter Atmosphäre geglühten Stähle vom Typ *403, 410, 414, 430* u. *440-C* (USA) werden verglichen. Die Versprödung vom Typ *440-C* (mit 1,012 %C) ist am stärksten, läßt sich z. B. an Typ *410* bei 100—170° in Glycerin in 2 Std. unter Freisetzung des $H_2$ beseitigen. Bei Raumtemp. erfolgt langsame Erholung, die nach ca. 30 Tagen schneller zunimmt. (Steel **128.** Nr. 18. 54—57. 81. 83. 30/4. 1951.) KATZ. 6410

**O. Oelsner,** *Die pegmatitisch-pneumatolytischen Lagerstätten des Erzgebirges mit Ausnahme der Kontaktlagerstätten.* Nach einem einleitenden Teil über die Genese der Lagerstätten der fluiden Phase werden die einzelnen Vorkk. bes. vom Gesichtspunkt der Gewinnbarkeit der Sn–W-Erze besprochen. (Bergakademie, Freiberger Forschungsh., Nr. 9. Ausg. C Nr. 4. 1—80. März 1952.) ENSSLIN. 6428

**N. B. Rutherford,** *Der Einfluß der Metall/Form-Reaktion auf 85 : 5 : 5 : 5 bleihaltige Geschützbronze-Sandgußstücke.* Unter Abänderung des Grades der Metall/Form-Rk. wurde Geschützbronze mit 5,25—5,38 (%) *Sn*, 4,68—4,86 *Zn*, 5,28—5,52 *Pb*, 0,002 bis 0,15 *P*, 0,22—0,25 *Fe*, *Al* in Spuren, 0,3 *Ni*, 0,02 *Bi*, Rest *Cu* in grüne Sandformen gegossen mit Gießtempp. zwischen 1050—1200°. Die Gußstücke lagen bei der Unters. in gerippten Platten von unterschiedlicher Stärke vor. Der Betrag an Gas, welches bei der Rk. auftrat u. absorbiert wurde, wurde aus der D. der Gußstücke berechnet. Sein Einfl. auf die Eigg. wurden durch Zugprüfungen ermittelt. Es wurde festgestellt, daß dieser Einfl. geringer ist als bei Phosphorbronze oder bei Pb-freier Geschützbronze. Die Pb-haltige Geschützbronze kann mit Vorteil dort verwendet werden, wo die Erstarrungsgeschwindigkeit in Abhängigkeit von der Gußdicke sehr groß ist u. die Gießtemp. unter 1100° liegt. — Anhang. Schrifttumsangaben. (J. Inst. Metals **80.** 555—68. Juni 1952. London, British Non-Ferrous Metals Res. Assoc.) HOCHSTEIN. 6432

**Josef Kranz,** *Über die Homogenität gesinterter Nickel-Kupfer-Legierungen.* Für das Ergebnis der Unters. von KÖSTER u. RAFFELSIEPER (vgl. C. **1952.** 6122), daß aus Ni- u. Cu-Pulver gesinterte Legierungen auch nach langer Erhitzung auf hohe Temp. nicht vollständig homogenisiert werden, wird auf Grund besonderer Messungen die Deutung gegeben, daß die ferromagnet. Bereiche aus statist. Gründen verschied. Konz. haben müssen. Aus der Halbwertsbreite dieser Konzentrationsschwankungen ergibt sich für einen bestimmten Fall eine Bereichsgröße von einigen 100 Atomen. (Z. Metallkunde **43.** 335—36. Sept. 1952. München, Univ.) HOCHSTEIN. 6434

**Nectalio Manrique,** *Extraktion und Reinigung des Indiums in La Oroya.* (Bol. Soc. quím. Perú **17.** 53—62. Juni 1951.) PISTOR. 6436

**E. Eisenkolb,** *Über die neuere Entwicklung der pulvermetallurgischen Werkstoffe für Maschinenteile.* Bericht über den Stand der Technik u. der Neuentwicklungen der letzten Jahre. (Technik **7.** 311—18. Juni 1952. Dresden, TH.) FAHLENBRACH. 6474

**—,** *Poröser rostfreier Stahl als Filtermaterial.* Pulver aus 18/8-Stahl wird mit Beimengungen verpreßt, die beim Sintern verdampfen u. den gewünschten Porenraum zurücklassen. Gesintert wird in trockenem $H_2$. Die Porosität wird geregelt durch Preßdruck, Größe u. Zugabe der Beimengungen, Korngröße u. Verteilung des Metallpulvers. (Metallurgia [Manchester] **46.** 38. Juli 1952.) K. STEIN. 6474

**Henry Garnier,** *Die Imprägnierung von nichtdichten Gußteilen.* Die Porigkeit von Gußstücken aus Leichtmetallegierungen wird durch Füllen der Poren mit Wasserglas, härtenden Ölen, härtbaren Kunstharzen oder Lacklsgg. beseitigt. Die Teile werden nach ihrer Entfettung u. Trocknung kalt in einen Autoklaven gebracht, der dann 10—30 Min. evakuiert wird. Vor Aufheben des Vakuum wird das Porenfüllmittel in den Autoklaven eingefüllt u. dieser anschließend unter Druck gesetzt. — Abbildung. (Rev. de l'Aluminium **29.** 323—26. Sept. 1952.) MARKHOFF. 6490

**G. W. P. Rengstorff, M. B. Bever** und **C. F. Floe,** *Das Carbonitrieren von Einsatzstählen.* Als Ergebnis der Verss. kann festgestellt werden, daß die wichtigste Variable die Carbonitriertemp. ist. In Verbindung mit der Abkühlungsgeschwindigkeit bestimmt sie die Zus., den Aufbau u. die Eigg. der Einsatzschicht. Die bei 705° erzeugte Einsatzschicht hat an der Oberfläche eine dicke Verbindungsschicht, unter der sich eine innere Schicht befindet, die aus einem zers. Carbo–Stickstoff–Austenit u. aus Restaustenit besteht. Bei höheren Carbonitriertempp. vermindert sich die Dicke der äußeren Verbindungsschicht. Die bei 815 u. 845° hergestellten Einsatzschichten haben die größte Härte, dünnste äußere Verbindungsschicht u. größte Einsatztiefe. Zeit u. Temp. bestimmen die Tiefe der Einsatzschicht. Die Carbonitrierung bei 815° entspricht etwa der mit Cyanidbädern bei gleicher Zeit erzielten Einsatztiefe. Der Einfl. der Gaszus. ist wegen der schwer vorauszusehenden $NH_3$-Zers. auch schwerer zu definieren. Trotz stark variierender Gasgemische werden vielfach ähnliche Strukturen erhalten. Gewisse Gehh. an Wasserdampf scheinen ohne nennenswerten Einfl. auf die Rk. zu sein. Ölabschreckung führt zu voller Härtung der inneren Schichten. Die Härtbarkeit dieser Einsatzschichten ist größer als die einfacher Kohlungsschichten. Die Härte der äußeren Verbindungsschicht ist begrenzt u. unabhängig von der Abkühlungsgeschwindigkeit. Zweistd. Anlaßbehandlung bei 260° steigert die Härte der äußeren Schicht des bei 705° carbonitrierten Stahls. Auf bei höheren Tempp. hergestellten Schichten ist die Anlaßbehandlung bei 260° ohne Einfl. auf die äußere Schicht. Die Härte der inneren Schicht nimmt in allen Fällen mit zunehmender Anlaßtemp. u. Anlaßzeit ab. Beim Anlassen von bei 815 u. 845° carbonitrierten Stählen bei einer Anlaßtemp. von 370° hält sich die erreichte Härte etwas besser als bei nur aufgekohlten Proben. Die Kernstruktur carbonitrierter Stähle wird von der Carbonitrierungstemp. u. der Abkühlungsgeschwindigkeit beeinflußt. Ihre Veränderung durch die Carbonitrierungsbehandlung ist bei der Auswahl des Verf. zu berücksichtigen. (Trans. Amer. Soc. Metals **43.** 342—98. 1951.) WERNER. 6492

**M. A. Schapiro,** *Nitrierung von Kohlenstoffstählen nach vorheriger Alitierung.* Die gepulverte Mischung, in der angeschliffene Proben aus unlegiertem Stahl bei 900 bis 920° alitiert wurden, bestand aus 49(%) Al, 49 $Al_2O_3$ u. 2 Salmiak. Die optimale Alitierung erreichte Tiefen von 0,15—0,3 mm. Zur Ermittlung der günstigsten Dicke der alitierten Schicht wurde diese stufenweise abgeschliffen u. dann wie üblich nitriert; die günstigsten Ergebnisse wurden bei der dünnsten Alitierungsschicht erreicht. Das Alitieren bei Ofenerwärmung dauerte 3 Std., die Erwärmung durch Induktion 15 Min. (bei 1100°). Bei Kernhärten von 63—65 $R_B$ betrug die Oberflächenhärte 73—76 $R_B$. Für an

C reicherem Stahl betrug die Kernhärte 71—74 $R_B$ bei einer Oberflächenhärte von 88 bis 92 $R_B$. Die nachfolgende Nitrierung erreichte Tiefen von 0,5 mm, die VICKERS-Härte der Oberfläche betrug 900—1150 kg/mm². Das Gefüge bestand an der Oberfläche aus der ε- u. γ-Phase, dann folgten Braunit u. einzelne Nitridnadeln, die die Kernzone erreichten. Die so erreichten Oberflächenhärten stehen denen der nitrierten Spezialstähle nicht nach u. sind höher als bei den zementierten Stählen. (Вестник Машиностроения [Nachr. Maschinenbau] **31.** Nr. 2. 47. Febr. 1951.) VOLLENBRUCK. 6492

**Richard Saxton,** *Wärmebehandlung für Drahtkabel.* Stahldraht für Kabel wird durch Abkühlung nach Erhitzung auf 950—1050° in einem Durchlaufofen durch ein Pb-Bad von 400—550° patentiert. Nach Reinigung in einem HCl- oder $H_2SO_4$-Beizbad wird der Draht nach Ziehen durch eine Wolframcarbid-Ziehform kaltverformt. Das aus Stahldraht gewundene Kabel muß noch auf Zug-, Verdrehungs- u. Biegefestigkeit geprüft werden. (Mining Mag. **86.** 146—48. März 1952.) HOCHSTEIN. 6492

**K. K. Chrenow** und **F. Ss. Wolfowskaja,** *Ein neues Verfahren der Lichtbogenschweißung von Gußeisen.* Es werden Schweißelektroden aus Cu bzw. hoch Cu-haltigen Legierungen verwendet. Das Verf., das eine Mittelstellung zwischen Löten u. Schmelzschweißen einnimmt, erweist sich bes. geeignet bei Reparatur- u. Oberflächenfehler-Schweißungen. Seine Brauchbarkeit wird durch metallograph. u. mechan. Unterss. so geschweißter Proben erhärtet. (Автогенное Дело [Autogene Ind.] **23.** Nr. 1. 3—6. Jan. 1952.) EHMCKE. 6506

**Raymond B. Seymour, Walter R. Pascoe** und **R. D. Stout,** *Korrosionsuntersuchungen an Eisen bei Gegenwart von Schwefel.* Vff. bestimmen den Einfl. der Zusätze zu *S-Zement* ($SiO_2$, C, Thiokol) auf Fe bei Ggw. von Wasser. Korrosion tritt nicht ein, wenn die Fe-Oberfläche durch eine dünne Schicht Zement geschützt ist. Zugabe von NaCl zum Zement ergibt Korrosion. Vollkommen in Zement eingebettete Fe-Teile sind selbst bei Ggw. von W. u. NaCl-Lsgg. noch nach 2 Jahren einwandfrei. (Corrosion [Houston] **7.** 265—68. Aug. 1951.) J. FISCHER. 6538

**D. Whitwham** und **U. R. Evans,** *Korrosionsermüdung. Der Einfluß ungeordneter Metalle.* Es wird über den Einfl. von ungeordneten Metallen berichtet. Die metallograph. Unterss. beziehen sich auf Ermüdungserscheinungen an Luft u. durch Korrosion. Durch Verformung einiger Kristallkörner entstehen Mikrorisse. Die Korrosionsermüdung, als örtlich gebundener Angriff, führt zur Kräfteintensivierung u. zu Korrosion entlang den Gleitlinien. (Corrosion [Houston] **7.** 28—40. Jan. 1951. Cambridge, Univ., Dep. Metallurgie.) J. FISCHER. 6538

**W. G. Palmer,** *Korrosionsverhindernde Zusätze für Stahl.* Einige Inhibitoren, die in unzureichender Menge salzhaltigem W. zugegeben werden, verursachen lokale Angriffe, die oft größer sind, als wenn kein Inhibitor vorhanden wäre. Es wird eine Blasenbldg. in der Schutzhaut angenommen. Diese Gefahr kann durch Verwendung einer Mischung von Phosphaten u. Chromaten oder Phosphaten u. Persulfaten vermieden werden. Die gebildete Schicht besteht nicht aus Fe(II)-Phosphat, sondern aus dem kristallinen, nichtmembranartigen Fe(III)-Phosphat. Es genügen, wie die ausführlichen Verss. zeigen, schon kleinste Mengen, ohne daß Korrosion oder Lochfraß auftritt. (Corrosion [Houston] **7.** 10—19. Jan. 1951. Cambridge, Univ.) J. FISCHER. 6538

**H. L. Bilhartz,** *Korrosionserscheinungen an Hochdruckölleitungen.* Eingehende Unterss. ergaben, daß Lochfraß durch $CO_2$, organ. Säuren u. andere Korrosionsmittel entsteht. Verstärkt wird der Angriff, wenn die Ölquellen W. enthalten. Andere Korrosionserscheinungen sind meist sehr schwer erklärbar. Inhibitoren u. Verzinken sind ohne Wert. Mit Kunststoffen ausgekleidete Rohre sind bis auf wenige Ausnahmen brauchbar. Stahl mit 9% Ni u. vernickelte Stähle sind gut. (Corrosion [Houston] **7.** 256—64. Aug. 1951.) J. FISCHER. 6538

---

**Fagersta Bruks Aktiebolag,** Fagersta, Schweden, *Herstellung eines Bessemer-Stahles oder eines Thomasstahles mit niedrigem Stickstoffgehalt.* In einem Gebläsekonverter mit n. Ausrüstung wird durch Zusatz eines Oxydationsmittels, vorzugsweise von Eisenerz, zur Metallschmelze vor dem Beenden des Blasens ein Stahl so hergestellt, daß zumindest nach dem Zusatz des Oxydationsmittels nur ein Teil der Schmelze von der Luft oder dem Gebläseluft–Gas-Gemisch durchströmt wird. Hierbei erfolgt aber die Oxydation im übrigen bei gleichzeitiger Denitrierung durch das zugesetzte Oxydationsmittel u. die von der Luft oder dem Gebläseluft–Gas-Gemisch durchströmte Menge der Schmelze ist derart bemessen, daß die Oxydationsgeschwindigkeit nicht zu niedrig wird. Es wird ein Konverterstahl mit denselben Eigg. wie ein SIEMENS-MARTIN-Stahl entsprechender Analyse hergestellt. (**Oe. P. 171 399** vom 9/8. 1949, ausg. 26/5. 1952. Schwed. Prior. 10/7. 1944.) HOCHSTEIN. 6409

**Dortmund-Hoerder Hüttenverein Akt.-Ges.** (Erfinder: **Rudolf Frerich** und **Theodor Lütgen**), Dortmund, *Beeinflussung des Schmelzverlaufes im Konverter.* Bestimmte

Maßnahmen werden an Hand der laufend festgestellten Abgasanalysen durchgeführt. Entsprechend den durch Abgasanalysen ermittelten Abweichungen der Gehh. an $CO_2$ u. CO von den als günstig festgestellten Erfahrungswerten wird die $O_2$-Zufuhr bzw. die Temp. durch Windzufuhr oder Änderung des $O_2$-Geh. des Windes oder durch Zugabe von Wärmeträgern oder Kühlmitteln oder durch mehrere dieser Maßnahmen eingeregelt. Diese Einregelung erfolgt so, daß während der Entkohlungsperiode eine starke Badred. durch C eintritt. Es wird ein Stahl hergestellt, der trotz unterschiedlicher Ausgangsfaktoren einen stets gleichen Frischvorgang erfahren hat. — Abbildungen. (**D. R. P. 753 758** Kl. 18b vom 16/9. 1938, ausg. 21/7. 1952.) HOCHSTEIN. 6409

**Gebr. Böhler & Co., Akt.-Ges.**, Wien, Österreich, *Herstellung von stickstoffhaltigen Stählen.* Stickstoff wird dem Stahlbad in Form stabiler Sondernitride, z. B. Zr-, Ti- oder Al-Nitrid, zugesetzt. Im Stahl ist dann kein versprödend wirkender $N_2$ vorhanden u. die Schmelze schäumt durch den entweichenden $N_2$ nicht oder nur wenig. (**D. B. P. 844 461** Kl. 18b vom 16/9. 1944, ausg. 21/7. 1952.) HOCHSTEIN. 6409

**United States Steel Co.**, N. J., übert. von: **Albert C. Ogan**, Pleasant Hills Borough, Pa., V. St. A., *Einbringen von Legierungselementen in Stahlbäder* eines elektr. Ofens. Die festen Legierungszusätze werden auf die Schlackendecke gegeben, der elektr. Strom wird unterbrochen u. es wird ein Sauerstoffstrahl in die den Legierungszusatz umgebende Schlacke geleitet, um diesen zu schmelzen. (**A. P. 2 557 458** vom 31/3. 1950, ausg. 19/6. 1951.) HABBEL. 6411

**Thos. Firth & J. Brown Ltd.**, übert. von: **Henry William Kirkby** und **Charles Sykes**, Sheffield, England, *Stahllegierungen für hohe Temperaturen* mit hoher Kriechfestigkeit bis zu 700° sind frei von Co u. Nb u. bestehen neben *Fe* aus bis 0,4(%) *C*, 9—17 *Cr*, 7—12 *Ni*, 1—4 *Cu*, 2—3 *Mo* u. 0,25—1 *Ti*. Ferner können vorhanden sein bis 3 *Mn*, bis 1 *Si* u. bis 3 *W*. Bevorzugte Gehh.: 0,15—0,3 C, 13,5—15 Cr, 8—11 Ni, 2—2,75 Cu, 1,75—2,25 Mo, 0,5—1 Ti, 0,2—1 Mn, 0,2—0,4 Si u. 0—2 W. (**A. P. 2 556 373** vom 14/4. 1950, ausg. 12/6. 1951. E. Prior. 23/8. 1949.) HABBEL. 6411

**Cold Metal Process Co.**, Youngstown, Ohio, V. St. A., *Verbesserung der Eigenschaften von Transformatoren- oder Dynamoblechen aus warmgewalztem Siliciumstahl.* Die Bleche werden mindestens zweimal unter Einschaltung von rekristallisierenden Zwischenglühungen überkrit., z. B. 50% u. mehr, kaltgewalzt u. dann einer rekristallisierenden Schlußglühung, vorzugsweise bei 875—1100°, unterworfen, deren Temp. so ausgewählt wird, daß jeweils das größte magnet. Moment erreicht wird. Zweckmäßig werden die Bleche, gegebenenfalls nach einer Kaltbearbeitung durch Lochen, Schneiden oder Stanzen, bei Tempp. von 650—775° nachgeglüht. Vorteilhaft wird vor der Schlußglühung an Hand von Proben durch die Ermittlung des magnet. Moments u. der Permeabilität mittels eines Torsionsdynamometers die erforderliche Schlußglühtemp. ermittelt. — Abbildungen. (**D. R. P. 763 989** Kl. 18c vom 5/7. 1934, ausg. 21/8. 1952. A. Prior. 7/8. 1933.) HOCHSTEIN. 6411

**Bolidens Gruvaktiebolag**, Skelleftehamn, Schweden, *Herstellung von Sulfidstein.* Gegebenenfalls geröstete Sulfiderze werden geschmolzen, wobei in der Nähe der Schlackenabführung ein Sulfiderz zugesetzt wird, das eine Sulfidschmelze eines geringeren Geh. an Cu, Au, Ag, Ni, Co oder Pb ergibt als die Sulfiderze, die weiter entfernt von der Schlackenabführung zugeführt werden. Hierdurch erhält man eine Sulfidschmelze mit sehr geringen Anteilen an den erwähnten Metallen. (**Finn. P. 25 289** vom 7/6. 1949, Auszug veröff. 29/9. 1951. Schwed. Prior. 7/6. 1948.) JÜRGEN SCHMIDT. 6421

**Wilkinson High Frequency Ltd.**, London, England (Erfinder: **Francis Edward Wilkinson**), *Extraktion von Gold aus Erzen.* Au-haltige Erze, Trüben oder Berge werden mit einer Cyanidlsg. vermischt. Durch die Mischung wird $O_3$ geleitet, wobei sie gleichzeitig der Einw. eines elektromagnet. Hochfrequenzfeldes ausgesetzt wird. Das Au wird dann aus der Lsg. durch Fällung gewonnen. Geringe Mengen $Ca(OH)_2$ können der Cyanidlsg. zugesetzt werden. Eine Vorr. zur Durchführung des Verf. wird beschrieben. — Abbildung. (**E. P. 658 638** vom 7/1. 1949, aus g. 10/10. 1951.) HANS HOFFMANN. 6463

**August Coenders** (Erfinder: **August Coenders**), Düsseldorf-Kaiserswerth, *Herstellung von Sinterkörpern.* Die aus Metallpulver hergestellten Preßlinge werden in einem geschlossenen Behälter von möglichst geringem Ausdehnungskoeff. lagenweise in ein dem Metall der Preßlinge gegenüber indifferentes Pulver eingebettet, festgepreßt u. darauf der Sintertemp. ausgesetzt. Auf diese Weise können Preßlinge gesintert werden, deren Metalle bei der Sintertemp. sich entzünden oder an den Grenzflächen aufeinander reagieren. Preßlinge von schwierig miteinander zu verschweißendem Metallpulver werden zweckmäßig zusammen mit Platten oder ähnlichen Körpern von hohem Wärmeausdehnungskoeff. in das indifferente Pulver eingebettet. (**D. B. P. 836 566** Kl. 40b vom 18/1. 1949, ausg. 15/4. 1952.) GÖTZE. 6475

**Deutsche Edelstahlwerke Akt.-Ges.**, Krefeld (Erfinder: **Carl Ballhausen**, Krefeld, **Fritz Frehn** und **Werner Hotop**, Dortmund-Aplerbeck), *Sintern leicht oxydabler Bestandteile.* Das Sintern erfolgt in einem evakuierten Gefäß in Ggw. eines $O_2$-bindenden Metalldampfes. Der Metalldampf entspricht zweckmäßig mindestens einer Komponente des Sintergutes. Als leicht oxydabler Metalldampf kann z. B. der des *Mg, Zn* oder *Ca* verwendet werden. (**D. B. P. 837 775** Kl. 40b vom 7/4. 1949, ausg. 2/5. 1952.) Götze. 6475

**Davide Primavesi**, Schweiz, *Herstellung von Eisenpulver.* Aus Eisenabfällen, Fe-Oxyd u. erschöpften Beiz-Fll. wird eine wss. $FeCl_2$-Lsg. hergestellt, aus der festes $FeCl_2$ durch HCl-Gas zur Abscheidung gebracht wird. Nach Trocknung des abgesonderten Salzes wird dieses durch überhitzten Wasserdampf oxydiert u. das Eisenoxyd zu Eisenschwamm red., der durch Mahlen u. Sieben zu Eisenpulver verarbeitet wird. Die Eisenabfälle können durch Behandlung in wss. HCl-Säure gelöst werden, wobei der entstehende $H_2$ später zur Red. des Eisenoxyds verwendet wird. (**F. P. 978 672** vom 4/1. 1949, ausg. 17/4. 1951. Schwz. Prior. 6/1. 1948.) Hochstein. 6475

**Soc. d'Électro-Chimie, d'Électro-Métallurgie et des Aciéries Électriques d'Ugine**, Frankreich, *Erzeugung von zur Herstellung von Dauermagneten geeigneten Pulvern.* Aus einer Lsg. wird ein Gemisch auskrist., das aus einer in der Wärme bei Tempp. unter 500° zersetzbaren u. hierbei entweder unmittelbar *Fe* oder ein Eisenoxyd ergebenden Fe-Verb., die bei einer Temp. unter 500° reduzierbar ist, sowie aus einem Salz, wie einem Formiat, Oxalat oder Acetat, von einem oder mehreren Metallen, deren Oxyde eine erhöhte Bildungswärme aufweisen, wie *Ca, Mg, Al* oder *Cd,* zusammengesetzt ist. Durch Zers. unter 500° in einer neutralen oder reduzierenden Atmosphäre sowie gegebenenfalls noch durch eine Red. mit Gasen bei Tempp. ebenfalls unter 500° werden die erhaltenen Kristalle zu metall. Fe umgewandelt, agglomeriert u. zu Dauermagneten verarbeitet. (**F. P. 992 660** vom 26/7. 1944, ausg. 22/10. 1951.) Hochstein. 6475

**Établissements Skoda**, Tschechoslowakei, *Hartmetallegierungen* bestehen aus 70 bis 80(%) *W*-Carbid, 10—20 *Ti*-Carbid, das bis zur Hälfte durch die Carbide des *Ta, Nb, V* oder ihrer Mischkristalle ersetzt sein kann, u. 1,5—5 eines Hilfsmetalles der Fe-Gruppe, z. B. *Co.* Sie werden hergestellt aus Pulvern mit einer Korngröße von weniger als 1 Mikron. Zur Erhöhung der an sich schon großen Widerstandsfähigkeit gegen chem. Agentien können die Legierungen mit $N_2$ oder einer $N_2$ entwickelnden Verb. nitriert werden. (**F. P. 981 829** vom 28/2. 1949, ausg. 31/5. 1951. Tschech. Prior. 28/2. 1948.) Götze. 6477

**Regie Nationale des Usines Renault**, Billancourt, Frankreich, *Herstellung von Carbiden von Titan, Zirkonium, Hafnium, Thorium, Niob oder Tantal.* Eines oder mehrere der Hydride dieser Metalle werden mit C, z. B. Petroleumruß, in stöchiometr. Menge gemischt u. mit z. B. PAe. (**I**) zu einer dicken Paste geknetet. Man vertreibt **I** durch Erhitzen im $H_2$-Strom, preßt mit 20 kg/mm² zu Formlingen. Diese werden allmählich in einem Graphittiegel auf 2100° erhitzt. Man zerkleinert u. wiederholt das Verfahren. Die Carbide lassen sich leicht pulverisieren. Sie sind zur Herst. von Hartmetallwerkzeugen geeignet. Man kann dem Ausgangsgemisch auch noch W-Metallpulver (u. C) zusetzen. Die Carbide enthalten dann zusätzlich W-Carbid. (**E. P. 672 225** vom 11/10. 1949, ausg. 14/5. 1952. F. Prior. 27/12. 1948.) Zürn. 6477

**Deutsche Edelstahlwerke Akt.-Ges.** (Erfinder: **Carl Ballhausen**), Krefeld, *Erhöhen der Schneidleistung von Hartmetallwerkzeugen.* Die geschliffene Schneide wird durch Erwärmen auf ca. 800° oberflächlich oxydiert u. die gebildete Zunderschicht durch Abbürsten oder Abkratzen entfernt. Das Verf. wird bes. bei Hartmetall-Ziehwerkzeugen angewendet. (**D. B. P. 847 390** Kl. 48d vom 1/8. 1943, ausg. 25/8. 1952.) Markhoff. 6493

**Bergwerksverband zur Verwertung von Schutzrechten der Kohlentechnik G. m. b. H.** Dortmund-Eving (Erfinder: **Walter Klempt**, Dortmund-Eving und **Albert Stähler**, Hagen), *Zementieren von Gegenständen aus Eisen, Stahl und deren Legierungen.* Die Werkstücke werden mit HCN bei Tempp. von 800° an aufwärts behandelt. Zweckmäßig wird die Zementation mit einem HCN-haltigen Trägergas, wie Leuchtgas oder leuchtgasähnliche Gemische, vorgenommen. Auch können vorzugsweise ammoniumcyanidhaltige Gasgemische verwendet werden. Erreicht wird eine bes. gute Zementation. (**D. B. P. 851 961** Kl. 18c vom 26/6. 1940, ausg. 9/10. 1952.) Hochstein. 6493

**Bergwerksverband zur Verwertung von Schutzrechten der Kohlentechnik G. m. b. H.** Dortmund-Evin (Erfinder: **Walter Klempt**, Dortmund-Eving, und **Albert Stähler**, Hagen), *Zementieren von Gegenständen aus Eisen, Stahl und deren Legierungen.* Beim Zementieren mit HCN enthaltenden aufkohlenden Gasen wird der HCN-Geh. des Gasgemisches der Zementationsdauer derart angepaßt, daß der HCN-Geh. um so höher bemessen wird, je kürzer die Zementationszeit gewählt wird. Vorzugsweise werden bei kurzen Zementationszeiten bis zu 3 Std. die HCN-Konz. im Gasgemisch zwischen 10 u. 3 Vol.-% u. bei längeren Zeiten zwischen 3 u. 0,5 Vol.-% eingestellt. Zweckmäßig wird als Trägergas für lange Zementationszeiten ein Gemisch von Leuchtgas mit anderen leicht vergasbaren gesätt. oder ungesätt. KW-stoffen verwendet. (**D. B. P. 851 810** Kl. 18c vom 19/6. 1943, ausg. 9/10. 1952.) HOCHSTEIN. 6493

**Bergwerksverband zur Verwertung von Schutzrechten der Kohlentechnik G. m. b. H.**, Dortmund-Eving (Erfinder: **Walter Klempt**, Dortmund-Eving, und **Albert Stähler**, Hagen), *Zementieren von Werkstücken.* Das Einsatzgut wird in C-freien Salzbädern der Einw. zementierend wirkender Gase unterworfen. Zur Erzielung einer isolierenden, gasabschließenden Baddecke wird zweckmäßig Calciumcyanamid oder Graphit in geringen Mengen zugegeben. Auch kann die Wrkg. der zementierenden Gase durch Zusatz von nitrierenden Gasen unterstützt werden. Vorzugsweise wird das Salzbad bei Tempp. von 600—1000° verwendet. Die behandelten Werkstücke bleiben silberblank. (**D. B. P. 850 143** Kl. 18c vom 13/4. 1943, ausg. 22/9. 1952.) HOCHSTEIN. 6493

**Gebr. Böhler & Co., Akt.-Ges.**, Wien, Österreich, *Elektrode zum Unterwasserschneiden und Unterwasserschweißen*, dad. gek., daß sie aus einem Seelendraht besteht, den eine aus Mineralien u. Ferrolegierungen zusammengesetzte Hülle umgibt, die durch einen wasserbeständigen u. stromisolierenden Lacküberzug geschützt ist u. mit welcher der Übergang vom Schweißen zum Schneiden unter W. ausschließlich durch Erhöhung der Stromstärke u. umgekehrt der Übergang vom Schneiden zum Schweißen unter W. ausschließlich durch Verminderung der Stromstärke erfolgt, wobei zum Schneiden eine zweieinhalbmal größere Stromstärke als zum Schweißen notwendig ist. Die Elektrode hat einen Kerndrahtdurchmesser von 5 mm u. benötigt zum Schweißen eine Stromstärke von 200—220 A u. zum Schneiden eine Stromstärke von 450—550 Ampere. Der Kerndraht hat die Zus. C 0,05—0,30(%), Si 0,30—1,0, Mn 0,50—2,0, Zr 0,10—0,50 oder Ti 0,10—0,50. — Die Elektrode hat eine Hüllendicke von weniger als 50% des Drahtdurchmessers. Die Hülle besteht z. B. aus 30 (Gewichtsteilen) Ilmenit. 10 Quarz, 8 Kaolin, 15 Hochofenferromangan u. 4 Feldspat; — oder aus 60 (Gewichtsteilen) Eisenglimmer, 20 Serpentin u. 10 Hochofenferromangan. — Als wasserbeständiger u. stromisolierender Überzug wird ein Lack einer in Aceton lösl. Cellulose verwendet. (**Oe. P. 170290** vom 7/6. 1950, ausg. 11/2. 1952. D. Prior. 30/5. 1941.) M. F. MÜLLER. 6507

**British Insulated Callender's Cables Ltd.**, London, England, *Schweißverfahren.* Beim Schweißen von Metallen mit niedrigem spezif. Widerstand erfolgt die Stromzuführung durch 2 rotierende Elektroden. Zwischen diesen u. dem zu verschweißenden Gegenstand werden Streifen aus einem Metall mit höherem spezif. Widerstand u. höherem F. eingelegt u. mit dem Arbeitsstück bewegt. Beim Schweißen von Al verwendet man Streifen aus Fe. Hierdurch wird der Widerstand zwischen den Elektroden erhöht, was bes. beim Schweißen dünner Bleche notwendig ist. — Zeichnungen. (**N. P. 78 133** vom 4/10. 1947, ausg. 19/2. 1951, E. Prior. 10/10. 1946.) J. SCHMIDT. 6507

**Herbert Manfred Freud**, genannt **Jean Frasch**, Nanterre, Frankreich, *Elektrolytisches Erzeugen von emailartigen Oxydschichten auf Aluminium und seinen Legierungen.* Als Elektrolyt wird eine saure Lsg. verwendet, die wenigstens ein Salz des Zr oder eine Zirkonylverb. enthält. Der $p_H$-Wert soll höchstens 2 betragen. Beispiel: Einer sauren Lsg. von Zr-Oxalat von der D. 1,09 werden 4% krist. Essigsäure zugesetzt. Bei 45° u. 40 V Spannung werden in 45 Min. leicht gelbliche, opalartige Oxydüberzüge erhalten. (**D. B. P. 850 540** Kl. 48a vom 4/3. 1951, ausg. 25/9. 1952. F. Prior. 14/4. 1949.) MARKHOFF. 6531

**Charles C. Cohn**, Elkins Park, Pa., V. St. A., *Erzeugen von Oxydschichten auf Aluminium und seinen Legierungen.* Es wird zunächst eine poröse u. auf diese dann eine porenfreie Oxydschicht durch anod. Oxydation erzeugt. Für die Erzeugung der 1. Schicht verwendet man $H_2SO_4$ oder Oxalsäure als Elektrolyt, für die 2. Schicht $CrO_3$. Man erhält so eine dicke Gesamtschicht von guter Korrosionsbeständigkeit. Al-Guß behandelt man zweckmäßig in einem dreistufigen Verf.: anod. Oxydation zunächst in $CrO_3$, dann in $H_2SO_4$ oder dgl. u. abschließend in $CrO_3$. (**A. P. 2 578 400** vom 29/3. 1947, ausg. 11/12. 1951.) MARKHOFF. 6531

---

**Heinz Schlegel** und **Arno Schüller**, Die Schmelz- und Kristallisationsgleichgewichte im System Kupfer—Eisen—Schwefel und ihre Bedeutung für die Kupfergewinnung. Berlin: Akademie-Verl. 1952. (32 S. m. 52 Bild.) 4° = Freiberger Forschungshefte, H. 2. DM 5,50.

## IX. Organische Industrie.

**G. Natta** und **E. Beati**, *Kontinuierliche Extraktion von Furfurol.* Pentosenhaltiges Material wird mit 2—4% HCl versetzt u. kontinuierlich in eine Extraktionskolonne eingeführt. An dem auf 135—190° erwärmten unteren Ende der Kolonne wird Wasserdampf von 190—200° eingeblasen. Die gasförmig entweichenden Reaktionsprodd. werden fraktioniert kondensiert. Die 1. Fraktion besteht hauptsächlich aus HCl + $CH_3COOH$, die 2. aus *Furfurol* (I). Die Ausbeuten an I sind bei diesem Verf. ca. 80% des vorhandenen I u. liegen wesentlich höher als bei den bisher ausgeübten Verfahren. Eine Versuchsanlage mit einem Durchsatz von 2000 kg/Tag pentosenhaltigem Material ist in Betrieb u. hat die Laborergebnisse bestätigt. — 2 Tabellen, 5 Diagramme. (Chim. e. Ind. [Milano] **38.** 63—67. Febr. 1951. Mailand, Ist. di Chim. industriale.) K. FABER. H 3061

---

**Phillips Petroleum Co.**, Del., übert. von: **Charles J. Engle**, Bartlesville, Okla., V. St. A., *Paraffinkohlenwasserstoffe* erhält man aus den entsprechenden Olefinen u. einer H abgebenden organ. Verb., bes. cis-Dekahydronaphthalin (I), bei höherer Temp. (325 bis 400°) u. n., erhöhtem oder vermindertem Druck in Ggw. eines $SiO_2$–Metalloxyd-Katalysators, bes. $SiO_2$–$Al_2O_3$. — Buten u. handelsübliches I ergeben *Propan* (7,8 Mol.-%), *Butene* (1,5), *n-Butan* (21,2) *Isobutan* (57,9), *Pentan* (11,6), wobei aus I durch H-Abgabe *Tetrahydronaphthalin* u. *Naphthalin* sich bilden. Isomerisation des cis-I zu trans-I tritt gleichfalls ein. Nach Abscheiden der Paraffine können die angefallenen ungesätt. Verbb. wieder aufhydriert werden. — Zeichnung. (**A. P. 2 564 964** vom 19/11. 1948, ausg. 21/8. 1951.) G. KÖNIG. H 510

**Firestone Tire & Rubber Co.**, übert. von: **Kenneth C. Eberly**, Akron, und **Robert J. Reid**, Canal Fulton, O., V. St. A., *1.2.3.4-Tetrachlorbutan* (I) gewinnt man als festes Prod. durch Erhitzen der fl. Modifikation von I zwischen 100 u. 525° in Ggw. von $ZnCl_2$. Nicht umgewandeltes fl. I gelangt nach Abtrennen der festen Modifikation in den Kreislauf zurück. — Skizze. (**A. P. 2 560 025** vom 22/11. 1947, ausg. 10/7. 1951.) G. KÖNIG. H 510

**Sun Oil Co.**, Philadelphia, übert. von: **Robert M. Kennedy**, Newton Square, und **Abraham Schneider**, Philadelphia, Pa., V. St. A., *2.2.4-Trimethylpentan* erhält man aus Isobutan (I) u. Isobutylen (II), oder durch Selbstkondensation von I, in Ggw. einer Mischung von Alkylfluoriden (III) u. $BF_3$ (IV) bei —120° bis +150°, wobei das Mol.-Verhältnis der KW-stoffe zu III zwischen 10 : 1 u. 30 : 1 betragen kann. Man wendet vorteilhaft einen Überschuß von 0,05—5 g IV auf 1 Mol. KW-stoffe an. Es kommen prim., sek. oder tert. Alkylfluoride mit mindestens 2 C-Atomen im Mol. in Betracht. Wird das Verhältnis von I zu II bei 2 : 10 gehalten, so wird die Bldg. von niedrigen u. höhermol. Nebenprodd. zurückgedrängt. Bei der Selbstkondensation wird I gegenüber III im Überschuß angewandt, sonst tritt leicht Isomerisierung, Disproportionierung oder Spaltung des Reaktionprod. ein. Bestes Verhältnis von III : I liegt zwischen 1 : 2 u. 1 : 10. Man erhält neben 2.2.4-Trimethylpentan niedriger- u. höhersd. Prodd., z. B. 2.3-Dimethylbutan, 2-Methylpentan, 2.4- u. 2.3-Dimethylpentan sowie $C_9$- u. höhere Verbindungen. — Skizzen. (**A. PP. 2 557 115** und **2 557 116** vom 9/4. 1949, ausg. 19/6. 1951.) G. KÖNIG. H 510

**Shell Development Co.**, übert. von: **Philip Harvey Deming** und **Malcolm Lee Sagenkahn**, San Francisco, Calif., V. St. A., *Abtrennung von Äthylen aus Äthylen und Äthan enthaltenden Gasmischungen.* Die Mischung, z. B. Crackgase aus der Petroleumcrackung, werden in einer Fraktioniersäule zerlegt; Kopfprod.: $H_2$, $CH_4$ neben geringer Menge $C_2H_4$, Bodenprod. $C_3H_8$, $C_3H_6$, $C_4H_{10}$, $C_4H_8$, Mittelprod. (I) $C_2H_4$, $C_2H_6$ neben kleinen Mengen $C_3H_6$. I wird einer weiteren Fraktioniersäule zugeführt, deren Kopfprod. (II) aus $C_2H_4$ u. $C_2H_6$ besteht. Das $C_3H_6$ dieser Fraktionierung gelangt in die 1. Fraktioniersäule zurück. II wird im Wärmeaustausch mit dem $C_3$-Kondensat der 1. Fraktioniersäule gekühlt, dann von den leichteren nichtkondensierten Gasen befreit, ein Teil des verflüssigten Gases der $C_2H_4$-Fraktioniersäule zugeführt, aus der am Kopf die $C_2H_4$-Fraktion u. am Boden die $C_2H_6$-Fraktion abgezogen wird. Für die einzelnen Stufen der Fraktionierung sind die entsprechenden Drücke u. Tempp. angegeben u. daneben ist noch die Weiterbehandlung der Propan–Propylen-Fraktion an Hand von Zeichnungen erläutert. (**A. P. 2 577 701** vom 20/5. 1946, ausg. 4/12. 1951.) W. HAUSWALD. H 520

**Uddeholms Aktiebolag**, Uddeholm, Schweden (Erfinder: **N. H. Nordenborg**), *Herstellung von Perchloräthylen.* Man unterwirft Pentachloräthan einer Spaltung durch Evakuierung oder Verdünnung mit einem inerten Gas, bes. HCl, bei einem Gesamtdruck von $<$ 500 mm Hg, bes. 250—350 Hg. Man erzielt eine Ausbeute von über 95% Perchloräthylen. (**Schwed. P. 132 770** vom 21/4. 1948, ausg. 4/9. 1951.) JÜRGEN SCHMIDT. H 520

**Rudolf Decker und Hellmuth Holz**, München (Erfinder: **Willy O. Herrmann**, Deisenhofen, und **Wolfram Haehnel**, München), *Herstellung organischer sauerstoffhaltiger Verbindungen*, dad. gek., daß man den aus der durch Behandlung von Vinylacetat mit Alkalihydroxyd erhältlichen Verb. $C_8H_{14}O_4$ durch Behandlung mit zweibas. Säuren gewinnbaren Komplex $C_6H_{10}O_2$ mit Alkoholen unter Verwendung von Katalysatoren zur Rk. bringt. Die Rk. wird durch die gleichen Katalysatoren in Gang gesetzt, die man zur Acetalisierung von Aldehyden verwendet, z. B. Mineralsäuren. Die Reaktionsprodd. sind Fll. großen Siedebereichs u. gleicher chem. Zus., jedoch verschied. physikal. Eigenschaften. Z. B. sind die niedrigen Fraktionen Lösungsmittel für Harze u. Kunststoffe, die höhersd. Gleitmittel, Weichmacher. (**D. B. P. 852 991** Kl. 12o vom 13/6. 1943, ausg. 20/10. 1952.) G. KÖNIG. H 550

**Badische Anilin- & Soda-Fabrik**, Ludwigshafen/Rh. (Erfinder: **Adolf Cantzler**, Mannheim, **Heinz Indest**, Obernburg, **Hans Krekeler**, Bielefeld, und **Rudolf Leutner**, Gimmeldingen), *Herstellung von Chloräthern*, dad. gek., daß man Äther in fl. Zustand unter Vermeidung der Chlorierungs-Rk. mit fl. $Cl_2$ mischt u. das fl. Gemisch, z. B. durch Einw. von chem.-akt. Strahlen, durch Erwärmen, durch Zusatz von Chlorierungskatalysatoren oder durch mehrere dieser Maßnahmen, zur Rk. bringt. (**D. B. P. 857 949** Kl. 12o vom 1/10. 1942, ausg. 4/12. 1952.) G. KÖNIG. H 550

**Standard Oil Co.**, übert. von: **Edmund Field**, Chicago, Ill., V. St. A., *Primäre Alkohole* erhält man aus geradkettigen Aldehyden mit 2—4 C-Atomen im Mol. durch hydrierende Kondensation bei 120—200° u. 1000—10000 lbs/sq.in. in Ggw. von 0,01—0,2 g Co auf 1 Mol. Aldehyd u. von CO u. $H_2$ im mol. Verhältnis von 2 : 1 bis 1 : 4. Co wird bes. als Cobaltcarbonyl oder Cobalthydrocarbonyl angewandt. Die mol. Geschwindigkeit der Aldehyde soll 10 Mol./Std./g-Atom Co nicht überschreiten. Isobutyraldehyd u. höhermol. Aldehyde ergeben keine Kondensation. Die Ggw. von Lösungsmitteln, wie W., Ae., aliphat. oder aromat. KW-stoffe, ist angezeigt. Der Co-Katalysator kann auch während der Rk. erzeugt werden. — CoO wird in Ggw. von Ae. mit $NH_4$-Sulfidlsg. behandelt u. bildet durch Einw. von CO u. $H_2$ (1 : 1) bei 160° u. 2000 lbs/sq.in. Cobaltcarbonyl u. Cobalthydrocarbonyl. Nach Erkalten fügt man Acetaldehyd zu u. leitet in das geschlossene Gefäß bei 160° u. 2000 lbs/sq.in. CO u. $H_2$ ein. Man erhält: A., n-Butanol u. 2-Methyl-1-pentanol. Aus Paraldehyd erhält man A., Butanol, Hexanole, Octanole u. höhersd. Produkte. Propionaldehyd ergibt 2-Methyl-1-pentanol, Kp. 147,6—148,2, $n_D^{20}$ 1,4177, $D._{25}$ 0,8284. n-Butyraldehyd ergibt Butanol, 2-Äthylhexanol u. höhersd. Produkte. Man kann auch von Mischungen der Aldehyde ausgehen. (**A. P. 2 587 576** vom 2/12. 1950, ausg. 4/3. 1952.) G. KÖNIG. H 560

**Lech-Chemie Gersthofen** (Erfinder: **Georg Keicher**), Gersthofen, *Herstellung von 1.1.1-Trichlor-2-methylpropanol-(2)*, dad. gek., daß man auf ein Gemisch von Chlf. u. Diacetonalkohol NaOH bei einer Temp. von 2—5° einwirken läßt. (**D. B. P. 857 807** Kl. 12o vom 17/10. 1951, ausg. 1/12. 1952.) G. KÖNIG. H 560

**Deutsche Gold- und Silber-Scheideanstalt vormals Roessler** (Erfinder: **Heinrich Brendlein**), Frankfurt/M., *Ungesättigte Alkohole* erhält man aus α.β-ungesätt. Aldehyden oder Ketonen durch Hydrieren in Ggw. von Cd unter erhöhtem Druck. Als Kontakt kann Cd selbst verwendet werden, wie es z. B. durch Ausfällen des Hydroxyds, Erhitzen auf 400° u. Red. erhalten wird. Man kann auch Cd-Verbb. auf Träger, wie akt. Kieselsäure, Kohle Bimsstein, Tonerde, MgO auftragen, den Katalysator erhitzen u. vor oder während der Rk. reduzieren. Der Kontakt kann neben Cd auch andere hydrierend wirkende Bestandteile enthalten, bes. Cu. — Durch Überleiten von Acrolein über einen derartigen Kontakt (aus 30 [Teilen] CuO u. 85 CdO, nach Fällen aus den Nitraten zu Preßlingen verarbeitet u. red.) mit $H_2$ von 200 at. bei 275° erhält man *Allylalkohol*, analog aus Crotonaldehyd *Crotylalkohol*, aus Vinylmethylketon *Methylvinylcarbinol*, aus Zimtaldehyd *Zimtalkohol*, aus Sorbinaldehyd (in 60%ig. Verdünnung in Butanol) *Sorbinalkohol*. Ausbeuten in der obigen Reihenfolge: 70, 80, 60—65, 68, 55—60% der Theorie bei einem stündlichen Durchsatz an umgesetztem Aldehyd oder Keton von 8—9 Mol pro Liter Kontakt bzw. 4—5 Mol durchgesetzten Sorbinaldehyds. (**D. B. P. 858 247** Kl. 12o vom 9/2. 1940, ausg. 4/12. 1952.) GANZLIN. H 560

**Deutsche Gold- und Silber-Scheideanstalt vormals Roessler** (Erfinder: **Wendelin Schmäche** und **Paul Steinführ**), Frankfurt/M., *Herstellung von haltbaren Lösungen des* Formaldehyds aus dessen festen Polymeren durch Einw. geringer Mengen von bas. Verbb., dad. gek., daß man die Polymeren des $CH_2O$ in Ggw. von Lösungsmitteln, wie W., Alkohole oder Ketonen, mit bas. wirkenden Mitteln in Mengen von weniger als 0,05%, bezogen auf die fertige Lsg., vorteilhaft in der Wärme behandelt. Als bas. wirkende Stoffe eignen sich solche mit puffernden Eigg., wie Alkaliphosphate, -carbonate. (**D. B. P. 854 502** Kl. 12o vom 13/7. 1940, ausg. 4/11. 1952.) G. KÖNIG. H 670

**Badische Anilin- & Soda-Fabrik** (Erfinder: **Martin Müller-Cunradi** und **Kurt Pieroh**), Ludwigshafen/Rh., *Herstellung von Propionaldehyd* durch katalyt. Dehydrierung von Propylalkohol (**I**) in der Gasphase, dad. gek., daß man **I** nur zum Teil dehydriert u. den nicht umgesetzten Teil zusammen mit Propylidendipropylacetal im Kreislauf führt. Vorteilhaft ist es, den umlaufenden **I** gemischt mit Propylidendipropylacetal vor der Dehydrierung mit wasserentziehenden Mitteln zu behandeln. (**D. B. P. 854351** Kl. 12o vom 17/2. 1940, ausg. 4/11. 1952.) G. KÖNIG. H 670

**General Aniline & Film Corp.**, New York, N. Y., übert. von: **Roger F. Kleinschmidt**, Easton, Pa., V. St. A., *Dioxime der 1.3-Dialdehyde* erhält man aus 1.3-Dialdehyddiacetalen (I) der allg. Formel $(RO)_2{=}CH{-}CH(X){-}CH{=}(OR)_2$ durch Rk. mit sauren, wss. Lsgg. von Salzen des Hydroxylamins (II) bei n. Temp. oder unter Erhitzen bis zum Kp. der Mischung. In der allg. Formel sind R = gleiche oder verschied. KW-stoffradikale u. X = H, Halogen, aliphat., araliphat. oder aromat. KW-stoffreste. Als I kommen bes. Tetramethyl- oder Tetraäthylmalonaldehydacetal in Betracht. Als II eignen sich bes. das Hydrochlorid u. Sulfat in geringem Überschuß. — Hydroxylaminhydrochlorid u. Methyl-triäthyl-malonaldehydacetal ergeben *Malonaldehyddioxim*, weißes, festes Pulver, F. 146—147°. Man kann auch O-substituierte Hydroxylamine zur Rk. bringen. (**A. P. 2560227** vom 17/2. 1948, ausg. 10/7. 1951.) G. KÖNIG. H 680

**United States of America**, übert. von: **Howard M. Teeter** und **John C. Cowan**, Peoria, Ill., V. St. A., *Ungesättigte, höhermolekulare Halogenfettsäuren* u. deren Derivv. erhält man durch substituierende Halogenierung der entsprechenden Fettsäuren oder deren Alkyl- oder Glycerinester mit Alkylhypohalogeniten (tert. Amylhypochlorit) bei 30—100°, zweckmäßig in $CCl_4$, Bzl., Chlf., PAe. als Lösungsmittel. — Mit Alkali raffiniertes Sojabohnenöl wird 1 Std. mit Butylhypochlorit bei 60° behandelt. Die flüchtigen Stoffe werden unter Durchleiten eines Inertgases im Vakuum entfernt, wodurch man ein Prod. mit 9,92 (%) Cl, 14,6 konjugierte Dien-, 5,1 Trien- u. 1 Tetraenbindungen erhält. Ferner erhält man *Chlorierungsprodd. von Sojabohnenölfettsäuremethylester, Sojabohnenölfettsäuren, Leinöl, Ricinusöl, Methyloleat* u. *Methyllinoleat* mit 9,76; 8,14; 9,10; 10,65; 3,51 u. 9,24% Cl (Tabelle). (**A. P. 2557159** vom 13/1. 1947, ausg. 19/6. 1951.) KRAUSS. H 810

**Usines de Melle Soc An.**, Saint-Leger-Les-Melle, übert. von: **Maurice Mainçon**, Vendin le Vieil, Frankreich, *Herstellung von Estern.* Aliphat. Ester mit 2—5 C-Atomen werden kontinuierlich hergestellt, indem man in ein erhitztes, aus W., der betreffenden Säure u. einem Katalysator, z. B. $H_2SO_4$, bestehendes Bad fortlaufend den Alkohol u. Säure zufließen läßt u. dabei den entstandenen Ester abdestilliert. Die Menge Alkohol soll geringer als die der Säure sein u. ca. 5—20 (%), die Menge W. wenigstens 50 u. die Menge des anwesenden Esters in der Bad-Fl. nicht $>5$ betragen. Aus dem Destillat (I) wird die Säure durch Rückflußkondensation mit einem Teil des I ausgewaschen u. in den Prozeß zurückgeführt. Das Verf. dient zur Herst. von *Methyl-, Äthyl-, Propylformiat, -acetat* oder *Allylformiat.* — Zeichnung. (**A. P. 2575722** vom 1/11. 1948, ausg. 20/11. 1951. F. Prior. 3/11. 1947.) DERSIN. H 810

**Celanese Corp. of America**, New York, N. Y., übert. von: **Alexander F. MacLean**, Robstown, und **Donald E. Pickart**, Corpus Christi, Tex., V. St. A., *Aliphatische Nitrile* (I) erhält man durch Rk. von 1 (Mol) dampfförmigen aliphat. gesätt. Monocarbonsäuren mit mindestens 2 C-Atomen, mit 1—2 $NH_3$ an $Al_2O_3$-, $SiO_2$-$Al_2O_3$- u. $Al_2O_3$-Th-Oxyd-Fließbettkatalysatoren bei 300—400° u. einer Berührungszeit von 0,1—1,0 Sek., Absorption der Reaktionsprodd. in kaltem Xylol u. Isolierung der I durch Fraktionieren der I-Lösung. — Beschrieben wird die Herst. von *Aceto-* u. *Propionitril.* (**A. P. 2590986** vom 27/3. 1950, ausg. 1/4. 1952.) MÜLLER-MEININGEN. H 810

**American Cyanamid Co.**, New York, N. Y., V. St. A. (Erfinder: **H. S. Davis** und **E. L. Carpenter**), *Herstellung von Acrylnitril.* Man erwärmt Äthylencyanhydrin (I) in Ggw. eines Dehydratisierungskatalysators (II) auf 140—240°. Als II dient der Rückstand, den man beim Erhitzen von I auf 140—240° erhält. Das Verf. kann kontinuierlich durchgeführt werden, indem man I kontinuierlich zuführt u. das gebildete Acrylnitril kontinuierlich abdestilliert. Der genannte Rückstand ist wirksamer als andere II. — Zeichnungen, Diagramm. (**Schwed. P. 132768** vom 7/6. 1943, ausg. 4/9. 1951. A. Prior. 6/6. 1942.) JÜRGEN SCHMIDT. H 810

**Consortium für elektrochemische Industrie G. m. b. H.** (Erfinder: **Johann Bruck, Theodor Rost** und **Alfred Treibs**), München, *Acrylsäurenitril* (I) erhält man aus acylierten Milchsäurenitrilen durch Abspaltung der Acylgruppe bei ca. 700° u. darüber unter hohem Durchsatz des Ausgangsstoffes in Abwesenheit eines Katalysators. — α-Acetoxypropionsäurenitril wird in einem elektr. geheizten Edelstahlrohr auf 700° erhitzt, wobei der Durchsatz je Liter Spaltzone u. Std. 5,9 kg beträgt. Die Ausbeute an I beträgt 95%. In weiteren Beispielen erfolgt die Spaltung von α-Oxypropionsäurenitrilbuttersäureester in einem Quarz- oder Porzellanrohr. (**D. B. P. 851060** Kl. 12o vom 5/10. 1939, ausg. 2/10. 1952.) KRAUSS. H 810

**Chemische Werke Hüls G. m. b. H.**, Marl (Erfinder: **Daniel Kästner**, Leverkusen, **Rudolf Keller**, Mannheim, und **Erich Kruta†**, Fußgönheim), *Ungesättigte Nitrile* erhält man durch Anlagern von HCN an Acetylen oder KW-stoffe der Acetylenreihe in Ggw. von

Cu-1-Salzen starker Säuren, $NH_4$- oder Alkalisalzen u. gegebenenfalls von freien Säuren als Katalysatoren, die in Form von Lsgg. oder Schmelzen verwendet werden u. außerdem noch Cyanide (K-, Na-, $NH_4$-, CuCN) gelöst enthalten. — Zu einer 80° warmen Mischung aus CuCl, $NH_4Cl$, Cu-Pulver, konz. HCl u. W. ($p_H$ ca. 2—6) gibt man unter $N_2$ KCN u. W., wobei die unter Wärmeentw. sich bildende Fällung sich wieder löst. Leitet man durch diese Lsg. Acetylen, so erhält man Acrylsäurenitril. — Vinylacetylen → *Cyanbutadien.* Weitere Ausführungsformen. (**D. B. P. 851 185** Kl. 12o vom 27/3. 1943, ausg. 2/10. 1952.) KRAUSS. H 810

**E. I. du Pont de Nemours & Co.**, übert. von: **William E. Grigsby** und **Edward S. Bloom**, Wilmington, Del., V. St. A., *Reinigung von Dinitrilen,* wie *1.4-Dicyanbuten* u. *Adiponitril,* von korrodierend wirkenden Cl-haltigen Verunreinigungen, die auf Hydrierungskatalysatoren vergiftend wirken. Man erhitzt die Nitrile mit 5—50% Trimethyl- oder Triäthylamin auf 90—180° in Ggw. von W. u. Bzl. u. extrahiert die gebildeten Aminsalze mit Wasser. — Beispiel: Eine Mischung aus 4 (Gewichtsteilen) Bzl. u. 1 1.4-Dicyan-2-buten (erhalten aus Dichlorbuten + HCN in Ggw. von HCl) wird 20 Min. mit 0,5 $(CH_3)_3N$ (I) u. 0,04 W. auf 160° erhitzt, das Reaktionsgemisch mit W. chlorfrei gewaschen u. destilliert. Aus dem wss. Extrakt kann man nach Zusatz von NaOH nicht umgesetztes I durch Dest. zurückgewinnen. (**A. P. 2 570 794** vom 20/7. 1950, ausg. 9/10. 1951.) MÜLLER-MEININGEN. H 820

**Francis L. Rigby**, Toronto, Ontario, Can., *Aminosäuregewinnung* durch saure Eiweißhydrolyse unter Vermeidung von Tryptophanverlusten. Das im Kathodenteil einer durch ein Diaphragma unterteilten elektrolyt. Zelle befindliche Ausgangsmaterial, z. B. Weizenkleber oder Casein, wird mit heißer $H_2SO_4$ unter Durchleitung eines elektr. Stromes behandelt. — Vorrichtung. (**A. P. 2 578 946** vom 28/8. 1948, ausg. 18/12. 1951.) KRANZ. H 950

**Phrix-Werke Akt.-Ges.**, Hamburg (Erfinder: **Helmut Bock** und **Willi Barthelmus**, Hirschberg, Riesengeb., und **Günther Trautmann**, Mölln), *Herstellung reiner aliphatischer Aminocarbaminsäuren* aus techn. Diaminen, dad. gek., daß man bei der Sublimationstemp. der entstehenden Säure $CO_2$ in Diaminschmelze einleitet. Die Sublimation kann durch Einleiten eines inerten Gases unterstützt werden. Als Ausgangsstoffe dienen z. B. Hexamethylendiamin, Oktamethylendiamin, Dekamethylendiamin, Xylyldiäthylamin, Diaminodipropyläther u. Diaminodiäthylsulfid. (**D. B. P. 850 003** Kl. 12o vom 14/3. 1941, ausg. 22/9. 1952.) SCHINDLER. H 950

**Minnesota Mining & Mfg. Co.**, City of St. Paul, Minn., V. St. A., *tert.-Alkoxysilane* der Zus. $(RO)_xSiCl_{4-x}$ ($x = 1—3$) erhält man durch Rk. von tert. Alkoholen mit Si-Verbb., die mindestens 2 Halogenatome enthalten, in Ggw. von Pyridin (I) oder tert. Aminen. — Beispiel: Man läßt eine Lsg. aus 98,0 (Gewichtsteilen) Di-(tert.-butoxy)-dichlorsilan, 31,6 I u. 75 tert. Butanol 72 Std. unter Luftabschluß stehen, filtriert vom I-Hydrochlorid ab u. erhält durch Dest. 55 *Tri-(tert.-butoxy)-chlorsilan,* $Kp._7$ 76°. — Weiter wird beschrieben die Herst. von: *tert.-Butoxytrichlorsilan,* $Kp._{87}$ 70°. — $(C_2H_5)(CH_3)_2 \cdot C—O—SiCl_3$, $Kp._{57}$ 80°, u. weitere Verbb., deren Konstanten in einer Tabelle aufgeführt werden. — Zeichnung. (**E. P. 656 774** vom 24/7. 1947, ausg. 5/9. 1951. A. Prior. 31/12. 1942.) MÜLLER-MEININGEN. H 980

**American Cyanamid Co.**, New York, N. Y. (Erfinder: **Jack Tarkington Cassaday**, Stamford, Conn.), V. St. A., *Dithiophosphorsäuretriester* der allg. Formel I ($R_1$ u. $R_2$ = Alkyl oder Aryl, $R_3$ u. $R_4$ = H oder Alkyl oder Aryl oder deren Halogenderivv.) erhält man durch Kondensation von Dithiophosphorsäurediestern der allg. Formel II mit einer ungesätt. Verb. der allg. Formel III, zweckmäßig in Ggw. eines Lösungsm., vorteilhaft bei 20—150° u. in Ggw. von 0,2—2% eines aliphat., tert. Amins als Katalysator. Ein Polymerisationsverzögerer kann ebenfalls zugesetzt werden. — Dithiophosphorsäure-O.O-diäthylester u. Fumarsäurediäthylester werden in Ggw. von Hydrochinon 24 Std. auf 65° erwärmt. Nach dem Aufarbeiten in Bzl. erhält man *Dithiophosphorsäure-S-[1.2-di-(carbäthoxy)-äthyl]-O.O-diäthylester,* $n_D^{25}$ 1,4895 in 94%ig. Ausbeute. — *Dithiophosphorsäure-S-[1.2-di-(carbomethoxy)-äthyl]-O.O-dimethylester,* $n_D^{25}$ 1,5080. — *Dithiophosphorsäure-S-[1.2-di-(carbäthoxy)-äthyl]-O.O-dimethylester,* $n_D^{25}$ 1,4970. — *Dithiophosphorsäure-S-[1.2-di-(carbo-n-propoxy)-äthyl]-O.O-dimethylester,* $n_D^{25}$ 1,4890. — *Dithiophosphorsäure-S-[1.2-di-(carbisopropoxy)-äthyl]-O.O-dimethylester,* $n_D^{23}$ 1,4826. — Mit Maleinsäuredimethylester → *Dithiophosphorsäure-S-[1.2-di-(carbomethoxy)-äthyl]-O.O-diäthylester,* $n_D^{25}$ 1,4970. — *Dithiophosphorsäure-S-{1.2-bis-[carbo-(2′-chloräthoxy)]-äthyl}-O.O-diäthylester,* $n_D^{25}$ 1,5110. — *Dithiophosphorsäure-S-[1.2-di-(carbo-n-propoxy)-äthyl]-O.O-diäthylester,* $n_D^{25}$ 1,4852. — *Dithiophosphorsäure-S-[1.2-di-(carboallyloxy)-äthyl]-O.O-diäthylester,* $n_D^{25}$ 1,5000. — *Di-*

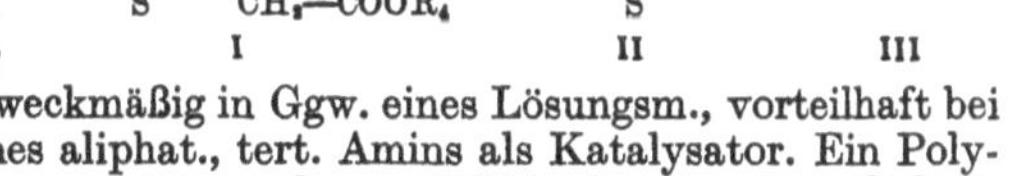

I II III

*thiophosphorsäure-S-[1.2-di-(carbo-n-butoxy)-äthyl]-0.0-diäthylester*, $n_D^{25}$ 1,4814. — *Dithiophosphorsäure-S-[1.2-di-(carbisobutoxy)-äthyl]-0.0-diäthylester*, $n_D^{25}$ 1,4793. — *Dithiophosphorsäure-S-{1.2-bis-[carbo-(2-äthylhexyloxy)]-äthyl}-0.0-diäthylester*, $n_D^{25}$ 1,4780. — *Dithiophosphorsäure-S-{1.2-bis-[carbo-(2-butyloctyloxy)]-äthyl}-0.0-diäthylester*, $n_D^{25}$ 1,4755. — *Dithiophosphorsäure-S-[1.2-di-(carbophenoxy)-äthyl]-0.0-diäthylester*, viscose, braune Flüssigkeit. — *Dithiophosphorsäure-S-[1.2-di-(carbäthoxy)-äthyl]-0.0-diisopropylester*, $n_D^{25}$ 1,4811. — *Dithiophosphorsäure-S-[1.2-di-(carbäthoxy)-äthyl]-0.0-di-n-decylester*, $n_D^{25}$ 1,4769. — *Dithiophosphorsäure-S-[1.2-di-(carbäthoxy)-äthyl]-0.0-diphenylester*, $n_D^{25}$ 1,5532. — *Dithiophosphorsäure-S-[1.2-(carboxycarbomono-n-octadecyloxy)-äthyl]-0.0-diäthylester*, gelbe, viscose Flüssigkeit. — Verwendung als *Insekticide*, bes. für Warmblüter wegen ihrer niedrigen Toxizität, *Fungicide*, *Plastifizierungs-*, *Korrosionsschutz-*, *Flotations-* u. *Erdölzusatzmittel*. (**D. B. P. 847 897** Kl. 12o vom 1/3. 1951, ausg. 28/8. 1952. A. Prior. 2/3. 1950.)
KRAUSS. H 980

**Monsanto Chemical Co.**, St. Louis, Mo., übert. von: **Gennandy M. Kosolapoff**, Dayton, O., V. St. A., *Tetraäthylpyrophosphat* erhält man durch Rk. von mindestens 5 (Mol.) A. mit 2 $POCl_3$ bei Tempp. $<25^0$ u. Entfernen des gebildeten HCl entweder mittels Vakuum oder durch Verdampfen eines zugesetzten Lösungsmittels. Das Reaktionsprod., bestehend aus einem Gemisch von *Triäthylphosphat* u. *Diäthylchlorphosphat* wird auf 130—150° erhitzt, wobei *Tetraäthylphosphat* u. $C_2H_5Cl$ entstehen. Das letzere entweicht. Das rohe Prod. wird, vorteilhaft in einem organ. Lösungsm. gelöst, bei einer Temp. $<25^0$ mit einer wss. Lsg. von Alkali- oder Erdalkalicarbonaten kurz gewaschen. (**A. P. 2 552 326** vom 28/8. 1947, ausg. 8/5. 1951.) G. KÖNIG. H 980

**Farbenfabriken Bayer** (Erfinder: **Fritz Schmidt**), Leverkusen, *Stabilisierte komplexe Titansäureester*, z. B. der Formeln I u. II erhält man durch Kondensation reaktionsfähiger Titansäurederivv. (Halogenide oder Ester) mit solchen organ. Verbb., die zur Komplexbldg. mit dem Ti befähigte Gruppen, wie CO-Gruppen enthalten (Oxyketone, Oxyaldehyde, Ketosäuren, Diketone, polymeres Vinylmethylketon). — Titansäuretetrabutylester (III) wird mit Diacetonalkohol bei 14 mm Hg auf 80° erwärmt, bis kein Destillat mehr übergeht, wodurch man als Rückstand eine gelborange, viscose Ti-Verb. erhält, die in vielen organ. Lösungsmitteln lösl. ist, von W. nur langsam angegriffen wird u. mit Nitrocelluloselsgg. nicht unter augenblicklicher Vernetzung reagiert. Ferner werden umgesetzt: III + Acetessigsäureäthylester. Titansäuretetra-β-chloräthylester + Acetylaceton. (**D. B. P. 847 596** Kl. 12o vom 27/8. 1950, ausg. 25/8. 1952.) KRAUSS. H 980

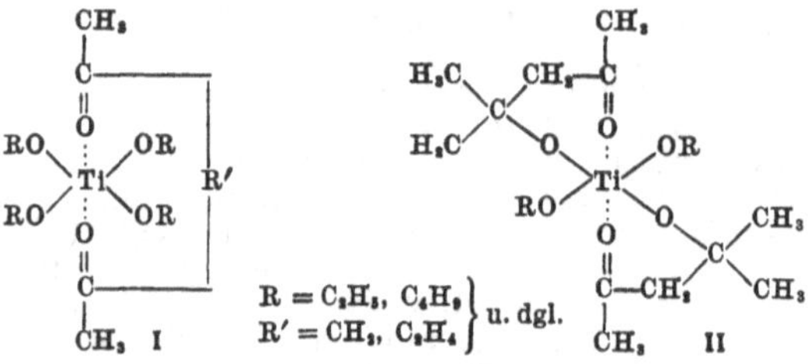


**Badische Anilin- & Soda-Fabrik**, Ludwigshafen/Rh. (Erfinder: **Oskar Klopfer**, Gersthofen), *Gewinnung reiner aromatischer Kohlenwasserstoffe* (I) aus Gemischen mit nichtaromat. I durch Hilfsstoffdest., dad. gek., daß man so weit dest., daß in der Blase nur die aromat. I zurückbleiben, u. das Destillat durch Tiefkühlung in zwei Schichten zerlegt, von denen die die Hauptmenge Hilfs-Fl. enthaltende, gegebenenfalls nach weiterer Anreicherung an Hilfs-Fl., für die azeotrop. Dest. frischen Ausgangsstoffes verwendet wird. — Zeichnung. (**D. B. P. 844 002** Kl. 12o vom 30/11. 1943, ausg. 14/7. 1952.)
G. KÖNIG. H 1010

**Koninklijke Industrieele Mij., voorheen Noury & van der Lande N. V.**, Deventer, Holland, *Additive und substituierende Chlorierung aromatischer Verbindungen*, die in wss. Milieu (W., Alkalien, $CaCl_2$) wenig lösl. sind, auf der wss. Schicht schwimmen u. deren Chlorierungsprodd. durch die wss. Schicht zu Boden sinken. Man fügt von Zeit zu Zeit einen Teil der wss. Schicht (I) oben zu u. zieht unten eine Suspension aus dem Chlorierungsprod. u. I ab. Das $Cl_2$ kann von unten nach oben durch I oder durch die schwimmende Schicht eingeführt werden, wobei die Chlorierung auch in Ggw. von Licht erfolgen kann. Man kann Bzl. zu *Hexachlorcyclohexan* (II), zu *Penta-* oder *Hexachlorbenzol* oder Monochlorbenzol, Toluol oder Phenol chlorieren. Das erhaltene II ist sehr rein u. wirksamer als die auf andere Weise erhaltenen Rohprodukte. — Schemat. App., Zeichnung. (**Schwz. P. 279 625** vom 25/11. 1947, ausg. 17/3. 1952. Holl. Prior. 25/11. 1946.) KRAUSS. H 1010

**Standard Oil Development Co.**, Elizabeth, N. J., übert. von: **Albert J. Schmidl**, Houston, Tex., V. St. A., *Gewinnen von Durol* (I) (*1.2.4.5-Tetramethylbenzol*) aus KW-stoffgemischen, die bei 380—390° (F) sd., erfolgt durch Kühlen der Mischung auf 0—32° mit anschließendem Abscheiden der Kristalle u. selektiver Wärmebehandlung derselben bis 85°, um anhaftende leichter schmelzbare KW-stoffe zu entfernen. Man erhitzt die Kristallmasse mittels heißer inerter Gase u. auch indirekt, vorteilhaft in zwei Stufen, u. leitet die geschmolzene Fl. gesondert ab. Die zurückgebliebene M. enthält fast reines **I**, sie wird durch Schmelzen aus dem Filtriergefäß entfernt. Sofern **I** in Spaltbenzinen enthalten ist, wird hydroformiert, dann der Lösungsmittelextraktion unterworfen u. anschließend fraktioniert, gekühlt u. weiter aufbereitet. Ist **I** in geringen Mengen vorhanden, schaltet man zuerst eine Lösungsmittelbehandlung ein, um **I** in der Mischung zu konzentrieren. — Zeichnung. (**A. P. 2 560 373** vom 29/3. 1948, ausg. 10/7. 1951.) G. KÖNIG. H 1010

**Badische Anilin- & Soda-Fabrik**, Ludwigshafen/Rh. (Erfinder: **Oskar Klopfer**, Gersthofen), *Herstellung einwertiger Phenole aus mehrwertigen Phenolen* oder an diesen reichen Gemischen. Die Ausgangsstoffe (**I**), z. B. Brenzcatechin, werden mit Hilfe des später zur Hydrierung dienenden $H_2$ verdampft. Das Gemisch wird über Katalysatoren ($ZnO + Cr_2O_3$) geleitet. Die nicht verdampften Anteile von **I** werden aus dem unteren Teil des Verdampfers abgezogen. — Vorrichtung. (**D. B. P. 849 557** Kl. 12q vom 3/11. 1944, ausg. 15/9. 1952.) FABEL. H 1060

**Röhm & Haas Co.**, übert. von: **Leo S. Luskin**, Philadelphia, Pa., V. St. A., *Phenoxyalkylbromide* der allg. Formel $R \cdot C_6H_4 \cdot OC_nH_{2n}Br$ (n = 2 oder 3, $C_nH_{2n}$ = Alkylen mit wenigstens 2 C-Atomen, R = H, Alkyl mit höchstens 2 C-Atomen, Cl, $NO_2$) erhält man durch Erhitzen eines Phenoxyalkanols der Formel $R \cdot C_6H_4 \cdot O \cdot C_nH_{2n}OH$ mit überschüssiger 45—50%ig. HBr bei 100—125°, wobei je Std. u. je 1 (Mol.) Alkanol 0,3—1,5 W. abdest. werden. — Phenoxyäthanol wird mit 48%ig. HBr 6½ Std. auf 100—122° erhitzt, wobei man *Phenoxyäthylbromid*, $Kp._{11}$ 117—122°, F. 27° erhält. — *Phenoxypropylbromid*, $Kp._6$ 125—135°. — *o-Methylphenoxyäthylbromid*, $Kp._{25}$ 131°. — *p-Chlorphenoxyäthylbromid*, $Kp._{20}$ 165—168°. — *p-Nitrophenoxyäthylbromid*, F. 68°. (**A. P. 2 569 423** vom 25/6. 1949, ausg. 25/9. 1951.) KRAUSS. H 1060

**Union Carbide & Carbon Corp.**, N. Y., übert. von: **Howard R. Guest** und **Raymond W. McNamee**, South Charleston, W. Va., V. St. A., *Phenylmethylcarbinol* erhält man durch katalyt. Hydrierung von Acetophenon bei Tempp. > 125° u. Drucken > 50 lbs./sq.in. in Ggw. eines aus Fe–Cu–Cr-Oxyden bestehenden Katalysators, wobei vorteilhaft 71 bis 109 (Teile) Cu u. 8—17 Cr auf 100 Fe den Katalysator bilden. Der Katalysator (**I**) wird durch Rösten der Hydroxyde, Carbonate in die Oxydform übergeführt u. anschließend aktiviert, z. B. mit $H_2$, wobei der **I** magnet. Eigg. zeigt. (**A. P. 2 575 404** vom 26/4. 1949, ausg. 20/11. 1951.) G. KÖNIG. H 1070

**Firestone Tire & Rubber Co.**, Akron, übert. von: **Wendell S. Cook**, Houghton, Mich., V. St. A., *Alkylphenolsulfoxyde* erhält man durch Oxydation der entsprechenden Bis-(alkylphenol)-sulfide. — Bis-(6-tert.-butyl-3-methylphenol)-sulfid wird in Eisessig mit 30%ig. $H_2O_2$ behandelt. Man erhält das *Bis-6-tert.-butyl-3-methylphenol)-sulfoxyd*, $C_{22}H_{30} \cdot O_3S$, F. 179°. — *Bis-(4.6-ditert.-butyl-3-methylphenol)-sulfoxyd*, $C_{30}H_{46}O_3S$, F. 163°. — *Bis-(4.6-dimethylphenol)-*, *Bis-(3.4.6-trimethylphenol)-*, *Bis-(3.4.5.6-tetramethylphenol)-*, *Bis-(4.6-diäthylphenol)-*, *Bis-(3.4-dioctylphenol)-*, *Bis-(4-methyl-6-octylphenol)-*, *Bis-(3.5-dimethylphenol)-sulfoxyd*. — Die Verbb. können auch durch Rk. des entsprechenden alkylierten Phenols mit $SOCl_2$ erhalten werden. (**A. P. 2 560 049** vom 29/6. 1949, ausg. 10/7. 1951.) KRAUSS. H 1090

**American Cyanamid Co.**, New York. N. Y., übert. von: **Harry W. Marson**, Greenwich, Conn., V. St. A., *Bis-(m-nitrophenyl)-disulfid* (**I**) erhält man durch Red. von m-Nitrobenzolsulfonylchlorid (**II**) in Ggw. vom J, HJ oder Alkalijodid u. W. oder eines inerten, organ. Lösungsm. (Dioxan, Essigsäure, Aceton, Methyläthylketon oder deren Mischungen) mit $SO_2$, Alkali-, $NH_4$-Sulfiten, -Bisulfiten oder -Metabisulfiten, zweckmäßig bei 20—100°, bes. 40—80°. — **II** wird mit 47%ig. HJ, W. u. Na-Metabisulfit auf 65—70° erwärmt, wodurch man in 93%ig. Ausbeute **I**, F. 83,5—84,5°, erhält. (**A. P. 2 571 740** vom 11/6. 1949, ausg. 16/10. 1951.) KRAUSS. H 1090

**Aschaffenburger Zellstoffwerke Akt.-Ges.**, Redenfelden bei Raubling, Obb. (Erfinder: **Paul Rambacher**, Nußdorf/Inn, und **Johannes Miksch**, Pfraundorf, Kr. Rosenheim), *Reindarstellung von o-Oxybenzamid*, dad. gek., daß das bei der Rk. von o-Oxybenzoesäureestern mit wss. $NH_3$ entstandene Prod. durch Einstellen auf $p_H$ 7—8,5 mittels Säurezusatz gefällt wird. Weiße, prismat. Plättchen von F. 139—140°. (**D. B. P. 849 551** Kl. 12o vom 21/6. 1949, ausg. 15/9. 1952.) SCHINDLER. H 1250

**Badische Anilin- & Soda-Fabrik** (Erfinder: **Gertrud Stochdorph** und **Otto von Schickh**), Ludwigshafen/Rh., *Gesättigte Amine* der Formel $R \cdot CH_2 \cdot CH(R') \cdot NH_2$, worin R u. R' = H oder organ. Reste bedeuten, entstehen durch Red. von Verbb. der Formel $R \cdot CH{=}C(R') \cdot NO_2$ mit $H_2$ u. RANEY-Katalysatoren unter Druck. — ω-Nitro-ω-methylstyrol liefert in Methanol mit $H_2$ u. RANEY-Ni im Autoklaven bei 20—50° u. 50—80 at *1-Phenyl-2-aminopropan*. (**D. B. P. 848 197** Kl. 12q vom 8/7. 1944, ausg. 1/9. 1952.) LANGER. H 1310

**E. I. du Pont de Nemours & Co.**, übert. von: **William Prichard**, Wilmington, Del., V. St. A., *Substituierte alicyclische Ketone* erhält man durch Kondensation eines prim. Alkohols [Methanol, A., Octanol, 2-Äthylhexanol-(1), Äthylenglykol, Octadecandiol-1.12; Benzyl-, Tetrahydrofurfuryl-, Allyl-, Propylalkohol) mit einem alicycl. Keton (Cyclopentanon, Cyclohexanon, Dekalon, Tetralon) in Ggw. eines feinverteilten Hydrierungskatalysators (Fe, Ni, Co, Pt, Ru, Cu, Zn, Cd) bei 200—350°. — Cyclohexanon wird mit A. 8 Std. auf 250° in Ggw. eines Co-Katalysators erhitzt, durch Dest. erhält man *2-Äthylcyclohexanon*, Kp. 183—184°. *2.4-Dinitrophenylhydrazon*, $C_{14}H_8O_4N_4$, F. 164—166°. *Semicarbazon*, F. 158—159°. — *2-Benzylcyclohexanon*, $Kp._8$ 156—160°. — *2-n-Butylcyclohexanon*, $Kp._{10}$ 90—100°. — *2-Oxäthylcyclohexanon*. — *2-Tetrahydrofurfurylcyclohexanon*, $Kp._5$ 122—126°. — Zwischenprodd. zur Herst. von Adipinsäurederivaten. (**A. P. 2549520** vom 29/12. 1947, ausg. 17/4. 1951.) KRAUSS. H 1960

## X. Färberei. Organische Farbstoffe.

**W. Harrison**, *Absorption der Direktfarbstoffe durch Cellulose.* Stellungnahme zu der von STANDING (vgl. C. **1953.** 772) veröffentlichten Arbeit. (Chem. and Ind. **1952.** 758—59. 2/8.) P. ECKERT. 7002

—, *Farbstoffe und Textilhilfsmittel.* DEGUSSA, Frankfurt/M., *Soltex 14* ist die wss. Suspension einer hochdispersen Kieselsäure, kann bei natürlichen u. künstlichen Fasern als verzugsregulierendes Mittel bei allen Spinnverff. angewandt werden. — *Komakrin* ist ein Kunstharz aus der Reihe der Aminoplaste. *Komakrin SA 24* ist bes. für die Knitterfestausrüstung geeignet. Mit *Komakrin SA 151* kann gleichzeitig krumpf- u. knitterfest ausgerüstet werden. *Komakrin SA 71* dient ausschließlich zur Erzeugung von kochwaschbeständigen Krumpffest- u. Quellfesteffekten. — FARBENFABRIKEN BAYER, Leverkusen. *Benzoechtkupferbordo BLN* ist ein einheitlicher Farbstoff, der auf Grund seiner sehr guten Licht- u. guten bis sehr guten Wasser-, Wasch-, Schweiß-, Seewasser-, Bügel- u. Avivierechtheit große Anwendungsmöglichkeiten besitzt. — *Cotolanechtreinblau R* u. *Cotolanechtblau GT.* Die beiden Farbstoffe färben Mischmaterialien aus Wolle u. Baumwolle bzw. Zellwolle gut fasergleich an. — *Syntharesin WL 48, WL 48 Lösung, Syntharesin WL 54* u. *SP* neue wachsähnliche Körper, geeignet für vielseitige Anwendung in der Textilindustrie. — FARBWERKE HOECHST, Frankfurt/M.-Höchst. *Primenti VS* (Hö 2007), Hydrophobierungsmittel u. Weichmacher für natürliche u. künstliche Cellulosefasern. — *Medialan A*-Marken (Hö 2205) anionakt. Walk- u. Waschmittel. — I. R. GEIGY AKT.-GES., Basel, *Solophenylreinblau Bl* (Zirkular Nr. 1189), brillanter lichtechter Direktfarbstoff, färbt streifige Viscose gleichmäßig. — *Diazophenylbrillantgrün G* u. *Diphenylbrillantgrün G* (Zirkular Nr. 1191). — *Cuprophenylreinblau* 2 *DL* (Zirkular Nr. 1193) besitzt hervorragende Licht- u. Waschechtheit. Verwendbar im Textildruck auf vegetabilen Fasern aller Art. — *Tinonchlorbrillantrosa G* fein Pulver für Färberei (Zirkular Nr. 1192). Der Farbstoff eignet sich für die Apparatefärberei u. für das Pigmentklotzverfahren. Baumwolle u. Kunstseide werden prakt. gleich stark u. Ton-in-Ton angefärbt. (Melliand Textilber. **33.** 894. Sept. 1952.) P. ECKERT. 7018

**G. H. Lister**, *Die $p_H$-Regulierung beim sauren Färben und Chromfärben.* 2. Mitt. *Einbadbeizenfärben.* (1. vgl. C. **1949. II.** 805.) Färbungen von Wolle (**I**) in der Flocke lassen sich in Egalität u. Färbedauer verbessern, wenn man den $p_H$-Wert der Flotten bei jedem Farbstoff so reguliert, daß die Bindung an I erst nach gleichmäßiger Durchdringung der Faser erfolgen kann. Vf. berichtet über prakt. Erfahrungen u. Verss. zur Kenntnis des Metachromverfahrens. Es wird vorgeschlagen, in geschlossenen Färbeapparaten die schädliche $p_H$-Erhöhung durch graduelle Essigsäurezugabe oder Pufferung (Monoammoniumphosphat oder $K_2Cr_2O_7$ statt Metachrombeize) zu vermeiden. Weitere Verss. betrafen die Wrkg. der Temp. auf die Entw. des Chromlackes beim Metachromverf., andere einbadige Chrombeizenfärbemethoden u. Verff. für die Inaktivierung von Chromalaun u. Bichromaten in gebrauchten Farbflotten zwecks erneuter Verwendung etwa durch Zugabe von $NaNO_2$, Thioglykolsäure oder Natriumoxalat. (J. Soc. Dyers Colourists **68.** 49—57. Febr. 1952. Bradford, Sandoz Products Ltd., Res. Labor.) ZAHN. 7020

**H. Rath** und **H. Merk**, *Beeinflussung des Färbens durch Schallwellen.* 3. Mitt. (2. vgl. C. **1952.** 7893.) Es wurden laboratoriumsmäßige Verss. mit Ultraschallwellen verschied. Frequenzen u. Intensitäten vorgenommen. Gefärbt wurden: Baumwolle mit Immedialleukoviolett B extra, mit substantiven Farbstoffen, Anthrachinon-, Entwicklungs- u. Küpenfarbstoffen, Seide mit Säure- u. Chromkomplexfarbstoffen, Acetat-Reyon u. PeCe mit Dispergierfarbstoffen sowie Perlon mit Säurefarbstoffen. Dabei hat sich ergeben, daß die Aufziehgeschwindigkeit in dem Frequenzbereich von 22—175 kHz prakt. unabhängig von der Frequenz ist, dagegen mit zunehmender Schallintensität gefördert wird. — 14 Kurvenbilder. (Melliand Textilber. **33.** 859—61. Sept. 1952. Reutlingen-Stuttgart, Deutsches Forschungsinst. für Textilindustrie.) P. ECKERT. 7020

—, *Der Einfluß der Färbeverfahren auf die Faserschädigung.* Allg. Ausführungen über die beim Färben der Wolle gegebenen Möglichkeiten einer Faserschädigung u. deren Ursachen. (Textile Manufacturer. **78.** 435—36. Aug. 1952.) P. ECKERT. 7020

—, *Küpenfärbeverfahren für Bänder aus Viscosereyon.* Beschreibung einer Färbevorr. sowie deren Arbeitsweise u. Vorteile. (Skinner's Silk Rayon Rec. **26.** 1233. Okt. 1952.) P. ECKERT. 7020

**K. Rieckoff,** *Dynelfaser.* 2. Mitt. *Das färberische Verhalten.* (1. vgl. C. **1953.** 1268). An Hand der Literatur wird die Eignung der verschiedensten Farbstoffklassen zum Färben der Dynelfaser (Vinylchlorid u. Acrylnitril) besprochen. (Dtsch. Textilgewerbe **54.** 678—80. 20/7. 1952.) P. ECKERT. 7020

**K. Rieckoff,** *Überblick über das Färben von Orlonfasern.* Kurze Literaturübersicht unter Anführung prakt. Beispiele. (Dtsch. Textilgewerbe **54.** 393—94. 20/4. 1952.) P. ECKERT. 7020

**G. Bernardy,** *Probleme beim Filmdruck mit Küpenfarbstoffen.* 2. Mitt. *Dämpfen.* (1. vgl. C. **1953. 448.**) Besprochen werden die Dampfverhältnisse sowie der Dämpfer beim n. Dampfverf. mit Alkalicarbonat–Na-Formaldehydsulfoxylat u. beim Colloresinverfahren. Es wird darauf hingewiesen, daß bei Einhaltung bestimmter u. genau angeführter Bedingungen die Sicherung des Erfolges beim Filmdruck mit Küpenfarbstoffen nach den üblichen Verff. mit Alkalicarbonat u. Na-Formaldehydsulfoxylat in der Druckfarbe unabhängig von der verwendeten Dämpfeinrichtung ist. (Melliand Textilber. **33.** 865—67. Sept. 954—57. Okt. 1952.) P. ECKERT. 7022

**K. McLaren,** *Der Abstand der Stufen für die Bewertung der Wirkung auf die Muster bei der Lichtechtheitsprüfung.* Die Abstufung der ersten arithmet. Graumaßstäbe zur Bewertung von Farbtiefenverlusten bei der Lichtechtheitsprüfung hat sich als unbefriedigend erwiesen, da kleine, aber wichtige Unterschiede zwischen Mustern guter Echtheiten nicht nachgewiesen werden können. Wenn man eine geometr. Abstufung wählt, erhält man jedoch gute Werte. Vier derartige geometr. Graumaßstäbe (Anwendung der chromat. Wertformel von ADAMS) wurden den internationalen Normenausschüssen zur Prüfung gesandt. (J. Soc. Dyers Colourists **68.** 203—04. Juni 1952. Manchester, Hexagon House, Imp. Chem. Ind. Ltd.) ZAHN. 7028

**K. McLaren,** *Die Verwendung des Graumaßstabs für die Bewertung der Wirkung auf das Muster bei der Bestimmung von Lichtechtheiten.* Der geometr. Graumaßstab kann nicht nur zur Bewertung von Farbtiefverlusten, sondern auch von Änderungen im Farbton u./oder Brillanz u. jeder Kombination dieser drei Faktoren verwendet werden, wie vom Vf. experimentell bewiesen wurde. (J. Soc. Dyers Colourists **68.** 205—06. Juni 1952. Manchester, Hexagon House, Imp. Chem. Ind. Ltd.) ZAHN. 7028

**J. Rath,** *Potentiometrische Kontrolle von Färbungen.* An Hand von Beispielen beschreibt Vf. die Möglichkeiten der Anwendung des MARHEN-Verfahrens. Bei dem genannten Verf. handelt es sich um eine potentiometr. Meßmeth., die von der GENERAL DYESTUFF CORP., New York, entwickelt wurde. Es wird darauf hingewiesen, daß sich das Verf. auch bei der Bleiche, bei der es sich gleichfalls um einen Oxydations–Red.-Vorgang handelt, angewandt werden kann. — Abbildungen u. schemat. Darstellungen. (Melliand Textilber. **33.** 862—64. Sept. 1952.) P. ECKERT. 7086

---

**General Aniline & Film Corp.,** New York (Erfinder: **Clemens Streck,** Loudonville), N. Y., V. St. A., *Schaumverhinderndes Gemisch,* bestehend aus einem körnigen wasserlösl. Trägerstoff, z. B. $Na_2SO_4$, auf dem 0,01—3% eines nicht gallertartigen bis viscosen organ. Siloxanpolymers gleichmäßig verteilt sind. Nach einem Beispiel wird wasserfreies $Na_2SO_4$ mit einem oberflächenakt. Kondensationsprod., z. B. Monooleyläther eines Polyäthylenglykols, u. polymerem Dimethylsiloxan gemischt. Der Zusatz des schaumverhindernden Gemisches kann auch z. B. während eines Diazotierverf. erfolgen, wodurch das Mittel bei *Druck- oder Färbeverf.* mit den Farbstoffsalzen zusammen wirksam ist. — Beispiele. (**D. B. P. 853 585** Kl. 12a vom 21/4. 1950, ausg. 27/10. 1952. A. Prior. 28/4. 1949.) SCHINDLER. 7021

**Badische Anilin- & Soda-Fabrik,** Ludwigshafen/Rh. (Erfinder: **Konrad Jost,** Lützelsachsen an der Bergstraße), *Färben von fadenförmigen Gebilden aus Polyacrylnitril.* Man färbt Mischpolymerisate aus Acrylnitril u. vorzugsweise 3% 1.1-Dichloräthylen mit Küpenfarbstoffen oder Farbstoffen, wie sie zum Färben von Acetatkunstseide, Polyamiden oder Polyurethanen oder Nitrocelluloselacken verwendet werden, in der für diese Farbstoffklassen üblichen Weise. (**D. B. P. 850 135** Kl. 8m vom 28/9. 1950, ausg. 22/9. 1952.) v. SCHILLER. 7021

**Farbenfabriken Bayer** (Erfinder: **Fritz Baumann, Berthold Bienert** und **Heinrich Vollmann**), Leverkusen, *Neue komplexe Co-Verbindungen.* Das Verf. des D. B. P. 839 939 wird derart abgeändert, daß die Rk. in Ggw. von $NH_4NO_3$ durchgeführt wird. — Aus

Phthalsäureanhydrid, Harnstoff u. wasserfreiem Co-Chlorid z. B. wird in Ggw. von $NH_4NO_3$ (Oxydationsmittel!) u. $NH_4$-Molybdat durch Erhitzen in Nitrobenzol zunächst auf 140 bis 170°, dann auf 200—205° ein *Co-Phthalocyaninzwischenprod.* erhalten, das unmittelbar im *Zeugdruck* verwendet werden kann. (**D. B. P. 855 710** Kl. 12p vom 30/11. 1950, ausg. 17/11. 1952. **Zusatz zu D. B. P. 839 939; C. 1952. 7258.**) Brösamle. 7023

**I. G. Farbenindustrie Akt.-Ges.**, Frankfurt/M. (Erfinder: **Walter Hees**, Köln), *Drucken von Cellulosefasern mit Schwefelsäureestern von Leukoküpenfarbstoffen* nach dem Nitritverf. bei gleichzeitiger Anwendung von Farbstoffen oder Farbstoffzwischenverbb., die ebenfalls gegen $HNO_2$ empfindlich sind. Man sorgt während des Entwicklungsvorganges für die Anwesenheit von Thioharnstoff, Formamidinsulfonsäure oder deren Substitutionsverbindungen. (**D. R. P. 747 574** Kl. 8n vom 17/4. 1943, ausg. 28/8. 1952.) v. Schiller. 7023

**I. G. Farbenindustrie Akt.-Ges.**, Frankfurt/M. (Erfinder: **Siegfried Petersen**, Leverkusen), *Verbesserung der Echtheitseigenschaften von Direktfärbungen.* Man behandelt die gefärbte Ware mit wss. Lsgg. der in neutraler oder schwach saurer Lsg. nach D. R. P. 671 704 hergestellten Kondensationserzeugnisse (I) aus Amino- oder Iminogruppen enthaltenden C-Verbb., $CH_2O$ u. $NH_4$-Salzen. Man kann auch I verwenden, die aus ringförmigen N-Basen, die wie Iminoverbb. reagieren, $CH_2O$ u. $NH_4$-Salzen hergestellt sind. (**D. R. P. 751 174** Kl. 8m vom 4/7. 1937, ausg. 28/8. 1952.) v. Schiller. 7029

**Durand & Huguenin, Akt.-Ges.** (Erfinder: **Karl Glenz**), Basel, Schweiz, *Leukoschwefelsäureester von Anthrachinonazofarbstoffen.* Azofarbstoffe aus diazotierten 1-Aminoanthrachinonen (I) oder seinen Halogensubstitutionsprodd. u. Aniliden der p-Phenylbenzoylessigsäure werden mit einem Reduktionsmittel behandelt, das nur die Chinon- u. nicht die Azogruppe angreift, u. die Leukoverb. mit einer $SO_2$ oder $SO_3$ abgebenden Substanz in Ggw. einer tert. Base verestert. — 10 g des Monoazofarbstoffs aus diazotiertem I u. 1-(p-Phenylbenzoylacetylamino)-2.5-dichlorbenzol werden mit 6 g Fe-Pulver u. 15 g Chlorsulfonsäure + 75 g Pyridin mehrere Std. bei 50° gerührt. Das Veresterungsgemisch wird mit $Na_2CO_3$ neutralisiert, das Pyridin abdest., Fe abfiltriert u. der Ester ausgesalzen. Er gibt nach der Entw. gelbe Drucke. (**D. B. P. 842 378** Kl. 22a vom 1/1. 1949, ausg. 26/6. 1952. Schwz. Prior. 28/7. 1945.) Kalix. 7053

**J. R. Geigy, Akt.-Ges.**, Basel (Erfinder: **Peter Hindermann**, Bodmingen b. Basel), *Metallisierbare Dis- oder Polyazofarbstoffe der Pyrazolonreihe* von großer Affinität zur Cellulosefaser u. großer Echtheit stellen Verbb. der allg. Formel I dar. Hierbei bedeutet X ein S- oder O-Atom, Y eine Alkyl- oder Phenylgruppe, Z einen in 1.4-Stellung gebundenen Phenylen- oder Diphenylenrest, der noch substituiert sein kann, u. A den Rest eines

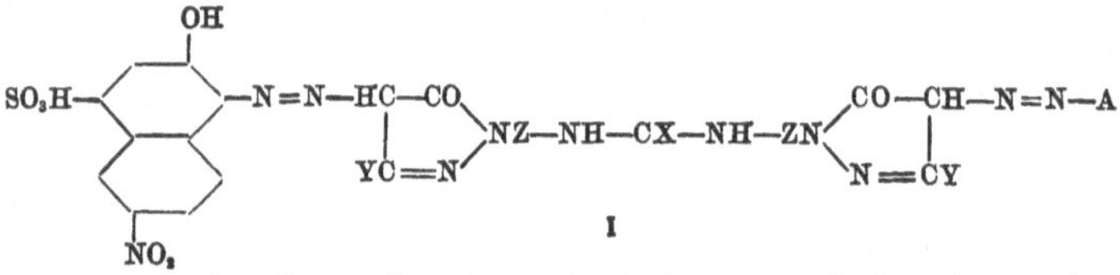


I

beliebigen aromat. Amins, das noch weiter substituiert u. auch Azogruppen tragen kann (mit Ausnahme jedoch des Restes der nitrierten Diazoverb. der 1-Amino-2-oxynaphthalin-4-sulfosäure). Als A werden vorzugsweise aromat. Amine verwendet, die in o-Stellung zu —N=N— metallisierbare Gruppen besitzen; als weitere Substituenten von A kommen bes. $NO_2$-, OH-, Alkyl-, Alkoxy-, Carboxy-, Acylamino-, Carbamino- u. $SO_3H$-Gruppen in Frage. Die Herst. erfolgt nach bekannten Verfahren. — Beispiel: 28,4 (Teile) diazotierte 1-Amino-6-nitro-2-oxynaphthalin-4-sulfonsäure werden mit 40,4 des Harnstoffs aus 1-(4'-Aminophenyl)-3-methyl-5-pyrazolon u. $COCl_2$ zum Zwischenprod. gekuppelt; dann wird mit der Diazoniumverb. von 13,7 5-Methyl-2-methoxy-1-aminobenzol weitergekuppelt. In W. rotbraun lösl. Pulver, das Cellulose aus $Na_2SO_4$-Lsg. rotstichig braun färbt; durch Nachkupfern wird die Färbung rein rot. (**D. B. P. 842 098** Kl. 22a vom 14/12. 1948, ausg. 23/6. 1952. Schwz. Prior. 23/12. 1945.) Kalix. 7055

**J. R. Geigy, Akt.-Ges.**, Basel (Erfinder: **Peter Hindermann**, Bodmingen b. Basel, **Werner Bossard** und **Adolf Krebser**, Riehen b. Basel), Schweiz, *Polyazofarbstoffe* mit großer Affinität zu natürlicher u. regenerierter Cellulose. Verbb. der allg. Formel I, worin

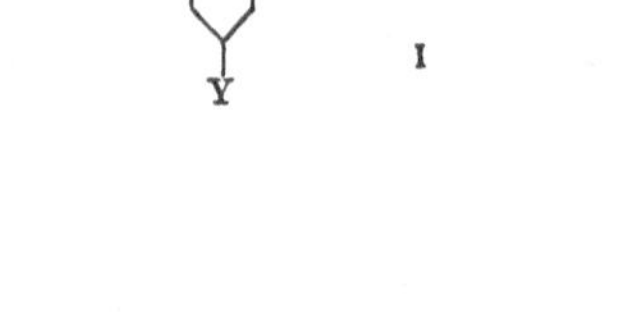


I

R eine OH-Gruppe oder einen in diese überführbaren Substituenten, X den Rest einer beliebigen Azokomponente, die auch Azogruppen enthalten kann, u. Y eine $SO_3H$- oder COOH-Gruppe bedeuten, werden mit Aminoazoverbb. der allg. Formel A—N=N—B—$NH_2$ gekuppelt (A = Rest einer Oxybenzol-o-carbonsäure,

B = 1- oder mehrkerniger Rest der Benzolreihe oder ein Rest der Naphthalinreihe). Die Herst. erfolgt nach bekannten Verff., die Farbstoffe werden in Substanz oder auf der Faser nachgekupfert. — Beispiel: 20,4 (Teile) tetrazotierte 1-Oxy-2.6-diaminobenzol-4-sulfonsäure werden mit 22,4 1-Oxynaphthalin-4-sulfonsäure gekuppelt. Der Disazofarbstoff wird isoliert u. mit dem Reaktionsprod. aus 18,4 tetrazotiertem 4.4'-Diaminodiphenyl u. 13,8 1-Oxybenzol-2-carbonsäure weitergekuppelt. In W. braun lösl. Pulver, das Cellulose in dunkelbraunen Tönen färbt, die beim Nachkupfern in Rotbraun übergehen. (**D. B. P. 842 099** Kl. 22a vom 14/12. 1948, ausg. 23/6. 1952. Schwz. Prior. 9/11. 1945.) KALIX. 7055

## XIa. Farben. Anstriche. Lacke. Naturharze.

**L. Korfhage**, *Titanpigmente.* Überblick über Darstellungsweisen (Schwefelsäure-, Chlorierungsverff.) für Titanpigmente sowie über Gewinnung u. Anwendung von Butyltitanat auf Grund der Patent- u. Zeitschriftenliteratur. — 30 Literaturzitate. (Fette Seifen einschl. Anstrichmittel **54.** 356—58. Juni 1952. Münster.) SCHEIFELE. 7092

**Charles H. Parker**, *Aminoharze für Lacküberzüge.* Vf. gibt einen Überblick über die Beziehungen zwischen Chemie u. Verwendungszweck von Harnstoff- u. Melaminharzen. Komponenten der Aminoharze sind Harnstoff, Melamin, alkyl- u. arylsubstituierte Diamontriazine (Guanamine), Formaldehyd u. Paraformaldehyd sowie einwertige Alkohole; von letzteren sind n-Butanol, n-Propanol, Isobutanol u. gegebenenfalls sek. Butanol für prim. Verätherung der Methylole am geeignetsten, da sie mit W. azeotrope Gemische bilden u. dadurch dessen Entfernung erleichtern. Bei konstantem Formaldehydverhältnis u. bestimmtem $p_H$ beeinflussen Art u. Menge des Alkohols sehr stark die Viscosität, Verträglichkeit, Verschnittfähigkeit u. Härtbarkeit. Niedere Alkohole ergeben im allg. rasches Aushärten, niedere Viscosität, schlechte Verträglichkeit u. Verschnittfähigkeit, langkettige Alkohole (> 5 C-Atome) ergeben bis auf die Viscosität meist entgegengesetzte Eigenschaften. Hoher Geh. an verätherten Methylolen bedingt niedere Viscosität, langsames Aushärten, hohe Verträglichkeit u. KW-stofftoleranz, geringer Äthergeh. bewirkt die entgegengesetzten Eigenschaften. Lacktechn. verwendbare Harnstoffharze enthalten ca. 2 Butoxyl auf 3 Harnstoff, Melaminharze ca. 3 Butoxyl auf 2 Melamin, wenn das Molverhältnis Formaldehyd/Melamin ursprünglich ungefähr 6 : 1 betrug. Melaminharztypen: 1. rasch aushärtend, farbtonecht, beschränkt verträglich u. alkalibeständig; 2. langsamer aushärtend, gut verträglich bes. mit Alkyden, benzinverträglich, hochglänzend, mäßig alkalibeständig; 3. gut aushärtend, hochverträglich, glänzend, alkalifest. Harnstoffharztypen: 1. hochviscos, rasch aushärtend, beschränkt verträglich; 2. niederviscos, langsam aushärtend, besser verträglich u. höherer Glanz; 3. sehr niederviscos, langsam aushärtend, hochglänzend, sehr verträglich, benzinverdünnbar. — 13 Literaturhinweise. (Paint Varnish Product. **42.** Nr. 4. 19—23. 61. April 1952. Springfield, Mass., Monsanto Chemical Co.) SCHEIFELE. 7096

—, *Silicone in der Lacktechnik.* Kurzer Überblick. (Ind.-Lackier-Betrieb **20.** 97. Juni 1952.) WINIKER. 7096

**Heinrich Wulf**, *Das Neuste: Polyurethanlacke!* Überblick über Herst., Eigg. u. Verwendungsmöglichkeiten. (Ind.-Lackier-Betrieb **20.** 147—50. Aug. 1952. Berlin-Charlottenburg, Labor. für Farbentechnik an der Hochschule für bildende Künste.) WINIKER. 7106

**S. O. Greenlee** und **F. C. Kraatz**, *Wachsüberzüge im Korrosionsschutz.* Schützende Wachsüberzüge werden erzeugt mittels Emulsionen, Dispersionen, Lsgg. u. geschmolzener Wachse. Wss. Wachsemulsionen enthalten neben Wachs meist noch Harze u. Emulgatoren; der Festgeh. schwankt zwischen 5 u. 40% u. dementsprechend auch die erzielte Filmdicke. Glanz, Härte, Elastizität u. Wetterbeständigkeit sind abhängig von Art u. Mengenverhältnis der angewandten Wachse u. Harze. Industrielle Wachsemulsionen trocknen gewöhnlich in 15—30 Min. staubtrocken u. in 24—48 Std. hart auf; sie sind leicht verarbeitbar, geben glänzende Filme, zeigen Empfindlichkeit gegen $p_H$-Änderungen u. gegen Frost u. benetzen nur schwer ölige Flächen. Wachsdispersionen u. -lsgg. in Benzin-KW-stoffen usw. geben matte, polierfähige Filme; sie sind frostbeständig u. anwendbar auf Untergründen, die sonst von W. angegriffen werden. Die wichtigeren Typen enthalten Wachse u. Harze, wobei das Harz Haftfähigkeit, Zügigkeit u. Chemikalienresistenz erhöht, das Wachs Wasserfestigkeit u. Elastizität begünstigt. Wachs–Harz-Filme besitzen vielfach hohe Schutzwirkung. Im Metallschutz haben Wachsfilme gegenüber Ölfilmen den Vorteil, daß sie trocken u. staubabweisend sind. Mit Wachsemulsionen lassen sich nur dünne Überzüge erzielen. Wachse in Verbindung mit elast. Kunstharzen schützen Al gegen alkal. Angriff durch Zement usw. Wachs–Silicon-Prodd. finden als Autopolish usw. Verwendung. Wachsüberzüge erleichtern die Stanz- u. Tiefziehoperationen u. ergeben gute Poliermittel für Holz. Hartfaser- u. Asbestplatten, Kautschuk- u. Asphaltbeläge werden mit Wachsen, Metallstearaten u. dgl. behandelt. Bekannt sind ferner gewachste Papiere, sowie Wachsüberzüge für Leder, Gewebe u. Früchte. (Paint, Oil chem. Rev. **115**. Nr. 12. 16—20. 44—48. 5/6. 1952. S. C. Johnsons & Son, Inc.) SCHEIFELE. 7106

**Wilh. Driesen**, *Die Lackierung von Schnell-, optischen und Großwaagen auf Aluminiumguß*. Besprochen werden Einbrenn- u. lufttrocknende Lackierverfahren. (Ind.-Lackier-Betrieb **20**. 151—52. Aug. 1952.) WINIKER. 7106

**F. Bollenrath** und **H. Füllenbach**, *Praktische Erfahrungen mit dem elektrostatischen Farbspritzen in einer Versuchsanlage*. (Ind.-Lackier-Betrieb **20**. 1—6. Jan. 1952. Aachen.) WINIKER. 7106

**Kurt Sponsel** und **Fritz Alf**, *Der Induktionslacktrockner. Ein neues Gerät für die Autoreparaturwerkstatt*. Vff. beschreiben ein Gerät, das sich zur physikal., oxydativen u. Polymerisations- bzw. Kondensationstrocknung eignet. (Ind.-Lackier-Betrieb **20**. 102—03. Juni 1952.) WINIKER. 7106

**R. Klose**, *Das Spritzen von Profileisen mit Rostschutzfarben*. (Ind.-Lackier-Betrieb **20**. 174—75. Sept. 1952.) WINIKER. 7106

**Otto Merz**, *Die Lackierung in der blechverarbeitenden Industrie*. Vf. gibt einen Überblick über Rostschutz von Brücken u. Stahlkonstruktionen, Reflexlacke, Antidröhnlacke, ofentrocknende Lackierungen, Effektlacke in der Maschinenindustrie, Kühlschranklackierung u. Verarbeitungstechnik. (Ind.-Lackier-Betrieb **20**. 41—45. März. 61—63. April 1952. Hilden.) WINIKER. 7106

—, *Anstriche auf Aluminium- und Zinkblech*. Allg. Ausführungen. (Ind.-Lackier-Betrieb **20**. 98. Juni 1952.) WINIKER. 7106

**C. Röthgen**, *Autopoliermittel mit Silicon*. Kurzer Hinweis auf Schwierigkeiten, die sich bei der Neulackierung von mit siliconölhaltigen Poliermitteln gepflegten Autos ergeben u. deren Vermeidung (gründliches Abwaschen der Altlackierung mit Waschbenzin vor dem Anschleifen). (Ind.-Lackier-Betrieb 20. 64. April 1952.) WINIKER. 7106

—, *Antidröhnanstriche*. Allg. Ausführungen. (Ind.-Lackier-Betrieb **20**. 123. Juli 1952.) WINIKER. 7106

**Otto Löwe**, *Der Lackierwert der Buchensperrholzplatte mit Schälfurnier*. Kurzer Hinweis auf die Ursachen der schlechten Bewährung von Buchenschälfurnier (I) u. einige (erfolglos gebliebene) Verss., z. B. mit säurehärtendem Phenolharzlack, zur Verbesserung des Beharrungsvermögens von I. (Ind.-Lackier-Betrieb **20**. 48. März 1952.) WINIKER. 7106

—, *Neuzeitliche Cellulosepolituren auf Holz*. Allg. Ausführungen. (Ind.-Lackier-Betrieb. **20**. 176—77. Sept. 1952.) WINIKER. 7106

—, *Das Lackieren der Korbwaren*. Allg. Ausführungen. (Ind.-Lackier-Betrieb **20**. 107. Juni 1952.) WINIKER. 7106

**Steffens**, *Pflege und Behandlung von Kunstharzlackierungen*. Allg. Ausführungen. (Ind.-Lackier-Betrieb **20**. 122. Juli 1952.) WINIKER. 7106

**K. A. van Oeteren**, *Zur Frage der Kurzbewitterung*. Allg. Ausführungen über die Kurzzeitbewitterung von Anstrichen. (Dtsch. Farben-Z. **6**. 353—57. Sept. 1952.) WINIKER. 7158

---

**National Titanium Pigments Ltd.** und **James Thomson Richmond, George Geoffrey Durrant, Raymond James Wigginton**, England, *Herstellung von Titanweiß* in Rutilform, dad. gek., daß eine in besonderer Weise hergestellte Titansulfatlsg., die „Keime" von Titanhydroxyd enthält, bei 70° so weit mit W. verd. wird, daß der Geh. an $TiO_2$ 75—125 g im Liter beträgt. Die Mischung wird einige Zeit gekocht, wobei das Titanhydroxyd in solcher Form ausfällt, daß es nach dem Waschen, Trocknen u. Calcinieren bei 900° in Titandioxyd von Rutilform von bes. hohem Deckvermögen übergeht. (**F. P. 980 645** vom 11/2. 1949, ausg. 16/5. 1951. E. Priorr. 13/2. u. 15/12. 1948.) HEYNE. 7093

**Lewis Berger & Sons Ltd.**, übert. von: **Donald A. Hewitt, Richard Hartlbury, Ernest Booth** und **Frank Armitage**, London, England, *Lufttrocknender Lackrohstoff*. Eine mehrbas. Säure enthaltendes Lackharz wird in Ggw. von Leinölfettsäure (I) bei 500—570° F erhitzt; der Gewichtsverlust darf 10% nicht übersteigen. Dann wird Ricinusölfettsäure oder ihre Ester zugesetzt u. die M. auf eine Temp. von 500—630° F so lange gehalten, bis eine Teildehydratisierung, aber noch keine Zers. eingetreten ist. Der Zusatz von I verhindert die Gelbldg., schließlich kann das Reaktionsprod. mit einem mehrbas. Alkohol verestert werden. (**Can. P. 477 013** vom 11/4. 1945, ausg. 18/9. 1951. E. Prior. 31/3. 1944.) WITTHOLZ. 7097

**Shell Refining & Marketing Co. Ltd.** (Erfinder: **Francis P. Hiron** und **Philip J. Garner**), V. St. A., *Anstrichemulsion aus Rückständen der Schmierölraffination*. Die Rückstände werden, nötigenfalls in einem organ. Lösungsm. gelöst, mit einer wss. Lsg. einer anorgan. Säure, z. B. $H_2SO_4$, behandelt. Die ölige Phase wird mehrmals mit W. gewaschen, um den Säureüberschuß zu entfernen. Sie besteht aus einer Mischung von teilweise gereinigten Naphthensäuren, die noch harzartige u. ölige Anteile enthalten. Dieser gereinigte Rückstand (I) wird zur Herst. des Emulsionsbindemittels verwandt. — Z. B. werden 70 (Teile) einer wss. 9%ig. Leimlsg., die 0,1 Phenol enthält, bei 40—50° zu einer Mischung von 34 **I**, 25 W. u. 4 $NH_3$ (0,880) gegeben u. 15 Min. in einer Schüttelvorr. emulgiert. An Stelle von Leim können Gelatine, Casein, Methylcellulose, Agar-Agar, an Stelle von $NH_3$ NaOH oder Triäthanolamin genommen werden. Diese Emulsion kann mit alkalibeständigen Pigmenten, wie Lithopone, Titanweiß, Chromoxydgrün, Eisenoxydrot u. ä., zu Emulsionsfarben verarbeitet werden. (**F. P. 972 192** vom 23/9. 1948, ausg. 26/1. 1951. E. Priorr. 24/9. 1947 u. 2/6. 1948.) HEYNE. 7097

**Soc. An. de Produits Industriels (S. A. P. L.)**, Frankreich, *Verdünnungsmittel für Rostschutzfarben.* Einer Alkalisilicatlsg. von 30—38° Bé wird Fe- oder Zn-Carbonat (als Farbstoff) u. etwas $NH_3$ zugesetzt u. zum Beständigmachen nicht geglätteter Flächen Alkalinitrit zugefügt. — Beispiel: 625 g Alkalisilicat von 34° Bé, 250 *Fe-Carbonat*, 0,4 $NH_3$ (22%ig.) u. 2 *$NaNO_2$*, Rest Farbstoffe. (**F. P. 976 984** vom 28/5. 1942, ausg. 27/3. 1951.) HOLM. 7097

**Röhm & Haas G. m. b. H.**, Darmstadt (Erfinder: **Otto E. Hintze**, Hamburg), *Wasser- und wetterfeste Überzüge ergebendes Anstrichmittel*, bestehend aus wss. Aufschlämmungen von Portlandzement u. 0,1—10% wasserlösl. Salzen carboxylgruppenhaltiger Polymerisate oder Mischpolymerisate von Äthylenderivv., bezogen auf die anwesende Zementmenge. — Z. B. ergibt ein Mischpolymerisat aus Vinylacetat u. Crotonsäure mit Pigmenten u. Zement eine Tarnfarbe für Zementanstriche. (**D. B. P. 852 881** Kl. 22g vom 1/8. 1944, ausg. 20/10. 1952.) SCHINDLER. 7107

**Steinkohlenbergwerk Rheinpreussen**, Homberg/Ndrh. (Erfinder: **Helmut Wiedemann**, Burgstall, Kr. Backnang), *Herstellung von ölarmen bzw. ölfreien Lacken*, dad. gek., daß die Ölkomponente ganz oder teilweise durch Reaktionsprodd. von Al-Alkoholaten mit Monocarbonsäuren, die mehr als 4 C-Atome enthalten, ersetzt wird u. die auf 1 (Mol) Alkoholat weniger als 2,5 Säure enthalten. Nach den Beispielen kommen Reaktionsprodd. von Al-Alkoholaten mit Fettsäuren (Palmitin- oder Stearinsäure) oder Naphthensäuren zur Anwendung. — Rezepte. (**D. B. P. 855 441** Kl. 22h vom 2/9. 1944, ausg. 13/11. 1952.) SCHINDLER. 7107

**Aluminum Co. of America** (Erfinder: **Robert J. Wray** und **Wayne B. Roberts**), V. St. A., *Mit Wasser emulgierbare Metallfarbenpaste*, bestehend aus Metallpulver, flüchtigen KW-stoffen, Fettsäure, Casein, Tallöl u. einer wasserlösl. Alkaliverbindung. — Z. B. werden gemischt: 40—78 (%) Al-Paste, 5—20 PAe., 0,25—3 Fettsäure, 4,5—8,5 Casein, 0,5—7 Alkylamin, Alkalicarbonat oder -borat, 0,5—1,25 Na-Stearat, 0,5 Na-Disilicat, Rest Harzöl, oder 40—87 Cu-Paste mit 5—20 Stearin-, Palmitin-, Öl- oder Ricinusölsäure, 4,5—8,5 Casein, 0,5—7 Alkylamin, 0,5—1,25 Na-Stearat, Rest Harzöl. (**F. P. 992 035** vom 8/8. 1949, ausg. 12/10. 1951. A. Prior. 10/8. 1948.) HOLM. 7107

**Farbwerke Hoechst, vormals Meister Lucius & Brüning**, Frankfurt/M. (Erfinder: **Georg Schulz**, Kelkheim/Taunus), *Anstrichmittel* aus konz. wss. Kunststoffdispersionen (**I**), dad. gek., daß sie neben füllenden u. färbenden Pigmenten nur so viel W. enthalten, daß eine feste oder noch knetbare M. vorliegt. 20 (Teile) einer **I** mit 37% Polyvinylacetat (**II**), 12% Trikresylphosphat, 8% Dibutylphthalat u. 20 einer **I** mit 50% **II** werden im Kneter gemischt u. 10 Lithopone, 7 Ocker, 6 Talkum u. 3 Umbra zugesetzt. Die feste M. wird zum Gebrauch mit 34 W. zur anstreichfertigen Dispersion verrührt. (**D. B. P. 852 270** Kl. 22g vom 2/10. 1948, ausg. 13/10. 1952.) SCHINDLER. 7107

**Shell Development Co.**, San Francisco, übert. von: **Emmett Raymond Barnum**, Berkeley, Calif., V. St. A., *Korrosionsschutzmittel*, bestehend aus einem fl. KW-stoff (75 bis 95%) u. einem Oxazol oder Oxazolin, bes. dem Oxazolinsalz der Ricinolsäure (5—25%). Außer für Schutzanstriche können die Zusätze auch zu Schmierölen gegeben werden. (**A. P. 2 587 955** vom 28/4. 1947, ausg. 4/3. 1952.) SCHINDLER. 7107

**Comp. Française Thompson-Houston**, Frankreich (Erfinder: **Arthur F. Winslow** und **Earl W. Balis**), *Schutzüberzug für Eisenmetalle.* Korrodierbare Fe-Legierungen erhalten einen dünnen Überzug von Alkalisilicat, dessen Lösungswasser verdampft wird; die schwach angefeuchteten Gegenstände werden den Dämpfen von Halogensiliconen ausgesetzt. Dem Silicat wird vorteilhaft o-Phosphorsäure, Zn-Chromat oder $CrO_3$ zugesetzt. (**F. P. 980 168** vom 4/2. 1949, ausg. 9/5. 1951. A. Prior. 18/2. 1948.) HOLM. 7107

**Hans Kittel**, Farben-, Lack- und Kunststoff-Lexikon. Nachschlagewerk über Begriffe, Verfahren, Rohstoffe, Prüfmethoden, Zwischenprodukte u. Fertigerzeugnisse. Stuttgart: Wissenschaftliche Verl Ges. 1952. (858 S.) DM 48,—.

## XIb. Plaste (Kunstharze. Plastische Massen).

**M. G. Burges-Short**, *Preßspritzformen.* Überblick über verschied. Preßspritzformen u. deren Arbeitsweise. (Ind. Plast. mod. **3.** 28—30.) Dez. 1951.) WINIKER. 7170

**J. A. Jupa**, *Pressen von Trifluorchloräthylen.* Kurzer Hinwe s zur Verarbeitung des *Kel-F* (= Trifluorchloräthylen der M. W. KELOGG Co.). (Ind. Plast. mod. **3. 43.** Dez. 1951.) WINIKER. 7172

**R. G. Heiligmann** und **E. E. McSweeney**, *Filme aus Styrol–Maleinsäureanhydrid- und Styrol–Maleinsäuremonoäthylester-Mischpolymerisaten. Löslichkeiten und Konstitution.* Vff. untersuchten die Faktoren, die für die Löslichkeitseigg. von Filmen verantwortlich sind, welche aus wss. ammoniakal. Lsgg. von einem Styrol–Maleinsäureanhydrid-(1:1)-Mischpolymerisat (**I**) bzw. einem Styrol–Maleinsäuremonoäthylester-Mischpolymerisat (**II**) gegossen wurden. Die bei 45—90° hergestellten **I**-Filme (in W. leichtlösl.) besitzen Diammoniumsalzstruktur. Bei Einbrenntempp. von 90—120° (Verlust von 1 $H_2O$ pro Mischpolymerisateinheit) weisen sie vermutlich eine Halbamidstruktur auf, die bei noch höheren Tempp. (140°) unter $H_2O$-Abspaltung in eine Diamidstruktur u. anschließend unter $NH_3$-Abspaltung in eine Diamid–Imid-Struktur übergeht (in W. unlösl.) (daneben finden sicher auch intermol. Vernetzungen statt). In bei 25—70° aus wss. ammoniakal. Lsgg. hergestellten **II**-Filmen liegt die Struktur eines Monoammoniumsalzes vor. Bei 80—105° geht diese unter $H_2O$-Abspaltung vermutlich in eine Monoamidstruktur über (unter gleichzeitigem Auftreten von Vernetzungen). **II**-Filme gehen also schon bei Tempp., die für **I**-Filme noch nicht ausreichen, in eine in W. unlösl. Form über. Gleiche Effekte zeigen nachträglich (bis 50%) veresterte **I**-Polymerisate. Die in W. unlösl. **II**-Filme sind aber in verd. NaOH- bzw. $NH_4OH$-Lsgg. löslich. (Die Löslichkeit in Alkalilsgg. nimmt mit zunehmender Größe der Alkylgruppe im **II** ab). **II**-Filme aus NaOH-Lsgg. zeigen nicht die Unlöslichkeit der **II**-Filme aus $NH_4OH$-Lösungen. (Ind. Engng. Chem. **44.** 113—16. Jan. 1952. Columbus, O., Battelle Memorial Inst.) SCHÄFF. 7172

**A. Giger, P. Dubois** und **L. Jacqué**, *Der Verlauf der Polykondensation der Phenoplaste.* Mit Hilfe von Fraktionierungsmethoden, selektiver Lsg., Best. der Bromzahl u. des Tropfpunktes wurde der Verlauf der Polykondensation eines Kunststoffs in Abhängigkeit von der Zeit, der Temp. u. der Menge an Kondensationsmitteln untersucht. Die Unterss. wurden mit einem Phenol–Formaldehyd-Harz (Kondensation im sauren Medium) mit einem Tropfpunkt von 99° u. einer Bromzahl von 2200 durchgeführt. Es wurde festgestellt, daß die Polykondensation der Phenoplaste um so rascher fortschreitet, je weniger die Anfangskondensation fortgeschritten u. je höher die Temp. ist. Ein Überschuß an Hexamethylentetramin begünstigt die Polykondensation. (Ind. Plast. mod. **3.** 38—41. Dez. 1951.) WINIKER. 7176

**Giovanni Saccenti**, *Polyesterharze und verstärkte Kunststoffe.* Besprochen werden: Polyesterharze auf Basis von Maleinsäure, Diallylphthalat, Triallylcyanurat u. ihre Verwendung, bes. in geschichteten Kunststoffen. (Chim. e Ind. [Milano] **34.** 412—18. Juli 1952.) SCHEIFELE. 7176

—, *Was Silicone zu leisten vermögen.* Ausführlicher Überblick über die Anwendungsmöglichkeiten der Silicone. (Mod. Plastics **30.** Nr. 1. 73—80. 184. 187—90. Sept. 1952.) WINIKER. 7188

**Cesare Orlandi** und **Giovanni Binotto**, *Isolierfähigkeit und elektrische Kennzahlen von Formkörpern aus Phenolharzpreßmassen in Abhängigkeit von ihrem Feuchtigkeitsgehalt (bei Vortrocknung).* Phenolharzpreßmassen mit denselben Füllstoffen geben bei Verarbeitung nach einigen Tagen Lagerzeit Formstücke mit unterschiedlichem elektr. Verhalten. Dies ist 1. auf den unterschiedlichen Feuchtigkeitsgeh. im Augenblick der Verarbeitung u. 2. auf noch nicht geklärte Einflüsse der Füllstoffe auf den Kondensationsverlauf der Phenolharze zurückzuführen. Ein Vortrocknen der Preßpulver verbessert zwar die elektr. Werte, aber ohne daß das unterschiedliche Verh. beim Lagern grundsätzlich geändert wird. (Materie plast. **17.** 2—7. Jan./Febr. 1951.) K. FABER. 7204

---

**Imperial Chemical Industries Ltd.**, London (Erfinder: **Arthur Reginald Burgess**, Harpenden), England, *Kunstharzmischung*, bestehend aus *Polyäthylen* u. bis zu 10% einer Metall-(Ni- oder Cu-)Chelatverb. aus Moll., die die Gruppe **I** enthalten, in der M ein Metallatom, X O oder S u. R H, OH oder einen Alkyl- bzw. Arylrest bezeichnet, der substituiert sein kann, u. worin etwa verbleibende Valenzen des M gleichwertig gebunden sind, z. B. das Ni-Deriv. der aus Äthylendiamin u. Salicylaldehyd gebildeten SCHIFFschen Base. Die Chelatverb. soll einen Absorptionskoeff. $\varepsilon$ von $\log_{10} \varepsilon$ 2,5 besitzen, bezogen auf Licht der Wellenlänge 2950—3300 Å. (**D. B. P. 847 491** Kl. 39b vom 8/6. 1950, ausg. 25/8. 1952. E. Prior. 9/6. 1949.) SALZMANN. 7173

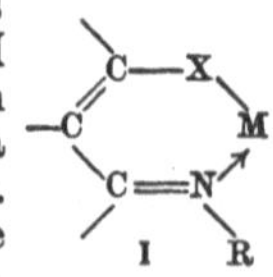

I

**Pirelli-General Cable Works Ltd., Cyril William Buckles** und **Charles Frederick Williams,** London, England, *Stabilisieren von Polyäthylen* gegenüber der Einw. von UV-Strahlen enthaltendem Licht, gek. durch die Einverleibung von $<1\%$ Naphthalin, Anthracen oder Fluoren. Anwendung für Kabelisolationen. (**E. P. 652 730** vom 31/12. 1948, ausg. 2/5. 1951.) SALZMANN. 7173

**Farbwerke Hoechst, vormals Meister Lucius & Brüning,** Frankfurt/M. (Erfinder: **Werner Stark,** Hofheim), *Polyvinylacetalemulsionen* erhält man durch Rk. des mit Alkali anverseiften Mischpolymerisates aus Vinylestern mit polymerisierbaren u. hydrophilen Gruppen mit einer Aldehyd- oder Ketonlsg., worauf man das Prod. in W. einemulgiert. — 1746 (Teile) Vinylacetat, 54 Acrylsäure, 1200 $CH_3OH$ (I) u. 18 Benzoylperoxyd werden 24 Std. unter Rückfluß zum Sieden erhitzt. Man verd. mit 3000 I u. läßt in 3 Std. eine sd. Lsg. von 400 NaOH in 1200 I zulaufen. Das verseifte Polymerisat fällt als feiner Nd. aus u. wird getrocknet. 3000 einer 10%ig. Lsg. hiervon werden bei 4—6° mit 82 Butyraldehyd u. 100 konz. HCl versetzt. Das Acetal fällt als weißes Pulver aus, seine alkoh. Lsg. läßt sich leicht in W. emulgieren u. liefert zähelast. Filme. (**D. B. P. 847 498** Kl. 39c vom 21/1. 1945, ausg. 25/8. 1952.) MÖLLERING. 7173

**E. I. du Pont de Nemours & Co.,** übert. von: **Henry John Richter,** Wilmington, Del., V. St. A., *Herstellung stabiler wässeriger Dispersionen von Vinylchlorid–Dialkylfumarat-Mischpolymerisaten,* wobei die Alkylgruppen ident. sind u. jede von ihnen 1—6 C-Atome enthält, das Gewichtsverhältnis von Fumarat zu Vinylchlorid in dem Mischpolymeren von 3:97 bis 25:75 beträgt, die Dispersion 20—55 Gew.-% des Mischpolymeren enthält u. 1—6 Gew.-% (des Mischpolymeren) eines wasserlösl. Salzes eines sulfonierten gesätt. aliphat. KW-stoffes, der 8—22 C-Atome enthält, u. 0,25—2 Gew.-% (des Mischpolymeren) eines wasserlösl. Alkalimetallsalzes eines sulfonierten Naphthalin–$CH_2O$-Kondensationsproduktes. Man kann z. B. Vinylchlorid u. Dimethylfumarat in einer solchen wss. Dispersion mit Per-Katalysatoren polymerisieren. (**Can. P. 478 903** vom 22/8. 1946, ausg. 27/11. 1951.) PANKOW. 7173

**Dow Chemical Co.** (Erfinder: **Robert C. Reinhardt**), Midland, Mich., V. St. A., *Polymerisationsverfahren,* bes. für *Vinylidenchlorid* (**I**), auch zusammen mit anderen polymerisierbaren Verbb., zur Erzielung körniger Produkte. Man führt die Rk. in 3 aufeinanderfolgenden Zonen aus, wobei die optimalen Bedingungen in jeder Zone eingehalten werden. In der ersten Zone werden die Monomeren mit W. u. gegebenenfalls Methylcellulose, natürlichem Gummi, also Stoffen, die keine oder wenig Suspensionswrkg. zeigen, ferner mit Puffern, gemischt u. die Polymerisationsmischung zum Anlaufen der Rk. gebracht. Klumpenbildung wird in der zweiten Zone durch verstärktes Rühren verhindert. In der Endzone reguliert man die Bedingungen so, daß man nichtklebrige Körnchen erhält, die neben dem Polymerisat oft 40—80% Monomeres aufweisen. — Tempp. u. Drucke werden reguliert; Katalysatoren u. dgl. in einer der späteren Zonen zugefügt. — Einzelheiten der Polymerisation von I werden in einem Beispiel erläutert. (**D. B. P. 850 808** Kl. 39c vom 29/9. 1950, ausg. 29/9. 1952. A. Prior. 21/7. 1944.) DONLE. 7173

**General Aniline & Film Corp.,** New York, N. Y. (Erfinder: **Carl E. Barnes,** Pipersville, Pa.), V. St. A., *Farblose Polymerisate* aus α-halogensubstituierten Acrylsäuren u. Acrylsäureverbb., wie Estern, Amiden, Nitrilen. Um eine Verfärbung der Polymerisate zu verhindern, polymerisiert man unter Zusatz einer kleinen Menge eines organ. Oxysäureesters, z. B. des Methyl-, Äthyl-, β-Oxyäthyl-, Propyl-, Phenyl-, Cyclohexyl-, Vinyl-, Isopropenyl-, Allyl-, Methallyl-, Crotyl-, Cinnamylesters von Glykol-, Hydracrylsäure u. dergleichen. Bes. günstig sind die polymerisierbaren Oxysäureester. — Man mischt z. B. 100 (Teile) α-Chloracrylsäuremethylester mit 2 Glykolsäurevinylester u. 0,002 Benzoylperoxyd unter Luftabschluß, polymerisiert 24 Std. bei 65—110° im verschlossenen Rohr u. erhält ein hartes, klares, farbloses Polymerisat. (**D. B. P. 854 434** Kl. 39c vom 1/1. 1949, ausg. 4/11. 1952. A. Prior. 23/6. 1945.) DONLE. 7173

**Imperial Chemical Industries Ltd.** (Erfinder: **Henryk Zenftman,** Saltcoats, und **Andrew McLean,** West Kilbride), England, *Herstellung von Nitropolystyrolen* eines beliebigen Nitrierungsgrades zwischen ca. 9,4 u. 14,4%, bes. 11,8 u. 14,4% N, dad. gek., daß 1 (Teil) granuliertes oder gepulvertes Polystyrol zu mindestens 8 einer Nitriermischsäure hinzugefügt wird, welche aus 90—60% $HNO_3$, 10—40% $H_2SO_4$, 0—8% W. u. 13—0% $SO_3$ besteht, wobei diese Säure während der Zugabe gerührt u. gekühlt wird, u. zwar bis sich die suspendierten Granalien oder das Pulver des Polystyrols aufgelöst haben bzw. hat, um eine viscose Fl. zu bilden, u. daß das Nitropolystyrol dann aus der Fl. ausgefällt wird. — Weitere Ansprüche; Beispiele. — Bindemittel für Explosivstoffe, zünd- u. brennbare Gemische; harte, wasserabstoßende Schutzüberzüge. (**D. B. P. 854 433** Kl. 39c vom 31/3. 1949, ausg. 4/11. 1952. E. Prior. 4/9. 1946.) DONLE. 7173

**Farbenfabriken Bayer** (Erfinder: **Hermann Wolz** und **Walter Bock** †), Leverkusen, *Hochmolekulare Kunststoffe.* Man setzt Acrolein (I) oder β-Homologe desselben in Substanz, Lsg. oder Emulsion bei Ggw. von aktivierten Vinylverbb. der Einw. von Polymerisationsaktivatoren unterhalb 100°, gegebenenfalls bei Zugabe von Polymerisationsreglern, aus. — 95 (Teile) Styrol (II) u. 5 I werden in der Lsg. von 4 eines Paraffinfettsäurediäthylaminoäthanolesters in 300 W. mit der äquimol. Menge HCl oder $H_2SO_4$ emulgiert u. nach Zusatz von 0,4 $K_2S_2O_8$ u. 0,1 Diisopropylxanthogendisulfid bei 80° polymerisiert. Weißes pulvriges Mischpolymerisat. — Weitere Beispiele für Mischpolymerisation von II u. Crotonaldehyd; I u. Acrylsäuremethylester, usw. (**D. B. P. 855 162** Kl. 39c vom 18/3. 1944, ausg. 10/11. 1952.) DONLE. 7173

**Badische Anilin- & Soda-Fabrik,** Ludwigshafen/Rh., *Sulfonsäureester* erhält man durch Kondensation von Sulfohalogeniden mit Halogenalkoholen in Ggw. von Halogenwasserstoff bindenden oder abspaltenden Mitteln bei $<30-40°$, bes. 0°. — Ein aus Propan mit $SO_2$ u. $Cl_2$ in $CCl_4$ erhaltenes Gemisch aus Propan-1- u. -2-sulfochlorid wird mit Äthylenchlorhydrin (I) in Bzl. bei 0° mit $NH_3$ gesätt., wodurch man nach dem Filtrieren *Propansulfonsäurechloräthylester,* $Kp._3$ 125—130°, erhält. — Das Sulfochlorid eines durch CO-Synth. u. Nachhydrierung erhaltenen KW-stoffes mit Kp. 200—350° wird mit I zum entsprechenden Sulfonsäurechloräthylester umgesetzt, der Polyvinylchlorid im Verhältnis 40:60 auf der Mischwalze bei 140—160° gut geliert. Aus dem gleichen KW-stoffsulfochlorid erhält man mit 1.4-Chlorbutanol den Sulfonsäure-ω-chlorbutylester. — Verwendung als *Lösungs-* u. *Weichmachungsmittel,* bes. für *Polyvinylverbb.* oder *Cellulosederivate.* (**D. B. P. 852 998** Kl. 12o vom 19/11. 1943, ausg. 20/10. 1952.) KRAUSS. 7173

**Chemische Werke Hüls G. m. b. H.** (Erfinder: **Wilhelm Klein, Paul Kränzlein** und **Heinrich Wenning**), Marl, *Fußbodenbelag,* bestehend aus den Mischpolymerisaten von $CH_2CCl_2$ u. Vinylchlorid (30:70 bis 60:40), in Verb. mit Weichmachern u. Füllstoffen. (**D. B. P. 850 523** Kl. 39b vom 9/9. 1950, ausg. 25/9. 1952.) SALZMANN. 7205

**Svit, Národní Podnik,** Gottwaldov, Tschechoslowakei, *Herstellung von warmhärtbaren Preßmassen* durch Kondensation von Phenolen mit cellulosehaltigen Stoffen u. mit Phenolsulfonsäuren als Kondensationskatalysatoren bei 100—170°. Das Rohharz wird mit lösl. Phenolaten neutralisiert u. nichtumgesetztes Phenol mit $CH_2O$ kondensiert. Phenol kann ganz oder teilweise durch Kresol ersetzt werden. Das Verhältnis von Holz zu Phenol soll höher als 65:100 sein. (**Oe. P. 170 896** vom 15/9. 1949, ausg. 10/4. 1952. Tschech. Prior. 13/11. 1948.) PANKOW. 7205

**Jihočeské Papírny Národní Podnik,** Český Krumlov (Erfinder: **Karl S. Nietschke,** Holašovice), Tschechoslowakei, *Herstellung von Preßmassen.* Den bei der Zers. von Tallseife durch Mineralsäuren abfallenden festen Abfall (Tallölschlamm) befreit man in An- oder Abwesenheit von Füllstoffen von Mineralsäuren u. setzt ihn mit wss. Lsgg. von Metallsalzen, bes. Fe-, Al- oder Zn-Salzen, um, trocknet, zerkleinert u. verpreßt die M. warm oder kalt. Der Abfall kann durch Extraktion mit Lösungsmitteln, wie Alkoholen, härter gemacht werden, während die hierbei gewonnenen Extrakte nach Bedarf als Weichmacher wieder zugesetzt werden können. Mit der Extraktion kann die Gewinnung von *Phytosterinen* verbunden werden. — Man erwärmt z. B. 100 kg Tallölschlamm mit 500 kg W., neutralisiert u. setzt mit $Al_2(SO_4)_3$-Lsg. um. Die getrocknete Mischung wird mit Füllstoffen warm verpreßt. (**Oe. P. 170 891** vom 13/4. 1849, ausg. 10/4. 1952. Tschech. Prior. 16/4. 1948.) PANKOW. 7205

---

**C. Cataldi,** Pratica industriale delle resine sintetiche. Torino: Viglongo. 1952. (126 S. m. Abb.) L. 600,—

## XII. Kautschuk. Guttapercha. Balata.

**G. E. Proske,** *Neuere Kunststoffe mit kautschukartigen Eigenschaften. Vulcaprene.* Vf. gibt einen zusammenfassenden Überblick über Herst., Eigg. u. Verwendungsmöglichkeiten der *Vulcaprene* (I). Herst.: Kondensation von Äthylenglykol, Äthanolamin u. Adipinsäure bis zum Erreichen einer wachsartigen Konsistenz, dann Rk. der Endgruppen mit Diisocyanaten. Die I haben beachtlich kautschukähnliche Eigg., können aber als völlig gesätt. Verbb. nicht mit S reagieren. Analog der Vulkanisation kann eine Vernetzung durch Formaldehyd enthaltende Agentien erfolgen, da der Wasserstoff der NH-Gruppe reaktionsfähig ist. Bes. bewährt hat sich hierbei *Vulcafor VHM,* ein Formaldehyd enthaltendes Kondensationsprodukt. Die Vernetzung wird durch Spuren von Säure begünstigt. Als Vernetzungsbeschleuniger dient eine Substanz, die erst bei der „Vulkanisationstemp." (125°) etwas Säure abspaltet, nämlich *Vulcafor VDC,* ein halogeniertes Naphthol. (Kautschuk u. Gummi **4.** 247—49. Juli 1951. Melbourne.) WINIKER. 7224

**Francis Lepetit,** *Die Verwendung von Öl in Latexmischungen.* Vf. weist auf die Einfachheit der Herst. von Vaselineöl-Emulsionen mit Hilfe moderner Emulgierungsmittel, z. B. Polyoxymethylenglykol, u. deren Bedeutung für die Latextechnologie hin. (Rev. gén. Caoutchouc **29**. 803—05. Nov. 1952.) WINIKER. 7226

**B. A. Hunter** und **D. L. Schoene,** *Sulfonylhydrazid als Treibmittel für Kautschuk und Kunststoffe.* An einigen Beispielen beschreiben Vff. die Anwendung von *Bis-[p-oxybenzolsulfonyl]-hydrazid* als Treibmittel für Kautschuk u. Kunststoffe zur Herst. von Zellkörpern. (Ind. Engng. Chem. **44**. 119—22. Jan. 1952. Naugatuck, Conn., US. Rubber Co., Chem. Div.) SCHÄFF. 7226

**R. Herzog** und **R. H. Burton,** *Einfluß des Prüfstabes auf die Resultate von vulkanisierten Weichkautschuken.* An Zugfestigkeit–Dehnungs-Messungen mit 8 verschied. Prüfstäben von 4 verschied. Weichgummivulkanisaten zeigen Vff., daß die Ergebnisse nur bei Verwendung gleich dimensionierter Prüfkörper miteinander vergleichbar sind. Dieser Befund ist für die Festlegung der Normung der Prüfung wichtig. (Schweiz. Arch. angew. Wiss. Techn. **18**. 177—89. Juni 1952. Altdorf-Uri, Dätwyler AG., Schweiz. Draht-, Kabel- u. Gummiwerke.) SCHÄFF. 7248

**K. F. Heinisch,** *Die Verformung von Kautschukballen.* Vf. entwickelte eine einfache Meth. zur Prüf. von Kautschuk (**I**)-Ballen auf Deformierbarkeit, die darin besteht, daß zylindr. **I**-Proben (Höhe 50 mm, Durchmesser 45 mm) einem Druck von 0,4 kg/cm$^2$ (was einer Last von 10 übereinander gelegten **I**-Ballen entspricht) bei 110$^0$ während 3 Std. (was einer n. Lagerzeit von 7 Wochen gleichkommt) ausgesetzt werden. Die in % auszudrückende Verformung $D = (h_0 - h_2)/h_0$ ($h_0$ = Höhe der Probe vor u. $h_2$ = Höhe der Probe nach dem Vers.) kann als Kriterium für die Versandreife eines **I**-Ballen dienen. Systemat. Unterss. der Verformung in Abhängigkeit von Plastizität u. Gelgeh. des **I**, Dauer u. Intensität des Drucks, sowie Art der Stapelung der **I**-Felle u. Ballen u. Form des Ballens veranlassen Vf. zu folgenden Forderungen: Die Ballen sollen ungefähr 19×47×60 cm groß sein, ca. 50 kg wiegen u. mit einem Druck von mindestens 5 kg/cm$^2$ (während mindestens 24 Std.) hergestellt werden. (Rev. gén. Caoutchouc **29**. 812—16. Nov. 1952.) WINIKER. 7248

---

**Dunlop Rubber Co. Ltd.,** London (Erfinder: **Manfred Gordon** und **Robert Maholm Everett,** Erdington), England, *Herstellen von Chlorkautschuk.* Einer stabilisierten $O_2$-freien sauren wss. Kautschukdispersion wird in einer $O_2$-freien Atmosphäre bei <40$^0$ gleichzeitig ein Chlorierungsmittel (z. B. $Cl_2$, Alkali- oder Erdalkalihypochlorite oder p-Toluolsulfonchloramidnatrium) u. ein die Chlorierung auslösendes Metallsalz, z. B. wasserlösl. Fe(II)-, Co(II)- oder Ni(II)-Salze oder $TiCl_3$, in 5—20%ig. Lsg. zugesetzt, wobei deren Mengenverhältnis zueinander so bemessen wird, daß stets Metallsalz in der Lsg. ist, z. B. 1:0,1—0,4 Mol. (**D. B. P. 854 432** Kl. 39b vom 3/10. 1950, ausg. 4/11. 1952. E. Priorr. 1/11. 1947 u. 5/8. 1948.) OVERBECK. 7223

**United States Rubber Co.,** New York, N. Y., übert. von: **Chester L. Linscott,** Ridgewood, N. J., V. St. A., *Teilchenvergröberung bei Dispersionen von synthetischem Kautschuk-Latex.* Wss. Dispersionen von synthet. Kautschuk mit 3—8% Alkaliseife einer gesätt. oder ungesätt. Fettsäure oder Harzsäure als Dispergator u. einem $p_H$ von ≧9 erhalten einen Zusatz von $CH_2O$, einem $NH_4$-Salz u. 0,5—5% eines Alkohols (mit 3—8 C-Atomen) oder eines Kresols, wodurch das $p_H$ auf 4,5—7,5 absinkt u. die Teilchengröße auf die der natürlichen Kautschukmilch vergröbert wird. Dann wird der $p_H$-Wert durch Zusatz einer Base wieder auf 9,6—9,8 erhöht. (**A. P. 2 548 802** vom 14/11. 1947, ausg. 10/4. 1951.) OVERBECK. 7225

**Phillips Petroleum Co.,** übert. von: **Willie W. Crouch,** Bartlesville, Okla., V. St. A., *Dispersionen von synthetischem Kautschuk.* Fl. Butadien–Na-Polymerisat, auch Copolymerisat, in z. B n-Pentan gelöst u. noch freies Alkalimetall enthaltend, wird mit einer zur Seifenbldg. fähigen organ. Säure, bes. Harnsäure, versetzt, worauf die Mischung mit W. emulgiert wird. Verwendung, bes. in Mischung mit natürlicher oder synthet. Kautschukmilch, für Klebezwecke, Textilimprägnierungen u. Tauchartikel. (**A. P. 2 568 950** vom 29/11. 1948, ausg. 25/9. 1951.) OVERBECK. 7225

**Standard Oil Development Co.,** Del., übert. von: **Albert M. Gessler,** Cranford, N. J., V. St. A., *Weichmacher für ölbeständige Diolefin–Acrylnitril-Polymerisate* (**I**), bestehend aus 5—50% KW-stoffölen folgender Eigg.: Anilinpunkt 38, 54,4, 71 u. 74$^0$; Viscosität (SAYBOLDT-Sek. bei 37,8$^0$) 50—11000; D. 0,866, 0,951, 0,989 u. 0,960; Flammpunkt 112,7, 198,9 u. 273$^0$. Zusätzlich kann ein Gemisch von Mineralöl mit sulfonierten fetten Ölen zum Verschneiden benutzt werden. Schließlich kann auch ein Gemisch von **I** u. einem Mischpolymerisat aus Isobutylen-Isopren als Ausgangsmaterial verwendet werden. (**A. P. 2 560 339** vom 30/12. 1947, ausg. 10/7. 1951.) SALZMANN. 7173

**United States Rubber Co.,** New York, N. Y., übert. von: **Thomas H. Newby,** Waterburg, Conn., V. St. A., *Alterungsschutzmittel für Kautschuk,* bestehend aus Hydrochinon, das im Ring mindestens eine —SR-Gruppe trägt, in der Reine unsubstituierte Alkyl- oder Oxalkylgruppe mit 2—12 C-Atomen ist, bes. die Dodecyl-, Oxyäthyl- u. tert.-Butylgruppe. (**A. P. 2 549 118** vom 5/10. 1949, ausg. 17/4. 1951.) OVERBECK. 7227

**Badische Anilin- & Soda-Fabrik**, Ludwigshafen/Rh. (Erfinder: **Fritz Stastny**, Weinheim/Bergstraße), *Verbesserung der Eigenschaften von Kautschukvulkanisaten* durch einen Zusatz von pulvrigem oder feinkörnigem Polystyrol zu natürlichem oder künstlichem Kautschuk vor der Vulkanisation. (**D. B. P. 845 391** Kl. 39b vom 10/8. 1950, ausg. 31/7. 1952.) OVERBECK. 7227

**General Motors Corp.**, Detroit, Mich. (Erfinder: **Robert E. Boyd, George H. McFadden** und **Bailey Bennet**, Columbus, O.), V. St. A., *Herstellung von Kautschukmilchschaum.* Die Koagulation von mit Alkalifluortitanat versetztem Kautschukmilchschaum wird verzögert oder verhindert durch den Zusatz einer bis äquimol. Menge eines Alkalihydroxyds, dessen Wrkg. durch weiteren Fluortitanatzusatz aufgehoben werden kann. (**D. B. P. 851 693** Kl. 39b vom 13/12. 1950, ausg. 6/10. 1952. A. Prior. 5/1. 1950.) OVERBECK. 7227

**General Motors Corp.**, Detroit, Mich. (Erfinder: **George H. McFadden**, Columbus, O.), V. St. A., *Kautschukgegenstände* werden aus solchen wss., gegebenenfalls verschäumten Dispersionen von natürlichem oder künstlichem Kautschuk hergestellt, deren Gelatinierungsgeschwindigkeit durch den Zusatz von ca. 0,5—4% eines lösl. Salzes der Fluortitansäure, bes. eines Alkali-, $NH_4$- oder Erdalkalisalzes, auch in Abhängigkeit von $p_H$, Temp. u./oder Konz., gesteuert wird. (**D. B. P. 854 259** Kl. 39b vom 27/9. 1950, ausg. 4/11. 1952. A. Priorr. 18/2. 1946 u. 25/9. 1948.) OVERBECK. 7227

**Accumulatoren-Fabrik Akt.-Ges.** (Erfinder: **August Weber**), Hagen, Westf., *Mikroporöser Kautschuk.* Bei der Herst. von mikroporösen Kautschukwaren, z. B. Separatorenplatten, aus natürlicher oder künstlicher Kautschukmilch unter Vermeidung der Wasserverdampfung wird vor der eigentlichen Koagulation eine Oberflächenkoagulation, z. B. durch Bestäuben mit 5%ig. Lsg. von Ca-Formiat, durchgeführt. (**D. B. P. 854 572** Kl. 39b vom 11/9. 1942, ausg. 6/11. 1952.) OVERBECK. 7229

—, International rubber directory = Manuel international de l'industrie du caoutchouc = Handbuch der internationalen Kautschukindustrie. Zürich: Verlag für Wirtschaftsliteratur. 1953. (416 S. Sfr. 42,—.

## XIII. Ätherische Öle. Parfümerie. Kosmetik.

**Lutz Roth**, *Das ätherische Öl von Citrus trifoliata L., einer in Deutschland kultivierbaren Citrusart.* Die frischen Früchte von Citrus trifoliata L. ergaben bei 8std. Wasserdampfdest. 0,223% äther. Öl ($D.^{20}$ 0,829 u. $n_D^{20}$ 1,463—1,470). Das hellgelbe Öl ist recht ausgiebig, von gutem Haftvermögen u. erinnert an Orange absolue. (Äther. Öle, Riechstoffe, Parfümerien, Essenzen Aromen **2.** 105—06. Mai 1952.) WINIKER. 7262

**Hans Semmler**, *Deutsche ätherische Öle.* Besprochen werden: Rainfarnöl, Hopfenöl, Dillöl, Wermutöl, Sellerieöl, Latschenkiefernöl, Pfefferminzöl, Fenchelöl, Beifußöl, Salbeiöl, Wacholderbeeröl, Bohnenkrautöle, Kümmelöl u. Knoblauchöl. — 166 Literaturhinweise. (Äther. Öle, Riechstoffe, Parfümerien, Essenzen Aromen **1.** 1—2. Febr./März. 33—34. 57. 81—82. 105. 129—31. 153—56. 177—78. 201—02. 225—26. Dez. 1951; **2.** 73—74. April. 169. 193—94. 217—20. 241—44. Okt. 1952.) WINIKER. 7262

**Victor Di Giacomo**, *Probleme, die bei der Parfümierung von Aerosolen entstehen.* Nicht allein die für die Versprühung von Aerosolen verwendeten Treibmittel, sondern auch die Werkstoffe, die zur Fertigung der Aerosolbomben verwendet werden, können die Qualität der zu verwendenden Parfüme oder Riechstoffe weitestgehend verändern. Ferner muß berücksichtigt werden, daß durch Aerosolversprühung die Riechstoffe mit der Haut in feinster Verteilung in Berührung kommen u. daher unter Umständen die sonst bei einigen äther. Ölen oder Riechstoffen zu beobachtenden Reizungen noch deutlicher in Erscheinung treten. Der Auswahl geeigneter Parfüme ist daher bes. Beachtung zu schenken. Vf. berichtet über einige Verss. u. deren Ergebnisse. (Soap, Perfum. Cosmet. **24.** 1104—06. Nov. 1951.) FIEDLER. 7276

**Gerald Stiel**, *Harze und Balsame in der Parfümerie.* Besprochen werden Vork., Gewinnung, Zus. u. Eigg. folgender für die Parfümerie wichtiger Harze u. Balsame: Araucariaharze, Benzoeharz, Siambenzoe (süßer Asant), Sumatrabenzoe, Burseraceenharze, Cistaceenharze, Canadabalsam, Copaivabalsam, Dammarharze, Elemiharze, Halbanum, Guajakharz, Gurjunbalsam, Labdanum, Mastix, Myrrhe, Opoponax, Perubalsam, Sandarak, Scammonium, Storax (Styrax), Tolubalsam, Weihrauch (Olinabum). — 48 Literaturhinweise. (Äther. Öle, Riechstoffe, Parfümerien, Essenzen Aromen **1.** 157—61. Sept. 180—82. 206—07. 231—33. Dez. 1951; **2.** 7. Jan. 28—29. 56—58. 76—78. 112—13. 139—40. 171—72. 194—96. 222—23. 249—51. Okt. 1952.) WINIKER. 7276

**Wilhelm Mellinghoff**, *Die Herstellung von Hautcremes.* Angabe einiger Rahmenrezepte. (Äther. Öle, Riechstoffe, Parfümerien, Essenzen Aromen **1.** 41. April 1951.) WINIKER. 7284

**Wilhelm Mellinghoff**, *Tages- und Nachtcremes.* Ausführlicher Überblick mit zahlreichen Rahmenrezepten. (Äther. Öle, Riechstoffe, Parfümerien, Essenzen Aromen **1.** 85—87. Juni. 111—12. Juli. 133—34. Aug. 182—85. Okt. 1951.) WINIKER. 7284

**Alfred Wagner**, *Die Parfümierung von Gesichtscremes, flüssigen Cremes und Schönheitsmilch.* Allg. Ausführungen nebst Rahmenrezepten. (Äther. Öle, Riechstoffe, Parfümerien, Essenzen Aromen **1.** 3—7. Febr./März 1951.) WINIKER. 7284

---

**Karl Schlotter**, Rottenburg/Neckar, *Herstellung von ätherischen Ölen und Terpentinöl aus Tannenzapfen*, dad. gek., daß grüne oder ausgereifte, lufttrockene Zapfen zerrissen u. zerkleinert u. unter Wasserzusatz bei 80—100° dest. werden, worauf das Rohkondensat durch weitere Dest. bis zu 200° in äther. Öle, Terpene u. hochsd. Öle getrennt wird. Geeignet für Inhalation, Luftverbesserung u. dergleichen. (**D. B. P. 850 210** Kl. 22h vom 31/12. 1948, ausg. 22/9. 1952.) SCHINDLER. 7263

**Mark Thompson Lambert**, London, England, *Kopf- und Haarpflegemittel.* Man suspendiert eine Tinktur von Cantharidin in Olivenöl u. fügt als Stimulantien Rosmarinöl u. Muskatnuß hinzu. (**E. P. 674 360** vom 14/2. 1950, ausg. 25/6. 1952.) E. PETERSEN. 7285

**Dirk Jan Donker**, Amsterdam, Holland, *Haarfärbemittel*, bestehend aus 5—25 (%) *folia hennae*, 10—50 Fettalkoholsulfonat, 0,5—10,0 organ. bas. Farbstoffe mit 2—4 $NH_2$-Gruppen, die durch niedere Alkylgruppen substituiert sein können u. anderen, sonst üblichen Zusätzen, wie Na-Phosphate. $p_H$ der wss. Farbpaste nicht >7, Temp. ca. 35—45°. (**E. P. 673 489** vom 8/5. 1950, ausg. 4/6. 1952.) E. PETERSEN. 7285

## XV. Gärungsindustrie.

**S. Böckh**, *Über Trübungserscheinungen und ihre Ursachen in der Spirituosenindustrie.* Allg. Ausführungen. (Äther. Öle, Riechstoffe, Parfümerien, Essenzen Aromen **1.** 8—9. Febr./März 1951.) WINIKER. 7536

**Robert Heuß**, *Untersuchungsergebnisse von Gersten der Ernte 1952.* (Brauerei **6.** 243—44. 27/9. 255—56. 4/10. 1952. Berlin-Neukölln, Berliner Kindl-Brauerei A. G., Betriebslabor.) WINIKER. 7540

**K. Göpp**, *Der Ausfall der Gerstenernte in Rheinland-Pfalz.* Untersuchungsergebnisse von Gersten des Jahres 1952. (Brauerei **6.** 237—38. 20/9. 1952. Bad Kreuznach.) WINIKER. 7540

**Robert Heuß**, *Untersuchungsergebnisse von Gersten der Ernte 1952.* Untersuchungsergebnisse von Gersten aus Bayern. (Brauerei **6.** 214. 23/8. 1952. Berlin-Neukölln, Berliner Kindl-Brauerei A. G., Betriebslabor.) WINIKER. 7540

**J. de Clerck** und **G. van Roey**, *Flockungs- und Vergärungskurve der Hefe.* In Labor.- u. industriellen Verss. wurde festgestellt, daß einem raschen Einsetzen der Gärung immer ein rasches Aufhören folgt, bes. bei Bruchhefen oder älteren Hefen. Daraus folgt, daß die Führung der Gärung u. die Heferasse für die Flockung von Bedeutung ist. Ebenso hat die Zus. der Würze einen Einfl. auf die Flockung. Wie bereits in der Praxis festgestellt, ergibt ein zu schneller Gärungsbeginn niedere Vergärungsgrade. (Brauwissenschaft **1952.** 65—67. April Beilage zu: Brauwelt, Ausg. B. Louvain, Univ., u. Brauerei Artois.) WINIKER. 7544

**Carl W. Naumann**, *Die Entbasung von Würze und Bier.* Infolge Freiwerdens von Säure (bes. Phosphorsäure) gewinnt entbaste Würze einen nicht unangenehmen, kräftig sauren Geschmack. Bei der Entbasung von Bier (I) ergab sich ein kräftig saures, wohlschmeckendes Filtrat. Bedingt durch Hopfung, Alkoholgeh. u. die bei der Gärung gebildeten Ester usw. ist der Geschmack des entbasten I weit charakteristischer u. aromatischer als der der entbasten Würze. Läßt man entbastes I an der Luft stehen, so entwickeln sich sehr langsam (submerses Wachstum) die Fäden eines anscheinend die Säure bevorzugenden Schimmelpilzes (bisher nicht näher bestimmt). Bei der Entbasung von I bleiben offenbar alle durch die Hefe gebildeten sauren Abwehrstoffe erhalten. Hinweis auf die gegebenenfalls analyt., gärungs- u. brautechn. Bedeutung der Entbasung. (Brauwissenschaft **1952.** 105—06. Juni. Beilage zu: Brauwelt, Ausg. B.) WINIKER. 7550

**Josef Mühlbauer**, *Die Redoxstabilität des Bieres. Beobachtungen über die Beschwerung in Würze und Bier.* Nach den vorliegenden Unterss. wäre eine zusätzliche Belüftung der Maische sowie der Vorderwürze beim Brauprozeß möglichst zu vermeiden. Durch Verschneiden zwischen einem hellen u. dunklen Exportbier konnte eine bessere Beschwerung beim Märzenbier festgestellt werden, jedoch muß man eine Zufärbung des Bieres in Kauf nehmen. — Der stabile, in Dioxan gelöste Indicator (Dichlorphenol–Indophenol) ist für Würzeunterss. gut verwendbar u. für eine Best. der Reduktionskraft im Malz sehr geeignet. (Brauwissenschaft **1951.** 184—86. Nov. 209—11. Dez.) HAEVECKER. 7550

**K. Mayer-Oberplan,** *Praktische Erfahrungen beim Stabilisieren und Schönen mit Bentoniten, insbesondere mit Geisenheimer Erde.* Die Behandlung des Weines u. Mostes mit geeigneten Bentoniten (I) ermöglicht eine einfache u. sichere Entfernung der thermolabilen Eiweißtrübungen. In gewissen Fällen können I die Möslinger-Blauschönung ersetzen. I fördern die Filtrationsreife, außerdem sind die mit I behandelten Moste u. Weine tropenfest u. lassen sich ohne Trübung pasteurieren. Der Destillationsrückstand bleibt fast immer klar, u. der Schönungstrub kann gebrannt werden. Korktrübungen treten nicht auf. I ersetzen u. übertreffen die Schönungsmittel Kaolin, Span. Erde u. Agar-Agar u. lassen sich mit allen anderen Schönungen kombinieren. Vf. teilt schließlich Erfahrungen mit der prakt. Durchführung der Schönung mit I mit. — 24 Literaturhinweise. (Dtsch. Wein-Ztg. **88.** Nr. 11. Wein u. Rebe **34.** 238. 15/6. Nr. 12. Wein u. Rebe **34.** 255. 30/6. 1952.) WINIKER. 7554

---

**Hermann Meyer & Co. Akt.-Ges.** (Erfinder: **Antonius Curtze** und **Hans Burmeister**), Berlin, *Bereitung von Kaffeelikör-Ansätzen ohne störende Geruchs- und Geschmacksstoffe.* Der aus alkoh. Röstkaffeemazerat u./oder -destillat bestehende Ansatz wird mit einer wss. Lsg. von Maltose–Dextrin-Gemisch u. ferner mit einer wss. Milch–Caramel–Sirup-Lsg. versetzt, durch Abstehenlassen geklärt u. von den Ausscheidungen befreit. (**D. B. P. 855 985** Kl. 6c vom 10/4. 1951, ausg. 17/11. 1952.) KETTNER. 7537

**Aktiebolaget Fabriken Saturnus,** Malmö, Schweden (Erfinder: **G. Dieterle**), *Verfahren zur Bereitung von Wein mit Südweincharakter.* Man führt die Hauptgärung mit Hilfe von Weinhefe in üblicher Weise durch, wobei man die Weinhefe einer Südweingärung entnimmt, deren Charakter man erzielen will. Anschließend unterwirft man den Wein einer Südweintypisierung, indem man ihn mit seiner Oberfläche mit einem Stück Zeug oder einem ähnlichen saugenden Material in Berührung bringt, das man vorher mit der als Bodensatz der Hauptgärung erhaltenen Hefe getränkt hat. (**Schwed. P. 133 323** vom 22/7. 1950, ausg. 23/10. 1951.) JÜRGEN SCHMIDT. 7555

**Spolek pro Chemickou a Hutni Vyrobu,** Prag, Tschechoslowakei, *Salze von 2-Ketohexonsäuren durch Gärung.* Eine 2—20%ig. Lsg. eines hexonsauren Salzes in einem Glucose, Hefeextrakt u. Nährsalze enthaltenden Substrat wird mit dem *Bact. cyanococcus chromospirans* angestellt. Nach erfolgter Vergärung wird über fein verteilte, unlösl., auf ihrer Oberfläche sehr kleine Teilchen zurückhaltende Substanzen, z. B. Bleiacetat, filtriert u. das bakterienfreie Filtrat im Vakuum konz. u. gereinigt. — Beispiele: Herst. des *K*- u. *Ca*-Salzes der *2-Keto-d-gluconsäure.* (**E. P. 659 947** vom 10/5. 1949, ausg. 31/10. 1951. Tschech. Prior. 13/5. 1948.) KETTNER. 7579

## XVI. Nahrungs-, Genuß- und Futtermittel.

**M. Rohrlich** und **W. Essner,** *Untersuchungen über die Bestimmung, Aktivierung und Hemmung der Milch- und Essigsäure bei der Sauerteiggärung.* Nach kurzer Übersicht über die den biochem. Mechanismus der Sauerteiggärung u. die Zus. der Hefeflora betreffende Literatur wird das als Gärungsquotient (GQ) bezeichnete Verhältnis von Milchsäure- zu Essigsäurebldg. unter verschied. Einflüssen untersucht. Essigsäurebldg. wird durch niedrige Teigausbeute gefördert. Der GQ wird durch erhöhte Milchsäurebldg. bei hoher Teigausbeute u. durch Zusatz von $CaCO_3$, ferner sehr stark durch Hefe erhöht. Die GQ sinkt durch einen infolge Empfindlichkeit der Enolase die Milchsäurebldg. hemmenden Zusatz von NaF ab. Vff. nehmen an, daß bei der Sauerteiggärung einmal Milch- u. Essigsäure durch Dismutation von Brenztraubensäure entstehen u. daneben Milchsäure durch Vermittlung von Mg-Enolase. — 26 Literaturangaben. (Brot u. Gebäck **5.** 85—91. Juni 1951. Berlin, Versuchsanst. für Getreidewesen.) HEINRICH. 7674

**M. Rohrlich** und **W. Essner,** *Untersuchungen zur Biochemie der Sauerteiggärung.* Nach umfassender Literaturübersicht (22 Arbeiten) werden die früheren Mitteilungen der Vff. (vgl. vorst. Ref.) bestätigt u. ergänzt. Im Sauerteig wird die bakterielle Milchsäuregärung durch NaF (0,002 Mol/Liter) ausgeschaltet, durch bas. $ZnCO_3$ (0,4%) aktiviert. Die bakterielle, auf Dismutation der Brenztraubensäure zurückgeführte gleichzeitige Milchsäure–Essigsäure-Bldg. bleibt durch NaF unbeeinflußt, wird aber durch bas. $ZnCO_3$ gehemmt. Die Verfolgung der Vorgänge mittels des Gärungsquotienten ergibt so ein Bild der Vorgänge bei der Sauerteiggärung, das durch die für die Teigbldg. unwesentlichen, aber typ. Aromastoffe vervollständigt wird. Hefe wirkt antibiotisch. (Brot u. Gebäck **6.** 116—20. Aug. 1952. Berlin, Versuchsanstalt für Getreideverwertung.) HEINRICH. 7674

**Katherine H. Fisher** und **Mary L. Dodds,** *Ascorbinsäuregehalt und Asche von in rostfreien Stahlgefäßen gekochten Gemüsen. Veränderung beim Kochen bei Verwendung von 3 verschiedenen Wassermengen.* 12 Gemüsesorten (Karotten, Kartoffeln, Spinat, Spargel, grüne Bohnen u. a.) wurde in mit dichtschließenden Deckeln versehenen Kochtöpfen aus rostfreiem Stahl unter Verwendung von je 3 verschied. Wassermengen gekocht; in dem von abgegossenen W. befreiten Gemüse u. im abgegossenen W. wurden die *Ascorbinsäure* (I) u. die Asche bestimmt. Der Verlust an Mineralsalzen ging bei den 12 Gemüsearten mit der Menge des verwendeten W. parallel; dieser Verlust war jedoch nur bei Karotten, Spargel u. Blumenkohl bedeutend. Die vom abgegossenen W. befreiten Gemüse hatten I durch deren Löslichkeit verloren, u. zwar steigende Mengen mit steigender Menge Kochwasser; dieser Verlust war nur bedeutend bei Erbsen u. geschnitzeltem Kohl. Beurteilt nach Farbe u. Konsistenz der Gemüsesorten, zeigte sich, daß bei Verwendung einer mittleren Wassermenge ein erwünschtes u. doch nahrhaftes Prod. erhalten wird. (J. Amer. dietet. Assoc. **28.** 726—31. Aug. 1952. Pennsylvania State Coll., School of Home Economics.)
K. F. MÜLLER. 7690

**V. F. Kaufman, C. C. Nimmo** und **L. H. Walker,** *Gefrorenes Apfelsaftkonzentrat.* Allg. Ausführungen mit 1 Abb., einer schemat. Darst. u. 2 Tabellen, bes. wirtschaftlichen Inhaltes. (Food Manufact. **26.** 443—46. 453. Nov. 1951. California, Western Regional Res. Labor.) LIEBNER. 7706

**Willy Schmitz jr.,** *Die Bitterstoffe in der Essenzen- und Aromenindustrie.* Besprochen werden Vork., Gewinnung u. Eigg. von: Absinthin, Agaricin, Aloin (Barbaloin), Ambrosia-Bitterstoff, Angosturin, Apocynamarin, Aristolochin, Arnicin, Artemisia-Bitterstoff, Aurantiamarin, Betulin, Bixa-Bitterstoff, Calcudulin, Cascarillin, Cedrin, Cetrarin, Chelidoxanthin, Chrysin, Cnicin, Cubebin, Crataegin (Aesculin), Elaterin (Momordicin), Elemi-Bitterstoffe, Espelin, Filicin (Filixsäure), Gentiana-Bitterstoffe, Hopfen-Bitterstoffe, Lupulin, Humulon u. Lupulon, Geumbitter, Gingerol, Granatin, Gurjun-Bitterstoff, Ivain, Jasmipikrin, Kamillenbitterstoff, Lactucopikrin (Intybin), Ligustrin (Ligustron), Limonin, Mastix-Bitterstoff, Melonenemetin, Moschatin, Myrrhen-Bitterstoff, Narcitin, Nigellin, Olibanum-Bitterstoff, Olivil, Osthin, Panaquilon, Shikimin u. Shikimipikrin, Vetiverin. — 262 Literaturhinweise. (Äther. Öle, Riechstoffe, Parfümerien, Essenzen Aromen **1.** 17—24. Febr./März. 42—44. April. 64—68. Mai. 88—92. Juni. 117—19. Juli. 137—38. Aug. 1951.) WINIKER. 7714

**E. Flückiger,** *Über die Reinigung von Pasteuren in der Milchwirtschaft.* Allg. Ausführungen. — 9 Literaturhinweise. (Schweiz. Milchztg. **78.** 543—45. 17/10. 1952. Liebefeld-Bern, Eidg. Milchwirtschaftl. u. Bakteriol. Anstalt.) WINIKER. 7756

**W. B. Bell, C. C. Flora, P. M. Reaves** und **C. W. Holdaway,** *Die Konzentration von Aureomycin in der Milch nach erfolgter Euter-Infusion und ihre Auswirkung auf die Säurewecker-Aktivität.* Eine merkliche Säureweckerhemmung ist bis zu 72 Std. nach erfolgter Euter-Infusion mit Aureomycin zu beobachten, wenn die Milch roh oder 3,5 Std. auf 37,5° erwärmt beimpft worden war. Ein Autoklavieren der Milch erhöht die Säuerungsgeschwindigkeit erst, wenn es bei 72 Std. nach der Infusion ermolkener Milch durchgeführt wird. (J. Dairy Sci. **34.** 675—79. Juli 1951. Blacksbury, Agric. Exp. Stat., Virginia Polytechn. Inst.) HÜCKSTÄDT. 7756

**Matti Antila,** *Das Homogenisieren der Milch und ihre Bedeutung.* Übersicht. (Karjantuote **35.** 63—67. 8/2. 91—95. 22/2. 1952. Helsinki, Univ., Milchwirtschaftl. Inst.)
BECKMANN. 7756

**W. L. Dunkley** und **H. O. Smith,** *Kontrolle des Bodensatzes in homogenisierter Milch.* Es besteht kein direktes Verhältnis zwischen dem Geh. an Zellbestandteilen u. der Menge des Bodensatzes in homogenisierter Milch. Das beste Mittel, ihn in mäßigen Grenzen zu halten, ist das Reinigen in der Zentrifuge, vor der Homogenisierung bei 4° bzw. nachdem bei 60°. Der Unterschied in der Wrkg. beim Vertauschen der Tempp. ist nicht sehr groß. (Milk Dealer **41.** Nr. 2. 47—48. 107—10. Nov. 1951. Davis, Calif., Univ. of California, Div. of Dairy Ind.) HÜCKSTÄDT. 7756

**E. G. Pont,** *Geschmacksveränderungen und einige damit verbundene chemische Reaktionen in dem Sonnenlicht ausgesetzter Vollmilch.* 10—45 Min. dem Sonnenlicht ausgesetzte Vollmilch entwickelt einen „Karton“-Geschmack, der ident. ist mit dem sich bei Anwesenheit von Cu entwickelnden. Er setzt sich zusammen aus einem ölig-talgigen des Fettes u. einem angebrannt-klebrigen der fettfreien Bestandteile. Der letztere bildet sich bei der Belichtung von Magermilch. Nach Bestrahlung der Vollmilch steigen die Peroxydwerte sowie der talgige u. ölige Geschmack des Fettes erheblich an. Die Lichtempfindlichkeit wird durch Pasteurisierung gesteigert. Bei Tempp. von 40—45° bewirkt Belichtung eine geringere Änderung des Geschmacks als bei 5—10°. (Austral. J. appl. Sci. **2.** 326—38. Juni 1951. Melbourne, C. S. I. R. O., Dairy Res. Sect.) REISS. 7756

**Matti Hietaranta** und **Matti Antila,** *Über die chemische Säuerung der Butter und deren Anwendungsmöglichkeiten.* Orientierende Verss. mit dem Säure- u. Aromagemisch *Butacid* ergaben, daß mit dessen Hilfe aus Süßrahm eine fehlerfreie Butter in einer bei Sauerrahmbutter üblichen Qualität erhalten werden kann, nicht dagegen ein Prod. höchster Güte. (Karjantuote **35.** 203—08. 8/4. 1952. Helsinki, Univ., Milchwirtschaftl. Inst.) BECKMANN. 7758

**Frank V. Kosikowsky,** *Die Herstellung von Mozarelle-Käse aus pasteurisierter Milch.* Mozarelle-Käse reift nicht gut bei Verwendung von ordnungsgemäß pasteurisierter Milch u. von handelsüblichen Milchsäureweckern. Die Benutzung von 0,2—0,5% eines Säureweckers mit Streptococcus faecalis läßt jedoch das Erhitzen der Kesselmilch zu. (J. Dairy Sci. **34.** 641—48. Juli 1951. Ithaca, N. Y., Cornell Univ., Dep. of Dairy Ind.) HÜCKSTÄDT. 7760

**P. H. Weswig, J. R. Haag** und **R. T. Pierce,** *Jahreszeitlich bedingte Schwankungen des Vitamin-A-Gehaltes in Blauschimmelkäse des Staates Oregon.* Der Vitamin-A-Geh. im Blauschimmelkäse des Staates Oregon steigt vom Januar (5,5 $\gamma$/g Fett) bis April (8,67 $\gamma$) an, fällt dann bis September (6,33 $\gamma$) ab, um vom Oktober bis Dezember annähernd 7 $\gamma$ zu erreichen. (J. Dairy Sci. **34.** 649—50. Juli 1951. Corvallis, Oregon Agric. Exp. State, Dep. of Agric. Chem.) HÜCKSTÄDT. 7760

**J. W. Claassens,** *Der Fett- und Proteingehalt der Trockensubstanz südafrikanischen Cheddar- und Goudakäses.* Der Fettgeh. betrug bei Cheddarkäse 49,49—58,21, im Mittel 54,64%, bei Goudakäse 48,99—57,74, im Mittel 53,62%. Der Proteingeh. war bei Cheddarkäse 34,54—42,47, im Mittel 38,03%, bei Goudakäse 34,10—42,88, im Mittel 38,67%. (South African J. Sci. **48.** 398—402. Juli 1952. Pietermaritzburg, Agricult. Res. Inst.) LIEBNER. 7760

**Lucie Randoin** und **Colette Vatinel,** *Über die Bestimmung der Calcium- und Phosphorgehalte in der Trockensubstanz der wichtigsten französischen Weichkäsesorten.* Vff. machten analyt. Erhebungen an Weichkäsen mit Schimmeldecke (**I**) [*Brie* (**a**), *Camembert* (**b**), *Carré de l'Est* (**c**) u. *Coulommiers* (**d**)], sowie an Weichkäsen mit gewaschener Kruste (**II**) [*Munster* (**e**), *Pont-l'Eveque* (**f**) u. *Livarot* (**g**)]. Sie fanden für *Ca* u. *P* in g/100 g Trockensubstanz u. für den Konventionsquotienten *Ca*/*P* folgende Mittelwerte (gleichbleibende Reihenfolge): **a**: 0,432, 0,434, 0,97; **b**: 0,337, 0,309, 1,09; **c**: 0,491, 0,444, 1,15; **d**: 0,457, 0,328, 1,44; **e**: 0,628, 0,348, 1,8; **f**: 1,222, 0,591, 1,9; **g**: 0,328, 0,554, 2,4. Danach sind die *Ca*/*P*-Quotienten der **II**-Sorten gegenüber denen der **I**-Sorten überragend erhöht; dies (bis auf **e**) nicht etwa in relativer Weise durch Vorliegen niedriger *P*-Gehh. (letztere liegen ein wenig über denen der **I**-Sorten), sondern in absol. Weise durch Vorliegen hoher *Ca*-Werte. Da die Wassergehh. für die **I**-Sorten mit ca. 56,7% u. für die **II**-Sorten mit ca. 47,4% innerhalb jeder Gruppe nur geringe Schwankungen aufweisen, sind die *Ca*- u. *P*-Werte der ungetrockneten Prodd. denen der getrockneten proportional. Der Ca-Tagesbedarf eines Erwachsenen wird durch Konsumierung von 150 g **g**, 180 g **f** gegenüber 325 g **e** (zwischen **I** u. **II** stehend; hoher *Ca*/*P*-Quotient durch niedrigen *P*-Geh.), 550 g **d** oder **c**, 600 g **b** u. 700 g **a** gedeckt. Der *P*-Bedarf wird mit den genannten Quantitäten nur zu 35—40% gedeckt. (Lait **31.** 113—21. März/April 1951. Centre Nat. de la Rech. scient., Inst. Nat. de la Rech. Agron.) LAUBSCHAT. 7760

—, *Bericht über die Ramikalfütterungsversuche der Bayerischen Landesanstalt für Tierzucht, Grub, in praktischen Betrieben. Ramikal* enthält die vom Tierkörper benötigten Mineralien, Spurenelemente u. Vitamin D. Bei Lecksucht, Störungen des Sexualcyclus, Kälbersterblichkeit, Osteomalazie, Zungenschlagen u. Ferkelkümmern wird der gesundheitliche Zustand der Tiere wesentlich gebessert. (Tierärztl. Umschau **7.** 208—09. Juni 1952.) KLINGMÜLLER. 7786

**W. K. Lowen,** *Bestimmung von Dithiocarbamatrückständen in geernteten Nahrungsmitteln.* Durch eine Modifikation der DICKINSON-VILES-Meth. gelingt die Best. von Fe-Dimethyldithiocarbamat (Ferbam), Zn-Dimethyldithiocarbamat (Ziram), Zn-Äthylen-bis-[dithiocarbamat] (Zineb) bzw. Dinatriumäthylen-bis-[dithiocarbamat] (Nabam), das zusammen mit $ZnSO_4$, somit als Zineb, verwendet wird, in Mengen von weniger als 0,1 mg-% in Obst- u. Gemüseerzeugnissen. Die verwendete App. ist schemat. wiedergegeben; Ergebnisse sind in Tabellen angeführt. (Analytic. Chem. **23.** 1846—50. Dez. 1951. Wilmington, Del., E. I. du Pont de Nemours & Co., Inc., Grasselli Chem. Dep.) LIEBNER. 7810

**Stuart Patton** und **George W. Kurtz,** *2-Thiobarbitursäure als Reagens zur Ermittlung der Oxydation von Milchfett.* Folgende Meth. zur Ermittlung der Fettoxydation ist empfindlicher als die JZ. u. der KREIS-Test: 3 g geschmolzenes Milchfett werden in einem 50 ml-Kolben mit 7,5 ml dest. W., 6 ml 2-Thiobarbitursäure, 3 ml einer 20%ig. Trichloressigsäure u. einigen Siedesteinen versetzt, nach Aufsetzen eines Rückflußzählers zum Sieden erhitzt, 10 Min. darin erhalten, worauf die dabei gebildete Färbung colorimetr. ausgewertet wird.

(J. Dairy Sci. **34.** 669—74. Juli 1951. Pennsylvania State Coll., Agric. Exp. Stat., Dep. of Dairy Husbandry.) HÜCKSTÄDT. 7856

**O. M. Ystgaard, P. G. Homeyer** und **E. W. Bird,** *Die Benutzung des halbautomatischen Wasserbestimmungsapparates nach Brabender für die Bestimmung der Gesamttrockenmasse in Milch.* Die besten Bedingungen für den Wasserbestimmungsapp. nach BRABENDER für die Best. der Gesamttrockenmasse in Milch sind: 10 g Einwaage, 110° u. 3 Stunden. Die ermittelten Werte sind etwas niedriger als die der amtlichen Methode. (J. Dairy Sci. **34.** 695—98. Juli 1951. Ames, Iowa Agric. Exp. Stat., Dairy Ind. Sect.) HÜCKSTÄDT. 7856

**O. M. Ystgaard, P. G. Homeyer** und **E. W. Bird,** *Bestimmung der Gesamttrockenmasse in normaler und gewässerter Milch.* 7 Formeln zur Berechnung der Gesamttrockenmasse in n. u. gewässerter Milch aus dem Fettgeh. u. der D. werden krit. betrachtet. (J. Dairy Sci. **34.** 689—94. Juli 1951. Ames, Iowa Agric. Exp. Stat., Dairy Ind. Sect.) HÜCKSTÄDT. 7856

**O. M. Ystgaard, P. G. Homeyer** und **E. W. Bird,** *Die analytischen Methoden zur Ermittlung der Milchverfälschung.* Krit. Betrachtung der in den USA gebräuchlichen Methoden zur Ermittlung einer Milchfälschung. (J. Dairy Sci. **34.** 680—88. Juli 1951. Ames, Iowa Agric. Exp. Stat., Dairy Ind. Sect.) HÜCKSTÄDT. 7856

## XVII. Fette. Seifen. Wasch- u. Reinigungsmittel. Wachse. Bohnermassen usw.

**V. D. Anderson Co.,** Cleveland, O., V. St. A., *Auspressen von Öl.* Das proteinhaltige Rohmaterial wird verhältnismäßig lange Zeit (30 Min.) auf eine Temp. erwärmt, die merklich (mindestens 5—6°) unter der optimalen Preßtemp. (I) liegt, dann ca. 10, bes. 7—15 Min, bei höherer Temp., aber nicht über I erwärmt u. anschließend bei I gepreßt. — Zeichnung. (**D. B. P. 848 065** Kl. 23a vom 18/12. 1949, ausg. 1/9. 1952. A. Priorr. 18/4. 1941 u. 5/11. 1943.) LÜTTGEN. 7873

**United States of America,** übert. von: **Arthur W. Schwab, Cyril D. Evans** und **John C. Cowan,** Peoria, Ill., V. St. A., *Stabilisieren von Sojaöl,* gek. durch den Zusatz von 0,001—0,1% p-Toluolsulfonsäure. (**A. P. 2 583 602** vom 30/3. 1951, ausg. 29/1. 1952.) LÜTTGEN. 7895

**Rudolf Ullsperger,** Weilheim/Obb., *Gewinnung von nicht laxierend wirkendem Speiseöl aus Ricinusbohnen* (I), dad. gek., daß die I einer Vorbehandlung mit W. oder Salzlsgg. u. einer Zwischenbehandlung mit wss. oder mit W. mischbaren Lösungsmitteln für Öl unterworfen werden. (**D. B. P. 849 289** Kl. 23a vom 21/5. 1950, ausg. 15/9. 1952.) LÜTTGEN. 7895

**British Glues & Chemicals Ltd.,** Welwyn Garden City, Hertfordshire (Erfinder: **Israel Harris Chayen,** London), England, *Gewinnung von Fett aus tierischem Weichgewebe* (I). Die Membranen der fettenthaltenden Zellen werden mechan. zerstört, wobei I gleichzeitig oder anschließend mit kräftig bewegtem kaltem W. behandelt u. das sich an der Oberfläche abscheidende Fett entfernt wird. — Zeichnungen. (**D. B. P. 848 680** Kl. 23a vom 30/6. 1950, ausg. 8/9. 1952. E. Priorr. 5/8. 1949 u. 25/5. 1950.) LÜTTGEN. 7897

**Raytheon Mfg. Co.,** Waltham (Erfinder: **Ralph Freeman Shropshire,** Cambridge, Mass.), V. St. A., *Gewinnung von Fischölen.* Das Rohmaterial wird in eine breiige M. übergeführt, der Einw. von Druckschwingungen (Frequenz bes. im unteren Bereich der hörbaren Schallwellen) ausgesetzt, so daß in der M. Kavitationserscheinungen entstehen, die die Zellstruktur zerstören, worauf die Abtrennung des Öls erfolgt. — Zeichnung. (**D. B. P. 848 067** Kl. 23a vom 30/9. 1950, ausg. 1/9. 1952. A. Prior. 4/10. 1946.) LÜTTGEN. 7899

**Dalli-Werke Mäurer & Wirtz G. m. b. H.** (Erfinder: **Kurt von Stoesser**), Stolberg, Rhld., *Herstellung von Scheuerseife.* Zwei Seifen werden gemischt, von denen die eine in Form von Körnern, Nadeln, Blättchen usw. vorliegt u. eine größere Härte hat als die andere. (**D. B. P. 848 070** Kl. 23e vom 3/4. 1951, ausg. 1/9. 1952.) LÜTTGEN. 7911

**Victor Chemical Works,** übert. von: **Willard Howard Woodstock,** Crete, Ill., V. St. A., *Reinigungsmittel,* bestehend aus 1—75% neutralem Reaktionsprod. aus saurem Laurylalkoholester der Ortho- (I), Pyro- (II) oder Polyphosphorsäure (III) u. mindestens 3 (Mol) Äthylenoxyd oder 2 Propylenoxyd für jedes saure H-Atom, z. B. $(C_{12}H_{25})_2H_2P_2O_7 \cdot 5\,CH_3{-}\underset{\diagdown O \diagup}{CH{-}CH_2}$ oder $(C_{12}H_{25})_3H_3P_4O_{13} \cdot 9\,CH_3{-}\underset{\diagdown O \diagup}{CH{-}CH_2}$, u. 99—25% Alkalisalze der I, II oder III. (**A. P. 2 586 897** vom 13/7. 1948, ausg. 26/2. 1952.) LÜTTGEN. 7913

**California Research Corp.,** Wilmington, Del., V. St. A., *Reinigungsmittel.* Olefinhaltige Öle der FISCHER-TROPSCH-Synth. oder gecracktes Petroleum (Kp. 300—600° F, bes. 350—500° F) werden über Silicagel geleitet. Man trennt 3 Fraktionen, die 1. mit der BrZ. 0, die 2. mit steigender u. die 3. mit fallender BrZ. nach Erreichung des Maximums. Bzl. oder Toluol wird in bekannter Weise mit der 2. Fraktion alkyliert u. sulfoniert. (**E. PP. 669 312** u. **669 313** vom 6/10. 1948, beide ausg. 2/4. 1952. A. Prior. 18/10. 1947.) LÜTTGEN. 7913

**Maurice E. Baer**, Boston, und **Leo E. Concannon**, Waban, Mass., V. St. A., *Reinigungs- und Poliermittel* als Öl-in-W.-Emulsion, bestehend aus einem Siliconöl (Siliconpolymere), flüchtigem KW-stoff u. Emulgiermittel. Als letzteres sind Alkylaminsalze, deren Alkylgruppe 6—18 C-Atome enthält, bes. Octadecylaminacetat, genannt. Die Emulgierung mit W. wird in einer Kolloidmühle vorgenommen. (**A. P. 2 584 413** vom 30/6. 1948, ausg. 5/2. 1952.) SCHINDLER. 7917

**Swift & Co.**, Chicago, übert. von: **Purdy Bradford**, Palos Park, und **Herman J. White**, Lansing, Ill., V. St. A., *Nichtzusammenbackendes Reinigungs- und Scheuermittel* aus $Na_3PO_4$ u. $SiO_2$ mit einem Zusatz von Mg-Metall, MgO, $MgSO_4$, $MgCl_2$ oder Mg-Stearat in Mengen von 0,1—3%. (**A. P. 2 589 330** vom 5/8. 1948, ausg. 18/3. 1952.) SCHINDLER. 7917

## XVIIIa. Holz. Cellulose. Zellstoff. Papier. Papierdruck. Celluloid. Linoleum.

—, *Tropisches Rohmateria für die Papierherstellung.* Die Verwendbarkeit von *Bambus, Eucalyptus saligna, Brachystegia, Vossia cuspidata* u. *Cyperus papyrus* als Rohstoff für die Papierstoffherst. wurde vom COLONIAL PRODUCTS ADVISORA BUREAU (PLANT AND ANIMAL) in techn. u. wirtschaftlicher Hinsicht geprüft u. in einigen Fällen die regionale Brauchbarkeit der Rohstoffe festgestellt. (Paper Making Paper Selling **71.** 14—16. 1952.) ROSSOW. 7974

—, *Ricinuspflanzen und Illukgras.* Verss. über die Verwendbarkeit von *Ricinus* (**I**) (*Ricinus communis*) u. *Illukgras* (*Imperata arundinacea*) (**II**) als Rohstoff für die Papierindustrie Indiens. — Aus Stämmen von **I** sowohl der ein- als auch der mehrjährigen Form wurde durch Soda- u. auch durch Sulfataufschluß leicht bleichbarer Papierstoff von befriedigender Festigkeit hergestellt. Sowohl Holz als auch Borke kann verwendet werden, das Holz ergibt kurzfaserige, die Borke langfaserige Stoffe. — **II** hat einen durchschnittlichen Cellulosegeh. von 50,17%. Durch Soda- oder Sulfataufschluß werden Stoffe erhalten mit einer durchschnittlichen Faserlänge von 1,26 mm u. einem Durchmesser von 0,0097 mm. **II** müßte also mit langfaserigem Material vermischt verarbeitet werden. (Paper Making Paper Selling **71.** 10—13. 1952. Dehra Dun, Indien, Forest Res. Inst.) ROSSOW. 7974

**D. Moss**, *Gewachstes Papier als schützendes Verpackungsmaterial.* Es werden die Eigg. von Wachspapier als Verpackungsmaterial beschrieben u. die Herstellungsmethoden näher erläutert. Die Hauptanwendungsgebiete der verschied. Typen werden an Beispielen gezeigt. (Proc. techn. Sect., Brit. Paper Board Makers' Assoc. (Inc.) **33.** 201—08. Febr. 1952. Taunton.) WITTWER. 7986

**A. F. Williams**, *Die Anwendung der Chromatographie in der Papierindustrie.* Nach kurzen Angaben über die Entw. der Chromatographie werden Beispiele für die Arbeitstechnik, bes. zur Trennung anorgan. Stoffe, angeführt. Es werden die Anwendungsmöglichkeiten in der Papierindustrie, wie Ermittlung der Aschenbestandteile u. Unters. von Farbstoffgemischen, besprochen. (Proc. techn. Sect., Brit. Paper Board Makers' Assoc. (Inc.) **33.** 85—101. Febr. 1952. Manchester.) WITTWER. 8010

---

**Bror Olof Häger**, Stockholm, Schweden, *Herstellung von Holzkonservierungsmitteln.* Ca-, Sr- oder Ba-Chromat, ferner Arseniate u. Sulfate oder Carbonate von Metallen, die schwerlösl. Arseniate bilden, werden in W. gelöst, so daß die schwerlösl. Arseniate in Lsg. gehalten werden, während die schwerer lösl. Sulfate oder Carbonate von Ca, Sr u. Ba ausgefällt u. abgetrennt werden. (**Finn. P. 25 857** vom 21/6. 1947, Auszug veröff. 31/8. 1952. Schwed. Priorr. 22/6., 16/11. 1946 u. 7/2. 1947.) JÜRGEN SCHMIDT. 7953

**Friedrich Wilhelm Dölger**, Bad Kissingen, *Tiefimprägnieren starker Hölzer.* Nach an sich bekannten Verff. werden hochkonz., gegebenenfalls diffusionsfähige Schutzstoffe in das Holzinnere eingebracht. Zusätzlich werden Wirkstoffe, die wasserundurchlässig oder -abweisend sein können, auf die Außenfläche aufgebracht. (**D. B. P. 856 053** Kl. 38h vom 14/12. 1950, ausg. 17/11. 1952.) E. PETERSEN. 7953

**Zellwolle- und Kunstseide-Ring G. m. b. H.**, Berlin, und **Thüringische Zellwolle Akt.-Ges.** (Erfinder: **Erich Correns**), Schwarza/Saale, *Gewinnung von Zellstoff mit hohem Reinheitsgrad* durch alkal. Kochung nach saurer Vorhydrolyse, dad. gek., daß das Material mit verd. HCl (Konz. $<1\%$) bei n. Druck u. unter 100° vorbehandelt wird. — Beispiel: Buchenholzschnitzel werden mit 0,5%ig. HCl 5 Std. offen gekocht, gewaschen u. mit Sulfatlauge aufgeschlossen. Das Prod. hatte 94,2 (%) α-Cellulose, 6,5 Pentosan u. 3,3 Holzgummi. (**D. R. P. 748 512** Kl. 55b vom 13/12. 1940, ausg. 27/10. 1952.) G. VOGEL. 7961

**Kurmärkische Zellwolle und Zellulose Akt.-Ges.**, Wittenberge, Bez. Potsdam, **Rheinische Kunstseide A. G.**, Krefeld, **Rheinische Zellwolle Akt.-Ges.**, Siegburg, **Zellwolle und**

**Zellulose Akt.-Ges. Küstrin**, Küstrin, und **Schlesische Zellwolle Akt.-Ges.**, zusammengeschlossen in **Phrix-Arbeitsgemeinschaft**, Hirschberg/Riesengeb. (Erfinder: **Erwin Franke**, Herischdorf/Riesengeb., **Hugo Koch**, Bad Warmbrunn, **Richard Eugen Dörr**, Hamburg, und **Erik Hägglund**, Stockholm, Schweden), *Herstellung eines zur chemischen Weiterverarbeitung geeigneten Sulfitzellstoffes.* Der Rohstoff (Buchen- oder Fichtenholz) wird mit ungepufferter $SO_2$-Lsg. (**I**), z. B. bei 120—135°, gekocht u. dabei fortlaufend die zur Bindung der gebildeten Ligninsulfonsäure nötige Menge Alkali (NaOH, CaO) zugesetzt. — Das Verf. wird auch 2stufig ausgeführt, wobei nach der Kochung mit ungepufferter **I** entlaugt, zweckmäßig gewaschen u. mit gepufferter **I** fertiggekocht wird. In der 1. Stufe wird dabei als Base $NH_3$ verwendet. (**D. R. PP. 746 873** u. **749 201** Kl. 55b vom 29/10. 1942, ausg. 10/11. 1952.) G. VOGEL. 7963

**Farbenfabriken Bayer**, Leverkusen (Erfinder: **Ludwig Lock** und **Wilhelm Röhm**, Dormagen), *Herstellung hochviscoser organischer Celluloseester* unter Verwendung von <2% $H_2SO_4$ oder $HClO_4$ als Katalysator. Außerdem werden bis zu 5% $ZnCl_2$ zugesetzt. Herst. von *Cellulosetripropionat, -acetopropionat, -acetobutyrat, -acetat.* (**D. B. P. 858 695** Kl. 12o vom 6/8. 1939, ausg. 8/12. 1952.) FABEL. 7971

**Badische Anilin- & Soda-Fabrik** (Erfinder: **Karl Pflaumer** und **Rudolf Robl**), Ludwigshafen/Rh., *Cellulosederivate.* Cellulose wird mit niedrigmol. aliphat. Isocyansäureestern umgesetzt, z. B. mit $C_2H_5NCO$. — Kunststoffe, Lackrohstoffe. (**D. B. P. 858 549** Kl. 12q vom 10/2. 1944, ausg. 8/12. 1952.) FABEL. 7971

**Badische Anilin- & Soda-Fabrik** (Erfinder: **Hans Wenderlein**), Ludwigshafen/Rh., *Stickstoffhaltige Kondensationsprodukte.* Man setzt die Alkalisalze von Dicarbonsäureimiden mit Lactonen bei höherer Temp. um u. wandelt die erhaltenen Prodd. in freie Carbonsäuren, Ester oder Amide um. — Z. B. erhält man aus Phthalimid-K (**I**) u. Butyrolacton (**II**) $\gamma$-(N-phthalimido)-buttersaures K u. über die freie Säure mit Dodecylalkohol durch Veresterung ein Prod. vom F. 39°, $Kp._2$ 263°. — *Valerolacton* + **I** → N-haltige Carbonsäure, F. 110—112°, SZ. 216. — Succinimid-Na + **II** → einbas. Säure, SZ. 300, VZ. 610. — *Weichmacher für Triacetylcellulose* u. dergleichen. (**D. B. P. 855 259** Kl. 12p vom 27/1. 1943, ausg. 10/11. 1952.) DONLE. 7971

**Deutsche Gold- und Silber-Scheideanstalt vormals Roessler**, Frankfurt/M. (Erfinder: **Wilhelm Gärtner**, Neunkirchen/Odenwald), *Bleichen von verholztem und unverholztem Zellstoffmaterial.* Es wird eine alkal. oxydative Bleiche mit einer alkal. quellenden u. einer mechan. zerkleinernden Behandlung kombiniert. — Beispiel: Trockener Holzschliff wird bei 30 (%) Stoffdichte mit 3 einer 5%ig. $Na_2O_2$-Lsg. u. 2 Wasserglas (38° Bé) 15 Min. gekollert u. 90 Min. gelagert. Mit ähnlichen Fll. wird z. B. ungebleichter Sulfitzellstoff geknetet oder mit $Cl_2$ vorgebleichter Strohzellstoff gegen Prallflächen geschleudert. Neben Peroxyden sind anorgan. u. organ. Persäuren genannt. (**D. B. P. 854 613** Kl. 55c vom 8/4. 1951, ausg. 6/11. 1952.) G. VOGEL. 7979

**A. M. Meincke & Son, Inc.**, übert. von: **Clifford J. Yarber**, Holyoke, Mass., V. St. A., *Herstellung kalt quellender Stärke* durch Mischen mit wenig W. u. $NaH_2PO_4$ bis zum $p_H$ 6,2 u. anschließendes Trocknen unter Druck. Bes. geeignet zur *Papierfabrikation.* (**A. P. 2 590 912** vom 28/9. 1949, ausg. 1/4. 1952.) SCHINDLER. 7979

**Badische Anilin- & Soda-Fabrik**, Ludwigshafen/Rh. (Erfinder: **Fritz Stastny**, Weinheim/Bergstraße), *Herstellen von Überzügen und Folien aus Polyäthylen.* Man verteilt feinzerkleinertes, zweckmäßig pulverförmiges Polyäthylen (**I**) auf einer Unterlage, deckt mit einer Platte oder Folie aus einem Stoff ab, dessen Erweichungspunkt höher liegt als der des **I**, u. erhitzt dann unter mäßigem Druck auf Tempp. oberhalb des Erweichungspunktes des **I**. — Man verteilt z. B. pulverförmiges **I** (Mol.-Gew. 22000) in dünner Schicht auf einer Papierbahn u. deckt mit einer Cellulosehydratfolie von 0,1 mm Stärke ab. Man kann durch Bügeln mit einem erhitzten Bügeleisen auf dem *Papier* einen geschlossenen Überzug herstellen. (**D. B. P. 847 968** Kl. 39a vom 23/11. 1950, ausg. 28/8. 1952.) SCHLITT. 7987

## XVIII b. Textilfasern.

**N. Reinfeld**, *Grapho-analytische Methoden in der Auswertung von Versuchs- bzw. Beobachtungsreihen.* (Melliand Textilber. **33.** 879—81. Sept. 961—62. Okt. 1952. Denkendorf, Zellwoll-Lehrspinnerei.) P. ECKERT. 8022

**A. Landolt**, *Die Anwendung einiger Kunstharze in der Textilindustrie.* Eine Übersicht über Polymerisations- u. Kondensationsharze, Anwendung der Harnstoff- u. Melaminformaldehydharze in der Textilindustrie. Zum Schluß wird ein Beispiel für die Herst. eines Chintz Finish mit Hilfe von Melamin–Formaldehyd-Harz im einzelnen beschrieben. (J. Textile Inst. **43.** P 331—40 Juli 1952.) ZAHN. 8032

**Kurt Edelmann,** *Die Rheologie der Lösungen von Hochpolymeren.* 1. Mitt. *Allgemeine Grundlagen.* Einleitend wird der Aufgabenbereich der Rheologie geschildert. Es wird dann die Fließkurve u. der Einfl. der Molekularstruktur auf die Viscosität behandelt. In diesem Zusammenhang wird die Darst. des unterschiedlichen Fließverh. in Fließkurvenform beschrieben. Ferner wird auf die Ursachen der Abweichungen der Lsg. Hochpolymerer vom NEWTONschen Reibungsgesetz eingegangen u. der Einfl. der Mol.-Struktur auf die Viscosität dargelegt. — 9 Literaturzitate. (Faserforsch. u. Textiltechn. **3.** 341—44. Sept. 1952. Teltow-Seehof, Dtsch. Akad. der Wiss. zu Berlin, Inst. für Faserstoff-Forsch.) P. ECKERT. 8040

**Kurt Edelmann,** *Die Rheologie der Lösungen von Hochpolymeren.* 2. Mitt. *Strukturviscositätsmessungen an Cellulosenitraten in Butylacetat.* (1. vgl. vorst. Ref.) Aufgenommen wurden die Zustandsbilder in Fließkurvenform von Kunstseiden, techn. Zellstoffen u. Rohbaumwollen als Nitrat in Butylacetat. Verwendet wurde der Strukturviscosimeter nach UMSTÄTTER. Die untersuchten Cellulosepräpp. wiesen alle Strukturviscosität auf. Es hat sich gezeigt, daß die Wendepunkte der Fließkurven aller Konzz. eines Präp. auf einer Geraden parallel zur Abszisse liegen. Dieses krit. Geschwindigkeitsgefälle ist damit konzentrationsabhängig. Je höher das Mol.-Gew. ist, desto näher rückt diese Gerade an die Abszisse heran. Weiter ergibt sich, daß in einer homologen Reihe der krit. Tangentialdruck vom Mol-Gew. unabhängig ist. Im Wendepunkt der Fließkurve wird die Viscosität der Lsg. allein durch die Knäueldimensionen der gelösten Makromoll. u. der Viscosität des Lösungsm. bedingt, unabhängig von der Gestalt, Elastizität u. Solvatation dieser Moleküle. Somit bietet das Fließverf. die Möglichkeit, die rheolog. Messungen zu einer absol. viscosimetr. Mol.-Gew.-Bestimmungsmeth. heranzuziehen. (Faserforsch. u. Textiltechn. **3.** 344—49. Sept. 1952.) P. ECKERT. 8040

**W. Kling** und **H. Mahl,** *Zur Morphologie der Baumwolle.* 4. Mitt. *Zusammenfassung der experimentellen Ergebnisse zu einem neuen, verbesserten Fasermodell.* (3. vgl. C. **1952.** 8065.) Auf Grund bisheriger elektronenmkr. Unterss. an Baumwolle wird ein neues Modell dieser Faser entwickelt. — Schemat. u. elektronenmkr. Abbildungen, 20 Literaturzitate. (Melliand Textilber. **33.** 829—32. Sept. 1952. Düsseldorf, Henkel & Cie., GmbH.) P. ECKERT. 8044

**H. Vollenbruck,** *Der Verlauf des Faserabbaues beim Waschen.* An Hand von Laboratoriumsverss. wurden Abbauverlaufskurven (Baumwolle) aufgestellt, die in ihrem oberen Teil (DP 2000—500) größere Allgemeingültigkeit besitzen. Der Abbauverlauf ist verflachend. Abweichungen, die sich bei Waschgangkontrollen mit Geweben verschied. DP's im Schädigungsfaktor ergeben, können an Hand der Kurven vorausbestimmt werden. Für den Abbauverlauf beim häufigem Waschen können sich Abweichungen von dieser Kurve ergeben, sowohl im Sinne größerer Steilheit als auch größerer Verflachung. Letztere wurde in der Weise gedeutet, daß hierbei eine niedrige Abbauintensität in den Wasch–Bleich-Bedingungen zugrunde liegt. Nachbleichverss. an gewaschenen Geweben ließen die Katalysatorenwirksamkeit des aufgenommenen Cu erkennen u. zeigten, daß die katalyt. nicht wirksamen Inkrustierungen keinen wahrnehmbaren Einfl. auf den Abbauverlauf haben. (Melliand Textilber. **33.** 856—59. Sept. 1952. Wäscheforsch. Krefeld.) P. ECKERT. 8044

**H. A. Schuyten, J. W. Weaver, J. G. Frick jr.** und **J. David Reid,** *Bildung von Celluloseäthern bei der Wasserabstoßendausrüstung von Baumwolle mit Stearamidomethylpyridiniumchlorid.* Um die Rk. zwischen Stearamidomethylpyridiniumchlorid (**I**) mit Baumwolle (**II**) aufzuklären, wurden Verss. durchgeführt mit reinem **I** u. in handelsüblichen **I** vorkommenden Verbb. wie Distearamidomethan (**III**) u. solchen Verbb., die sich in einem techn. Behandlungsbad von **I** sowie auf **II** während der therm. Zers. bilden: Methylolstearamid (**IV**) u. Stearamidomethylacetat (**V**) (aus **I** u. Na-Acetat in aceton. Lsg. oder wss. Emulsion bei Zimmertemp. dargestellt). Die Verbb. wurden auf **II**-Muslin angewendet; getrocknet wurde bei 120—140°, gehärtet bei 180° in 2 Minuten **I** gelangte in wss. Emulsion mit u. ohne Na-Acetat zur Anwendung, **III** in 1—5% Lsg. in Eisessig, **IV** in Toluol, wobei eine Vorbehandlung des Tuchs mit 2%ig. Maleinsäureanhydridlsg. den Katalysator lieferte, **V** in Bzl. oder wss. Emulsion. Die behandelten Proben wurden mit Chlf. extrahiert u. folgende Unterss. ausgeführt: $CH_2O$-Abspaltung als Maß für die Menge Stearamidomethylgruppen in **II**. Aus 2 Moll., **I, IV** u. **V** oder Stearamidomethyläthyläther bilden sich 1 Mol $CH_2O$ u. 1 Mol **III** (isoliert); N-Best., Waschverss.; Bewertung der wasserabstoßenden Eigenschaften. **III** wird von **II** chem. nicht gebunden. **IV** bildet keinen Celluloseäther, verleiht **II** jedoch wasserabweisende Eigg. durch **III**-Bildung. **V** bildet Celluloseäther in geringen Mengen. **I** sowie bromiertes Oleamidomethylpyridiniumchlorid (**VI**) aus **VI** u. $Br_2$ in Chlf. bis zum Br-Geh. von 13,35 bromiert (berechnet für Monoverb.: 16,38), bilden Celluloseäther, die erst von sd. Essigsäure gespalten werden. Im Durchschnitt wird auf 150 Glucoseanhydridreste 1 Stearamidomethylgruppe substituiert (1 bis

1,5% Stearamidomethylcellulose). Die Arbeit von DAVIS (J. Soc. Dyers Colourists **63.** [1947.] 260) wird krit. diskutiert. (Textile Res. J. **22.** 424—32. Juni 1952. New Orleans, La., Southern Regional Res. Labor.) ZAHN. 8044

**J. B. Speakman,** *Neue Forschungsarbeiten über die Chemie der Wolle.* Vf. gibt an Hand der Literatur (25 Literaturzitate) einen zusammenfassenden Überblick über neuere Forschungsergebnisse. Besprochen werden in diesem Zusammenhang: Die Polypeptidketten des Keratins, das Verhältnis von amorphen u. kristallinen Bereichen in Keratin, die Plastizität der Wolle sowie der chem. Mechanismus der dauerhaften Fixierung (permanent set). Eigene Verss. zeigen, daß die bas. Seitenkettenreste des *Lysins* an der Querbrücken-Rk. teilnehmen, welche für die dauerhafte Fixierung gestreckter Fasern in kochender 2%ig. Boraxlsg. verantwortlich ist. Ferner wird gezeigt, daß die Querbrücken eine derartige Konst. haben, daß sie durch die sd. 6nHCl hydrolysiert werden. Die indirekten Beweise früherer Veröffentlichungen lassen darauf schließen, daß die Arginin-Seitenketten in ähnlicher Rk. am Aufbau der Querbrücken beteiligt sind. Schließlich wurde gezeigt, daß der negative Befund früherer Forscher, überschüssige Cysteingruppen in fixierter Wolle nachzuweisen, keine Kritik des vom Vf. vorgeschlagenen Chemismus bedeutet, weil sich vor der Best. des *Cysteins* während der erforderlichen Hydrolyse aus Cystein Cystingruppen zurückbilden. (Melliand Textilber. **33.** 823—28. Sept. 1952. Leeds, England, Textile Chem. Labor., Dep. of Textile Ind.) P. ECKERT. 8060

**K. Lees** und **F. F. Elsworth,** *Eine Untersuchung der Alkalilöslichkeitsprobe zur Bestimmung des Grades der Faserschädigung bei Wolle.* Die Reproduzierbarkeit der bisherigen Methoden zur Best. der Alkalilöslichkeit von Wolle (I) wurde geprüft. **I** (1 g) wurde mit Ae. extrahiert. Die Meth. von HARRIS u. SMITH (n/10 NaOH, 1:100, 65°, 1 Std.) ergab gut reproduzierbare Werte. Geprüft wurde ferner der Einfl. der **I**-Qualität, Garndrehung, Gewebe- u. Gewirkekonstruktion. Je kompakter das **I**-Material ist, um so niedriger ist die Alkalilöslichkeit. Weiter wurde die Alkalilöslichkeit nach Peroxydbleiche, Carbonisieren, Chloren, Kochen in sauren Bädern systemat. untersucht. (J. Soc. Dyers Colourists **68.** 207—13. Juni 1952. Torridon, Leeds, Wool Ind. Res. Assoc.) ZAHN. 8060

**Helmut Höck,** *Die Bedeutung der Walke in der Tuchfabrikation.* Allg. Ausführungen u. prakt. Hinweise. (Melliand Textilber. **33.** 871—72. Sept. 1952.) P. ECKERT. 8060

**M. Kehren,** *Eisenhaltige Oleine.* Untersucht wird der verfärbende Einfl. eisenhaltigen Oleins auf Gewebe (70% Wolle u. 30% Zellwolle). In diesem Zusammenhang wird die Meth. zur Best. der KAUFMANNschen Rhodanzahl modifiziert. Die Verss. haben ergeben, daß eisenhaltigen Oleine den Weißgeh. der Gewebestreifen nach einer alkal. Wäsche nicht beeinflussen. Es wird ferner noch darauf hingewiesen, daß als Ursache für Verfleckungen u. Vergilbungen von geschmälzter Stückware auch Mikroorganismen in Betracht kommen können. (Melliand Textilber. **33.** 853—55. Sept. 1952. München-Gladbach, Textilprüfanstalt.) P. ECKERT. 8060

**Rosmarie Glanzmann** und **R. Signer,** *Der Aminosäurebestand von Seidenfibroin und von Seidenfibroinfraktionen.* Durch Verwendung der quantitativen Aminosäurechromatographie an Stärkesäulen nach STEIN u. MOORE (J. biol. Chemistry **176.** [1948.] 337, 367) zerlegen Vff. entbastete Seide u. Seidenfibroinfraktionen in ihre einzelnen Aminosäuren (Genauigkeit = 3—5%). Hierbei wurde gefunden, daß die Unterschiede in der Löslichkeit der einzelnen Fraktionen mit der unterschiedlichen Aminosäurezus. derselben in Zusammenhang stehen. So ist die am schwersten lösl. Fraktion deutlich ärmer an Glutaminsäure, Alanin u. Glycin, sowie reicher an Leucin u. an den bes. Aminosäuren gegenüber der am leichtesten lösl. Fraktion. (Makromolekulare Chem. **8.** 134—39. Juli 1952. Bern, Univ., Inst. für allg. u. spezielle organ. Chemie.) H. G. FRÖHLICH. 8068

**F. Bryant,** *Bestimmung des Fettgehaltes von Naturseideneinweichemulsionen.* Zum Einweichen von Rohseidensträngen verwendet man alkal. wss. Emulsionen eines sulfatierten Öles. Eine rasche u. genaue Meth. der Best. des Fettgeh. in der Emulsion in der BABCOCKschen graduierten Milchfettbestimmungsflasche wird beschrieben. (Textile Res. J. **22.** 433—34. Juni 1952. Melbourne, Australien, Prestige Ltd.) ZAHN. 8068

—, *Neuere Entwicklungen auf dem Gebiet des Viscosereyon und der Zellwolle.* Kurzer Überblick über einige maschinelle u. apparative Verbesserungen u. Neuentwicklungen auf dem Gebiet der Herst. u. Verarbeitung der Viscose. (Textile Manufacturer **78.** 435. Aug. 1952.) P. ECKERT. 8074

—, *Ein amerikanisches kontinuierliches Viscosespinnverfahren.* An Hand schemat. Darstellungen u. Abbildungen wird das von der KILJIAN CORP. entwickelte Verf. zur kontinuierlichen Herst. von Viscosefäden beschrieben. Die gesamte Nachbehandlung erfolgt auf einer Haspel, an die sich dann die Trocknung u. der Zwirnprozeß anschließt. Die Spinngeschwindigkeit der Maschine, die aus 48 Spinnstellen besteht, beträgt je nach Titer

80—150 m/Minute. Besprochen werden ferner die technolog. Eigg. der Fäden sowie die Rückgewinnung der Behandlungsbäder. (Skinner's Silk Rayon Rec. **26**. 1231—35. Okt. 1952.) P. ECKERT. 8074

—, *„Tenasco"*. *Tenasco* wird von der COURTALLS LTD. hergestellt. Über die Entwicklungsgeschichte dieser Faser wird kurz berichtet. Sie kann sowohl nach dem Spulen- als auch nach dem Zentrifugenverf. gesponnen werden. Das Wesen des Verf. besteht darin, daß die in einem besonderen Fällbad gebildeten Fäden einer nachträglichen Heißstreckung unterworfen werden. Die Festigkeit der *Tenasco* ist nahezu doppelt so hoch wie die der üblichen Viscosefaser (3,5 gegenüber 2 g/den). Weitere Einzelheiten hinsichtlich der technolog. Eigg. werden besprochen. (Textile Weekly **50**. 904—06. 3/10. 1952.) P. ECKERT. 8074

**Günther Satlow**, *Über Herstellung, Eigenschaften, Verarbeitung und Verwendung einiger synthetischer Faserstoffe*. Zusammenfassende Übersicht an Hand von 41 Literaturzitaten. Bes. behandelt werden Nylon, Perlon u. Orlon. (Dtsch. Textilgewerbe **54**. 605—10. 5/7. 695—97. 5/8. 1952.) P. ECKERT. 8080

**Mei Chio Chen, Taikyue Ree** und **Henry Eyring**, *Spannungsabfall und Schrumpfung bei Fasern*. Der Spannungsabfall von *Saran* (I) (Polyvinylidenchloridfaser der CHICOPEE MANUFACTURING CORP.) wurde in Luft u. in W. zwischen 27 u. 67° bestimmt. Bei der Schrumpfung bei 67° wurde ein Gewichtsverlust bis zu 6% durch Ausquetschen des Weichmachers beobachtet. Die Versuchsdaten wurden mit Hilfe eines Modells in Form einer Fließeinheit aus $n_1$ MAXWELL-Elementen, $n_2$ geraden u. $n_3$ ursprünglich gebogenen Federn mathemat. gedeutet. Berechnet wurden die Aktivierungsenergie u. -wärme des Fließvorganges der Moll. in I u. die Dissoziationswärmen der Dämpfungen. (Textile Res. J. **22**. 416—23. Juni 1952. Salt Lake City, Utah, Univ. of Utah.) ZAHN. 8080

**C. E. Crompton**, *Die Verwendung von Radioisotopen bei der Textilprüfung*. Allg. gehaltene Ausführungen über die mannigfaltigen Anwendungsmöglichkeiten der Radioisotopen bei der Verarbeitung von Textilien, bes. auch bei der Herst. von Chemiefasern zur Verfolgung der einzelnen Verarbeitungs- u. Herstellungsstufen sowie in der Färberei zur Überwachung des Färbevorganges. (Canad. Textile J. **69**. Nr. 3. 61—62. 1/2. 1952.) P. ECKERT. 8096

**H. G. Wagner**, *Versuche zur Normierung der Prüfmethoden von Textilhilfsmitteln. — Eine Methode zur schnellen Ermittlung des Restfettgehaltes von Textilien*. Die Meth. basiert auf der mehr oder weniger hohen Transparenz, die eine gewisse Fettmenge auf einer mattierten Glasscheibe erzeugt. 5 g des fetthaltigen Textilmaterials werden mit 50 $cm^3$ Trichloräthylen oder einem anderen Lösungsm., unter Einhaltung bestimmter Bedingungen, extrahiert u. mit einem Glasstab ein Tropfen auf die rauhe Seite einer mattierten Glasscheibe gebracht. Die Best. erfolgt durch Vgl. mit einer Standardlösung. (Melliand Textilber. **33**. 875—76. Sept. 1952.) P. ECKERT. 8098

**Hermann Ludewig**, *Über die Unterscheidung von Perlon und Nylon*. *Perlon* u. *Nylon* sowie andere lineare Hochpolymere besitzen die Eig., zu einem Tropfen zu schmelzen, aus dem streckbare Fäden gezogen werden können. Hinsichtlich ihres chem. Verh. besteht zwischen Perlon L (I) u. Nylon (II) folgender Unterschied: I löst sich in kalter, II nur in heißer 4,2n HCl. Durch Zusatz von W. zur Lsg. tritt eine Trübung durch Ausfällen ein. In Mischgespinsten lassen sich I u. II neben anderen Fasern durch die HCl-Meth. identifizieren. Die quantitative Zus. von Mischpolyamiden aus Caprolactam u. Adipinsäure-Hexamethylendiamin kann in Annäherung aus dem F. ermittelt werden. Die genaue Best. erfolgt über das Diamin. Diese erfolgt in der Weise, daß das Polyamid mit HCl hydrolysiert u. das Diamin nach Zusatz von Alkali durch Wasserdampfdest. in vorgelegte Säure übergetrieben wird. (Faserforsch. u. Textiltechn. **3**. 354—56. Sept. 1952.) P. ECKERT. 8116

---

**Farbenfabriken Bayer**, Leverkusen (Erfinder: **Heinrich Gold**, Opladen, und **Siegfried Petersen**, Leverkusen), *Optische Bleichmittel*. Es werden Verbb. verwendet, die durch Rk. von 1 (Mol) 4.4'-Diaminostilben bzw. seiner Sulfon- oder Carbonsäuren mit 2 Cyanurchlorid u. wenigstens 1 eines aromat. Monoamins oder ½ eines aromat. Diamins erhältlich sind, wobei die Amine mindestens 2 durch Carbonamidgruppen verknüpfte aromat. Kerne besitzen u. vorzugsweise löslichmachende Gruppen enthalten. — Z. B. wird Baumwolle 15 Min. bei 40° im Verhältnis 1:20 mit einer Flotte behandelt, die im Liter 0,04 g des Na-Salzes eines Reaktionsprod. enthält, das durch Rk. von 1 (Mol) 4-[2''-Chlor-4''-phenylamino-1''.3''.5''-triazyl-(6'')]-4'-[2'''.4'''-dichlor-1'''.3'''.5'''-triazyl-(6''')]diaminostilben-2.2'-disulfonsäure mit 1 4-(4'-Aminobenzoylamino)-3-sulfoacetanilid u. anschließende Verkochung mit wss. $NH_3$ erhalten wurde. Es wird gespült u. getrocknet. Der höhere Weißgeh. bleibt auch nach mehrfachem Kochen bestehen. (**D. B. P. 849 089** Kl. 8i vom 29/8. 1950, ausg. 11/9. 1952.) v. SCHILLER. 8027

**Farbwerke Hoechst, vormals Meister Lucius & Brüning,** Frankfurt/M. (Erfinder: **Karl Platz,** München, und **Ludwig Mack,** Rosario de Santa Fé, Argentinien), *Wasserlösliche Urethane* werden durch Rk. mit Aldehydbisulfitverbb. bzw. deren Komponenten unter Erwärmen erhalten. Die Urethane sollen wenigstens 6 aliphat. oder cycloaliphat. gebundene C-Atome enthalten. Man kann auch die nur mit Aldehyden erhaltenen Oxymethylverbb. mit Bisulfiten umsetzen. Zweckmäßig erfolgt die Rk. in Ggw. von sek. Aminen oder deren Derivv., z. B. Piperidin, Diäthyl-, Dibutyl-, Diäthanolamin usw. Nach den Beispielen werden Tridecylurethan mit Formaldehydnatriumbisulfit (I) in Ggw. von Piperidin (II) oder n-Octadecylurethan mit I in Ggw. von II umgesetzt. Die Reaktionsprodd. besitzen capillarakt. Eigg., hohes Emulgier- u. Waschvermögen, Schaum- u. Netzvermögen. (**D. B. P. 854 796** Kl. 12o vom 7/11. 1942, ausg. 6/11. 1952.) SCHINDLER. 8029

**Badische Anilin- & Soda-Fabrik** (Erfinder: **Richard Schnabel**), Ludwigshafen/Rh., *Herstellung von oberflächenwirksamen Mischestern,* dad. gek., daß man die bei der Herst. von Butadien durch Abspaltung von W. aus 1.3- oder 1.4-Butylenglykol u. Abdest. des Butadiens zurückbleibenden hochsd. Alkoholgemische mit organ. Säuren verestert, die die Einführung wasserlösl. machender Gruppen gestatten, u. in die erhaltenen Mischester solche Gruppen einführt. Nach dem Beispiel wird mit Maleinsäureanhydrid verestert u. der neutrale Mischester in $NaHSO_3$ eingetragen bis zur Lösung. Das Prod. hat hohes Schaum- u. Netzvermögen u. kann in Trockenform übergeführt werden. (**D. B. P. 854 509** Kl. 12o vom 5/8. 1944, ausg. 4/11. 1952.) SCHINDLER. 8029

**Ciba Akt.-Ges.,** Basel (Erfinder: **Florian Enderlein,** Reinach, und **Luzius Schibler,** Riehen), Schweiz, *Herstellung von haltbaren pastenförmigen, zur Veredlung von Faserstoffen, besonders Textilien, geeigneten Emulsionen.* Man verwendet als wss. Phase ein Gemisch aus einer Alkalicaseinatlsg., $CH_2O$ (I) u. mindestens einem weiteren, mit I härtbare Kondensationsprodd. bildenden Stoff, wie Harnstoff, Thioharnstoff, Guanidin, Dicyandiamid oder Melamin, dessen Komponenten so weit vorkondensiert sind, daß die Viscosität der wss. Lsg. auch bei einem Geh. von weniger als 12% Casein die Emulgierung der öligen Phase ermöglicht. (**D. B. P. 850 438** Kl. 8o vom 23/11. 1940, ausg. 25/9. 1952.) v. SCHILLER. 8033

**I. G. Farbenindustrie Akt.-Ges.,** Frankfurt/M. (Erfinder: **Arnold Doser,** Köln, und **Otto Bayer,** Leverkusen), *Wasserabstoßendmachen von Textilgut.* Man bringt vorerst auf das Gut solche Amine oder Alkohole, die mindestens 18 miteinander verbundene C-Atome im Mol aufweisen, darauf äquimol. Mengen von gesätt. Isocyanaten bzw. Isothiocyanaten mit mindestens 12 C-Atomen u. unterwirft abschließend einer Wärmenachbehandlung. Beispiel: Octadecylamin u. Stearylisocyanat. (**D. R. P. 752 516** Kl. 8k vom 19/12. 1936, ausg. 28/8. 1952.) v. SCHILLER. 8037

**Farbenfabriken Bayer** (Erfinder: **Hanns Arledter,** Köln, und **Hans-Frank Piepenbrink**), Leverkusen, *Laufende Imprägnierung, Lackierung oder Streichung von Gewebebahnen,* Papier-, Kunststoff- oder Metallbahnen, Drähten u. dgl. mit Stoffen, die auf laufender Bahn kondensiert, polymerisiert oder polykondensiert werden. Zur katalyt. Beschleunigung der Kondensation oder dgl. wird die Oberfläche der Bahn oder des Drahtes mit einem Reaktionsbeschleuniger, bes. tert. Aminen oder Phosphinen, in Gas-, Dampf- oder Nebelform behandelt. Von besonderem Vorteil ist das Verf. bei Einsatz von Lacklsgg. auf Basis von Polyoxyverbb. u. polyfunktionellen Isocyanaten. Derartige wasserfeste Schichten eignen sich für Isolierzwecke, Kondensatorenbau, als hygien. Einpackpapier, als Lichtpaus- u. Photorohpapier. (**D. B. P. 848 636** Kl. 8k vom 26/1. 1949, ausg. 4/9. 1952.) SALZMANN. 8037

**Farbenfabriken Bayer,** Leverkusen (Erfinder: **Robert Schnegg** und **Erich Istel,** Dormagen), *Chemische Aufbereitung von Baumwoll-Linters* mittels verd. Alkalilauge bei erhöhter Temp. erfolgt in Ggw. von elementarem $O_2$, wobei bei hohen $O_2$-Konzz. niedere Alkalikonzz. u. umgekehrt u. Tempp. von ca. 150—190° angewendet werden, u. die Aufbereitungszeit bis ca. 30 Min. beträgt. (**D. B. P. 849 088** Kl. 8i vom 12/10. 1950, ausg. 11/9. 1952.) v. SCHILLER. 8045

**Cassella Farbwerke Mainkur** (Erfinder: **Werner Zerweck, Otto Trösken, Christoph Kohl** und **Wilhelm Scriba**), Frankfurt/M., *Krumpffestmachen von Wolle.* Wolle bzw. wollhaltiges Fasermaterial wird in saurem wss. Medium, gegebenenfalls bei erhöhter Temp., mit organ. Acylverbb. des Glyoxals behandelt u. anschließend getrocknet. Den Bädern können noch Salze amphoterer Metalle sowie Alkalisalze zugegeben werden. Z. B. werden 100 (Teile) Wolle bei ca. 40° 20 Min. mit einer Lsg. von 5 einer Mischung, die zu 54% aus Glyoxaltetraacetat u. zu 46% aus Alaun besteht, in 5000 W. nach Einstellung auf ein $p_H$ von 3—4 mit Essigsäure behandelt. Das Textilgut wird ohne Spülen geschleudert u. bei ca. 50° getrocknet. (**D. B. P. 849 397** Kl. 8k vom 13/8. 1950, ausg. 15/9. 1952. **Zusatz zu D. B. P. 818 188; C. 1952. 1103.**) R. HERBST. 8061

**Cassella Farbwerke Mainkur** (Erfinder: **Wilhelm Scriba**), Frankfurt/M., *Mittel zum Krumpffestmachen von Wolle.* Es besteht aus Glyoxalsulfat (I) u. mindestens der gleichen Gewichtsmenge von Sulfaten amphoterer Metalle, gegebenenfalls auch Alkalisulfaten; z. B. aus 20 (Teilen) I, 62 K-Alaun u. 18 calc. $Na_2SO_4$. (**D. B. P. 849 398** Kl. 8k vom 15/7. 1950, ausg. 18/9. 1952.) V. SCHILLER. 8061

**Henkel & Cie. G. m. b. H.** (Erfinder: **Bernhard Raecke**), Düsseldorf, *Walken von Faserstoffen.* Man führt das Walken in Ggw. lösl. Salze von Celluloseschwefelsäurehalbestern aus, z. B. unter Zusatz von 35% des Tuchgewichtes einer 1%ig. Na-Cellulosesulfatlsg., deren wss. 2%ig. Lsg. eine Viscosität von 800 cP aufweist. Man kann noch die Fll. durch Zusatz von HCOOH schwach sauer oder Zusatz von Soda alkal. stellen. (**D. B. P. 850 134** Kl. 8k vom 23/12. 1950, ausg. 22/9. 1952.) V. SCHILLER. 8061

**Deutsche Gold- und Silber-Scheideanstalt vormals Roessler**, Frankfurt/M., *Beizen tierischer Haare* mit $HNO_3$ u. ein Oxydationsmittel (Cernitrat) enthaltender wss. Beize. Die Säurekonz. der Beize, die auch noch ein weiteres Oxydationsmittel, z. B. $H_2O_2$, enthalten kann, wird so bemessen, u. die Behandlung der Haare derart durchgeführt, daß der $p_H$-Wert der fertig gebeizten Haare zwischen 2,1 u. 2,5, bes. 1,2 u. 2,3, liegt. (**D. R. P. 764 034** Kl. 29b vom 25/9. 1936, ausg. 10/11. 1952.) SALZMANN. 8067

**Vereinigte Glanzstoff-Fabriken Akt.-Ges.**, Wuppertal-Elberfeld (Erfinder: **Alfons Jasicek**, Wien), *Trocknen von gewaschenen Kunstseidewickeln*, bes. von Spinnkuchen, von innen nach außen. Die Wärmezufuhr geschieht durch eine infrarote Wärmestrahlen aussendende u. im fadenfreien Innenraum des Wickels angeordnete Strahlungsquelle (Biluxlampe), deren Intensität entsprechend dem Fortschreiten des Trocknungsvorganges durch bekannte Mittel geregelt wird, wobei die verdampfte Feuchtigkeit durch period. Einschalten von Unterdruck dem zu trocknenden Gut entzogen wird. Dabei kann entweder die Strahlungsquelle oder der zu trocknende Wickel bewegt werden. (**D. B. P. 846 270** Kl. 29a vom 31/10. 1943, ausg. 11/8. 1952.) SALZMANN. 8071

**Phrix-Werke Akt.-Ges.**, Hamburg (Erfinder: **Werner Matthaes** und **Josef König**, Krefeld, und **Herbert Bader**, Hirschberg), *Cellulosehydratfasern oder -fäden von vermindertem Quellungsvermögen* u. guter Knotenfestigkeit aus Viscose erhält man durch eine Behandlung der im Müllerbad unter Verstreckung gesponnenen, vor oder während der Entsäuerung teilweise oder völlig entspannten Fäden mit $CH_2O$. (**D. B. P. 856 197** Kl. 29b vom 20/3. 1943, ausg. 20/11. 1952.) SALZMANN. 8075

**I. G. Farbenindustrie Akt.-Ges.** (Erfinder: **Herbert Bestian** und **Bruno Hirsekorn**), Frankfurt/M., *Öffnen von verklebter Zellwolle oder Kunstseide*, gek. durch eine Behandlung der Fasern mit einem Bade, das im Liter 1 g N-Octadecyl- (bzw. Heptadecyl-)-N.N'-äthylenharnstoff enthält. Ein Zusatz von kationakt. Verbb., z. B. Heptadecylimidazolinchlorhydrat, Stearoxymethylaminoessigsäurebetain, Octadecylpyridiniumchlorid u. dgl. ist empfehlenswert. (**D. R. P. 755 084** Kl. 29b vom 25/6. 1940, ausg. 17/11. 1952.) SALZMANN. 8075

## XIX. Brennstoffe. Erdöl. Mineralöle.

**E. Rammler** und **F. Baunack**, *Einfluß von Körnung und Temperatur auf die Trocknung von Braunkohle.* Es wird an Hand von Unterss. gezeigt, daß die Trocknungstemp. einen weit stärkeren Einfl. auf die Trocknungsleistung hat als die Körnung der Kohle, die in erster Linie für die Güte der Trockenkohle maßgebend ist. Um eine Festigkeitsminderung der *Briketts* bei der Trocknung unter höheren Tempp. zu vermeiden, ist es erforderlich, feiner abzusieben u. gegebenenfalls etwas vorzutrocknen. In brikettiertechn. Hinsicht wird die Anwendung höherer Dampfdrücke in den Röhrentrocknern der Brikettfabriken vorgeschlagen. (Bergbautechnik **2.** 414—21. Sept. 1952.) SCHÖBERL. 8136

**G. U. Dinneen, J. R. Smith** und **C. W. Bailey**, *Schieferöl; Hochtemperatur-Schieferöl und seine Zusammensetzung.* Die bei 650, 820 u. 930° aus pulverisiertem Ölschiefer erhaltenen Öle werden eingehend analysiert. Die unterhalb 820° sd. Öle werden durch Dest. in enge Schnitte unterteilt, die ihrerseits durch Silicagel-Adsorptionsanalyse, Infrarot-, UV- oder Massenspektr., Refraktionsindex, D. u. Siedebereich analysiert wurden. Alle 3 Öle sind aromatenreicher als Öle, die auf herkömmliche Weise gewonnen werden. Die bei 820 u. 930° gewonnenen Öle bestanden fast nur aus Aromaten u. S- u. N-Verbindungen. Der Geh. an Bzl. u. Naphthalin steigt an bei steigender Retortentemperatur. Der Geh. an Toluol u. Methylnaphthalin erreicht ein Maximum bei 820°. Phenol, o-Kresol u. m-Kresol sind die Hauptbestandteile der Teersäuren der bei 820° gewonnenen Öle. In diesen Fraktionen wurden auch beträchtliche Mengen 2-, 4- u. 6-Trimethylpyridin u. 2-, 4-Dimethylpyridin nachgewiesen. (Ind. Engng. Chem. **44.** 2647—50. Nov. 1952. Laramie, Wyo., Petroleum and Oil-Shale Exper. Stat., Bureau of Mines.) K. O. MÜLLER. 8180

**Robert W. Stone** und **Claude E. Zobell**, *Der Ursprung des Erdöls; Ansichten über die bakterielle Entstehung des Erdöls.* Wiedergabe des Standes der Forschung an Hand von Literatur. Es wird als sicher angenommen, daß Mikroorganismen für die erste Umwandlung der tier. u. pflanzlichen Ursubstanzen in Erdöl verantwortlich sind. Durch Laboratoriumsverss. ist nachgewiesen, daß Bakterien in verschied. Stufen bei dem Entstehungsprozeß des Rohöls eingreifen können. Mikroorganismen sind vorhanden u. können in der Nachbarschaft von Öllagerstätten leben. Unters. der Einw. von Meeresbakterien auf Aminosäuren haben als Hauptprodd. Essigsäure u. Fettsäuren ergeben, die ein C-Atom weniger als die entsprechende Aminosäure besitzen. Bei Tyrosin $HOC_6H_4 \cdot CH_2CH(NH_2) \cdot COOH$ wurde mit Bakterienkulturen neben der Haupt-Rk. der Bldg. von p-Oxyphenylessigsäure auch die Entstehung von Phenol u. p-Kresol beobachtet. Phenylalanin, $C_6H_5CH_2CH(NH_2) \cdot COOH$, hingegen liefert mit gleichen Bakterienkulturen weder Bzl. noch Toluol, was entsprechend dem Tyrosin zu erwarten gewesen wäre. Bakterien in Meeressedimenten können $H_2$ verwerten. Vff. stellen die Hypothese auf, daß damit eine reduzierende Atmosphäre während langer Zeitdauer auf den Meereshumus, wie sie die abgelagerten organ. Stoffe nennen, einwirkte, u. daß dadurch vermutlich das Rohöl entstanden ist. Da, wie weiterhin gezeigt wurde, Bakterien auch modifizierend oder zers. auf Erdölprodd. einwirken können, so besteht auch die Möglichkeit, daß dadurch Ansammlung u. Fließen des Öles hervorgerufen wurde. — 23 Literaturhinweise. (Ind. Engng. Chem. **44.** 2564—67. Nov. 1952. Pennsylvania State College, State College, Pa.; La Jolla, Calif., Scripps Institution of Oceanography.) K. O. MÜLLER. 8188

**Thomas S. Oakwood, D. S. Shriver, H. H. Fall, W. J. McAleer** und **P. R. Wunz**, *Der Ursprung des Erdöls; optische Aktivität von Rohölen.* Zwei Raffinate in der Siedeanlage von Schmierölen wurden mit Pentan verd. u. mit Silicagel selektiv behandelt. Die erhaltene opt.-akt. Substanz wurde durch Dest., Chromatographie u. partielle Oxydation versucht zu identifizieren. Beide Öle lieferten krist. Substanzen, die einander ähnlich, aber nicht übereinstimmend waren. Mischungen hatten ein mittleres Mol.-Gew. von 400 u. enthielten ca. 88% C, 12% H. F.: 126—132°. Spezif. Drehung bei vergleichbarem F. bei 32,7 u. 36,8°. Aus den Ergebnissen ist zu ersehen, daß die Mischungen aus gesätt. naphthen. KW-stoffen mit 4—5 Ringen zusammengesetzt sind; eine vollständige Strukturaufklärung ist noch nicht gelungen. (Ind. Engng. Chem. **44.** 2568—70. Nov. 1952. State College, Pa., Pennsylvania State College.) K. O. MÜLLER. 8188

**Harold M. Smith**, *Zusammensetzung von Erdöl; Zusammensetzung der Rohöle der Vereinigten Staaten.* Die Erdöllagerstätten der USA sind in 8 geograph. Flächen unterteilt. Die Förderung in % beträgt für Kalifornien 15,55; Rocky Mountain 4,45; West-Texas 21,15; Gulf Coast 22,2; Mid-Continent 32,81; Mississippi 1,9; Michigan 0,88 u. Appalachian 1,06. Von 330 verschied. Rohölen dieser Förderungsgebiete werden die Analysen, einschließlich N, S, Asphalte, Bzn., Gasöl, Aromaten, Naphthenen u. Verhältnis der Paraffine zu Naphthenen angeführt, Diagramm u. Analysenzahlen sowie 14 Literaturhinweise im Original. (Ind. Engng. Chem. **44.** 2577—85. Nov. 1952. Bartlesville, Okla., U. S. Bur. of Min., Petroleum Exp. Stat.) K. O. MÜLLER. 8188

**Robert A. Woodle** und **William B. Chandler jr.**, *Zusammensetzung von Erdöl; Mechanismus des Vorkommens von Metallen in Erdöldestillaten.* Vff. untersuchen den Mechanismus, wieso V u. andere Metalle aus solche Metalle enthaltenden Rohölen in Destillate übergehen. Durch Verss. wird nachgewiesen, daß die ursprünglich in den Rohölen enthaltenen Metalle bei der Vakuumdest. verdampft werden. V kommt, wie ermittelt wurde, im Rohöl in weitem Mol.-Bereich vor, aber nur die Metalle der relativ niedrigmol. KW-stoffe gehen bei der Vakuumdest. über. (Ind. Engng. Chem. **44.** 2591—96. Nov. 1952. Port Arthur, Tex., Texas Co.) K. O. MÜLLER. 8188

**R. W. Sauer, F. W. Melpolder** und **R. A. Brown**, *Zusammensetzung von Erdöl; Stickstoffverbindungen in Öldestillaten für Zentralheizungen.* Die zerstörende Wrkg. von N-Verbb. auf die Lagerfähigkeit von Erdölprodd. u. ihre vergiftende Wrkg. auf Katalysatoren führt zu der Feststellung, daß diese nichtextrahierbaren, nichtbas. N-Verbb. in Form des Pyrroltypus vorliegen. In einem katalyt. gespaltenen u. einem Destillatheizöl wurden *Carbazole, Indole, Pyrrole, Chinoline* u. *Pyridine* in Konzz. von 0,001—0,1% ermittelt. Versuchsdurchführung im Original. Die Carbazole u. Indole zeigten im Destillatheizöl einen höheren Alkylsubstitutionsgrad als in den gespaltenen Produkten. (Ind. Engng. Chem. **44.** 2606—09. Nov. 1952. Philadelphia, Pa., Atlantic Refining Co.)
K. O. MÜLLER. 8192

**Karl Ziegler**, *Neuartige katalytische Umwandlung von Olefinen.* Auf dem Umwege über Li-Alkyle wurde ein neuer Typ organ. Synthesen gefunden, bei denen sich aus den Hydriden der Metalle der 1.—3. Gruppe des Period. Syst. mit Olefinen Metallalkyle bilden. Diese Metallalkyle sind selbst wieder als Katalysatoren für den Aufbau vielgliedriger Alkylketten aus niederen Olefinen wirksam, indem sie weiter mit Olefinen reagieren. Je nach dem Ausgangsolefin bricht die Ketten-Rk. früher oder später ab. Mit Al-Alkyl gelingt es, von $C_2H_4$ ausgehend, bis zu Polyäthylenen des Mol.-Gew. 3000—5000 zu kommen. Die Reaktionsgeschwindigkeit ist bes. bei α-Olefinen groß, während sie in allen andern Fällen geringer ist, teilweise so klein, daß überhaupt keine Rk. eintritt. Eine halbtechn. App. zur Dimerisierung von Buten u. Propen wird angegeben. Eine techn. Auswertung der neuen Synth. scheint in Richtung des Aufbaus geradekettiger Olefine, deren Umsetzung mittels Oxosynth., der Synth. von Toluol über das Mischdimere aus Propen u. Buten, sowie der Synth. von o- u. p-Xylol aus dem dimeren Buten ohne Anfall von m-Xylol u. der Überführung von p-Xylol zu Terephthalsäure u. Terylenfaser möglich. Die Rk. der Al-Alkylkatalyse ist von der des $AlCl_3$ völlig verschieden. Einer techn. Groß-herst. von Al-Alkyl steht nichts im Wege, wie das Pb-Tetraäthyl zeigt. (Brennstoff-Chem. **33**. 193—200. 25/6. 1952. Mülheim/Ruhr, Max-Planck-Inst. für Kohleforschung.) Schmeling. 8200

**F. H. Garner, Frank Morton, A. H. Nissan** und **E. P. Wright**, *Vorreaktionen in Dieselmotoren*. 1. Mitt. Es werden in einem CFR- u. einem anderen Dieselmotor Cetanzahlen für sechs verschied. Treibstoffe (I) untersucht, wobei diesen u. auch der Ansaugluft (II) Zusätze gegeben wurden. Von den 16 Zusätzen zum I erwies sich tert.-Butylhydroperoxyd am wirkungsvollsten. Von den Gaszusätzen zur II waren nur $H_2S$ u. $Cl_2$ von einer geringen Wirkung. Wenn man die dem I gegebenen Zusätze der II dampfförmig zumischte, war die Wrkg. stärker als in der Fl. u. zeigte oft bei kleinen Konzz. ein Maximum. Bes. stark ist die Zusatzwrkg. bei den paraffinreichsten I, während ein naphthenreicher I auf Flüssigkeitszusatz am wenigsten reagierte. Beziehungen der Verbesserung von Zündwilligkeit u. Kaltstartverh. werden diskutiert. (J. Inst. Petroleum **38**. 301—12. Mai 1952.) Theile. 8206

**M. Blanchier**, *Kennzeichnung und Entwicklung der Heizöle für Schiffe*. (J. Amer. Soc. Naval Engr. **64**. 408—21. Mai 1952.) Rosendahl. 8216

**J. G. Withers**, *Bemerkung über die S. A. E. Viscositätsklassifizierung*. Es wird vorgeschlagen, daß sowohl die Viscosität von Motoren- als auch von Transmissionsölen bei Arbeitstempp. angegeben werden, d. h. 210° F (98,89° C). Die maximal extrapolierte Viscosität bei tiefen Tempp. (Starttempp.) kann in Centistokes bei 0° F (—17,78° C) angegeben u. aus dem Verhältnis der Viscosität in Centistokes bei 100° F (37,78° C) zu der bei 210° F errechnet werden. Der Stockpunkt soll mindestens 15° F (8° C) unterhalb der tiefsten zu erwartenden Starttempp. liegen. Diese Angabe zusammen mit der extrapolierten Maximalstartviscosität bei 0° F ist nach Ansicht des Vf. eine wirkungsvollere Kontrolle der Tieftemperaturenviscosität als die Best. der Viscosität bei 0° F. (J. Inst. Petroleum **38**. 250—56. April 1952. Anglo-Iranian Oil Co. Ltd.) K. O. Müller. 8220

**James G. Lillard, William C. Jones jr.** und **James A. Anderson jr.**, *Zusammensetzung von Erdöl; Molekularstruktur und Eigenschaften von Schmierölkomponenten*. Mehrere entparaffinierte Schmieröle mit weitem Siedebereich u. aus verschied. Rohölen stammend, wurden durch Silicagel-Perkolierung in verschied. Verbb. konzentriert. Enge Fraktionen dieser Perkolate werden durch Refraktionsindex, C : H-Verhältnis, Viscosität, UV- u. Infrarotspektren charakterisiert. Aus den Verss. ergibt sich, daß die Schmieröle in der Hauptsache aus 5 charakterist. Klassen bestehen: 1. paraffin. Naphthene, 2. kondensierte Naphthene, 3. aromat. Naphthene, 4. Naphthaline u. 5. höhere Aromate. Ausführliche Versuchsergebnisse in Tabellen u. Diagrammen im Original. Diese neue Analysenmeth. soll die Möglichkeit einer schärferen Überwachung der Selektivextraktion mit Phenolen ergeben. — 15 Literaturhinweise. (Ind. Engng. Chem. **44**. 2623—31. Nov. 1952. Baytown, Tex., Humble Oil & Refining Co.) K. O. Müller. 8220

**H. M. Gadebusch, R. T. Karr** und **W. B. Bassett**, *Neue Filtrierprobleme bei Schmiermitteln, die mit Reinigungsmitteln versetzt sind*. Durch Zusatz eines Reinigungsmittels werden die organ. Verunreinigungen in Maschinenölen in einen unfiltrierbaren Zustand übergeführt. Vff. besprechen die Ursachen für die Einführung eines Zusatzes von Reinigungsmitteln zu Schmierölen u. diskutieren die mengenmäßige Dosierung. Abschließend werden Fragen der Filterung solcher Öle u. des Ölwechsels besprochen. (S. A. E. Journal **60**. Nr. 4. 33—36. April 1952. Detroit, General Motors Corp., Purolator Prod. Inc. u. Lubrizol Corp.) Gerhard Günther. 8220

**S. L. Neppe**, *Klassifizierung von Bitumina in der Asphalttechnologie durch bestimmte Fließeigenschaften*. 3. Mitt. *Der praktische Wert der Viscositätszahl und verwandter Indexzahlen, verglichen mit anderen festgelegten Methoden der Bitumenbewertung*. (2. vgl. C. **1953**. 311.) Der Penetrationsindex von Bitumen wird an Hand von Verss. definiert u. festgestellt, daß die Bewertungszahlen von Pfeiffer u. van Doormaal sowie von Holmes, Collins u. Child unzutreffend sind u. zu widersprechenden Bitumenbeurteilungen führen. Durch Gegenüberstellung von Versuchsergebnissen beweist Vf., daß seine in Vorschlag gebrachte Untersuchungsmeth., d. h. Viscositätszahl, Erweichungspunkt u. Beziehungen dieser beiden Kennzahlen zueinander grundlegend über die Eigg. von Bitumina zu urteilen gestatten. — Diagramme, Versuchsergebnisse u. 6 Literaturhinweise im Original. (J. Inst. Petroleum **38.** 344—60. Mai 1952. South African Torbanite Mining and Refining Co. Ltd.) K. O. MÜLLER. 8224

**S. L. Neppe,** *Klassifizierung von Bitumen in der Asphalttechnologie durch bestimmte Fließeigenschaften.* 4. Mitt. *Kritik an bestimmten festgelegten Flüssigkeitsfaktoren und Ableitung von vernünftigeren Indexzahlen.* (3. vgl. vorst. Ref.) Die dem Fließindex von HOLMES, COLLINS u. CHILD anhaftenden Irrtümer werden aufgezählt. Diese Meth. wird, um bestimmte Unregelmäßigkeiten auszuschalten, modifiziert. Dabei zeigt auch Vf., daß der ZAPATA-Fließindex völlig unzutreffende Werte ergibt, da dieser in weit höherem Maße durch Härte als die Qualität des Bitumens beeinflußt wird. An Hand einer großen Anzahl von Analysendaten verschiedenster Muster von Bituminas entwickelt Vf. einen das Fließvermögen charakterisierenden Faktor, der auf einer graph. Unters. der absol. Viscosität–Temp.-Beziehung über einen weiten Temperaturbereich basiert. Ein Vgl. mit den anderen propagierten Indexzahlen zeigt die Überlegenheit des neuen Vorschlages. Vf. liefert den Beweis, daß die Viscositätszahl, der das Fließvermögen charakterisierende Faktor u. der modifizierte HOLMES-COLLINS-CHILD-Index nahe verwandt sind u. Maße für das Temperaturverh. darstellen. Am Schluß bringt Vf. noch eine Ableitung über die in Vorschlag gebrachte Viscositätszahl u. Erweichungspunkt. — Diagramme, Tabellen u. 10 Literaturhinweise im Original. (J. Inst. Petroleum **38.** 458—71. Juni 1952.) K. O. MÜLLER. 8224

**S. L. Neppe,** *Klassifizierung von Bitumen in der Asphalttechnologie durch bestimmte Fließeigenschaften.* 5. Mitt. *Experimentelle und graphische Untersuchungen über die Abhängigkeit der Penetration und Duktilität von der Temperatur.* (4. vgl. vorst. Ref.) Analysenzahlen über den Einfl. der Temp. auf die Penetration u. Duktilität von Bitumina hinsichtlich der fallenden Härte bei 6 verschied. Proben (stark u. wenig gespaltene Bitumina u. Naturbitumen; jede Sorte sowohl wasserdampfraffiniert u. mit Luft geblasen) sind angeführt. Daraus leitet Vf. ab 1. einen neuen „Penetrations-Empfindlichkeits-Faktor“, der den Temperaturbereich abdeckt, in dem die Penetration von 100—10 sich ändert, u. 2. den „Duktilitäts-Empfindlichkeits-Faktor“, der den Temperaturbereich umfaßt, in dem die Duktilität von 100—1 abfällt. Beide Faktoren sind dem Erweichungspunkt etwa proportional, unterscheiden sich aber wesentlich von den in den vorhergehenden Arbeiten aufgeführten Klassifizierungsmethoden, die von der Konsistenz der Bitumina abgeleitet sind. Die Wrkg. des Luftblasens bei Naturbitumen ist ausgeprägter als bei Spaltbitumen. Während der log der Duktilität normalerweise direkt proportional dem log der Penetration ist, tritt ein charakterist. scharfer Knick in der Kurve von luftgeblasenem Naturbitumen auf, wodurch 2 unabhängige Graden unter u. oberhalb der definierten Härte auftreten. Diagramme werden angeführt, in denen die gleichzeitigen Beziehungen der Temp. zu den Penetrations-, Duktilitäts- u. Erweichungspunktseigg. gezeigt werden. — Mathemat. Ableitungen u. 9 Literaturhinweise. (J. Inst. Petroleum **38.** 532—57. Juli 1952.) K. O. MÜLLER. 8224

**Henri Guérin, Marthe Bastick** und **Paul Marcel,** *Über die direkte Bestimmung des Sauerstoffs in festen Brennstoffen.* Die zwei zur Verfügung stehenden Methoden zur Best. des O sind auch bei hohem S-Geh. anwendbar: die 1., die auf der Pyrolyse der Probe bei 1200° in einem $N_2$-Strom, dem Überleiten der O-Prodd. über Holzkohle bei 1200° zur Umwandlung in CO, der Oxydation des CO mittels platinierter Pyrexkugeln zwischen 450 u. 500° u. der gravimetr. $CO_2$-Best. beruht, wenn man den bei der Red. gebildeten $H_2S$ mit Zn-Acetatlsg. absorbiert (Genauigkeit 1%, Dauer 30 Min.), u. die 2., die auf der Pyrolyse u. Crackung bei 1000° u. der Entschwefelung u. Behandlung der O-Prodd. mit $H_2$ beruht, um das gebildete W. zu bestimmen, wenn man die beiden letzten Rkk. über red. Ni, das mit 2% Th aktiviert ist, ausführt, die 1. bei 150° zur Bindung des S, die 2. bei 325° (Dauer 2 Std.). Ein Aschegeh. der Kohle an CaO, $Al_2O_3$ u. $SiO_2$ stört nicht, während Carbonate, Sulfate u. $Fe_2O_3$ die Best. beeinflussen. Bei größerem Geh. an diesen Verunreinigungen löst man sie mit 20%ig. sd. HCl in $CO_2$-Atmosphäre u. kann dann den O in der derart behandelten Kohle bestimmen. (Chaleur et Ind. **33.** 177—80. Juni 1952. Nancy, Fac. des Sci.) METZENER. 8246

**H. I. Waterman** und **H. Booy,** *Graphischer Nachweis des Reaktionsmechanismus von Kohlenwasserstoffgemischen.* Der Geh. an aromat. u. naphthen. Ringen wird in Anlehnung an die Arbeiten von VLUGTER, WATERMANN u. VAN WESTEN u. in Abänderung in die „n–d–M-Meth.“, nach der nur noch die Refraktionszahl, die D. u. das Mol.-Gew. unter Aufgabe des Anilinpunktes zur Festlegung erforderlich sind, bestimmt. Auf einem Diagramm wird der Geh. an aromat. Ringen gegenüber dem Geh. an naphthen. Ringen aufgezeichnet. Die Ringzus. eines zu verarbeitenden Öles kann mit Hilfe dieses Diagrammes hinsichtlich der strukturellen Veränderung, z. B. Umwandlung von Aromaten in Naphthene, Hydrierung, Dehydrierung, Spaltung, Polymerisation, Alkylierung, verfolgt werden, indem nach jeder Verarbeitungsstufe die n–d–M-Zahl bestimmt u. die Veränderung auf dem Diagramm abgelesen wird. Prakt. Beispiele im Original. (J. Inst. Petroleum **38.** 526—31. Juli 1952. Delft, Holland, Univ.) K. O. MÜLLER. 8252

---

**Allied Chemical & Dye Corp.** (Erfinder: **Harry Brownley**), New York, N. Y., V. St. A., *Erzeugung von brennbarem Gas aus Kohlenwasserstofföl* (I). Dampf wird in einer 1., erhitztes feuerfestes Material enthaltenden Zone oder Kammer vorgewärmt u. strömt von hier aufwärts in eine leere Reaktionskammer (II), welche auf einer das I verdampfenden u. teilweise crackenden Temp. gehalten wird. In II wird im Gegenstrom zu dem Dampf I nach unten gestäubt oder gesprüht, so daß das in II im wesentlichen völlig verdampfte u. teilweise gecrackte I als gasförmiges Reaktionsgemisch in eine weitere II nach unten strömt, welche auf einer das Cracken des Gemisches vervollständigenden Temp. gehalten wird. Das Gemisch gelangt schließlich aus dieser Kammer nach unten in eine 4. Kammer, welche feuerfestes, wärmespeicherndes Material von einer das Fixieren des gasförmigen Reaktionsgemisches bewirkenden Temp. enthält. — Vorrichtung. (**D. B. P. 847 945** Kl. 24e vom 26/7. 1950, ausg. 28/8. 1952. A. Prior. 2/9. 1949.) DEMMLER. 8149

**Hans Schmalfeldt**, Castrop-Rauxel, *Vergasen von Kohlenstaub* in der Schwebe mittels eines hocherhitzten, aus $O_2$-haltigen Gasen u. Wasserdampf bestehenden Vergasungsmittels. Die den Gaserzeuger verlassenden heißen Gase wärmen abwechselnd Regeneratoren an, die wiederum abwechselnd vom Frischstaub durchflossen werden, der sich dabei anwärmt u. schwelt, wonach die gesamten Schwelprodd. zusammen mit dem Vergasungsmittel vergast werden. — Vorrichtung. (**D. B. P. 844 339** Kl. 24e vom 16/12. 1950, ausg. 21/7. 1952.) DEMMLER. 8149

**Heinrich Koppers G. m. b. H.** (Erfinder: **Heinrich Koppers**), Essen, *Spülverfahren eines im Wechselbetrieb arbeitenden Wassergaserzeugers* nach Beendigung des Blasens mit 2 Dampfströmen, von denen der 1. unter dem Rost (I) u. der 2. oberhalb des Brennstoffbettes (II) zur Ausspülung der Blasegasleitung zugeführt wird, wobei der in den Raum unter I eingeführte Spüldampf von dort durch die Rostspalten u. dann seitlich durch II in den ringförmigen Ascheraum am Umfang des Gaserschachtes geleitet u. von dort abgezogen wird. (**D. B. P. 847 944** Kl. 24e vom 12/12. 1940, ausg. 28/8. 1952.) DEMMLER. 8153

**Chemische Werke Hüls G. m. b. H.** (Erfinder: **Walter Jahnentz, Willy Reich** und **Kurt Weichert**), Marl, Kr. Recklinghausen, *Reinigen von Lichtbogen-Spaltgas.* Es wird ein aromat. Waschöl (I) verwendet, das bas. organ. N-Verbb. (II) mit einem Kp. $>310^0$ enthält, z. B. ein I mit den Siedegrenzen 200—350$^0$, hergestellt aus 70 (%) eines aromat. I u. 30 Anthracenöl, Kp. $>310^0$, das ca. 8,5 $>310^0$ sd. II enthält. (**D. B. P. 849 738** Kl. 26d vom 14/11. 1950, ausg. 18/9. 1952.) DEMMLER. 8165

**Heinrich Koppers G. m. b. H.** (Erfinder: **Otto Judat**), Essen, *Entfernen von Schwefelwasserstoff aus Gasen*, bes. Kohlendestillationsgasen, vor der Benzolwäsche durch Waschen des Gases mit einer alkal. Fl., die eine Sauerstoff- oder Sulfosäure des As oder eines anderen Metalles, dessen Sulfid in der Alkalisulfidlsg. oder einem Alkali lösl. ist, enthält, wobei der Waschlsg. das Alkali in Form eines Gemisches von $NH_4OH$ u. Natronlauge zugeführt wird u. letztere Abfallauge, z. B. der Benzolfabrik, sein kann. (**D. B. P. 847 320** Kl. 26d vom 7/3. 1942, ausg. 21/8. 1952.) DEMMLER. 8173

**I. F. Pritchard & Co.**, Kansas City, Mo., übert. von: **Henry Meredith Nelly jr.** und **Thomas Edward Sullivan**, Houston, Tex., V. St. A., *Anreichern von Erdgas.* Um den Heizwert von Naturgas zu verbessern, behandelt man es mit einer Absorptions-Fl., kühlt die Mischung, um einen Teil des Gases zu kondensieren u. zu lösen, trennt die Fl. von dem Restgas ($N_2$, $CO_2$), kühlt das Restgas weiter u. führt es im Gegenstrom zum Absorptionsmittel, um eine weitere Absorption von $CH_4$ u. höheren Bestandteilen aus dem Restgas zu bewirken. Dann fraktioniert man die Fl., um ein Gas mit hohem Heizwert zu erhalten. — Zeichnung. (**A. P. 2 596 785** vom 8/7. 1946, ausg. 13/5. 1952.) UNGER. 8187

**Elliot Co.**, Jeannette, Pa., übert. von: **Joe L. Cost**, Madeira, O., V. St. A., *Zerlegen von Naturgas durch Rektifikation bei tiefen Temperaturen*, bes. von $N_2$ u. $CH_4$-Mischungen. Die hochverdichtete Mischung wird zunächst im Gegenstromwärmeaustauscher auf ca. $-125^0$ F u. dann auf $-185^0$ F gekühlt u. teilweise verflüssigt. Die Mischung wird dann weiter verflüssigt u. in einem 2. Wärmeaustauscher unterkühlt durch Wärmeabgabe an den kalten, abgetrennten $N_2$. Die diesen Wärmeaustauscher verlassende Mischung läßt man auf ca. 130 lbs./sq.in. expandieren u. führt sie zur Mitte einer Rektifiziersäule.

Der aus dieser Säule oben austretende $N_2$ (ca. —245° F) gelangt zu einem Verflüssiger. Der fl. Anteil wird mit ca. —253° F am Kopf der Rektifiziersäule eingeführt, während der nicht verflüssigte Anteil in Wärmeaustausch mit der aus der Rektifiziersäule unten abgezogenen Mischung gebracht wird. Den hier anfallenden $N_2$ läßt man expandieren u. führt ihn in den Verflüssiger zurück, wo er als Kühlmittel für den aus dem Rektifikator kommenden $N_2$ dient. Das Kühlmittel wird hierauf wieder expandiert u. dem Verflüssiger zugeleitet, dann dem 2. Wärmeaustauscher zugeführt, um schließlich nach seiner Erwärmung auf —189° F den zur 1. Kühlung der Ausgangsmischung bestimmten Wärmeaustauscher zu passieren. Man erhält so aus einer Mischung von 30 (%) $N_2$ u. 70 $CH_4$ ca. 90 $CH_4$ von 98%ig. Reinheit. (**A. P. 2 583 090** vom 29/12. 1950, ausg. 22/1. 1952.) W. HAUSWALD. 8187

**Petrolite Corp., Ltd.**, Wilmington, Del., übert. von: **Louis T. Mouson**, Los Angeles County, Calif., V. St. A., *Brechen von Öl-in-Wasser-Emulsionen.* Ist die disperse Phase nicht größer als 20%, so behandelt man die Emulsion mit substituierten Imidazolinen der Formel **I**, worin B H oder niedrige Alkylreste mit weniger als 8 C-Atomen bedeutet. X ist H oder ein aliphat. oder cycloaliphat. Rest mit 8—32 C-Atomen; oder eine Gruppe DR (D = zweiwertiger organ. Rest mit weniger als 25 C-Atomen aus C, H, O u. N; keine Aminogruppen!); oder eine Gruppe D'R (D' = zweiwertiger organ. Rest mit weniger als 25 C-Atomen, aus C, H, O u. N, mit mindestens 1 $NH_2$-Gruppe; R bedeutet H oder aliphat. oder cycloaliphat. Rest mit 8—32 C-Atomen. Es kann zusätzlich Luft eingeblasen werden. (**A. P. 2 589 198** vom 12/4. 1950, ausg. 11/3. 1952.) UNGER. 8191

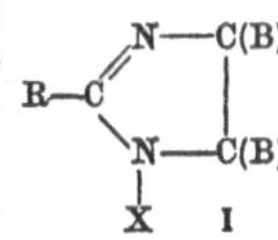


I

**Standard Oil Development Co.**, Del., übert. von: **Erving Arundale** und **Joseph P. Haworth**, Westfield, N. J., V. St. A., *Stabilisieren von Erdölfraktionen.* Unterhalb 370° sd. Erdölfraktionen werden mit wss. oder gasförmigem $CH_2O$ 5—60 Min. bei 100 bis 400° in Abwesenheit von Katalysatoren behandelt u. anschließend die behandelten KW-stoffe von höhersd. Anteilen abgetrennt. — Zeichnung. (**A. P. 2 567 174** vom 24/1. 1949, ausg. 11/9. 1951.) UNGER. 8195

**Standard Oil Development Co.**, Del., übert. von: **Erving Arundale**, Westfield, und **Edwin E. Juterbock**, Staten Island, N. J., V. St. A., *Entschwefelung von Erdöldestillaten.* Man behandelt die schwefelhaltigen Destillate 2—30 Min. mit 0,05—0,5% des Ölgewichts Form- oder Acetaldehyd u. mit $H_2SO_4$ (50—88%ig) in einer Menge von 0,25—5 Voll. pro Vol. Öl, trennt die verbrauchte Säure ab, wäscht mit W. u. dest. ein schwefelfreies Endprod. ab. Die Aldehyde können dem Behandlungsgut vor der Säure zugesetzt werden. — Zeichnung. (**A. P. 2 567 175** vom 27/1. 1949, ausg. 11/9. 1951.) UNGER. 8195

**Standard Oil Co.**, Chicago, Ill., übert. von: **Jack H. Krause** und **Theodore B. Tom**, Hammond, Ind., V. St. A., *Entschwefelung hochsiedender Erdöldestillate.* Um Mercaptane aus KW-stoffdestillaten ohne Farbveränderung zu beseitigen, werden diese mit 1 bis 15 Vol.-% einer 50—60%ig. wss. KOH-Lsg., welche 0,004—0,1% Cu als koll. CuO enthält, behandelt, während man gleichzeitig so viel sauerstoffhaltiges Gas einführt, als den vorhandenen Mercaptanen entspricht. Arbeitstemp. 80—125° F. Abtrennen u. Regenerieren der verbrauchten KOH-Lösung. — Zeichnungen. (**A. P. 2 591 946** vom 31/1. 1950, ausg. 8/4. 1952.) UNGER. 8195

**Anglo-Iranian Oil Co. Ltd.** und **Percy Meyer**, London, England, *Katalytische Entschwefelung von Erdölkohlenwasserstoffen.* Man leitet Rohöl, Rohöldestillate oder Rückstände in einen Verdampfer, die Kopfprodd. aus diesem in eine Autofining-Zone, trennt $H_2$ u. $H_2S$ ab u. gewinnt aus dieser Zone eine oder mehrere schwefelfreie Fraktionen. Die $H_2$-haltige gasförmige Fraktion u. gewünschtenfalls die schwefelfreien Fraktionen leitet man ganz oder teilweise zum Boden des Verdampfers zurück, um den Grad der Verdampfung zu kontrollieren u. den Siedebereich der Fraktion nach der Autofiningbehandlung zu ermitteln. — Zeichnung. (**E. P. 669 551** vom 19/4. 1949, ausg. 2/4. 1952.) UNGER. 8195

**Anglo-Iranian Oil Co. Ltd.**, London, **Patrick Docksey** und **Frederick William Bertram Porter**, Sunbury-on-Thames, England, *Katalytische Entschwefelung von Gasöl.* Man leitet Gasöl dampfförmig über einen schwefelfesten Dehydrierungs-Hydrierungs-Katalysator (Co-Molybdat auf Bauxit) unter Bedingungen (p = 50—200 psi., t = 750—820° F), bei denen die Dehydrierung der Naphthene nur in einem solchen Ausmaß erfolgt, daß der organ. gebundene S in $H_2S$ übergeführt u. der erforderliche $H_2$-Partialdruck in der Reaktionszone aufrechterhalten wird. (**E. P. 669 553** vom 24/6. 1948, ausg. 2/4. 1952.) UNGER. 8195

**Badische Anilin- & Soda-Fabrik**, Ludwigshafen/Rh. (Erfinder: **Hans Klein**, Mannheim), *Spaltung höhersiedender zu niedrigersiedenden Kohlenwasserstoffölen.* Man spaltet das höhersd. Gemisch (z. B. Gasöl) in Ggw. von wasserfreiem $AlCl_3$ bei 180—350°, indem man eine oder mehrere, unter Reaktionsbedingungen schwer flüchtige organ. Halogenverbb. (z. B. chlorierte Schwerbenzinfraktion mit hohem Olefingeh., Tetrachlorphthalsäure) in einer Menge zusetzt, daß das darin enthaltene Halogen ca. 0,1—0,8% des zu spaltenden Gasöls ausmacht. Arbeitstemp. zunächst wesentlich unter 300°, erst gegen Schluß der Spaltung bei 300° u. darüber. (**D. B. P. 856 678** Kl. 23b vom 9/10. 1942, ausg. 24/11. 1952.) Unger. 8197

**N. V. de Bataafsche Petroleum Mij.**, Den Haag, Holland (Erfinder: **Lloyd Bernard Ryland**, Emeryville, V. St. A.), *Siliciumoxyd–Aluminiumoxyd-Spaltkatalysatoren.* Man bereitet ein konz. $SiO_2$-Sol (85 g $SiO_2$/Liter) unter sauren Bedingungen (End-$p_H$ zwischen 2,8 u. 4.1) u. läßt dieses unter Verhinderung der Gerinnung durch Verdünnen mit W. bis zur bleibenden Viscosität altern. Dann erhöht man den $p_H$-Wert durch Zusatz von Alkalien bis (nicht über) 7 u. läßt das Sol unter Verhinderung des Gerinnens altern. Dann gibt man eine konz. Lsg. eines Al-Salzes, z. B. Al-Sulfat, in einer Menge von 18—30% $Al_2O_3$, bezogen auf $SiO_2$, zu, hydrolysiert das Al-Salz mit einem bas. Fällungsmittel, wäscht u. trocknet. (**D. B. P. 856 494** Kl. 23b vom 21/7. 1951, ausg. 20/11. 1952. A. Prior. 24/7. 1950.) Unger. 8197

**Eduard Gerlach G. m. b. H., Fabrik chem. u. pharm. Präparate** (Erfinder: **Ernst-Rolf Detert**), Lübbecke, Westf., *Starthilfsmittel für Brennkraftmaschinen*, gek. durch einen Geh. an ungesätt. cycl. KW-stoffen mit einer oder mehreren Doppelbindungen im Kern. — Man setzt z. B. Dieseltreibstoffen ca. 3% Cycloolefine, wie Cyclohexen, Methylcyclohexen, Terpinolen u. Terpinen, oder Äther des Benzylalkohols, z. B. Methylbenzyläther, zu. (**D. B. P. 849 032** Kl. 46a vom 29/10. 1950, ausg. 11/9. 1952.) Dersin. 8213

**Horst Brückner**, Gastafeln. Physikalische, thermodynamische und brenntechnische Eigenschaften der Gase und sonstigen Brennstoffe. 2. Aufl. München: Oldenbourg. 1952. (222 S. m. 15 Abb.) 8° = Handbuch der Gasindustrie DM 24,50.

## XXI. Leder. Gerbstoffe.

**E. Belavsky** und **E. Termignoni**, *Brasilianische Gerbstoffe.* Vff. weisen auf den großen Reichtum von einheim. Gerbstoffquellen hin. An Hand von entsprechenden Gerbstoffanalysen (angegeben sind jeweils Gerbstoffgeh., Nichtgerbstoffe, Unlösliches u. Wassergeh.) werden 8 Rinden-, 1 Blatt- u. 1 Holzgerbstoff untersucht. Der Gerbstoffgeh. liegt hierbei zwischen 15—32%. — 8 Abbildungen mit Gerbstoffpflanzen. (J. Amer. Leather Chemists Assoc. **47.** 594—603. Sept. 1952. Guapore, R. G. S. Brasil, Chem. Labor. S. A. Carlos Termignomi-Tannery.) H. G. Fröhlich. 8336

**S. G. Shuttleworth**, *Der Mechanismus der vegetabilischen Gerbung.* Die ausführlichen Unterss. des Vf. über den Mechanismus beim Gerben mit Mimosa (I), mit dem Naphthalinsulfosäuretyp (II) u. Ligninsulfosäure (III) haben ergeben, daß beim Gerben mit I die Ausbldg. von H-Brücken für die Fixierung ausschlaggebend ist, während bei II die elektrostat. Bindung maßgebend ist. Beim Gerben mit III spielen dagegen neben der reinen elektrovalenten auch die H-Brückenbldg. u. die Adsorptionskräfte eine Rolle. So hofft man auf Grund dieser Unterss. die gerber. Eigg. von III durch Erhöhung der H-Brückenbldg. beim Gerben zu erhöhen. Die Verringerung der Quellung beim Gerben mit vegetabil. Gerbstoffen, z. B. mit I, wird auf die Vielzahl der gebildeten H-Brücken zurückgeführt. Beim Gerben mit II soll dagegen die Vielzahl der Anionen, die sich nicht mit der Proteinsubstanz verbinden können, maßgebend sein. Im übrigen sollen die verschied. Kupplungsmöglichkeiten der verschied. Gerbstoffe mit der Proteinsubstanz ausreichend sein, um die Unterschiede in der Gerbstoffixierung bei den einzelnen Gerbstoffen zu beschreiben. Weiterhin wird darauf hingewiesen, daß die vegetabil. u. synthet. Gerbstoffe organ. Moll. mit bes. großem Mol.-Gew. darstellen, die auf Grund ihrer hydrophilen Gruppen, die sich mittels H-Brücken an das W. binden, lösl. werden. Die Verss. des Vf. werden beschrieben (7 Abbildungen) u. ausführlich diskutiert. (J. Amer. Leather Chemists Assoc. **47.** 603—22. Sept. 1952.) H. G. Fröhlich. 8336

**E. Quendt**, *Über die Entstehung von gezogenem Narben bei vegetabilischer Gerbung.* Die Entstehung eines gezogenen Narbens während der pflanzlichen Gerbung kann sowohl mechan. („Walknarben" infolge der mechan. Bewegung der Blößen im Faß) als auch chem. („Schrumpfnarben" infolge einer sek. Quellungskontraktion der Hautmittelschicht, nachdem die Narbenschicht durch Angerbung fixiert wurde) bedingt sein. (Leder **3.** 269—73. Nov. 1952. Darmstadt, TH, Inst. für Gerbereichemie.) Winiker. 8336

**T. C. Thorstensen** und **Edwin R. Theis**, *Die Bestimmung der Gesamtbasizität von Chrombrühen.* Die hier beschriebene Meth. beruht auf der Entfernung der komplex gebundenen OH-Ionen mit $H_2SO_4$ u. anschließender Bldg. eines stabilen Cr–Oxalat-Komplexes. Zur Best. wird eine Probe der Chrombrühe (0,05—0,1 g $Cr_2O_3$) in einem 250 cm³-Erlenmeyer mit 15 cm³ 0,5n $H_2SO_4$-Lsg. u. 50 cm³ 2,5%ig. Na-Oxalat-Lsg. versetzt u. 1 Std. am Rückfluß gekocht, abgekühlt u. anschließend mit 0,25n NaOH-Lsg. bis $p_H$ 8,3 titriert. Die an mit Zucker u. $SO_2$ red. Chrombrühen erhaltenen Ergebnisse sind auch in Ggw. von Na-Formiat, Na-Acetat u. Na-Oxalat ausgezeichnete. Die Versuchsausführung sowie die mit den verschied. Na-Salzen erhaltenen Ergebnisse sind ausführlich beschrieben. (J. Amer. Leather Chemists Assoc. **47.** 588—94. Sept. 1952. Bethlehem, Pa., Lehigh Univ., Res. Inst., Div. of Leather Technol.) H. G. FRÖHLICH. 8364

---

**Deutsche Hydrierwerke Akt.-Ges.**, Düsseldorf (Erfinder: **Winfried Hentrich**, Rodleben, und **Erik Schirm**, Dessau), *Gerbstoffe.* Als Gerbstoffe verwendbare aromat. o-Oxycarbonsäuren, die Sulfamidgruppen u. wenigstens eine $SO_3H$-Gruppe im Mol. enthalten, werden in Chromkomplexverbb. übergeführt. (**D. R. P. 752 241** Kl. 12q vom 29/12. 1940, ausg. 13/10. 1952.) FABEL. 8337

**American Cyanamid Co.**, New York, N. Y., V. St. A. (Erfinder: **W. O. Dawson**), *Herstellung von Leder.* Häute u. Felle werden zunächst mit einer wss. Lsg. von ca. 3—10% *Methylolmelamin* oder methyliertem Methylolmelamin bei $p_H$ 3—4,5 imprägniert u. dann mit pflanzlichen oder metall. Gerbmitteln gegerbt. Man erhält, bes. in Verbindung mit der Chromgerbung, ein volles wärmefestes Leder. (**Schwed. P. 132 489** vom 26/7. 1943, ausg. 31/7. 1951. A. Prior. 25/7. 1942.) JÜRGEN SCHMIDT. 8337

**Farbenfabriken Bayer**, Leverkusen (Erfinder: **Walter Hees**, Köln-Buchheim, und **Hermann Noerr**, Opladen), *Herstellung von Kondensationsprodukten* durch Kondensieren von Carbaminsäureestern (I) einwertiger aliphat. Alkohole von mehr als 4 C-Atomen mit $CH_2O$ (**II**) u. den den Estern zugrunde liegenden Alkoholen in Ggw. eines sauren Katalysators. Die **I** können durch Rk. von Harnstoff (**III**) mit dem entsprechenden Alkohol bei höherer Temp. hergestellt werden. — Z. B. werden 615 (Teile) Hexylalkohol mit 90 **III** 6 Std. gekocht. Im Laufe von 39 Std. werden weitere 90 **III** zugesetzt. Nun werden 327 **II**-Lsg. (30%ig) zugetropft u. dann 70 HCl (20° Bé) zugegeben u. bei 105—107° gekocht. Aufarbeitung ergibt viscoses Öl. — *Lederfettungsmittel.* (**D. B. P. 826 293** Kl. 12o vom 18/10. 1949, ausg. 27/12. 1951.) HEINZE. 8341

**Soc. Salpa Française**, Frankreich, *Lederersatzstoff.* Lederabfälle werden zu einem Faserbrei zerkleinert u. mit einer wss. Emulsion eines Polyvinylharzes zu einer homogenen M. verarbeitet, zu Folien gewalzt u. getrocknet. — 350 (kg) Sohlenlederabfälle werden in einer Schlagkreuzmühle zerkleinert. Diese M. wird in einem Holländer 2—10 Std. behandelt u. dann 2—4 Std. mit 5—30 $Na_2CO_3$ behandelt. Man gibt dann 10—40 einer wss. Emulsion von sulfoniertem Fischöl u. 200 50%ig. Polyvinylacetatemulsion, die 30 bis 50 Butylphthalat enthält, hinzu. Zum Schluß noch 10—20 35%ig. Kastanienextrakt. Die M. wird mit 40—50 kg/cm² zu Folien gepreßt u. in üblicher Weise getrocknet. Das Prod. findet in der Schuhindustrie Verwendung. (**F. P. 972 736** vom 7/4. 1941, ausg. 2/2. 1951.) WITTHOLZ. 8353

**Urbain-I. Thuau**, Frankreich, *Kunstleder.* Lederabfälle von Sohlenleder oder Oberleder alter Schuhe wird zerfasert u. die gegerbte, trockene Lederfaser in einer Form unter Verwendung von plastifiziertem Polyvinylchlorid als Bindemittel heiß verpreßt. — Man mischt kalt 45 (Teile) vollkommen trockene Chromlederfasern mit 25 pulverförmigem Polyvinylchlorid u. gibt zum Schluß 18 Trikresylphosphat zu. Diese M. wird in eine Form gegeben u. unter starkem Druck gepreßt (50—80 kg/cm²), sodann 1 Std. bei 145° im Ofen gehalten u. bei 145° zwischen den Platten einer beheizten hydraul. Presse mit 10 kg/cm² 10 Min. gepreßt, dann auf 70° abgekühlt u. aus der Form genommen. Das Prod. findet in der Schuhindustrie, Sattlerei u. für Reiseartikel Verwendung. (**F. P. 981 482** vom 19/4. 1943, ausg. 28/5. 1951.) WITTHOLZ. 8353

## XXIV. Photographie.

**E.-J. Birr**, *Beiträge zum Mechanismus der Stabilisierung photographischer Emulsionen.* 1. Mitt. *Bisherige Anschauungen über den Mechanismus des Stabilisierungsvorganges.* Bei der Lagerung photograph. Materialien wird eine Zunahme des Schleiers u. eine Abnahme der Empfindlichkeit beobachtet, eine Instabilität, deren Hauptursache in einer Nachreifung der Emulsionsschicht zu suchen ist. Als erste der Herstellerfirmen lichtempfindlicher Schichten schlug die AGFA 1925 die Anwendung organ. Stabilisatoren an Stelle von KBr zur Verbesserung der Haltbarkeit vor, die durch Emulsionszusätze, wie *Thiazol*-Verbb., durch aus *Protein* vermittels Dialyse gewonnene Substanzen u. durch *Imidazole* erreicht werden sollte. Trotz einer umfangreichen Patentliteratur liegen Angaben über den Mechanismus des Stabilisierungsvorganges nur in wenigen Fällen vor (25 Literaturhinweise vgl. Original). Auf Grund des vorliegenden Versuchsmaterials kommt Vf. zu der Ansicht, daß ein Stabilisator folgende Funktionen in der Emulsion erfüllt: Umhüllung des Halogensilberkornes durch Adsorption, Regulierung der Silberionenkonz., Beeinflussung der Reif- u. Entwicklungskeime u. Regulierung der H-Ionenkonzentration. Die Beiträge zur Klärung der Stabilisierung beschränkten sich bisher im wesentlichen auf die Unters. von *Nitrobenzimidazol* u. ähnliche Verbb., die für die Stabilisierung hochempfindlicher Emulsionen wenig geeignet sind, da sie Empfindlichkeit u. Gradation in unangenehmer Weise beeinflussen. In den *Azaindolizinen* wurde 1935 eine neue Klasse von Stabilisatoren gefunden, bei denen unerwünschte Nebenwirkungen wegfallen, so daß seitdem die Möglichkeit besteht, die bei der Stabilisierung lichtempfindlicher Schichten ablaufenden Vorgänge zu untersuchen u. einen Einblick in den Mechanismus der Haltbarmachung photograph. Emulsionen zu erhalten. (Z. wiss. Photogr., Photophysik Photochem. **47.** 72—83. 1952. Wolfen, Agfa Filmfabrik, Wiss. Labor.) W. GÜNTHER. 8600

**E.-J. Birr,** *Die Gehaltsbestimmung des Hydroxylamins in seinen Salzen und in Farbentwicklern.* Angabe einer titrimetr. Meth. zur quantitativen Best. von *Hydroxylamin* (I) in Salzen oder Farbentwicklern, für die sich die Verwendung von I als Oxydationsschutz in den letzten Jahren immer mehr durchgesetzt hat. Läßt man auf ein I-Salz *Formaldehyd* einwirken: $CH_2O + H_2NOH \cdot HCl \rightarrow H_2C{=}NOH + HCl + H_2O$, so kann durch Titration der freiwerdenden Säure der I-Geh. festgestellt werden. Da I-Salze in Lsg. durch Hydrolyse teilweise freie Base enthalten, so wird bei der Titration nach Zusatz von $CH_2O$ nur derjenige Teil des I bestimmt, der als dissoziiertes oder undissoziiertes Salz vorliegt, jedoch nicht die durch Hydrolyse freigewordene Base, die durch die Kondensation mit $CH_2O$ keine Säure mehr abspalten kann. Wichtig ist, daß die Best. bei einem $p_H$ 3,9 durchgeführt wird. Der method. Fehler ist dann kleiner als 0,5%. — 50 $cm^3$ Farbentwickler werden mit 2n $H_2SO_4$ ungefähr u. dann mit n/10 Säure genau auf $p_H$ 3,9 eingestellt, dann 10 $cm^3$ auf den gleichen $p_H$-Wert eingestellter 6%ig. $CH_2O$ zugegeben u. nach 2 Min. mit n/20 Lauge auf den gleichen $p_H$-Wert zurücktitriert. Werden a $cm^3$ n/20 Lauge verbraucht, so ist der Geh. an I-Sulfat a·0,08207 bzw. an I-Hydrochlorid a·0,0695 g/Liter. Als Indicator bei der Titration kann *Bromphenolblau* angewendet werden. Es ist jedoch zweckmäßiger, mit der Glas- oder Antimonelektrode potentiometr. zu titrieren. (Z. wiss. Photogr., Photophysik Photochem. **47.** 122—24. 1952. Wolfen, Agfa-Filmfabrik, Wiss. Labor.) W. GÜNTHER. 8658

**W. Brune** und **E. Rieger** (unter Mitarbeit von **E. Schulze**), *Analytische Bestimmung von Glycin und Sulfit in photographischen Entwicklern.* Vff. haben ein Verf. ausgearbeitet, mit dem *Glycin* in Entwicklern bestimmt werden kann, wie sie zur Einentw. von Silbermasken in Agfacolor-Negative gebräuchlich sind. Das Verf. beruht auf der Umsetzung von sek. Aminen mit *salpetriger Säure* zu *Nitrosaminen* (vgl. nebenst. Formel).

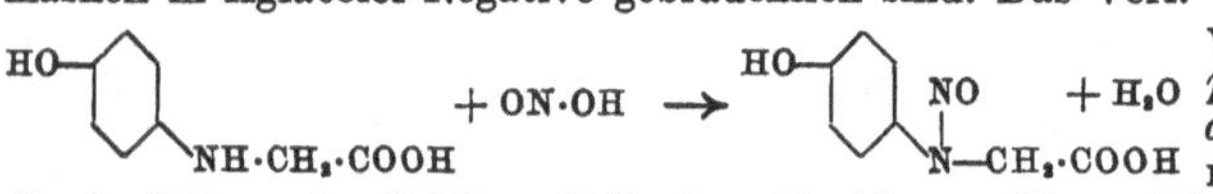

Vor der Titration hat die Ausfällung des Sulfits mit Bariumchlorid zu erfolgen. Die Best. mit $HNO_2$ darf nur in schwach saurem Medium durchgeführt werden, da die Rk. bei zu niedrigem $p_H$ bereits während der Titration in nennenswertem Maß in umgekehrter Richtung verläuft. Der Endpunkt kann durch Tüpfeln mit JK-Stärkelsg. oder durch potentiometr. Indication mittels Pt/Kalomelelektrode erfolgen. Die Einstellung der 1%ig. Nitritlsg. kann mit Permanganat geschehen. 1 mg Natriumnitrit entspricht 2,42 mg Glycin. — Zur *Sulfit*-Best. kann der anfallende Nd. von $BaSO_3$ benutzt werden. Nach Abfiltrieren durch einen Glasfiltertiegel wird dieser in ein Becherglas gestellt, mit n/10 Jodlsg. versetzt u. angesäuert. Das neben $CO_2$ aus dem mitgefällten Carbonat entstehende $SO_2$ wird von der relativ hohen Flüssigkeitssäule der Jodlsg. quantitativ absorbiert u. umgesetzt. Durch Best. des unverbrauchten J mit Thiosulfat wird die Sulfitmenge festgestellt. 1 $cm^3$ einer n/10 Jodlsg. entspricht 6,3 mg $Na_2SO_3$ sicc. Genaue Arbeitsvorschrift vgl. Original. (Z. wiss. Photogr., Photophysik Photochem. **47.** 118—22. 1952. Köpenick, Defa, Deutsche Filmgesellschaft m. b. H., Filmkopierwerke.) W. GÜNTHER. 8658

Herausgeber u. verantwortlich für den Inhalt: Prof. Dr. Maximilian Pflücke, Berlin W 8, Jägerstraße 22/23, Fernsprecher: 200481, 201464. Redaktion: Chefredakteure Dr. Eugen Klever und Prof. Dr. Maximilian Pflücke. Verlag: Akademie-Verlag GmbH, Berlin NW 7, Schiffbauerdamm 19 (Fernsprecher 425571, Postscheckkonto Berlin 35021) u. Verlag Chemie, GmbH, Weinheim/Bergstraße (Postscheckkonto Frankfurt/M. 145314 u. Berlin [West] 7430, Fernsprecher: Weinheim 2017). Bestell- u. Verlags-Nr. dieses Heftes: 1007/124/11. Das Chemische Zentralblatt erscheint wöchentlich.
Satz u. Druck: VEB Leipziger Druckhaus, Leipzig, III/18/203. III. 53.
Veröffentlicht unter der Lizenznummer 1212 des Amtes für Literatur und Verlagswesen der Deutschen Demokratischen Republik.
Printed in Germany.

FSC
www.fsc.org
MIX
Papier | Fördert gute Waldnutzung
FSC® C083411

Zeitfracht Medien GmbH
Ferdinand-Jühlke-Straße 7
99095 Erfurt, Deutschland
produktsicherheit@kolibri360.de